建设工程合同管理与索赔

（第五版）

成虎　张尚　成于思　著

东南大学出版社
SOUTHEAST UNIVERSITY PRESS
·南京·

内 容 简 介

本书主要介绍建设工程合同、合同管理和索赔管理方面的知识，其内容包括：建设工程合同的基本原理、建设工程合同体系、建设工程承包合同与其他常见的合同内容分析、建设工程合同策划、招标投标过程中的合同管理、合同分析与解释方法、工程合同实施控制、工程索赔的基本概念和索赔管理、索赔值的计算方法、反索赔和索赔的解决等。本书从建设工程合同管理的实务出发，注重适用性、可操作性和知识体系的完备性。为了加深读者对工程合同管理与索赔相关知识的理解，在本书中介绍了 50 多个有代表性的合同管理和索赔案例，并从各个视角对其进行了分析和评述。

本书可以作为高等院校中土木工程、工程管理及相关专业本科生和研究生的教材和教学参考书，也可以作为建设单位、建筑施工企业、工程咨询类企业中工程管理人员的参考书。

图书在版编目(CIP)数据

建设工程合同管理与索赔/成虎，张尚，成于思著 .
—5 版. —南京：东南大学出版社，2020. 3(2024. 1 重印)
ISBN 978 - 7 - 5641 - 7267 - 1

Ⅰ. 建… Ⅱ. ①成… ②张… ③成… Ⅲ. ①建设工程—经济合同—管理 ②建设工程—经济合同—索赔—基本知识—中国 Ⅳ. TU723. 1 D923. 6

中国版本图书馆 CIP 数据核字(2017)第 164607 号

建设工程合同管理与索赔(第五版)
Jianshe Gongcheng Hetong Guanli Yu Suopei (Di-wu Ban)

出版发行：东南大学出版社
社　　址：南京市四牌楼 2 号　邮编：210096
出 版 人：江建中
责任编辑：张　煦
封面设计：王　玥
责任印制：周荣虎
网　　址：http://www. seupress. com
经　　销：全国各地新华书店
印　　刷：南京玉河印刷厂
开　　本：787 mm×1092 mm　1/16
印　　张：26. 50
字　　数：628 千字
版　　次：2020 年 3 月第 5 版
印　　次：2024 年 1 月第 3 次印刷
书　　号：ISBN 978 - 7 - 5641 - 7267 - 1
定　　价：79. 80 元

前　言

本书自第一版1993年4月出版至今已有26年，第四版至今也已经有11年。经过这么多年在许多工程项目的实际应用、专业教学实践与研究，本书的知识体系已经比较成熟。此次修订没有改变第四版的基本结构，在内容上仅有如下变动：

1. 对近十几年来国内外工程合同管理新的研究和应用成果进行了归纳，修改了相关内容，特别是“现代工程合同管理的发展趋势”一节。

2. 结合2017年新修订出版的FIDIC合同系列，对其特点进行了介绍，对相关内容进行了更新。

3. 2020年5月，我国民法典颁布，过去适用于工程合同最重要的法律——合同法退出历史舞台，相关内容需要进行修改。

4. 对一些内容进行了修订，使其更符合现代工程项目管理的惯例，例如：将“项目管理合同”修改为“工程咨询合同”。同时，使得语言更符合工程用语的表达习惯。

5. 适当增加了一些次标题，使得相应的内容更具有层次性。

本书的特色主要有五个方面：

1. 比较完整地介绍了工程合同管理的过程、解决问题的角度和思路，与工程项目合同管理的实务比较契合，具有较强的实用性，并力求反映新的工程项目管理理念和合同理念。

2. 较强的理论性，对工程合同和合同管理的本质、基本概念、原理、原则、命题、规律性等有比较深入的思考，特别体现在合同原则、合同体系、合同策划、招标投标中的矛盾性、合同状态、合同分析和解释、索赔中干扰事件的影响分析等方面的内容中。

3. 介绍一些比较经典的工程合同管理和索赔案例，并进行多角度分析。

4. 与工程管理的其他课程有比较紧密的联系，涉及工程法律、工程项目管理、工程估价等相关知识,特别体现在合同实施控制、索赔和反索赔等相关内容中。

5. 对工程合同内容的介绍,以工程合同的结构为主线,分别按照施工合同、总承包合同、分包合同的种类进行分析,没有再刻意区分我国的示范文本、FIDIC工程合同文本,还是其他示范文本,以及它们的具体内容。其出发点是:

(1) 由于现代工程合同范本有同化的趋向,国内外工程合同文本的差异在逐渐减小;

(2) 合同文本是经常变动的,即使使用标准的合同范本,参与方还可以结合项目的特殊性修改专用条件。而合同的结构是相对稳定的,项目管理者对此应该有深刻而清晰的理解,因此,没有必要刻意区分国内还是国外的合同文本。

本书此次修订由成虎、张尚、成于思负责完成。其中,张尚主要负责第0、2、3、4、6、8、13章,成于思主要负责第1、5、7、9、10、11、12章,最后由成虎对全书进行整体把关。

在本次写作和修改过程中,还参考了许多国内外专家学者的论著,这些都在附录中进行了罗列。本书作者向他们表示诚挚的感谢。本书还可能有疏漏甚至错误之处,敬请国内同行的专家学者批评指正。

成　虎

2021年12月

目　录

绪　　论

本章提要：本章主要介绍建设工程合同管理的基本概念和目标，合同管理在工程项目管理中的地位，合同管理的工作过程和组织，合同管理的发展历史和现状，建设工程合同和合同管理的特点，以及学习本书的注意点。

本章作为本书的纲领，描述了本书的框架。在后续内容的学习过程中，要注意与本章内容的结合。

第一节　概　　述

一、建设工程合同管理的基本概念

1. 建设工程合同管理的内涵

建设工程合同管理是在建设工程项目的实施过程中，参与方或管理者对相关合同进行策划、签订、履行、变更、索赔和解决争议的各类管理活动。

在现代建设工程项目管理中，合同管理有着特殊的地位和作用，已经成为与进度管理、质量管理、成本（投资）管理、HSE（健康、安全、环境）管理、资源管理、信息管理等并列的一大管理职能。合同管理是建设工程项目管理区别于其他类型项目管理的重要标志之一。

2. 建设工程合同管理的目标

工程合同管理服务于建设工程项目的总目标和企业的总目标，保证工程项目总目标和企业总目标的实现。所以，合同管理不仅是工程项目管理的一部分，而且是企业管理的一部分。具体而言，合同管理的目标包括：

(1) 保证整个工程项目在预定的成本（投资）和工期目标内完成，达到预定的质量和功能要求，保证工程项目高效率地完成。

(2) 保证整个工程合同的签订和实施过程符合法律法规的要求。

(3) 减少合同争议，合同的各个参与方（如业主、承包商、设计单位）能够互相协调，也都感到满意。在项目实施完成后，业主不仅按计划获得了一个合格的工程，实现了预期的投资目标，而且对工程项目、对承包商、对双方的合作都感到满意；对于承包商而言，他实施工程项目获得了合理的利润，赢得了信誉，也强化了双方的友好合作关系。

二、建设工程合同管理的角度

由于工程合同在建设工程中有着广泛而特殊的作用，参与工程项目的所有主体或个人都有特定的合同管理工作，从不同的角度管理工程合同。其中，实施工程合同最重要的主体是业主、工程师、承包商、政府建设行政主管部门、律师等;而实施工程合同的重要参与人是合约经理、项目经理、造价人员。

1. 业主

业主通过合同委托项目实施的任务,行使对项目控制的权力,以保证项目总目标的实现。业主的合同管理工作主要包括:

(1) 对整个工程的合同进行总体策划,决定项目的承发包模式和管理模式,选择合同类型和合同范本等。

(2) 聘请工程师(在国内主要称为项目管理公司、项目咨询公司、监理公司或业主代表)进行具体的合同管理工作。

(3) 对工程合同的签订进行决策,选择承包商、供应商、设计单位等,委托项目实施的任务,并以项目所有者的身份与他们签订合同。

(4) 为工程合同的顺利实施提供必要的支撑和条件,从宏观的角度对工程项目进行全过程、全方位的控制。例如,在工程项目的实施过程中,对重大问题作出决策,对重要的技术或实施方案进行选择和批准,对重大设计方案或实施计划的修改进行批准。

(5) 按照工程合同的规定,及时向承包商、供应商等支付工程款,接收竣工的工程等。

2. 工程师

工程师受业主委托,代表业主具体地承担整个工程相关的合同管理工作,主要包括合同管理的事务性工作和决策咨询工作等。例如,起草合同文件和相关的各类文件;进行现场监督,例如对隐蔽工程进行检查,具体行使工程管理的权力;协调业主、承包商、供应商之间的合同关系;解释工程合同;解决业主与承包商之间出现的合同争议等。

3. 承包商

在各类工程合同中,工程承包合同所定义的工程活动常常是整个项目实施的关键活动和主导活动。所以,工程承包商的合同管理是最细致、最复杂、最困难、也最重要的工作,在很大程度上决定了整个工程项目的成败。

工程承包商的合同管理工作从参与项目的投标开始,在递交投标文件后,经过与业主的合同谈判,签订工程承包合同;在合同履行的过程中,承包商完成合同所规定的工程内容、向业主交付竣工的工程,并在合同规定的保修期(缺陷通知期)内完成扫尾工作或缺陷修复的责任。在这个过程中,工程承包商负责具体的投标报价工作;完成工程承包合同规定的设计、施工、供应、竣工和保修等任务;通过对工程实施过程进行精心地计划、组织、协调和控制,圆满地完成合同所规定的义务。

与工程承包商合同管理相类似的还有:业主委托的设计单位、材料和设备供应商。他们与工程承包商一样,作为工程项目的重要实施者,在同一个组织层次上进行合同管理,完成了不同的工程内容。

4. 政府建设行政主管部门

政府的合同管理目标是维护社会公共利益,使工程合同符合法律法规的要求。在工程项目中,政府主要从市场管理的角度,依据法律法规对建设工程合同的签订和实施过程进行管理,提供服务、进行监督。例如,对合同双方进行资质管理,对合同签订的程序和规则进行监督,保证《中华人民共和国民法典》(以下简称“民法典”)所规定的公平、公开、公正原则在合同的签订和实施过程中得以落实,使合同的签订和实施符合市场经济和法律法规的要求,对在合同签订和实施过程中违反法律法规的行为进行处理等。

5. 律师

律师通常作为业主或建筑业企业的法律顾问，帮助合同参与方对合同进行合法性审查和控制，帮助他们解决合同争议。律师更注重在法律的框架下处理各类合同问题。

6. 其他主体

在工程项目的实施过程中，还有其他主体承担了特定的工程合同管理职能。例如，在重大的合同争议解决过程中，还可能涉及仲裁机构、法院等机构。

本书以业主、工程师和承包商的合同管理作为主要的论述对象，当然在部分章节的内容中也会涉及其他参与方或参与人的合同管理工作。

三、合同管理在建设工程管理中的地位

合同确定了工程项目的价格（成本）、工期和质量（功能）等目标，规定了合同双方或多方的权利义务关系；它作为合同双方或多方工作的指南和依据，对整个工程的实施起到了总控制和总保证的作用。所以，合同管理是建设工程管理的核心，它贯穿于工程实施的全过程，影响到工程实施的各个方面。在现代工程中，没有合同意识则项目的整体目标不明确；没有合同管理，则项目管理难以形成系统、难以提高效率，也不可能实现项目的预期目标。

在国内外的工程管理中，合同管理都具有十分重要的地位。

1. 美国大型建筑施工企业对合同管理的重视

为了分析进入建筑施工企业后，土木工程类专业毕业生需要哪些方面的管理知识，美国的研究者对 400 家大型建筑施工企业的中高层管理人员进行了三次（1978 年、1982 年、1984 年）大规模的调查。调查表列出了当时建筑管理方向的 28 门课程（包括专题），由受调查者根据自己的工作经验对这些课程的重要性进行排序。调查结果见表 0－1（见参考文献 20）所示。

表 0－1　土木工程类专业毕业生最有用的管理知识调查结果

按重要性排序	1978 年的调查结果	1982 年的调查结果	1984 年的调查结果
1	财务管理	建设工程项目相关的法律	建设工程项目相关的法律
2	建筑规程及法规	合同管理	合同管理
3	合同管理	建筑规程及法规	工程项目计划、进度安排与控制
4	成本控制与趋势分析	财务管理	建筑规程及法规
5	管理会计	工程项目计划、进度安排与控制	管理会计
6	生产率评价与方法改进	劳资管理关系及劳动法	文字、图像与图表信息传递
7	工程项目计划、进度安排与控制	材料与劳动力管理	材料与劳动力管理
8	劳资管理关系与劳工法	成本估算与投标	劳资管理关系及劳动法
9	成本估算与投标	成本控制与趋势分析	成本控制与趋势分析
10	材料与劳动力管理	决策分析与预测技术	演说与公共关系学

从该调查结果可见，对于美国大型建筑企业的中高层管理人员而言，建设工程相关的法

律和合同管理都居于非常重要的地位。

美国 ACCE(American Council for Construction Education)设定的课程体系结构共包括五大类:通识教育、经营与管理、建筑施工科学、数学与科学、工程施工,而工程法律是工程施工类的重要课程。工程合同管理是工程法律知识体系的重要组成部分。

2. 国外企业把合同管理作为重要的管理职能

国外的很多工程项目管理(咨询)公司和大型工程承包企业十分重视合同管理工作,他们把合同管理作为工程项目管理中与成本(投资)、工期、组织等管理并列的一大管理职能。图 0-1 为德国某国际工程项目管理公司的项目管理职能图。

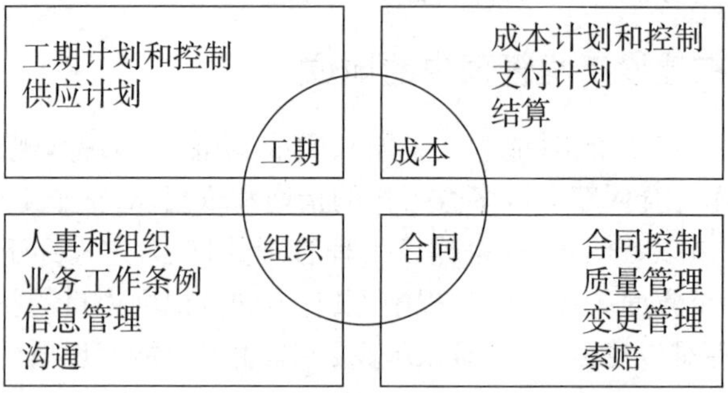

图 0-1 德国某国际工程项目管理公司的项目管理职能

3. 在我国工程合同管理也越来越受到重视

在我国建筑业发展的近 30 年,合同管理是工程管理的热点之一,合同管理的知识体系和实践应用都得到了迅速的发展,也已经成为项目管理的重要组成部分。

(1) 在我国的《建设工程项目管理规范》中,合同管理是重要的组成部分。规范的第十三章《合同管理》就是我国近几十年来工程合同管理的经验总结。

(2) 在我国的监理工程师资质考试中,合同管理是一门主要的课程。监理工程师资质考试有四门考试科目,三大控制(投资控制、质量控制、进度控制)合并为一门课程,而合同管理作为独立的一门课程,可见合同管理内容的重要性。

(3) 在我国的建造师资质考试中,合同管理也是重要的考试内容。在全国一级建造师执业资质考试科目《建设工程项目管理》和《房屋建设工程管理与实务》中,都将工程合同管理作为重要的组成部分。

(4) 近十几年来,我国工程项目管理界和建筑业企业也十分重视工程合同管理工作,在工程项目管理系统和企业管理系统的设计中,都包含了合同管理的内容。而在企业和项目的组织体系中,合约部门发挥越来越重要的作用,很多企业也给予主管合同的管理人员丰厚的待遇,以吸引更优秀的人才管理好合同工作。

(5) 在我国,理论界也越来越重视对工程合同管理问题的研究。在 CNKI 数据库中,以"工程合同管理"为主题检索期刊论文,检索结果发现,2009—2018 年,期刊论文的数量增长了 100%。而如果把索赔管理、变更管理、各种合同计价模式或管理模式作为检索的关键词,工程合同管理领域的研究成果更是非常的庞大,这也凸显了研究工程合同管理问题的重要性。

第二节 现代建设工程合同管理的过程和组织设置

一、建设工程合同管理的过程

合同管理作为工程项目管理的一个职能,贯穿于工程项目的决策、计划、实施和结束的全过程。但是,合同管理也有其独特的工作任务与实施过程。按照我国的《建设工程项目管理规范》,合同管理的工作流程见图 0-2 所示。

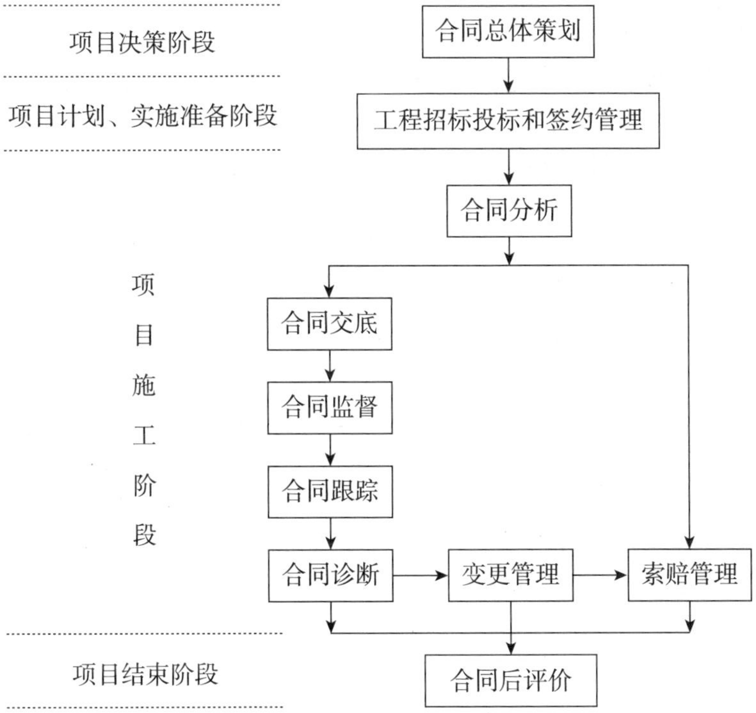

图 0-2 合同管理的工作流程

1. 合同总体策划

合同总体策划是从战略的角度,研究对整个工程合同有重大影响的问题,并作出最优的选择。例如,选择招标方式,决定工程项目的合同体系、合同类型,在参与方之间分配合同风险,协调各个合同之间关系等。

合同总体策划是合同管理中非常关键的工作,确定合同管理工作的总体框架。因此,在通常情况下,公司总经理、合约经理、项目经理等关键管理人员都要参与该项工作,为工程合同的实施指明方向、确定原则,合同总体策划的成果也成为参与合同管理的所有人员工作的依据和基础。

2. 工程招标投标和签约管理

实施一个工程项目可能需要签订几份、几十份、甚至几百份合同,而大部分的合同都是通过招标投标的方式签订的。在招标投标过程中,业主的招标工作和承包商的投标工作有比较大的差别。例如,业主的招标工作是起草合同,发布招标文件,评价投标文件等;而承包商的投标工作主要包括编制投标报价文件,参与业主组织的报价澄清会议等。当然,他们的合同管理工作有些是相似的,例如都要进行合同的合法性分析、合同审查等。

国内外的工程项目管理理论研究和实践都表明,对于业主而言,选择有竞争力的承包商实施工程项目成为决定项目能否成功的关键;而承包商或分包商的企业经营活动都是通过合同得以持续的,如果没有合同,公司无法从事正常的经营活动,就可能倒闭。从英语表达也可以发现,承包商(Contractor)是依赖于合同(Contract)而存在的。因此,不论是业主,还是承包商和分包商,他们都十分重视工程项目的招标投标和签约管理工作。现代工程项目越来越复杂,致使招投标的工作量越来越大,而大部分工程项目的招投标时间是比较短的。所以,工程招投标的过程经常是紧张的,需要参与工程招投标的所有人相互协作,才能顺利地完成该项工作内容。

对于大型建设工程项目而言,主要的招标投标工作通常在开工前完成,而有些小型工程项目或少量的工程内容(例如装饰工程、设备采购等)的招投标工作可能在工程开工后才进行。此外,对于有的紧急工程,例如抢险工程而言,也可能是先实施工程项目,再进行招投标并签订合同。

3. 合同实施控制

在工程项目的实施阶段,项目参与方或管理人员对工程合同进行分析、交底,制定工程合同履行的管理体系,对工程合同的实施过程进行监督、跟踪、诊断,并处理合同变更和索赔问题。

在工程项目的整个合同体系中,每个合同都有一个独立的实施过程,大部分合同的实施是相互影响、相互关联的,例如:在地铁建设项目中,土建合同的实施就在很大程度上影响了机电工程的实施。在合同管理过程中,按照不同的专业或空间,将工程项目拆分成不同的工程单元,分别通过不同的合同委托给不同的承包商完成,因此,这些合同的实施过程共同构成工程项目的实施过程。由于工程项目是一个完整而相互关联的系统,它的成功取决于所有合同的协调和顺利地完成。

4. 合同后评价

合同后评价是在项目竣工或合同履行后进行的,针对工程合同管理的整个过程,总结成功的经验和失败的教训。在实施下一个工程项目时,参与方或管理人员能够根据这些经验和教训,更合理地进行合同总体策划、更好地进行工程招标投标和签约管理、更好地对合同履行过程进行控制,形成持续改进的过程。

现代工程项目管理理论认为,知识管理已经成为一个企业持续改进、不断增强竞争力的必备素质和能力。很多大型建筑业企业也通过多种方式和途径,积累合同管理知识、扩散合同管理经验,由此增强企业的合同管理能力。例如:在项目实施结束后,企业对工程合同的实施进行后评价,并组织合同管理经验交流会,积累和扩散合同管理经验。

上述管理工作的整个过程构成了工程项目合同管理的子系统。

二、建设工程合同管理的组织设置

合同管理的任务必须由一定的组织机构和人员来完成。对于建筑业企业而言,要提高合同管理的水平,必须使合同管理的工作专门化和专业化,即在建设工程项目组织、建筑业企业(例如建筑施工企业)中应设立专门的机构和人员负责具体的合同管理工作。当前,国内外大部分的房地产公司、大型工程承包企业和工程项目管理公司(咨询公司)都十分重视合同管理工作,都设立了合同管理的部门,通常称为合约部,该部门主要承担企业经营所需的各类工程合同管理工作。因此,合同管理已经成为企业或项目运行过程中的一项主要的职能管理工作。对于不同的企业组织和工程项目组织形式而言,合同管理组织的形式是不一样的,通常有以下几种情况:

1. 大型工程项目设立了专门的合同管理部门

对于大型的工程项目,设立合同管理的职能部门,专门负责与实施该项目有关的合同管理工作。例如,上海世博会 AB 片区项目群的组织结构见图 0-3 所示。

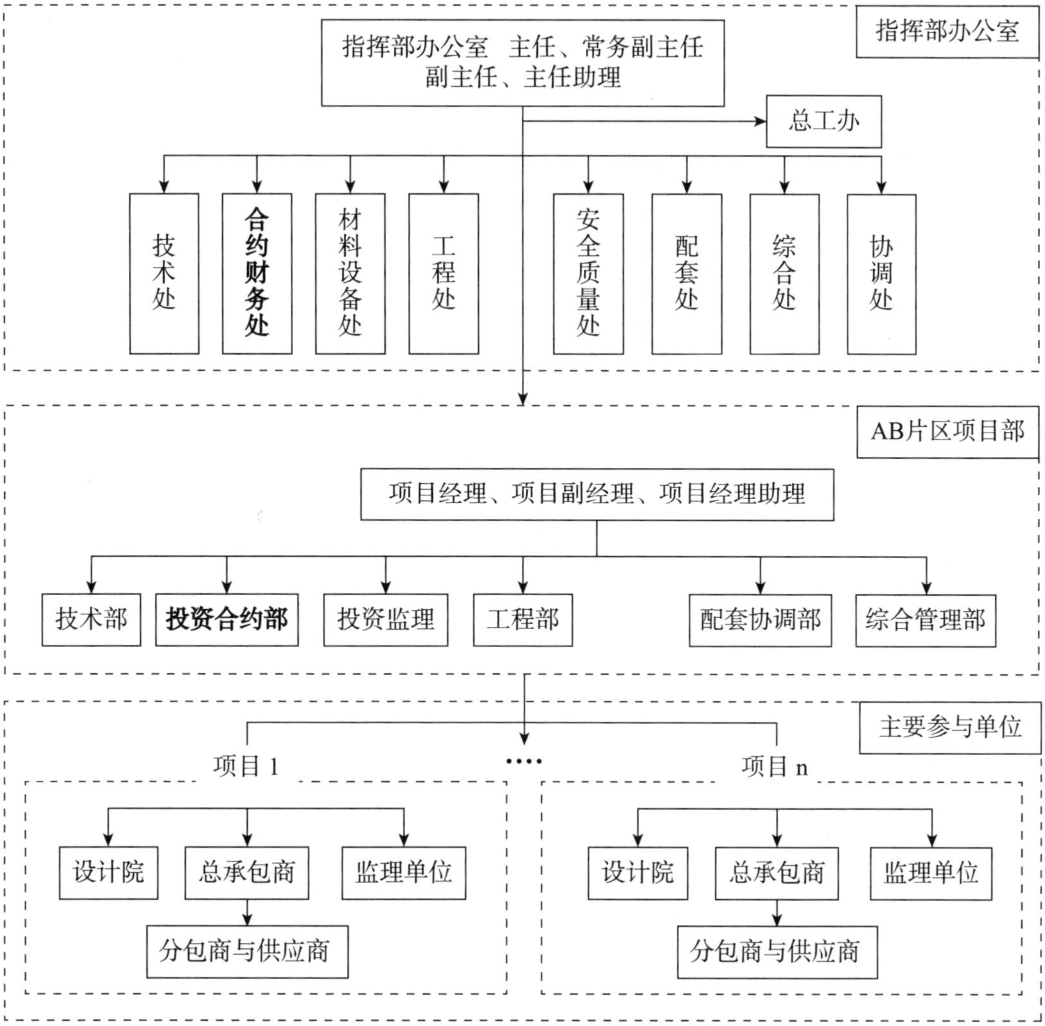

图 0-3　上海世博会 AB 片区项目群的组织结构(见参考文献 35)

对于一些特大型的、合同关系复杂、风险大、争议多的项目,在国际工程中,有些业主会聘请合同管理专家专门负责合同管理工作或将整个工程的合同管理工作(例如招标工作、索赔工作)委托给咨询公司或管理公司完成。这样会大大降低工程合同风险、提高工程合同管理水平和工程经济效益。

2. 很多建筑业企业也都设立了合同管理的组织机构

国内的很多建筑业企业都在企业的组织机构中设置了合同管理的部门(科室)。例如：中国建筑第三工程局有限公司(简称中建三局)设置了合约法务部(见图 0-4)。而有的国内大型建筑施工企业，仅法务部门的人员就达到了 1 000 多人。这些部门负责企业所有工程合同的大部分管理工作。主要包括：

(1) 参与项目的投标报价，对招标文件、合同条件进行审查和分析；

(2) 收集市场和工程信息，作为工程项目投标报价的依据；

(3) 对工程合同进行总体策划；

(4) 参与合同谈判与合同的签订，为报价、合同谈判和签订提出意见、建议甚至预警；

(5) 向工程项目派遣合同管理人员；

(6) 对工程项目的合同履行情况进行跟踪、分析和汇总，从合同的角度对工程项目的进度、成本和质量进行总体计划、协调和控制；

(7) 协调项目各类合同的实施，例如各个分包合同、分包合同与供应合同等；

(8) 协调与业主，以及其他参与方的合同关系；

(9) 发现索赔机会，编制索赔文件，进行工程索赔；

(10) 对工程合同的实施进行总体的指导、交底、分析和诊断等。

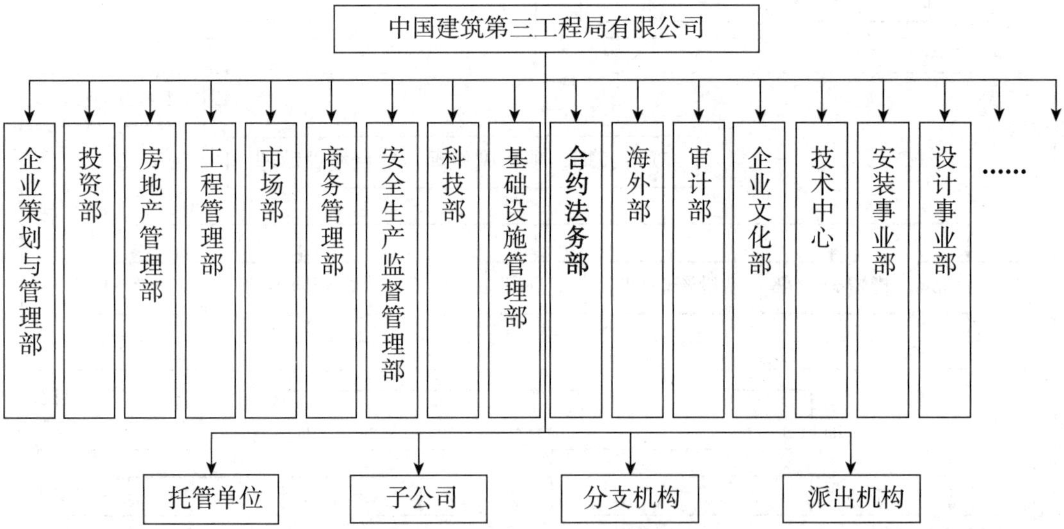

图 0-4 中建三局的组织机构(来源于中建三局网站)

与此相似，房地产开发企业一般也都设立合同管理部门，负责企业所签订合同的各项管理工作，例如开发项目招标文件的准备、进度款支付审核、变更控制、项目结算等。

3. 很多大型工程承包项目都设有专职的合同管理人员

在国内外的很多大型建筑工程承包项目组织中，通常都设有合同经理、合同工程师或合同管理员，负责具体的合同管理工作。

4. 小型的工程项目可以设定简单的合同管理机构或较少的合同管理人员

对于简单的或较小的工程项目而言，为了节省合同管理成本，在项目组织机构中，可以仅设立合同管理员，他在项目经理的领导下进行施工现场的合同管理工作。

而对于部分分包商而言，由于承担的工程量不大，或工程内容比较简单，在施工现场可以不设置专门的合同管理人员，而是将合同管理的任务分解并下达给各个职能人员，由项目经理进行总体的协调。

在现代建设工程中，合同管理具有普遍性，不仅需要专职的合同管理人员（如合约经理）和合同管理部门，而且要求参与建设工程项目管理的其他各类人员（如建造师、估价师）和部门都必须熟悉合同、合同管理和索赔工作。如在施工项目中，项目经理是合同管理的一个重要人员，他参与了施工合同的全过程管理，包括组织编制投标文件、参与合同谈判、负责合同的设施等。工程造价人员在工程合同管理中也发挥了重要的作用，从报价文件的编制、进度款支付的申请、工程变更的申请、项目竣工决算文件的准备等都与合同管理关系密切。

第三节 建设工程合同管理的发展过程和特点

一、工程合同管理理论和实践的发展过程

在建设工程项目管理中，合同管理工作已经具有比较长的历史了，但是合同管理作为工程项目管理中一个独立的管理职能而存在的时间还不长。人们对合同和合同管理的认识、研究和应用有一个发展过程。

1. 早期的工程合同管理

早期的工程比较简单，合同关系不复杂，所以合同条款也很简单。合同的作用主要体现在法律方面，人们主要将它作为一个法律的问题看待，更多地从法律的角度研究合同，关注合同条件在法律方面的严谨性和严密性。这个时期，工程合同管理主要属于律师的工作。

在国外，从20世纪50年代后，随着工程项目的复杂化和国际化，合同关系越来越复杂、合同条件越来越多、合同文本越来越长，再加上工程咨询业的发展，人们越来越重视对合同和合同管理的研究。随着工程管理学科的发展，一些土木工程和工程管理专业逐渐形成和开设了工程合同管理课程。

在我国，直到20世纪80年代中期，即使是大型工程的施工合同协议书也很简短（可能仅仅3～4页纸），而文章和书籍也主要从法律的角度研究工程合同管理问题。

国内早期的工程类专业教育中，在建设工程项目管理、施工组织与计划、工程估价、工程承包企业管理等课程中，也都涉及一些工程合同和合同管理方面的知识。

2. 工程合同管理的初级阶段

由于工程合同关系、合同文本变得更加复杂，以及合同文本逐渐标准化，合同管理的工作量逐渐增加、相应的事务性工作也越来越复杂，合同管理逐渐专业化，合同的文本管理受到越来越多的重视。在20世纪80年代，为了减轻合同管理人员的工作量，有的软件公司开发了合同文本的检索软件和合同管理（Contract Administration）软件，例如EXP合同管理软件就具备相应的功能。

在工程实践方面，市场经营作用逐渐受到重视，企业和管理者更注重合同的签订、合同条款的解释。在一些建筑施工企业中，合同管理被当成经营管理或价格管理方面的工作，由

经营科或预算科承担相应的工作职责。

在理论研究方面,合同管理的研究重点主要在招标投标工作程序和合同条款内容的解释等方面。工程合同管理的教学和培训也逐渐成熟和规范化,很多专业都开设了独立的工程合同管理课程。

在20世纪80年代中后期,我国工程界开始全面研究FIDIC合同条件,研究国际上先进的合同管理方法、程序,研究索赔管理的案例、方法、措施、手段和经验。这些研究成果对我国工程合同管理理论体系的形成和发展具有非常重要的作用。

从上世纪90年代开始,我国的很多建筑业企业对各层次的工程管理人员加强工程合同与合同管理及索赔的宣传、培训和教育,使得项目管理者更加重视工程合同和合同管理,进一步强化了工程合同、合同管理和工程索赔的意识。

1990年,我国《建设工程施工合同示范文本》颁布,这在我国建设工程合同管理的发展历史中是具有里程碑意义的事件。它标志着,我国工程合同的标准化工作进入了一个新的阶段。

3. 工程合同管理的进一步发展

随着工程项目管理研究和实践的深入,合同管理在工程项目管理过程中的职能进一步加强,工程项目管理系统被重新构建,由此建立了更为科学的,包括合同管理职能的项目管理组织结构、工作流程和信息流程,具体定义了合同管理的地位、职能、工作流程、规章制度,并确定了合同与成本、工期、质量等管理子系统的界面,将合同管理融于工程项目管理的全过程中。

从21世纪80年代中期以后,人们开始更多地从项目管理的角度研究合同管理问题。近几十年来,工程合同管理已经成为工程项目管理领域研究的热点。因此,工程合同管理和索赔的理论研究也得到了很大的发展,工程合同管理学科的知识体系和理论体系逐渐形成,真正形成了一门学科。国内的工程管理专业和其他工程类的专业教学中,工程合同管理成为主干课程之一,而在监理工程师、造价工程师、建造师等执业资格考试中,工程合同管理也是重要的内容。

在计算机应用方面,合同管理的信息系统的研究和开发得到进一步的发展,完整的合同管理信息系统逐渐形成,并在很多项目中得以应用。例如:在三峡工程的项目管理信息系统中,就有工程合同管理的子系统。

在项目组织和企业组织方面,很多工程项目管理组织和建筑业企业组织建立了工程合同管理的职能机构,合同管理的职能进一步独立和专业化。

4. 新时期的工程合同管理

随着工程项目管理研究和应用的进一步深入,近20年来,工程合同管理的研究和应用又有了新的发展,相应的,它也将工程项目管理的理论研究和实践应用推向了新的阶段。

(1) 合同管理新的职能和作用

合同管理逐渐成为工程项目管理的主体,合同也逐渐成为工程项目运作的工具,作为项目组织的纽带,也是项目实施策略、承发包模式和管理模式和方法、程序的重要内容。项目管理者不仅注重对一份合同的签订和履行过程的管理,而且注重整个工程项目合同体系的策划和协调。

(2) 新的模式和理念推动了合同管理的发展

工程中出现了很多新的融资模式、承发包模式、管理模式，再加上很多新的项目管理理念、理论和方法，这些都带动了工程合同管理的发展，合同出现了新的形式、增加了新的内容，合同管理也出现了新的问题，需要进一步标准化和职业化，而国际知名的咨询组织编写了标准的合同条件示范文本，在很大程度上促进了工程管理的发展。例如：1995 年 NEC 合同（第二版）和 1999 年新 FIDIC 合同的颁布，标志着工程合同和合同管理的发展进入了一个新的阶段。

(3) 合同管理的集成化

合同管理作为工程项目管理的一个重要组成部分，它必须融合于整个工程项目管理中，与其他管理职能密切结合，共同构成工程项目管理系统。要实现工程项目的整体目标，必须对整个项目、项目实施的全过程和各个环节、项目的所有工程活动实施有效的合同管理。

合同管理与工程项目管理的其他职能，例如范围管理、进度控制、质量管理、HSE 管理、经营管理、报价和成本管理、风险管理等密切结合，共同构成一个完备的工程项目管理系统。它们之间存在复杂的工作流程（即工作顺序关系）和信息流程（即信息流通和处理过程）关系（见图 0-5 所示）。

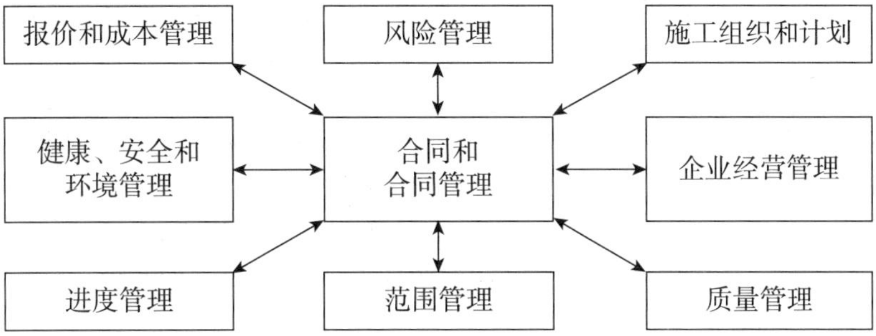

图 0-5 合同管理的集成化

(4) 研究工程合同管理问题的新理论和新视角

在工程管理以及相关的工程专业的硕士和博士的研究中，将一些新的经济学和管理学理论和方法应用于工程合同和合同管理研究中形成工程管理研究的一些热点。例如：

① 新的融资模式、承发包模式和管理模式的合同问题，如伙伴关系合同、BOT 合同、PPP 项目合同、PFI 项目合同、工程代建合同等。

② 合同如何更好地体现现代工程管理理念、理论和方法。

③ 合同和合同管理的经济学问题，如在招标投标过程中的交易成本问题。

④ 在合同的策划、签订、履行、索赔和争议解决过程中合同各方面的博弈问题。

⑤ 现代工程中动态联盟和虚拟组织的合同运作问题。

⑥ 工程合同的特殊性和由此带来的法律问题，以及对合同争议和索赔的解决影响等。

5. 现代工程合同管理的发展趋势

综述现有的研究理论发现，现代工程合同管理的发展趋势主要包括以下几个方面：

(1) 现代工程合同更加注重合同参与方之间的协作关系

传统合同最主要的问题是其容易在参与方之间形成对立关系。这种合同常常促使合同参与方完全按照自己的利益实施项目，而不是关注项目的整体目标。这种对立关系可能引起大量的争端，不利于有效控制项目风险，也不利于项目的顺利完成。

从2002年开始,新西兰的一些大型项目不再使用传统的、容易引起对立关系的合同,开始采用促进合同参与方形成协作关系的合同,这种合同被称为“关系合同”(Relational Contracts),它更加关注合同的效率,在合同中营造相互信任和相互尊重的文化。其他研究也表明,参与方之间分担风险、共享资源能够促进协作,而项目团队的紧密协作更有利于控制项目的工期和成本。

(2) 现代工程合同更加注重设计科学合理的项目风险分配方案

合同风险管理的最优目标是降低项目风险管理的总成本,而不是降低单个参与方的风险管理成本。而实现上述目标最大的挑战在于公平合理地分配风险。工程项目管理理论总结了最具控制力原则、风险与利润并存原则等各种风险分配原则,对现代越来越多的、高风险、复杂项目而言,制订合理的风险分配方案显得尤为重要。1999年新版FIDIC合同条件根据不同的合同管理模式,设计了不同的风险分配方案,有利于调动所有参与方控制风险的积极性,提高风险管理的经济性和效率。

(3) 现代工程合同更强调采用输出(交付成果)控制的管理方式

现代工程合同对承包商的约束与激励方式也发生了变化,由注重过程控制的管理方式,逐渐转变为注重绩效考核的管理方式。一方面,基于过程控制的管理方式不仅增加了业主的管理成本,还容易在业主和承包商之间形成对立关系。另一方面,现代工程承包市场逐渐发展成熟,承包商的实力大大增强,有足够的竞争力实施工程项目。如果业主能够编制完善的合同文件、选择有竞争力的承包商实施工程,那么,业主不应过多地对项目实施过程进行严格的控制与管理。英国政府为了控制公共项目的质量,在工程和服务采购时,取消了传统的比较投标价格的模式,转变为注重考查综合能力的承包商选择模式。同时,还应用关键绩效指标,以确保项目全寿命周期的要求都能够得到满足,也体现了现代工程项目合同控制方式的转变。

(4) 现代工程合同更加注重提高工程项目管理的效率

正如前文所述,工程合同策略,包括合同风险分配方式、价格支付方式等,在很大程度上影响合同参与方实施项目的积极性和主动性,以及工程项目管理的效率。近年来,国际工程合同在修订过程中,都开始注重合同体系与合同策略的创新设计,以提高工程项目管理的效率,“ECC指南说明”提出“每个合同程序的设计都考虑到其实施能够提高工程项目管理的效率,而不是降低效率”,其中包括倡导协作精神;定义合同参与方的功能和责任,增强责任感,促使每个参与方努力地完成自己的工作内容等。

(5) 新技术的应用改变了传统的合同管理内容或程序

近年来,由于BIM(Building Information Modeling)与预制装配技术的发展和应用,合同管理也出现了一些变化。例如:传统的设计和施工合同由设计和施工单位独立完成,但是,BIM咨询单位的出现,要求重新界定不同参与方之间的工作责任与协作要求。而传统的工程项目中,承包商完成了主体结构的施工内容,但是,国内很多城市都提出了预制装配率的要求,工程项目的部分结构构件(例如楼面板、楼梯等)由生产预制装配的构件厂提供。在这种情况下,就出现了业主采购预制装配构件、承包商提供专业协调配合的模式,以及业主将预制装配构件的采购也交给承包商的另一种模式。不同的模式,现场的管理、责任与风险的分担都有很大的差异。这些变化都给工程合同管理的研究和应用带来了新的挑战,也需要我们不断结合实践研究新的问题。

(6) 新的融资模式改变了传统的参与方角色和管理流程

近年来,PPP(Public-Private Partnership)合同在工程项目管理领域得到了更加广泛的讨论和应用。PPP是指公私主体为了提供特定的服务或设施而建立的,基于伙伴合作关系的项目采购方式。广义的PPP模式包括多种细分的模式,比如BOT、BT、BOOT等。由于基础设施的投资巨大,因此在很多发展中国家,PPP成为政府优先考虑的项目建设模式。而即使在发达国家,由于PPP模式能够提高项目实施的效率和绩效水平、改善公共服务的质量、节约成本、加快进度、与私营主体分担风险,其在公共服务领域、基础设施建设领域的应用也越来越广泛。在PPP模式中,合同体系更加复杂,合同参与方的角色与传统模式相比发生了很大的变化,这需要在工程实践中,采用新的合同管理流程或管理方法,才能实现项目的成功。

在现代工程中,工程合同管理已经不完全是工程管理实务和法律问题,而已经逐渐形成了其独特的理论和方法体系。

二、工程合同管理的特点

工程合同管理的特点是由建设工程项目和工程合同的特殊性决定的。

1. 合同的标的物——工程项目具有复杂性

现代工程体积庞大、结构复杂、技术标准高、质量要求严格,必须具有较高的合同实施的技术水平和管理水平,才能确保项目的成功。

工程项目的类型很多,有办公楼、剧院、大坝、隧道、桥梁、地铁等,它们都具有技术还是和专业方面的复杂性。以一个简单的办公楼项目为例,就包括基础工程、主体结构工程、机电安装工程等多种专业类型。业主通过合同委托承包商完成工程项目的所有建设内容,用图纸、文字、表格等多种形式,充分地表达业主的建设意图和要求,形成了合同文件的复杂性。

2. 合同实施时间长,实施过程具有复杂性

由于工程项目的实施是一个渐进的过程,需要比较长的持续时间,这使得工程项目的相关合同,特别是工程承包合同生命期很长。工程合同完整的寿命周期不仅包括施工期,而且包括招标投标、合同谈判以及工程保修期。因此,一般的工程合同至少两年,长的可达五年或更长的时间,例如:三峡大坝工程的建设时间就达到了11年。在这么长的时间内,合同管理必须与工程项目的实施过程同步地、连续地、不间断地进行。

合同实施过程复杂,从购买标书到合同结束,经历了很多过程。在合同签订前,参与方要完成许多复杂的手续和工作,在合同签订后,参与方要进行工程设计、采购、施工、竣工和保修。承包商要完整地履行一个工程承包合同,需要完成几百个、甚至几千个相关连的工程活动。在整个过程中,稍有疏忽就会导致前功尽弃,引起经济损失。所以,必须保证合同在工程的全过程和每个环节上都得以顺利地实施。

3. 合同实施过程中环境具有多变性

由于工程实施时间长、涉及面广,合同管理受外界环境的影响大、风险大,例如经济条件、社会条件、法律和自然条件的变化等。这些因素参与方难以预测、不能控制,但是,都会影响工程合同的正常实施,并很有可能造成经济损失。例如:在经济发展的萧条时期,建设的房地产项目难以销售;飓风、暴雨、酷暑等天气都会影响工程的施工进度,可能出现减慢、

甚至中止的情况,在严重的时候,项目的实施甚至被终止了。很多研究者都把这些因素作为国际工程承包失败的主要因素(见参考文献27)。

工程合同的本身也常常隐藏着许多难以预测的风险。由于建筑市场竞争激烈,不仅导致报价降低,而且业主常常提出一些苛刻的合同条款,例如:单方面约束性条款和责权利不平衡条款,甚至有的业主居心不良,在合同中用不正常手段损害承包商的利益。这在国际工程承包中也并不少见(参考文献26)。承包商对此必须有高度的重视,并采取对策,否则,很可能会导致工程的失败。

4. 合同的交易方式具有特殊性

与零售业的"一手交钱、一手交货"交易方式不同,工程合同是先签订、后履行的,即签订合同时,业主对工程项目提出自己的要求,在后续的合同工期内,承包商根据合同的要求交付竣工的产品。而由于工程项目具有复杂性、单一性,工程合同实施的环境具有多变性,所以,再严密的工程合同也不可能预测所有可能出现的问题,这也给工程合同管理带来了很多的挑战。

与其他领域的合同不同,工程合同的实施过程并不是一个简单的提供和接收产品(或服务)的过程,而是相关各方共同合作的过程。在工程实施中,业主进行项目管理,作出很多的决策,提供各种实施项目的条件,在各承包商之间进行协调,使合同双方之间产生了很多的连环责任。为了实现项目的目标,需要通过合同和合同管理发挥各个参与方的积极性,形成伙伴关系,加强各个参与方的沟通,达到双赢或多赢的目的。

5. 工程合同关系的复杂性

由于现代工程项目的资金来源渠道多,有很多特殊的融资模式和承发包模式,使工程项目的合同关系变得越来越复杂。工程项目的参与单位和协作单位多,即使一个简单的工程就可能涉及业主、总承包商、分包商、材料供应商、设备供应商、设计单位、监理单位、运输单位、保险公司等十几家、几十家主体。各参与方之间责任界限的划分、合同的权利和义务的定义是非常复杂的,由此,增加了合同文件出错和相互矛盾的可能性。合同在时间上和空间上的衔接和协调极为重要,同时,也极为复杂和困难。

工程合同的实施不是孤立的一份合同,而是相关联的几十份甚至几百份合同,合同关系十分复杂。现代工程合同条件越来越复杂,这不仅表现在合同条款多、所包括的合同文件多这些方面,而且还表现在与主合同相关的其他合同多这些方面。例如:在工程承包合同范围内可能有许多分包合同、供应合同、劳务合同、租赁合同、保险合同,它们之间存在极为复杂的关系,形成一个严密的合同网络和合同体系。复杂的合同条件和合同关系要求高水平的项目管理、特别是合同管理水平相配套,否则合同条件没有实用性,项目也就不大可能顺利实施。

6. 工程合同管理工作具有复杂性和严密性

工程合同管理工作极为复杂、繁琐,是高度准确、严密和精细的管理工作。

(1) 工程合同是非常重要的法律文件,必须具有严密性和准确性。在工程实践中,参与方对合同中一个词的不同解释就可能关系到一个重大索赔的处理结果。

(2) 在合同招投标、谈判与履行过程中,合同各方存在很多复杂的博弈过程,很多问题常常没有办法找到最优的解决方案。

(3) 在工程实施过程中,合同的相关文件、各种工程资料数量庞大。在合同管理中必须取得、处理、使用、保存这些文件和资料。例如:在2015年中国公司参与墨西哥某高铁项目的投标中，仅标书文件就达到了2.6万多页。

(4) 由于工程的实施过程受到很多事件的干扰，合同变更频繁是一个正常的现象。对于一个规模比较大的工程项目，合同履行中的变更常常能有几百项。合同和合同实施的过程必须按照变化的情况不断地调整，这要求合同管理必须是动态的，必须加强合同控制和合同变更的管理工作。

7. 合同管理有特定的职责和任务

合同管理作为工程项目管理的一项职能，既有其自有的职责和任务，又有特殊性：

(1) 由于合同中定义了项目的整体目标，合同管理对项目的进度控制、质量管理、成本管理有总控制和总协调作用，它是工程项目管理的核心和灵魂。因此，合同管理是综合性的、全面的、高层次的管理工作。

(2) 合同管理要处理与业主、与其他参与方的经济关系，必须服务于企业的经营管理目标和企业的经营战略目标，特别在投标报价、合同谈判、制定合同实施策略和处理索赔问题时，更要注意这个问题。

(3) 合同管理的绩效对企业的经营有很大的影响。由于工程项目的投资巨大，使得工程合同的价格高，因此，合同管理对工程经济效益具有很大的影响。如果工程合同管理得好，可以使承包商避免亏损、获得利润，反之，承包商可能蒙受较大的经济损失。在现代工程中，由于竞争激烈，合同价格中包含的利润减少，合同管理过程中稍有失误就可能导致工程项目的亏损。

在法律界，工程合同争议的标的是很大的。国外有研究表明，解决工程合同争议所发生的直接成本达到了合同额的2%。

8. 工程合同的实施过程社会影响大

与其他领域的合同不同，工程项目的实施对社会和历史的影响大，政府和社会各方面对工程项目合同的签订和实施都予以特别的关注，对工程合同的实施有更为严格的要求，有更为细致和严密的法律规定。

由于工程以及工程实施的过程是十分复杂的，工程合同常常很难对它们作出准确的描述和定义，所以，工程合同是不完全的，这就更需要参与方之间能够建立伙伴关系，以最高的效率解决在工程实施过程中可能出现的各类问题。

这些特点使得工程合同的分析、解释、索赔和争议的解决、实施过程有其独特性，而这些独特性常常被实施工程的参与方所忽视。

第四节 本书的知识体系和学习的注意点

一、本书的知识体系

本书的知识结构主要是按照上述建设工程合同管理的过程编写和组织的，全书主要包括三篇内容。

1. 第一篇：建设工程合同

本书的第一篇主要介绍建设工程合同方面的知识。

(1) 建设工程合同基本原理

主要介绍建设工程合同的作用和基本原则、合同的法律基础、合同的生命期过程、合同的特点、现代建设工程合同的发展趋势。

(2) 建设工程合同体系

主要介绍建设工程中的主要合同关系、工程合同体系、合同的内容和形式、合同文本结构分析、国内外主要的标准建设工程合同文本。

(3) 建设工程承包合同

主要介绍建设工程施工合同、"设计-采购-施工"总承包合同、工程分包合同的内容,它们是建设工程中最重要、最常见的合同类型。

(4) 建设工程中的其他合同

主要包括勘察设计合同、工程咨询合同、建筑材料和设备供应合同、劳务分包合同、工程联营承包合同等。

2. 第二篇:建设工程合同管理

本书的第二篇主要介绍建设工程合同管理,包括建设工程合同的总体策划、招投标阶段的管理、合同分析和合同实施控制等内容。

(1) 建设工程合同的总体策划

主要介绍建设工程合同策划的过程、依据,建设工程合同体系的策划,合同种类和合同条件的选择,工程合同的风险策划,工程承包合同重要条款的确定,建设工程合同体系的协调。建设工程合同策划对工程项目组织和工程实施过程有重要影响。

(2) 招标投标阶段的合同管理

主要包括工程合同的状态分析、招标文件分析、合同评审方法、承包商的合同风险对策、投标文件分析、合同签订前应注意的问题。

(3) 合同分析和解释方法

主要包括合同的总体分析、合同的详细分析、特殊问题的合同分析和解释。

(4) 合同实施控制

主要包括合同实施管理体系、合同实施控制、合同变更管理等。

3. 第三篇:索赔

本书的第三篇主要介绍索赔管理。

(1) 索赔的概述

主要包括索赔及其起因、索赔的作用和条件、索赔的分类、索赔成功的条件、索赔管理的内容。

(2) 索赔的处理

主要包括索赔的工作程序、索赔机会和干扰事件、索赔证据、索赔报告和索赔小组。

(3) 索赔值的计算

主要包括干扰事件的影响分析方法、工期索赔的计算、费用索赔计算的基本原则和方法、工期拖延的费用索赔、工程变更的费用索赔、加速施工的费用索赔、其他情况的费用索赔、利润索赔。

(4) 反索赔

主要包括反索赔的意义和内容、反索赔的主要步骤、反驳索赔报告、业主的索赔。

(5) 争议的解决

主要包括承包商解决争议的基本方针、索赔策略的研究、争议的解决方法。

(6) 索赔(反索赔)案例

主要分析一个比较典型的综合索赔案例和几个单项索赔案例。

二、本书学习的注意点

1. 工程合同管理是法律和工程的结合

合同的语言和格式具有法律的特点,工程类专业的学生可能会难以适应合同的思维、风格和语言。但是,对于专门研究法律的人来说,工程合同又具有工程的特点。它要描述工程管理的程序,在语言和风格上需要符合工程的要求。

对于工程管理的学生和工作人员而言,学习合同管理知识对培养他们严谨的思维方式,优化他们的理论和知识体系,提高语言表达能力和工程文件的写作能力都有重要的作用。

2. 合同问题具有多种学科交叉的属性

工程合同问题很多时候既是法律问题,又是经营问题,同时也是工程管理问题。由于工程合同在工程中特殊的作用和它本身具有综合性特点,使得本课程对工程管理专业的整个知识体系有决定性的影响,涉及企业管理和工程项目管理的各个方面,与工程的投标报价、进度管理、质量管理、范围管理、信息管理等都有关系。它是工程管理知识体系的复合体,学习工程合同知识之后,能够从更高的层次看过去所学的很多知识。在学习工程合同管理的过程中,应特别注意知识的集成。

所以,要成为一个优秀的合同管理者,必须具备系统的工程合同管理知识体系,例如:了解各种合同管理模式、熟悉工程合同的管理流程、精通国内外标准的合同条件范本,此外还必须具备比较完善的工程技术、工程管理和工程经济等方面知识。

在现代工程中,不仅需要专门的合同和合同管理的专家(例如合同工程师),而且参与工程管理的各类人员,例如:建造师、估价师、咨询工程师、技术工程师、企业的各职能部门人员,都应具备合同和合同管理的知识。

3. 合同管理注重实务

由于合同管理注重实务,所以,在本书的学习过程中,尽量同时阅读实际工程的招标投标文件、标准的合同文件、相关的法律法规和工程案例,尽量多阅读实际工程资料,这对理解工程合同管理问题非常有益。此外,最好能够学会编写简单的招标投标文件和合同文件,学会分析合同的基本方法。

工程管理专业的学生应尽量多阅读合同文本,在语言、思维和风格上适应工程合同的要求。

4. 合同的解释、合同管理和索赔等都重视案例的研究

在国际工程中,大家公认的工程案例成为解释很多合同条款、解决索赔的重要准则,甚至可以直接引用过去的典型案例作为解决合同争议和索赔问题的依据。但是,对合同争议和索赔事件的处理和解决又要具体问题具体分析,不能盲目照搬以前的惯例或案例,或者只依据自己的经验作出决定。在国际工程中,很多相同或相近的索赔事件,在处理过程、索赔值的计算方法(公式、依据)等方面,依据不同的惯例和原则,可能得到完全不同、甚至相悖的解决结果,这是比较正常的。所以,阅读和分析合同管理和索赔案例不能像看小说一样,只

注重事件的起因和最终的结果,那样极易产生误解,所以,在分析合同和索赔案例时,应注意它的特点,例如:工程的法律背景、合同背景、环境、合同实施和管理过程、合同双方的具体情况、合同双方的索赔(反索赔)策略和其他细节问题(如双方在工程中的沟通程度)等。这些对解决合同问题都有很大的影响,而这些常常在案例中很难清楚和详细地介绍。

因此,读者应注重合同管理和索赔的方法、程序、处理问题的原则,从一些案例中吸取经验和教训。

5. 应注意合同和合同管理的理论问题的研究

随着研究和实践的深入,工程合同管理已经由过去单纯的经验型管理状态(即主要凭借管理者自身经历和第一手经验开展工作),逐渐形成自己的理论体系和方法体系。总体而言,合同管理学科的理论体系尚不完备,应加强这方面的研究和探索,而不能仅仅定位在对标准合同条件的解释上。

6. 合同管理问题的研究和应用是常新的

工程合同、合同管理和索赔领域的研究和应用是常新的。一份新的合同示范文本颁布,一个新的融资方式、承发包模式和管理模式的出现,都需对相关合同和合同管理进行研究。而在工程项目中新的管理理念、管理理论和管理方法的应用,都会促进合同和合同管理的发展,都需要对相关合同和合同管理的问题进行研究。

我国工程中应用了很多新的融资模式(如 PPP、PFI)、承发包模式(如工程总承包)和管理模式(如项目管理承包、代理制),由此也出现了新的合同问题。所以,要关注和跟踪合同管理最新的研究成果,阅读最新的文献,了解前沿问题。随着工程合同和合同管理研究的深入,笔者越来越深切地体会到,工程合同博大精深,需要研究的问题很多,需要关注的具有重大研究价值的问题也很多,这就需要我们共同努力,通过研究和实践,进一步完善和发展工程合同管理的基础理论。

复习思考题

1. 调查一个有代表性的工程承包企业,了解该企业合同管理的组织结构和职能。

2. 现代工程合同管理有哪些特点或发展趋势?这些特点或趋势对工程合同的策划、合同分析和解释、合同实施控制、合同索赔的处理等有什么影响?

3. 合同管理与项目管理的其他职能(例如质量管理、进度管理等)有什么关系?在学习本课程和其他课程的过程中,分析合同管理课程与工程估价、工程项目管理、工程施工组织与计划、工程质量管理等课程的联系。

4. 阅读我国《建设工程项目管理规范》中合同管理的相关内容,了解合同管理所包括的过程和内容。

5. 检索并阅读近年来国际、国内工程合同管理与索赔的最新研究成果。

第一篇

建设工程合同

第一章　建设工程合同的基本原理

本章提要：本章主要介绍建设工程合同的作用，工程合同的基本原则和法律基础，工程合同的生命周期过程和建设工程合同的发展情况。

工程合同的作用决定了合同的原则，进而影响了合同的内容和合同管理的各个方面。

第一节　建设工程合同的作用

在现代建设工程项目中，合同具有独特的作用，从总体上说，主要包括法律方面的作用、市场方面的作用，以及作为工程管理工具的作用。

一、工程合同的法律作用

1. 合同确定了双方的民事法律关系，签订合同是一个法律行为。合同一经签订，只要是合法的，合同就成为一个具有约束力的法律文件，双方按合同内容承担相应的法律责任，享有相应的法律权利。所以，工程合同首先具有法律的作用。

2. 在工程中，合同具有法律上的最高优先地位，合同双方都必须用合同规范自己的行为。如果不能认真履行自己的责任和义务，甚至单方撕毁合同，则必须接受经济的，甚至法律的处罚。除了特殊情况(例如不可抗力等原因)使得合同不能履行之外，合同当事人即使亏损，甚至破产，也不能摆脱这种法律约束力。

由于社会化大生产和专业化分工的需要，一个工程项目可能有几个、十几个，甚至几十个参与方。在工程项目的实施过程中，由于合同一方违约，不能履行合同义务，不仅会造成自己的损失，而且会影响合同伙伴和其他工程项目的参与方，甚至会造成整个工程项目的暂停或终止。如果没有合同及其法律的约束力，就不能保证各个参与方在工程项目的各个方面、实施的各个环节，都按照预定的质量、进度等目标履行自己的义务，工程项目的实施过程就可能没有正常的秩序，也不可能顺利地实现工程项目的总目标。

3. 合同是工程过程中双方争议解决的依据。由于合同双方的经济利益存在很大程度的不一致性，例如：业主要求控制项目的投资，而承包商需要实现更多的项目利润。在工程项目的实施过程中产生争议是难免的，即合同与争议有不解之缘。合同争议是参与方经济利益冲突的表现，它常常起因于双方对合同理解的不一致、合同履行环境的变化、有一方未履行或未正确地履行合同等。合同对争议的解决有两个决定性的作用：

(1) 争议的判定以合同为法律依据，即应该根据合同条件判定争议的性质，谁对争议负责，应负什么样的责任等。

(2) 争议的解决方法和解决程序是由合同规定的。

4. 合同的法律作用要求其应具有法律上的严肃性、严谨性和严密性。早期的项目管理者更加注重工程合同的法律作用，因此，合同通常由律师起草和管理的。但由于现代工程项目变更更加复杂、专业，起草工程合同不仅需要法律知识，还需要具有项目管理、工程经济、工程技术等复合的知识体系。

二、工程合同的市场作用

1. 合同确定了工程和服务等标的物的价格，也确定了工程承包市场中各方面的交易关系。业主和承包商之间经济关系是通过工程合同链接和调整的，所以，签订和履行合同也是工程承包市场的交易行为。

2. 在市场经济中，合同作为当事人双方经过协商达成一致的协议，限定和调节着双方在合同履行过程中的责任和权利，是第一位的市场交易文件，并且是双方实施项目的最高行为准则。所以，要取得好的经济效益，不仅要签订一个有利的合同、圆满地履行合同，还要用合同保护自己，运用合同避免或追回损失。

3. 合同一经签订，合同双方居于一个统一体中，形成了一定的经济关系。这说明双方是相互信任的，双方的总目标是一致的，即为了共同完成项目的任务。

但是，在工程项目中，合同双方又是不同的经济利益主体，有不同的目标。例如：对于工程承包合同而言，承包商的目标是尽可能多地取得工程利润，增加收益，降低成本；业主的目标是以尽可能少的费用，完成尽可能多的、质量尽可能高的工程。

由于合同双方利益的不一致，导致工程项目的实施过程中会经常出现利益方面的冲突，造成在工程项目的实施和管理中双方行为的不一致、不协调，甚至矛盾。合同双方经常都从各自利益的角度出发，考虑和分析问题，采用一些策略、手段和措施达到自己的目的。但是，合同双方的权利和义务是互为条件的，这些行为又必然会影响和损害对方利益，妨碍工程项目的顺利实施，以及总目标的实现。

工程合同是调节这种关系的主要工具，双方都可以运用合同保护自己的权益，限制和约束对方。

4. 在市场经济中，企业的形象和信誉是企业的生命，而能否圆满地履行合同是企业形象和信誉的主要方面。业主在资格预审和评标时都需要考察投标人过去合同的履行情况，以选择到合适的投标人。

5. 合同的市场作用决定了合同的自由原则、诚实信用原则和公平原则。在现代工程合同中，要体现双方的合作和共赢，强调伙伴关系、风险共担等，都是从合同的市场作用出发的。

在以前相当长的一段时间，我国的很多工程承包企业注重合同的市场作用，由市场经营科（部）或预算科（部）管理工程合同。

三、作为工程管理的工具

工程合同是工程项目实施过程中双方遵守的最高行为准则。工程项目实施过程中的一切活动都是为了履行合同，都必须按照合同办事，双方的行为主要靠合同来约束，所以，工程合同又必然是工程项目实施和管理的手段和工具。

1. 经过项目的工作结构分解，业主将一个完整的工程项目分解为很多专业实施和管理活动(WBS)，通过合同把这些活动委托出去，并在实施过程中对项目进行控制。同样，承包商通过合同承接工程项目，并通过分包合同、采购合同和劳务供应合同等，委托工程分包和劳务供应工作，形成施工项目的实施过程。

由此可见，工程项目的建设过程实质上又是一系列工程合同的签订和履行过程。工程项目的融资方式、承发包方式、管理方式、实施策略和各种管理规范是通过合同定义和运作的。

2. 合同确定了工程实施和管理的目标，是合同双方在工程项目实施过程中各种经济活动的依据。

合同在工程实施前签订，它确定了工程项目所要达到的目标(见图 1－1 所示)。

(1)工程项目的规模、范围、功能和质量等方面的要求。例如：建筑面积、项目要达到的生产能力、设计、建筑材料、施工等质量标准和技术规程等。它们都是由合同条件、图纸、规程、工程量表、供应单等合同文件定义的。

(2) 工期：包括工程项目的总工期、工程项目交付后的保修期(缺陷通知期)、工程开始和竣工的具体日期等。它们由合同协议书、总工期计划、双方一致同意的详细的进度计划等规定的。

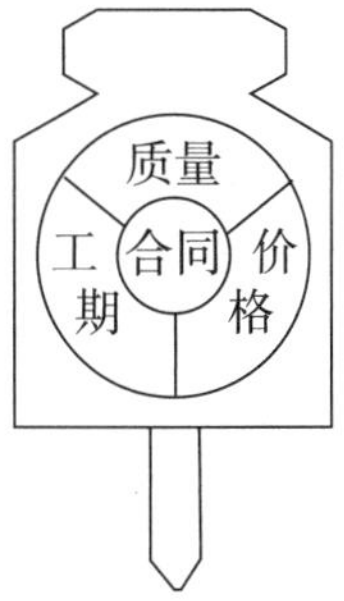

图 1－1　合同确定的工程目标

(3) 价格：包括工程项目的总价格，各分项工程的单价和总价等。它们由中标函、合同协议书或工程量报价单等定义的。这是承包商按合同要求履行工程项目实施的责任所应获得的报酬。

因此，合同是工程施工和管理的目标和依据，合同管理就是为了保证这些目标的实现。

3. 合同是工程项目组织的纽带，它将工程所涉及的生产、材料和设备供应、运输、各专业设计和施工的分工协作关系联系起来，协调并统一项目各个参与方的行为。一个参与方跟项目的关系、其在工程项目实施过程中所承担的角色、其所承担的任务和责任，都是由与其相关的合同所定义和明确的。

合同管理必须协调和处理各方面的关系，使相关的各合同和合同规定的各工程活动之间不矛盾，在内容、技术、组织、时间方面协调一致，形成一个完整的、周密的、有序的体系，以保证工程有秩序、按计划地实施。

4. 合同定义了工程项目管理的程序和方法。例如，工程施工合同中，明确规定了工程项目的质量管理程序、进度管理程序、价格结算程序、工程变更程序、索赔程序、合同参与方的沟通程序等。

5. 合同在工程项目中的作用决定了工程合同的效率原则，要求合同更应该体现工程项目的要求，促进工程项目的成功，合同管理应作为工程项目管理的重要组成部分。

第二节　建设工程合同的基本原则

合同原则是合同当事人在合同的策划、起草、商谈、签订、履行、解释，以及索赔和争议的解决过程中应当遵守的基本准则。工程合同不仅适用一般的合同原则，还有自己的特殊性。

一、合同的法律原则

合同在法律方面的作用决定了合同的法律原则。工程合同的签订和履行不仅是合同当事人之间的事务,它还涉及社会公共利益和社会的经济秩序。因此,遵守法律法规、行政制度,不得损害社会公共利益是工程合同的重要原则。

工程合同都是在一定的法律背景条件下签订和实施的,它必须符合以下基本要求:

1. 合同不能违反法律。合同所确定的经济活动、合同的订立过程,以及合同的内容都必须是合法的,不能违反法律的规定或与法律的内容相抵触,否则,合同是无效的。因此,合法是合同生效的基本前提。

对此,我国民法典第八条明确规定:"民事主体从事民事活动,不得违反法律,不得违背公序良俗"。

因此,工程合同的签订、履行和合同管理必须在法律所限定的范围内进行。超越这个范围,违反法律,会导致合同无效,经济活动失败,甚至必须承担相应的法律责任。

2. 法律保护合法合同的签订和履行。签订合同是一个法律行为,依法成立的合同,对当事人具有法律的约束力,合同以及双方的权益都受到法律的保护。签订合同的当事人有责任正确地履行合同,违约行为将要受到相应的处罚。

合同的法律原则要求工程合同必须有法律上的严肃性和严密性,这对促进合同当事人圆满地履行合同,保护合同当事人的合法权益,都具有重要的意义。

二、合同的自由原则

合同的自由原则是民法典重要的基本原则,是市场经济的基本原则之一,也是一般国家的法律准则。它体现了签订合同作为民事活动的基本特征。对此,我国民法典第五条规定:"民事主体从事民事活动,应当遵循自愿原则,按照自己的意思设立、变更、终止民事法律关系"。它决定了合同相关方的平等关系,具体表现在:

1. 合同当事人之间的平等关系。我国民法典第四条规定,"民事主体在民事活动中的法律地位一律平等"。平等是合同自由的前提,无论业主和承包商具有什么身份,在合同关系中他们之间的法律地位是平等的,都是独立的、平等的当事人,没有高低或从属之分。

2. 合同当事人与其他人之间的平等关系。在市场经济中,合同双方各自对自己的行为负责,享受法律赋予的平等权力,自主地签订合同,不允许他人干预合法合同的签订和履行。我国民法典第五条规定,"民事主体从事民事活动,应当遵循自愿原则,按照自己的意思设立、变更、终止民事法律关系"。

合同的自由原则贯穿于合同签订、履行、变更、转让、终止的全过程,在不违反法律、行政法规、社会公德的情况下:

(1) 合同是在双方自愿的基础上签订的,是双方共同意向的表示。当事人依法享有自愿签订合同的权力。合同签订前,当事人通过充分的协商,自由表达意见,自愿决定和调整相互的权利义务关系,取得一致后达成协议。不容许任何一方违背对方意志,以大欺小、以强凌弱,将自己的意见强加于人,或通过胁迫、欺诈手段签订合同。

(2) 在订立合同时,当事人有权选择对方当事人。

(3) 合同构成的自由,即合同的形式、内容、范围由当事人在不违法的情况下自愿商定,例如,合同当事人可以约定违约责任。

(4) 在合同的履行过程中,合同当事人可以通过协商修改、变更、补充合同的内容,也可以通过协议解除合同。

(5) 在订立合同或发生争议时,当事人可以自愿选择解决争议的方式。

三、合同的诚实信用原则

诚实信用原则是社会公德,是基本的商业道德要求,也是市场经济的基本准则。我国民法典第七条规定,"民事主体从事民事活动,应当遵循诚信原则,秉持诚实,恪守承诺"。

合同双方应该在诚实信用的基础上签订合同,形成合同关系。业主和承包商以相互信任为基础,建立合作伙伴关系,有助于大大降低双方合作的交易成本。此外,合同目标的实现也必须依靠合同双方的真诚合作。如果双方不诚实、不讲信用,或在合同签订和履行过程中出现"信任危机",则合同是不可能顺利履行完成的。诚实信用原则具体体现在合同的订立、履行以及终止之后的全过程。

1. 诚实信用原则在合同订立阶段的体现

在订立合同时,应当遵循诚实信用原则,确定双方的权利和义务,心怀善意,不得假借订立合同,进行恶意磋商或出现其他违背诚实信用的行为。合同应该是双方真实意思的表达。

(1) 在合同订立的过程中,双方应该互相了解,每一方应尽力让对方正确地了解自己的要求、意图、情况。合同当事人应该对自己的合作伙伴,对双方的合作,对工程项目的总目标都充满信心。这样,可以从总体上减少双方心理上的互相提防,以及由此产生的不必要的互相制约措施和障碍。

(2) 真实地提供信息,对所提供信息的正确性承担责任,任何一方有权相信对方提供的信息。在招标过程中,业主应尽可能地提供详细的工程资料、工程地质条件的信息,并尽可能详细地解答投标人的问题,为投标人的报价提供充分的信息。相应的,承包商在投标时,应该提供真实可靠的资格预审文件。双方据此合作,才可能提高项目成功的可能性。

(3) 不欺诈、不误导,双方为了完成合同的预期目标真诚地合作,正确地理解合同。投标人应该清楚地理解业主的建设意图和自己应该承担的工程责任,按照自己的实际能力和情况,制定正确的报价文件,不盲目压价。各种报价文件、实施方案、技术和组织措施文件应该真实可靠。

2. 诚实信用原则在合同履行阶段的体现

在履行合同义务时,当事人应当遵循诚实信用的原则,相互协作,不能有欺诈行为。根据合同的性质、目的和交易习惯,相互协助、诚实合作,为合同对方履行合同创造更有利的条件,在出现工程问题时,主动采取措施防止工程损失的扩大,主动保护对方的利益,承担工程合同的保密义务等。

在工程项目的施工过程中,承包商应正确全面地履行合同义务,积极地组织工程施工;遇到干扰事件时,应尽力防止业主损失的发生、避免损失的扩大。工程师应该正确、公正地解释和履行合同,不得滥用权力。业主应该为承包商履行工程合同及时提供各种必要的协助,按时支付工程款。

3. 诚实信用原则在合同终止之后的体现

合同终止后,合同当事人还应当遵循诚实信用的原则,根据交易习惯继续履行通知、协助、保密等义务。

4. 诚实信用原则在合同其他方面的体现

在合同没有约定或约定不明确时,可以根据公平和诚实信用原则进行解释。而如果出现违反诚实信用原则的欺诈行为,合同当事方可以提出索赔,甚至可以提出仲裁或诉讼。

仲裁机构或法院在审理或裁决合同争议时,可以根据这个原则作出裁决。

为了保证工程项目总目标的实现,人们越来越强调双方利益的一致性和双方的伙伴关系,强调双方的共同点,而诚实信用是达到这种境界的基础,是双方合作的桥梁。合同双方诚实信用,以及社会诚实信用的氛围能够保证合同的成功履行,能够降低合同的交易和履行成本,提高工程项目实施和管理的效率。

四、合同的公平原则

合同调节双方的民事关系,签订合同是双方的民事法律行为,应遵循公平原则。我国民法典第六条规定:“民事主体从事民事活动,应当遵循公平原则,合理确定各方的权利和义务”。

合同应该不偏不倚,体现着双方经济责权利关系的平衡(见图 1－2 所示),维持合同当事人在工程项目中的合法权益。如果不能保持这种均衡的状态,则经常会导致其中一个合同当事方的损失,或整个工程项目的失败。

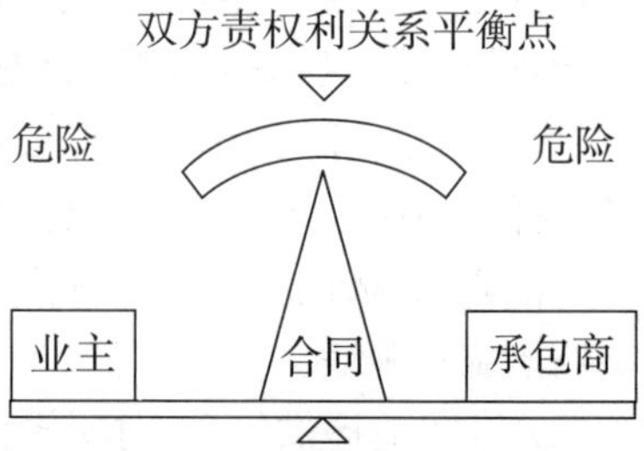

图 1－2　合同双方责权利关系的平衡

将公平作为合同当事人的行为准则,有利于防止当事人滥用权利,能更好地履行合同义务,实现合同的预期目标。公平原则体现在如下几个方面:

1. 在招标过程中,业主应该公平、公正地对待每个投标人,对各个投标人用统一的标准评标,对所有的投标人发布一致的信息。

2. 应该根据公平原则确定合同双方的责权利关系,合理地分担合同风险,使合同的各方当事人责权利关系达到平衡。

3. 在合同履行过程中,统一地使用合同和法律标准约束合同当事方。在解释合同、决定价格、发布指令、解决争议时,工程师应该公正行事,兼顾双方的利益。

4. 在民法典中,为了维护公平、保护弱势一方,对提供或起草合同条件的一方从以下方面进行了限制:

(1) 提供格式条款的一方应当遵循公平原则确定当事人之间的权利和义务。

(2) 提供或起草合同条件的一方有提示、说明的义务,应当采取合理的方式提醒对方注意免除或者限制其责任的条款,并且按照对方的要求,对该条款进行说明。

(3) 提供或起草合同条件的一方,过度免除自己的主要责任、排除对方主要权利的条款,在特定情形下是无效的,例如违背了法律或工程惯例。

(4) 对合同条款有两种以上解释的,即合同的理解产生了歧义,应当采用不利于提供提供或起草合同条件的一方进行解释。

在工程中,通常由业主提供招标文件和合同条件,所以,业主就应承担提供或起草合同条件相应的责任。

5. 当合同没有约定或约定不明确时，可以根据公平和诚实信用原则解释合同。

五、合同的效率原则

订立和履行工程合同的根本目的是为了高效率地完成工程项目，实现项目的总体目标，因此，合同应该有助于提高工程实施和管理效率、改进管理方法和技术、完善管理程序。

1. 工程合同和合同管理应该符合现代工程项目管理的原则、理念、理论和方法，反映和体现现代工程经营方式和管理模式，反映现代工程项目管理的实践。

2. 工程合同和合同管理应该能够促进项目实施和管理效率的提高。在合同解释、责任分担、索赔处理和争议解决时，应该考虑到不能违背项目的总目标，应该能够促进合同双方在较短的时间内高效率地完成合同，要尽量降低双方订立和履行合同的总成本，以及与合同的订立和履行相关的社会成本（例如，其他投标人因工程项目投标而产生的费用）。

3. 工程合同应该能够作出有预见性的规定，减少未预料到的问题和额外费用；应该尽可能地减少索赔，避免和减少争议，并使争议的处理简单、快捷，节约时间和费用。

4. 工程合同应该使项目总目标的实现更有确定性，使各个参与方对实现项目目标更有信心，鼓励各方互相信任和合作，促进各方面的协调和沟通，激励有效的团队精神，调动各方参与项目管理的积极性和技术方面的创造性。

5. 在定义项目组织、责任界面、管理程序和处理方法时，工程合同应有更大的适用性和灵活性，使项目管理更加方便和高效率。

6. 工程合同是为项目实施服务的，而工程项目是由承包商具体实施的，所以，合同应符合工程项目的要求，便于参与项目的人员理解，采用工程人员，特别是承包商能够接受的表达方式和语言。

第三节　建设工程合同的法律基础

一、合同法律基础的作用

按照合同的法律原则，工程合同的签订和实施是一个法律行为，受到一定的法律制约和保护。任何一份工程合同都是在一定的法律背景下签订和实施的，这些法律被称为合同的法律基础或法律背景。它对工程合同有如下作用：

1. 合同在其订立和履行过程中受到这些法律的制约和保护。该合同的有效性、合同订立和履行带来的法律后果应该按照这些法律的规定或精神进行判定。该法律保护合同各方当事人的合法权益。

2. 对一份有效的工程合同，合同是双方实施工程项目的第一行为准则。通常，合同不违背法律的，以合同为准；合同没有约定或约定有歧义的，根据法律的规定进行补充和解释。如果出现合同规定以外的情况，或合同本身不能解决的争议，或合同无效，则需要明确解决这些问题所依据的法律和程序，以及这些法律条文在应用和实施中的优先次序。

合同的法律基础是工程合同的自有特性，它对合同的订立、履行、合同争议的解决常常起决定性作用。

二、国际工程合同的法律基础

订立和履行工程合同是民事法律关系的行为,由相关方自由约定,所以,属于国际私法的范畴。国际私法对跨国关系没有定义适用的法律,即国际上没有统一适用的合同法。按照惯例,工程合同的当事方关系通常受到合同履行地、工程所在国、当事人的国籍所在地、合同签字所在地、诉讼所在地等法律的保护。

(一) 国际上的两大法律体系

在国际上,主要有两大法律体系,即判例法系和成文法系。

1. 判例法系

该法系源于英国,以英国和美国为主,又叫英美法系。原来的FIDIC合同就以此法系为基础。判例法的主要特点有:

(1) 判例法的法律规定不仅采用法律条文和细则的形式进行阐述,要了解法律的规定和规律(精神),不仅要看法律条文,还要结合过去典型判例的裁决。

(2) 对于民事关系行为,合同是第一性的,是最高法律。所以,在此法系中合同条文的逻辑关系和法律责任的描述和推理要十分严谨,合同条件应严密,文字准确,合同附件多,约定十分具体。在该法系中,合同自成体系,条款之间的互相关联和互相制约多。

(3) 由于判例对合同的解释和争议的解决有特殊的作用,国家有时会颁布或取消某些典型的、值得仿效的判例。

(4) 在争议裁决时更注重合同的文字表达。

由于这个特点,使得在国际上最著名的、比较完备的和成熟的标准合同条件都出自英国或美国,国际工程中典型的判例通常也都出自该法系的国家。

2. 成文法系

该法系源于法国,又叫大陆法系,法国、德国、中国、印度等以成文法系为主。成文法系的特点是:

(1) 国家对合同的订立和履行出台了具体的法律、法规、条例和细则的规定,在不违反这些规定的基础上,合同双方再约定合同条件。如果有抵触,则以国家的法律法规为准。

(2) 由于法律比较细致,所以,合同的条款比较简短,如果合同中有漏洞、不完备,则以国家的法律和细则为准。

(3) 成文法的合同争议裁决以合同文字、国家成文的法律和细则作为依据,也注重实事求是、合同的目的、合情合理原则。

由于国际工程项目越来越多,很多属于不同法系的业主和承包商在项目上合作,促使现代工程合同的示范文本必须体现两个法系的结合。例如:FIDIC合同条件虽然源于英美法系,但是,增加了许多适用于不同国家法律制度的规定,即以政府颁布的税收、规范、标准、劳动条件、劳动时间、工作条件、工资水平为依据,承包商应在当地取得执照、批准,符合当地的环境保护法的规定,承包商必须遵守当地的法律、法规和细则,合同如果与所在国法律不符,必须根据进行法律修改等。

(二) 国际工程合同的适用法律

在国际工程中,合同双方来自不同的国家,各自有不同的法律背景。而对国际工程合同不存在统一适用的法律。这会导致对同一合同有不同的法律背景和解释,经常会导致合同履行过程中的混乱和争议解决的困难。对此，必须在工程合同中定义适用于合同关系的法律，双方必须对此法律达成一致。以 FIDIC 合同条件为例，在其第二部分即专用条件中必须明确，使用哪个国家或哪个州的法律解释合同。则在合同专用条件中，合同指定的法律即为本合同适用的法律基础。

对国际工程合同适用的法律选择，通常有以下几种情况：

1. 合同双方都希望以自己本国的法律作为合同适用的法律基础。因为使用本国的法律，自己比较熟悉，对合同行为的法律后果比较清楚，合同的风险相对较小。如果发生合同争议，也不需花过多的时间和精力学习或研究法律的内容，在合同履行过程中自己处于有利地位。

2. 如果采用本国法律的要求被否决，最好使用工业发达的第三国（如瑞士、瑞典等）的法律作为合同适用的法律基础。因为这些国家的法律体系比较健全、严密，而且作为“第三者”，具有公正性。这样，合同双方地位比较平等，争议的解决也可能更公正。

3. 招标人确定合同适用的法律基础。在招标文件中，发包人（业主或总承包商）凭借他们的主导地位，规定他们国家的法律适用于合同关系，并且在合同谈判过程中，这个规定往往很难修改，发包人不肯作出让步。这也成为一个国际工程惯例，发包人通过这一条保证自己在合同履行中法律上的有利地位。如果遇到重大争议，这些法律规定可能会对承包商的利益产生非常不利的影响。所以，承包商应该在参与合同投标时就必须清楚地了解这个方面，并学习该国法律的一般原则和基本特点，使自己的思维和行动适应这些法律的规定。

4. 如果合同中没有明确规定合同关系所适用的法律，按国际惯例，一般采用合同签字所在地或项目所在地（即合同履行地）的法律作为合同适用的法律基础。

5. 对于工程总承包合同而言，通常工程项目所在地国家的法律适用于合同关系。而工程分包合同选用的法律基础可以与总承包合同一致。但是，也有总承包商在分包工程的招标文件中规定，以总承包商所属国的法律作为分包合同适用的法律基础。

例如：在伊朗实施的某国际工程项目，业主为伊朗政府的一个部门，总承包商为德国的一个公司。总承包合同规定，以伊朗法律适用于合同关系。按伊朗法律的特点，合同的法律基础的履行次序为：

（1）总承包合同；

（2）伊朗民法典；

（3）伊斯兰宗教法。

而该总承包合同所属工程范围内的一个分包商是日本的一个公司，该分包合同却以德国的法律作为法律基础。则该分包合同法律基础的组成为：

（1）分包合同；

（2）总承包合同的一般采购条件；

（3）德国建筑工程承包合同条例；

（4）德国民法典。

当然，在国际工程中，合同及其实施不得违反工程所在国的各种法律，例如：合同法、民法、外汇管制法、劳工法、环境保护法、税法、海关法、进出口管制法、出入境管理办法等。

三、我国工程合同适用的法律体系

(一) 我国法律体系的概况

在我国境内实施的工程合同都必须受到我国法律的约束。我国制定了一整套法律体系约束和规范工程合同的订立和履行。这个法律体系主要包括法律、行政法规、行业规章、地方法规和地方部门的规章几个层次。

1. 法律

法律指由全国人民代表大会及其常务委员会审议通过并颁布的法律,例如:宪法、民法典、民事诉讼法、仲裁法、文物保护法、土地管理法、会计法、招标投标法、建筑法、环境保护法等。在其中,民法典、招标投标法和建筑法是适用于建设工程合同最重要的法律。

2. 行政法规

行政法规指由国务院依据法律制定或颁布的法规,例如:《建筑工程安全生产管理条例》《建设工程质量管理条例》《建设工程勘察设计管理条例》等。

3. 行业规章

行业规章指由住建部或(和)国务院的其他主管部门依据法律和行政法规制定和颁布的各项规章,例如:《建设工程施工许可管理办法》《工程建设项目施工招标投标管理办法》《建筑工程设计招标投标管理办法》《建筑业企业资质管理规定》《建筑工程施工分包与承包计价管理办法》等。

4. 地方法规和地方部门的规章

地方法规和地方部门的规章是法律和行政法规的细化、具体化,如地方的《建筑市场管理办法》、《建设工程招标投标管理办法》等。

下一个层次的(例如地方政府、地方部门)法规和规章不能违反上一个层次的法律和行政法规,而行政法规或行业规章也不能违反法律,由此,共同形成一个完整的法律体系。在不矛盾、不抵触的情况下,在上述体系中,对于一个具体的合同和问题,通常情况下,特殊的、详细的、具体的规定优先。

(二) 适用于工程合同关系的法律

工程合同具有一般合同的法律特点,同时又受到工程相关法规的制约。工程合同的种类繁多,不同的工程合同,其所适用的法律内容和履行次序也有所不同。

1. 工程承包合同

工程承包合同是业主与承包商之间签订的合同。适用于它的法律及履行次序为:工程承包合同、民法典。

如果在合同的订立和履行过程中出现争议,先按照合同的规定解决;如果解决不了(例如,争议超出了合同规定的范围,或合同未对产生的争议问题进行规定),则应按照民法典的规定解决。

2. 建设工程勘察设计合同

一般而言,建设工程勘察设计合同是业主与勘察设计单位签订的,但是,对于设计-建造总承包项目而言,总承包商可以与勘察设计单位签订该合同。它与工程承包合同相似,其所适用的法律内容和履行次序为:建设工程勘察设计合同、民法典。

3. 工程承包联营体合同

工程承包联营体合同在性质上不同于一般的经济合同，它的目的是组成联营体。其所适用的法律及履行次序为：工程承包联营体合同、民法典。

4. 工程中的其他合同

对于工程项目中参建方所签订的其他合同，例如：分包合同、材料和设备采购合同、加工合同、运输合同、借款合同等，适用于它们的法律为：该合同、民法典。

除了上述法律外，由于建设工程是一个非常复杂的社会生产过程，在建设工程合同的签订和实施过程中还会涉及许多法律问题，适用其他相关的法律法规。主要包括：

(1)《中华人民共和国建筑法》(本书简称“建筑法”)。建筑法是建筑工程活动的基本法。它规定了施工许可，施工企业资质等级的审查，工程承发包，建设工程监理制度等内容。

(2) 涉及合同主体资质管理的法规。例如：国家对签订工程合同各方的资质管理规定(如建筑业企业资质管理规定)，资质等级标准。这会涉及工程合同主体资质的合法性。

(3) 建筑市场管理的相关法律法规。例如：《中华人民共和国招标投标法》(本书简称“我国招投标法”)，该法是为了规范招标投标活动，保护国家利益、社会公共利益和招标投标活动当事人的合法权益，提高经济效益，保证项目质量制定的法律。

(4) 建筑工程质量管理的相关法律法规。例如：《建设工程质量管理条例》《中华人民共和国标准化法》。

(5) 建筑工程造价管理的相关法律法规。例如：《建设工程价款结算办法》等。

(6) 合同争议解决方面的相关法律法规。例如：《中华人民共和国仲裁法》《中华人民共和国民事诉讼法》。

(7) 工程合同订立和履行过程中涉及的其他法律法规。例如：《中华人民共和国城市规划法》《中华人民共和国个人所得税法》《中华人民共和国劳动法》《中华人民共和国环境保护法》《中华人民共和国保险法》《中华人民共和国担保法》《中华人民共和国文物保护法》《中华人民共和国土地管理法》《中华人民共和国安全生产法》《中华人民共和国消防法》等。

第四节　建设工程合同的生命期过程

合同存在于工程项目的整个生命期期中，任何一份工程合同都经历形成和履行两个阶段。从合同开始形成直到合同责任全部完成、合同结束，通常都有几年时间，经历很多过程。合同管理必须在合同的整个生命期中进行，在合同的不同阶段，合同管理有不同的任务和重点。一份工程承包合同的生命期可用图 1－3 表示。

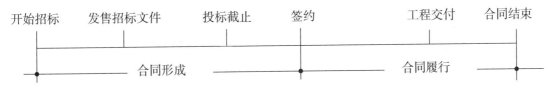

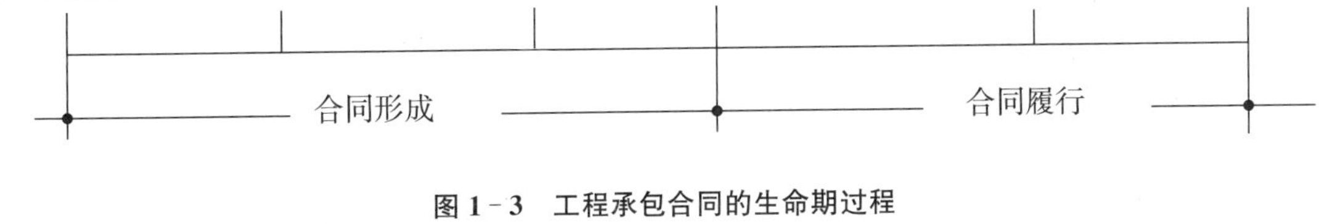

图 1－3　工程承包合同的生命期过程

基于图1-3,进行的具体说明如下:

(1) 在业主开始招标至投标截止日期的时间内,业主主要是进行编制招标文件、资格预审、向承包商提供招标文件、召开投标前的答疑会议、组织承包商现场踏勘等工作;而承包商(作为投标人)主要是了解工程项目的要求、研究招标文件、提出投标文件中发现的问题或疑问、编制并投递具有竞争力的投标文件。

(2) 在投标截止日期至签约的时间内,主要是业主清标、召开澄清会议、评标并宣布中标单位,并与承包商进行合同谈判。

(3) 在签订合同至工程交付的时间内,主要是承包商根据合同实施工程项目的内容,并将竣工的工程项目移交给业主;业主根据合同支付工程款,进行项目实施过程中的质量、进度和成本控制。

(4) 从工程交付至合同结束的时间,在国际工程中被称为缺陷通知期(Defects Notification Period),而国内习惯称之为保修期。根据项目规模的大小,以及业主的要求,一般是1年左右。在此时间内,承包商主要负责完成扫尾工作内容,修复该时期内发现的缺陷。至此,业主也应该履行合同规定的支付及其他义务。双方履行完成合同义务之后合同结束。

一、工程合同的形成阶段

(一) 一般合同的形成过程

合同的形成阶段主要是合同的订立过程。当事人订立合同具体有很多种形式,例如书面形式、口头形式和其他形式。但是,不论采取什么方式,都必然经过要约和承诺两个步骤。我国民法典合同编规定,"当事人订立合同,可以采取要约、承诺方式或者其他方式"。

1. 要约

要约在经济活动中又被称为发盘、出盘、发价、出价、报价等。

(1) 要约(Offer)是当事人一方向另一方提出订立合同的愿望。提出订立合同愿望的当事人被称为"要约人",接受要约的一方被称为"受要约人"。要约的内容必须具体明确,表明只要经过受要约人的承诺,要约人即接受要约的法律约束力。

(2) 要约人提出要约是一种法律行为。它在到达受要约人时生效。要约生效后,在要约的有效期内,要约人不得随意反悔(撤销要约)。

(3) 要约人可以撤回要约。如果要约人希望撤回要约,撤回要约的通知应当在要约到达受要约人之前,或与要约同时到达受要约人。

(4) 要约人也可以撤销要约。如果要约人希望撤销要约,撤销要约的通知应当在受要约人发出承诺通知前到达受要约人。

(5) 在如下情况下,要约无效:

① 拒绝要约的通知到达要约人;

② 要约人依法撤销要约;

③ 在承诺期限内,受要约人未作出承诺;

④ 受要约人对要约的内容作出实质性变更。

(6) 有时,当事人一方希望他人向自己发出要约,例如,发布拍卖公告、寄送价目表、发布招标公告和招标文件、发布商业广告等。这些是要约邀请,而不是要约。

2. 承诺

(1) 承诺(Acceptance)即接受要约,是受要约人同意要约的意思表示,受要约人又被称为“承诺人”。

承诺也是一种法律行为,“要约”一经“承诺”,就被认为当事人双方已协商一致,达成协议,则合同即告成立。承诺有两个条件:

① 承诺人按照要约所指定的方式,无条件地完全同意要约(或新要约)的内容。如果受要约人对要约的内容作了实质性变更,则要约失效,而变成了新的要约。

② 承诺应在要约规定的期限内到达要约人,并符合要约所规定的其他要求。

(2) 承诺一般以通知的方式作出,承诺通知到达要约人时承诺生效;承诺生效时合同成立。

(3) 承诺可以撤回。如果承诺人希望撤回承诺,撤回承诺的通知应在承诺通知到达要约人之前,或与承诺通知同时到达要约人。

(4) 新要约。如果受要约人要求对要约的内容作出实质性变更(例如,修改合同标的、数量、质量、合同价款、履行期限、履行地点和方式、违约责任和争议解决方法等),或超过规定的承诺期限才作出承诺,都不能视为对原要约的承诺,而只能作为受要约人提出的“新要约”。只有当原要约人完全接受了这个新要约,才算达成协议,并且合同以新要约的内容为准。

在合同的订立过程中,当事人双方通常会对合同条款进行反复的磋商,经过多次商谈,在其中存在很多次的“新要约”,最终才达成一致意见,签订合同。

(5) 承诺生效的地点为合同成立的地点。如果当事人签订合同协议书,则双方当事人签字或盖章的地点为合同成立的地点。

(二) 工程合同的签订过程

工程合同的订立一般都是通过招标投标方式进行的。在这个阶段业主作为发包人,承包商作为投标人,他们主要有如下几方面工作。

1. 业主的招标工作

工程招标是业主的要约邀请,业主发出招标公告或招标邀请,起草招标文件,对投标人进行资格审查,并向通过资格预审的投标人发售招标文件,举行标前会议,带领投标人勘查现场,直到投标日期截止。

2. 承包商的投标工作

这项工作从投标人取得招标文件开始,到开标为止。

作为投标人的承包商在通过业主的资格预审后,获得招标文件;并进行详细的环境调查;分析招标文件,确定工程范围、项目责任;制定完成项目实施方案;在此基础上,进行工程投标价格的计算。投标人必须全面响应招标文件的要求,提出有竞争力的,同时又是对自己有利的报价,在招标文件规定的投标截止日期内,按规定的要求递交投标书。

投标书是要约文件,因此,在投标截止期后投标人应该对它承担法律责任。

3. 评标并商签合同

从开标到正式签订合同是评标和商签合同的阶段。这个阶段的工作通常分为两个步骤:

(1) 评标。开标后,业主对各个投标文件进行初步评审,确定一些不符合招标要求的投标文件作为废标,并通知相应的投标人。一般选择几个报价低而合理,同时又是具有一定竞争力的投标人的投标文件进行重点研究,进行对比分析(清标);并要求投标人澄清投标文件中的问题。当然,对于采用最低价中标招标方法的项目而言,在项目开标时,通过对价格的比较,即宣布提出最低价投标文件的投标人作为中标人。

业主通过对投标文件的全面评审,选定中标人。

(2) 签订合同。业主发出中标函,中标函是业主的承诺书。至此,投标人通过竞争,在所有的竞争对手中胜出,为业主选中。该中标人即是工程项目的承包商。

按照工程惯例,在发出中标函之后的一定时间内,合同双方还要签署协议书,作为正式的合同文件。通常在中标函发出后,合同签订前,业主通常还会与中标人就项目实施的细节、工程合同的内容进行进一步的商谈,对合同条款作修改和补充,在其中可能有许多“新要约”,最终才达成一致,签订合同协议书。至此,一个有法律约束力的工程合同诞生了。

二、工程合同的履行阶段

这个阶段从合同签订到合同结束。这个阶段的工作主要有:

1. 合同履行前工作,即合同履行的准备工作。这个阶段的合同管理工作包括合同的分析和合同交底工作,合同实施管理体系的建立等。

2. 工程施工阶段的合同履行工作。为了实现预期的项目目标,合同双方需要紧密合作:承包商必须按合同规定的质量、工期和技术要求完成工程项目的设计、采购、施工工作,并达到项目的竣工要求;业主为承包商的工程施工提供必要的条件,及时支付工程款,及时接收合格的工程项目或工程内容。在这个阶段,合同管理的主要工作是完成合同履行的监督、跟踪、诊断、合同变更和索赔(反索赔)工作。

3. 保修期(缺陷通知期也称为缺陷责任期)。在这个时期内,承包商需要完成扫尾工作、缺陷的修复工作,以及工程项目的保修责任。在承包商的合同责任全部完成,业主的工程款全部支付后,合同结束。

从合同管理的角度,在工程结束后应该进行合同后评价,为后续工作绩效的改进提供参考和依据。

第五节　现代建设工程合同的发展

一、传统的建设工程承发包模式与合同

合同是为工程项目的实施服务的,是实现工程项目目标的手段。所以,合同的内容和形式是随着工程项目的融资模式、承发包模式、管理模式、项目管理理论和方法的变革而逐步发展和变化的。

从总体上说,在19世纪和20世纪,工程承发包的主流模式是设计和施工分离的平行承发包,即业主委托设计单位负责设计,用规程和图纸描述工程项目的技术细节,设计完成后才能进行工程施工的招标。业主提出合同条件、规程、图纸和工程量表,要求承包商接受合同条件,投标报价,通常以单价合同承包工程。它的特点有:

1. 能够提高各个专业工程设计和施工的专业化水平，改进工程实施的效率。但是，由于设计和施工分离，设计单位按照工程总造价取费，对施工成本和方案了解很少，对工程成本和施工的难易程度不太关心；施工承包商按照设计确定的工程量计价。他们都希望扩大工程范围和工程量，都缺乏工程优化的积极性、创造性和创新精神。所以，这不利于设计方案和施工方案的优化，不利于工程领域科技的进步。

同样，由于工程项目的规模越来越大，技术越来越复杂，承包商如果不提前介入设计过程，要圆满地完成工程项目的施工任务，实现质量、工期和成本目标是十分困难的。

由于设计和施工的分离，在施工招标前必须完成设计，同时施工单位对设计的理解需要时间，所以，会大大拖延整个工期。

2. 这种模式比较符合工程项目实施过程的规律性，可以有步骤地进行设计、采购和施工，但是，它将各专业工程的设计、采购、施工等环节割裂开来，工程责任分散，从总体上缺少一个对工程的整体功能目标负责的承包商。业主面对的设计、施工、供应单位很多，必须负责他们之间的协调，对他们之间的相互干扰所引起的各类问题承担责任。这会损害工程项目的整体目标。

3. 在这种模式中，业主通常可以分阶段进行招标，能够通过更好的沟通协调和项目管理，加强对工程项目的控制，工程造价的确定性较大，有利于项目的质量、进度和投资控制；对于承包商而言，他们的工程范围和责任界限比较清晰，设计单位、设备供应单位、工程施工单位之间存在着一定的制约关系。

但是，由于工程项目设计和施工的专业化分工，各个单位之间需要大量的协调工作，由此，业主也需要投入大量的时间和成本进行管理，降低了项目实施的效率，整个项目的责任体系还可能出现“责任盲区”。例如：在工程项目中，由于设计图纸的拖延或错误，造成土建施工的拖延或返工，进而造成安装工程施工的拖延或返工。土建承包商和安装承包商并不能向设计单位索赔，而需要向业主索赔，这是由于他们与设计单位之间没有合同关系。但是，业主也不能向设计单位索赔，这是因为设计单位的赔偿能力和责任是很小的（见图 1－4 所示）。显然，在这个事件中，并非由于业主的直接原因产生了这些问题，却为此承担了相应的损失。这种情况在分阶段、分专业平行承包的工程项目中比较常见，这也是合同争议和索赔的主要原因。所以，由于这类问题引起的工程合同争议较多，索赔较多，引起的工期延误问题比较严重。统计表明，工程项目中，有 72％的索赔事件是由于设计变更引起的（见参考文献 1）。

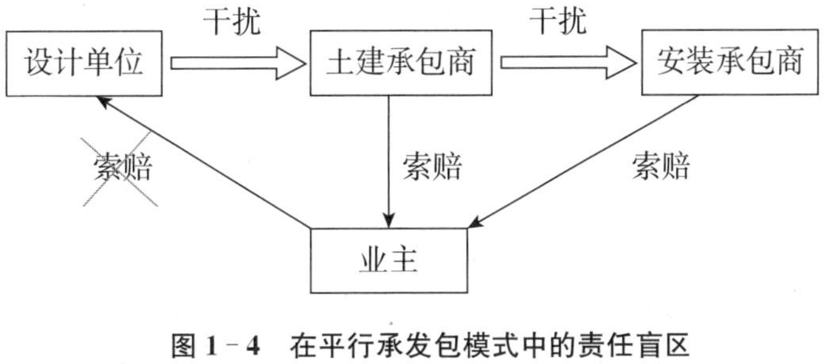

图 1－4　在平行承发包模式中的责任盲区

所以，在招标时，工程内容的划分越细、参与的单位越多，所产生的责任连环越多、责任盲区越大，在工程项目的实施过程中，出现的问题就越多。

使用这种发包方式,项目的计划和设计必须周全、准确、细致,严格区分各承包商的工程内容的范围和责任界限,否则在项目实施过程中,很容易形成混乱状态。

在大型工程项目中,采用这种模式进行合同体系设计,业主将面对很多承包商(包括设计单位、供应单位、施工单位),直接管理承包商的数量太多、管理跨度太大,业主需要对出现的各种问题进行协调,对于不是经常进行工程建设的业主常常很难胜任这些工作,容易造成协调的困难,造成工程项目实施过程中的混乱和失控。相反,作为有经验的房地产开发商,他们积累了丰富的项目管理经验、建立了健全的组织机构、形成了完善的项目管理流程,经常采用这种合同形式,进行招标和管理项目。

在这种模式中,由于业主的管理工作量大,经常忙于工程管理的细节问题,会冲淡对战略和市场的关注。

4. 工程分标过细,工程招标次数多和投标的单位多,会增加业主的招标管理工作量、产生大量的无效投标,浪费了社会资源,而且更容易产生腐败现象。

5. 业主委托工程师管理工程。在国际工程项目中,一般而言,工程师的责任很大,在工程项目中发出指令,裁决合同争端,决定给承包商的费用补偿和工期延长。但是,工程师与工程项目的最终效益没有直接的关系,所以,不一定有积极性实施对项目的管控。而业主一般难以对其进行控制,有时,为了实现项目的目标,对他施加压力,要求苛刻地对待承包商;而由于业主支付工程师的专业服务费用,所以,承包商又怀疑他在项目管理过程中的公正性。为了降低业主的投资和风险,有的工程师会在合同签订和履行,以及在争议解决中偏向业主,这很容易造成承包商与业主和工程师之间的对立,不利于合同伙伴关系的形成。

6. 承包商接受合同条件、规程、图纸和工程师的指令。承包商对工程项目的设计参与度很低,一般都是按图报价和按图施工。由于他没有充分介入工程项目的设计过程,对设计的理解容易产生偏差。此外,工程项目是由大量的承包商平行承包实施的,单个承包商一般只对自己负责的工程内容具有更高的管理积极性,而对整个工程项目的实施方法、进度和风险无法形成统一的安排。这样的问题会引起整个项目工期的拖延和成本的增加。

7. 早期的工程合同一般是由律师起草的,他们趋向于采用严厉的合同形式,并认为合同条件主要是为了更有利地解决合同的问题或争议,而不是首先为了高效率地完成工程项目的目标。在合同中强调制衡措施,注意清晰地划分各方的责任和权利,注重合同语言在法律上的严谨性和严密性。

过强的法律色彩,会使项目组织的界面管理变得十分困难,沟通障碍增多,争议更大,导致合同当事人的合作气氛不好。而且太强的法律语言风格,容易使工程项目的管理人员无法更有效地阅读、理解和履行合同,由此降低了项目实施的效率,增加了合同管理的成本。

8. 传统的合同并不激励承包商良好的管理和创新。如果承包商在建筑、工程技术等方面创新,提出合理化建议,反而会带来合同责任、估价和管理程序方面的困难,会引起费用、工期方面的争议。承包商发现工程问题,经常是在符合自己利益的情况下才通知业主。

传统的合同从客观上鼓励索赔,由此,更容易产生索赔和争议。合同当事人了解和研究合同,都将重点放在如何索赔和反索赔上。所以,合同的签订和履行氛围不好,在工程项目的实施过程中经常出现争议,业主需要追加投资、延长工期,很难实现多赢的目标。

9. 传统的合同关系适用于内容简单、参与方很少、合同关系清晰、施工技术和管理都不太复杂的工程项目。它的支付策略比较单一、固定、僵化。而且不同的专业领域适用不同的合同文本，要求工程管理人员熟悉不同形式、风格、内容的合同文本。这导致工程合同文本和合同条款的数量越来越多，增加了项目管理的成本。

从总体而言，这种模式常常会导致总投资的增加和工期的延长，影响工程项目总目标的实现。而且，会对建筑业的发展、工程领域的科技进步、工程承包市场良好的合作关系产生负面的影响。

二、现代工程项目的特殊性

1. 由于大型、特大型、复杂、高科技的工程项目越来越多，工程项目各种系统界面（例如，工程项目的设计、施工、供应和运营界面，各专业工程的界面、组织界面、合同界面等）管理的难度越来越大，施工技术也变得越来越复杂，对于不能胜任项目管理工作的业主，需要一个能够对工程项目承担全面责任的承包商，即总承包商。

2. 新的融资模式、承发包模式、管理模式不断出现。很多大型公共工程项目采用多元化的投资形式、多渠道的融资模式，例如 PPP、PFI、BOT① 等。在这些项目中，业主要求在早期就能够确定总投资和工程交付的时间。

在大型项目中，采用“设计-采购-施工”（EPC）总承包、项目管理总承包，或承包商参与项目融资，并承担工程项目运行管理的任务，或采用伙伴关系合同，使承包商和业主都能获得更大的效益，更能促进工程项目的成功。

3. 业主对工程和合同要求的变化。业主选择承发包模式、管理模式和合同条件，对工程合同的变革具有导向和推动作用。

（1）由于市场竞争更加激烈、技术更新速度更快，业主面临了更大的快速交付项目的压力，即必须在短期内完成工程项目的建设，达到预定的生产能力（例如开发新产品），以迅速实现预期的投资目标。此外，现代工程项目的工期和质量要求很高，要求严格控制项目的投资。而传统的合同模式不能有效地满足这些要求。

（2）业主对工程项目的投资承担责任，必须对工程项目进行从决策到运营的全生命期管理。业主要求工程项目有完备的使用功能，以迅速实现投资的目标；要求承包商或供应商提高工程和设备的可靠性，提供较长时间的保修或运行维护服务。

（3）业主对承包商的要求和期望越来越高，希望更大限度地发挥承包商的积极性，承担更大的风险责任，而不仅仅是“按图预算”和“按图施工”的传统承包商。要求一个或较少的承包商承担全部或主要的工程项目建设责任，提供全过程的服务，以减少项目组织责任体系中的盲区。

（4）业主希望自己的工作重点放在研究或解决工程项目的市场、融资等战略问题上，而不希望自己再具体地管理工程的建设过程。业主希望简化建筑产品购买的程序，要求建筑业企业像其他工业生产部门一样，提供以最终使用功能为主体的服务。

（5）由于业主的要求和合同策略是多变的，需要工程合同有更大的灵活性和更广泛的适用性。

---

① 注：PPP(Public-Private Partnership)：（公共/民营资本联营）政府、私营企业合作开发和运营；
PFI(Private finance initiative)：（民间资本融资）利用私有资金进行主动开发、建设与运营；
BOT(Build-Operate-Transfer)：建造—经营—移交。

(6) 环境的变化增加了工程项目实施的风险,业主需要对风险进行良好的管理,要求调动各方,特别是承包商的积极性控制风险,保证工程项目的顺利实施。

4. 工程项目要素的国际化。在现代工程项目建设、运行中,所需要的产品、资金、原材料、技术(专利)、厂房(包括土地)、劳动力、承包商等项目要素,经常都来自不同的国家,使得工程项目要素的国际化趋势越来越明显。

当前,国际和国内工程项目的界限在逐渐淡化。这需要合同文本应该适用于不同文化和法律背景的工程项目,不突出反映某一个国家的色彩,更体现国际工程的惯例。

5. 工程的领域在扩展,一些新的工程领域与专业产生了很多新的要求,例如:绿色建筑、建筑节能等,也必须反映在工程合同中。现在工程项目在各专业越来越细分的同时,也出现了其界限越来越模糊的特点,这也需要打破专业的界限,使用相同的管理模式和合同形式。

6. 现代管理领域很多新的理念、理论和方法在工程项目中得以应用,例如:以人为本、团队建设、双赢和多赢、精益管理等,要求工程合同能够反映这些新的要求,以促使各方按照现代工程项目管理的原则和方法管理工程项目。

三、现代工程合同的特点

由于现代工程项目所具有的规模庞大、专业细分、参与方多等特点,传统的工程合同越来越不适应其发展的要求。从 20 世纪 70 年代开始,人们对传统的工程合同关系和合同文本进行了反思和变革。近几十年来,逐渐完成由传统合同向现代合同的转变。建筑行业对工程合同提出了很多新的要求,由此也形成了一些新的合同理念。FIDIC1999 年的新版合同条件不再沿用从 1957 年开始计算的第 5 版,而被称为"第一版";英国的 NEC 合同被称为"新工程合同",就显示了这种转变。

1. 总承包合同逐渐完善

在世界范围内,工程总承包模式得到更加广泛的应用,总承包合同也逐渐得以完善。1984 年,FIDIC 颁布了《设计-施工及交钥匙合同》;1999 年,FIDIC 又重新颁布了《设计-采购-施工(EPC)总承包及交钥匙合同》。

根据美国设计建造学会(Design Build Institution of America)的报告,"设计-建造"总承包(DB)合同在工程项目中应用的比例,已经从 1995 年的 25%上升到 2015 年的 50%左右,即一半的工程项目采用了工程总承包的方式建造。

2. 合同条件具有更强的适应性和灵活性

现代工程项目的发展,要求一个合同文本有广泛的适应性,有助于业主采用更为灵活的合同策略。

(1) 从总体上,现代工程合同文本应该能够适应以下基本情况:

① 不同的融资方式、不同的承发包模式(例如,工程施工承包、EPC 承包、管理承包、"设计-管理"承包、CM 承包等)和不同的管理模式;

② 不同的专业领域或内容工程承包(例如,基础设施施工、房屋建筑工程施工;土木工程施工、机电工程施工、装饰装修工程施工);

③ 不同的计价方式(例如,总价合同、单价合同、目标合同或成本加酬金合同);

④ 不同的项目规模;

⑤ 由一个承包商全部承包所有的工程内容，或由多个承包商组成的联营体承包所有的工程内容；

⑥ 不同的国家，或不同的法律基础；

⑦ 工程分包的不同幅度，从 0 至 100%，即从没有分包至工程项目整体分包。

具有适用性和灵活性的合同文本，可以显著减少合同文本的数量，降低不同合同之间界面管理的难度。

(2) 为了加强合同文本的完备性和灵活性，现代工程合同条件都尽可能全面，提供尽可能多的选择性条款，让合同管理专业人员有更多的自由进行选择，以减少专用条款的数量，减少合同使用人员随意地进行修改。例如，现代工程合同条件更强调灵活地分担双方的责任、风险共担，采用灵活的付款方式、保险方式等。

工程合同设置更多的条款选项，能够让使用者选择最佳的合同策略，促进管理水平的提高。但其存在的问题是，合同条款之间的引用太多，合同结构变得更加复杂，增加了阅读和理解的困难。

3. 工程合同体现了现代工程项目管理的理念

现代工程合同更能体现现代项目管理的发展理念，反映新的项目管理理论、方法和实践。

(1) 工程合同鼓励项目的参与方按照现代项目管理的原理和方法管理好自己负责的工作内容，促进良好的管理。由此，业主能够更好地实现项目的总目标，工程师可以有效地管理工程，承包商更积极地履行合同的义务。

(2) 加强业主和承包商的合作责任，鼓励参与方之间更好的合作，要求双方在合同履行中相互支持、维护对方的利益等，促成参与方之间相互信任，激励团队精神，建立伙伴关系，而不是传统合同提倡的相互制衡。

例如：在一些新的工程合同中规定，合同双方有义务加强合作，不合作就是违反合同的行为。合同双方应诚实信用、相互信任，加强沟通和协调，有相互通知的责任，有知情权。这样业主、工程师和承包商之间的关系就会变得更为密切，项目管理者就能够有效地控制风险，减少争议。

(3) 鼓励承包商发挥管理和革新的积极性、创造性，通过自己的技术优势，节约成本增加盈利机会，使双方都获得利益。

例如：现代工程合同(NEC 合同)鼓励承包商提出预先警告，即一旦预见到会影响工程质量、成本和工期的事件，应立即通知工程师或业主。

(4) 各参与方对合同的策划、招标投标、合同履行控制和索赔处理等，越来越显示出理性，主要表现在以下几个方面：

① 工程合同更体现双方的合作和双方利益的一致性，强调伙伴关系，照顾各方的利益，实现多赢；

② 更科学和理性地分摊合同中的风险，通过灵活的分摊风险，使双方都有风险控制的积极性，而不是强调风险规避或首先考虑推卸风险的责任；

③ 强调公平合理，公平地分担工作和责任，强调工程(工作)和回报之间的对等与平衡；

④ 索赔事件的处理程序更合理、规范、快捷，减少不确定性；

⑤ 为了确保承包商完成的工程内容能够及时获得合同规定的支付，要求业主向承包商

提供资金安排的证明,否则,业主应承担相应的违约责任等。

(5) 随着工程项目管理新的发展,对工程合同还提出很多新的要求,主要包括以下几个方面:

① 工程合同应该体现工程项目的社会和历史责任,强化对"健康-安全-环境(HSE)"管理的要求;

② 工程合同应该反映工程项目的全生命期管理和集成化管理的理念和要求;

③ 工程合同应该反映供应链在工程项目中的应用;

④ 工程合同应该体现现代信息技术(例如 BIM)在工程项目中的应用,促进项目参与方共同工作平台的构建和无纸化管理目标的实现。

4. 工程合同注重促进更好的项目管理实践

在保证法律的严谨性和严密性的前提下,工程合同更反映工程项目管理的实践,注重符合工程项目管理的需要,促进良好的管理。工程合同已经逐渐成为现代工程项目管理的一种手段和措施。

(1) 在宏观上,项目管理者逐渐将合同总体策划作为项目组织策划的一部分,先制定工程项目实施的组织策略、承发包模式、管理模式,再进行合同策划。

(2) 通过合同描述现行的工程项目管理实践,合同所定义的管理程序和当事人各方的工作符合日常管理的要求,能清楚描述项目实施过程、项目管理程序和方法,便于参与方履行合同义务。

在现代工程项目中,有一些项目管理者先设计良好的、有适用性的项目管理工作程序(流程图),再起草工程合同,所以在工程合同所描述的过程及其逻辑上是完整而严密的,有更强的适用性。

(3) 采用更有效的控制措施。例如:在 FIDIC 合同条件中,加强工程师对承包商质量保证体系的控制,要求承包商提供质量管理的详细计划和程序;加强承包商在计划和施工中的协调责任;业主有权相信承包商的计划,对承包商的进度计划的实施情况进行严格的控制。

(4) 工程合同越来越强调使用工程语言,更接近工程实践。这样,现代工程合同条件变得更加用户友好,越来越清晰、简洁、明确、易读、易懂、可用,项目管理者不需要深厚的法律专业知识基础就能够理解工程合同的内容。

5. 工程合同具有趋同化的发展趋势

随着工程项目和项目管理的国际化,导致工程合同的同化发展趋势。工程合同条件应该能够适用于不同文化和法律背景的工程项目,具有国际的通用性。这体现在以下几个方面:

(1) 各个国家的标准合同条件趋于 FIDIC 化。很多国家起草的标准合同条件都以 FIDIC 为蓝本,而且在形式和内容上都逐渐与 FIDIC 接近或类似。

(2) FIDIC 合同条件也在借鉴和采用各个国家合同条件的优点。FIDIC(1999 版)施工合同在原 FIDIC 土木工程施工合同(第四版)的基础上增加了很多新的内容。但是,这些新增加的内容实际上有很多都已经在一些国际工程合同条件中出现过,例如:

① 引用了原 FIDIC"设计-施工与交钥匙工程合同条件"的内容,例如承包商文件的管理及相关风险责任的规定,争议解决的 DAB 方法、由于市场物价的变化对合同价格的调整方法等。

② 引用了英国的ECC合同的相关内容，例如承包商的预警责任、工程变更范围的扩大、承包商代表的定义和作用、业主可以接收有缺陷的工程、在缺陷责任期出现严重缺陷导致工程删除和缺陷通知期延长等规定。

③ 借鉴我国建设工程施工合同示范文本的相关内容，例如业主提供材料（甲供材料）的检查、验收及相关责任的规定；承包商提出索赔报告后，工程师（业主）必须在一定时间内答复的规定等。

④ 把过去在国际工程中常用的、作为工程惯例的隐含条款明示化。例如承包商对业主提供的放样参照项目（原始基准点、基准线和基准标高）中出现的明显错误承担责任；承包商对环境调查、对业主提供的资料的理解、实施方案和报价等各方面，所承担风险的程度，应仅仅局限于费用和时间实际可行的范围内等。

6. 建设工程合同的简繁程度发生了变化

建设工程合同经历了一个漫长的发展过程，它的形式和内容都出现了很大的变化。早期的工程合同条件十分简单。例如，在我国直到1990年前，工程合同文本还是非标准化的，即使一个较大规模的工程施工合同协议书也仅仅三至四页左右。

但是，由于现代建设工程项目的规模变得越来越大，参与方之间的合同关系变得越来越复杂，为了实现工程项目的预期目标，项目管理者对合同条件的完备性要求越来越高，合同条款的数量越来越多，与合同相关的支撑文件也越来越多。合同越复杂、越完备，不仅需要更高的合同管理和项目管理水平，也很容易降低效率，增加合同订立和履行的成本。

随着工程技术和工程管理标准化水平的提高、社会的信用程度改善、工程项目中伙伴关系精神的强化、工程惯例的逐步完善，各种技术标准、规程、操作程序、质量管理体系，以及对不可预见问题的处理方法和程序也都逐渐规范化和标准化，工程合同条件的内容和形式也应逐渐趋于简单。就像现代制造业一样，行业内的合同逐渐淡化，人们通过其他的形式对交易行为进行约束和规范，例如技术规程、操作手册、质量控制程序、惯例化的付款方式、对不可预见问题处理方法的规定等。

建设工程合同的由繁至简，反映了建筑工程项目管理上升到一个新的层次、参与方之间有更高的信任程度，由此，能够显著提高工程项目管理的效率。

复习思考题

1. 工程合同在工程项目中的作用主要有哪些？这些作用主要体现在工程合同的哪些方面？

2. 合同的法律原则和效率原则在实施上存在哪些矛盾？

3. 现代建设工程项目对工程合同提出了哪些新的要求？

4. 工程合同文件和合同条款的复杂化对工程项目管理有哪些影响？

第二章　建设工程合同体系

本章提要：介绍建设工程中各个参与方建立的主要合同关系，及各类合同形成的合同体系，建设工程合同的内容、文本形式和结构分析，国内外主要的标准合同文本。

第一节　建设工程中的主要合同关系

工程项目的建设是一个复杂的社会生产过程，它分别经历可行性研究、勘察设计、工程施工和运行等阶段；有建筑工程、土木工程、机电安装等专业的设计和施工活动；有大量的资金需求，需要各种材料、设备和劳动力的供应，以及由此形成的产品或服务市场。由于现代社会化大生产和专业化分工的发展，一个规模较大的工程项目，其参与单位就有十几个、几十个、甚至成百上千个。它们之间形成各种各样的经济关系。由于联系这些关系的主要纽带是合同，所以，一个工程项目就会有各种形式的合同，形成一个复杂的合同体系。

一、业主的主要合同关系

作为工程项目的所有者、发起人，或主要出资人，业主确定了工程项目的总目标。工程项目总目标是通过实施很多工程活动而实现的，例如：工程项目的勘察、设计、各专业工程施工、设备和材料供应、技术服务和项目管理（招标代理、造价咨询、监理）等工作。业主主要是通过各种合同把这些工作内容委托给不同的参与方完成。按照不同的项目实施策略，业主完成一个工程项目需要签订以下各种类型的合同。

1. 工程承包合同

一个工程项目需要签订工程承包合同。一份工程承包合同所包括的工程内容或工作范围会有很大的差异。业主可以将工程施工分专业、分阶段委托，也可以将工程施工与材料和设备供应、设计、项目管理等工作以各种形式合并委托，可以采用“设计-建造”总承包模式、也可以采用“设计-采购-施工”总承包模式。所以，根据项目规模的不同，以及所采用的工程承包策略，一个工程项目可能签订一份、几份，甚至几十份工程承包合同。

2. 勘察合同

勘察合同是业主与勘察单位签订的合同，是根据建设工程的要求，查明、分析、评价建设场地的地质地理环境特征和岩土工程条件，编制建设工程勘察文件的协议。

3. 设计合同

设计合同是业主与设计单位签订的合同。设计合同是根据建设工程的要求，对建设工程所需的技术、经济、资源、环境等条件进行综合分析、论证，编制工程设计文件的协议。但在“设计-建造”或 EPC 总承包项目中，一般由总承包商与设计单位签订设计合同。

根据我国民法典第788条的规定，建设工程勘察设计合同属于建设工程合同的范畴，分为建设工程勘察合同和建设工程设计合同两种。2000年，住建部、国家工商行政管理总局修订《建设工程勘察设计合同管理办法》，制定了《建设工程勘察合同(示范文本)》和《建设工程设计合同(示范文本)》。

4. 供应合同

对由业主负责提供的材料和设备，他必须与相应的材料和设备供应单位签订供应(采购)合同。在一个工程项目中，业主可能签订很多供应合同，也可以把材料供应的工作内容委托给工程承包商，或者把整个设备供应委托给一个成套设备供应企业。

5. 工程咨询合同

在现代工程项目中，业主采用的项目管理模式是多种多样的。例如：业主自己组建团队管理，或聘请工程师管理，或派业主代表与工程师共同管理，或采用CM模式。一般而言，工程咨询合同的工作范围可能包括：可行性研究、设计监理、招标代理、造价咨询和施工监理等，其中某一项或多项工作内容，也可能是全部的工作内容，即由一个工程咨询公司负责整个工程项目的管理工作。

6. 贷款合同

工程项目一般投资规模非常大，很少有业主全部用自有资金完成整个工程项目的建设，所以，业主需要金融机构或其他主体提供部分或全部的建设资金。贷款合同是业主与金融机构(例如银行)签订的合同。后者向业主提供工程项目建设所需的资金。

7. 其他合同

业主还可能需要签订其他类型的合同。例如：业主与保险公司签订的工程保险合同等。

在工程项目中，业主的主要合同关系如图2-1所示。

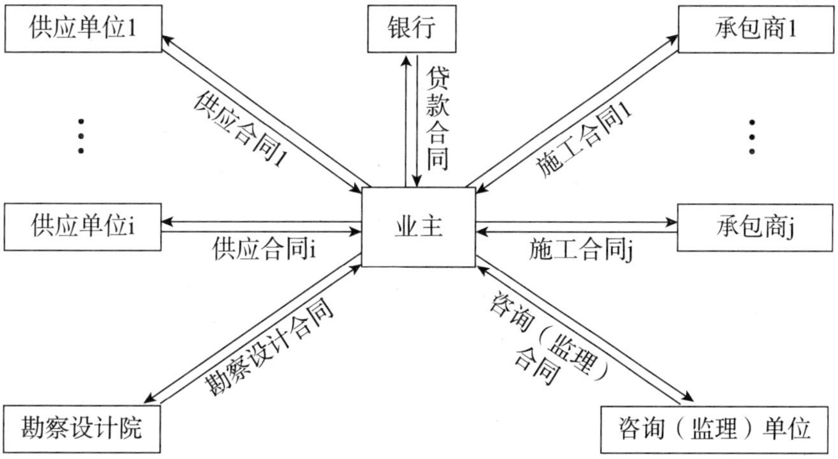

图2-1　业主的主要合同关系

二、承包商的主要合同关系

承包商是工程承包合同的履行者，他负责完成承包合同所确定的工程范围的设计、施工、竣工和保修任务，并为完成这些工程内容提供劳动力、施工设备、材料和管理人员。任何承包商都不可能、也不必具备承包合同范围内所有专业工程的施工能力、材料和设备的生产和供应能力,他同样必须将很多专业工程或工作内容委托给其他单位完成。所以,承包商常常又有自己复杂的合同关系。

1. 工程分包合同

承包商把承接到的工程承包合同范围内的某些专业工程施工内容分包给另一个分包商完成,与他签订工程分包合同。为了完成一个工程承包合同,承包商可能会签订很多工程分包合同。

分包商仅完成分包合同规定的工程内容,并向承包商负责,与业主无直接的合同关系。承包商向业主承担工程承包合同范围内的全部工程内容责任,不仅负责完成自己所需完成的工程内容,还需要清楚地划分各个分包商之间的合同责任界面,进行各个分包商之间的协调,并向业主承担各分包商完成的工程内容不符合合同要求所引起的责任。

2. 采购合同

有统计表明,一个工程项目的70%左右的投资是采购材料和设备。为了完成工程项目,承包商必须进行大量的材料和设备的采购和供应,与很多供应商签订材料和设备采购合同。

3. 劳务供应合同

劳务供应合同是承包商与劳务供应商签订的合同,由劳务供应商向承包商提供工程项目建设所需的专业劳务队伍。

4. 加工合同

加工合同是承包商将建筑构配件、特殊构件加工任务委托给加工承揽单位而签订的合同。例如:在钢结构厂房的建设项目中,承包商一般会委托钢结构加工单位进行钢结构构件的加工。此外,由于预制装配技术在我国的大力发展,很多预制构件也是由承包商通过加工合同委托专业单位在工厂内加工完成的。

5. 租赁合同

在建设工程项目中,承包商需要使用很多施工设备、运输设备、周转材料。当有些设备、周转材料在现场使用率较低,或承包商不具备自己购置设备的资金实力时,可以采用租赁方式,与租赁单位签订租赁合同。例如:在地铁项目的施工过程中,承包商为了减少初始投资,经常从盾构租赁单位租赁盾构设备。

6. 运输合同

这是承包商为解决材料和设备的运输问题而与运输单位签订的合同。

7. 保险合同

承包商按工程承包合同的要求,对工程、设备和人员等进行保险,与保险公司签订的各类保险合同。

在工程项目中,承包商的主要合同关系如图2-2所示。

三、建设工程中的其他合同关系

在实际的工程项目中,还可能有以下合同类型,由此形成特殊的合同关系:

1. 在采用项目融资模式建设的公共工程项目中,由投资者组成的项目公司应该与政府签订特许权协议,例如BOT合同。

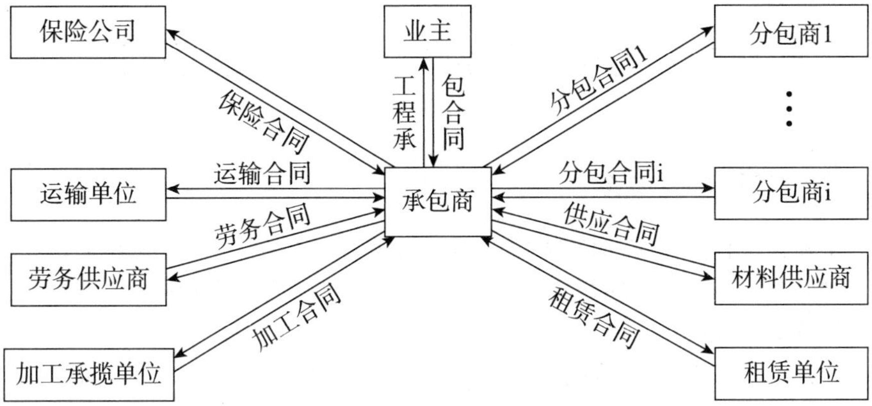

图 2-2　承包商的主要合同关系

2. 有些工程项目是通过合资或项目融资的模式建设的，那么工程项目的投资者之间有合资合同或项目融资合同。

3. 在国际工程中，业主与承包商还可以签订伙伴关系合同。

4. 由于专业化的分工，各个设计单位、材料和设备供应单位也可能签订各种类型的分包合同。

5. 如果承包商承担工程(或部分工程)项目的设计(例如“设计-采购-施工”总承包)内容，则他也可能委托设计单位完成设计工作，与其签订设计合同。

6. 如果工程付款条件苛刻，要求承包商带资承包，承包商也可能需要借款，与金融单位签订借(贷)款合同。

7. 在很多大型工程项目中，特别是在业主要求总承包的工程项目中，承包商经常是几个企业的联营体，即联营体承包。若干家承包商(最常见的是设备供应商、土建承包商、安装承包商、设计单位)之间订立联营体合同，联合投标，共同承接工程项目。这种合同关系在国内外的工程项目中都很常见。

8. 在一些大型工程项目中，工程分包商可能也需要大量的材料和设备供应，也可能租赁设备，委托加工，需要材料和设备的运输，需要劳务。所以分包商也形成了自己复杂的合同关系。

9. 工程项目中还可能会有担保合同。常见的担保形式有投标担保、工程履约保证担保、工程支付担保、付款保证担保。而这些担保合同一般是由业主或承包商与银行或担保公司签订的。

在国际工程项目中，项目参与方众多，常常形成复杂的合同关系。例如：在某工程项目中，由中外三个投资方签订合资合同共同组成业主，总承包商也是中外三个承包商签订联营体合同组成的联营体，总承包商又与十几个分包商和供应商签订了分包或供应合同，由此形成了一个非常复杂的工程合同关系。

第二节　建设工程合同体系和主要合同类型

一、建设工程合同体系

对一个建设工程项目,按照它采用的不同的融资模式、承发包模式和管理模式,就有不同数量、不同层次、不同种类的合同,它们共同构成该工程项目的合同体系,常见的建设工程合同体系见图 2-3 所示。

在一个工程项目中,这些合同都是为了完成业主的工程项目总目标,所以,所有合同都必须围绕这个目标签订和实施。这些合同之间存在着复杂的内部联系。

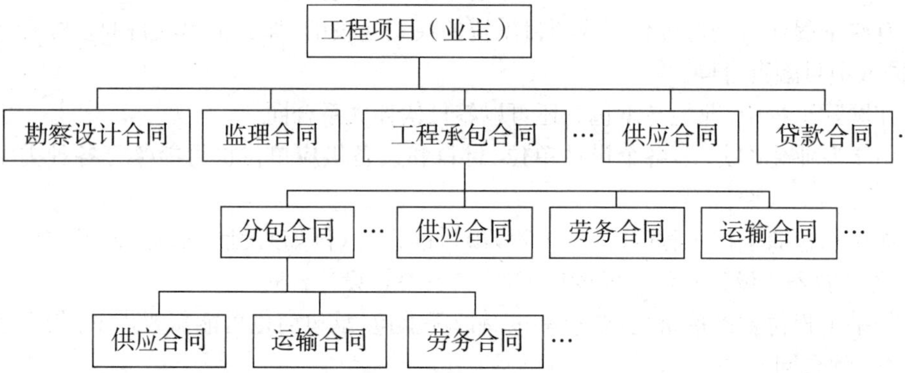

图 2-3　工程合同体系

在现代工程项目中,因为合同策略是多样的,所以,合同关系和合同体系也是十分复杂和不确定的。在项目管理中,工程项目的合同体系也是一个非常重要的概念。它从一个角度重要地反映了项目的形象,对整个项目管理的运作都有很大的影响:

(1) 它反映了项目任务的范围和划分方式。

(2) 它反映了项目所采用的融资模式承发包模式和管理模式,反映了项目的运作方式。

(3) 它在很大程度上决定了项目的组织形式。因为不同层次的合同,常常又决定了合同实施者在项目组织结构中的地位和作用。

二、建设工程合同的类型

在建设工程项目中,所涉及的合同不仅数量大,而且种类繁多。建设工程合同有不同的分类方式,包括按照合同的目的分类、按照合同在工程项目中的层次关系分类、按照合同之间的依附关系分类。

(一) 按照合同的标的物分类

按照合同的标的物,建设工程合同可以分为以下类型:

1. 工程承包合同。

2. 勘察设计合同。

3. 供应合同,包括材料供应、设备供应、劳务供应等所涉及的合同。

4. 工程咨询合同,包括技术咨询合同、项目管理合同、造价咨询合同、招标代理合同、监理合同等。

5. 租赁合同,例如设备、周转材料的租赁合同。贷款合同也可以认为是资金的“租赁”合同。

6. 其他合同,例如技术服务合同、联营体合同、保险合同、运输合同、担保合同等。

(二) 按照合同在工程项目中的层次关系分类

建设工程合同体系有不同的层次结构,一个特定的合同在该体系中位于不同的层次。

1. 特许权协议。其仅仅用于采用项目融资方式的公共工程项目中,政府授予项目公司特别的建设和经营权。建设项目能否成立,以及所采用的融资方式、建设方式和经营方式都基于本合同的签订。

2. 项目合资或融资合同。它是工程项目投资者之间签订的合同,它决定了项目的资本构成形式和项目所有者的组织形式。如果建设工程采用独资形式,则不需要该合同。

3. 总包合同。根据项目的承发包模式,由业主直接发包,签订的合同属于总包合同,如图 2-1 所示所有围绕业主而形成的合同体系。

4. 分包合同。在总包合同范围内,由工程的承包商签订的各类合同,例如,工程分包合同、材料采购合同、劳务分包合同、租赁合同、设计分包合同等。

(三) 按照合同之间的依附关系分类

1. 主合同。指不依附其他合同、能够独立存在的合同,例如工程承包合同、设计合同。

2. 从合同。指需要以其他合同的存在为前提的合同,例如工程承包合同附属的担保合同、保险合同、工程承包联营体合同等。

一般而言,在建设工程项目中常见的、应用最为广泛的合同类型主要有:工程承包合同、勘察设计合同、工程咨询合同、工程分包合同、供应合同等。而工程施工合同又是最重要的合同,是工程合同管理的重点。

第三节 建设工程合同的内容和文本形式

一、合同的基本内容

合同的内容由合同双方当事人约定。不同类型的合同其内容有很大的差异、繁简程度也有所不同。签订一个周密全面的合同,是实现合同目的、维护双方合法权益、减少合同争议的最基本的要求。按照我国民法典的规定,合同内容的要件通常包括如下几个方面。

1. 合同当事人

合同当事人指签订合同的各方,是合同权利和义务的主体。当事人是平等主体的自然人、法人和其他经济组织。但是,对于具体种类的合同,当事人还“应当具有相应的民事权利能力和民事行为能力”。

例如,签订建设工程承包合同的承包商,不仅需要工程承包企业的营业执照(民事权利能力),而且还应与该工程的专业类别、规模相应的资质许可证(民事行为能力)。

在日常的经济活动中,有很多合同是由当事人委托代理人签订的。这时,该合同当事人被称为被代理人。代理人在代理权限内,以被代理人的名义签订合同,被代理人对代理人的行为承担相应的民事责任。

2. 合同的标的

合同标的是当事人双方的权利、义务共指的对象,是合同必须具备的条款,也是合同最本质的特征。无标的或标的不明确的合同是不能成立的,也无法履行。合同通常就是按照标的物分类的,它可能是实物(例如生产资料、生活资料、动产、不动产等)、行为(例如工程承包)、工程服务(例如劳务、加工)、智力成果(例如专利、商标、专有技术)等。

例如,工程施工合同的标的是完成工程的施工任务,勘察设计合同的标的是勘察设计成果,工程咨询合同的标的是工程咨询服务。

3. 标的的数量和质量

标的的数量和质量共同定义标的的具体特征。没有定义标的数量和质量的合同是无法生效和履行的,发生纠纷也不容易区分责任。

标的的数量一般以度量衡作为计算单位,以数字作为衡量标的的尺度。例如,工程施工合同标的的数量由工程范围说明和工程量表定义。

标的质量是指质量标准、功能、技术要求、服务条件等。对于工程承包合同而言,标的的质量由规程定义。

4. 合同价款或酬金

合同价款或酬金即为取得标的(物品、劳务或服务)的一方向对方支付的代价,作为对方完成合同义务的补偿。合同中应写明价款数量,付款方式,结算程序。

5. 合同期限、履行的地点和方式

合同期限指从合同生效到合同结束的时间。

履行地点指合同标的物所在地,例如工程承包合同的履行地点是工程规划和设计文件所规定的工程所在地。

由于一切经济活动都是在一定的时间和空间上进行的,离开具体的时间和空间,经济活动是没有意义的,所以,合同中应非常具体地规定合同期限和履行地点。

6. 违约责任

即合同一方或双方由于过失不能履行或不能完全履行合同义务,侵犯了另一方权利时所应负的责任。违约责任是合同的关键条款之一。没有规定违约责任,则合同对双方难以形成法律约束力,难以确保圆满地履行合同内容,出现争议也难以解决。

7. 解决争议的方法

由于工程项目非常复杂,参与方之间的责任有时很难分清,因此,工程项目实施过程中经常出现争议,所以争议的解决是工程合同必须具备的条款。在一般的合同中,当事人可以通过和解、调解、仲裁或诉讼解决合同争议。在工程合同中,除了可以采用这些争议解决方法之外,还可以采用工程师决定、DAB 的方法。

除了上述内容之外,不同类型的合同,还可以根据需要增加其他内容。

二、建设工程合同的内容

(一) 建设工程合同的基本内容

对于工程合同,由于标的物、合同的履行过程的特殊性和复杂性,上述这些内容必须由很多文件进行描述，所以，工程合同是由很多文件组成的。例如：工程承包合同通常包括合同协议书、合同条件、规程、图纸、工程量清单、中标函、投标函等。

1. 合同文本。它主要是对合同双方责权利关系、工程范围、违约责任、解决争议的方法、工程实施和管理主要问题的规定，是工程合同最核心的内容。它通常有两种形式：

（1）如果采用非标准合同文本，则合同文本就是双方签署的合同协议书。

（2）如果采用标准合同文本，则合同文本包括合同协议书、通用合同条件和专用合同条件。

2. 对要完成的合同标的物（工程、供应或服务）的范围、技术标准、实施方法等方面的规定。通常由业主要求、图纸、规程、供应表、工程量清单等表示。

3. 在合同签订过程中形成的、其他有法律约束力的文件，例如中标函、投标书等。

4. 在实际的工程项目中，还会有很多附加协议、会议纪要、签证和合同变更文件等也可以作为合同的组成部分。

（二）工程合同文件优先次序的定义

从上述分析可见，工程合同是由很多文件组成的，这些文件还可能由不同的主体、专业人员编制的。但是，它是一个整体的概念，应整体地进行理解和把握。在过去的很长时间内，很多人认为工程合同就是合同协议书。在工程承包合同谈判中，很多承包商只注重合同协议书和合同条件的分析和商谈，没有重视对属于合同范围其他文件的分析，最终导致工程施工和管理的失误。

为了使双方在工程合同的订立和履行中对合同文件有统一的理解，防止产生争议，在现代工程合同条件中，都要明确规定合同文件的组成和履行（解释）的优先次序。这对合同的实施和管理有着重大意义。它主要解决以下两个问题：

1. 工程合同由哪些文件组成？即承包商在工程投标报价，制定实施方案，进行工程实施，合同控制，索赔中以什么作为依据？合同确定的工程目标和双方责权利关系包括哪些内容？

2. 工程合同的范围中，各个文件在履行上有什么优先次序？如果它们之间出现矛盾和不一致应该以哪个文件优先解释？

在合同的履行过程中，如果不同文件之间有矛盾或不一致，应以法律效力优先的文件为准。比较典型的是，工程施工合同所包括的内容和履行上的优先次序为：

（1）合同协议书。

（2）中标函。

（3）投标书。

（4）合同专用条件。

（5）合同通用条件。

（6）合同的技术文件和其他附件。如规程、图纸、工程量表等。

三、工程合同文本的形式及其标准化

（一）非标准的合同文本

在早期，人们所说的合同文本就是指合同协议书。合同协议书包括了所有的合同条款，实质上它是现代工程项目中合同协议书和合同条件（合同专用条件和通用条件）的综合。它的内容和形式比较灵活，由双方根据工程项目的需要商定，经双方签署后生效。

以某工程承包合同为例,常见的形式如下。

××工程承包合同

本合同经以下双方:

(业主的情况介绍,例如公司名称、公司地点、法人代表、业主代表、通信地点)

(承包商的情况介绍,例如公司名称、公司地点、法人代表、承包商代表、通信地点)充分协商,就如下条款达成一致:

(1) 合同工程范围(对工程项目作简要介绍,说明合同工程范围)。

(2) 合同文件的范围和优先次序

(3) 合同价格(说明合同价格、合同价格的调整条件)

(4) 合同工期(说明合同工期、合同工期的延长条件)

(5) 业主的责任和权利(例如,提供施工场地和图纸,发布指令,支付工程款)

(6) 承包商的责任和权利(例如,对现场环境调查,对施工方案、报价的正确性负责,对自己的分包商负责,按合同要求施工、竣工和保修,等等)

(7) 履约担保条款(包括履约担保金额、担保方式,提供担保的单位,对履约担保的索赔)

(8) 工程变更条款(工程变更的权力、变更程序、变更的范围、变更的计价)

(9) 工程价款的支付方式和条件(包括合同计价方式、工程量计量过程、付款方式、预付款、保留金、暂定金额等条款)

(10) 保险条款

(11) 合同双方的违约责任

(12) 其他条款(如不可抗力等)

(13) 索赔程序、争议的解决和仲裁条款等

合同双方代表签字

日期

这种合同协议书的形式和内容随意性较大,常常不能反映工程惯例,内容又不完备,履行过程中风险很大,通常对双方都不利。但是,在国内外工程中,长期以来这种非标准文本的合同仍然得到比较普遍的应用。这主要是由于以下几方面的原因:

(1) 以前,由于没有标准合同文本,合同管理者常常自己起草合同协议书。

(2) 有些业主习惯于自己起草合同文本,认为使用自己起草的文本比较自由,能够把更多的风险转移给承包商,更反映工程的实际需要,受到的限制较少。

(3) 有些合同类型还没有标准的合同文本,例如:在我国还没有"设计-施工-运行(DBO)"总承包合同、联营承包合同、项目融资合同,以及特种专业工程承包合同的标准文本。此外,在工程实践中,如果采用固定总价合同或成本加酬金合同,一般也使用非标准的合同文本。

(二) 合同文本标准化的作用

工程合同文本的标准化是项目管理标准化的重要方面。标准合同条件规定了工程实施过程中合同双方的经济责权利关系,规定了工程实施过程中一些普遍性问题的处理方法。它作为一定范围内(行业或地区)的工程惯例,能够使工程合同管理,以至整个工程项目管理规范化、标准化。使用标准合同条件有以下优点:

(1) 便于招标文件的起草和评标工作，减少合同内容中的漏洞。标准的合同条件能够适用于复杂的工程项目。它简化了业主的合同文件起草工作、减少了起草时间，又可以避免合同内容中的漏洞，例如条款不全、表达不清、不符合惯例、责权利不平衡等问题。同时，能使评标工作更为简单、准确，减少错误和双方理解的不一致性。

(2) 方便投标报价和合同分析。由于承包商已熟悉标准的合同条件，对自己的合同责任、工程问题的处理、风险范围比较清楚，合同中的不可预见风险较少，这样可以减少部分报价工作内容，也可以减少合同风险分析的工作量。

非标准合同条件的缺陷和不确定性较多，承包商不熟悉。他必须花大量的时间和精力进行分析，以确定自己的合同责任和可能承担的风险，并在报价中提高不可预见的风险费。

(3) 由于标准的合同条件比较合理地反映了合同双方的要求和利益，明确公平地分配风险和责任，这样避免了合同双方的不信任，减少了合同谈判中可能出现的对立情绪。业主能得到一个较低的合理的报价；承包商所承担的风险相对公平，能够提高工程的整体效益。

(4) 使用标准的合同条件，双方对合同内容熟悉，解释有一致性。双方对合同规定的责权利关系的定义和划分理解差异较小，履行更为方便，可能出现的争议也会减少。这样就能够精确地计划，并进行很好地协调，减少工程延误和不可预见的额外费用，减少违约的可能性和合同争议。业主、工程师和承包商之间能紧密配合和协作，共同圆满地完成合同内容。

(5) 标准的合同条件反映和沿用了大量的工程惯例，更具有普遍的适用性，符合大多数工程项目的要求。使用标准的合同条件有利于管理的标准化和规范化，易于积累项目管理经验，可以显著地提高工程项目的管理水平，特别是合同管理水平。而使用非标准合同条件，管理者必须不断地改变思维方式和管理方式，管理水平难以提高。

但是，合同文件的标准化也容易单一化和僵化。随着建筑业的发展，业主希望采用更为灵活的合同策略、管理模式、承发包模式、合同形式，更为灵活地分担双方责任和风险，采用更为灵活的付款方式等，这些都对标准的合同条件提出了新的要求。

(三) 标准化的合同文本形式

由于某一类工程合同的实质性内容有统一性，体现着工程项目的惯例，但是，每一个工程项目又有它的特殊性，项目管理者把原非标准的合同文本的内容进行分解和标准化，将它分解成以下三个部分：

(1) 将原合同文本的首部(包括合同双方介绍，工程名称，合同文件组成，双方主要责任说明等)以及尾部(双方签字和日期)单列，形成合同协议书。当然，合同协议书比较简单，主要包括的是一些总体的规定，详细的责权利内容比较少。例如：FIDIC 合同条件的协议书部分是非常简单的。

(2) 将一些普遍适用的、具有统一性的，反映工程项目管理惯例的内容提取出来，并且进行标准化，形成标准的合同条件，变成一个独立的文本。它是合同最重要的内容，例如：我国建设工程施工合同示范文本中的通用条件。

(3) 将反映工程特殊性，合同双方对工程项目，以及合同的一些特殊的要求和规定，组成专用条件，以用于合同管理者对合同通用条款进行重新定义、补充、删除，或作特别说明。专用条件与通用条件的条款号是一一对应的。

这样既保证了合同文本的标准化和规范化，又可以满足合同双方对合同的特殊要求和反映工程的特殊性。

这是现在最常见的标准合同条件形式。FIDIC合同条件、我国的示范文本等都采用这样的标准化形式(见图2-4所示)。

上述这类标准合同文本只用在某一种类型的工程合同中,例如FIDIC工程施工合同仅适应单价合同类型,业主提供设计文件、承包商按图施工,业主聘请工程师管理工程项目的情况。

由于现代工程项目承发包模式和管理模式很多,这种标准化方式会导致合同标准文本的增加。

(四)新的工程合同文本形式

最近十几年,人们在探讨采用更为灵活的标准化的合同结构形式。1993年,由英国土木工程师学会(Institution of Civil Engineers,简称ICE)颁布的新工程施工合同(ECC合同)是一个形式、内容和结构都很新颖的工程合同。它在工程合同形式的变革方面又前进了一步。

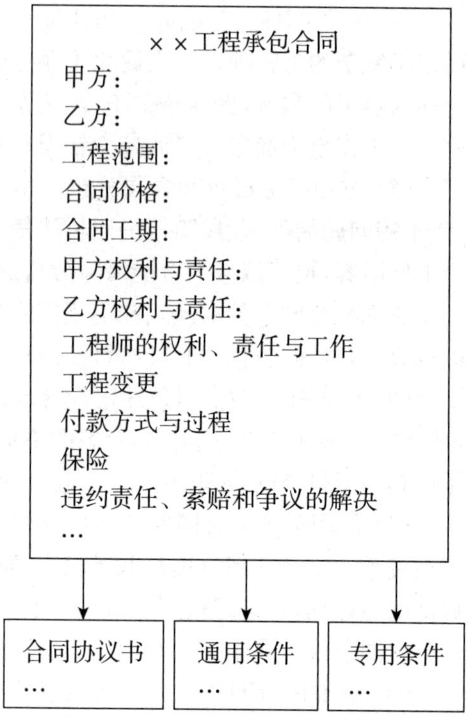

图2-4 工程承包合同文本标准化

在全面研究当前工程项目中一些主要类型合同文本的基础上,ECC将这些合同中相同的部分提取出来构成核心条款,将各个类型合同的独特部分保留作为主要选项条款,而将工程项目中的一些特殊规定和要求作为次要选项条款。把核心条款、主要选项条款、次要选项条款作为配件,像搭积木一样,通过不同部分的组合形成不同种类的合同,使ECC合同具有非常广泛的适用性。它能够实现将一个统一的标准合同文本应用于不同类型合同的情境。它的结构形式可见图2-5所示(见参考文献19)。

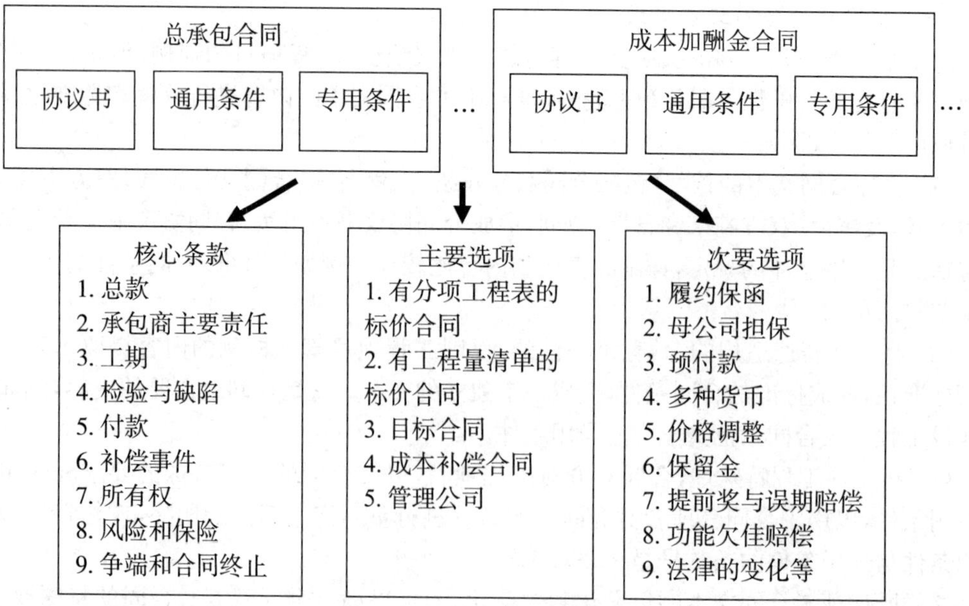

图2-5 英国ECC合同结构

1. 核心条款

ECC将核心条款作为任何工程合同的基本结构要素，包括总则、承包商的主要职责、工期、检验与缺陷、支付、补偿事件、所有权、风险与保险、争端与终止。

它是一般工程合同类型都共有的条款。

2. 主要选项条款

主要选项按照合同类型选择，是某类合同特殊需要的部分。ECC合同可以适用以下合同类型：

(1) 按照计价方式可适用于单价合同、总价合同、成本加酬金合同和目标合同。

(2) 按照承包范围的不同，可以适用于不同的承发包模式，例如工程施工承包、“设计-采购-施工”总承包、管理承包等。

(3) 可以由承包商编制工程量表或由业主提出工程量清单。

3. 次要选项条款

次要选项条款是按照具体的工程项目要求专门定义的条款，包括：履约保函、母公司担保、工程预付款、结算币种、设计责任、价格调整、保留金、提前完工奖励、工期延误赔偿、工程质量缺陷、法律变更、特殊条件、责任赔偿、附加条款等。

业主可以根据工程项目的特点、工程项目的具体要求和采用的计价方式等，在核心条款、主要选项条款和次要选项条款中进行选择，从而编制一个完整的合同文件。

第四节　建设工程合同文本的结构分析

一、合同文本结构的基本概念

合同文本(包括协议书、合同条件)是合同的核心部分。它规定了工程施工中双方的责权利关系、合同价格、合同工期、合同违约责任和争议的解决等一系列重大问题。它是合同管理的核心文件。在现代工程项目中，合同文本十分复杂，不同合同文本的形式、表达方式会有很大的差异，这都给合同管理者阅读、理解和分析带来很多挑战。

但是，每个种类的工程合同文本都有其特定的结构形式，有一些必须包括的内容(包括合同条款、合同文件)，应该说明的合同问题，合同条款之间会有一定的内在联系。工程合同文本的结构分析是将合同的条款按照内容、性质和说明的对象进行分解、归纳整理，找出它们内在联系。这样可以对合同文本的组成和各个详细的条款进行进一步的研究。

按照工程合同的类型、工程项目的复杂程度、合同关系复杂程度的不同，工程承包合同文本的内容和结构、合同条款的繁简程度会有很大的差异，语言表达的形式也是各有差异的。但是，它们都有较为统一的结构形式。下面分析常见的工程承包合同的结构。

1. 合同前言

对合同双方及工程项目进行简要的介绍，说明该合同将要达到的目的。包括：

(1) 当事人双方的介绍，例如名称、地址、通讯处、法人代表等。

(2) 工程项目的介绍和合同要达到的目的，当事人的意图等。

(3) 合同语言和合同文件，包括合同文件的范围、履行的优先次序，以及工程文件的提供、照管和权属等。

2. 定义

主要对合同文本中用到的一些名词进行解释,以达到双方理解的一致。

3. 合同参与方

(1) 承包商的责任

1) 承包商的工程范围和责任:

① 承包商一般义务,即在设计、材料和设备供应、施工、验收、运行和保修中的责任。

② 承包商的工程范围,即对合同标的的描述,主要包括工程种类、工程范围的总体定义、数量、质量要求。这些具体内容主要由规程、图纸、工程量清单进行定义。

2) 按照合同规定的要求进行施工,并接受业主和工程师的监督和检查,履行他们的指令等。

3) 承包商对业主提供的资料承担理解的责任,并根据需要进行环境调查,编制实施方案、提供报价,并对承包商或其分包商及供应商安装的设备承担责任。

4) 承包商负责编制质量保证体系并负责实施,对健康、安全和环境(HSE)承担责任,提供现场保安、维护设施等。

5) 合同对承包商代表(或项目经理)的要求,其所承担的责任和工作内容。

6) 工程分包。对工程分包的限制,承包商对分包商的责任,以及业主"指定的分包商"的定义,承包商反对指定分包商的相关规定,对指定分包商付款的相关规定等。

7) 员工。包括承包商员工的雇用、工资标准和劳动条件、劳动法、工作时间、为员工提供设施等。

8) 合作责任。例如,为工程师和业主的其他工作人员提供现场食宿和工作条件等。

9) 承包商对工程的照管责任和承包商的风险等。

10) 履约担保的提供责任,程序和退还等。

11) 现场出现不可预见的物质条件和化石、文物等的处理。

12) 其他。例如,工程放线、现场数据、进场通路、道路通行权和设施、避免干扰、货物运输、承包商的现场作业。

(2) 业主

1) 按照合同规定及时向承包商提供设计资料和设计图纸。

2) 及时提供施工条件,例如,现场进入权、水电、道路、办理各种许可、执照或批准。

3) 及时提供合同规定由业主供应的电、水和燃气,以及业主提供的设备,以及免费供应的材料。

4) 及时支付工程款,提供支付担保或资金安排证明。

5) 业主的风险责任,后果的处理。

6) 对业主的人员、其他承包商、供应商所负的其他责任。

7) 关于业主索赔的规定。

(3) 工程师或业主代表

1) 工程师的工作职责。

① 委托工程师代表或工程师助理承担相关工作。

② 负责各个承包商、设备供应商等之间的协调,划分责任界面。

③ 解释工程合同。

④ 指令撤换承包商的项目经理，以及不合格人员。

⑤ 及时批准由承包商设计的图纸，及时发布指令，作出同意、批准，答复承包商的请示和报告等，并公正行事。

⑥ 进行工程变更，质量管理，工期管理，审核工程款等。

⑦ 关于工程师的指示和口头指令的规定。

2）工程师权力的限制和工程师的替换等。

4. 工程项目的质量管理

（1）承包商质量保证体系。

（2）关于材料、设备、工艺方面的技术标准和规程。

（3）采购、运输、供应和使用的要求、条件，以及双方的责任。

（4）业主和工程师的检查和认可权的定义或限定，合同未规定的检验和不符合合同要求的处理等。

（5）验收。包括各种验收方法、双方责任，以及验收程序等，例如：

1）各种材料、设备的进场验收。

2）隐蔽工程的验收，已完成工程的验收。

3）单项工程的验收。

4）全部工程的竣工试验责任、程序，以及未通过竣工试验的处理。

（6）业主的接收。包括工程的接收程序，对竣工试验的要求，现场清理要求。

（7）工程的维修期责任和出现问题的处理，例如，完成扫尾工作和修补缺陷，修补缺陷的费用，缺陷通知期限的延长，未能修补缺陷的处理，承包商调查缺陷的责任等。

（8）签发履约证书的条件和程序。

5. 工期和进度管理

（1）总工期，竣工时间，工程总的实施顺序和进度安排。

（2）开工，开工保证条件和开工的准备期。

（3）详细的进度计划，进度计划的批准和实施。

（4）工程实施过程中的进度报告。

（5）工程实施过程中的暂停施工，暂停施工的后果，暂停施工时对生产设备和材料的付款，超过规定期限的暂停施工和复工等。

（6）进度延误的处理。

（7）工期延误的索赔。

6. 合同价格和付款

（1）合同所采用的计价方式，例如固定总价、单价、成本加酬金或其他方式。

（2）合同总价，或分项价格。

（3）合同计价所采用的货币，外汇比例和关于兑换率的规定。

（4）合同价格所包括的工程内容，以及没有包括的工程内容。

1）双方应缴纳的各种税收，例如营业税、所得税、关税等。

2）免税的特别说明。

3）施工设备进出口税，以及其限制的说明。

4）拟用于工程的生产设备和材料的付款等。

5）暂定金额的规定。

(5) 支付条件和支付程序。

1）预付款的数额，支付条件，支付日期，预付款的扣还。

2）工程量的计量程序，计量方法，期中进度款的支付程序。

3）保留金的数额，保留金的扣减方式，退还条件和程序。

4）竣工结算和最终结算程序、方法和条件等。

(6) 变更和调整。

1）变更范围的定义，变更权，价值工程，变更程序，变更的计价方法和支付，计日工作。

2）通货膨胀对合同价格的调整，例如工资基数的提高、物价上涨、生活费用指数的变化。

3）汇率变化对合同价格的调整。

4）政府政策、法规(例如税收政策、福利政策、关税政策)的变化对合同价格的调整。

7. 法律方面的规定

(1) 适用于合同关系的法律，即合同法律基础的定义。

(2) 双方遵守法律的要求，以及共同的和各自的法律责任。

(3) 合同有效的其他条件，例如政府的批准要求和合同的公证要求。

(4) 保密事项及责任。

(5) 工程和权益转让的限制。

(6) 涉及知识产权和工业产权等的规定。

(7) 生产设备和材料的所有权。

(8) 双方互相保障和合同责任限度的规定。

(9) 对承包商及其工作人员的其他法律规定。例如：不得参加工程项目所在国的政治活动，不得携带武器，不得走私等。

(10) 合同违约责任、奖励和合同的解除。

1）承包商工期延误的责任、误期损害赔偿费和工期提前的奖励条款。

2）承包商严重违约的处理，以及业主终止的权利和处理。

3）业主违约。业主不支付工程款，业主严重违约行为的责任和处理。

4）不可抗力因素的定义、处理程序和方法。

5）解除合同的条件、程序及其索赔问题。

8. 关于保险的规定

通常包括险种(例如工程保险，第三方责任险，人身保险，材料和设备险等)，保险责任人，保险批准程序，保险不符合合同规定的处理规定。

9. 关于索赔程序和争议的解决程序和解决方法等

由此可见，按照一定的标准，合同文本的条款可以分为很多大类，每一类又可分为很多项，每一项又可分为很多子项，最终可以得到多级的树形结构图(图 2-6)。

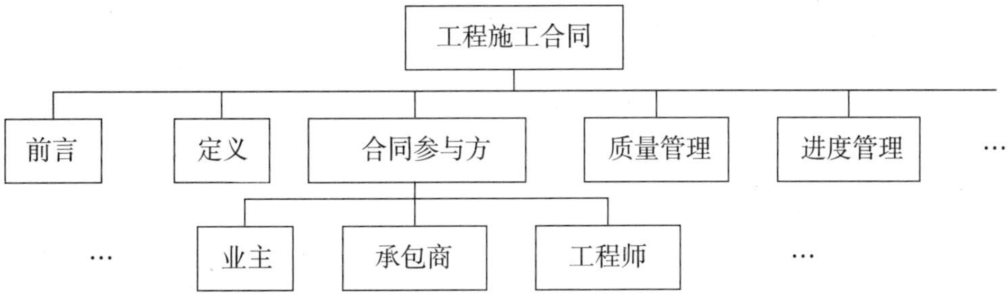

图 2－6　合同文本条款的树形结构

合同文本结构的分析可以是多角度的。FIDIC 合同、NEC 合同都有独特的结构形式，合同总体分析也是基于一个角度对合同结构进行梳理。

二、工程合同结构分析的作用

合同结构分析是对抽象的合同内容进行具体化的梳理过程。经过合同结构分析，合同文本的内容变得更加完整、清晰，并能够建立其内在联系的完整框架。在工程项目管理中，合同结构分析主要有以下作用：

1. 对同类合同（例如，工程施工合同）进行结构分析，可以识别它们的共性。一般而言，同类合同有相对固定的内容，有一些必需的条款。经过结构分析，可以确定某一类合同的结构形式，以分析必要的条款，能够据此研究合同内容的完备性。这样便于合同文本的起草和审查，避免必要条款的遗漏问题。

通常标准的合同文本是经过很多专家研究和共同努力后拟定的，并经过很多年的使用、修改、完善。它的内容齐全，它的结构形式有一定的代表性，所以，可以将标准合同文本作为该类合同结构分析的参考和依据。

2. 可以作为承包商进行合同审查和合同分析的工具。对于承包商而言，通过将被审查的合同文本与标准合同文本的结构进行比较，可以发现该合同文本的条款是否齐全，合同内容是否完整。以此更进一步对各合同条款进行风险分析，作为制定合同谈判策略的依据。

3. 通过合同结构分析，合同管理者能够建立一个完整的、清晰的合同内容和结构图，这样对合同中存在的问题、可能出现的风险、合同条款之间的内在联系等，建立更加全面的了解。据此进行合同谈判，合同管理者更加有的放矢，也能够便于进行合同监督、合同跟踪和变更管理。

4. 便于合同管理经验的积累，以及合同资料的收集和整理。工程项目实施结束之后，可以针对合同结构中的每一个项目、子项，分析它们的表达形式，合同履行过程中出现的问题，相应的解决方法和解决结果。这样可以研究各合同条款的利弊得失。这些经验可作为以后进行合同谈判，合同签订，合同履行和索赔（反索赔）的依据和借鉴。

5. 从研究的角度，可以进行不同合同文本的对比分析。不同的合同文本（例如 FIDIC 合同、我国工程合同的示范文本、ICE 合同、ECC 合同）在文本形式和表达方式上有很多差别，但是，它们的结构还是有很多相同或类似的地方。通过对不同合同文本的比较分析，能够加深对工程合同的理解，提升合同管理的水平。

第五节 国内外主要的标准合同文本

一、我国建设工程合同示范文本

近30多年来,我国政府管理部门在工程合同的标准化方面做了很多工作,颁布了一些合同示范文本。其中最重要、也最典型的是1991年颁布的《建设工程施工合同示范文本(GF-1991-0201)》。它是我国建筑行业中使用最广的施工合同示范文本。经过近10年的使用后,在积累了丰富经验的基础上,该示范文本于1999年进行了修改。到目前为止,我国陆续颁布了以下工程合同条件:

(1)《建设工程施工合同(示范文本)》(GF-1999-0201),现在修订为《建设工程施工合同(示范文本)》(GF-2017-0201);

(2)《建设工程施工专业分包合同(示范文本)》(GF-2003-0213);

(3)《建设工程施工劳务分包合同(示范文本)》(GF-2003-0214);

(4)《建设工程委托监理合同(示范文本)》(GF-2003-0202),现在修订为《建设工程监理合同(示范文本)》(GF-2012-0202);

(5)《建设工程造价咨询合同(示范文本)》(GF-2002-0212),现在修订为《建设工程造价咨询合同(示范文本)》(GF-2015-0212);

(6)《建设工程招标代理合同(示范文本)》(GF-2005-0215);

(7)《建设工程勘察合同(示范文本)》(GF-2000-0203),现在修订为《建设工程勘察合同(示范文本)》(GF-2016-0203);

(8)《建设工程设计合同(示范文本)》(GF-2003-0209),现在修订为《建设工程设计合同示范文本(专业建设工程)》(GF-2015-0210)、《建设工程设计合同示范文本(房屋建筑工程)》(GF-2015-0209)。

这些文本反映了我国建设工程合同的法律制度和工程惯例,更符合我国的国情。

二、FIDIC合同文本

1. "FIDIC"的内涵

"FIDIC"是国际咨询工程师联合会(法文 Fédération Internationale Des Ingénieurs-Conseils)的缩写。FIDIC合同条件是国际工程中普遍采用的、标准化的、典型的合同文件。也可以说,FIDIC合同条件是在长期的国际工程实践中形成并逐渐发展和成熟的国际工程惯例。任何准备进入国际工程承包市场,参加国际投标竞争的承包商和工程师,以及面向国际招标的工程项目业主,都应该熟悉或掌握FIDIC合同条件。

FIDIC合同条件是由英语撰写的。它不仅适用于国际工程,对其进行适当修改,也可以适用于国内的工程项目。由于它在国际工程,特别是在世界银行的贷款项目中,被广泛认可和采用,工程管理界将这其称为"FIDIC合同条件"或"FIDIC条件"。"FIDIC"一词也被各种语言所承认,并赋予统一的、特指的含义。

2. FIDIC 合同条件的历史演变

FIDIC 合同条件经历了漫长的发展过程。

(1) 1957 年,FIDIC 土木工程施工合同条件的第一版颁布。由于当时国际承包工程迅速发展,建筑业需要一个统一的、标准的合同条件。FIDIC 的合同第一版是以英国土木工程师学会(ICE)颁布的施工合同条件的格式为蓝本,所以,它反映的传统、法律制度和语言表达都具有英国的特色。

(2) 1963 年,FIDIC 第二版问世。它没有改变第一版所包含的条件,主要对通用条款进行了一些调整,同时,增加了疏浚和填筑工程的合同条件作为第三部分。

(3) 1977 年,FIDIC 合同条件进行了再次修改,同时,配套出版了一本解释性文件,即“土木工程合同文件注释”。

(4) 1987 年,FIDIC 颁发了第四版合同,并于 1989 年出版了《土木工程施工合同条件应用指南》。

从 20 世纪 80 年代以来,在我国的国际金融机构(例如世界银行、亚洲开发银行)贷款项目中也一直使用 FIDIC 合同条件。在 1999 年新版合同条件出版之前,FIDIC 主要编制出版了 5 本合同条件,应用于不同的工程建设施工和咨询服务采购合同,它们是:

①《土木工程施工合同条件》(简称“红皮书”);

②《电气与机械工程合同条件》(简称“黄皮书”);

③《业主与咨询工程师标准服务协议书》(简称“白皮书”);

④《设计-建造与交钥匙项目合同条件》(简称“橘皮书”);

⑤《土木工程施工分包合同条件》(与“红皮书”配套使用)。

(5) 随着国际上工程建设规模的逐步扩大,以及业主方对项目管理模式的要求不断多样化,为了反映国际建筑业的发展,FIDIC 于 1996 年委托英国里丁大学在全球工程建设领域调查了 FIDIC 合同条件的应用情况。根据里丁大学的调查结果和提出的建议,在以前出版的各类合同条件的基础上,1999 年 9 月,FIDIC 完成了 4 本合同条件的编写,并出版了正式版本。为了表示是对以前版本的彻底更新,这 4 本合同条件统一称为 1999 年第一版。

①《施工合同条件》(Conditions of Contract for Construction),简称为“新红皮书”。“新红皮书”主要适用于由业主方(或委托工程师)进行全部的工程设计工作,承包商的主要工作为施工,但是也可以承担部分设计工作的各类大型复杂工程。其所应用工程类型范围,除原红皮书所规定的一般的土木工程外,还可以应用于机电、房建等工程。主要由工程师监督施工和签发支付证书,具有较大的项目管理权。从价格方面来说,一般采用单价合同,按工程量表中的单价支付实际完成的工程量的价格。风险分配较为均衡,在一定程度上倾向于保护承包商的利益。

②《工程设备,设计及建造合同条件》(Conditions of Contract for Plant and Design-Build),简称为“新黄皮书”。“新黄皮书”主要适用于大型机电设备项目、基础设施项目以及其他类型的项目。业主只负责编制项目纲要和提出对设备的性能要求,承包商负责全部设计工作和全部施工安装工作,完成的工作只有符合“业主的要求”才会被业主接收。由工程师监督设备的制造、安装和工程施工,并签发支付证书。合同价格采用固定总价方式,并按照里程碑进行支付,也可以对小部分分项工程采用单价合同。风险分配较均衡。

③《设计-采购-施工(EPC)交钥匙项目合同条件》(Conditions of Contract for EPC

Turnkey Projects),简称为“新银皮书”。“新银皮书”适用于在交钥匙的基础上实施的工业厂房、电力设施项目、基础设施项目或其他类型的开发项目。业主提供项目要求,承包商基本上负责全部的设计、采购和施工工作。这种项目一般业主对项目的最终造价和工期的确定性要求很高。由业主代表直接管理项目实施过程,采用较宽松的管理方式,但严格进行竣工检验和竣工后检验,以保证完工项目的质量。采用固定总价的合同类型,按里程碑方式支付工程款。项目风险大部分由承包商承担,承包商在投标报价中会增加较大的风险费,业主也愿意为此多付一定的费用。

④《简明合同格式》(Short Form of Contract),简称为“绿皮书”。“绿皮书”适用于施工合同金额较小(例如低于 50 万美元)、施工期较短(一般小于 6 个月)的工程项目。但是,对于投资较大的工程,如果其工作内容简单、重复性工作较多,此文本也同样适用。“绿皮书”是新版 FIDIC 合同条件的创新,其应用范围比较灵活,既可以适用于土木工程,也可以用于机电工程;既可以由业主负责设计工作,也可以由承包商负责;既可以由工程师也可以由业主代表或业主进行项目管理。

自 1999 年颁布新的合同条件系列以来,FIDIC 收集了大量的建议或意见,在 2017 年 12 月,发布第二版的 FIDIC 合同文件系列,共计三本,分别是《施工合同条件》(Conditions of Contract for Construction)、《工程设备,设计及建造合同条件》(Conditions of Contract for Plant and Design-Build)、《EPC(设计-采购-施工)交钥匙项目合同条件》(Conditions of Contract for EPC Turnkey Projects),对应 1999 版的红皮书、黄皮书与银皮书。FIDIC 合同条件第二版中,合同条件的总体结构基本不变,相应规定更加刚性化、程序化;加强和拓展了工程师的地位和作用,更强调其中立性;更加强调在风险与责任的分配,以及各项处理程序方面业主与承包商的平等关系;对索赔、争议裁决和仲裁等都作出了更加明确的规定。

3. FIDIC 合同条件的特点

FIDIC 条件经过 60 多年的使用和几次修改,已逐渐形成了一个非常科学的、严密的体系。新的 FIDIC 合同条件反映了国际上项目管理的新理念、理论和方法。FIDIC 合同条件有以下的基本特点:

(1) FIDIC 合同文本科学地反映了国际工程中的一些普遍惯例,反映了最新的工程项目管理程序和方法,有普遍的适应性。所以,很多国家在起草自己的合同条件时,都以 FIDIC 合同文本作为蓝本。

(2) FIDIC 合同文本的条款齐全、内容完整,对工程施工中可能遇到的各种情况都进行了比较系统的描述和规定。FIDIC 合同文本对一些问题的处理方法都规定得非常具体和详细,例如保函的出具和批准,风险的分配,工程量计量程序,工程进度款支付程序,完工结算和最终结算程序,索赔程序,争议解决程序等。

(3) FIDIC 合同文本所确定的工作程序和方法比较严密和科学,条理清楚、详细和实用;语言更加现代化,更容易被项目管理人员所理解。

(4) FIDIC 合同文本的适用范围广。作为国际工程惯例,FIDIC 具有普遍的适用性。它不仅适用于国际工程项目,适当修改后就可以适用于国内的工程项目。它每次进行修订都反映了国际上新的理念和实践。

在很多工程项目中,业主需要起草合同文本,一般都以 FIDIC 作为参照的蓝本。

(5) FIDIC 合同文本具有公正性、合理性。FIDIC 合同文本比较科学地公正地反映了合同双方的经济责权利关系。具体表现在以下两个方面：

① 合理地分配合同范围内工程施工的工作内容和责任，使合同双方能够公平地运用合同有效地协调，这样能够高效地完成工程任务，提高工程项目实施的整体效益。

② 合理地分配工程项目的风险和义务，例如，明确规定了业主和承包商各自的风险范围，业主和承包商各自的违约责任，承包商的索赔权等。

三、ICE 合同文本

ICE 是英国土木工程师学会的英文缩写。1945 年，ICE 和英国土木工程承包商联合会颁布了 ICE 土木施工合同条件。该合同文本历史悠久，它的合同原则和大部分的条款在 19 世纪 60 年代就出现，并一直在一些公共工程项目中得以应用。到 1956 年，该合同已经进行了 3 次修改，也成为原 FIDIC 合同条件(1957 年)编制的蓝本。它主要在英国、英联邦成员国，以及历史上与英国关系密切国家的土木工程项目中使用，特别适用于大型的比较复杂的工程。

除此以外，ICE 合同系列还有：ICE 设计和施工合同条件、ICE 小型工程合同条件等。

四、NEC 合同文本

NEC 合同(New Engineering Contract，即新工程合同)，是英国土木工程师协会(ICE)颁布的，1995 年 11 月出版了第二版。其"新"不仅表现在它的结构形式上，而且它的内容也很新颖。自问世以来，该合同文本在英国本土、英联邦成员国、南非等地使用，受到了业主、承包商、咨询工程师的一致好评。NEC 合同系列包括工程施工合同、工程施工分包合同、专业服务合同、工程简要合同。

1. 工程施工合同(ECC)

工程施工合同(ECC)适用于所有领域的工程项目。该合同的结构形式在前面已经介绍过。ECC 合同有广泛的适用性，可以适用于不同的国度、承包方式、计价方式、专业工程、有无工程量清单、双方不同的要求、管理合同、0～100%的分包、有设计或没有设计等各种项目类型。

ECC 合同的主要选项有：

(1) 固定总价合同，由承包商编制工程量清单。

(2) 单价合同，由业主提出工程量清单。

(3) 成本加酬金合同。

(4) 目标合同，业主和承包商共同承担风险。

(5) 管理合同，管理合同适用于所有的工程施工都进行分包、由分包商完成，承包商管理分包工程的采购和实施。

2. 工程施工分包合同

工程施工分包合同(ECS)是与工程施工合同(ECC)配套使用合同文本。

3. 专业服务合同(PSC)

专业服务合同(PSC)适用于业主聘用专业顾问、项目经理、设计师，或监理工程师等专业技术人才的情况。

4. 工程简要合同

工程简要合同(ECSC)适用于工程结构简单,风险较低,对项目管理要求不太苛刻的项目。

五、其他常用的合同条件

1. JCT 合同条件

JCT 合同条件是英国合同联合仲裁委员会(Joint Contracts Tribunal)和英国建筑行业的一些组织联合出版的系列标准合同文本。它主要在英联邦国家的私人和一些地方政府的房屋建设工程中使用。JCT 合同系列有很多文本,例如:施工合同、承包商承担设计的合同、固定总价合同、工程总承包合同、小型工程合同、管理承包(MC)合同、单价合同、分包合同等标准文本。

2. AIA 合同条件

美国建筑师学会(American Institute of Architects,简称 AIA)作为建筑师的专业社团,已有近 160 年的历史。AIA 出版的系列合同文件在美国建筑业界,及国际工程承包界,特别在美洲地区具有较高的权威性。AIA 文件分为 A、B、C、D、F、G 系列。主要是:

(1) A 系列,是关于业主与承包人商之间的合同条件,包括设计—施工总承包合同、施工合同、CM 合同、工程分包合同等。

(2) B 系列,是关于业主与提供专业服务的建筑师之间的合同条件。

(3) C 系列,是关于建筑师与提供专业咨询单位之间的合同条件。

(4) D 系列,是建筑师行业所用的文件。

(5) F 系列,是财务管理表格。

(6) G 系列,是合同和办公管理表格。

其中,在国际工程中,AIA 比较有影响力的合同文本是 A201《工程承包合同通用条款》和 A401《总承包商与分包商标准合约文本》。

复习思考题

1. 调查一个建设工程项目,了解该工程项目的合同关系,绘制合同体系图。

2. 简述工程项目的合同体系、承发包模式、管理模式的关系。

3. 阅读 1999 版 FIDIC《施工合同条件》,分析它的主要内容和结构。

4. 对照 1999 版 FIDIC《施工合同条件》和我国的《建设工程施工合同(示范文本)》(GF-2017-0201),分析它们的差异。

5. 检索目前国际上常用的工程合同示范文本,分析其主要结构、特点,以及应用范围。

第三章　建设工程承包合同

本章提要：本章采用合同总体分析方法，介绍建设工程承包合同的内容，包括施工合同、设计-采购-施工总承包合同、工程分包合同。

第一节　概　　述

一、工程承包合同的概念

工程承包合同是建设工程中最重要，也是最复杂的合同。它在工程项目中的实施时间长、标的物复杂、价格高，在整个建设工程合同体系中处于主导地位，对整个工程合同体系中的其他类型合同的内容都有很大的影响，是整个工程项目合同管理的重点。无论是业主，工程师或承包商都将它作为合同管理的主要对象。

在工程实践中，项目管理者经常采用“工程承包合同”和“工程施工合同”两个词语。这两者在很多情况下有相同的意义。只有一些细小的差异：工程承包合同包括的工程范围可能很大，例如设计-施工总承包、工程供应和施工承包等，但是，必须有工程施工的内容。而如果合同内容仅仅包括工程施工，例如土建和(或)安装工程的施工，则工程承包合同又被称为工程施工合同。所以，工程施工合同可以看作工程承包合同的一种类型。

在现代工程项目中，由于工程施工合同所包括的范围在逐渐扩展，有时可以应用于承包商承担部分永久性工程的设计，所以，它们的界限很难明确划分。由于这两个词语都广泛使用，所以，本书中两个词语都用。

二、工程承包合同的分类

常规的、较典型的工程承包合同类型主要包括，工程施工合同、工程总承包合同、工程分包合同。

1. 工程施工合同

工程施工合同即承包商承包或分别承包土建工程、机电安装工程、装饰工程、通讯工程等施工内容。施工合同是比较传统的，也是最常见的工程承包合同。在工程合同体系中，施工合同是最有代表性、应用最普遍的，深刻理解工程施工合同将有助于对整个工程合同体系以及对其他工程合同的理解。

一个工程施工合同的工作范围可能包括以下内容：

(1) 施工总承包，即承包商承担一个工程的全部的工程施工任务，包括土建、水电安装、设备安装等。

(2) 单位工程施工承包。业主可以将专业性很强的单位工程(例如土木工程、机电安装工程、装饰工程等)的施工分别委托给不同的承包商。这些承包商之间为平行的协作关系。

(3) 特殊专业工程施工承包。例如,管道工程、土方工程、桩基础工程、高层建筑的玻璃幕墙等工程的施工。但是,在我国不允许将一个工程分解成分部分项工程分别发包。

从第二章的分析可见,现代工程施工合同的标准文本很多,很多国家,以及国际上知名的工程合同系列文本都以工程施工合同为主体,但是,这些合同文本的很多内容是相似的。本章仅仅以国际上最典型的,应用最为广泛的 FIDIC 工程施工合同为对象进行分析。

2. 工程总承包合同

工程总承包包括了很多不同的模式,其中比较典型和完全的是"设计-采购-施工"(EPC)总承包。在这种总承包合同中,业主将工程项目的设计、采购、施工全部委托给一个承包商,即业主仅面对一个总承包商,与之签订合同。与这种模式相似的还有"设计-施工"总承包,即常说的 DB 模式。

同样,总承包合同有很多标准文本,例如 EPC 总承包合同和 DB 总承包合同等。本章主要以 FIDIC"设计-采购-施工"(EPC)总承包合同为对象进行分析。

3. 工程分包合同

它是工程承包(包括工程施工或工程总承包)合同的分合同。承包商将承包合同范围内的一些工程内容或工作委托给分承包商完成,他们之间签订工程分包合同。现代工程项目中,承包商不再用自己的队伍、施工设备等完成全部工程的建设内容,而是将很多的工程内容发包给不同的分包商完成。这样做一方面,分散了项目的风险;另一方面,由于现代工程项目的专业化程度越来越高,承包商将专业的内容分包给专业的分包商完成,可以实现更高的经济效益。而很多分包商还可能将工程内容进一步分包,由此形成了分包的分包商。在现代工程项目中,多层分包也是非常普遍的,但这也给业主的项目增加了很多的难度和不确定性。

同样,工程分包合同也有很多标准的示范文本,本书仅以我国的《建设工程施工专业分包合同(示范文本)》为对象进行分析。

三、工程承包合同的法律基础

1. 在国际工程中,工程承包合同专用条件或投标函附录中,需要明确规定合同受哪个国家或地区的法律的"管辖"或制约,所规定的法律是合同生效、争议解决等方面的基础。

2. 我国的建设工程合同文本适用我国的法律和行政法规。如果工程需要适用特殊的法律、法规及规章,则双方需要在专用条件中进行明确。

四、合同语言

合同语言的规定包括对合同文本的书面语言和工程项目管理中沟通交流语言的规定。

1. 当合同的文本采用一种以上的语言编写时,不同语言在表达方式和语义上可能会存在差异,在翻译过程中会造成与实际意义的不一致,进而导致对合同内容解释的不一致,产生合同争议。因此,在合同中需要规定合同书面和沟通的主导语言,在双方对合同语言的理解产生歧义时,应以主导语言的规定为准。

FIDIC 合同条件用英文编写,虽然被翻译为多种语言,但是,在发生争议时,对合同内容的解释以英文版为准。

我国工程合同文件采用汉语编写。如果专用条件约定使用一种以上语言时，汉语应为主导语言。在少数民族地区，双方可以约定使用少数民族的语言。

2. 在 FIDIC 合同条件中规定，工程师和承包商代表等人员应能够流利使用合同规定的语言进行沟通和交流。

第二节　工程施工合同

一、概述

（一）工程施工合同的应用

通常工程施工合同适用于以下情况：

1. 业主负责设计，提供规程（Specification）、图纸和工程量清单，并承担设计相关的风险。在有些情况下，也可以由承包商承担部分永久工程的设计，或部分工程的深化设计。

2. 承包商的工程范围由规程、图纸、工程量清单确定，要求承包商按照工程量清单报价。

一般而言，工程施工合同可以采用单价合同和总价合同等形式。在采用单价合同时，承包商按照规程、图纸、工程量清单报价。如果要采用总价合同形式，则需要在工程施工合同中增加“工程款支付表”，即表明工程的总价是在哪些关键进度节点，按照多少的百分比进行支付的。

3. 承包商严格按照规程、图纸和合同要求完成工程项目的施工，达到工程竣工的标准和要求，将竣工的工程内容移交给业主，并在缺陷责任（通知）期内承担工程项目的保修责任，工程款的支付通常以承包商完成的工程量和报价作为依据。

（二）施工合同的主要合同关系

一般而言，工程施工合同（例如 FIDIC 施工合同、我国的建设工程施工合同示范文本）所定义的合同关系如图 3－1 所示。

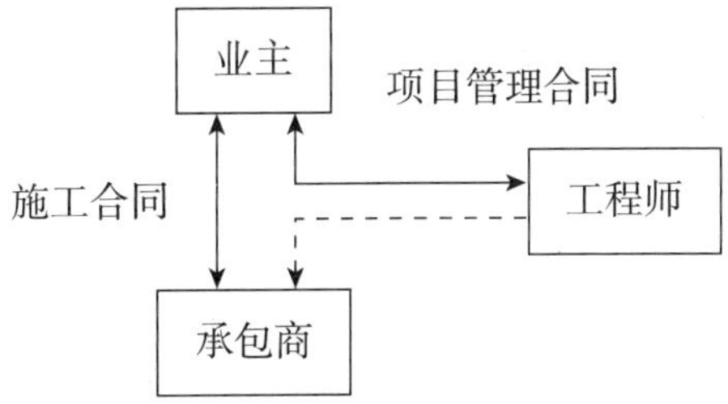

图 3－1　FIDIC 施工合同定义的关系

在工程施工合同签订以后，参与方之间形成了一个比较稳定的合同关系。未经对方的事先同意，合同当事人任何一方不得将整个合同或部分合同权利和义务转让出去，以防止单方面转让而导致另一方当事人的风险。此外，为了保证项目组织结构和运作规则的稳定性，还要求业主和承包商代表人，以及业主对工程师授权等，在一般情况下不得改变，即也必须具有一定的稳定性。

1. 业主

业主是指在协议书中约定的工程施工发包的当事人及其合法的继承人。业主选择承包商，向承包商颁发中标函。业主负责工程项目的管理工作，协调承包商与设计单位、与业主雇用的其他承包商和供应商的关系。FIDIC 合同条件明确规定，相对于承包商而言，工程师、工程师助手也都作为业主人员。

一般而言,业主的工程项目管理采用以下几种模式:

(1) 业主直接委派自己的人员作为履行合同的代表(通常被称为业主代表),直接管理工程项目。这种模式一般适用于业主经常建设工程项目,具有稳定的项目管理机构等情况,业主代表具有比较丰富的工程经验,能够管理好一个工程项目。否则,应该聘请专业的管理公司进行项目管理。

(2) 业主不直接管理工程项目,而是聘请,并全权委托工程师(这里的工程师可以是项目管理公司)进行项目管理,实行以工程师为核心的项目管理模式。由工程师向承包商下达指令,行使工程项目管理的权力。

(3) 业主代表和工程师共同管理。

在 FIDIC 合同条件中,当业主限制工程师的权力时,行使这些权力的相关工作就相应地由业主代表完成。

在我国的《建设工程施工合同(示范文本)》中,“工程师”的身份和职权在专用条件内进行了约定。业主可以分别委派业主驻工程项目现场的代表和工程师在现场共同工作,他们的职责不能相互交叉。

2. 承包商

承包商是指在业主收到的投标书中指明为承包商,并与之签订合同的当事人及其合法继承人。承包商提出投标文件,并为业主接受,负责工程施工,是工程施工任务的承担者。未经业主的事先同意,承包商不得将整个合同或部分合同的内容转让给他人,或者抵押给他人。

(1) 当承包商是由两个及以上的企业组成的联营体时,他们就合同履行向业主承担共同的,以及各自的责任(连带责任)。未经业主事先同意,他们不得改变其组成或法律地位。

(2) 承包商代表(施工项目经理)

① 承包商任命承包商代表具体负责工程施工管理和合同履行,并授予他代表承包商实施工程的一切权力。他代表承包商,实施工程师认可的施工计划,以及根据合同发出的指令。

② 在我国,承包商代表一般被称为“施工项目经理”,其在专用条件中明确,或在开工日期前,承包商将拟任命为承包商代表的姓名和详细资料提交给业主和工程师,以取得同意。

③ 承包商要更换承包商代表,必须事先以书面形式通知业主和工程师,征得他们的同意。未经工程师同意,承包商不得更换承包商代表。

④ 在施工期间,如果承包商代表要暂时离开现场,需要事先征得工程师的同意,并由承包商代表任命合适的替代人员。

(3) 承包商人员,指承包商现场聘用的所有人员,包括承包商代表和其分包商的雇员,以及所有其他帮助承包商实施工程内容的人员。承包商人员应该是在各自的行业或职业内,具有相应资质、技能和经验的专业人员。

(4) 分包商,指由承包商委托的,为完成部分工程施工的分包商,广义的分包商也包括材料供应商、劳务分包商。承包商对其任何分包商、分包商的代理人或雇员的行为、违约、疏忽等如同承包商自己的行为一样,承担全部责任。

工程施工合同对工程分包也有严格的限制,主要包括:

① 承包商不得将整个工程分包出去。

② 除了在合同中已明确的分包商以外，承包商雇用分包商均需征得工程师的事先同意。

3. 工程师

工程师指由业主任命，并在投标书附录中指明的代表业主进行工程项目管理的人员，在我国也就是监理工程师。业主和工程师之间需要签订工程咨询(项目管理、监理)合同。虽然工程师不是施工合同的签约方，但是，施工合同明确规定了工程师管理工程项目所具有的权力。

在施工合同的实施过程中，工程师是个特殊的角色，具有很大的权力，发挥了重要的作用。

(1) 工程师受业主委托管理工程，是业主的代理人，具有施工合同中明确规定的，或者由该合同隐含的必然具有的权力。业主应保证工程师工作的及时性和有效性。如果工程师在工程项目管理中出现失误，例如：未及时履行职责，发出错误指令、决定、处理意见等，造成承包商工期拖延和费用损失，业主必须承担赔偿责任。

(2) 工程师对工程的实施有很大的影响，因此，工程师的信誉、工作能力、公正性等，也是承包商投标报价必须考虑的重要风险因素之一。在 FIDIC 施工合同中，要求工程师角色和授权具有一定的稳定性。业主有权选择工程师，并限定他的权力，或要求工程师在行使某些权力之前，需得到业主的批准。但是，这些应在专用条件中，并在投标人投标前进行明确。在工程项目的实施过程中，未经承包商的同意，业主不得撤换或改变工程师的人选，也不得改变工程师的权力范围。如果承包商有充足理由反对，则业主不得更换工程师。

(3) 工程师可以书面任命助理，将他的一部分职责和权力委托给助理，但是，不得将他对任何事项的决定权都委托给助理。

(4) 工程师是一个特殊的岗位，必须有相应资格和能力的人担任。工程师，及其助手应该是合格的，即符合工程所在国执业资格管理的规定，能流利地使用合同规定的交流语言。

二、工程施工合同文件和工程文件

(一) 工程施工合同文件的组成

一般而言，工程施工合同文件由合同协议书、中标通知书、投标书、合同条件、工程施工合同的技术文件和其他附件，以及作为工程施工合同一部分的其他文件组成。

1. 合同协议书

在工程施工合同文件中，合同协议书是一个内容相对简单的文件，主要明确了合同的价格、工期、主要工程范围等内容。

2. 中标通知书

在业主确定承包商中标后，由业主(或授权代理人)向承包商(或授权代理人)发出中标通知书(又被称为“中标函”)，表示业主希望与承包商签订合同的愿意，也就作为业主的承诺。在中标通知书中，业主申明以特定的合同价格向承包商委托工程。可以认为，中标通知书发出，合同宣告成立，但是，由于工程合同的复杂性，一般而言在中标通知书发出之后，双方还要签订正式的合同协议。

3. 投标书

投标书(一般又被称为“投标函”)是由承包商或其授权的代表所签署的要约文件。通常,招标文件中已附有投标书的具体要求,以及部分文件的格式文本。投标书的签署表示投标人对招标文件中所确定的招投标条件和要求的认可,表明投标人愿意以自己的投标报价承接招标文件所描述的工程施工任务,并修补其任何缺陷。投标书一经签字和提交,在投标截止期后就产生了法律约束力。

4. 合同条件

合同条件通常包括专用条件和通用条件两个部分。

(1) 专用条件。专用条件是结合具体工程实际,对通用条款相关内容的具体化、补充、修改,或按照通用条件要求提出的限制条款,通常其条款号与通用条款号一一对应。

(2) 通用条件。通用条件是工程施工合同最主要的内容,由业主在投标文件中提供,它代表着工程惯例,是适用于所有项目类型、标准化的合同条件。

5. 工程施工合同的技术文件和其他附件

合同的技术文件和其他附件包括规程、图纸、工程量清单、资料表等。一般而言,这些技术文件的优先次序为:

(1) 规程。在国际工程中是指 Specification,与我国政府颁布的"规范"不同,它是业主对承包商的工程、工作范围、质量和工艺(工作方法)要求的说明文件。

(2) 图纸。指由业主提供或承包商提供,经工程师批准,满足承包商施工需要的所有图纸,包括图纸、计算书、样品、图样、操作手册以及其他配套说明和有关技术资料。

(3) 工程量清单,工程报价单(或预算书)。

(4) 资料表和构成合同组成部分的其他文件。

6. 作为工程施工合同一部分的其他文件

(1) 在工程施工合同签订后,双方达成一致意见的补充协议、备忘录、修正案和其他协议文件。它们作为工程施工合同的修改和补充,在合同的履行过程中,具有最高的法律优先地位。

例如:在某工程项目中,双方签订合同后,由于多方面的原因不能实施,拖延了 3 年。3 年后双方协商继续履行合同,签署了修正案,对原工程施工合同中的工程范围、工期和价格进行了相应的调整,而其他内容不变。则该修正案优先于原合同协议书,原合同协议书中的相关内容被修改。

(2) 在合同签订前会有许多磋商、澄清、合同外承诺,形成双方一致的会谈纪要、备忘录、附加协议和其他文件。例如:在合同谈判过程中,承包商为了争取中标,提出一些合同外的承诺,例如赠予设备、帮助业主培训技术人员、扩大服务范围等,在合同签订前,以备忘录或附加协议的形式进行明确。如果合同成立,这些文件也是工程施工合同的一部分,但是,它们的优先地位较低。

以上几个方面构成了完整的工程施工合同。它们之间应该具有一致性,应该能够相互说明、相互补充,不能出现歧义或矛盾。但是,由于工程施工合同所包括的文件内容数量庞大,由不同的主体或专业人员编制了不同的文件内容,出现歧义、矛盾的现象比较普遍,所以,国际工程合同条件规定,如果出现合同内容的含糊或不一致,则应由工程师对此作出解释或校正。

(二) 工程文件

1. 业主负责保护、保管规程和图纸,并免费向承包商提供约定份数的合同,以及后续图纸的复印件。承包商如果需要更多份数的工程文件，则由承包商支付费用复印。承包商在现场保存一份合同、规程、图纸、变更，以及其他往来文件，以备业主、工程师、及其他项目参与方的查阅。

业主对由其编制的规程、图纸和设计文件具有版权和其他知识产权。承包商有权基于合同的目的自费复印、使用、传输规程、图纸及业主编制的设计文件。但没有经过业主的同意，承包商不得出于非合同目的为第三方复印、使用、传输上述文件。

2. 在业主接收工程项目之前，承包商负责保存和管理承包商文件，向工程师提供约定份数的承包商所有文件的复印件，并在现场保留一份复印件以供业主的人员使用。业主有权为合同的目的免费复印、使用、传输、修改承包商文件。

承包商对其文件和其他由承包商编制的设计文件具有版权和其他知识产权，但是，承包商也不能将其设计文件用于非业主项目的其他工程使用。此外，未经承包商的同意，业主不得出于非本合同的目的为第三方复印、使用、传输承包商的文件。

三、工程施工合同相关方的责权利关系

（一）承包商

1. 承包商的一般责任

（1）承包商应该按照合同的规定、工程师及其助手的指令对工程进行设计和施工，并达到相应的竣工标准和条件，在规定的时间内把竣工工程移交给业主，并在缺陷责任期内履行保修（缺陷修复）责任。承包商的工程范围通常由规程、图纸、工程量清单所定义和明确。

（2）承包商应该为完成上述工程责任提供所需要的工程（包括永久性的和临时性的）的监督、劳务、材料、承包商设备、生产设备、承包商文件及其他物品和相应服务。应该按照工程师的要求向施工现场派遣授权的代表，提供完成其合同责任所必需的监督人员和各种人员。

（3）承包商对不由他负责的永久性工程或临时性工程的设计或规程不承担责任。但是，对合同明确规定由承包商设计的部分永久性工程应承担以下责任：

① 在其设计资质允许的范围内，完成施工图设计或与工程项目相关的配套设计。设计文件要符合规程、合同，以及工程师的要求。

② 应该按照合同的规定向工程师提交设计文件，工程师负责审批承包商的文件。

③ 承包商保证该部分工程内容符合合同的要求，并对该部分永久性工程承担全部责任。竣工试验前，承包商向工程师提交足够详细的竣工文件，以及操作和维修手册，使业主能操作、维护、拆卸、再组装、调整和修复工程。

④ 除法律上不允许或实际上不可能实施以外，承包商应严格按合同实施工程项目。

2. 承包商对合同文件、报价以及实施方案的责任

（1）承包商对业主提供的水文和地质资料的解释负责。

（2）承包商对环境调查负责。在投标前，承包商被认为对现场和周围环境及有关资料进行了调查，已掌握了现场的状况和性质（包括地下条件）、水文和气候条件，与工程项目有关的风险、意外事故及其他情况的全部资料，对现场及其周围环境等所有相关事宜感到满意，并在此基础上编制投标文件。

承包商已经了解为工程项目的施工、竣工和修补任何缺陷所需的工作、物品的范围和性

质;了解工程项目所在国的法律、程序和惯例;了解现场电力、给排水条件,以及有关人员宿食、设施方面的情况等。

(3) 承包商决定施工方法,对所有现场作业和施工方法的完备性、稳定性和安全性负全部责任,并提供因工程项目实施所必需的临时工程(道路、人行道、防护及围栏)。

(4) 在上述基础上,承包商应对投标书,以及工程量表中所作出的各项费用和报价的正确性和完备性负责。

3. 承包商的测量放线责任

承包商应按照合同规定,或工程师通知的原始基准点、基准线和基准标高对工程项目进行放线,并对工程项目所有部分的放线、定位、标高、尺寸的正确性负责,应该按照工程师的要求纠正工程的位置标高尺寸或定位线中发现的任何错误。

虽然承包商不对参照项目的正确性负责,但是,他应该努力对业主提供的原始基准点、基准线和基准标高的准确性进行验证。如果由于工程师提供的基准放样文件出现错误,导致承包商遭受工期延误和费用增加,而这些错误又是一个有经验的承包商无法预见和避免的,承包商可以进行工期和费用的索赔。

4. 承包商遵守法律的责任

(1) 承包商及其人员的一切工程活动和行为都应该遵守所有适用的法律和各种规章制度,保证业主免于承担这方面的罚款和责任。

(2) 对于完成工程施工和修补缺陷工作中涉及的法律事项,承包商应负责发出通知、支付税款和费用,并获得所需要的许可。

(3) 承包商应遵守所有适用于承包商人员的劳动法。承包商应采取预防措施,防止承包商人员或其内部发生任何非法的、动乱的或无序的行为,以保持安定,保护现场及邻近人员和财产的安全。

(4) 承包商负责工程项目所用的或与工程项目有关的、任何承包商的设备、材料或工程设备,由于侵犯专利和其他方权利而引起的一切索赔、诉讼,以及其他法律后果。

5. 承包商的履约担保责任

承包商应该按照合同的规定提供履约担保,并交业主批准。在承包商完成合同规定的施工任务前,履约担保应一直有效。

6. 承包商的购买保险责任

承包商应该按照合同的规定,或按双方在中标通知书颁发前商讨的结果购买保险。

7. 承包商对进口设备、材料等责任

承包商负责他自己的设备、材料和其他物品的有关海关结关、进出口许可、港口储存等方面的手续和费用,业主应尽最大努力提供协助。

8. 承包商对进场路线的责任

承包商对他选用的进场路线的适宜性和可用性负责;为使用这些路线取得有关部门的批准,负责承担取得进出现场所需专用或临时道路通行权的一切费用和开支;自费提供他所需要的,供施工使用的位于现场以外的附加设施;维护通往现场的道路和位于通往现场道路上的桥梁免受损坏,并负责它们的加固或改建。

9. 承包商的保密责任

承包商对工程项目有保密的义务。没有业主的事先同意,承包商不得在任何商业、技术论文或其他场合发表或透露工程项目的任何细节。

10. 承包商对其员工的管理责任

(1) 除合同另有规定外，承包商对其所有员工的报酬、住房、膳食和交通负责。

(2) 承包商采用的工资标准和劳动条件应符合当地劳动法的规定。

(3) 承包商应为其人员提供和保持一切必要的食宿和福利设施，不得允许承包商人员居住在永久工程内，并按合同的规定为业主人员提供相关的办公、住宿等设施。

11. 承包商承担相关费用的责任

承担工程项目所用各种材料的一切吨位费、矿区使用费、租金，以及其他费用。

12. 承包商对健康、安全和环境(HSE)保护的责任

(1) 承包商应采取合理措施，保护现场内外的环境，应保证他所产生的散发物、地面排水，以及排污不超过规程和法律规定的较小值。

(2) 承包商应保证施工现场的清洁卫生符合环境管理的有关规定，负责保证施工人员、现场其他人员的安全、健康、现场秩序；应与当地的卫生部门合作，为在现场的承包商和业主人员配备驻地医务人员、急救设施、病房及救护车服务，并根据卫生要求，预防传染病的发生。

(3) 在工程的接收证书颁发后，承包商应按照约定立即从现场清运所有承包商的设备、剩余材料、残物、垃圾和临时工程，仅可以在现场保留为履行缺陷通知期义务所需的物品。

(4) 在整个工程合同的实施过程中，承包商应该按照工程师或有关当局要求，自费提供并保持现场照明、防护、围栏、警告信号和警卫人员；负责现场保安，阻止未经授权的人员进入现场；做好施工现场的地下管线和邻近建筑物、构筑物(包括文物)、古树名木的保护工作。

(5) 承包商应该对工程施工操作所引起的对公共便利的干扰，以及对公用和私人道路等的占用负责；在工程项目施工所需运输过程中，对造成道路和桥梁的破坏或损伤负责。

(6) 承包商应该根据规程或合同要求在现场安排安全管理员，负责现场的人身安全和安全事故预防工作。一旦事故发生，承包商应立即将事故详情通报工程师，并按工程师的要求保持纪录，撰写有关人员健康、安全和福利以及财产损害情况的报告。

13. 承包商的工程照管责任

从开工到颁发工程移交证书为止，承包商对工程、材料和待安装工程设备的照管负完全责任。如果发生任何损失或损坏，除属于业主的风险情况外，应由承包商承担责任。

(二) 业主

1. 业主负责编制合同协议书，并承担拟定和签订合同的相关费用，例如需要交纳的印花税和类似费用。

2. 业主应在投标书附录中规定的时间或者按照合同规定的时间提供各种条件，包括：

(1) 给予承包商进入现场、占用现场的权利，应使施工场地具备施工条件。

(2) 如果合同有规定，向承包商提供工程施工场地与城乡公共道路的通道，以及由专用条件约定的施工场地内的主要交通干道，满足施工的需要，并保证施工期间的畅通。

(3) 按照专用条件的要求，从施工场地外部将施工所需水、电、电讯线路接至约定地点，并保证施工期间的需要。在工程施工过程中，承包商有权使用现场供应的电、水、气及其他

设施,但应该向业主支付费用,并自费提供测量水、电、气用量的仪器。

3. 业主应该及时向承包商提供工程勘察所取得的现场地质、水文资料,以及环境和地下管网线路资料,并对资料的正确性负责。

业主应该以书面形式向承包商提供工程项目的水准点与坐标控制点,并进行现场交验。业主应该对其提供的原始基准点、基准线和基准标高的任何错误负责。

4. 业主负责获得永久工程的规划以及在规程中说明应由业主取得的其他许可。

业主应该按照专用条件的规定,办理施工许可证及其他施工所需的证件、批件和临时用地、停水、停电、中断交通、爆破作业等申请批准手续(证明承包商自身资质的证件除外)。

5. 在国际工程项目中,业主应该根据承包商的请求,协助承包商取得与合同有关的所在国的法律文件,以及工程所在国法律要求的许可、执照或批准,包括货物运送、进口清关,承包商设备运离工程所在国等。

6. 业主应该按照合同规定的时间、地点、质量和数量要求,提供应由业主提供的材料和设备,并对它们承担相应的责任。

业主提供的材料,在 FIDIC 合同条件中被称为免费提供的材料,在我国被称为甲供材料。如果在工程施工中,承包商发现业主提供的材料短少、缺陷或缺失,业主应立即调换、补全或重新订货。承包商不对业主免费提供材料的短缺、缺陷或损坏负责。

根据合同的要求,业主可以提供设备给承包商使用。当承包商使用业主的设备时,承包商应对业主的设备负责,并支付使用费用。

7. 业主承担风险责任

业主的风险一般包括:

(1) 政治和社会问题,例如工程项目所在国发生战争、敌对行为、入侵、叛乱、暴动、政变、内战、暴乱、骚乱、混乱等。但仅限于承包商或其分包商雇用的人员,且由于从事本工程项目的工作而引起的除外。

(2) 工程项目所在国的军火、爆炸性物质、离子辐射或放射性污染,由于承包商使用此类军火、爆炸性物质、辐射或放射性活动的情况除外。

(3) 以音速或超音速飞行的飞机或其他飞行装置产生的压力波。

(4) 业主使用造成损失或损害。

(5) 非承包商负责的工程设计错误。

(6) 一个有经验的承包商通常也无法预测和防范的任何自然力的作用等。

在工程竣工交付之前,如果发生业主风险事件造成的工程、材料、待安装设备损坏或损失,承包商有责任弥补此类损失或修复此类损害,但由业主承担费用。

8. 在工程师按合同颁发付款证书后,业主应在合同规定的时间内,向承包商支付工程款,否则应承担违约责任。

9. 业主应按照承包商提出的要求,提供为本工程所作的资金安排的证明。

10. 在工程现场挖掘出来的所有化石、硬币、有价值的物品或文物,以及具有地质或考古意义的结构物和其他遗迹,都属于业主的财产,应处于业主的照管和权利之下。一旦发现此类物品,承包商应负责保护,采取措施防止承包商的人员和其他人员移动或损坏这些物品,立即通知工程师,并实施工程师的处理指令。由此造成承包商费用的增加和工期的拖延,业主应该给予补偿。

11. 业主有权要求按照合同规定,向承包商索赔费用和(或)要求延长缺陷通知期。

12. 指定分包商。业主有权对在暂定金额中列出的任何分项(例如工程的施工、货物、材料、工程设备或服务的提供)指定分承包商。该分包商仍与承包商签订分包合同,承包商负责管理和协调,指定分包商向承包商负责。

如果承包商没有按照合同的规定向指定分包商付款,则业主有权直接向指定分包商付款,然后从付给承包商的款项中扣除。

13. 生产设备和材料,从以下两者较早的时间起,即成为业主的财产,业主拥有所有权。

(1) 生产设备和材料到达现场;

(2) 生产设备和材料还没有运到现场,但出现生产设备的生产或生产设备和材料的交付被工程师指令暂停达规定时间以上,或者承包商按照工程师指令,表明生产设备和材料成为业主的财产。业主在其运至现场或已向承包商付款时(取两者中较早者)有所有权。

14. 业主根据工程师颁发的工程移交证书接收按合同规定已基本竣工的任何部分工程或全部工程,并承担这些工程的照管责任。

15. 如果业主在收到履约证书副本规定的期限后,承包商仍未运走现场剩余的承包商的设备、多余材料、残余物、垃圾及临时工程等,业主可以出售或另行处理,相关费用由承包商承担。业主出售或另行处理的收入归承包商所有。

(三) 工程师

1. 工程师代表业主管理工程项目,行使施工合同规定的或必然隐含的权力,履行合同规定的职责。工程师应在合理的时间内履行施工合同规定的职责,公正地行事,以没有偏见的方式行使合同权力。一般而言,工程师合同范围内的权力主要包括:

(1) 工程师有权对构成合同的文件之间出现的含糊、矛盾和不一致性作出解释和校正,并应就此向承包商发出指令。

(2) 工程师应履行合同中明文规定的,或必然隐含的权力,包括作出决定、表示意见或认可、表示满意、作出批准、决定价格、调解争议等。工程师应该按照合同的规定及时向承包商签发图纸、指令、批准、各种付款证书。

工程师应该在合理的时间内向承包商发出图纸或指令,如果由于非承包商的责任,工程师未能及时发出,使承包商遭受工期延误和费用增加,应给予承包商工期和费用的补偿。

(3) 工程师无权修改合同,无权解除任何一方的根据合同规定的权利、义务和责任,例如工程师不能超越合同权力的范围给承包商免责。

(4) 如果业主要求工程师在行使某些权力之前,需得到业主的批准,则可在合同的专用条件中写明。

(5) 工程师的任何批准、校核、证明、同意、检查、检验、指令、通知、建议、要求、试验等行动,不应解除合同规定的承包商的任何职责。例如,工程师行使他的权力,批准实施方案、检查放线、验收材料和隐蔽工程,并签字确认,如果再出现工程质量问题等仍属于承包商的责任,承包商不能以已经过工程师的检查、认可、同意或批准为借口,推卸自己对工程质量和安全等方面的责任。

(6) 如果承包商未能履行合同义务,工程师可以要求承包商在合理的时间内纠正并补救其违约行为。

(7) 工程师可以在任何时候根据合同规定向承包商发出指令。指令应该采用书面形式。如果工程师发出的是口头指令,则承包商应在指令发出的 2 天内向工程师要求书面确认,而工程师在规定时间内未以书面形式否认,则此项指令成为工程师的书面指令。

2. 工程师可以根据现场工程管理的需要书面任命工程师的代表,并可将属于自己的部分职责和权力授予工程师代表,还可以任命一定数量的助理协助工作。工程师助手包括驻工地的各类专业工程师、负责设备和材料检验和试验的检查人员。

(1) 工程师助手应具有适当的资格,具有履行权力的能力,如具备一定的职称和工作经验,并且能流利使用合同规定的交流语言。

(2) 工程师可以向助手指派任何任务和托付任何权力,也可以撤销这种指派和托付。这种指派和撤销均应以书面形式,并应及时送达业主和承包商,在双方收到抄件后生效。

(3) 工程师的助手只能在指派和托付的权限内向承包商发出指令,其发出的任何指令应具有与工程师发出的同样的效力。如果承包商对工程师助手的决定或指令提出质疑,工程师应及时对该决定或指令进行确认、取消或改变。

3. 批准承包商的分包商。如果没有获得工程师的事先同意,承包商不得将工程的任何部分分包出去,但劳务分包、采购符合合同规定的材料和合同中已指定的分包商除外。

4. 有权批准,或否决,或要求承包商撤回、更换承包商授权的代表;可以要求承包商撤换现场存在下述行为的承包商人员或承包商代表,承包商应重新指派合适的替代人员:

(1) 行为经常不符合规程或不认真;

(2) 履行职责时不能胜任或玩忽职守;

(3) 不遵守合同的规定;

(4) 经常出现有损健康与安全,或破坏环境的行为。

5. 行使工程进度控制的权力,包括下达开工令、审查承包商提交的详细进度计划、指令停工或加速施工等。

6. 行使工程质量控制的权力,对材料、设备、工艺和工程的检查权、认可权,以及在不符合合同规定情况下的处置权。

7. 具有变更工程的权力。对各类工程的变更,由工程师下达变更指令,并确定变更所涉及的合同价格的调整和工期的顺延。

8. 没有工程师的同意,承包商已运至施工现场的所有设备、材料和临时工程不得移出现场。

9. 工程师应该按照合同的规定及时向承包商签发各种付款证书,例如进度付款、竣工支付和最终支付等。

10. 工程师负责验收已基本竣工的部分工程或全部工程,颁发工程的移交证书;在承包商的缺陷通知期结束后,向承包商签发履约证书;并按合同规定向业主提交工程实施情况的总结报告。

11. 负责处理业主和承包商之间的索赔和反索赔事务。当按照合同的规定应该给予承包商工期延长和费用补偿(增加合同价格)时,或承包商应给予业主费用赔偿,或延长保修期时,由工程师决定其工期(包括保修期)的延长量和费用的补偿额。

(四) 工程施工合同相关方的沟通和合作责任

1. 合同实施中的往来信函应使用投标书附录规定的"通信联络语言"。FIDIC 合同条件规定,工程师助理、承包商的代表及其委托人,必须能够流利地使用合同规定的语言进行日常交流。

2. 工程师有权了解承包商为实施工程项目所采用的方法及安排，当工程师提出要求时，承包商应提交其准备采用的工程施工安排和施工方法的细节，并按照其实施，在未通知工程师前，不得对施工方法作出重大改变。

3. 承包商为证实自己遵守合同，应按工程师的要求透露其保密事项。

4. 如果合同任何一方在规程、图纸，以及后续用于施工的文件中，发现技术性错误或缺陷，应立即通知对方。

5. 合同双方应相互提供合作。承包商应根据合同和工程师指令，为现场的业主人员、业主的其他承包商、公共当局人员，提供合理的工作机会和工作条件，包括使用承包商维修保养的道路或通道，临时工程或承包商设备，或提供其他为工程的顺利实施所需的服务。对此，承包商有权收取费用。

6. 工程师应及时发布图纸和指令。如果任何必需的图纸或指令未能在合理的时间内发至承包商，可能导致工程的拖延或中断时，承包商应通知工程师，说明必需的图纸或指令的细节，必须及时发出的详细理由，以及如果延迟发出图纸或指令，可能遭受的延误或中断的详细情况。

7. 业主应保证现场的业主人员（包括业主职员、工程师、工程师代表等）与承包商之间，以及各个承包商之间相互合作，并对他们的现场安全、环境保护承担责任。

8. 工程师在按照合同的规定作出给予承包商工期延长和费用补偿，或给予业主缺陷通知期延长和费用赔偿的决定前，应与各方协商，并在作出决定后及时通知业主和承包商。

四、工程施工合同的进度、质量和价格管理

（一）工程项目的进度管理

1. 关于工期的基本内涵

（1）合同中的“日”指一个公历日，并非是一个工作日；“年”指 365 天。

（2）开工日期，指在承包商接到中标通知书后规定时间之内，工程师向承包商发出的通知中注明的日期。根据 FIDIC 合同条件的规定，工程的开工日期应该在中标函发出之后的 42 天内，由工程师提前 7 天通知承包商。承包商应在开工日期后尽快开工，随后应迅速、毫不拖延地进行施工。

（3）合同规定的竣工时间，是指在合同中规定的，从开工日期算起，到全部工程或其任何部分或区段施工结束，并通过竣工验收的时间。这个时间由工程师按合同规定的移交程序，在签发的移交证书中进行确认。

2. 工程师有权批准承包商的进度计划，或要求承包商修改进度计划。

在合同签订，或中标函发出后，或接到开工通知后，承包商应按合同规定的日期，将详细的工程实施计划提交工程师审查。进度计划的内容和详细程度应符合合同的规定。

工程师在收到进度计划的一定时间内，如果认为承包商的进度计划存在与合同不符合或其他不合理的地方，发出通知要求承包商修改，再提交一份修订的进度计划。工程师如果在规定期限内没有发出该通知，则认为批准了该进度计划。

3. 承包商应该按照工程师认可的进度计划组织施工，接受工程师对进度的检查和监督。承包商的工作时间应符合合同的规定，或取得工程师的同意。

4. 承包商应每日向工程师提交的详细报表,报表中包括前一工作日中使用的各种资源的详细资料。

承包商应每月向工程师提交月进度报告,直到工程竣工为止。报告主要描述本月的工程进展状况和现场的各种状况,其内容和详细程度必须符合合同的规定或工程师的要求。

5. 如果由于承包商的责任导致进度计划不符合合同的要求,或实际进度落后于计划进度,或无法按期竣工,工程师可以要求承包商修改进度计划,则承包商应按照工程师的要求提交一份修订的进度计划,采取赶工措施,以实现按时竣工,由于赶工增加的费用,由承包商承担。

6. 工程的暂停和复工

(1) 工程师指令暂时停工

① 工程师可以随时指示承包商暂停部分或全部工程的施工。在暂停期间,承包商应保护、保管,并保证该部分或全部工程不产生任何变质、损失和损害。如果承包商不能按照规定对暂停的工程内容进行保护、保管或保证而造成损失,应承担责任并负责修复。

② 如果由于承包商的原因造成工程暂停,例如,由于承包商完成的设计存在缺陷、施工工艺问题、施工质量问题、供应的材料问题等,工程师向承包商通知工程暂停的原因,承包商无权得到工期和费用的补偿。

③ 如果由于非承包商的原因造成工程暂停,承包商由于实施工程师的暂停和复工指令而导致工期的延误或费用的增加,承包商有权要求索赔。

④ 在工程暂停期间,如果有关永久设备、材料的工作暂停已经超过了合同规定的期限,并且承包商已经根据工程师的指令将其标记为业主的财产,则承包商有权获得此类永久设备、材料的价款支付。

(2) 承包商暂停工程的权利

如果工程师没有按照合同的规定颁发期中付款证书,或在承包商提出要求后业主没有按照规定提供业主的资金安排,或业主不及时支付工程款,承包商可以按照合同规定通知业主,暂停施工或放慢工程施工的速度,直到收到付款证书、证明或付款为止。

承包商在收到付款证书、证明或付款后,在可能的合理情况下,尽快恢复施工。

(3) 承包商对持续暂停工程的处理权利

如果工程持续暂停 84 天以上,承包商可以要求工程师允许其恢复施工。如果在这一要求提出之后后 28 天内工程师不能给出许可,承包商可以通知工程师,将工程受暂停影响的部分视为根据工程变更的规定删减项目。如果暂停影响到整个工程项目,承包商可以根据合同的规定发出终止合同的通知。

(4) 工程的复工

工程师发出继续施工的许可或指令,承包商和工程师应共同对受影响的工程内容、生产设备和材料进行检查,在可能的情况下承包商继续施工。

7. 承包商的合理竣工时间应包括合同规定的竣工时间和承包商有权延长的工期。对以下情况,承包商有权延长竣工的时间:

(1) 设计变更和工程量的实质性变化,额外或附加工作(工程)。

(2) 不可抗力因素的作用和恶劣的气候条件的影响。

(3) 由于传染病或其他政府行为导致人员,货物的短缺。

(4) 由于业主人员的责任造成的延误、干扰或阻碍,例如不能按专用条件的约定提供图纸及开工条件,不能按照约定的日期支付工程预付款、进度款,致使工程不能正常进行施工等。

(5) 由于非承包商责任,工程所在国公共当局延误或干扰了承包商的工作,例如非承包商原因的停水、停电、停气造成工程停工。

(6) 根据合同规定,承包商有权获得工期延长的其他情况。

8. 实际的工程竣工时间与承包商合理竣工时间之差就是由于承包商责任引起的工程延误时间。

(二) 工程项目的质量管理

1. 承包商应该按照合同的要求建立一套质量保证体系,并且遵守该体系。工程师有权对承包商建立的质量保证体系进行审查。

2. 承包商的一切生产设备制造、材料的生产加工、工程的实施方法应符合合同的规定,达到合同规定的质量标准。对合同没有明确规定的部分,应符合公认的良好惯例,应是恰当的和精细的。除合同另有规定外,应使用适当的设施和无危险的材料。

3. 工程质量的检查和监督,以及对质量不符合合同要求的处置。

(1) 工程师有权要求承包商提交拟用于工程的材料样品和有关资料。

(2) 工程师有权指令在一切合理时间对承包商的一切材料、工程设备和工艺,在制造、加工、装配地点、施工现场,以及合同规定的其他地点,进行检查、检验、测量和试验。承包商应为工程师的这些检查和试验等工作提供所有便利,包括通道、设施、许可及安全装备等。

每当任何工程内容已经完成,在覆盖、掩蔽、包装以便储存和运输前,承包商应通知工程师进行检验,工程师应及时进行检查、检验、测量和试验,不得无故拖延,或者立即通知承包商无需进行这些工作。没有工程师的批准,工程的任何部分不得隐蔽。工程师可以随时指令承包商对已覆盖的工程剥露、开孔检查,并将该部分工程恢复原状,使之完好。

(3) 工程师有权进行合同规定以外的,或在现场以外,或在制造及装配地点以外的检查,即使该检查在合同中没有指明或没有作专门说明。也可以变更合同规定检验的位置或细节,或指示承包商进行附加试验,如果经过这些改变或附加的试验结果不符合合同的要求,承包商应承担相应检查和试验的费用。

(4) 对永久设备、材料、工程的试验,工程师应至少提前24小时将参加试验的意图通知承包商,或与承包商商定时间和地点。如果工程师没有在商定的时间和地点参加试验,承包商可以自行进行试验,其试验结果应被视为工程师在场情况下进行的。

(5) 当规定的试验通过后,工程师应签署承包商的试验证书,认可试验数据。

(6) 如果经过检查、检验、测量或试验,发现任何生产设备、材料或工艺有缺陷,或不符合合同的要求,工程师可以通知承包商并说明理由,拒收上述设备、材料或工程;承包商应立即进行缺陷修复,保证其符合合同的要求;工程师可以要求对上述设备、材料或工程进行重新试验,工程师的拒收和重新试验增加的费用由承包商承担。

如果承包商没有实施工程师的上述指令,或发生工程事故、故障或其他事件,而承包商没有(没有能力或不愿意)实施工程师指令立即进行修补工作,则业主有权雇用其他人完成该项工作内容并支付费用。如果上述问题由承包商责任引起,则应由承包商承担相应的费用。

4. 工程的竣工验收和接收

FIDIC合同条件规定的工程竣工验收程序如下:

(1) 承包商应提前21天通知工程师,说明在某个确定日期后他将准备好进行竣工检验。该检验应在该日期后14天内进行。

(2) 承包商在工程或区段已通过竣工检验,并且已完成合同规定的所有工作内容后,提前14天向工程师发出申请,要求工程师颁发移交证书。工程师在接到此通知后28天内,应采取下述措施:

① 工程师认为按合同要求工程内容已经基本竣工,给承包商颁发移交证书,确认竣工日期。

② 如果工程中还有影响基本竣工的任何缺陷,则工程师应指令承包商完成全部工作内容,修补这些缺陷。只有在承包商实施工程师的上述指令,并使工程师满意后,才可以再次申请工程师签发工程的移交证书。

③ 如果工程没有达到合同规定的要求,存在缺陷,而这个缺陷不影响工程的使用功能和安全,业主可以接受有缺陷的工程内容,但是,承包商应赔偿业主的损失。

(3) 如果工程已经竣工,获得工程师认可、并且已被业主占有或使用,或在竣工前已由业主占有或使用,承包商可以要求工程师签发工程(或部分工程)的移交证书。

(4) 如果工程已符合规定的竣工要求,但是,由于业主、工程师、或业主雇用的其他承包商所应负责的原因,使承包商不能进行竣工检验,则认为业主已经在本应该进行,但是未进行的检验日期接收了工程。而该工程的检验工作可以在缺陷通知期内完成。如果这种检验使承包商增加了费用,业主应给予补偿。

5. 缺陷通知(保修)期责任

(1) 工程的缺陷通知(责任)期(在我国又叫保修期),通常在投标书附录中进行了明确的规定。它从工程移交证书上工程师指定的竣工日期算起,一般是1年的时间。但是,不同的工程项目,或同一工程项目的不同内容,业主可能都会规定不同的缺陷通知期。

(2) 承包商的保修责任

① 在颁发履约证书之前,如果工程师在进行检查后通知承包商修补、重建和补救工程缺陷和其他问题,承包商应在缺陷通知期内或期满后一定时间内实施工程师的指令,完成接收证书中注明的,至竣工时间为止还没有完成的所有扫尾工作内容,并补救工程的缺陷或损害。

② 修复缺陷的费用。如果上述缺陷是由于承包商责任造成的,例如,所使用的材料、设备或工艺不符合合同的要求;他负责设计的部分永久性工程出现错误,或未履行其他合同义务等,则承包商承担修复或返工的费用。而如果由业主的责任引起的这些缺陷,由业主承担修复或返工的费用。

③ 如果承包商没有在合理的时间内实施工程师的指令,对缺陷或损害进行修复,业主可以确定一个日期,通知承包商,要求承包商在此日期之前修复好;如果承包商仍然未能修复该缺陷,业主有权自行或雇用他人完成上述修复工作。如果缺陷的原因由承包商的责任引起的,则由承包商承担相应的费用。

④ FIDIC 合同条件规定，由于某项缺陷或损害达到使工程、分项工程或某项主要生产设备，不能按原定目的使用的程度，业主有权根据合同规定，延长该工程或分项工程的缺陷通知期，但是，延长期不得超过 2 年。

⑤ 如果承包商未能在一个合理的时间内修复缺陷或损害，而此类修补缺陷的责任又应该由承包商承担，且上述缺陷或损害实质上使业主丧失了工程的整体利益，或不能按照原意图使用该工程，业主有权收回工程和该部分工程的全部费用支出，加上融资、拆除工程、清理现场等费用。

6. 签发履约证书

工程师应该在最后一个缺陷通知期期满之后规定时间内向承包商颁发履约证书。由于工程可能会按照区段（或分部）接收，所以工程的接收证书可以有多个，但只有一份履约证书。

履约证书的颁发，标志着业主对工程的接受，承包商全部合同责任的完成。在此之后，业主才能退还剩余的保留金，承包商才能提交最终报表、结清单，进行最终结算。

（三）合同价格及支付

1. 合同价格方面的基本规定

(1) “中标合同价”是指在中标函或合同协议书中写明的，按照合同规定承包商完成工程的设计、采购、施工，达到竣工的要求，并完成保修责任应支付给承包商的金额。

(2) 合同价格是指承包商最终获得的合同价格，包括按照合同的规定承包商索赔的追加费用和业主索赔的扣减费用。

(3) 工程施工合同的计价方式通常有单价合同和总价合同。

① 单价合同。一般而言，业主按照标准的工程类别划分（例如，我国的建设工程量清单计价规范）提供工程量清单，由承包商按照工程量清单报出单价，再计算合价。承包商对单价负责。合同履行过程中，合同价格以实际完成的工程量乘以相应价格或价格费率为基础，同时考虑变更、索赔、法规变化，费用变化等的影响。对该类合同，直至合同终止才能真正得出合同价格的最终值。

② 总价合同。合同双方以一个总价格签订合同，并按照总价进行工程结算。业主与承包商在合同签订时，商定价格支付的进度计划，即在完成工程项目的关键节点工程内容时，业主支付给承包商总价一定百分比的合同价款。与单价合同相比，该合同类型价格支付相对简单，不需要对现场完成的工程内容进行验工计价。

(4) 在合同价款的确定性方面又分为固定价格形式和可调价格形式。

① 固定价格，指合同价格是固定不变的，不以物价、人工工资，甚至法律的变化而调整。一般而言，该合同类型是指承包商承担物价上涨的风险。

② 可调价格，指合同价格可以根据专用条件规定，按照劳动力价格、材料价格和影响施工费用的其他因素变化而进行调整。通常合同必须明确规定价格的调整方法和调整计算公式。

(5) 合同价款的支付方式。施工合同的付款方式可能有，按月支付、形象进度支付、竣工支付等主要的形式。

① 按照承包商实际完成的月工程量进度付款。这是单价合同中最常见的支付方式。

② 按照施工过程的形象进度付款。例如，业主分别在开工、基础完成、主体结构封顶、

工程竣工、保修期结束等各支付一定比例的合同价款。这是总价合同最常见的支付方式。

③ 工程竣工一次性付款。这种支付方式通常用在工程规模比较小、总价比较低的施工合同中。对此承包商需要一定量的垫资,承担相应的财务风险和成本。

(6) 与工程款支付相关的其他问题。

① 预付款。如果合同规定业主应为承包商支付预付款,则合同应规定预付款的支付方式(次数、时间、货币、比例)、支付条件、预付款保函、预付款的扣还方式等。

一般而言,在中标函颁发后一定时间,且在收到承包商履约担保和预付款担保后,业主开始支付预付款。

② 保留金。施工合同要明确规定保留金的比例、退还方式。保留金的额度通常按照承包商实际完成的工程价款和保留金比例计算,并在承包商的期中付款中扣留。

在工程通过竣工验收后,业主将保留金的一半退还给承包商;在缺陷通知期结束后退还另一半给承包商。

③ 如果规定合同价款以一种以上的货币支付,投标书附录中应注明当地货币和外币的比例或款额,以及付款所采用的固定汇率。一般中标合同金额用当地货币表示,而期中支付合同价款,除非专用条件中另有规定,应该按照上述货币比例和固定汇率进行支付。

如果投标书附录中没有规定汇率,应采用基准日期(FIDIC 规定投标截至日期之前的 28 天)当天工程所在国的中央银行汇率。

④ 暂定金额。它是工程量清单中一个特殊处理的分项,有备用的性质。它的使用范围通常包括:招标时对工程范围和技术要求不能详细说明的分项,对此承包商无法准确报价;支付承包商实施的工程变更;承包商向指定分包商支付的费用;一些意外事件的备用金等。

暂定金额的数额一般由业主或工程师统一填写,它的使用由工程师批准,可以全部、部分使用,也可以不用。在采用暂定金额进行支付时,如果工程师要求,承包商应该出示报价单、发票、凭证和账单收据等证明。

2. 工程计量

对于单价合同而言,工程量表清单中列出的数量一般是估算工程量,不作为实际计价的工程量。向承包商支付的工程款按合同单价和实际完成的工程量进行计算。除非合同另有规定,实际的工程量按照已经完成的该部分永久工程的实际测量进行计算。

在承包商完成相应的工程分项后,必须经过工程师的质量检验并合格后,才能进入测量程序。工程量的测量由工程师负责,通常的计量过程是:

(1) 工程师在测量前通知承包商。

(2) 承包商按照约定的时间参加或派代表协助工程师进行测量,并提供工程师要求的详细资料。如果承包商未参加、或没有委派代表参加,则工程师的测量结果为准确值。

(3) 对于需要按照记录进行测量的永久工程,工程师应提前做好准备,并通知承包商参加记录审查。如果承包商未参加审查,则认为工程师提供的记录是准确的。如果承包商参加审查,则承包商同意审查的内容就签字认可;如果不同意审查的内容,需要在审查通知发出的 14 天内向工程师提出异议,工程师需要进行确认或修改。如果承包商没有 14 天内提出异议,则认为工程师的记录是准确的,并被承包商所接受。

3. 期中付款

(1) 在每月末或合同规定的期中付款时期末,承包商向工程师提交工程款的结算报表,列出承包商认为到该时期末，按照合同的规定自己有权获得的各个款项，包括已完工程或工作内容的合同价格，按照合同规定应进行的价格调整，承包商应获得的索赔支付，或业主有理由扣除的其他款额，以及按照合同规定应扣还的预付款和扣减的保留金等。

(2) 工程师在接到上述报表后的规定时间(FIDIC 规定为 28 天)内作出审核，并向业主出具支付证书，确认他认为到期应支付给承包商的金额。

(3) FIDIC 合同条件的规定，在工程师收到承包商的报表起 56 天之内，业主向承包商支付期中支付证书中确认的款额。

如果业主雇用了指定分包商，则承包商应按合同规定向指定分包商支付工程款，并且在工程师颁发支付证书前，出示已向指定分包商付款的证明或拒绝付款、扣留付款的证据。

4. 竣工结算

当全部工程基本完工，顺利通过合同规定的任何竣工检验，并在工程师签发整个工程移交证书后规定的时间内，承包商向工程师提交竣工报表，说明到工程接收证书中注明的日期为止，根据合同承包商已经完成的所有工程内容的价格，以及他认为业主应进一步支付给他的款项等内容。

在国际工程中，竣工结算不作为最终结算，工程师的审查程序、业主的支付程序，都与期中付款相似。

在签发工程移交证书时，工程师应签发付款证书，将保留金的一半退还给承包商。

5. 最终结算

在国际工程中，在缺陷通知期(保修期)结束后进行最终结算，是工程有约束力的、结论性的结算。

(1) 在工程师颁发履约证书之后的 56 天内，承包商向工程师提交一式六份最终报表草案，详细说明按照合同承包商已经完成的所有工程内容的价格，以及他认为业主应进一步支付给他的款项。

经过与工程师商讨、核实后，如果工程师和承包商就草案达成一致，则承包商向工程师提交最终报表和结算清单，并向业主提交一份书面结算清单，作为最终结算的正式文件。

如果工程师和承包商经过讨论，针对草案仍然有明显的争议，则工程师应先就双方协商一致的部分，向业主颁发支付证书，将不一致的部分作为进一步协商和争议解决的内容。

(2) 在工程师收到最终报表和结清单后的 28 天内，工程师向业主颁发最终支付证书，说明最终应支付给承包商的总额、还需要支付给承包商的余额，以及合同双方最终的债权和债务。工程师签发工程的最终支付证书，表示承包商已履行完成合同义务，工程符合合同要求。

(3) 在收到最终支付证书后的规定时间内，业主向承包商支付最终支付证书中确认的款项。

(4) 在整个工程的缺陷通知期结束之后，工程师应向承包商出具剩余保留金的付款证书。

(5) 只有业主按照最终支付证书的款额进行支付，同时，业主退还承包商的履约担保，工程的最终结算清单才生效，合同履行结束。

6. 合同价格的调整

在施工合同的履行过程中，除了正常的验工计价外，影响合同价格的因素还包括：

(1) 合同规定应给予承包商调整合同价格(即承包商有费用和利润索赔权)的情况。例如:业主不能按照投标书附录规定的时间提供现场、道路、图纸,以及应该由业主供应的材料和设备;承包商遇到了一个有经验的承包商也无法预见的地质条件等。

(2) 合同规定承包商应向业主支付费用的情况。例如:承包商使用业主在现场提供的水、电、气及其他设施,或使用由业主提供的机械和设备等,应该由工程师决定其消耗的或使用数量,以及承包商向业主应支付的款额。

(3) 合同规定业主有权向承包商索赔的情况。例如:由于承包商的工程设备、材料、设计和工艺等检验不合格,工程师指令拒收、或进行重新检验,进而导致业主费用的增加;由于承包商的违法行为导致业主、工程师、业主的其他承包商等遭到各种类型的索赔、损害、损失和费用;工程没有通过竣工检验,而业主同意接收有缺陷的工程。

(4) 合同规定物价变化对合同价格的调整。对于可调价格合同,工程所用的劳动力、货物(包括承包商设备、材料、生产设备、临时工程)和其他投入的价格发生变化,合同应规定调整范围、调整依据(基本价格、时间、现价)、调整公式、物价的采集方式等。

(5) 法规变化。如果在基准日期(投标截止日之前的28天当天)之后,工程所在国的法律发生变更(包括对法律解释的变更),则合同价格应该进行相应的调整,并且承包商有权根据变更情况获得费用补偿和工期延长。

(6) 工程变更和调整

① 工程变更的内涵。工程变更是指经过工程师的指令和批准对工程所作的任何修改,导致承包商的费用增加和工期延长,该指令构成一项变更。在工程的接受证书颁发前,工程师有权通过发布指令或要求承包商提交建议书的方式提出变更。没有经过工程师的同意或发出指令,承包商不能对工程进行变更。

② 工程变更的内容。工程变更的内容包括:

a. 对合同中任何工作内容的工程量的改变;

b. 任何工作内容的质量或其他特性的改变;

c. 工程内容任何部分标高、位置和尺寸上的改变;

d. 省略(删除)任何工作内容,但是,业主不能自己或另外委托他人完成这些工作内容;

e. 永久工程内容所必需的任何附加工作,包括任何联合竣工检验、钻孔、其他检验,以及勘查工作,工程师有权要求承包商在其指导下调查产生缺陷的原因等;

f. 工程项目的实施顺序或实施时间安排的改变。

③ 变更的估价。FIDIC合同条件规定,工程师有权确定变更工作的费率或价格。

工程合同中有同类工作,则采用同类工作已确定的费率或价格。对于以下情况,需要采用新的单价。新单价是对合同中相关单价加以合理调整后得出的,或者根据实施该工作内容的合理成本和利润、并考虑其他相关费用后确定的。

a. 该工程量的变化超过工程量表所列的数量的10%以上;

b. 该工程量的变化与工程量表中该工作费率的乘积,超过中标合同价金额的0.01%;

c. 该工程量的变化直接改变该项工作的单位成本超过1%;

d. 合同中没有规定该项工作为"固定费率项目";

e. 根据合同和工程师的指示属于变更范围的工作;

f. 合同中没有规定该项工作的费率或价格;

g. 工作性质或工作条件发生改变，合同中没有适宜的费率或价格。

④ 对于数量少或偶然实施的零散工作内容，工程师可以指定在计日工的基础上实施工程变更。

五、保证措施、违约责任和合同解除

1. 担保

为了保证合同当事人圆满的履行合同责任，工程施工合同设置了一些保证措施。

(1) 履约保证

履约保证是承包商向业主提出的保证认真履行合同的一种经济担保。中标人收到中标通知书之后，应在规定的时间(例如 28 天)内，向业主提交履约保证，并与业主签订正式的工程合同。一般来说，履约保证金应在中标人工程竣工以后予返还。但是，在很多施工合同中，业主也可以规定其有效期到承包商完成了扫尾工作和缺陷修复之后，即缺陷责任期满。对于货物或服务采购合同，招标人也可以规定履约保证有效期截止到安装或调试结束后试运行一定时间内。目前，履约保证金通常采用履约担保书和银行保函形式。

在发生以下情况时，业主有权按照履约保证提出索赔：

① 承包商未能在合同规定时间内保持履约保证有效；

② 按合同规定，承包商未向业主及时付款；

③ 承包商未能及时修补缺陷；

④ 业主根据合同规定有权提出合同终止的情况。

(2) 业主的支付保证

业主支付保证是指业主通过保证人为其提供担保，保证业主将按照合同规定的支付条件，按时将工程款支付给承包商。如果业主不按合同支付工程款，将由保证人代向承包商履行支付责任。业主支付保证的实行，为解决业主拖欠工程款的问题找到了一条成功的途径。根据我国《建设工程施工合同(示范文本)》的规定，业主应该向承包商提供支付担保，保证按合同支付工程价款。但是，国内的工程合同中，很少有业主提供支付保证的条款。业主向承包商提供支付保证的情况更少，所以，目前，这种保证方式对保证承包商获得支付的权利还不能起到很大的作用，不能按时支付、足额支付工程款的现象还比较严重。

FIDIC 合同条件规定，如果承包商提出，业主应在收到承包商的要求 28 天内，提出自己为本工程的付款所所需资金安排的合理证明。如果业主拟对其资金安排进行任何重要的变更，应将其变更的详细情况通知承包商。

(3) 预付款保证

在国际工程项目中，业主往往在工程开工以前向承包商预先支付一定数额的工程款以作为工程开工或设备订货的基本费用，缓解承包商开工时需要垫付大量资金的困难。世界银行贷款项目预付款的额度在投标书附录中规定，一般是合同总价的 10%，如果合同中机电设备采购量大，可能达到合同总价的 15%～20%。

如果合同规定业主向承包商提供预付款，则在承包商与业主签订正式合同后，承包商必须提供等额的预付款担保，业主收到此保证后才支付预付款。

预付款保证的主要目的在于保证承包商将这些款项用于工程建设，防止承包商挪作他用、携款潜逃或宣布破产，需要保证人为承包商提供同等数额的预付款保证，或者提交预付款银行保函。随着业主按照工程进度支付工程款并逐步扣回预付款,预付款保证责任随之逐渐降低直至消失。

(4) 其他保证措施

在工程施工合同中,可能有的其他保证措施还包括:

① 承包商的母公司担保;

② 承包商的材料设备进入施工现场就作为业主财产,没有工程师同意不能移出现场。如果承包商由于设备维修等原因需要将设备暂时运出现场,则必须提供相应的担保。

③ 保留金。保留金也具有担保的性质。

2. 合同双方的互相保障责任

(1) 业主应该保障和保护承包商免遭由于不应由承包商负责的情况而引起的,对知识产权和工业产权侵权的索赔。同样,承包商应该保障和保护业主免遭由于不应由业主负责的情况引起的,对知识产权和工业产权侵权的索赔。

(2) 业主不赔偿承包商与合同有关的、任何工程的使用损失、利润损失、任何其他合同损失,但由于业主的欺诈行为、故意违约或管理不善等原因导致的责任除外。

同样,承包商不赔偿业主可能遭受的与合同有关的、任何工程的使用损失、利润损失、任何其他合同损失,但由于承包商的欺诈行为、故意违约或管理不善导致的责任除外。

3. 保险

现代工程项目趋向采用灵活的保险策略。具体投保种类、内容、保险责任人、相关责任等,可以在专用条件中进行约定。

(1) 对工程现场内业主人员,以及第三方人员生命财产的保险,通常由业主负责购买。业主也可以将该保险事项委托承包商办理,费用计入承包商的报价中。

(2) 承包商必须为施工场地内所属人员的生命财产和施工机械设备办理保险,为从事危险作业的职工办理意外伤害保险,并支付相应的保险费用。

(3) 工程一切险

① 工程永久设备、材料,以及承包商的文件保险,可以由承包商或业主作为保险责任人负责购买。该项保险责任人应该在现场开工前,以及合同规定的期限内,向对方提供已经生效的保险证明,并在支付每笔保险费后,将支付证明提交给对方,同时通知工程师。保险责任人应该保证在整个工程项目的实施期间内有完备的保险。

② 如果该保险责任人没有按照合同规定的要求投保并保持有效,或未在规定时间内向对方提供各项保险单,则对方有权购买该保险,并由该责任人支付保险费。

③ 对风险造成的损失,如果没有进行保险,或未遵守合同规定的保险条件,或没有从承保人处获得全部赔偿,则应该由根据合同规定的保险责任人承担不足部分的赔偿,以及相应的责任。

4. 承包商违约

(1) 误期损害赔偿费。如果承包商不能在合同规定的竣工时间内完成工程项目,则承包商应向业主支付误期损害赔偿费。

① 误期损害赔偿费的每大赔偿额和最高限额均应该在投标书附录中进行规定。赔偿天数按照工程接收证书中注明的日期超过合同原定竣工日期的天数,并减去承包商应得的工期延长天数进行计算。

② 误期损害赔偿费的支付并不解除承包商完成工程的义务。

③ 如果在整个工程竣工之前，已有部分工程按期签发了接收证书，则剩余工程内容每天的误期损害赔偿费应按比例折减，但是，误期损害赔偿费的最高限额不变。

（2）如果承包商发生下述严重的违约行为，则业主有权终止合同：

① 在收到中标函后规定的期限内，承包商没有向业主提交一份履约担保、或没有使履约保证持续有效。

② 承包商没有根据合同履行义务，并且在工程师发出改正通知后，仍然不履行合同。

③ 承包商放弃工程项目，否认合同有效，无视工程师事先的书面警告，固执地、公然地忽视履行合同规定的义务。

④ 承包商证明自己不愿意继续按照合同履行义务。

⑤ 承包商无正当理由没有遵守合同中有关工程开工、延误、暂停方面的合同规定；由于承包商责任造成工期拖延，工程师认为施工进度不符合竣工期限的要求，指令承包商采取赶工措施，而承包商在接到工程师的指令后一定时间内，未采取相应的措施。

⑥ 经过工程师的检验确认，承包商的材料、设备和工程不符合合同的规定，工程师向承包商发出拒收通知，在接到工程师通知后规定的期限内承包商无正当理由没有实施以下工作：

a. 对工程师拒收的永久设备、材料或工程，实施修复或返工工作；

b. 将工程师认为不符合合同规定的永久设备或材料从现场移走并进行替换；

c. 将不符合合同规定的工程移走并重建；

d. 实施保护工程安全急需的工作。

⑦ 承包商没有经过业主的同意就将整个工程分包给其他主体完成或转让合同。

⑧ 承包商不能偿付他到期的债务，已经失去了偿付能力，处于破产、无力偿还债务，或停业清理等类似的状况。

⑨ 承包商或者承包商的人员、代理商、分包商，给予或提出给予任何人以贿赂、回扣等类似物品，这些行为可能损害业主的利益。

⑩ 承包商没有履行工程师根据索赔，争议和仲裁条款所作出的决定。

⑪ 承包商存在违约行为，在收到业主要求纠正违约的通知后 42 天内，承包商没有进行纠正等。

当上述情况发生后，业主、工程师、承包商应该采取的进一步措施如下：

a. 终止合同。业主在向承包商发出通知的 14 天后，可以终止合同，将承包商逐出现场。业主选择终止合同，不影响他根据合同应享有的权利。

b. 承包商的义务。在合同终止后，承包商应立即撤离现场，自费运走他的设备和临时工程，并留下业主要求的货物、承包商的文件等。此外，承包商还应遵守工程师为分包合同的转让以及为保护生命、财产、工程而发出的指令。

c. 工程项目继续进行。业主可以自己继续实施工程项目，也可以安排其他单位完成工程项目，并且业主和这些单位有权使用任何货物、承包商的文件等。

d. 终止时的估价及支付。合同终止后，工程师应尽快确定工程、货物和承包商文件的价值以及根据合同承包商应得到的所有款项；业主应扣留向承包商支付的进一步款项直至他确定了工程施工、竣工、修补缺陷的费用、误期损害补偿费和所有其他费用；在业主向承包商收回终止合同的损失和超支费用后,业主还需要向承包商支付结存金额。但是,如果承包商还有应付给业主的款额而未付,则业主有权出售承包商的设备和临时工程,余额归还承包商。

此外,在缺陷通知期内,承包商没有在一个合理的时间内修补缺陷或损害,而这些修补工作应由承包商自费进行,并且由于这些缺陷或损害业主无法获得全部工程或部分工程的利益,则业主可以针对该部分工程内容终止合同。

5. 业主违约

(1) 如果业主发生下述违约行为,承包商可以暂停实施工程或降低实施工程的速度。

① 承包商要求业主提供资金安排的证明,业主在接到承包商请求的 28 天之内没有提供合理的证据,或在业主的资金安排发生实质变更时,没有向承包商发出通知、并提供详细资料。

② 业主没有在合同规定的时间向承包商支付工程价款。

对于业主的延误支付,承包商有权根据合同的规定获得延误期的利息支付,一般而言,利率采用支付货币所在国中央银行的贴现率加上三个百分点进行计算。

对于由于业主的上述违约造成的承包商工期的延误和费用的增加,承包商有权根据合同获得工期和费用的补偿。

(2) 根据 FIDIC 合同规定,如果发生下述的业主违约行为,承包商可以终止合同:

① 针对业主没有在合同规定的期限内向承包商证明其资金安排这一情况,承包商已经向业主发出暂停工作的通知,但是,在通知发出后 42 天之内,承包商仍没有收到合理的资金安排证明;

② 在收到承包商的支付报表和证明文件后 56 天之内,工程师没有颁发相应的支付证书;

③ 在合同规定的支付期限到期后 42 天之内,承包商仍然没有收到支付证书中开具的款额;

④ 业主基本上没有履行合同规定的义务;

⑤ 在承包商收到中标函后的 28 天内,业主没有按照合同的规定与其签订合同协议书;

⑥ 没有征得承包商的事先同意,业主就将整个合同或部分合同、或根据合同的应得利益转让给其他单位;

⑦ 对于非承包商责任引起的工程暂停已持续 84 天以上,并且工程师在收到承包商的复工请求 28 天之内没有给予许可,而这部分工程又影响到整个工程项目;

⑧ 业主已经破产、无力偿还债务、或停业清理。

当上述情况发生后,承包商可以向业主发出终止本合同的通知。

在合同终止后,承包商应尽快停止一切进一步的工作内容,移交已经获得付款的文件、永久设备及材料,撤离现场的所有其他货物,并随后离开现场。承包商选择终止合同不影响根据合同他应享有的其他权利。

在合同终止后,业主应将履约担保退还给承包商,支付已完工程内容的应付款额、已订购的永久设备和材料的相应款额,承包商的其他合理支出,并承担承包商的设备、临时工程、人员遣返的费用。此外,还应该向承包商赔偿由于合同终止而产生的利润损失。

6. 不可抗力

(1) 不可抗力的定义。不可抗力指“任何一方无法控制的、在签订合同前各方无法合理防范的、情况发生时各方无法合理回避或克服的，且不是主要由于某一方原因造成的”异常事件或情况。

在有些工程施工合同中，对不可抗力的范围、认定标准有专门的规定。

(2) 当发生不可抗力时，不能履行义务的一方应通知另一方，此通知应该在该方觉察不可抗力事件发生后的 14 天内发出。

(3) 各方应尽量使不可抗力对合同履行的影响降到最小，当一方不再受不可抗力影响时，需向另一方发出通知。

(4) 由于不可抗力事件使承包商遭受了损失，承包商可以进行索赔。

(5) 如果由于不可抗力导致整个工程暂停已持续 84 天或已累计超过 140 天，则合同任何一方可以向另一方发出终止合同的通知，在通知发出 7 天后合同终止。

7. 解除合同关系

除了上述合同一方严重违约，合同另一方可选择终止合同外，在下述情况发生时，也可以解除合同关系：

(1) 在颁发中标函之后，如果发生双方无法控制的任何情况，使双方中的任何一方或双方履行合同义务已经变成不可能或违法，或根据民法典的规定双方均可以解除继续履约的义务。

(2) 在合同履行过程中，如果发生战争(不论是否宣战)，业主有权通知承包商终止合同。

(3) 在认为合适的任何时候，业主有权向承包商发出终止合同的通知。但是，业主不得为了自己实施工程，或为了安排其他承包商实施工程而终止合同。

根据上述原因终止合同之后，承包商的扫尾工作，以及可以获得的支付，与上述由于业主违约而中止合同的处理方法相同。

六、索赔和争议的解决

(一) 索赔程序

当前，国内外的工程施工合同示范文本所规定的索赔程序基本相同。

1. 发出索赔通知

承包商应在引起索赔的事件发生之后的 28 天内，将自己的索赔意向通知工程师。承包商还应提交一切与此类事件或情况有关的任何其他通知，以及索赔的详细证明报告。

承包商应做好用以证明索赔的同期记录。工程师在收到上述通知后，在不必事先承认业主责任的情况下，监督此类记录的进行，并可以指示承包商保持进一步的同期记录。承包商应该按照工程师的要求提供此类记录的复印件，并允许工程师审查所有此类记录。

2. 提交索赔报告

在引起索赔的事件或情况发生的 42 天之内，或在工程师批准的其他合理时间内，承包商应该向工程师提交一份索赔报告，详细说明索赔的依据以及索赔的工期和费用金额。

如果引起索赔的干扰事件持续时间长，具有连续性，则承包商应按工程师要求的时间间隔(例如一个月)持续提出阶段索赔报告，说明累计索赔工期和索赔款额；并在干扰事件所产生的影响结束后的28天内,再提出一份最终索赔报告。

3. 工程师审核答复

收到承包商的索赔报告和任何进一步的有关详细证明资料后,工程师在规定时间内(42天内)或在承包商批准的其他合理时间内给予答复,应表示批准或不批准,并就索赔作出实质性反应。如果工程师在此时间内没有给予答复,即被视为已经认可该项索赔。

4. 工程师确定索赔额度

在与业主和承包商协商后,工程师根据合同的规定确定承包商可以获得的工期延长和费用补偿。如果承包商提供的详细报告不足以证明全部的索赔,则他仅有权得到已被证实的那部分索赔。

承包商有权要求将对已被确认(或部分确认)的承包商索赔要求,纳入按合同规定的按期应支付的证明(例如工程进度款)中进行支付。

5. 索赔权的丧失和削弱

如果承包商没有在引起索赔的事件或情况发生后28天向工程师提交索赔通知,则承包商的索赔权丧失。

6. 索赔的其他事项

在整个工程全部竣工时,如果承包商仍然有还没有提出的、没有付款的索赔,则承包商应该在竣工报表中列出;在缺陷通知责任结束时,还有没有提出的,或未付款的索赔,则承包商应该在最终报表中列出,否则业主不再负有赔偿责任,承包商根据合同进行索赔的权利即告终止。

(二) 争议的解决

对业主和承包商之间的合同争议,通常施工合同明确规定的解决程序为由工程师决定、DAB、仲裁。

1. 由工程师决定

合同任何一方可以以书面的形式将争议提交工程师,并将副本送交对方。工程师在收到争议文本后规定期限内作出解决决定,并通知双方。

在国际工程中,工程师不仅拥有处理索赔的权力,而且对施工合同实施过程中出现的争议也具有解决权。这样能以最低管理成本处理施工索赔,能最大限度地高效率、低成本解决工程争议,从而使业主和承包商之间保持良好关系。

2. DAB

在国际工程中,可以采用争议裁决委员会(Dispute Adjudication Board,简称DAB)方法解决争议。FIDIC施工合同条件在争议的解决问题上引入了DAB机制。

3. 仲裁

在工程合同中一般有专门的仲裁条款,包括:

(1) 仲裁方式和程序。合同应明确规定,申请仲裁的程序,仲裁组织方式等。

(2) 仲裁所依据的法律。

(3) 仲裁地点。

(4) 仲裁结果的约束力,即仲裁决定是否是终局性的。

第三节 设计-采购-施工(EPC)总承包合同

一、设计-采购-施工(EPC)总承包的内涵

设计-采购-施工(EPC)总承包模式是指由一家承包商对整个工程的设计、采购、施工直至交付使用进行全过程承包的方式,也称为EPC总承包。EPC模式的概念强调承包商的全过程参与,由一家承包商作为唯一的责任主体负责整个工程的设计、采购和施工工作并承担其中大部分的风险,通常采用固定价格合同形式。项目移交时,业主得到的是一个配备完整、可以即刻投产运行的工程设施。

EPC总承包商的工作包括下列主要内容:

1. 设计。指包括方案设计、初步设计、详细设计,以及施工与采购策划在内的所有工程的设计、计划等相关的工作内容。

2. 采购。这里的采购特指成套设备采购。DB合同中有材料、简单设备的采购,与EPC中的采购(即P)的区别在于,设备采购还包括相应的运行人员的培训,以及运行维护手册的编制等方面的工作义务。

3. 施工。除组织自己直接的施工力量完成土木工程施工、设备安装调试安装以外,还包括大量分包合同的管理工作。

EPC总承包模式的合同关系如图3-2所示。

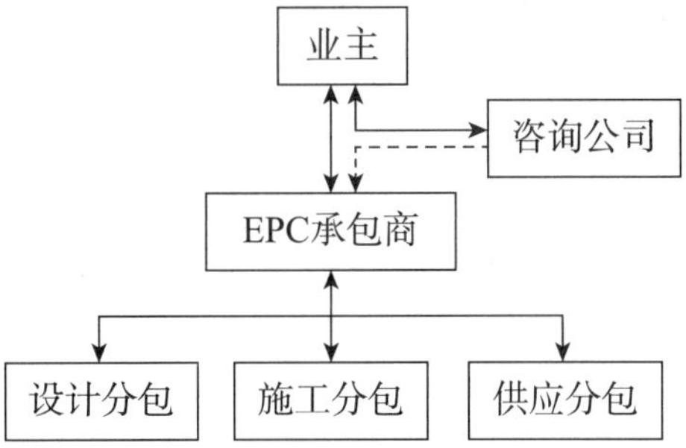

图3-2 EPC总承包模式的合同关系

按照EPC总承包合同,承包商负责工程的设计和施工,以及工程所需永久设备的采购和安装工作,直至工程可以正式投入生产运营,所以工程界也将之称为"交钥匙"合同(Turnkey Contract)。此外,在EPC合同中的"设计"(Engineering)与设计-建造合同中的"设计"(Design)翻译后汉语意思虽然相同,但是EPC合同中的"设计"不单指设计图纸,更强调技术方案的选择、论证和优化。由于在使用EPC合同的工程中,设备采购和安装工作在总投资中占有较大的比例,则在工程设计阶段进行设计方案的充分优化能够更好地创造经济效益。

EPC总承包商可以将工程范围内的一些设计、施工、供应工作分包给其他参与方完成。

通常业主委托咨询单位负责业主的决策咨询工作,如起草招标文件,对承包商的设计和承包商文件进行审查,对工程的实施进行监督、质量验收、竣工检验等。

二、EPC 总承包合同的运作过程

在招标程序、合同的实施过程、责权利的划分方面，EPC 总承包合同与施工合同有较大的区别。它的运作过程可见图 3－3 所示。

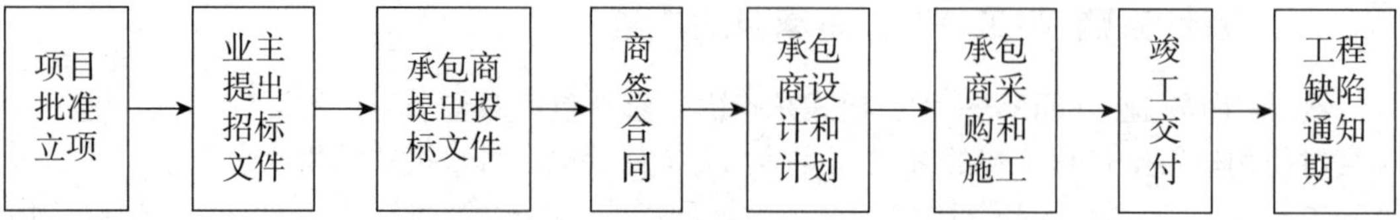

图 3－3　EPC 总承包合同的运作过程

1. 业主的工程招标

在项目立项后，业主就进行工程项目的招标。业主委托咨询公司按照项目任务书起草招标文件。在招标文件中，有投标人须知、合同条件、“业主要求”和投标书格式等文件。

“业主要求”作为合同文件的组成部分，是承包商报价和工程实施最重要的依据。它是业主对工程项目的目标，合同工作范围(竣工工程的功能、范围和质量要求，要求承包商提供的物品)，设计和其他技术标准，进度计划等的说明。EPC 总承包合同中，由于业主并不提供详细的设计文件，所以“业主要求”需要系统、全面地描述工程项目的要求，一般需要专业咨询单位的协助才能编制该文件。

此外，招标文件还可能包括：工程放线参照系，环境方面的限制，现场可供应的电、水、气和其他服务设施，业主提供的机械和免费使用的材料，现场的其他承包商，对设计人员标准的要求，施工文件的范围、实施的程序和施工前审核，样品的范围、提交程序和施工前审核，对业主人员的操作培训，维修手册，竣工图纸及其他工程记录，为业主代表和其他人员提供的设施表，工程的检验、试验要求，竣工检验的要求，暂定金额等。

2. 承包商投标

根据业主的招标文件要求，承包商在规定的时间内提出投标文件。承包商的投标文件主要包括：

(1) 投标书。

(2) 承包商的项目建议书及工程设计文件，通常包括工程总体目标和范围的描述、工程的方案设计(有时被称为标前设计)和工程项目实施(包括采购、施工、运营)的总计划、项目管理组织计划等。

(3) 工程估价文件等。

投标文件是承包商在对合同条件、业主要求和业主提供的其他文件的分析、理解，对环境作详细调查，向分包商、设备和材料的供应商询价的基础上，结合过去工程的经验而编制的。

3. 承包商设计

在业主确定承包商中标并签订合同后，承包商按照合同条件、业主要求、承包商的投标文件进行初步设计、详细设计(施工图设计)，并编制相应的采购和施工计划。承包商每一步设计和计划的结果，以及相关的“承包商文件”都必须经过业主的审查批准。

“承包商文件”是在 EPC 总承包合同中专门定义的。它由承包商负责编制，包括业主要求中提出的技术文件(例如计算书、计算机程序,软件、图纸、手册、模型、样品、图样,以及其他技术文件)、为满足所有规定要求的报批文件、竣工文件、操作和维修手册等。但是,它一般不包括施工组织设计文件。

4. 承包商实施工程

按照合同条件、业主要求、业主批准的设计和承包商文件,承包商组织工程的采购和施工,为业主提供操作维修文件、培训操作人员,完成承包商的合同责任,最终实现工程竣工。

5. 业主接收工程

业主验收并接收工程,承包商在缺陷通知期完成工程的缺陷维修责任。

三、EPC 总承包的合同文件

EPC 总承包合同文件包括的内容,以及各个文件的优先次序是:

1. 合同协议书。

2. 专用合同条件。

3. 通用合同条件。

4. 业主要求。

5. 投标书。由承包商提交并被中标函接受的、为完成工程项目的报价文件及其附件。

6. 构成合同组成部分的其他文件。一般包括:

(1) 与投标书同时提交、作为合同文件组成部分的信息与数据资料,包括工程量清单、数据、表目、费率或价格。

(2) 付款计划表,或作为付款申请组成部分的各类报表。

(3) 与投标书一起递交的方案设计(标前设计)文件等。

四、EPC 总承包合同的主要内容

从总体上来说,EPC 总承包合同具有与施工合同类似的形式。双方的责任和权益,工程的价格、进度、质量管理,保险和风险责任、争议和索赔的解决等,都与工程施工合同的内容基本相同。但是,由于承包商工程范围的扩展,工程项目的运作方式和风险分配有一些变化,所以 EPC 总承包合同还有一些新的内容。在下面的分析中,与工程施工合同相同的内容不再重复,主要介绍两类合同有差别的内容。

(一) 业主的责任和权利

1. 业主选择和任命业主代表。业主代表由业主在合同中指定,或按照合同的要求任命。

在 EPC 总承包实施合同中,由业主代表管理工程项目、下达指令、行使业主的权力。他的角色、权力、主要工作内容与施工合同中的工程师类似,例如:审查承包商的质量保证体系和进行质量控制,发出开工通知,控制进度,指示承包商暂停施工,负责工程计量,签发期中支付证书,批准竣工报表,审查最终报表,颁发最终支付证书,签发工程的移交证书和履约证书等。

同样,业主代表无权修改合同,无权解除合同规定的承包商的任何职责、义务和责任。

2. 业主应该按照合同规定的日期,向承包商提供应由业主负责的现场水文地质资料。承包商应该负责核实和解释所有此类资料。除非合同明确规定业主应负责的情况以外,业主对这些资料的准确性、充分性和完整性不承担责任。

一般而言,EPC总承包合同的承包范围不包括地质勘察工作内容。即使业主要求承包商承担地质勘察工作,一般也需要签订独立的合同,或在总承包合同中,撰写关于该项内容的详细条件,因为这涉及在EPC总承包范围内承包商对地质勘察资料风险的责任。

3. 业主代表有权指令或批准变更。与工程施工合同相比,EPC总承包工程的变更,主要指经过业主指示或批准的对业主要求或工程项目的改变或修改。一般而言,对工程施工文件的修改,或对不符合合同要求的工程内容进行纠正不构成变更。

4. 业主代表有权检查、审核承包商的施工文件,包括承包商绘制的"竣工图纸"。"竣工图纸"的尺寸、参照系统,以及其他有关的细节必须经过业主代表的认可。

5. 如果工程出现缺陷和损害等问题,而承包商不能在现场迅速修复时,业主代表有权同意将有缺陷或损害工程的任何部分移出现场修复,有权要求和指令承包商调查产生任何缺陷的原因,并就此决定是否调整合同的价格。

(二) 承包商的责任

与工程施工合同的规定相比,在EPC总承包合同中,承包商有更大的工程责任。

1. 承包商的一般责任

承包商的一般责任是提供符合合同要求、合同规定目的的工程。承包商的工程范围应包括为满足业主要求、并为承包商的建议书及资料表所必需的、合同隐含或由承包商的义务而产生的任何工作,以及合同中虽未规定、但是按照推论对工程的稳定、完整、安全、可靠,以及有效运行所必需的全部工作。

承包商应该提供合同规定的生产设备和承包商文件,以及设计、施工、竣工和修补缺陷所需的所有承包商人员、货物、消耗品,以及其他物品和服务。

2. 承包商的设计责任

(1) 承包商应使自己的设计人员和设计分包商符合业主要求规定的标准。如果合同未规定,承包商使用的任何设计人员、设计分包商,都必须事先征得业主代表的同意,具备从事设计所必需的经验与能力,并能够有效地参与业主代表的讨论。

(2) 开始设计之前,承包商应完全理解业主要求,并将业主要求中出现的任何错误、失误、缺陷通知业主代表。除合同明确规定业主应负责的部分以外,承包商对业主要求(包括设计标准和计算)的正确性负责。承包商从业主或其他方面收到任何数据或资料,不解除承包商对设计和施工所应承担的责任。

(3) 承包商应以合理的技能和谨慎的态度进行设计,达到预定的要求,保证工程设计的适宜性和工程的可用性。业主代表有权在工程施工前对设计文件进行审查和修改。

(4) 承包商应按照业主要求中规定的范围、详细程度提供操作维修手册,对业主人员进行操作维修培训,这也是工程按照规定接收和竣工的前提。操作维修手册应能够满足业主操作、维修、拆卸,以及重新组装、调整和修复生产设备的需要。

3. 承包商对承包商文件承担的责任

承包商的文件应该足够详细,并经过业主代表同意或批准后使用。

(1) 承包商文件应由承包商保存和照管,直到被业主接收为止。承包商应该按照规定的数量向业主提供承包商文件。

(2) 由承包商负责编制的承包商文件及其他设计文件,就当事人双方而言,其版权和其他知识产权应归承包商所有。未经承包商同意,业主不得在合同以外为其他目的使用。

(3) 如果承包商需要修改已获批准的承包商文件,应通知业主代表,并提交修改后的文件供其审核。在业主要求不变的情况下,对承包商文件的任何变更不属于工程变更。

(4) 承包商应编制具有足够详细程度的施工文件,并符合业主代表的要求。承包商对其所编制的施工文件的完备性和正确性负责。

4. 承包商的协调责任

承包商应负责工程项目的整体协调,负责与业主要求中指明的其他承包商协调;负责安排自己的分包商、承包商本人、业主的其他承包商,在现场的工作场所和材料存放地。

5. 承包商的通知责任

除非专用条件中另有规定,承包商应负责工程项目需要的所有货物和其他物品的包装、装货、运输、接收、卸货、存储和保护,应及时通知业主任何工程设备,或其他主要货物运到现场的日期。

(三) 质量保证与现场监督体系

在质量管理方面,EPC 总承包合同与施工合同类似,其特殊的规定包括以下几个方面。

1. 承包商的责任

承包商应保证其设计文件,施工文件,工程施工和竣工的工程符合以下标准或要求:

(1) 合同文件的要求。

(2) 工程所在国的技术标准;建筑、施工与环境方面的法律;适用于工程将生产的产品的法律,以及业主要求中提出的的其他标准。

在基准日期之后,合同所依据的技术标准、规章发生实质性修改,或最新的国家规范、技术标准和规章开始生效,承包商应向业主代表提交遵循这些规定的建议。

2. 业主代表的权力

业主代表对工程质量有检查,审查,检验,修正和认可的权力。

(1) 在每一个设计和实施阶段开始之前,承包商应将所有方案的细节和实施文件提交业主代表。任何签发给业主代表的文件,必须附有经过签字的质量说明。

(2) 施工文件应经过业主代表施工前的检查和审核,否则,承包商不得据此施工。如果承包商的施工文件不符合业主要求的规定,承包商应自费进行修正,并重新提交业主代表审核。

承包商必须按照已经批准的施工文件进行施工。如果业主代表为实施工程项目的需要,指令承包商提供进一步的施工文件,则承包商在接到该指令后应立即编制。如果承包商要对任何设计和施工文件进行修改,应该通知业主代表,并提交修改后的文件供其审核。

(3) 承包商应该在施工前提供材料样品及资料供业主代表审核。如果承包商提出使用专利技术或特殊工艺,必须报业主代表认可后实施。承包商负责办理申报手续并承担有关费用。

(4) 对合同规定的所有试验,承包商应提供所需的全部文件和其他资料,提供所有装置和仪器、电力、燃料、消耗品、工具、材料,以及具有适当资质和经验的人员、劳动力。

3. 竣工检验

(1) 在"竣工检验"开始前,承包应对照有关规程和数据表制定一整套工程的竣工记录,绘制该工程的竣工图纸,编制业主要求中规定的竣工文件,以及操作和维修手册,并按要求分别提交给业主代表。这是工程竣工移交的前提条件。

(2) 承包商提交了“竣工图纸”及操作和维修手册以后,应进行竣工检验。一旦工程通过了竣工检验,承包商应该向业主,以及业主代表提交一份有关所有此类检验结果的证明报告。业主代表应对承包商的检验证书批注认可,就此向承包商颁发证书。

(3) 如果工程或某区段未能通过竣工检验,则业主代表有权拒收。业主代表或承包商可以要求按照相同的条款或条件,重复进行此类检验,以及对任何相关工作的检验。

(4) 当该工程或区段仍然没有通过按照上述规定所进行的重复竣工检验时,业主代表有权拒收整个工程或某个区段,并按照承包商违约进行处理,承包商应赔偿业主相应的损失;或业主可以接收该工程或部分内容,颁发移交证书,合同价格应相应予以减少。

业主可以要求进行竣工后检验,该检验应该在移交后尽快进行。竣工后检验的责任、程序、结果的处理应在合同中做出明确的规定。

4. 承包商的缺陷责任

由于工程设计、工程设备、材料或工艺不符合合同要求,或承包商未履行他的任何合同义务引起工程的缺陷,由承包商自费进行维修。对其他情况引起的缺陷,则按变更处理。

如果发生承包商承担缺陷责任的情况,而承包商不能按合同的要求修复该缺陷,则业主可以采取以下措施:

(1) 以合理方式由自己或另行委托他人进行缺陷修复,由承包商承担全部风险和费用,业主向承包商索赔并扣减此项费用。

(2) 要求业主代表确定与证明合同价格合理的减少额度。

(3) 如果该项缺陷导致业主基本无法实现工程带来的全部利益,业主有权对不能按期投入使用的部分工程终止合同,拆除工程,清理现场,并将工程设备和材料退还给承包商。业主有权收回该部分工程的价款,以及为了上述工作内容所支付的全部费用。

(四) 合同价款与支付

1. 合同价格

“合同价格”是根据合同规定,并在合同协议书中写明,为工程的设计、施工与竣工以及修补缺陷应付给承包商的金额。通常 EPC 总承包合同采用总价合同形式,支付以总价为基础。

(1) 如果合同价格要根据劳务、货物和其他工程费用的变化进行调整,应在专用条件中进行规定。如果发生任何未预见到的障碍和费用,合同价格不能进行调整。

(2) 承包商应支付他为完成合同义务所引起的关税和税收,合同价格不因此类费用的变化而进行调整,但是,由于法律和法规的变更除外。

(3) 资料表中可能列出的任何工程量,是估算的工程量,不能理解为承包商履行合同规定义务应完成的实际或正确的工程量。

(4) 在总价合同中,也可能有按照实际完成的工程量和单价支付的分项,即采用单价计价方式。则在合同专用条件中可以规定工程量的测量和估价方法。

2. 期中支付

合同价格可以采用按月支付或分期(工程阶段)的支付方式。如果分期支付,则合同应包括一份支付表,列明合同价格分期支付的详细情况。

对拟用于工程,但尚未运到现场的生产设备和材料,如果根据合同规定承包商有权获得期中付款,则必须具备下列条件之一:

(1) 相关生产设备和材料在工程所在国,并已按业主的指示,标明是业主的财产。

(2) 承包商已经向业主提交保险的证据,以及符合业主要求的与该项付款相同的银行保函。

第四节 工程分包合同

一、概述

1. 工程分包合同的内涵

工程分包合同,是承包商与分包商之间为专业工程施工的分包所签订的合同,是工程施工合同、工程总承包合同(即在分包合同中被称为"总包合同")的配套使用合同。

通常,工程分包合同的范围必须有工程施工的内容,如果仅包括劳务或材料的采购分包不属于工程分包的范围。工程施工合同规定,没有经过业主或工程师的同意,承包商不得将承包工程的任何部分分包出去,而材料和劳务的分包不需要经过工程师或业主代表的批准。

由于现代工程规模越来越大,业主面对工程承包商的数量逐渐减少,一个工程承包合同所包括的工程范围很大,而且内容很多,完全由承包商独立完成是不可能的,也是不经济的。总承包商通常是承包资质高、技术密集型的,或管理型的,在获得工程总承包合同后,将一部分专业工程施工分包给分包商完成,这体现了建筑业中的专业化分工。所以,分包商在工程项目中起到了非常重要的作用,工程分包合同是工程合同体系中的一个重要组成部分。

我国专业承包序列企业资质设 2 至 3 个等级,60 个资质类别,其中常用类别有:地基与基础、建筑装饰装修、建筑幕墙、钢结构、机电设备安装、电梯安装、消防设施、建筑防水、防腐保温、园林古建筑、爆破与拆除、电信工程、管道工程等。

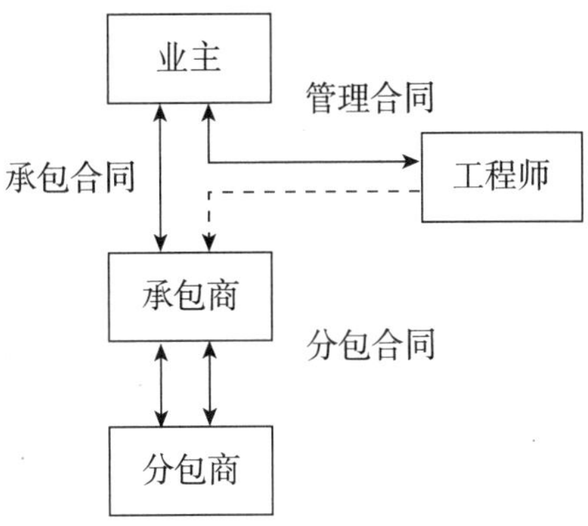

图 3-4 工程分包合同关系

工程分包的合同关系可见图 3-4 所示。

工程分包合同还具有以下几方面的特征:

(1) 承包商作为分包合同的发包人,将总包合同(施工合同或总承包合同)范围内的一项或若干项专业工程施工分包给分包商完成。

在分包合同中,承包商拥有类似于工程施工合同中业主的责任和权利。所以,在主合同和分包合同中,承包商的角色刚好相反。

在与业主关系上,承包商仍然承担总包合同所定义的全部合同责任。工程分包不能解除承包商的任何责任与义务。分包商的任何违约行为、安全事故、或疏忽导致工程损害或给业主造成的其他损失,都由承包商向业主承担责任。

我国建筑法第二十九条规定,建筑工程总承包单位可以将承包工程中的部分工程发包给具有相应资质条件的分包单位;但是,除总承包合同中约定的分包外,必须经建设单位认可。施工总承包的,建筑工程主体结构的施工必须由总承包单位自行完成。建筑工程总承包单位按照总承包合同的约定对建设单位负责;分包单位按照分包合同的约定对总承包单位负责。总承包单位和分包单位就分包工程对建设单位承担连带责任。

(2) 分包商具有总包合同所定义的,与分包合同工程范围相应的义务。为了保证承包合同的顺利履行,要求分包商不仅要掌握分包合同,而且要全面和正确地理解总包合同,清楚地了解自己在承包合同履行过程中的义务和责任。

(3) 对于业主而言,分包商是承包商的一部分。未经承包商的容许,分包商不能与业主(或工程师)发生直接的工作联系,或有任何私下的约定。分包工程价款由承包商与分包商结算。未经承包商同意,业主不得以任何名义向分包商支付各种工程款。这些内容或规定不适用于业主的指定分包商。

2. 工程分包产生的原因

(1) 工程分包是技术方面的需要。一般而言,由于现代工程规模庞大、技术复杂,总承包商不可能、也不具备总承包合同范围内的所有专业工程内容的施工能力。通过工程分包,可以增强自己的工程承包能力,弥补技术、人力、资金等方面资源的不足。此外,总承包商又可以通过这种形式扩大经营范围,承接自己不能独立承担的工程施工任务。

(2) 工程分包能够降低承包商实施工程的成本。对于某些分部分项工程的施工而言,由于专业分包商具有一定的技术优势,能够以更高的效率、更低的成本实施专业内容,由此可以降低承包商实施该项内容的成本。

(3) 工程分包是控制风险的需要。通过工程分包,总承包商可以将总包合同中与分包工程相关的部分风险转移给分包商。这样,总承包商和分包商共同承担风险,以增强实施工程项目的抗风险能力。

(4) 工程分包是业主的要求。业主指令总承包商将一些分项工程分包出去。通常有以下两种情况:

① 业主指定分包商。对于某些特殊专业,或需要特殊技能的分项工程,业主仅仅对某些专业分包商信任和放心。业主在工程承包合同的招标文件中,或在签订工程承包合同时,可以要求或建议总承包商将这些工程分包给该专业分包商。

业主可以参与指定分包商的招标过程。承包商与指定分包商签订分包合同,承担对指定分包商的现场管理和协调责任,提供分包工程施工所必需的现场条件,并收取相应的总包管理费。

② 在国际工程项目中,一些国家规定,外国的总承包商承接工程项目后,必须将一定量的工程分包给本国的承包商;或工程项目只能由本国的承包商承包,外国的承包商只能承担分包商的角色。这是对本国企业的一种保护措施。

由于承包商向业主承担全部工程责任,分包商出现任何问题都由总包负责,所以,选择分包商要十分谨慎。一般而言,在总承包合同报价前就要确定分包商的报价,商谈分包合同的主要条件,甚至签订分包意向书。国际上很多大型承包商都有一些分包商作为自己长期的合作伙伴,构建企业的外部竞争优势,也会在企业的长期合作中增强自己的经营实力。

当然,由于过多的分包,例如专业分包过细、多层级分包,会造成管理层次增加和协调的困难,业主会怀疑承包商的总承包能力。这对合同双方而言,都是不太有利的。

3. 工程分包合同的特点

工程分包合同的内容、合同双方的责权利关系、管理程序和争议的解决等,与工程施工合同基本相似。但是,工程分包合同也有以下几个方面的特点:

(1) 分包合同是总包合同的分合同,是为完成总包合同服务的,它对总包合同具有依附性。总包合同存在,分包合同才存在;总包合同修改,分包合同也要进行相应的修改。

(2) 分包合同必须有利于工程项目总目标的实现和总包合同的顺利完成。分包合同必须服从总包合同,保持与总包合同在内容上、程序上的相容性和一致性。这个相容性基本上能保持两个合同使用中不出现矛盾和混乱。例如:

① 分包合同中的质量要求、技术标准、安全、环境保护、文明施工、保险、第三方检验等条款,要等同或高于总包合同的要求或规定;

② 分包合同中工期的规定应更严格于总包合同中相应工作的工期要求,分包合同的工程价款应小于总包合同相应范围工程的价款,这样承包商才能实现工期和成本方面的可靠控制;

③ 为了保证总包合同的顺利实施,在管理程序(例如工程款的支付程序、索赔的程序)的规定中,分包合同都比总包合同更为严格;

④ 一般而言,如果在分包合同中没有明确规定的,则按照总包合同的相关要求实施。

4. 工程分包合同的示范文本

近十几年来,国内外标准的工程合同系列文本中,一般都有工程分包合同的示范文本。例如:我国的《建设工程施工专业分包合同(示范文本)》(GF－2003－0213),国际咨询工程师联合会颁布的《FIDIC 土木工程施工分包合同条件》,英国土木工程师学会(ICE)颁布的NEC 合同系列中有《工程施工分包合同(简称 ECS 合同)》,英国的 JCT 工程分包合同等。

本节主要以我国《建设工程施工专业分包合同(示范文本)》为对象,分析工程分包合同的内容。

二、分包合同文件

根据我国《建设工程施工专业分包合同(示范文本)》的规定,分包合同文件的解释和实施的优先次序是:

1. 分包合同协议书。
2. 承包商发出的中标函。
3. 分包商的投标书。
4. 除承包合同价款之外的工程承包合同文件。
5. 分包合同条件第二部分,即专用条件。
6. 分包合同条件第一部分,即通用条件。
7. 构成分包合同一部分的任何其他文件,这里可能包括:

(1) 分包工程规程,以及根据规定对规程进行的任何修改或增补;

(2) 分包工程图纸,指分包合同中的所有图纸、计算书以及类似性质的技术资料;

(3) 分包工程量表,指构成分包商的报价书一部分、并且已经标价的工程量表等。

三、工程分包合同的主要内容

工程分包合同通常是在工程施工合同的基础上编制的,与工程施工合同在结构设计和具体条款的内容上大致相同,这样可以保持两份合同的相容性和一致性。此外,为了满足分包合同的特殊要求,在工程施工合同的基础上增加了一些条款,这里主要分析与工程施工合同的不同方面。

1. 承包商的责任和权利

承包商具有与工程施工合同中业主相似的责任和权利。此外,承包商还具有以下责任和权利:

(1) 承包商应该向分包商提供主合同的真实副本(涉及承包商总包合同报价细节的资料除外),费用由分包商承担。

(2) 按照分包合同专用条件的规定,向分包商提供应由承包商提供的设备和设施。它们可以由分包商与承包商,或其他分包商合用。如果有专门的规定,也可以由分包商专用。

承包商应该允许分包商使用承包商提供的、与施工合同相关的临时工程,但是,这种允许不是承包商的法定义务。

(3) 承包商应该保障分包商免于承担与下列事宜有关的索赔、诉讼,以及损害赔偿费、诉讼费、指控费和其他开支:

① 按分包合同约定,实施和完成分包合同,以及保修过程中所导致的无法避免的对财产的损害;

② 由于业主、承包商,或其他分包商的行为或疏忽造成的人员伤亡或财产损失或损害,或与此相关的索赔、诉讼等。这些损失应由造成损失的责任方承担。

2. 分包商的责任和权利

分包商具有与工程施工合同中承包商类似的责任和权利。

(1) 分包商有责任履行工程施工合同中与分包工程有关的承包商义务,并与承包商承担履行分包工程合同,以及确保分包工程质量的连带责任。

为了更好地履行工程施工合同中与分包工程内容相关的合同义务与责任,分包商应该了解施工合同的各项规定。分包商在分包工程的投标、合同的签订,以及合同履行过程中,如果发现分包工程相关的设计和规程有错误、遗漏、失误和其他缺陷,应立即通知承包商。

(2) 分包商仅需要执行承包商的指令。虽然分包商应在有关分包工程内容方面需要执行工程师的指令,但这种指令必须由承包商作出确认,并通知分包商。

工程师对分包工程内容下达了错误或不恰当的指令或决定,并且承包商确认了这些指令或决定,并得到了分包商的实施,则分包商有权要求承包商补偿由于实施上述指令和决定而增加的合理费用。

(3) 在专用条件约定的时间内,分包商应该向承包商提交一份详细的施工组织设计,承包商应该在专用条件约定的时间内批准该施工组织设计。然后,分包商才可以按照施工组织设计的内容组织施工。

(4) 分包商应该允许承包商、业主、工程师、及其三方中任何一方授权的人员在工作时间内,合理进入分包工程施工场地或材料存放的地点,以及施工场地以外与分包合同有关的分包商工作地点,或准备材料或构件的地点,并应该提供工作方面的便利。

(5) 工程变更。工程师按照总包合同下达变更指令后,承包商应对变更指令进行确认并通知分包商。分包商不执行工程师直接下达,而没有经过承包商确认的变更指令。如果分包商收到工程师直接下达的变更指令,应立即通知承包商;承包商应立即提出对该变更指令的处理意见。

(6) 按照工程施工合同,如果承包商应该向工程师或业主递交任何通知和其他资料、或保持同期记录，分包商应就有关分包工程方面，按照承包商事先提出的要求或通知，以书面的形式向承包商发出类似的文件，或保持同期记录，以便使承包商遵守相应的工程施工合同要求。

(7) 按照分包合同的规定提供履约担保。分包商提供的履约担保，不应超过工程施工合同中，承包商向业主提供的履约担保额度。

(8) 如果分包商有违反分包合同的行为，分包商应保障承包商免于承担由于该项违约造成的工期延误、经济损失，以及根据工程施工合同承包商将负责的任何赔偿费。在此情况下，承包商可以从本应支付给分包商的任何价款中扣除此类经济损失及赔偿费，并且不排除采用其他的补救方法。

(9) 除了应该由承包商承担的风险外，分包商应保障承包商免于承受在分包工程施工过程中，以及修补缺陷引起的人员伤亡、分包工程以外的任何财产损失或损害，及与此有关的索赔、诉讼、损害赔偿。

3. 分包合同的价格与支付

(1) 分包合同的计价方式与工程施工合同相似。分包合同价款与工程施工合同相应部分的价款无任何连带关系。

(2) 分包合同的计价方式、支付方式、支付程序与工程施工合同相似。但是，由于分包合同是工程施工合同或总承包合同的一部分，所以在分包合同的支付程序中，分包商提出的付款申请时间要比工程施工合同的规定适当提前，而实际的价款支付时间要比工程施工合同规定的适当延后，以保证承包商能够按照合同要求提交付款申请的资料，并在获得业主的支付后再支付给分包商费用。

(3) 如果分包商没有按照工程分包合同专用条件约定的时间，向承包商提交已完工程量的报告，或其所提交的报告不符合承包商要求，且承包商告知后不进行修改，承包商有权对该项内容不进行验工计价。

4. 合同终止

(1) 按照工程施工合同规定，如果对承包商的雇用被终止或施工合同终止，则承包商应立即通知分包商停止按分包合同对分包商的雇用，分包商应该在接到通知后尽快将人员和设备撤离现场。如果由于工程施工合同的原因造成对分包商雇用的终止，承包商应向分包商赔偿以下费用：

① 工程分包合同终止前已完成的全部工作内容的费用；

② 经过承包商的同意，分包商为了分包工程内容已经采购或运至施工场地的材料设备，应全部移交给承包商，由承包商按照分包合同专用条件约定的价格(扣除已经使用、付款的部分)支付给分包商。

③ 从现场撤离的分包商设备，在分包商的要求下将设备运回其注册国设备基地或其他目的地的费用。

④ 分包商所雇用的，所有从事分包工程和与分包工程有关人员的合理遣返费。

⑤ 分包商准备为分包工程所用的，在现场以外准备或制作的任何物品的费用，但是，分包商应将此类物品移交给承包商。

(2) 如果由于分包商的违约行为，导致业主终止对承包商的雇用或终止工程施工合同，则作为分包商严重的违约行为，承包商可以通知分包商终止分包合同。

5. 索赔

分包合同的索赔涉及工程施工合同中承包商向业主索赔的情况,以及由于承包商违约,分包商直接向承包商索赔的情况等。

(1) 对工程施工合同规定承包商向业主索赔的一些干扰事件,分包商和承包商承担连带责任,风险共担、利益共享。如果这些干扰事件影响了分包合同,只要承包商向业主索赔成功,分包商就可以获得相应的补偿。

(2) 分包商应该积极地配合承包商做好工程施工合同的索赔工作,按照工程施工合同的要求,及时就有关分包工程的内容向承包商提交资料、保持同期记录,并提供所需的协助,以使得承包商能够遵守工程施工合同的索赔程序和要求。如果分包商没有履行这些职责,由此妨碍了承包商按照工程施工合同从业主获得相关的费用或工期赔偿,分包商应给予承包商相应的赔偿。

(3) 在分包合同的实施过程中,如果分包商遇到了按照工程施工合同承包商可以向业主索赔的任何情况,分包商应按照分包合同的规定及时向承包商提交分包工程的索赔报告,以保证承包商可以及时向业主进行索赔。

在收到分包商索赔报告后的 21 天内,承包商应该给予分包商明确的答复,或要求进一步补充索赔理由和证据。此外,承包商应该采取一切合理的措施,争取从业主获得这方面补偿。在索赔成功后,承包商应将相应部分的补偿转交给分包商。

根据工程施工合同,如果承包商从业主获得与分包合同相关的竣工时间延长,承包商应给予分包商相应的工期延长。

分包商没有积极地配合索赔工作,使得承包商涉及分包工程的索赔不能成功,则承包商可以在按照分包合同的约定应该支付给分包商的金额中,扣除上述本应获得的补偿。

(4) 如果由于承包商的行为和违约造成分包工程施工的拖延或其他问题,分包商可以向承包商提出索赔。在收到分包商的索赔报告后 35 天内,如果承包商没有给予答复,则视为分包商的索赔报告已经得到承包商的批准。

(5) 由于分包商的索赔是承包商向业主索赔的一部分,所以,在索赔程序上,分包合同定义的索赔程序与工程施工合同相似,但是,在提出索赔通知、索赔报告的时间方面比工程施工合同略短。这样可以保证承包商向业主索赔的及时性和有效性。

(6) 在工程施工合同的履约证书颁发之前,如果分包商没有向承包商发出有关分包合同的索赔通知,则分包商失去分包合同的索赔权,承包商不再承担相应的赔偿责任。

复习思考题

1. 简述工程施工合同的主要内容。

2. 阅读 FIDIC 土木工程施工合同的 1987 年第四版、FIDIC 施工合同条件的 1999 版,以及 FIDIC 施工合同条件的 2017 版,列出在此修订过程中新增加的合同条款,分析这些条款的修订体现什么新的理念?

3. 简述 EPC 总承包合同的主要内容。

4. 试分析工程分包合同与施工合同的区别与联系。

5. 分析工程施工合同、EPC 总承包合同中,承包商合同责任与风险内容的变化。

第四章　建设工程中的其他合同

本章提要：本章主要介绍建设工程中常用的勘察设计合同、工程咨询合同、材料和设备供应合同、劳务供应合同，以及工程承包联营体合同的主要内容。

第一节　建设工程勘察设计合同

一、建设工程勘察合同

（一）建设工程勘察合同的主体

工程勘察是根据建设工程的要求，查明、分析、评价建设场地的地质地理环境特征和岩土工程条件，编制勘察文件的活动。工程勘察的基本内容包括：工程测量、水文地质勘查和工程地质勘查。勘察任务在于查明工程建设地点的地形地貌、地层土壤岩性、地质构造、水文条件等自然地质条件资料，作出鉴定和综合评价，为建设项目的选址、工程设计和施工提供科学可靠的依据。

工程勘察工作是为设计和施工服务的。由于工程勘察工作的特殊性、勘察成果的不确定性，以及对建设工程的重要作用，通常工程勘察工作由业主委托勘察单位完成。在设计和施工合同中，都要用到由业主提供、勘察单位完成的水文和地质资料，即使是工程总承包合同，通常也由业主向承包商提供工程勘察资料。所以，勘察合同的发包方通常是业主，承包方是工程勘察单位。

勘察单位必须有符合本工程要求的营业执照、资质证书和许可证。在合同签订前，业主必须对勘察单位进行全面的资格（例如企业级别、业务规格、专业范围）审查、履约能力（例如专业业务能力和以往的工程业绩）审查。

工程勘察合同通常以直接委托的方式进行发包。

（二）建设工程勘察合同文件的组成

由于建设工程勘察工作内容比较单一，一般实施时间比较短，工作成果的规范性较强，所以，勘察合同文件通常比较简单，一般由合同协议书、合同条件和附件组成。

勘察合同的附件一般包括：工程勘察任务书和质量要求表、取费表、勘察人员配备及工作安排表等。

（三）建设工程勘察合同的主要内容

1. 总述

主要说明建设工程的名称、规模，建设地点，勘察范围，勘察基本要求、工期，业主和勘察单位的概况等。

2. 业主的权利与义务

(1) 在勘察工作开展前,业主应向勘察单位提交由设计单位提供、经业主同意的勘察范围地形图和建筑平面布置图各一份,提交由业主委托设计单位填写的工程勘察技术要求及附图。

(2) 业主应负责工程勘察现场的水电供应、道路平整、现场清理等工作,以保证勘察工作的顺利开展。

(3) 在工程勘察人员进入现场作业时,业主应负责提供必要的工作和生活条件。

(4) 如果业主变更勘察内容和要求,或对所提供的基础资料进行较大的修改,应及时书面通知勘察单位,并相应地调整勘察进度安排,补偿由此造成勘察单位所增加的费用。

3. 勘察单位的权利与义务

(1) 勘察单位的工作范围由勘察合同的附件定义,包括测量任务和质量要求表、工程地质勘察任务,以及质量要求表等。

(2) 勘察单位应按照规定的标准、规范、规程和技术条例进行工程测量,工程地质、水文地质等勘察工作,并按照合同规定的进度、质量要求提供勘察成果,对勘察成果的客观性、正确性、完备性、可靠性、可操作性负责。

(3) 勘察单位负责对业主提供的资料进行理解。勘察单位收到业主提供的勘察工作依据的基础资料后,如果发现任何错误、失误或缺陷,应及时以书面形式通知业主。

(4) 勘察过程中,如果由于场地地形、地质条件和技术规范要求变化,需要变更勘察工作(例如增减勘察工程量、改变勘察手段),或由于勘察工作难度增大可能会导致工期的延长,勘察单位应以书面形式向业主提出申请,经过业主批准后才可以实施。

(5) 保密责任。业主向勘察单位提交的一切文件、资料,以及勘察单位为业主完成的勘察文件,勘察单位有保密的义务,没有经过业主的同意不得泄露或转让给第三方。

(6) 勘察单位应向业主和本工程的设计单位、施工单位进行勘察资料的交底。在工程的设计和施工过程中,勘察单位有责任解答设计单位和施工单位对勘察资料的问题、疑问。

4. 合同价格和支付

(1) 勘察费用一般按实际完成的工作量和工作内容收取,我国建立了勘察工作量计算方法和收费标准。

(2) 对于特殊工程的勘察工作,其合同价格一般由双方商讨,在正常勘察工程总价基础上加收一定比例(通常为20%～40%)的费用。特殊工程指自然地质条件复杂、技术要求高,勘察方法超出现行规范,特别重大、紧急、有特殊要求的工程,或特别小的建设工程等。

(3) 勘察合同生效后,业主应向勘察单位支付一定额度,或合同总额一定比例的定金。

(4) 全部勘察工作结束后,勘察单位按照合同规定的时间和质量要求向业主提交勘察报告和图纸;业主收到勘察成果资料后,在合同规定的期限内付清勘察费。

5. 违约责任

(1) 在合同签订后,如果业主由于工程项目取消或其他原因不履行合同,无权要求返还定金;如果勘察单位不履行合同,应双倍偿还定金。

(2) 如果业主变更或修改工程设计和计划,或提供不准确的基础资料,或没有按照合同的规定提供勘察工作所必需的资料或工作条件,造成勘察工作的返工、停工、窝工,业主应该按照勘察单位的实际损失增加费用的支付,合同工期相应顺延。

由于业主的责任造成重大返工，或重新进行勘察时，业主应该额外增加支付勘察单位的相关费用。

(3) 如果业主超过合同规定的日期付费，应支付延期付款的违约金。

(4) 由于勘察工作的质量低劣而引起工程返工，或没有按期提出勘察文件，引起工程延误而造成业主的损失，都应由勘察单位继续完善勘察工作，并根据给业主造成的损失大小减收或免收勘察费。

(5) 对由于勘察错误而造成工程重大质量事故，勘察单位除免收损失部分的勘察费外，还应支付与该部分勘察费相当的赔偿金。

(6) 如果勘察单位没有按照合同进行必要的勘察工作、伪造勘察资料、提供虚假数据，造成工程重大质量事故，勘察单位除免收损失部分的勘察费外，还应赔偿业主的实际损失。

6. 争议的处理程序

业主与勘察单位在履行合同时发生争议，可以协商解决，或者请有关部门调解。如果不愿意协商、调解，或者协商、调解不成的，双方可以向合同规定的仲裁机构申请仲裁，或通过诉讼解决。

7. 其他规定

(1) 合同的有效期限。通常勘察合同在全部勘察工作成果验收合格，并结清工程勘察费用后结束。

(2) 知识产权保护。勘察单位提交的勘察文件只能用于本合同规定的建设工程，业主应保护勘察单位的勘察文件版权，没有经过勘察单位的同意，业主对勘察单位提交的勘察文件不得复制，或向第三方转让，或用于合同外的工程。

二、建设工程设计合同

(一) 概述

建设工程设计是根据建设工程的要求，对建设工程所需的技术、质量、经济、资源、环境等条件进行综合分析、论证，编制设计文件的活动。按我国的现行规定，一般建设项目按照初步设计和施工图设计两个阶段进行。对于特殊类型的建设工程项目，例如：城市轨道交通建设项目，有其特定的设计程序。

1. 设计合同的目的

设计合同是业主为了完成建设工程的设计任务而委托具有设计资质的单位承担设计工作的合同类型。其范围可能包括整个工程的方案设计、初步设计、施工图设计的全部工作，或者其中部分工作，也可能是一个单项工程的施工图设计，或特定专业工程的设计(例如景观设计)。

2. 设计合同的主体

设计合同的发包方是业主或工程总承包商，他应该具有所委托设计的工程项目的批准文件，例如相关单位批准的设计任务书、建设规划管理部门的用地范围许可文件。如果仅仅委托施工图设计任务，应同时具有经过批准的初步设计文件。

设计合同的承包方是持有符合建设工程要求的设计资质证书和许可证的设计单位。它的企业级别、业务规格、专业范围必须符合建设工程项目的要求。

3. 设计合同的招标方式

(1) 对于大型建设工程项目可以用设计招标的办法选择设计单位,签订设计合同。

(2) 业主向设计单位直接委托设计任务,商谈设计合同。

(3) 通过设计方案竞选,选择优胜者,再与该单位商签设计合同。

(二) 建设工程设计合同文件的组成

设计合同文件一般由合同协议书、合同条件和附件组成。

附件主要包括设计任务书、设计取费表、设计人员配备及工作安排表、补充协议书等。

(三) 建设工程设计合同的主要内容

1. 总述

主要包括建设工程名称、规模、投资额、地点,设计工作范围和基本要求,工期要求和合同总价等。

2. 发包方的权利与义务

(1) 如果委托初步设计,发包方应在规定的日期内,向承包方提供经过批准的设计任务书(或可行性研究报告)、工程选址报告,以及原料、燃料、水电、运输等方面的协议文件,能满足初步设计要求的勘察资料,经科研取得的技术资料等。

(2) 如果委托施工图设计,发包方应在规定日期内向承包方提供经过批准的初步设计文件,以及能满足施工图设计要求的勘察资料、施工条件、有关设备的技术资料等。

(3) 发包方应及时地向有关部门办理各阶段设计文件的审批手续,并负责与政府有关部门协调,稳定设计的周边条件,落实工程设计的规划要点,落实设计的前提条件;应负责工程设计所需要的,与规划、市政、供电、消防、交通、通讯等部门的协调。

(4) 在设计中,如果有配合引进国外的设备,则在该设备的询价、对外谈判、国内外技术考察、直到建成投产的各个阶段,都应该有设计单位的参加。

(5) 在设计人员进入施工现场工作时,发包方应按照合同规定提供必要的工作和生活条件,并对设计人员的安全负责。

(6) 发包方要按照合同的规定及时向承包方支付设计费。

3. 承包方的义务与权利

(1) 承包方要根据批准的设计任务书(或可行性研究报告)、上阶段的设计文件,以及有关设计的技术经济文件、标准、技术规范、规程、定额等,提出工程勘察技术要求,并进行设计,保证设计工作的质量,对设计文件的正确性、完整性、专业协调性、可施工性负责。

(2) 承包方应保证设计的工程能够达到以下要求:

① 符合发包方的要求,符合国家法律法规的规定,符合健康、安全和环境标准,与环境协调,节约使用自然资源,特别是不可再生资源。

② 工程竣工后,能够安全、健康、稳定、经济、高效率地运行,保证工程整体功能的可靠性、可维修性,运行和服务的人性化,努力追求工程在经济上的合理性、技术上的先进性和适度的前瞻性。

(3) 承包方负责理解业主提供的资料。承包方收到发包方提供的工程设计依据文件,以及基础资料后,如果发现任何错误、失误或缺陷,应及时以书面形式通知发包方。

(4) 承包方配置的设计项目负责人、各个专业工程的设计人员都必须符合合同的规定,有符合工程要求的执业资格,有相关工程的设计经验,能够胜任该工程的设计工作。

没有经过发包方的同意，承包方不得调换工程设计负责人和主要专业设计人员。

(5) 承包方按照设计合同规定的进度、设计范围、深度和质量要求进行设计，提交设计文件(包括概预算文件、材料设备清单)成果，并对设计工作成果的质量负责。

① 承包方应正确执行现行的规范，设计依据可靠、标准合理、结果准确，设计文件和基础资料齐全，各阶段设计文件的内容、深度与质量都应该符合国家的规定，满足发包方的要求。如果出现设计文件不完整或有明显的设计缺陷，发包方有权退回该不合格的部分，承包方应补充完善直至合格为止。

② 承包方应配合发包方将设计文件或中间资料报送规划、市政、环保、交管、供电、通信等市政管理部门审查，并按这些部门的意见进行修改和完善。

③ 承包方完成的设计文件应提交给发包方、设计监理或规定的部门审查，如果出现文件不完整或有明显的设计缺陷，发包方有权退回该不合格部分，承包方应按照审查意见规定的时间修改完善。

(6) 承包方负责对不由自己承担的后期设计任务(例如施工图设计)进行技术交底，并提供协助。承包方应做好与业主委托的，与工程相关的其他专业设计单位的协调。

承包方应积极配合所承担设计任务的工程的施工，进行施工前技术交底；在施工过程中，与工程承包商和供应商进行合作，解决与设计有关的施工问题，参加隐蔽工程验收和工程竣工验收。

(7) 承包方应按照业主制定的工程档案管理的规定，配合业主做好设计文件的归档工作，并提供相应的竣工资料。所有发包方和承包方互相提供的资料、图纸、文件和信息，必须由专人进行交换和管理，并进行登记造册。

4. 合同价格

设计合同一般采用总价合同形式。设计工作的取费，一般根据工程种类、建设规模和工程的简繁程度确定，执行我国建设主管部门颁发的工程设计收费标准。

设计合同价款一般采用分阶段付款的方式，通常在合同签订后，发包方支付一定数额，或合同价一定比例的定金。

5. 设计的变更和停止

(1) 在有关方面确认了设计的边界条件，承包方据此设计并形成设计成果文件，且已经通过业主组织的初步设计、施工图设计评审后，由于边界条件的改变需要修改设计，由承包方负责设计变更和修改预算。

(2) 发包方要求修改工程的设计，或由于发包方的原因、设计边界条件的改变导致设计重大变更或返工，应相应延长设计文件的提交时间，并应按承包方的工作量增加费用补偿。

(3) 初步设计经上级主管部门批准后，在原定任务书范围内对设计文件进行必要修改，由承包方进行修改并承担相应的费用。

(4) 由于承包方的设计缺陷引起的变更或返工，承包方应负责完善相关设计文件，设计工期不得顺延，费用不予补偿。若此变更引起建设工程项目投资的增加，承包方应按照一定的比例承担赔偿责任。

(5) 经有关部门批准后，设计文件不能任意修改和变更。如果需要修改，必须经过相应的批准，其批准权限视修改的内容所涉及的范围而定，主要包括以下几种情况：

① 如果修改的部分属于设计任务书的内容(例如建设规模、产品方案、建设地点及主要

协作关系等),则应该经过设计任务书的原批准单位批准。

② 如果修改的部分属于初步设计的内容(例如总平面布置图、工艺流程、设备、面积、建筑标准、定员、概算等),则应该经过设计任务书原批准单位或初步设计批准单位的同意。

(6) 由于原定设计任务书或初步设计有重大变更而需要重新设计时,需要经过双方当事人协商后另外签订合同。发包方负责支付已完成部分的设计工作费用。

(7) 由于特定原因,发包方要求中途停止设计,应及时书面通知承包方,已经支付的设计费不予退还,并按照承包方在该阶段的实际花费,增加支付和结清设计费,同时结束合同关系。

6. 设计工作的管理

(1) 一般管理工作

对于大型建设工程项目的设计,如果发包方将工程设计按照阶段,或专业工程委托给不同的承包方承担,需要明确设计管理模式,包括相关设计管理的组织模式、不同设计单位之间的关系、管理流程和具体操作办法,还应该建立相应的设计例会制度和设计工作月报制度等。

对负责工程总体(或方案)设计的承包方,除了完成总体设计的任务外,还应该承担整个工程项目的设计管理工作,例如制定设计原则、技术标准、功能要求等设计指导性文件,制定设计进度计划,指导各个设计单位进行投资控制,落实限额设计,协助发包方对各单项设计进行协调和控制等。

(2) 设计工作的进度管理

承包方应该根据合同的规定编制各阶段的设计进度计划和各专业的出图计划,提交给发包方同意后实施。

发包方有权对设计工作进行跟踪、检查和协调管理,有权检查实际设计的工作进度,有权要求承包方按合同和双方已经同意的进度计划开展设计工作,落实进度控制的各项措施。

(3) 设计工作的投资管理

① 在保证工程功能和质量目标的前提下,承包方应该严格按照投资限额进行设计,优化设计方案,严格控制设计的变更,确保工程概算、预算不突破设计限额的指标。

② 承包方应该及时提交各阶段相应深度的投资估算或概算,保证投资估算或概算的准确性。

③ 如果设计方案超过原定的投资限额,承包方应书面通知发包方,并提出意见和建议。

④ 发包方有权检查限额设计指标的实施情况,负责审查和确认各阶段的设计成果,及重大技术方案,审批设计变更。

7. 设计成果的技术产权保护和保密问题

(1) 承包方拥有设计成果的所有权,没有经过承包方的同意,发包方不得擅自修改,或将设计文件用于该合同之外的工程,也不得将设计文件转让给第三方使用,否则,发包方侵犯了承包方的智力成果权,承包方有权进行索赔。

(2) 如果设计文件中包括承包方的设计专利,在合同规定的工程范围内,发包方有使用权,该专利使用费已经包括在设计合同的价款中。

(3) 承包方有对工程设计保密的责任和义务,对于设计的过程文件、科研专题、设计成果、概预算文件等,没有经过发包方的同意,不得泄露或转让给第三方。如果发生此类情况,承包方应承担相应的经济赔偿和法律责任。

8. 设计合同的有效期

一般而言，在所设计的工程完成施工，通过了工程的竣工验收，承包方完成合同规定的设计服务工作，发包方按照合同结清合同价款，设计合同结束。

9. 违约责任

与建设工程勘察合同的违约责任规定相似。

(1) 承包方没有按照合同的约定按时提交设计成果文件，应按照合同约定支付误期违约金。

(2) 由于承包方原因导致提交的设计成果文件无法通过发包方组织的设计审查，发包方有权要求承包方对不合格部分进行重新设计，由此引起的费用增加和工期延误由承包方负责。或者发包方有权解除该不合格部分的合同，将该不合格部分指定分包给其他设计单位，并扣除承包方合同总价中此部分的设计费用，如果由此导致发包方的工期和费用损失，承包方应承担相应的赔偿责任。

(3) 由承包方的设计缺陷引起的工程变更，承包方应负责完善相关的设计文件，由此发生的设计变更费用由承包方承担。

由于非发包方原因引起的设计质量事故、工期延误或设计缺陷，造成发包方实际损失引起工程项目投资的增加，承包方应承担相应的赔偿责任。但是，赔偿额度不超过合同规定的违约金最高限额。

10. 争议的解决

在履行合同期间双方发生争议，可以协商解决，或者请有关部门调解。如果不愿意协商、调解，或者协商、调解不成的，双方可以向合同规定的仲裁机构申请仲裁，或通过诉讼解决。

第二节　工程咨询合同

一、概述

1. 工程咨询合同的内涵

工程咨询合同是业主与工程咨询公司之间签订的合同，由工程咨询公司派出以项目经理为首的工程咨询机构，在建设工程中作为业主的代理人（或称为业主代表），行使合同（工程咨询合同、工程承包合同、供应合同）赋予的权力。

由于工程咨询是一个很广泛的概念，其任务承担者可能有不同的称谓，例如咨询工程师（对可行性研究和设计）、招标代理、造价工程师、监理工程师（或“工程师”）、项目经理等。本节将他们统称为“项目经理”。

此外，由于工程咨询工作的特殊性，业主与工程咨询公司之间的权责关系和工作关系不仅涉及工程咨询合同，业主还应该在相应的工程承包合同、材料和设备供应合同、设计合同中，明确工程咨询公司和项目经理在建设工程项目中的地位和工作职责。

2. 业主委托工程咨询的范围和模式

业主的项目管理工作可以分为项目的各阶段（例如：可行性研究阶段、设计和计划阶段、施工阶段、运行阶段）的各种职能管理工作（例如：投资咨询、招标、计划与控制、合同管理、质量管理、造价管理等)。

业主可以用不同的方式将工程咨询工作委托给工程咨询公司,例如:可以将整个工程项目的全过程管理工作委托给一个工程咨询(项目管理)公司,也可以按照阶段和职能分别委托,如投资咨询、设计监理、招标代理、造价咨询、施工监理等,也可以用自己组织的项目管理班子(例如基建处)完成一部分工作,再另外委托工程咨询公司完成一部分工作。所以,工程咨询合同的工作范围也是多种多样的。

3. 建设工程咨询合同的示范文本

经过一百多年的工程咨询实践,国外已经形成一些比较成熟的项目管理模式,以及很多标准的工程咨询合同范本。例如:FIDIC 的《客户/咨询工程师(单位)标准服务协议书》,这些合同条件一般需要与其他合同文本组合配套使用,与 FIDIC 的《施工合同条件》共同使用,业主可以在工程咨询合同的示范文本中,明确工程师的职责;而在《施工合同条件》中,业主通过委托给工程师的权力,由工程师实施对工程项目的管理。

我国也分别颁布了《建设工程监理合同(示范文本)》(GF-2012-0202)、《建设工程造价咨询合同(示范文本)》(GF-2015-0212)、《建设工程招标代理合同(示范文本)》(GF-2005-0215)。

4. 工程咨询工作的统一性

在建设工程项目中,虽然不同阶段和不同职能的工程咨询具有不同的工作范围、工作内容,但是,其工作内容的特点、性质、双方责权利的划分、管理工作过程、违约责任、争议的解决等是有一致性或类似的。所以,对于业主而言,针对同一个建设工程项目,可以起草统一的工程咨询合同条件范本,在范本中以菜单的形式明确工程咨询委托服务的范围。根据需要,业主可以选择工程咨询服务的范围,通过不同的选项明确特定的工作内容、以适用不同的工程咨询模式。

二、工程咨询合同文件的组成

工程咨询合同文件主要包括:

1. 合同协议书。
2. 合同专用条件。
3. 合同通用条件。
4. 附录。用以具体定义工程咨询的服务范围(服务内容的规定和工作说明,或对工程咨询公司提供服务所用方法的要求)、控制目标、报酬的支付方式等。

当合同文件出现歧义和矛盾时,业主应发出指令对合同文件的真正含义进行明确。

三、工程咨询合同的主要内容

1. 总体工作原则

(1) 在建设项目的实施过程中,业主和项目经理(工程咨询公司的负责人)都必须遵守国家的相关法律、法规、规范的规定。如果业主的要求或指令与这些规定相冲突,应按照规定实施项目。如果业主的要求或指令违反国家规定,或有无法实现的要求,项目经理应书面告知业主,否则由工程咨询公司承担责任。

(2) 业主和工程咨询公司应按照合同的规定,以相互信任、相互合作的精神开展工作。

2. 业主和业主代表

(1) 业主应按照已经认可的工作进度计划，向项目经理提供他能获取的，并与工程咨询工作有关的一切资料和物品，以及合同规定应由业主提供的设备、设施、人员。

(2) 业主应及时对项目经理请示的事宜作出书面答复。只有业主代表签发的书面指令被视为业主指令，业主对此承担责任。在紧急情况下，项目经理必须实施业主代表的口头指令，但是，事后业主代表须以书面形式进行确认。

(3) 业主代表可以书面授权业主代表的助理处理工作、发出指令。如果项目经理对业主代表助理的工作或指令有异议，应该向业主代表发出确认函。

(4) 除项目经理提出书面要求以外，业主代表未通过项目经理向工程项目的其他相关方发出指令，由此引起的一切责任由业主承担。

(5) 业主选择工程承包商及各类合作伙伴，如果采用招标方式，应授权项目经理具体负责招标的事务性工作。

(6) 在与建设项目其他方签订的合同中，针对该合同涉及的工程咨询工作范围，业主应明确对项目经理的授权。

(7) 业主有权向项目经理发出指令，要求变更工程咨询的服务范围。

(8) 业主不得要求项目经理作出违背公共利益、社会公德、商业道德和不公正的行为。

业主认可项目经理提交的请示函件，或检查其工作，并不改变项目经理对所提供服务应承担的责任和义务。

3. 工程咨询公司和项目经理

(1) 工程咨询公司的服务范围由合同附件规定。工程咨询公司应按照合同的约定派项目经理作为其代表全面负责工程咨询合同的履行，并经过业主同意，派出项目管理工作需要的管理机构及人员。

(2) 项目经理应以合理的技能、谨慎而勤奋地工作，在履行工程咨询合同时，要认真地履行国家有关法律、法规、政策，保护公共利益和业主的合法利益。

(3) 如果项目经理对业主的决定、指令、选择和安排等有异议，应及时书面通知业主，并提出意见和建议。在工程中，当质量、安全、进度、成本发生矛盾时，项目经理应首先保证安全和质量。

(4) 当项目经理对其他第三方发出可能对费用、工期有重大影响的任何变更，必须事先得到业主的批准。在特殊紧急情况下，项目经理有权发出指令，但是必须尽快通知业主。

(5) 对业主的决策，项目经理应提供两个及以上方案供业主参考。在项目经理工作责任范围之内的，不解除项目经理对此应承担的责任。

(6) 在咨询服务期间，工程咨询公司不得从事会影响其工作公正性的活动，不能接受相关其他方的任何雇用、利益和捐助。

(7) 在工程咨询公司与业主人员、业主委托的其他咨询公司共同工作时，双方应在业主和工程咨询公司之间明确分配工程咨询工作和事务性工作，确定双方的管理关系，包括主要职责、提供建议和决策咨询、批准计划、提出方案或报告、主持会议、审查方案、提供各种报表和证书等。

(8) 项目经理应负责建设工程项目的信息管理工作。

4. 工程咨询的工作范围

针对工程咨询工作的范围,业主可以在表4-1中进行选择。对每一项工作的内容、要求、项目经理责任等,业主应该在工程咨询合同中进行详细而明确的定义。

表4-1 工程咨询服务的范围

工程咨询服务工作	选择	备注
1 可行性研究阶段		
1.1 对建设工程项目进行机会研究,提出项目建议书; 1.2 预可行性研究,提出初步的可行性研究报告; 1.3 进行可行性研究,编制可行性研究报告,并办理报批手续; 1.4 代表业主办理建设工程项目的选址意见书(报告); 1.5 进行生态和环境影响评价,代表业主办理环境影响评估、地质安全性评估等审批手续; 1.6 申请规划设计条件,以及建筑设计的报批手续; 1.7 代表业主办理规划用地许可和土地使用许可; 1.8 业主委托的其他事项。		
2 设计和计划阶段		
2.1 协助业主制定建设工程项目的实施方针、策略;制定项目实施规划;项目实施方式和合同体系策划;建立项目管理系统,编制工程咨询手册;建立项目报告系统和文档系统等。 2.2 组织编制设计任务书,提出工程设计要求; 2.3 代表业主通过招标等方式选择勘察设计单位、施工单位和主要设备材料供应商等; 2.4 设计监理,对设计工作进行控制和协调,组织设计方案评审,办理设计文件的行政性审批或审查手续; 2.5 代表业主办理环境保护、消防、民防、绿化、劳动安全、道路交通、市容环境卫生、地质安全、建筑节能等审批手续,落实供电、上水、排水、燃气、通讯等的配套申请; 2.6 造价咨询工作,例如编制工程估算、概算、施工图预算或标底; 2.7 代表业主办理建设规划许可,办理报建,拆迁许可和施工许可等手续; 2.8 业主委托的其他事项。		
3 施工阶段		
3.1 牵头进行各项施工准备工作,与各方面进行协调,签发开工令。 3.2 协调勘察、设计以及主要材料和设备供应、施工工作,确保工程进度; 3.3 代表业主对建设工程项目的施工组织与协调、进度控制; 3.4 代理业主实施工程造价的控制; 3.5 对甲供材的供应计划、催货、现场验收、储存进行管理; 3.6 合同管理与信息管理,处理索赔和反索赔事务; 3.7 施工监理,主要对工程质量、健康、环境与安全等进行控制,负责工程现场管理; 3.8 业主委托的其他事项。		
4 竣工和运行阶段		
4.1 组织工程的竣工验收,编制项目移交证书及移交后的相关证书; 4.2 工程运行准备方面的组织工作; 4.3 协助业主进行工程竣工决算,开展工程档案的归档和造价审计; 4.4 工程保修期(缺陷通知期)的有关服务; 4.5 协助业主进行建设工程项目的后评估,总结建设工程项目经验教训和存在的问题; 4.6 工程运营过程中的维护管理; 4.7 业主委托的其他事项。		

5. 合同的价款和支付

(1) 一般而言,工程咨询合同采用的计价方式有:

① 成本加酬金的方式。采用这种计价方式,合同必须规定成本的开支范围、业主监督和审查的权力与方式。项目经理必须保存能清楚地证明关于工程咨询工作投入时间和费用的全部记录。在服务完成后的规定时间内,业主可以指定一家值得信赖的会计师事务所或审计单位,对项目经理申报的任何金额进行审计,以进行工程咨询合同价款的决算。

② 按照工程造价(项目投资)的一定比例支付酬金。我国的监理合同通常采用这种方式。采用这种计价方式,合同必须规定正常的工程咨询工作、附加工作和额外工作的范围,以及工程咨询工作的计价方式。

③ 目标合同。即合同应明确目标合同的总价,以及它与实际完成服务工作总价之间差额的分担(享)方式和比例。当完成服务工作总价比目标合同价的总额少,项目经理可以得到节余部分中约定的分享份额;当完成服务的工作总价大于合同价的总额,则工程咨询公司应支付超出部分中约定的份额。

此外,在审计服务合同中,业主要求审计单位审核承包商的工程决算价格,根据审计单位核减的承包商决算价格数额,双方商定审计业务费用的大小。

(2) 支付方式。通常工程咨询公司向业主正式提供服务时,业主支付一定金额的预付款,进度价款可以按照月、季,或按照项目进度的关键节点进行支付。

(3) 与工程施工合同类似,业主应该规定合同价款的支付程序和审核方式。例如:每个月的月底,工程咨询公司应根据本月完成的工程咨询服务或业绩,提供付款申请;业主在一个星期之内,审查付款申请,对于同意的额度,业主在一个星期之内支付完成。

(4) 发生合同规定范围以外的工作(额外工作)时,业主应支付工程咨询公司由此发生的额外费用,具体数额及支付时间由双方在专用条件中约定。额外工作的类型或范围也可以在合同的专用条件中进行明确。

(5) 在工程咨询的服务期满(例如建设工程项目决算后的一定时间内),双方结清全部的工程咨询费用。

6. 合同有效期

针对不同类型的工程咨询服务,合同的有效期也不同,例如:招标代理合同一般是在招标代理服务结束之后合同结束。而对于项目管理工作,其有效期直到建设工程竣工,并完成所有项目管理服务后结束。如果由于工程进度的推迟或延误而超过合同约定的日期,双方应相应延长合同的有效期,由此引起合同价格的调整,双方应该在专用条件中进行明确。

7. 违约责任

(1) 在合同规定的支付期限内,如果业主没有向工程咨询公司支付服务费用,应按照合同规定的利率,从应付之日起向工程咨询公司支付全部未付款利息。

(2) 项目经理及其任何职员,应根据工程咨询合同履行义务的行为或失职只向业主承担责任,不应以任何方式向第三方负责。

(3) 在合同有效期内,工程咨询公司有故意或恶意的违约行为,应对业主由此受到的损失承担相应的赔偿责任。

8. 补偿事件

(1) 如果项目经理违反合同,导致业主承担直接的经济损失,应按照以下计算方法向业主赔偿损失：

赔偿金＝直接经济损失×(基本酬金＋利润)/工程建设总投资控制目标

(2) 如果由于业主的违约导致工程咨询公司的损失，则业主应负责向工程咨询公司赔偿。

工程咨询公司在履行合同义务时，因非自身的责任受到业主人员或第三方人员的损害或损失时，有权向业主要求补偿。

(3) 合同任何一方应将已经发生或预期将要发生的补偿事件通知对方。补偿要求的通知应在引起补偿的事件发生后规定时间内向对方发出，并在规定时间内提出详细的补偿依据和具体要求。超过规定时间提出的补偿要求无效。

(4) 除非由于工程咨询公司违约，或缺乏谨慎，或渎职以外，业主应保障工程咨询公司免受于承担业主或第三方提出的损失或损害赔偿责任。

因不可抗力导致建设工程项目全部或部分停工或中断，工程咨询公司不承担责任。

(5) 任何一方对另一方的赔偿，仅限于因违约所造成的可以合理预见的损失或损害数额，不应计算由于违约造成的、难以预见的其他损失或损害。

(6) 工程咨询公司向业主支付的赔偿的累计最大数额，应不超过工程咨询公司在完成正常工程咨询服务后，业主应支付给工程咨询公司的基本酬金和利润之和(除去税金)。

(7) 由于参与项目的第三方责任或违约导致工期拖延或工程的其他损失，项目经理有权代表业主向责任方提出索赔。索赔所得的费用，优先补偿工程咨询公司由此遭受的损失。

9. 其他

(1) 所有权。项目经理使用的，由业主提供或支付费用的物品，属于业主的财产。工程咨询服务完成或合同终止时，项目经理应将没有消耗物品的库存清单提交给业主，并按业主的指示移交此类物品。

(2) 保险。合同应明确规定，业主和工程咨询公司作为责任人的保险范围、保险内容、保险费用的承担者、保险责任、保险单审查程序和违约处理。保险有效期应该从合同生效日起至合同规定的期限止。

(3) 工作人员。

① 业主和工程咨询公司应该根据协议派遣工作人员。所派的工作人员应该能够胜任本职的工作内容，并相互取得对方的认可。如果业主没有按照规定提供职员及其他人员，项目经理可以自行安排。

② 为了履行工程咨询合同，各方应指定一位高级人员作为本方的代表。

③ 如果需要更换任何人员，应该经过双方同意后，由任命一方负责安排同等能力人员代替。如果另一方提出更换，应提出书面的要求，并应该阐述更换的理由，如果提出的理由不能成立，则提出的一方要承担替代的费用。

(4) 早期警告。一旦察觉存在将导致增加合同价总额，改变已认可的工作进度计划，或削弱为业主所提供服务的有用性等问题，业主和项目经理中任一方应立即向对方发出早期警告的通知，并在对方同意后要求其他人员出席早期警告的会议；在早期警告的会议上，提出并研究建议措施以避免或减小影响，寻求解决办法，决定应采取的行动，以及应采取行动的一方，另一方应积极配合。

(5) 健康和安全。双方的行为应符合健康和安全要求。

(6) 服务分包。工程咨询公司聘用的工程咨询分包单位或个人需要经过业主的认可，并且在合同实施时，工程咨询分包单位的职员视同工程咨询公司的职员。

(7) 文件的版权和合同双方对资料的使用。合同双方有权根据合同目的使用对方提供的资料。工程咨询服务全部完成后，项目经理应将业主提供的资料归还给业主。合同双方不得披露在咨询服务过程中获得的信息。在服务期间、服务完成后的规定时间内，如果项目经理与工程咨询公司的相关人员出版、发表、公布有关工程和服务的相关信息，应得到业主的批准。

10. 争议的解决

争议的解决程序与工程施工合同的规定基本相同。

第三节 建设工程材料和设备采购合同

一、概述

1. 建筑材料和设备采购合同的内涵

建筑材料和设备是建设工程必不可少的物资。它涉及面广、品种多、数量大。在工程建设总投资(或工程承包合同价)中，材料和设备的费用占很大的比例，一般都在40%以上。

按时、按质、按量供应建筑材料和设备是工程施工顺利地、按计划进行的前提。材料和设备的供应必须经过商签合同(订货)、生产(加工)、运输、储存、使用(施工或安装)等各个环节，经历一个非常复杂的过程。建筑材料和设备采购合同是连接生产、流通和使用的纽带，是建设工程合同体系的重要组成部分之一。

2. 材料和设备采购合同的主体

建筑材料和设备采购合同的主要当事人是供应方和需求方：

(1) 供应方一般是物资供应单位或建筑材料和设备的生产制造企业。

(2) 需求方一般是业主或工程承包商，这主要由建设工程的材料和设备的供应方式决定。

① 业主从生产/销售厂家采购材料和设备，再交给承包商用于工程施工或安装，在我国建设工程中这种方式被称为“甲供”。所以，这种供应方式中的需求方是建设项目的业主。

② 工程承包商从生产/销售厂家采购材料和设备用于工程施工或安装，这种供应方式在我国建设工程中被称为“乙供”。所以，这种供应方式中的需求方是工程承包商。

③ 业主通过资格预审确定建筑材料或设备供应商的入围名单，并提供给工程承包商，由工程承包商在该名单中选择一家作为供应方，这种供应方式被称为“甲控乙供”。

在有些情况下，业主为了把握工程质量和控制材料设备的供应过程，会采用比较复杂的供应关系。例如：在某建设工程项目中，土建工程中所用的混凝土是业主供应，混凝土中的水泥仍然是业主供应，而混凝土中的外加剂是甲(业主)控乙(混凝土供应商)供(如图4-1所示)。

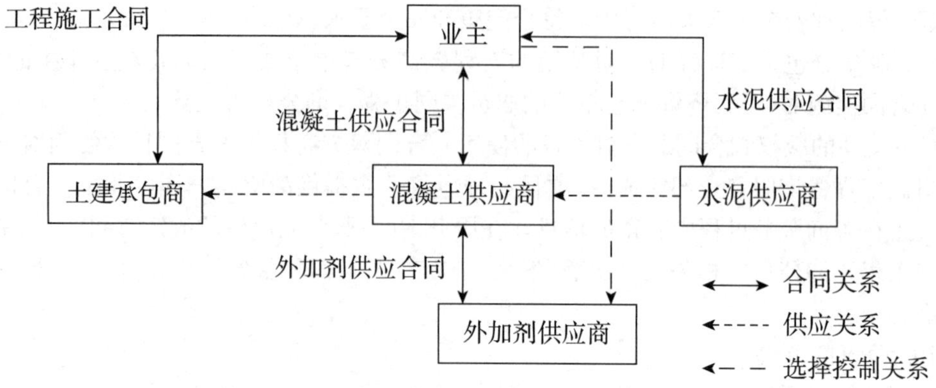

图 4-1 某工程的混凝土供应合同关系

在这个工程中,围绕混凝土工程有很特殊的供应关系,所以,该混凝土供应合同是非常复杂的,它会涉及业主供应水泥的数量,混凝土和水泥供应计划安排和各方面的协调关系,有关水泥的运输方式、交货、验收,外加剂的选择、供应,出现质量问题的责任划分等。如果混凝土工程出现质量问题,在追究各方责任时,可能会出现相互扯皮的现象。因此,在实际的工程项目中应用这种合同形式时,要特别注意厘清合同各方的责任。

3. 材料和设备采购合同的特征

由于建筑材料和设备采购是建设工程项目采购的一部分,它与工程施工存在复杂的关系,需要与工程施工过程相协调,而且需要多批次或连续供应。所以,建筑材料和设备采购合同比一般的物资采购合同要复杂得多,而与工程施工合同有很多的相似性。

二、建筑材料采购合同

(一) 建筑材料的采购方式

按照采购批量、采购货源等方面的不同,建筑材料经常采用不同的采购和供应方式,主要包括公开招标方式、“询价-报价”方式,以及直接采购方式。

1. 公开招标方式。这种方式与建设工程的招标相似,需求方提出招标文件,详细说明供应条件、品种、数量、质量要求、供应方式和交货地点等,由供应方报价,通过竞争的方式选择供应方并签订采购合同。这种方式适用于大批量的材料采购或对一个建设工程项目连续地供应。

2. “询价—报价”方式。需求方按要求向几个特定的供应商发出询价函,由供应商作出答复(报价)。需求方经过对比分析,以及双方的谈判,选择一个符合要求、资信好、价格合理的供应商并与之签订合同。

3. 直接采购方式。需求方直接向某个特定的供应方采购,双方商谈价格,签订供应合同。

此外,还会有一些零星材料(品种多、价格低),需求方经常以直接采购的方式购买,有时甚至不需要签订书面的供应合同。

(二) 建筑材料供应合同文件的组成

1. 合同协议书;

2. 供应合同的专用条件;

3. 供应合同的通用条件；

4. 供应合同的附录。

(三) 建筑材料供应合同的主要内容

1. 标的

材料供应合同的标的主要包括，建筑材料的名称(注明牌号、商标)、品种、型号、规格、等级、花色等。

2. 数量

数量即供应方应提供的材料数量。建筑材料的计量需要按照国家或主管部门规定的方法实施，或按照供需双方商定的方法实施，不可以用含糊不清的计量单位。对于某些建筑材料，还应在合同中写明交货数量的正负尾数差、合理磅差和运输途中的自然损耗的规定及计算方法。

3. 质量标准及要求

(1) 建筑材料质量应满足现行有关的国家和行业标准。对于不同的建筑材料，其需要满足的标准差异很大，所以要注明所适用的标准名称和标准号。

(2) 建筑材料的技术指标。不同的建筑材料，需要满足不同的技术指标，这也需要在合同中加以规范。例如水泥的抗拉强度、抗压强度、凝结时间等。对于某些建筑材料，还需要对其原材料的技术指标作出规定，例如：用于加工混凝土的砂石骨料、粗骨料、外加剂的技术参数的规定，以确保建筑材料的质量符合要求。

(3) 包装。对于需要包装的建筑材料，合同应该规定包装的标准和包装物的供应和回收。

包装标准是指材料包装的类型、规格、容量，以及印刷标记等。一般而言，产品包装应按照国家标准或专业标准执行；如果没有国家标准或专业标准，可以按照合同双方商定并在合同中写明的标准执行。

如果需方有特殊的包装要求，双方应在合同中商定。如果包装超过原定的标准，超过部分由需方负担费用；低于原标准，应相应降低产品的价格。

除了国家明确规定由需方供应以外，包装物应由供应方负责供应，并不得向需方另外收取包装的费用。

4. 运输方式

运输方式可分为铁路运输、公路运输、水路运输、航空运输、管道运输以及海上运输等。

合同应明确规定所采用的运输方式，指定送达的地点，有些材料还要规定具体送达的施工部位。例如：在地铁工程中，商品混凝土的供应合同中要规定送达浇注的施工现场，不同的施工位置有不同的责任划分。例如对隧道内工程，供应方应该将混凝土运输至施工的竖井口，竖井口内的运输由需方负责；对于车站和高架区间工程，供应方应该将商品混凝土送入模板，或运输至需方指定的卸料地点，施工工作面上水平运输由需方自行负责；对于地下车站工程，供应方应该将商品混凝土运输至车站下料口，下料口内的运输由需方负责等。

5. 价格

建筑材料的价格一般由供需双方通过招标投标，或协商确定。

在签订采购合同时，建筑材料的需要量一般不是准确的数值，并且在项目实施过程中，如果出现工程变更还会造成材料需要量的增减。因此，建筑材料采购合同大多采用单价合同形式。材料单价可以采用综合单价,例如商品混凝土单价可以包括原材料费用、加工(拌和)费、运输费、泵送费、利润、税金和风险费等所有费用。

一般而言,合同规定的单价是固定不变的,不能由于市场物价、运输价格等的变化进行调整。

6. 合同价款的结算

(1) 合同价格一般按照实际供应量,以及合同规定的单价进行结算。可以采用按月结算,或按批量结算,或最后一次性结算等方式。

(2) 合同应该规定供应量的确认方式,确认程序和价款结算的程序。

① 建筑材料数量的计量方法一般有理论换算计量、验斤计量和计件三种。合同中应注明所采用的计量方法,并明确规定计量单位,以及计量的特殊规定。

② 供应方发货时所采用的计量单位与计量方法,应与合同中所列计量单位和计量方法一致,并在发货明细表或质量证明书中进行明确的规定,以便需方检验。

③ 在运输过程中,有些建筑材料容易造成自然损耗,例如挥发、飞散、干燥、风化、潮解、破碎、漏损等;在装卸操作或检验环节中,换装、拆包检查等也都会造成数量的减少。这些都属于运输过程中的自然减量。运输过程中自然减量的处理规定,也应在合同中注明。

(3) 关于质量保证金的扣付和退还的规定。

在建筑材料供应合同中,还应规定质量保证金的扣付和退还等相关内容。

例如在某工程甲供材的供应合同中,规定的结算方式为:按照实际供应量按月结算。

结算过程为:供应方每月 20 日前将经监理工程师确认的《工程材料结算清单》提交给业主。业主确认后 28 天内按实际供货数量向供应方支付该月总价 95%的货款,其余 5%的货款作为质量保证金。

当扣减的质量保证金累计达到 200 万元时,业主不再在每月的支付价款中扣减质保金。如果发生由于供应方的责任导致材料不符合合同的规定,业主有权在质保金中扣除由供应方责任造成的费用损失,不足的部分由供应方补足。

供应方向业主交付合同所规定的所有材料后 28 天内业主返还 80%的质保金,在土建施工单位的工程保修期结束后 28 天内业主付清剩余的 20%质保金。

(四) 建筑材料供应过程和双方责权利关系的规定

1. 需方应该在建筑材料供应前规定的期限内以书面形式向供应方提供材料的供应计划,内容包括材料的供应时间、数量、送达地点、质量要求、特殊的技术要求和工艺方法等。

2. 供应方在收到需方供应计划书面通知后,应做好各种供应前的准备工作,并及时与需方联系,及时将材料运输至供应计划指定的地点。

在建筑材料的供应过程中,供需双方应保持密切的联系,供应时间、数量和质量、供应能力、运输状况等发生任何变化,都应及时通知对方。

3. 供应方在材料的生产、出厂、运输、现场交验的各环节中,必须严格按照企业的质量管理体系进行管理,保证材料质量符合合同规定的标准和需方要求,并保留一切有关原始记录,直至工程验收。需方有权派出人员监督材料的制作、运输、供应和使用过程。

4. 供应变更

(1) 如果需方变更供应材料的技术指标,应该在一定时间前以书面形式通知供应方,供应方收到书面通知后应立即答复需方。如果供应方能够供应,双方约定按如下方式调整材料单价：

① 供应合同附件中已有适用于变更材料的价格，按合同已有的价格计算；

② 如果合同附件中有相似的单价，可以在该单价基础上进行调整计算；

③ 如果合同附件中没有适用于变更材料的价格，双方应共同商讨确定新的供应单价。

(2) 如果需方变更供应时间、送达地点，应在材料供应前 24 小时以书面形式通知供应方，供应方应满足需方要求。

(3) 如果供应方不能按照供应计划的规定提供材料，应在收到供应计划后的一定时间内通知需方，供应方应该按照合同规定偿付不能交付部分的违约金。

(4) 如果供应方由于生产资料、生产设备、生产工艺或市场发生重大变化，或由于气候或原辅材料变化，需要调整供应材料的技术指标或工艺等时，必须在供应前的一定时间书面提交需方审核，经过需方批准后才能进行变更，由此增减的合同价款双方以书面的形式商定。

如果由于上述原因导致供应数量、供应时间的变更，供应方应在供应时间前一定时间与需方协商，并提供变更原因的有效证明。

5. 运输责任

(1) 由供应方负责将材料运输到供应计划指定的送达地点。供应方应合理安排行车路线、停车地点，负责办理涉及交通管制地区运输的有关手续，并书面通知需方。

(2) 供应方应自行了解运输途中的路况，由于运输拖延造成的损失由供应方承担。

(3) 供应方的运输工具在进出现场的过程中，应服从需方人员的现场安排。供应方的运输工具在进出现场和卸车过程中，造成需方或第三方财产损失和人员伤亡由供应方承担责任。

(4) 供应方应确保运输车辆清洁，如果由此引起城市管理部门的罚款，由供应方承担。

6. 交货和验收

(1) 供应方应该在供应计划规定的交货时间将材料送达指定的地点。交货时间早于供货计划所规定的时间，如果需方不需要，可以拒绝收货，指令供应方运出现场，供应方仍然应该按照供应计划供货。

(2) 交货时，供应方应该向需方提交随车发货单、相应批号的出厂合格证或质量保证书，以及材料的技术指标证明文件。

(3) 交货时，应对建筑材料进行验收。验收的主要依据包括：供应合同，供应方提供的发货单、计量单、装箱单及其他有关凭证，国家标准或专业标准，产品合格证、化验单，图纸及其他技术文件，当事人双方共同封存的样品等。

(4) 验收内容。主要包括：

① 验收产品的名称、规格、型号、数量、质量等，是否与合同及其他技术文件相符；

② 包装是否完整，外表有无损坏；

③ 按照规范进行必要的物理化学检验；

④ 合同规定或需方要求的其他检验。

需方有权指定进行合同或规范规定以外的检验，或者增加检验次数。如果经过检验证明，材料质量符合合同要求，则检验费用由需方承担，否则由供应方承担。

(5) 验收方式。材料验收可以采用如下形式：

① 驻厂验收。即在制造时期,由需方派员驻供应的生产厂家进行材质检验。

② 提运验收。对于加工订制、市场采购和自提自运的物资,由提货人在提取产品时负责检验。

③ 接运验收。由接运人员对整车或部分到达的物资进行检查,发现问题,当场作出记录。

④ 入库验收。这是大量采用的正式的验收方式,由仓库管理人员负责数量和外观的检验。

(6) 供应方应严格按照供应计划要求的数量供应。对验收中发现数量不符合要求的处理方式是:

① 供应方交付的建筑材料多于合同规定的数量,需方不同意接收,则在规定期限内通知供应方,要求供应方将多余的材料运出现场,并拒付超量部分的价款。

② 供应方交付的建筑材料少于合同规定或供应计划规定的数量,需方可凭有关合法证明,在到货后规定的期限内将详细情况和处理意见通知供应方,否则即被视为数量验收合格;供应方在接到通知后规定期限内作出答复,否则即被视为认可需方的处理意见。

③ 发货数量与实际验收数量的差额不超过有关主管部门或合同规定的正负尾差、合理磅差、自然减量的范围,则不按照交付多或少处理,双方互不退补。

(7) 验收中发现质量不符合规定的处理。如果在验收中发现建筑材料不符合合同规定的质量要求,需方应将它们妥善保管,并向供应方提出书面异议。通常应按如下规定办理:

① 建筑材料的外观、品种、型号、规格不符合合同的规定,需方应该在到货后规定期限内提出书面的异议。

② 建筑材料的内在质量不符合合同规定,需方应在合同规定的条件和期限内检验,提出书面异议。

③ 对于一些只有在使用后才能发现内在质量缺陷的产品,除另有规定或当事人双方另有商定的期限外,一般在使用之日起的规定期限内提出异议。

④ 在书面异议中,应说明检验情况,提出检验证明,并提出具体的处理意见。

(8) 验收中供需双方责任的确定。

① 凡是所交付货物的原包装、原封记、原标志完好无损,而产品数量短少的,应由供应方负责。

② 凡是由供应方负责运输的产品,需方在卸货时,车或船的封印完整、并无其他异常状态,但是件数缺少,应由供应方负责。需方应向运输部门取得证明,凭运输部门提供的记录证明,并在到货后规定的期限内通知供应方,可以拒付短缺部分的货款,否则即被认为验收无误。

供应方应在接到通知后的规定期限内答复,提出处理意见,逾期不作答复,即按少交付处理。

③ 凡是由供应方组织装车或装船,凭外观状况或件数交接的产品,而需方在卸货时无法从外部发现产品丢失、短缺、损坏的情况,需方可凭运输单位的交接证明和本单位的验收书面证明,在到货后规定的期限内通知供应方,并可以拒付丢失、短缺、损坏部分的货款,否则即被视为验收无误。

供应方应在接到通知后规定的时间内作出答复,提出处理意见,否则按少交付处理。

(9) 交(提)货日期的确定标准。

① 凡是供应方自备运输工具送货的,以需方收货戳记的日期为准。

② 如果委托运输部门运输,送货或代运的材料的交货日期,以供应方发运产品时承运部门签发戳记的日期为准。

③ 如果合同规定需方自提的货物,以供应方按合同规定通知的提货日期为准。供应方的提货通知中,应给需方以必要的途中时间。

(五) 违约责任

1. 需方的违约责任

需方的违约责任主要包括:

(1) 违反合同规定无正当理由拒绝接货,供应方可以向需方就货物的加工、运输及其他损失等费用进行索赔。

(2) 需方不按照合同的规定支付到期的货款,供应方可以向需方发出要求付款的书面通知,需方收到供应方书面通知后的规定期限内仍然不能按照要求付款,可以与供应方协商签订延期付款的协议,经过供应方的同意后可以延期支付。协议应明确延期支付的时间和利息。

需方不按照合同的约定支付货款,双方又未达成延期付款协议,或供应方不同意延期支付,供应方可停止供货,责任由需方承担。

(3) 需方不履行合同义务或不按合同约定履行义务的其他情况。

2. 供应方的违约责任

供应方的违约责任主要包括:

(1) 由于供应方的原因不能按照规定的交货时间、送达地点交货,或交货时间比供应计划约定时间延迟时,供应方应按照延迟的时间偿付需方延期交货部分货款总值一定比例的违约金,同时赔偿由此造成的需方损失。

(2) 如果供应方没有按照需方批准的供应计划数量交货,可以根据下列情况实施:

① 如果需方同意接收,供应方应按照需方指定的时间交付所有的剩余材料。对逾期交付的部分,供应方应按照合同的规定向需方支付逾期违约金,同时赔偿由此造成的需方损失。

② 如果需方不同意接收,可以退货。由于退货所造成的损失,由供应方承担。

③ 如果需方同意接收而供应方不能交货,则供应方应支付需方不能交货的违约金,同时赔偿由此造成的需方的损失。

(3) 由于供应方原因,导致建筑材料的品种、数量、质量等不符合合同的规定,需方可以拒绝接收。供应方应该重新供应,由此造成的供应延误,应按照延误的时间偿付需方违约金,同时赔偿由此造成的需方损失。

(4) 由于使用不合格材料造成工程事故,或工程达不到需方要求的质量标准,供应方应该赔偿由此造成的需方损失。

(5) 供应方不履行合同义务或不按合同约定履行义务的其他情况。

3. 如果发生上述违约行为,违约金和赔偿金应与供应价款同期支付或扣除。

4. 一方违约后,另一方要求违约方继续履行合同时,违约方承担上述违约责任后,仍然应该继续履行合同。

(六) 其他

1. 履约保函、定金或预付款

有些建筑材料供应合同与施工合同相似,也有履约保函的条款。如果某供应合同规定,在中标通知书发出后的14天内,供应方应按照招标文件给定的格式向需方提供履约保函,其金额为中标合同价款的10%,开具保函的银行必须由需方认可。

2. 不可抗力

在供应过程中如发生不可抗力事件,影响任何一方履行合同时,按照事件对合同履行的影响程度,经双方协商可以解除合同,或部分免除履行合同的责任,或延期履行合同。受影响方应该在不可抗力事件发生后立即以书面的形式通知对方,并应该在规定的期限内提供事件影响的情况报告,及合同不能履行、或者部分不能履行、或者需要延期履行理由的有效证明文件。

由于合同一方延迟履行合同后发生不可抗力,不能免除延迟履行方的合同责任。

3. 合同解除

(1) 双方协商一致,可以解除合同。

(2) 由于不可抗力致使合同无法履行,可以解除合同。

(3) 如果发生供应方严重违反合同的行为,供应方除了偿付需方违约金和损失赔偿的费用以外,需方有权解除合同。合同解除后,需方不承担责任。

(4) 一方根据合同的规定要求解除合同,应以书面的形式向对方发出解除合同的通知,通知到达对方时合同解除。对解除合同有争议的,按合同争议的约定处理。

(5) 合同解除后,不影响双方在合同中约定违约责任、结算和清理条款的效力。

4. 合同终止

双方履行合同的全部义务,材料结算价款支付完毕,质量保证金返还供应方后,合同终止。

5. 争议解决

供应合同的争议解决程序与施工合同相似。

双方对材料质量有争议,应以合同规定的质量检测机构的鉴定结果为准。

三、设备采购合同

(一) 建设工程中的设备供应方式

1. 委托承包

由成套设备公司根据发包单位提供的成套设备清单进行承包供应,并收取设备价格一定百分比的成套业务费。

2. 按设备费包干

根据需方提出的设备清单及双方核定的设备预算总价,由设备成套公司承包设备供应。

3. 招标投标

需方对成套设备进行招标,成套设备公司参加投标,按照中标结果承包供应。

大中型工程项目所需要的通用设备、专用设备、非标准设备和引进设备,应进行招标,择优选择制造供应单位。根据工程的具体情况,可以由业主直接向设备制造供应单位招标,也可以由工程承包公司招标。投标单位应当是符合条件的有关设备制造单位,以及具有法人资格的成套设备公司,可以单独投标,也可以联合投标。

除了上述三种方式以外，成套设备公司还可以根据需方的要求以及自身能力，联合科研单位、设计单位、制造厂家和设备安装企业等，对设备进行从工艺、产品设计、制造到现场设备安装、调试，以及后期的售后服务、人员培训等总承包。

（二）设备采购合同的主要内容

设备采购合同的一般条款可以参照前述建筑材料采购合同的一般条款，主要包括：产品（成套设备）的名称、品种、型号、规格、等级、技术标准或技术性能指标，数量和计量单位，包装标准及包装物的供应与回收的规定，交货单位、交货方式、运输方式、到货地点（包括专用线、码头等）、接（提）货单位，交（提）货期限，验收方法，产品价格，结算方式、开户银行、帐户名称、帐号、结算单位，违约责任等。

此外，在设备采购合同中还需要注意如下问题：

1. 设备价格

设备的合同价格应根据承包方式确定。采用设备费包干的方式，以及招标方式确定合同价格较为简单，而按照委托承包的方式确定合同价格较为复杂。对于在签订合同时确定价格有困难的产品，可以由供需双方协商暂定价格，并在合同中注明“按供需双方最后商定的价格（或物价部门批准的价格）结算，多退少补”。

2. 设备数量和备品备用件

合同应明确规定随主机的辅机、附件、易损耗备用品、配件和安装修理工具等，并在合同后附详细的清单。在验收时，需要按照合同附件对备用件、辅机、附件、易损耗备用品、配件和安装修理工具等进行检查验收。

3. 技术标准

除了应该注明成套设备系统的主要技术性能外，还需要在合同后附各部分设备的主要技术标准和技术性能的文件。一般进行设备的招标采购时，在招标文件中有“用户需求书”提出专门的技术要求及规格、供货范围、设计联络、质量体系及质量保证、技术文件及图纸、操作手册等技术要求，在合同中应进一步进行确认和细化。

4. 现场服务

供应方应派技术人员提供现场服务。合同应对现场服务的内容，供应方技术人员在现场服务期间的工作条件、生活待遇，以及费用的来源等，进行明确的规定。

5. 风险和所有权

如果成套设备涉及进出口等环节，应对其风险及所有权的转移进行具体的约定，并在运输过程中进行投保，并规定相关税费的承担者。

6. 验收和保修

有时，成套设备的安装是一项复杂的系统工程，需方在成套设备安装后才能进行验收。合同中应详细注明成套设备的验收办法和验收程序。

对于某些必须安装运转后才能发现内在质量缺陷的设备，除了另有规定或当事人另行商订提出异议的期限外，一般可在运转之日起 6 个月内提出异议。

成套设备的保修期限、费用负担者，都应在合同中明确规定；不管设备制造企业是哪个单位，都应由设备供应方负责保修期限、费用。

7. 操作和维修手册

设备供应方应向需方提供操作和维修手册。

8. 培训

对于成套设备系统,需方还会要求提供人员培训,培训计划应该在用户需求书中进行明确。

(三) 供应方的责任

1. 组织有关生产企业到现场进行技术服务,处理有关设备技术方面的问题。

2. 供应方应该按照合同规定的建设进度和设备到货、安装进度,保证设备的交付、到货等工作的进行,并根据施工现场设备安装的需要保证供应。

3. 参与验收。参与大型、专用、关键设备的开箱验收工作,配合建设单位或安装单位处理在接运、检验过程中发现的设备质量和缺损件等问题,明确设备质量问题的责任。

及时向有关主管单位报告重大设备质量问题,以及项目现场不能解决的其他问题。当出现重大意见分歧或争议,而施工单位或建设单位坚持处理时,应及时整理备忘录备查。

4. 参加工程的竣工验收,处理在工程验收中发现的有关设备的质量问题。

5. 监督和了解生产企业派驻现场的技术服务人员的工作情况,并对他们的工作进行指导和协调。

6. 做好现场服务的工作日记,及时记录日常服务工作的情况,现场发生的设备质量问题和处理结果,定期向有关单位抄送报表,汇报工作情况,做好现场的工作总结。

7. 成套设备生产企业的责任

成套设备生产企业的责任主要包括:

(1) 按照现场服务组的要求,及时派出技术人员到现场,并在现场服务组的统一领导下开展技术服务工作。

(2) 对所供应设备的技术,质量,数量,交货期和价格等全面负责。配套设备的技术、质量等问题应由主机生产厂统一负责联系和处理解决。

(3) 及时答复或解决现场服务组提出的有关设备的技术,质量和缺损件等问题。

(4) 提供详细的操作和维护手册。

(5) 提供设备组装和维修所需的专用工具。

(6) 在需方工厂和/或在工程现场,就所供设备的组装、启动、运行、维护和修理对需方人员提供培训服务。

(四) 需方的责任

1. 需方应该向供应方提供设备的详细的技术设计资料和施工要求(一般以用户需求书的形式提供)。

2. 需方应该配合供应方做好设备的接运(收)工作,协助驻现场的技术服务组开展工作。

3. 需方应该按照合同的要求,参与并监督现场的设备供应、验收、安装、试车等工作。

4. 需方应该组织各有关方面进行工程验收,提出验收报告。

5. 需方应该按照合同的规定支付价款。

第四节 建设工程施工劳务分包合同

一、概述

1. 劳务分包合同的主要合同关系

劳务分包合同的发包人为工程承包商或工程分包商，承包人为劳务供分包人。劳务分包人提供劳务，完成工程承包合同（或分包合同）范围内的一些专业性或非专业性工作。

在一些特殊情况下，工程总承包商和业主也可能与劳务供应商签订劳务供应合同。

我国劳务分包序列企业资质设 1 至 2 个等级，13 个资质类别，其中常用类别有：木工作业、砌筑作业、抹灰作业、油漆作业、钢筋作业、混凝土作业、脚手架作业、模板作业、焊接作业、水暖电安装作业等。对于同时发生多类作业的，可以划分为结构劳务作业、装修劳务作业、综合劳务作业。

2. 劳务分包合同特点

我国住建部和国家工商行政管理总局于 2003 年发布了《建设工程施工劳务分包合同（示范文本）》（GF－2003－0214），它是我国《建设工程施工合同（示范文本）》、《建设工程施工专业分包合同（示范文本）》的配套使用文本。所以，劳务分包合同在很大程度上与工程分包合同相似，并与它协调一致。

劳务合同条款要根据劳务的性质、种类、特点、工作条件等确定，不能采用完全相同的版本或形式。

二、劳务分包合同文件及解释顺序

一般而言，组成劳务分包合同的文件及优先解释顺序如下：

1. 劳务分包合同条件。

2. 合同附件。通常劳务分包合同的附件主要有：

（1）劳务发包人供应材料、设备、构配件计划表；

（2）劳务发包人提供施工机具、设备一览表；

（3）劳务发包人提供周转、低值易耗材料一览表。

3. 本工程施工（或总）承包合同。

4. 本工程施工专业承（分）包合同。

三、劳务供应的内容

劳务供应范围可能为工程中的某项专业劳务（如一些专业班组的工作内容），也可能为一个工程提供成建制的劳务。

合同应明确规定劳务分包人的资质情况、劳务种类、人数、年龄、人员条件（技术要求）、服务对象、服务地点、派遣日期和工作期限，以及各工种的具体工作任务、工长、工程师、技术员的要求和人数。如果需要劳务分包人派出行政管理人员，应规定其人数、职责、权限等。

四、劳务发包人与劳务分包人的权利和义务

(一)劳务发包人权利和义务

1. 当劳务分包人要求时,劳务发包人应向劳务分包人提供一份总包合同或专业分包合同(有关承包工程的价格细节除外)的副本或复印件,供劳务分包人查阅。

2. 组建与工程相适应的项目管理班子,全面履行总(分)包合同,组织实施施工管理的各项工作,对工程的工期和质量负责。

3. 除合同另有约定,劳务发包人应在劳务分包人开工前完成下列工作,并承担相应费用:

(1)负责向劳务分包人提供本合同范围内劳务作业所需要(非独立使用)的生产设施、生活临时设施、工作用水、用电、施工场地和施工道路、能源供应和通信条件。

(2)向劳务分包人提供相应的工程地质、地下管网线路资料,水准点与坐标控制点位置。

(3)办理各种证件、批件,交付各种规费,但是涉及劳务分包人自身的手续除外。

(4)对于国际工程劳务,负责办理劳务人员出入工程所在国国境的手续,以及居住证和工作许可证等。

(5)负责为劳务分包人现场代表、管理人员等提供办公用车、医疗用车、上下班交通用车。

(6)如果合同规定由劳务发包方提供劳务人员的住房,则在合同中应具体规定住房的使用面积、家具等标准。

4. 负责编制施工组织设计,向劳务人员提供与劳务工作有关的计划,如年、季、月施工计划、物资需用量计划表,并组织实施,对劳务人员的工作提供工程技术指导,对工程质量、工期、安全生产、文明施工、检查和验收、工程计量等进行控制、监督。

5. 负责工程测量定位、沉降观测、技术交底,组织图纸会审,统一安排技术档案资料的收集整理及交工验收。

6. 劳务发包人应该按照合同附件约定的要求,及时向劳务分包人提供图纸、材料、机具、机械设备、周转材料和低值易耗材料、安全设施,以保证施工的需要。

劳务发包人提供给劳务分包人劳务作业使用的机具、设备的性能应满足施工的要求,及时运入场地,安装调试完毕,运行良好后交付劳务分包人使用。

如果需要劳务分包人为劳务发包人完成材料和设备的运输、卸车、安拆调试等,双方应该另行约定费用支付的相关条件。

7. 负责与业主、监理单位、设计单位及有关部门联系,协调现场的工作关系。召开商讨有关现场施工组织和工作安排的会议应吸收劳务分包人参加,听取他们的意见、建议。

8. 按合同的约定,及时向劳务分包人支付劳动报酬。

(二)劳务分包人的权利和义务

1. 劳务分包人应全面理解工程总(分)包合同的各项规定(除有关承包工程的价格细节)。

2. 劳务分包人对合同劳务分包范围内的工程质量向发包人负责,服从劳务发包人转发的业主及工程师的指令。除非合同另有约定,劳务分包人应对其作业的实施、完工负责,应履行总(分)包合同约定的与劳务作业有关的所有义务,并遵守其工作程序。

3. 劳务分包人应该根据施工组织设计总进度计划的要求,按约定的日期(一般为每月

底前若干天)提交下月的施工计划,必要时按劳务发包人要求提交旬、周、阶段施工计划,以及与完成上述阶段、时段施工计划相应的劳动力安排计划,经劳务发包人批准后严格实施。

4. 科学安排作业计划,投入足够的人力、物力,保证工期。派遣的劳务人员应符合合同规定的资格要求,应是熟练的有相应资格证书的人员。

5. 劳务分包人应该严格按照设计图纸、施工验收规范、有关技术要求及施工组织设计精心组织施工,确保工程质量达到合同约定的标准,符合工程承(分)包合同规定的要求。

劳务分包人负责教育劳务人员严格执行业主提出的工程技术要求,并接受其施工指导,按时、按质、按量完成商定的任务;应定期向劳务发包人提交工作报告,并提出必要的建议。

劳务分包人负责加强安全教育,认真执行安全技术规范,严格遵守安全制度,落实安全措施,确保施工安全。

劳务分包人负责加强现场管理,严格执行建设主管部门及环保、消防、环卫等有关部门对施工现场的管理规定,做到文明施工。

劳务分包人负责承担由于自身责任造成的质量修改、返工、工期拖延、安全事故、现场脏乱造成的损失,以及各种罚款。

6. 自觉接受劳务发包人及有关部门的管理、监督和检查;允许劳务发包人随时检查其设备、材料保管、使用情况,及其操作人员的有效证件、持证上岗情况;与现场其他单位协调配合,照顾全局。

没有经过劳务发包人授权或允许,不得擅自与业主及其他有关单位建立工作联系。

7. 按劳务发包人的统一规划堆放材料、机具,按劳务发包人标准化工地要求设置标牌,对生活区进行良好的管理,做好自身责任区的治安保卫工作。

8. 按时提交报表、完整的原始技术经济资料,配合劳务发包人办理交工验收。

9. 做好施工场地周围建筑物、构筑物和地下管线和已完工程部分的成品保护工作,由于劳务分包人的责任发生了损坏,劳务分包人自行承担由此引起的一切经济损失及各种罚款。

10. 妥善保管,合理使用劳务发包人提供给劳务分包人的机具、周转材料及其他设施。

11. 没有经过劳务发包人的同意,劳务分包人不得将劳务合同范围内的劳务作业转包他人或再分包。否则,作为劳务分包人严重的违约行为,劳务分包人承担相应责任。

12. 自觉遵守法律法规及有关规章制度,并负责教育劳务人员遵守法律、法令。对于国际工程的劳务分包人要尊重其宗教和风俗习惯,保证派出人员不在工程所在国进行任何政治活动。

五、劳务报酬及支付

1. 合同中应该明确规定各项费用的范围、标准、承担者、支付期限、支付方法、手续,以及派遣方的收款银行、账号等。

2. 劳务报酬可采用下列任何一种方式进行计算:

(1) 固定劳务报酬(含管理费);

(2) 约定不同工种劳务的计时单价(含管理费),按确认的工时计算;

(3) 约定不同工作成果的计件单价(含管理费),按确认的工程量计算。

3. 上述固定劳务报酬或者单价,除合同约定或法律政策变化导致劳务价格变化外,均为一次包干价格,不再进行调整。

4. 工时及工程量的确认

(1) 如果采用固定劳务报酬方式,施工过程中不计算工时和工程量。

(2) 如果采用按确定的工时计算劳务报酬,由劳务分包人每日将提供劳务人数和工作时间报劳务发包人,由劳务发包人确认。

合同应明确规定劳务发包人对劳务人员支付技术服务费的计算期限,说明是否包括人员派遣和完工后遣返途中的时间。

(3) 如果采用按确认的工程量计算劳务报酬,由劳务分包人按月(或旬、日)将完成的工程量报劳务发包人,由劳务发包人确认。对劳务分包人未经劳务发包人认可,超出设计图纸范围和因劳务分包人原因造成返工的工程量,劳务发包人不予计量。

5. 合同支付

合同涉及的劳务报酬支付主要包括预付费、劳务报酬的期中支付、劳务报酬的最终支付,以及其他费用等。

(1) 预付费

如果合同规定有预付费,则要明确规定预付费额度,支付时间、扣还方式和时间。

(2) 劳务报酬的期中支付

合同应明确规定劳务发包人支付各种费用的日期、支付办法和手续。劳务分包人按商定的格式填写工作日报表、月报表、支付清单,以及支付通知书,并在规定的期限提交给劳务发包人,劳务发包人应在规定的时间内付款。

① 劳务报酬的中间支付,由劳务分包人与劳务发包人按合同约定的方法进行。

② 合同确定调整的劳务报酬、工程变更调整的劳务报酬,以及其他条款中约定的追加劳务报酬,应与上述劳务报酬同期调整支付。

③ 对于国际劳务的供应,合同中应明确规定劳务发包人支付各种费用的货币类型及其额度。

(3) 劳务报酬的最终支付

① 全部工作完成,经劳务发包人认可后规定时间内,劳务分包人向劳务发包人递交完整的结算资料,双方按照合同约定的计价方式,进行劳务报酬的最终支付。

② 劳务发包人收到劳务分包人递交的结算资料后规定时间内进行核实,给予确认或者提出修改意见。劳务发包人在确认结算资料后规定时间内,向劳务分包人支付劳务报酬的尾款。

③ 劳务分包人和劳务发包人对劳务报酬结算价款发生争议时,按合同关于争议的约定处理。

(4) 其他费用

如果在劳务发包人支付的劳务报酬中没有包括以下费用,则在劳务分包合同中还应对这些费用的计算方式、支付时间和支付方式等作出明确的规定。

① 动员费。在国际工程劳务供应合同中可能有动员费的规定。劳务发包人在劳务合同签订后,或劳务人员出国前一定时间内,按人头向劳务分包人支付动员费。该费用用于劳务人员出国前制装、安置家属、集训、考试、体检,以及国内差旅费,离开自己国境和途中过境应办的一切手续等。

② 交通费。指劳务人员被派遣到工作现场，以及工程结束从工作现场返回的交通费，以及可能有的出入境手续费。

③ 住宿费。如果由劳务分包人自己负责住宿，可以单独计价，并在合同中规定支付期限和支付办法；也可以不单独计价，而是计入工资报价中。

④ 膳食。如果采用由劳务发包人提供厨房以及必需的设备、饮具、炊具，而劳务分包人负责派遣厨师单独开伙的形式，费用可以单独计算，由劳务发包人承担。

⑤ 工具和劳保用品。如果合同规定工具和劳保用品由劳务分包人自备，可单独计算，也可计入工资报价中。

⑥ 医疗。如果由劳务分包人派遣医务人员、或提供必要的医疗设备和药品，其费用由劳务发包人负担。

⑦ 加班费。劳务人员的工作时间、加班费的计算和支付办法，应该按照工程所在国法律的规定执行。

六、材料、设备供应

1. 劳务分包人应在接到图纸后规定的时间内，向劳务发包人提交材料、设备、构配件供应计划（以合同附件形式）；经过确认后，劳务发包人应该按照供应计划要求的质量、品种、规格、型号、数量和时间等，供应这些物品；需要劳务分包人运输、卸车的，劳务分包人必须及时进行，费用另行约定。

如果质量、品种、规格、型号等不符合要求，劳务分包人应在验收时及时提出，劳务发包人负责处理。

2. 劳务分包人应妥善保管、合理使用劳务发包人供应的材料、设备。由于保管不善发生丢失、损坏，劳务分包人应赔偿，并承担由此造成的工期延误等相关的一切经济损失。

3. 劳务发包人可以委托劳务分包人采购一些低值易耗性材料，其费用由劳务分包人凭采购凭证，另加合同规定比例的管理费向劳务发包人收取。

七、施工配合、变更及验收

1. 施工配合

（1）在按照合同完成劳务作业时，劳务分包人需要由劳务发包人或施工场地内的第三方进行配合，劳务发包人应保证配合劳务分包人工作或获得该第三方的配合，并承担因此发生的费用。

同样，劳务发包人或施工场地内第三方的工作需要劳务分包人配合时，劳务分包人应按劳务发包人的指令予以配合。除事关工程的初步验收、隐蔽工程验收、及工程竣工验收之外，劳务分包人由于提供上述配合而发生的工期损失和费用由劳务发包人承担。

（2）劳务分包人由于工作需要与当地政府部门交涉事宜，可由双方一齐或单独出面，但是，由此发生的费用应由劳务发包人负担；与工程无关的事宜，由劳务分包人交涉并承担费用。

2. 施工变更

该部分条款与施工合同类似，仅仅在变更通知的时间、期限上有所不同。

在施工过程中，如果需要对原工作内容进行变更，劳务发包人应提前 7 天以书面形式向劳务分包人发出变更通知,并提供变更的相应图纸和说明。

3. 施工验收

(1) 劳务分包人施工完毕,应向劳务发包人提交完工报告,通知劳务发包人验收;劳务发包人应当在收到劳务分包人的上述报告后规定期限内,对劳务分包人施工成果进行验收,验收合格或者劳务发包人在上述期限内未组织验收的,都视为劳务分包人已经完成了合同约定工作。

(2) 劳务分包人应配合劳务发包人对其工作进行验收,以及按业主或建设行政主管部门要求进行涉及劳务分包人工作的施工场地检查、隐蔽工程验收及工程竣工验收。

(3) 经劳务发包人、工程师、或业主的检查验收,认为劳务分包人施工质量不符合合同的要求,劳务分包人应该负责无偿修复,使工程达到合同的标准,并承担由此引起的劳务发包人的相关损失。

(4) 全部工程竣工,并经过业主或总承包商的验收合格,劳务分包人对其分包的劳务作业的施工质量不再承担责任,在质量保修期内的质量保修责任由劳务发包人承担。

八、安全施工与保险

劳务分包合同中涉及安全施工与保险部分的条款与施工合同类似,主要区别在以下几个方面。

1. 安全防护

(1) 劳务分包人在动力设备、输电线路、地下管道、密封防震车间、易燃易爆地段以及临街交通要道附近施工时,或实施爆破作业,或在放射、毒害性环境中工作及使用毒害性、腐蚀性物品施工时,应在施工前规定期限内以书面形式通知劳务发包人,并提出安全防护措施,经劳务发包人认可后实施,防护措施费用由劳务发包人承担。

(2) 劳务分包人在施工现场内使用的安全保护用品(如安全帽、安全带及其他保护用品),由劳务分包人提供使用计划,经劳务发包人批准后,由发包人负责供应。

2. 事故处理

发生重大伤亡及其他安全事故,劳务分包人应按有关规定立即上报有关部门并报告劳务发包人,同时按照国家的有关法律、行政法规对事故进行处理,由事故责任方承担发生的费用。

3. 保险

(1) 劳务分包人的施工开始前,劳务发包人应该为施工场地内的自有人员及第三方人员生命财产办理的保险,并支付保险费用。

(2) 劳务发包人应该为提供给劳务分包人使用的材料、施工机械设备和待安装设备等办理保险,并支付保险费用。

(3) 劳务人员的保险(包括从事危险作业的职工办理意外伤害保险)可由劳务发包人负责购买,也可以由劳务分包人负责购买。

九、节假日、病、事假和休假

1. 劳务人员应有权享受法定节假日。

2. 对国际劳务合同,劳务人员工作期满 11 个月(或 1 年),可以享受带薪回国休假 1 个月。休假的具体时间应经过双方协商决定。休假的往返交通费和出入境手续费应由劳务发包人支付。

劳务人员应有权按照法律的规定享受带薪病假。

十、违约责任

1. 当发生下列情况之一时,劳务发包人应该承担违约责任:

(1) 劳务发包人违反合同的约定,不按时核实劳务分包人完成的工程量或不按照约定向劳务分包人支付劳务报酬,应按照同期的银行贷款利率向劳务分包人支付拖欠劳务报酬的利息,并按拖欠金额向劳务分包人支付违约金。

(2) 劳务发包人不履行或不按约定履行合同义务的其他情况,劳务发包人应赔偿由于其违约给劳务分包人造成的经济损失,顺延劳务分包人延误的工作时间。

2. 当发生下列情况之一时,劳务分包人应承担违约责任:

(1) 如果不能按期派出劳务人员,应该承担劳务发包人所受的损失;

(2) 由于劳务分包人原因导致工程的延期交工;

(3) 劳务分包人施工质量不符合合同约定的质量标准,但是,能够达到国家规定的最低标准时,劳务分包人也应承担相应的责任;

(4) 劳务分包人不履行或不按约定履行合同的其他义务时,劳务分包人应赔偿由于其违约给劳务发包人造成的经济损失,不予顺延劳务分包人延误的工作时间。

十一、人身伤残和死亡

1. 由于特殊原因需要更换派遣的劳务人员,所发生的费用应针对不同情况由责任人承担。

2. 如发生意外不幸或工伤事故导致劳务人员伤残或死亡,应该按照所适用的法律和劳务合同的规定处理。

十二、索赔与争议

该部分条款与施工合同类似,主要区别体现在以下几个方面:

1. 劳务发包人根据总(分)包合同向其发包人递交索赔意向通知或其他资料时,劳务分包人应予以积极配合,保持并出示相应的资料,以便劳务发包人能遵守总(分)包合同。

2. 在劳务作业实施过程中,如果劳务分包人遇到不利的外部条件,基于总(分)包合同可以索赔的情况等,劳务分包人应该采取一切合理的措施和步骤,向劳务发包人建议向其发包人提出费用或工期的索赔。当索赔成功后,劳务发包人应该将索赔所得的相应部分转交给劳务分包人。

3. 在劳务分包人向劳务发包人提出索赔的程序中,与各个事件相关的时间期限均为 21 天,而施工合同中,该期间均为 28 天。

十三、其他

1. 劳务合同的税金、保密、保险、仲裁、修改和终止等条款,与工程分包合同类似。

2. 不可抗力。该部分条款与施工合同类似。在由于不可抗力事件导致通常由劳务发包人提供给劳务分包人使用的机械设备损坏,应该由劳务发包人承担,但是停工损失应该由劳务分包人自行承担。

3. 合同的生效、解除与终止。该部分条款与施工合同类似。通常特殊的规定有:

(1) 如果劳务发包人不按照合同的约定支付劳务报酬,劳务分包人可以停止工作。停止工作超过 28 天,劳务发包人仍然不能支付劳务报酬,劳务分包人可以发出通知解除合同。

(2) 如果在劳务分包人没有完全履行合同义务之前,总包合同或专业分包合同终止,劳务发包人应通知劳务分包人终止合同。劳务分包人接到通知后尽快撤离现场,劳务发包人应该支付劳务分包人已完工程的劳务报酬,并赔偿由此而遭受的损失。

第五节　建设工程承包联营体合同

一、概述

1. 建设工程承包联营体的合同关系

在现代工程项目中,特别在大型或特大型的工程项目中,以联营体名义承接工程是经常发生的。联营体承包是指两个或两个以上的企业(最常见的为设计单位、设备供应商、施工承包商)签订联营体合同,组成联营体,联合投标,共同承接业主的工程,与业主签订工程承包合同,所以对外只有一个承包合同。按照主合同种类的不同,可能有设计联营体、施工联营体、工程总承包联营体等。

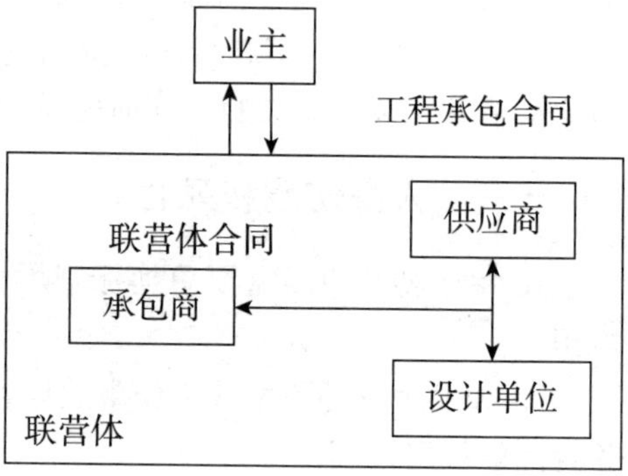

图 4-2　联营体承包合同关系

联营体合同作为工程承包合同的从合同,其合同关系可见图 4-2 所示。

2. 工程联营体承包的优点

(1) 承包商可以通过联营的方式联合其他单位,以承接工程量大、技术复杂、风险大、难以独家承揽的工程,扩大经营范围。

(2) 几个单位组成联营体,每个单位在联营关系上被称为联营体成员。在投标中,发挥联营各方技术和经济的优势,强强联合、优势互补,使报价有竞争力。而且联营体通常都以总承包的形式承接工程,各联营成员具有法律上的连带责任,业主比较欢迎和放心,容易中标。

(3) 在国际工程中,国外的承包商如果与当地的承包商组成联营体投标,可以获得价格上的优惠,这样更能增加报价的竞争力。

(4) 在合同履行过程中,联营体各方互相支持,取长补短,进行技术、经济等各方面的合作。这样可以降低工程风险,增强承包商的管理能力,提高项目的绩效水平。

(5) 通常,联营体承包仅仅在某一个工程项目中进行,该工程项目结束,联营体解散,除了发生项目问题需要联营体共同承担责任,联营体之间不再有关联。而如果各方愿意,还可以继续寻求新的合作机会。所以，联营比合营、合资有更大的灵活性。合资成立一个具有法人性质的新公司通常费用较高，运行形式复杂，母公司仅承担有限责任，业主不一定信任这类形式。

联营体承包已成为很多承包商的经营策略之一，在国内外工程中都较为常见。

3. 联营体合同的运作方式

(1) 联营体作为一个总体，有责任全面完成总承包合同确定的工程项目义务。每个联营体成员作为业主的合同伙伴，不仅对联营体合同规定的各自的工程范围承担责任，而且与业主有直接的合同和法律关系，对其他联营体成员也承担连带责任，即任何一个联营体成员由于某个原因不能完成其合同责任，或退出联营体，则其他联营体成员必须共同完成该联营体成员所承担的合同责任，实现整个联营体合同的目标。所以，对联营体成员有双重合同关系，即总承包合同关系和联营体合同关系。

(2) 联营体成员之间的关系是平等的，按各自完成的工程范围和工程内容进行工程价款结算，按各自投入资金的比例，或联营体的合同规定分割获得的项目利润。

(3) 在该合同的实施过程中，联营体成员之间的沟通和工程管理组织，通常有两种形式：

① 在联营体成员中产生一牵头的承包商为代表，具体负责联营体成员之间、联营体与业主之间的沟通，以及工程项目实施过程中的各类协调工作。

② 各联营体成员派出代表组成一个联营体管理委员会，负责工程项目的管理工作，处理与业主及其他方面的各种合同关系。

4. 联营体合同的特点

联营体合同在履行和争议的解决等方面与工程承包合同有很大的区别。这往往被很多工程管理者所忽略，由此带来不必要的损失和合同争议。

(1) 联营体的目的是为了共同完成工程承包合同。联营体合同是承包商、供应商、设计单位之间的合同，但是，作为工程承包合同的从合同，与工程承包合同有特殊的寄生关系。

① 通常联营体合同需要在工程承包合同投标前签订，作为投标文件和工程承包合同的一个附件。业主在资格预审时，既要将联营体作为一个总体单位考察，同时也要分别考察各成员的资质和业绩。在评标时业主也必须分析联营体合同、联营体运作可能存在的问题，以及可能带来的风险。

② 只有总承包合同签订，联营体合同才真正有效。在承包合同的实施过程中，联营体成员的法律关系和地位、主合同的责任有任何改变，都必须通过业主的批准。这样可以确保业主对联营体的总体控制。

③ 只有总承包合同履行结束(或特殊情况下终止)，联营体才能解散。联营体必须完成其总承包合同的责任。

(2) 联营体合同在性质上区别于承包合同。承包合同的目的是工程项目的实施成果与应获得报酬的交换；而联营体合同的目的是合同各方为了共同的经济利益或其他目标而联合。所以，它也属于一种社会契约。联营体具有团体的特征，但是，它在性质上又区别于合资公司。通常它不是经济实体，没有法人资格。所以，工程承包合同的法律原则，以及一般公司的法律原则都不适用于联营体的合同关系，它的法律基础是民法典中关于联营体的法律条款。

(3) 对于业主而言,由于工程承包合同的主体是联营体,而联营体是临时性组织,它不是经济实体,没有法人资格,在工程结束或终止后就解散。所以,必须通过合同措施保证工程承包合同主体的不缺失。在我国目前社会信任危机和法制不太健全状况下,这个问题尤为重要,需要引起业主或联营体参与方的关注。

(4) 联营体合同的基本原则是,合同各方负有互相忠诚和互相信任的责任,在工程项目的实施过程中,共同承担风险、共享利益。但是,“互相忠诚和互相信任”,往往难以具体地、准确地定义和问责。联营体成员之间必须非常了解和信赖,真正能充分协作,否则联营体的风险较大。

由于在工程项目实施过程中联营体共同承担风险,所以,在总承包合同风险范围内,由于联营体之间的互相干扰和影响造成的损失是不能互相提出索赔的。这往往特别容易被项目管理者忽略而引起合同争议。

(5) 在工程项目实施过程中,联营体各方为了共同的利益,有责任互相帮助,进行技术和经济的各方面合作,例如互相提供劳务、机械、技术甚至资金,或为了其他联营体成员承担部分工程责任。但是,这些服务或责任都应该是有偿提供的。所以,在联营体合同中,应明确区分各自的责任界限和利益界限,不能认为“联营即为一家人”的思想,这很可能引起更多的争议。

(6) 由于联营体合同的风险较大,承包商应争取平等的地位。如果自身有条件,应积极地争取领导权。这样在工程项目的实施过程中更为主动。

二、建设工程承包联营体合同的内容

根据工程项目中联营体承包的种类、承包的工程范围、联营体成员的责权利的划分不同,联营体合同的形式、内容、简繁程度也有很大的差别。下面介绍一个比较复杂的,同时又是比较完备的联营体合同的基本内容。

1. 联营体的基本情况

简要介绍联营体名称和通讯地址、工程名称、预期总工期、联营的目的和工程范围、联营体合同的法律基础。

2. 联营体成员的概况

简要介绍各联营体成员的公司名称、地址、电话、电传、邮政编码和简称等。

3. 各联营体成员的出资比例和责任

需要在联营体合同中注明联营体成员之间的出资份额比例。在联营体中,各成员的权利和义务划分,特别是利润和亏损的分配,担保责任和保险都按出资比例确定。

4. 投标工作

主要确定在投标过程中联营体成员各方的义务与责任。有时这些内容不在联营承包体合同中出现,而是通过一个独立的协议明确。

(1) 由于以业主认可的联营体名义投标,如果联营体的标书为业主所接受,则中标后应该以同样名义与业主签订工程承包合同。

(2) 投标过程中的责任分担。主要为:

① 在业主的工程量表或工程范围的总框架中,按照业主提供的投标条件,联营体成员各方各自提交相应工程范围的报价。

② 由联营体共同向业主提交项目总的投标报价文件。各联营成员的预算报价，例如现场管理费、预计利润、保险费、不可预见风险费等，应获得联营体的共同认可。如果联营成员各方对上述费用和费率不能达成一致意见，则联营体合同终止。联营体成员之间相互不承担任何义务。

③ 对于按照承包合同要求联营体提供的投标保函，由各个联营成员按照出资比例或报价额比例提供相应额度的保函。保函可以由各方分别向业主提供，也可以由联营体共同向业主提供。

④ 在与业主签订承包合同之前所有的与投标相关的费用，由各联营体成员自己承担，联营体不会进行补偿。

5. 联营体的工程范围

(1) 为了实现联营体目的，联营体成员有责任按照合同规定完成各自的工作内容(例如：提供资金，提供担保、机械材料和劳务，完成规定的工程内容)，以及根据合同确定的责任。

(2) 如果某个联营体成员没有按照合同要求完成其对联营体的责任，在不损害其他联营体成员所有的合理要求及合同赋予的权利情况下，他应清偿从宽限期开始到工程承包合同的全部责任完成为止，由于其违约而引起的联营体的损失。

(3) 如果某联营体成员没有完成其工程范围内的工作内容，可以通过变更出资比例、调整合同内容的方式，使得其他联营体成员的权益不受损害。新确定的出资比例，由该联营体成员已完成的工程范围与合同规定所承担的总工程范围比例确定，并在确定的当月月底有效。

(4) 对于某个联营体成员没有完成合同责任、而引起联营体损失的补偿和对违约者的履约要求，也可以通过调整支付比例和/或调整出资比例的方式实现。

(5) 针对出资比例变更所引起的合同争议，该联营体成员可以在重新确定的当日起规定时间内，按仲裁条款的规定提出仲裁。

6. 联营体的组织机构

通常联营体以管理委员会(简称“管委会”)，或联营体成员大会作为最高管理机构。而日常的管理工作分别由技术经理、商务经理、工地经理等管理人员负责。

联营体合同应该规定以下内容：

(1) 管委会的组织结构、权力的范围定义和运作规则。

(2) 工程技术经理的承担者、权力、主要工作内容。

(3) 商务经理的承担者、权力、主要工作内容。

(4) 工地经理的承担者、权力、主要工作内容。

7. 特殊工作的报酬

具体规定下列各种费用的计算依据、计算范围和方法。

(1) 对技术经理、商务经理、会计，以及工程项目各类管理人员报酬的确定方法，例如：按照营业额的百分比、净工资总额的百分比、按照时间(小时，日或月)计酬，以及酬金的范围。

(2) 联营体的管委会决定设计、咨询工作等的委托，及对这些工作的计酬方法和价格。

(3) 施工准备工作的委托由联营体的管委会决定。合同应该规定施工准备工作的酬金支付方法。

(4) 社会保障费用和其他工作费用的承担者和计算方法。

(5) 工程项目实施过程中的一些特殊工作内容(如临时设施等)的委托方式和结算方式。

(6) 食宿费用,包括食宿的价格水平和承担者等。

(7) 联营体成员的管理费不由联营体承担。

8. 联营体财务方面的规定

(1) 联营体为各联营体成员设立帐户,进行财务核算,联营体所需要资金由各联营体成员提供。联营体成员提供资金的数额按照合同规定的参股比例确定,并考虑其帐户状况,由商务经理确定。

(2) 联营体资金的使用范围定义。联营体资金平衡表和支付证明必须书面送达所有联营体成员。

(3) 如果可用的资金不足以平衡联营体成员的帐户,欠款的联营体成员应有责任投入现金以平衡其帐户。

(4) 对于联营体成员帐单,只有在其帐户平衡情况下才能获得联营体的支付。

(5) 联营成员完成工程项目所投入的资金是否计算利息,按照联营体合同的规定实施。

(6) 在联营体名下,以所有联营体成员的名义设立帐户的名称和银行,每个联营体成员有两个人有权签字使用帐户。

(7) 到每月规定的日期,应该向各联营体成员提交下期的财务计划。

(8) 对于银行信贷、汇兑,以及按照联营体的要求对第三方转让,或转让给某联营体成员,需要全体联营成员的书面同意。

9. 劳务人员

(1) 工程施工所需要的劳动力按照联营体管委会确定的数量由联营体成员提供。联营体成员按照出资比例向联营体提供工作人员,这些人员执行联营体的指令。外雇的人员由联营体授权的组织机构进行招聘。

工作人员的资格由工地经理决定,特殊情况下由管委会决定。不合格的人员应被拒绝,相关的联营体成员应按照要求立即进行替补。如果联营体成员招回人员需要经过管委会的同意。

(2) 联营体对联营体成员已向联营体派出人员的行为,承担法律和合同确定的雇主的责任,同时,对他们承担合同规定的责任,免除原联营体成员(母公司)对这些人员的义务。

(3) 对联营体成员的代表相关的法律和劳资关系方面的规定。

(4) 工地经理制作雇员和领班的考勤表,并于次月规定的时间向联营体成员提交。

(5) 对于联营体直接雇用的职员和领班,合同应规定他们的劳务关系,薪水水平及其调整、费用承担者。

(6) 对于由联营体成员向联营体委派的劳务人员,他们与联营体没有劳务关系,在母公司得到正常的薪资支付。

(7) 合同应规定雇员/领班/劳务的雇用形式、接收方式、劳务关系和工资簿记、工资水平、工资的支付方法、凭证的提交程序,以及工资附加费的水平、承担者和支付方式。

(8) 关于工程竣工奖、总工期节约奖、工期奖,以及其他奖金等的支付办法。

(9) 职员和领班的假期费用,在假期和工资支付基础上社会保障费用的计算及承担者。

(10) 雇用人员疾病期间的工资和附加费的承担责任;雇员在为联营体工作过程中死亡

的法律责任和劳资关系问题。

(11) 人员差旅费范围、支付方法、额度等。

10. 材料

在联营体合同中，通常的材料包括：工地上直接消耗的建筑材料、建筑用燃料、辅助材料，周转材料、建筑设施、工具、工地使用的木料，列入施工设备和施工工具表的物品、装备、机械，属于机械设备的工具，以及必要的配件。

(1) 购买。联营体可以向第三者或向联营体成员购买材料。应说明采购程序，价格的确定方法，以保证充分竞争和公开透明。

(2) 周转材料。联营体成员应该按出资比例或合同规定向联营体提供周转材料。如果联营体成员没有这些材料，则由联营体向第三方购买。应确定周转材料的计价方法和价格水平。列出常用周转材料的采购和租赁价目表。在租赁情况下，应确定出现损坏时的折旧值。

(3) 剩余材料的处理和评价方法的规定。

(4) 材料的使用由工地经理制作出入库的记录。联营体成员采购材料的帐单和供应单，应该获得联营体的认可。周转材料应该按月、按种类列帐单，并在供应单上注明新旧的程度。

(5) 对周转材料使用状态、运入、拒收和退还方面的规定。

11. 机械设备

(1) 联营体成员的提供责任。对施工必要的机械，按照联营体的出资比例或合同的规定，由联营体成员在规定的时间提供，由联营体管委会确定各个联营体成员的设备投入量、使用时间、设备操作人员的提供。

(2) 交货。机械设备应该按照技术经理/工地经理或管委会的指令及时交货。设备在现场的安置，按照管委会的指令由工地经理执行。

(3) 退回。对于不再使用的设备，必须在规定的时间前书面通知各个联营体成员。

(4) 对于由联营体采购和出售的机械设备规定，包括购买方式、采购合同的签订、工程结束时设备的出售方式等。

(5) 对由联营体成员提供的设备，需要规定这些设备的运行费用组成、计算依据、酬金结算方式和时间、维修责任、争议的解决等。

(6) 设备损坏的处理，即对由于操作事故、非正确使用、条件缺陷、不正确投入、不可抗力造成损坏的责任承担者进行规定。

(7) 设备状态的规定，即设备在投入、使用和退还时状态的要求，出现问题的处理方式和责任的承担等方面的规定。

(8) 对为本工程专门定制设备的委托、定价的规定。

(9) 技术监督的费用。按照规定对设备进行定时常规的技术检查，由设备所有者承担费用。对于工程项目现场运行相关的检查、及损坏修理后的检查，则由联营体承担费用。

12. 包装费、装卸费和运输费

(1) 包装费。应该规定包装费是否独立支付，以及包装材料回收的规定。

(2) 装卸费用。装卸费用指联营体成员在运输和接收地点产生的装卸费用，应规定在各种情况下各种材料和设备装卸费的承担者、费用的范围、价格水平、帐单的提交和审查。

(3) 运输费。合同应该规定联营体承担运输的范围，实施运输所涉及的工具、时间、费用标准、费用范围、运输过程中材料和设备损坏的责任等。

13. 保险

(1) 各种保险(例如工程相关的保险,人寿保险,社会保险,生病、退休、失业保险,企业责任的保险,工程车保险,物品保险)的责任、费用承担者、投保额度、投保名义。

(2) 在合同履行、事故发生、理赔过程中的一般规定。

如果联营体成员没有按照合同购买或购买足够的保险,发生损失由该联营体成员承担,其他情况下的损失由联营体承担。

(3) 在损坏情况下的费用承担或责任分担。

14. 税负

即联营体为了实施工程项目所涉及的各种税收,例如:工资税、营业税(销售税)、车船使用税,以及其他税收的承担者和承担方式。

15. 检验和监督

(1) 如果联营体成员提出要求,可以由联营体成员对联营体进行商务和技术方面的检查。这不包括商务经理所进行的现场常规性监督和修正。

(2) 检验的时间、范围、形式和种类由联营体的管委会决定,检验结果向管委会提交报告。

(3) 每个联营体成员有权利查阅联营体的资料。

16. 担保及联营体合同权益的转让

(1) 联营体成员必须提出与出资比例相应的担保,费用由联营体成员承担、或由联营体承担。

(2) 某个联营体成员转让联营体合同权益的要求,只有在其他联营成员一致同意时才生效。

17. 保修

(1) 技术经理组织实施保修工作,并监督、检查保修情况。当预计缺陷维修费用超过合同规定的额度时,保修工作的认可和实施需要经过管委会的事先同意。

(2) 保修要求所发生的费用和设备费用,由相应的联营体成员按出资比例承担。如果仅仅涉及某些联营体成员自己的工作,则按照联营体成员提供的特殊工作规定计酬。如果联营体没有足够的自有资金使用,联营体成员应按照商务经理的要求、支付为完成保修责任所必需的费用额度。

18. 关于合同期的规定

联营体合同开始于联营体共同业务活动的开始,结束于全部完成由它包括的,以及由主合同包括的所有权利和义务。

19. 联营成员的退出

(1) 基于民法典规定的理由,联营体成员提出解除合同责任。

(2) 如果某联营体成员的所有者死亡,则在所有权有效时,联营体可以与它的继承人继续联营承包的合同关系。其继承权力和继承程序由合同规定。

(3) 如果某联营体成员基于特定的法律依据退出,则其他联营体成员可以在一个月内,通过多数成员同意的决议,将该联营体成员退出联营体。

(4) 如果在联营体的书面敦促下,某个联营体成员仍然没有履行其重要的合同责任,例如没有提供现金款额，没有提供担保、设备、材料、人员，或没有支付费用，则可以通过其他联营体成员的一致决定，将该联营体成员开除，并提前通知其开除决定。

（5）开除决定应该由所有其他联营体成员的签字，并通过适当方式送达被开除的联营体成员。

（6）如果只有两个企业联营，则任何一个联营体成员只能通过法律裁决开除另一个联营体。

（7）当某个联营体成员的企业申请破产，或已被执行破产，或他的债权人提出清产建议、并为法庭所接收，或它的财产已进入清算程序等，可以将其开除出联营体。

（8）合同必须规定明确的开除或退出时间，相关的联营体成员可以在一定的时间内提出反驳、或提请仲裁或诉讼。

20. 联营成员退出和财产分配

（1）当某个联营体成员退出后，其他联营体成员有将联营体的业务实施完成的全部权利和义务。

（2）如果某个联营体成员出于特定的理由从联营体退出，其余的联营体成员为了计算对退出者的债权，应结算到退出之日的财产分配，并提出财产分配的平衡表。

（3）在联营体成员退出的情况下，如果后期工程项目实施和其他责任的费用、风险范围和水平不容易精确估算，则联营体对退出的联营成员财产债权，可以直到完成这些责任后再归还。

（4）退出的联营体成员有责任对所有剩余的联营体成员，按之前的出资份额，承担保修责任，以及防止整个工程项目的亏损。

（5）退出的联营体成员有责任承担联营体由这种退出所引起的费用。

（6）退出的联营体成员立即支付（平衡）在财产分配平衡表上出现的亏损份额。

（7）联营体成员退出后，应该向银行、政府部门，以及其他第三方证明，自己已退出联营体。

（8）按照规定退出的联营体成员，不能要求联营体，以及其他联营体成员解除他应该共同负担的，或还没有负担的合同约束责任。

（9）由退出的联营体成员在联营体合同规定的租赁关系范围内向联营体供应的机械设备和材料，在联营体支付合同的租金后继续留给联营体。

21. 争议解决

争议的解决方式和程序基本与一般的施工合同相同。

复习思考题

1. 试分析设计合同的基本内容。
2. 试分析工程咨询合同的基本内容。
3. 试分析材料供应合同的基本内容。
4. 试分析劳务供应合同的基本内容。
5. 试分析联营体合同的基本内容。
6. 根据你所了解的工程项目，分析该项目中所涉及的其他工程合同类型及其作用。

第二篇

建设工程合同管理

第五章　建设工程合同的总体策划

本章提要：工程合同总体策划主要确定对工程项目有重大影响的合同问题。本章主要介绍合同总体策划的概念，工程合同体系策划、合同种类和合同文本的选择、合同风险策略、合同体系的协调等。它们对整个工程项目的计划、组织、控制有着决定性的影响。投资者、业主和承包商对它应有足够的重视。

第一节　概　　述

一、合同总体策划的基本概念

在工程项目中，业主通过合同分解项目的目标，委托项目的任务，并实施对项目的控制。在项目的开始阶段，业主（有时是企业的决策层和战略管理层）必须对工程项目中的一些重大合同问题作出决策。合同总体策划就是确定对工程项目有重大影响的合同问题进行研究和决策。合同总体策划主要包括以下内容：

1. 工程合同体系的策划。即考虑将整个项目分解成几个独立的合同？每个合同有多大的工程范围？这是对工程项目的承发包方式和项目管理方式的策划。

2. 合同种类和合同文本的选择。

3. 合同风险分配的策划。

4. 工程项目相关的各个合同在内容上、时间上、组织上和技术上的协调等。

5. 在工程招标投标过程中一些重大问题的决策等。

二、合同总体策划的过程

工程合同的总体策划主要是由业主完成的工作内容，其过程涉及项目管理的各方面工作，例如项目目标、总体实施计划、项目结构分解、项目管理的组织设计等。对于一个工程项目，合同总体策划过程见图 5－1 所示。

1. 进行项目的总目标和战略分析，确定上层系统（可能为政府、企业、投资者）对项目的总体要求。由于合同是实现上层系统的战略和项目目标的主要手段，所以，它必须体现和服从项目总目标和上层系统的战略。

2. 进行项目各个阶段技术设计和制定总体实施计划。现在很多工程项目在早期就要进行合同的策划工作。例如对“设计-采购-施工”（EPC）总承包项目，在设计任务书完成后就要进行合同总体策划，进行招标。

3. 进行工程项目范围的确定和结构分解工作。项目工作分解结构图（WBS）是工程项目承发包策划的最主要依据。

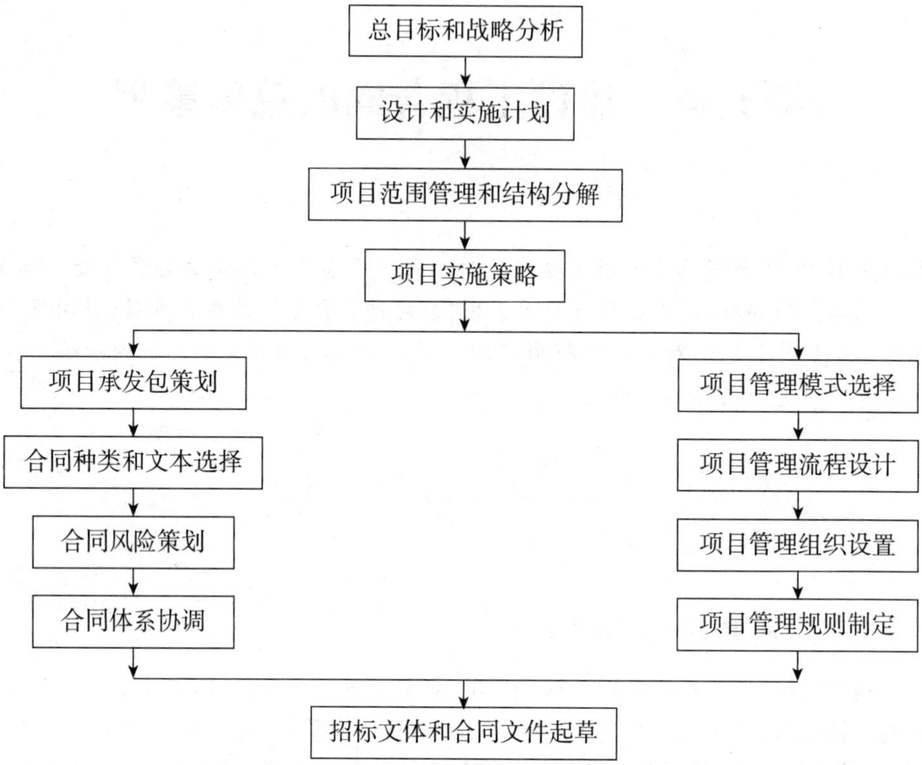

图 5－1　工程项目合同的总体策划流程

4. 确定项目的实施策略。主要包括以下几个方面：

(1) 确定该项目的工作哪些由组织的内部完成,哪些准备委托给其他单位完成。

(2) 确定计划采用的承发包模式,这决定了业主面对承包商的数量和项目的合同体系。

(3) 确定工程项目风险分配的策略。

(4) 确定对项目实施的控制程度。

(5) 确定材料和设备所采用的供应方式,例如由业主自己采购或由承包商采购等。

5. 选择项目管理模式,例如业主自己投入管理力量,或采用业主代表与工程师共同管理;将项目管理工作分阶段委托(例如分别委托招标代理、设计监理、施工监理、造价咨询等),或将整个工程的项目管理工作委托给一个项目管理公司完成。

项目管理模式与工程项目的承发包模式互相制约,对项目的组织形式、风险的分配、合同类型,以及合同的内容有很大的影响。

6. 进行项目承发包模式的策划。即按照工程承发包模式和管理模式,对工程项目进行结构分解得到的项目工作进行具体的分类、打包和发包,形成一个个独立的,同时又是互相影响的合同。

7. 进行与具体合同相关的策划。对于每一份合同,选择合同种类和文本,进行合同风险分配,协调项目相关各个合同之间的关系等。

8. 进行项目管理工作的过程策划。包括项目管理工作流程的定义、项目管理组织的设置以及项目管理规则的制定等。

通过项目管理的组织策划，将整个项目管理工作在业主、工程师（业主代表）和承包商之间进行分配，划分各自的管理工作范围，分配职责、授予权力、进行协调。这些都要通过合同定义和描述来完成的。

9. 进行招标文件和合同文件的起草。上述工作成果都必须具体体现在招标文件和合同文件中。这项工作是在具体合同的招标过程中完成的。

三、合同总体策划的重要性

合同总体策划对整个项目的顺利实施有重要的作用，主要表现在以下几个方面：

1. 合同总体策划决定着项目的组织结构与管理体制，决定了合同各方的责任、权利和工作的划分，所以，对整个项目的实施和管理过程产生根本性的影响。

2. 合同总体策划是起草招标文件和合同文件的依据，策划的结果具体地通过合同文件体现出来。

3. 通过合同总体策划，明确工程项目实施过程中各方面的重大关系，防止由于这些重大关系的不协调或矛盾造成工作上的障碍，造成重大的损失。

4. 合同是顺利实施工程项目的工具。正确的合同总体策划能够保证参与方顺利地履行项目所包括的各个合同，促使各个合同达到完美的协调，减少矛盾和争议，顺利地实现工程项目的总目标。

5. 通过合同总体策划，可以优化资源配置，使项目实施过程中的人、财、物得到合同的最优配置和高效率地使用。

在工程项目中，正确地进行了合同策划而实现项目成功的案例非常多，相反由于合同策划工作出现问题，从而导致项目失败的案例也是很常见的。例如，房地产项目适合采用传统模式，而如果采用了 EPC 总承包的模式进行发包，在实施过程中就容易产生争议；交钥匙项目适合采用总价包干的计价方式，而如果采用了单价合同，容易引起项目成本的超支；有的业主不熟悉合同条件，却不选用标准合同文本，决定自己起草合同文本，就很容易导致项目的实施出现问题。

四、合同总体策划的要求和依据

1. 合同总体策划的要求

在承包市场上最重要的主体——业主和承包商之间，业主是工程承包市场的主导，是工程承包市场的动力。由于业主起草招标文件，选择承包商，处于主导地位，业主的合同总体策划对整个工程项目的实施有导向作用，同时直接影响了承包商的合同策划。

(1) 合同总体策划的目的是通过合同保证项目总目标的实现，因此，它必须反映工程项目的实施战略和企业战略。

(2) 合同总体策划要符合前述的合同基本原则，不仅要保证合法性、公正性，而且要有利于促使各方面的互利合作，确保高效率地完成项目的目标。

(3) 合同总体策划应保证项目实施过程的完整性、系统性和协调性。

(4) 合同总体策划过程中，业主要有理性思维，要有追求工程项目总体目标的内在动力。作为理性的业主应该认识到：合同总体策划不是为了自己，而是为了实现项目的总目标。

业主应该理性地决定工期、质量、价格的三者关系，追求三者的平衡，不能过度地压低合同价格，不给承包商合理的利润；应该提出合理的合同要求，公平地分配项目风险；应该通过合同制约承包商，但是不能希望通过签订对承包商单方面约束性合同把承包商捆死，或打倒，否则不仅损害承包商的利益，恶化工程承包市场环境，而且最终损害的是项目的总目标。

(5) 合同总体策划的可行性和有效性只有在工程项目的实施过程中才能体现出来。在项目实施过程中，准备每一个合同招标，准备签订每一份合同时，以及在工程项目的结束阶段都应该对合同总体策划再进行一次评价。

2. 合同总体策划的依据

(1) 工程项目方面：工程项目的类型、总目标，工程规模、特点，技术复杂程度，技术设计的准确程度，工程的使用功能、质量要求，工程项目范围的确定性、计划程度，招标时间、工期的限制和工程项目的紧迫程度，工程项目的盈利性，工程项目的风险程度，工程项目的资源(例如资金、材料、设备等)供应以及限制条件等。

(2) 业主方面：业主的方资模式、项目实施策略，业主的资信、资金供应能力，业主在设计和项目管理方面的经验和能力、管理风格、管理水平以及所具有的管理力量，业主的目标以及目标的确定性，期望对工程项目控制的程度，业主对工程师和承包商的信任程度等。

(3) 承包商方面：承包商的企业规模、管理风格和管理水平，承包商的能力、资信、所拥有的资源，承包商在本项目中的目标与动机，承包商实施同类工程项目的经验，企业经营战略、长期目标，承包商承受和控制风险的能力等。

(4) 环境方面：工程项目所处地的政治、法律环境，建筑市场的竞争激烈程度，物价的稳定性，地质、气候、自然、现场条件的确定性，资源供应的保证程度，获得额外资源的可能性，工程项目的市场方式(即流行的承发包模式、交易习惯)，行业惯例(例如标准合同文本)，市场主体的诚实信用程度等。

以上各个方面是考虑和确定合同总体策划问题的基本点。

第二节 建设工程的合同体系策划

一、概述

1. 合同体系的形成

工程项目的合同体系是由工作分解结构(WBS)和承发包模式决定的。业主通过项目结构的分解确定项目活动(见图 5-2 所示)，通过合同将项目活动委托出去，形成项目的合同体系。

根据业主的项目实施策略，上述工程活动可以采用不同的方式进行发包或组合发包，由此形成不同的承发包模式和合同体系结构。业主也可以将整个工程项目分阶段(设计、采购、施工等)，分专业(土建工程、安装工程、装饰工程等)发包，将材料和设备供应分别委托，也可能将上述工作以各种形式合并发包，甚至可以采用“设计-采购-施工”总承包发包。

由于上述工程活动的组合方式非常多，所以对于一个特定的工程项目而言，可以采用的承发包方式是很多的。

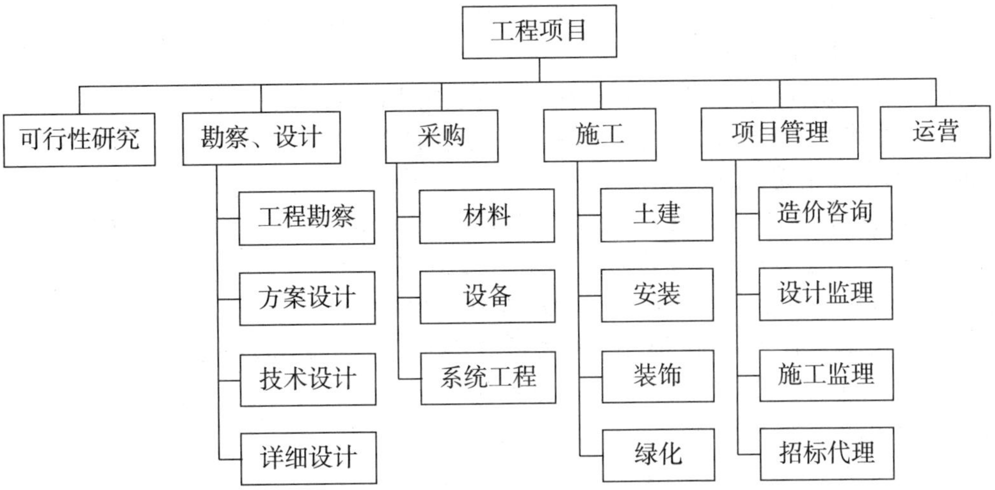

图 5－2　工程项目的工作分解结构(WBS)

2. 承发包方式的重要性

(1) 承发包方式体现工程项目的实施方法。业主通过工程项目的承发包方式,确定了工程项目的合同体系结构以及合同类型,然后通过具体的合同运作项目。

(2) 工程项目的承发包方式又是工程承包的市场交易方式。即业主和承包商在承包市场上通过承发包方式开展市场经济活动。

(3) 承发包方式决定了工程项目的组织形式。

(4) 承发包方式决定了工程项目中业主和承包商风险、责任和权利的划分。

(5) 承发包方式决定了业主对工程实施的控制程度,最终影响了工程项目的造价。

二、分阶段分专业的平行承发包方式

分阶段分专业平行承发包,即业主将工程项目的设计、设备供应、土建施工、机电安装、装饰施工等委托给不同的单位完成。各单位分别与业主签订合同,向业主负责,各承包商之间没有合同关系。这种模式是 20 世纪工程项目承发包的主要方式。我国的业主、承包商和设计单位都适应这种承包方式。它的特点已经在第一章的第五节中进行了分析。

按照这种模式确定的合同关系如图 5－3 所示。

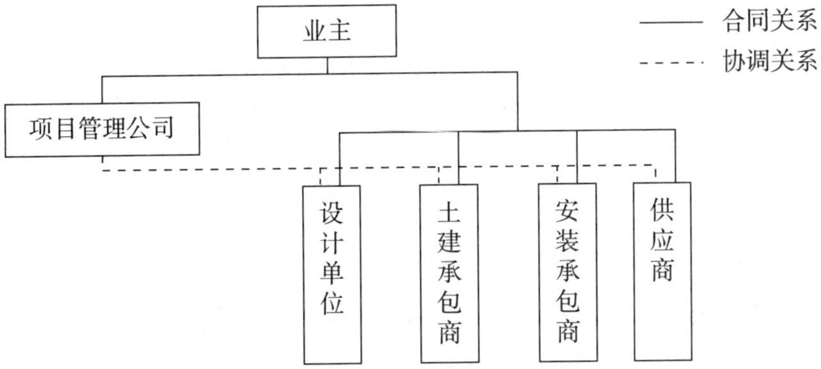

图 5－3　平行承发包方式

在工程项目的实践中,平行承发包模式还有很多可以选择的类型。

1. 工程项目的设计发包模式

对于一个一定范围的工程项目,设计的承发包模式也是有很多形式的。

(1) 业主将整个工程项目的设计委托给一个设计单位。在这种项目中,设计工作是一体化的,设计责任是完备的。

(2) 分阶段委托,例如方案设计、技术设计和施工图设计可以委托给不同的设计单位。近几十年来,我国很多标志性建筑都由外国的设计事务所承担方案设计,我国的设计单位承担技术设计和施工图设计。而他们之间的合同关系也是多种多样的。例如:

① 他们的设计任务分别由业主直接委托,都与业主直接签订设计合同;

② 他们之中的一方与业主签订设计总包合同,其他设计单位作为其设计分包单位,或者由业主指定的设计分包单位;

③ 他们之间组成联营体,承包工程项目的所有设计工作内容。

(3) 有些工程项目可以按照专业设计(例如:建筑设计、结构设计、景观环境设计等)分别由业主发包,而生产装置、控制系统的设计,可以由相应的设备供应商完成。

(4) 在很多大型工业或公共工程项目中,设计的承发包模式可能更为复杂。常常需要委托一个设计单位负责工程的总体方案设计与协调(例如:在城市轨道交通建设项目中,建设单位需要委托"设计总体"单位,它有时也承担部分设计任务),业主再将部分工程内容(标段或专业工程)的设计委托给其他设计单位。

2. 工程项目施工的发包方式

(1) 业主可以将土建施工、机电安装、装饰工程施工等分别委托给不同的承包商完成。

(2) 对于大型工程项目,土建工程的施工常常需要划分工程区段(标段)发包,例如在地铁建设项目中,划分不同的车站和区间段进行发包。

(3) 在我国的一些工程项目中,土建工程施工的分标很细,例如可能分为土方工程、基础维护工程、主体结构工程等。

3. 工程项目采购供应的承发包方式

按照业主的工程项目实施策略,材料和设备的供应也可以采用多种承发包方式。一般的建筑材料由相应的承包商负责。而生产设备、成套装置、高等级材料(例如:高级装饰材料)、大宗材料等可以由业主直接供应,或业主委托专业的供应商供应。在我国的工程项目管理实践中,业主经常控制材料和设备的供应工作,所以,业主需要签订很多采购合同。

4. 工程咨询工作的承发包方式

在现代工程中,项目管理模式有多种形式,它与工程承发包方式有复杂的联系。

(1) 业主将一个建设工程的项目管理工作全部委托给一个项目管理公司完成。在这种情况下,工程项目的设计、施工、采购的发包又可以分为:

① 由业主直接发包、签订合同。项目管理公司仅仅负责项目管理。这属于代理型的项目管理。我国所推行的全过程项目管理(PM 模式)实质上就属于这一类模式。

这是最典型的,在合同定义的项目管理服务内容上最完备的项目管理模式。

② 由项目管理公司发包,签订合同。这属于非代理型(风险型)的项目管理承包(即 PMC 模式)。它在形式上与工程总承包相似,业主和项目管理公司之间有风险分担协议,或在协议中明确了风险责任的分担。但是,项目管理公司的责任是代表业主管理工程项目,而

不是建造工程。国内推行的代建制即属于这种管理形式，承担代建任务的管理公司，即为这种模式下的项目管理公司。

在国际工程中，非代理型的 CM 承包模式（CM/Non-Agency）也属于这一类（见参考文献 4）。

③ 由业主与工程咨询公司共同发包工程项目的设计、施工或采购工作。

（2）业主将项目管理工作分阶段，甚至分职能委托。即将项目的可行性研究（咨询）、设计监理、招标代理、造价咨询、施工监理等，分别委托给不同单位完成。

（3）在采用 EPC 总承包模式时，通常业主要委托一个咨询公司负责工程项目的前期咨询工作，例如：起草招标文件，审查承包商的设计和承包商文件，对工程项目的实施过程进行现场监督、质量验收、竣工检验等。其管理工作层次较高，而具体的项目现场管理工作主要由承包商承担。

（4）按照对项目经理的授权，又可以分为项目经理全权管理、项目经理与业主代表共同管理两种形式。

① 项目经理全权管理。最典型的是按照 FIDIC 施工合同条件，授予工程师管理工程项目的权力。业主主要负责项目的宏观控制和总体决策，把项目的具体管理工作交给工程师完成，由工程师直接管理承包商，业主不给承包商发出指令或直接管理承包商。

② 项目经理与业主代表共同管理。业主也可以限定项目经理的权力，把部分管理工作和权力收归自己，或在合同中约定项目经理在执行某些权力时必须经过业主的同意。

实质上我国大部分的工程项目都采用这种管理模式。一方面，我国的很多业主具有一定的项目管理能力，比较健全的项目管理队伍，可以自己承担部分项目管理工作；另一方面，这种形式也可以保证业主对项目的有效控制。例如：投资控制和合同管理工作，经常由业主代表承担，或项目经理与业主代表共同承担。

（5）其他模式，例如，代理型 CM（CM/Agency）模式（见参考文献 4）。CM 承包商接受业主的委托进行整个工程项目的施工管理，协调设计单位与施工承包商的关系，保证设计和施工过程的搭接与协调。业主直接与工程项目的承包商和供应商签订合同，CM 承包商与设计、施工、供应单位没有直接的合同关系（见图 5－4 所示）。

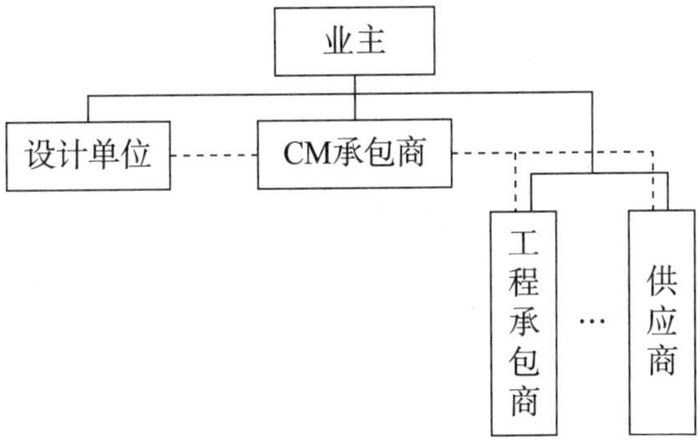

图 5－4　代理型 CM 模式

三、EPC 总承包方式

1. EPC 总承包方式的内涵

EPC 总工程承包是最完全的总承包方式，即由一个承包商承包工程项目的设计、采购、各专业工程的施工。承包商向业主承担工程项目的全部责任，向业主交付具有使用条件的工程项目。承包商可以将合同范围内的部分工程或工作分包给其他单位完成。

2. 总承包方式的优势

总承包方式能克服传统的分阶段分专业平行承包的缺点，它的优点主要有：

(1) 通过总承包可以减少业主面对的承包商的数量,由于直接面对的承包商数量减少,业主项目管理的工作量减少,例如针对设计、采购和施工三项工作内容,仅仅需要一次招标。在工程项目中,业主的责任较小,主要提出工程项目的总体要求(例如工程项目的功能要求、设计标准、材料标准的说明),进行项目实施过程的宏观控制,验收已竣工的工程,一般不需要过多干涉总承包商的工程实施过程和项目管理工作。此外,采用这种模式能够让工程项目尽快开工,通过设计、采购和施工的搭接而缩短工期,也能够通过总承包的价格包干尽早确定工程项目的造价。

(2) 对业主来说,有一个对工程项目整体功能负责的承包商,项目的责任体系明确且完备。工程项目各专业的设计、采购和施工的界面协调都由总承包商负责,传统模式下可能存在的工程项目责任盲区大大减少。无论是设计、施工、供应之间的互相干扰,还是不同专业之间的界面问题,都由总承包商负责。这样能够有效地减少工程变更、合同纠纷和索赔,工程项目更容易获得圆满成功,更有利于确保工程项目总目标的实现。

(3) 总承包商有充分的自主权完成工程项目,但同时加大了总承包商的风险责任。总承包商承担了很多在工程项目施工中的不可预见的经济风险、工程范围风险、自然条件风险等,能够最大限度地发挥承包商在设计、采购、施工和项目管理中优化的积极性和创造性。

(4) 承包商能将整个项目管理形成一个完整而统一的系统,避免多头领导,降低管理费用;便于项目的整体协调与控制,减少大量重复的管理工作,由此节约项目的管理成本;信息沟通更加高效、方便、快捷、不失真;能够有效地进行质量、工期、成本等的综合控制;各专业设计、供应、施工和运营的各环节能够合理地交叉搭接;有利于施工现场的管理,减少中间检查和交接环节和手续,避免由于设计、施工、供应等不协调造成的工期延误、成本增加、质量事故、合同纠纷。

(5) 通常总承包合同采用固定总价形式,工程项目的总目标(功能、合同价格和工期)是确定的。这样有利于降低工程项目的造价,便于进行工程结算;有利于项目全过程的优化。

所以,EPC 总承包对业主和承包商都更为有利,工程项目的整体效益也得到了提高。

3. 总承包方式的缺点

从第三章 EPC 总承包合同的分析可以看到,该合同的应用还有很多问题。从图 3-3 可见,总承包合同在程序上存在矛盾性。在项目任务书完成后,业主提出业主要求,承包商以此进行报价,并且签订总价包干合同。承包商的报价在很大程度上是依据自己对业主要求的理解。而业主要求是比较粗略的,没有详细的施工图作为报价的参考。工程的详细设计是在报价以后完成,而且设计文件和相应的计划文件都必须经过业主代表的批准才能实施。

(1) 显然,按照上述项目的实施程序,承包商的报价依据不足,由此,增加了承包商的报价风险。双方也更有可能产生对项目范围、要求、内容理解不一致,而出现的争议。

(2) 虽然总承包使业主的工程项目责任减小,项目协调工作减少,但是,在以下几个方面加大了业主的风险或成本:

① 由于总承包商的风险增加,报价中不可预见的风险费用增加,由此,增加了业主的投资。

② 采用传统的平行发包方式,投标人竞争比较激烈,而采用 EPC 总承包方式招标,投标人较少,其竞争激烈程度相对较低,业主很难获得竞争性的投标方案和价格。

③ 由于总承包商负责工程的设计、采购和施工,业主对最终设计和工程实施的控制力

降低。

④ 对于业主而言，承包商的资信、能力的风险加大。业主必须加强对承包商的宏观控制，选择资信好、总体实力和技术能力强、素质高、适应全方位管理的承包商。

4. 对总承包商的要求

总承包商承担整个工程项目各专业设计、施工、供应和运行责任，其不仅需要具备各专业工程的施工力量，而且需要很强的规划、设计能力，项目管理能力，供应能力和运行管理能力，甚至很强的市场策划能力和融资能力。

工程总承包更符合现代工程项目的特殊性，适合业主对工程项目和承包商的要求。这是工程项目总承包发展的根本动力。在20世纪80年代末，国际工程领域的专家调查研究了很多工程项目的经验和教训，得出的结论是：如果业主没有很强的项目管理能力、丰富的项目管理经验，要顺利实现工程项目的目标，应当尽量减少他所面对的承包商的数量，并且越少越好。目前这种承包方式在国际工程中的应用非常普遍。

四、工程承发包方式的多样性

在一些项目中，业主也可以采用介于上述两者(分阶段分专业平行承发包方式和EPC总承包方式)之间的形式，将工程项目以不同的方式组合发包，委托给几个主要的承包商。

1. 将工程项目的整个设计委托给一个设计承包商，施工(包括土建、安装、装饰)委托给一个施工总承包商，设备的采购委托给一个供应商。这种方式在现代工程项目中是非常常见的。

2. “设计-施工”(DB)总承包：承包商负责工程项目的设计和施工。

3. “设计-采购”(EP)总承包：承包商对工程的设计和采购进行承包，还可能在施工阶段向业主提供咨询服务，或负责施工管理。工程施工由其他承包商负责。

4. “设计-管理”总承包：由一个承包商负责项目的设计和项目管理。供应和施工由其他承包商承担。

5. 项目管理承包(PMC)：承包商代表业主对工程项目进行全过程、全方位的项目管理，包括进行工程项目的整体规划、项目定义、工程招标，选择设计、施工、供应承包商，并对设计、采购、施工过程进行全面管理。

6. 其他形式，例如“采购-施工”(PC)总承包等。

由此可见，工程项目的承包方式有很大的灵活性，不必追求唯一或固定的模式，应该根据工程项目的特殊性、业主状况和要求、市场条件、承包商的资信和能力等作出选择。

第三节　合同种类和合同条件的选择

一、合同种类的选择

在实际的工程项目中，合同的计价方式有多种形式，今后也可能会有新的计价方式出现。不同类型的合同有不同优缺点，有不同的应用条件、不同的权利和责任的分配，合同双方所分担的风险也有很大的差异。有时在一个工程承包合同中，不同的工程分项也采用不同的计价方式,应根据具体情况选择合适的合同类型。

现代工程项目中,基于计价与支付方式分类,最典型的合同类型有单价合同、总价合同、成本加酬金合同以及目标合同。

(一) 单价合同

1. 单价合同是最常见、也是比较传统的合同种类,其适用范围很广,例如 FIDIC 施工合同条件和我国的工程施工合同示范文本都采用这种合同类型。在这种合同中,承包商仅按合同的规定承担报价风险,即对报价(主要为单价和费率)的正确性和适宜性承担责任;而工程量变化的风险由业主承担。由于风险分配比较合理,能够调动承包商和业主双方管理的积极性,所以能够适应大多数工程。

2. 单价合同的特点是单价优先,业主给出的工程量表中的工程量常常是参考数值,而实际工程款结算按实际完成的工程量和承包商所报的单价计算。虽然在投标报价、评标、签订合同中,人们常常注重合同总价,但是,这个总价并不是最终有效的合同价格。例如,在一个单价合同的报价单中,承包商的报价出现错误如下:

序号	工程分项	单位	数量	单价(元/单位)	合价(元)
1					
2					
⋮					
i	钢筋混凝土	m^3	1 000	300	30 000
⋮					
总报价					8 100 000

由于单价优先,实际上承包商钢筋混凝土的合价(业主以后实际支付)应为 300 000 元,所以,评标时应对总报价进行修正。承包商的正确报价应为:

8 100 000+(300 000－30 000)＝8 370 000 元。

但是,在单价合同中,如果实际施工中,承包商按图纸要求完成了 1 100 m^3 钢筋混凝土(由于业主的工程量表是错误的,或业主指令增加工程量),则实际钢筋混凝土的价格应为:

300 元/m^3×1 100 m^3＝330 000 元

但是,如果业主在招标文件中所填写的某项工程内容的工程量与实际施工的该项工程量相比,有显著的差别,则应该按照国际通用的惯例对该项单价进行调整。如果该项工程内容在实际完成的工程量显著增加,则单价应该适当降低;而如果实际完成的工程量显著减少,则单价应适当增加。在 FIDIC 合同条件中即有相应的规定。

在单价合同中,单价的风险由承包商承担。在一些国际工程中,有时承包商所报的单价出现了错误,例如在单价中少写了一个“0”,即将 300 元/m^3 误写成 30 元/m^3,如果双方在签订合同之前都没有发现该错误,那么实际工程项目中,很可能业主要求按照 30 元/m^3 结算、付款,承包商很难获得索赔的成功。

所以,对于承包商而言,在投标报价时,一定要确保投标文件中所报的单价准确无误,以免造成经济损失。

由于存在这种矛盾,单价合同的招标文件一般都要规定,对于投标人报价表中明显的数字计算错误,业主有权先进行修改后再评标,而且业主必须重视开标后的清标工作,特别是要认真做好投标人报价的审核工作。

3. 按照合同单价是否随物价和劳动力价格变化而调整，单价合同又可以分为固定单价和可调单价等形式。

4. 采用单价合同，应明确编制工程量清单的方法、工程量计算规则和工程计量方法，每个分项的工程范围、质量要求和内容必须有相应的标准。例如：在国内的工程项目中，一般在编制工程量清单时，需要参照《建设工程工程量清单计价规范》(GB 50500－2003)。而在英国，采用QS工料测量师制度下的清单计价模式。

现在在单价合同的工程量表中，还可能有以下几种情况：

(1) 工程分项的综合化。即将工程量分项标准中的工程分项合并，使工程分项的工作内容增加，具有综合性。例如：在某城市地铁建设项目中，隧道的开挖工程以延长米计价，工作内容包括盾构、挖土、运土、喷混凝土、维护结构等。它在形式上是单价合同，但是，实质上已经带有总价合同的一些特征。

(2) 单价合同中有总价分项。即有些分项或分部工程或工作采用总价的形式结算(或被称为“固定费率项目”)。例如：在某城市地铁建设项目中，车站的土建施工工程是以单价合同发包的。但是，在该施工合同中，维护结构工程分项却采用总价的形式，承包内容包括维护结构的选型、设计、施工和供应等全部工作。

(二) 总价合同

1. 总价合同的内涵

总价合同在国内又称为总价包干合同，主要可以分为固定总价合同和可调总价合同两种形式。总价合同是总价优先，承包商报总价，双方商讨并确定合同总价，最终按总价结算，除合同另有规定以外，合同的总价不因环境变化和工程量增减而变化。一般而言，只有在设计(或业主要求)变更，或符合合同规定的调价条件，例如，法律变化，才允许调整合同总价，否则不允许调整合同价格。

2. 总价合同的特点

这种合同以一次包干的总价格委托工程内容，价格不因环境的变化和工程量增减而变化。所以，在这类合同中，承包商承担了工程量和价格风险。除了设计有重大变更，一般不允许对合同总价进行调整。在许多工程项目中，业主更倾向于采用这种合同形式，主要原因是：

(1) 在工程项目的早期就可以确定工程项目的总价(或总投资)。

(2) 工程项目中，双方合同价款结算方式比较简单、省事。

(3) 在总价合同的履行过程中，承包商的索赔机会相对更少(但不是没有索赔)。在正常情况下，可以免除业主由于要追加合同价款、追加投资带来的需上级部门，如董事会甚至股东大会，审批增加费用的麻烦。

但是，由于承包商承担了工程量和工程单价的所有风险，其报价中包括的不可预见的风险费用较高。承包商报价的确定必须考虑施工期间物价变化，以及工程量变化带来的影响。此外，在合同履行过程中，由于业主风险较小，所以，他控制工程实施过程的权力相对较小，一般只关注项目的宏观目标和要求。

3. 总价合同的应用条件

在我国以前很长的时间里，固定总价合同的应用范围很小，这是由于采用固定总价合同

的项目具有以下条件:

(1) 工程范围必须清楚明确,报价的工程量应准确,而不是估算的数值,对此承包商必须认真进行复核。

(2) 工程项目的设计更加细化完整,图纸完整、详细、清楚。一般固定总价合同的设计图纸达到施工图的详细程度最合适。

(3) 工程量小、工期短,在工程项目实施过程中环境因素(特别是物价)变化小,工程项目的实施条件稳定。

(4) 工程项目的结构和技术相对简单,不可预见的风险因素少,便于承包商提出比较准确的报价。

(5) 工程项目的投标时间相对宽裕,承包商可以进行详细的现场调查,复核工程量,分析招标文件,拟定项目实施的进度计划。

(6) 合同条件完备,双方的权利和义务关系比较清楚。

但是,在当前的国内外工程项目中,固定总价合同的使用范围有逐渐扩大的趋势,使用越来越广泛。甚至一些大型工程项目的 EPC 总承包合同也使用固定总价合同形式。在有些工程项目中,业主只用初步的设计文件进行招标,却要求承包商以固定总价承包工程。这种情况下承包商承担了很大的风险,会增加很多的风险费,对于业主反而是不利的。

4. 总价合同的计价形式

总价合同的计价有以下几种形式:

(1) 招标文件中有工程量表(或工作量表)。业主为了便于承包商投标,在招标文件中提供工程量表,但是,业主对工程量表中的工程量数值不承担责任,承包商必须进行复核。

承包商在报价时,必须报出每一个分项工程的固定总价,这些分项工程报价之和即为整个工程项目的总价。

(2) 招标文件中没有提供工程量清单,由承包商编制。

在总价合同中,工程量表和相应的报价表仅仅作为阶段付款和工程变更计价的依据,而不作为承包商按照合同规定应完成的工程范围的全部内容。

合同价款总额由每一分项工程的包干价款(固定总价)构成。承包商必须自己根据合同要求、图纸、项目范围、工程信息等,计算工程量。如果业主提供的,或承包商编制的分项工程量有漏项或计算不正确,则被认为这些工程内容已经包括在合同总价中。

由于国际通用的工程量计算规则适用于业主提供设计文件的单价合同(我国的工程量计算规则也有这个问题),而采用总价合同时工程量表的分项常常带有随意性和灵活性。经常需要对工程量分项和计算规则作出详细的说明、修改,或根据项目制定特殊的计量方法。

在工程量清单的编制和分析中,应考虑到以下情况:

① 承包商的工程责任范围扩大,通用的工程量标准难以包括所有的工程内容。例如:由承包商承担设计工作,在投标时,承包商无法精确计算工程量。工程量清单的编制应考虑到这些特殊的情况。

② 通常情况下,总价合同采用分阶段的付款方式。如果工程项目的分项在工程量表中已经被定义,只有在该工程分项完成后承包商才能得到相应的付款。所以,工程量表的划分应与工程项目的实施阶段相对应,与施工进度一致,否则会带来付款的困难,影响承包商的现金流,例如,将搭设临时工程、采购材料和设备、设计等分项独立,这样承包商可以更早地

获得付款。

5. 总价合同与单价合同的比较

总价合同和单价合同有时在形式上很相似，例如，在有些总价合同的招标文件中也有工程量表，也要求承包商提出各个分项的报价。但是，它们是性质上完全不同的合同类型。

与单价合同相比，总价合同的显著特征是工程项目的单价和工程量的风险都由承包商承担，即在实际施工过程中，出现了工程内容、单价和工程量的变化，业主都不会给予价格的调整，显然，承包商承担了更大的风险，这也是"总价包干"说法的由来。此外，在单价合同中，一般是采用按月实测工程量的方法进行计价，而在总价合同中，主要根据里程碑的进度采用总价百分比的方式付款，例如，基础工程完工，支付总价的 15%；主体结构完工，支付总价的 80%，很显然，总价合同的进度款支付方式更加简单、方便。

此外，总价合同在招标投标中就与单价合同有很多的区别。下面的案例就能很典型地说明这个问题。

【案例 5－1】 某建设工程项目采用邀请招标的方式。业主在招标文件中要求：

(1) 项目在 21 个月内完成，

(2) 采用固定总价合同，

(3) 无调价条款。

承包商投标报价 364 000 美元，工期 24 个月。在投标书中承包商使用保留条款，要求取消固定价格条款，采用浮动价格。

但是，业主在没有与承包商谈判的情况下发出中标函，同时指出：

(1) 经审核发现投标书的工程量报价表中有数值计算错误，共多计算了 7 730 美元。业主要求在合同总价中减去这个差额，将报价改为 356 270(即 364 000－7 730)美元。

(2) 同意 24 个月工期。

(3) 坚持采用固定价格。

承包商的答复是：

(1) 如果业主坚持采用固定价格条款，则承包商在原报价的基础上再增加 75 000 美元作为物价上涨的风险金。

(2) 既然为固定总价合同，则总价优先，双方应确认总价。承包商在报价中有计算错误，业主也不能随意修改。所以，计算错误 7 730 美元不应从总价中减去。所以，合同总价应为 439 000(即 364 000＋75 000)美元。

双方在没有商谈确定合同价格的情况下就签订了合同。

在工程项目的实施过程中，由于工程变更，使合同的工程量又增加了 70 863 美元。工程项目也在 24 个月内完成。最终结算，业主坚持按照改正后的总价 356 270 美元再加上工程量增加的部分结算，即最终合同总价为 427 133 美元。

而承包商坚持总结算价款为 509 863(即 364 000＋75 000＋70 863)美元。经过第三方调解，承包商的要求是合理的，业主按照承包商要求的价格进行支付。

案例分析：

(1) 对于承包商在投标书中提出的保留条款，业主可以在招标文件，或合同条件中规定不接受任何保留条款，则承包商的保留说明无效。否则，业主应该在发出中标函前与承包商就投标书中的保留条款进行具体的商谈，作出确认或否认。不然，很可能引起合同履行过程中的争议。根据国际工程惯例,在合同的所有文件中,投标书具有更高的优先地位。

(2) 对于单价合同,业主可以对报价单中数值计算错误进行修正,而且在招标文件中应规定业主的修正权,并要求承包商认可修正后的价格。但是,对于总价合同,一般业主不能修正单价,因为总价优先,业主主要是确认总价。但是,如果业主在招标文件中明确规定有审核承包商报价的权利,业主就有权审核每项单价及其总价。这也是合理的。

(3) 在发出的中标函中,业主对投标书关于合同价格、计价方式等提出了纠正的要求。这是不恰当的,实质上这个中标函已经不能称为中标函,只是一个新的要约。因为中标函必须是确定性的,对要约内容的完全承诺。

(4) 当双方对合同的范围和条款的理解明显存在不一致时,业主应在中标函发出前进行澄清,而不能留在中标后再商谈。如果先发出中标函,再谈修改方案或合同条件,承包商就可能提出更高的价格要求,业主就陷入了被动的地位。而在中标函发出前商谈,一般承包商为了中标更加容易接受业主的要求。可能本工程项目的工期比较紧急,业主急于签订合同,尽快实施项目,所以没有来得及与承包商在签订合同前进行认真的澄清和合同谈判。

6. 总价合同承包商的风险

对于固定总价合同,承包商要承担价格和工程量两个方面的风险。

(1) 价格风险

① 报价计算错误所承担的风险。

② 漏报工程内容所承担的风险。例如,在某国际工程项目中,工程范围是当地政府的办公楼建筑群,采用固定总价合同。承包商计算报价时,遗漏了其中的一座作为景观用的亭阁。这一项使承包商损失了上百万美元。

③ 工程实施过程中,由于物价和人工费上涨所带来的价格变动风险。

(2) 工程量风险

① 工程量计算的错误。对于固定总价合同,业主有时也提供工程量清单,有时仅仅提供图纸、规程要求承包商计算工程量。由此,承包商必须对工程量作认真复核和计算。如果工程量计算错误,由承包商负责。

② 由于工程范围不确定,或预算时工程项目没有包括所有的工程范围内容而造成的损失。例如,在某固定总价合同中,工程范围条款为:"合同价款所定义的工程范围包括工程量表中列出的,以及工程量表中未列出的,但是为了本工程项目的安全、稳定、高效率运行所必需的工程和供应。"在该工程项目中,业主指令增加了许多新的分项工程,但是,设计并没有发生变更,所以,承包商得不到额外工程量的付款。

又例如,某国际工程项目的分包合同采用总价合同形式,工程变更条款为:"总包单位指令的工程变更,以及其相应的费用补偿仅限于对重大的变更,而且仅按每单个建筑物和设施地平以上外部体积的增加量计算补偿。"在合同实施过程中,总承包商指定分包商大量增加地平以下的建筑工程量,而不给分包商任何补偿。

③ 由于投标报价时设计深度不够所造成的工程量计算误差。对固定总价合同,如果业主用初步设计文件进行招标,让承包商计算工程量报价,或尽管施工图设计已经完成,但是,准备标书的时间太短,承包商无法详细核算,通常只能按照经验或统计资料估算工程量。这时承包商处于两难的境地:工程量计算多了,报价没有竞争力,不易中标;工程量计算少了,自己要承担风险和亏损。这是一个使用固定总价合同所存在的,具有普遍性的问题。在这

些方面，承包商可能产生的损失常常是很大的。

【案例5-2】 某工程项目采用固定总价合同。在工程项目的实施过程中承包商与业主就设计变更的影响产生争议。最终实际批准的混凝土工程量为66 000 m^3。对此双方没有争议，但是，承包商坚持原合同工程量为40 000 m^3，则增加了65%，共26 000 m^3；而业主认为原合同工程量为56 000 m^3，则增加了17.9%，共10 000 m^3。双方对合同工程量差异产生的原因在于：

承包商报价时业主仅仅提供了了初步的设计文件，没有详细的截面尺寸。同时，由于准备投标的时间较短，承包商没有时间仔细进行计算和复核，就根据工程经验进行了匡算，估计为40 000 m^3。合同签订后，业主提供了详细的施工图，再经过详细计算，混凝土的工程量为56 000 m^3。当然，作为固定总价合同，混凝土16 000 m^3 的工程量差额(即56 000－40 000)就作为承包商的报价失误，由其自己承担。

同样的问题出现在我国的一个大型商业网点的开发项目中。本项目为中外合资项目，我国的某承包商用固定总价合同承包该项目的土建工程内容。由于工程项目的规模庞大、设计图纸简单、投标时间短，承包商无法精确核算工程量，对钢筋工程内容，就按照建筑面积，以及我国钢材用量的概算指标估算。承包商报出的工程量为1.2万吨，而实际使用量超过了2.5万吨。仅此一项承包商的损失就超过了600万美元。

（三）成本加酬金合同

1. 成本加酬金合同的内涵

成本加酬金合同是与固定总价合同截然相反的合同类型。工程项目的最终合同价格按照承包商的实际成本加一定比率的酬金进行计算。在合同签订时，不确定具体的合同价格，只确定酬金的比率。在招标文件中，业主应说明中标的依据和作为成本组成的各项费用项目范围，通常授标的标准为酬金比率。

2. 成本加酬金合同的特点

由于合同价格按照承包商的实际成本结算，所以，在这类合同中，承包商不承担工程量与单价两个方面的风险，而业主承担了全部的工程量和价格风险，所以，承包商在工程项目的实施过程中没有控制成本的积极性，常常不仅不愿意降低成本，相反期望增加成本以提高其实施工程项目的经济效益，这样会损害工程项目的整体效益，特别是增加了业主的投资。所以，这类合同的使用应当受到严格限制，通常仅适用于以下情况：

(1) 在投标阶段，工程项目的范围无法界定，无法准确估价，缺少工程项目的详细说明。

(2) 工程项目特别复杂，工程技术、结构方案不能预先确定。它们可能按照工程项目中出现的新情况确定。在国外，这类合同经常被应用于一些具有研究、开发、创新类型的工程项目中。

(3) 时间特别紧急，要求尽快开工。例如：抢救、抢险工程，业主、承包商以及其他参与方没有时间详细地计划和商谈。

(4) 在一些工程咨询合同，以及特殊工程的EPC总承包合同中使用。

3. 成本加酬金合同的费用控制

由于业主承担工程量和单价的全部风险，他应该加强对工程项目实施过程，特别是项目成本的控制，参与工程项目的实施方案(例如施工方案、采购、分包等)的选择和决策，并有权对工程项目的所有成本开支进行监督和审查。

此外,在这类合同中应明确规定成本的开支和间接费的范围。这里的成本是指承包商在工程实施的过程中,真实的、适当的符合合同规定范围的实际花费。承包商必须以合理的、经济的、高效的方法实施工程项目,保护业主的利益,对不合理的开支,以及承包商责任的损失,承包商无权获得支付。

4. 成本加酬金合同的变化形式

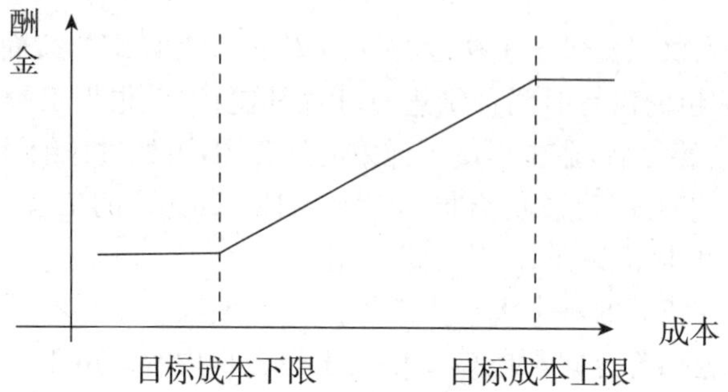

图 5-5 规定目标成本上下限的成本加酬金合同

为了克服成本加酬金合同的缺点,扩大它的应用范围,项目管理者对这种合同又进行了很多改进,以调动承包商成本控制的积极性,例如:

(1) 事先确定目标成本的范围,实际成本在目标成本范围内按比例支付酬金,如果超过目标成本的上限,酬金不再增加,确定为一个固定的数额;如果实际成本低于目标成本下限,业主支付一定量的酬金(见图 5-5 所示),或者当实际成本低于最低的目标成本时,除了支付合同规定的酬金以外,另给承包商一定比例的奖励。

(2) 成本加固定额度的酬金,即酬金是固定的额度,不随实际成本数量的变化而变化。

(3) 确定不同的目标成本的额度范围,采用不同的酬金比例等。

所以,成本与酬金的关系可以是灵活的,成本加酬金合同的形式是多种多样的。

(四) 目标合同

在一些发达国家,目标合同广泛应用于工业项目、研究和开发项目,以及军事工程项目中。它是固定总价合同和成本加酬金合同的结合与改进形式。在这些工程项目中,承包商参与可行性研究,甚至目标设计,并以总承包的形式承包工程项目。

目标合同也有很多类型。通常合同规定承包商对工程项目建成后的生产能力(或使用功能),预计工程项目的总成本(或目标价格),工期目标承担责任。如果工程项目投产后的一定时间内,达不到预定的生产能力,则按照一定的比例扣减合同价格;如果工期拖延,则承包商承担工期拖延的违约金。如果实际总成本低于预计总成本,则节约的部分按预定的比例给承包商奖励;反之,超支的部分由承包商按比例承担。

目标合同能够最大限度地发挥承包商工程管理的积极性,适用于工程范围没有完全界定或预测风险较大的项目类型。

目标合同工程计价方法主要包括以下几类:

(1) 承包商以合同价款总额的形式报出目标价格,包括估算的直接成本、其他成本、间接费(现场管理费、企业管理费和利润),确定间接费率。由于业主原因导致工程变更、工期拖延、或业主要求赶工等造成承包商实际成本增加,应修改目标价格。

(2) 通常，目标合同也可以用分项工程表(或工程量表)决定目标价格(合同价款总额)，合同价款为每一分项工程的包干价款的总和。而该分项工程表的制定并非以付款为目的，它仅仅用于索赔事件发生时，调整合同价款的总额以及承包商应分担的份额。

承包商应保留实际成本帐单和各种记录，以供业主审核。对应由承包商负责，或发生承包商风险范围内的事件导致成本增加，或不属于合同规定的成本范围的开支，业主有权拒绝支付给承包商。

所以，承包商完成工程项目的合同总价是：

已完成工程项目的总价＝(承包商实际成本－拒付费用)＋酬金(间接费)

(3) 通常，合同规定，如果承包商提出了对工程设计和实施方案的优化建议，经过业主认可后实施，使得工程项目的实际成本减少，合同价款总额不予减少。这样可以保证承包商通过技术方案的优化获得奖励。为了调动承包商的积极性，这种奖励和处罚都以累进的形式计算。

(4) 合同履行结束时，业主对合同价款总额和已完工程的总价进行审核。最终支付给承包商的工程款(即承包商应得到的)是在已完成工程项目总价的基础上，如果已完工程总价高于合同价款的总额，对高出的部分，承包商按合同规定的比例，承担相应的超额部分；如果低于合同价款的总额，同样，承包商按合同规定的比例获得成本节约的奖励。

二、合同条件的选择

合同条件是合同文件中最重要的部分。在实际工程项目中，业主可以按照需要自己(通常委托咨询公司)起草合同条件，也可以选择标准的合同条件。在使用标准的合同条件时，可以按照自己的需要通过专用条款对标准的条件进行修改、限定或补充。

对一个特定的工程项目，特别是国际工程项目，有时会有几个同类型的标准合同条件供选择。在选择合同条件时，应注意以下问题：

1. 从主观上而言，合同双方都希望使用严密的、完备的合同条件。但是，合同条件应该与双方的管理水平相匹配。合同双方的管理水平很低，却使用十分完备、周密，以及规定又十分严格的合同条件，则这种合同条件没有可执行性。例如：如果选用 FIDIC 合同条件，合同双方必须能够实施它的管理程序，要有相应的信息反馈效率，业主、承包商、工程师的决策过程必须很快，业主、承包商和工程师熟悉三方的合同关系。否则，合同双方就不能准确、全面地履行合同，采用这种合同范本也就没有意义了。

将我国原《建设工程施工合同(示范文本)》与 FIDIC 的红皮书进行比较就会发现，我国的示范文本在很多条款中的时间限定(例如索赔通知期、竣工结算期限)相对更加严格。这说明在工程项目中，如果使用我国的施工合同示范文本，那么合同双方要比使用 FIDIC 合同具有更高的管理水平、更快的信息反馈速度。业主、承包商、监理工程师的决策过程必须很快。但是，在实际的工程项目中往往很难达到这样的要求，所以，在我国的工程承包活动中，合同双方经常都不能全面地按照合同的要求履行各自的义务。

2. 合同双方应该选用双方都熟悉的合同条件，这样能够更好地履行合同内容。如果合同双方来自不同的国家，由于承包商是工程合同的具体实施者，应更多地考虑承包商的因素，使用承包商熟悉的合同条件，而不能仅从业主自身的角度考虑合同文本的选用问题。在实际的工程项目中，大部分的业主都选择自己熟悉的合同条件，以保证自己在工程管理中有利的地位,提高项目管理的主动权,但是,由于承包商不熟悉该合同条件,使得工程都不能顺利实施,这也是不合理的合同策略。除此以外,当然更不能选择只有监理工程师熟悉的合同条件。

【案例 5-3】 在国内某合资项目中,业主为英国公司,承包商为我国的一个建筑公司,工程范围是一个工厂的土建工程施工,合同工期是 7 个月。业主不顾承包商的要求,坚持用 ICE 合同条件,而承包商在此前未承接过国际工程。承包商从投标报价开始,在整个工程施工过程中一直都不顺利,对自己的责任范围、工程施工中很多问题的处理方法和程序都不太了解,业主代表和承包商代表之间对工程项目出现问题的处理结果差别很大。

该项目的最后结果是承包商受到很大的损失,很多索赔都没有得到解决。而业主的工程项目质量很差,工期拖延了一年多。由于工程项目迟迟不能交付使用,业主不得已又委托了其他承包商进场施工,对工程项目的整体效益产生很大的负面影响。

3. 项目参与方应该尽可能地使用标准的合同条件,因为标准的合同文本能使管理规范化、高效率、风险分配比较均衡合理。

4. 项目参与方在使用合同条件时,应该注意到其他方面的制约。例如:我国工程估价有一整套定额和取费标准,这是与我国所采用的《建设工程施工合同(示范文本)》相配套的。如果在我国工程中使用 FIDIC 合同条件,或在使用我国的《建设工程施工合同(示范文本)》时,业主要求对合同双方的责权利关系进行重大的调整,那么应该让承包商根据自己对合同的要求和理解报价,不能强制使用与合同条件不配套的定额,或规定的取费标准;而如果要求承包商按定额和取费标准计价,那么业主不能随便修改标准的合同条件。

在我国的《建设工程施工合同(示范文本)》中规定,很多应该由业主完成的工作内容,也可以在专用条款中约定由承包商承担,但是,应该由业主承担相应的费用。例如:

(1) 业主供应的材料设备进场后需要重新检验或试验,由承包商负责,费用由业主承担;

(2) 承包商按照专用条款约定的数量和要求,向业主提供施工现场办公和生活的房屋及设施,发生的费用由业主承担;

(3) 承包商在动力设备、高电压线路、地下管道、密封防震车间、易燃易爆地段以及临街交通要道附近施工时,以及在实施爆破作业,在易燃、放射、毒害性环境中施工(含储存、运输、使用)及使用毒害性、腐蚀性物品施工时,承包商应在施工前 14 天以书面形式通知工程师,并提出相应的安全保护措施,经过工程师认可后实施,保护措施的费用应该由业主承担。

如果删除"费用由业主承担"的规定,则表示业主要求承包商承担这些工作,并让承包商在报价中应考虑这些费用,而不要通过工程过程中的工程变更(索赔)进行解决。

第四节 工程合同的风险策划

一、工程风险的概念

工程项目的构思、目标设计、可行性研究、设计和计划都是基于对将来情况(政治、经济、社会、自然等)预测基础上编制或产生的,也是基于正常的或理想的技术、管理和组织条件制定的。而在工程项目的建设过程中，这些因素都有可能产生变化，在各个方面都存在着不确定性。这些变化会使得原定的计划、方案受到干扰，导致项目的成本（投资）增加，工期延长、工程质量降低，无法实现原定的项目目标。这些事先不能确定的内部和外部的干扰因素，人们将它们称之为风险源，风险源即是项目实施过程中的所有不确定因素，例如新冠疫情已经成为当前工程项目进度管控最重要的不确定性因素。而风险是指项目实施过程中所出现危险事件（事故或意外事件）的可能性，以及其产生后果的组合。由此可见，风险是由两个方面共同作用组合而成的，一方面是该危险发生的可能性，即危险出现的概率；二是该危险事件发生后所产生的后果。

工程项目实施过程中的风险是多方面的，常见的风险有：

1. 项目实施的环境风险

工程项目实施过程中存在很多环境风险，例如：

(1) 在国际工程中，工程项目所在国的政治环境变化，例如发生战争、禁运、罢工、社会动乱等造成工程项目的中断或终止。

(2) 经济环境的变化，例如通货膨胀、汇率调整、工资和物价上涨。物价和货币风险在工程项目实施过程中经常出现，而且对项目的影响非常大。

(3) 法律的变化，例如新的法律颁布、国家调整税率或增加新税种、新的外汇管理政策等。

(4) 自然环境的变化，例如复杂且恶劣的气候条件和现场条件，百年未遇的洪水、地震、台风等，以及工程水文、地质条件存在的不确定性等。

2. 工程的技术和实施方法等方面的风险

(1) 现代工程项目的规模大，工程技术系统结构复杂，功能要求高，科技含量高，由此增加了项目参与方实施项目所承担的风险。

(2) 一些工程项目的施工技术难度大，需要新技术、特殊的工艺、特殊的施工设备，这也增加了项目实施的风险。

3. 项目组织成员资信和能力风险

(1) 业主（包括投资者）的资信与能力风险。

对于承包商而言，业主的资信与能力是其实施工程项目可能承担的最大风险，主要表现为：

① 业主没有按照合同要求承担其合同义务，例如不及时供应其所负责的设备、材料，不及时交付场地，不及时支付工程款；

② 业主企业的经营状况恶化，濒于倒闭，支付能力差，资信不好，恶意拖欠工程款，撤走资金，或改变投资方向，改变项目的目标；

③ 业主为了达到不支付或少支付工程款的目的，在工程项目中苛刻刁难承包商，滥用权力，进行罚款或扣款，或对承包商的合理的索赔要求不作答复，或拒不支付；

④ 业主经常随便改变项目实施的想法或要求，例如改变设计方案、实施方案，打乱施工顺序，发布错误的指令，不按照程序干预工程项目的正常施工，造成工程项目成本的增加和工期拖延，但又不愿意给承包商补偿由此增加的费用；

⑤ 在国内的很多工程项目中，恶意拖欠工程款已成为承包商最大的风险之一，也是影响施工企业正常生产经营的主要原因；

⑥ 业主的工作人员(业主代表、工程师)存在私心和其他不正之风等。

(2) 承包商(分包商、供应商)的资信和能力风险。

承包商是工程项目的具体实施者,是业主最重要的合作者。承包商的资信和能力情况对业主工程项目总目标的实现有决定性影响。属于承包商能力和资信风险的有以下几个方面:

① 承包商的技术能力、施工力量、装备水平和管理能力不足,没有适合的技术专家和项目经理,不能积极地履行合同;

② 承包商的财务状况恶化,企业处于破产境地,无力采购和支付工资,工程项目被迫中止;

③ 承包商的信誉差、不诚实,在投标报价和工程采购、施工中有欺诈行为;

④ 设计缺陷或错误,工程技术系统之间不协调、设计文件不完备、不能及时交付图纸或无力完成设计工作;

⑤ 在国际工程中,承包商对当地的法律、语言不熟悉,对图纸和规程的理解不正确;

⑥ 承包商的工作人员、分包商、供应商不积极履行合同责任,罢工、抗议或软抵抗等。

(3) 项目管理者(如工程师)的信誉和能力风险。

项目管理者对工程项目的成功具有至关重要的影响,其信誉和能力的风险主要表现在:

① 工程师没有与本工程相适应的管理能力、组织能力和经验;

② 工程师的工作热情和积极性、职业道德、公正性差,在工程中苛刻要求承包商;或由于受到承包商不正常行为的影响(如行贿),而不严格要求承包商;

③ 工程师的管理风格、文化偏见,导致其不正确地履行合同。

(4) 可能存在其他参与方对项目的干扰。

例如,政府机关工作人员、城市公共供应部门(例如供水、供电等部门)的干预、苛求和个人非正当的要求;项目涉及的居民或单位的干预、抗议或苛刻的要求等。

4. 项目实施和管理过程风险

项目实施和管理过程中还存在很多风险,例如:

(1) 项目决策的错误。工程项目相关的产品和服务的市场分析和定位错误,从而造成项目目标设计错误。业主的投资预算、质量要求、工期限制得太紧,导致项目目标无法实现。

(2) 环境调查工作不细致、不全面。

(3) 起草错误的招标文件、合同条件。合同条款不严密、错误、存在歧义,过于苛刻的、单方面约束性的、不完备的合同条款,工程范围和标准存在的不确定性。

(4) 错误地选择承包商,承包商的施工方案、施工计划和组织措施存在缺陷和漏洞,计划不完整。

(5) 项目实施控制中的风险。例如,合同未正确履行,合同伙伴争议,责任不明,产生索赔要求;没有得力的措施来保证进度、安全和质量要求;由于工程项目的分标太细,分包层次太多,造成计划执行和调整、实施控制的困难;下达错误的指令等。

二、合同风险的概念

合同风险是指与合同相关的,或由合同引起的实施工程项目所存在的不确定性。它主要包括以下两类:

1. 工程项目风险在参与方之间的分配

上述列举的工程项目风险,通过合同的定义和分配,规定风险的承担者,则这些风险成为他的合同风险。

(1) 工程合同风险的分担首先取决于所签订的合同的类型。如果签订固定总价合同，则承包商承担全部物价和工程量变化的风险；而对于成本加酬金合同而言，承包商不承担任何风险；对于常见的单价合同，承包商承担单价的风险，业主承担工程量变化的风险。

(2) 合同条款明确规定的应由一方承担的风险。例如，对于业主而言，工程变更的条款，以及允许承包商增加合同价格和延长工期的条款等，这些都是业主的风险。

2. 合同缺陷所引起的风险

(1) 合同条款不全面、不完整，没有将合同双方的责权利关系全面地表达清楚，没有预计到合同实施过程中可能发生的各种情况。这样导致合同履行过程中产生的争议，最终导致项目的总体利益受损。

(2) 合同意思表达不清晰、不细致、不严密，有错误、矛盾和歧义，由此导致双方错误的计划和实施准备，推卸合同责任，引起合同双方产生争议。

一般而言，招标文件和合同条件是由业主起草的，设计文件也是由业主或其聘请的设计单位提供的，因此，业主应该对这些合同问题承担责任。

(3) 在合同签订和履行过程中，双方对合同内容的理解存在偏差或错误，存在不完善的沟通和不适宜的合同管理等，也可能导致合同风险。

合同文件的语言表达方式，承包商的外语水平、专业理解能力或工作的细致程度，以及投标时间和评标时间的长短等原因，都可能导致合同风险。

(4) 合同体系中各个合同之间的界面不明确，各个合同描述的工程范围有重叠或遗漏，合同之间有矛盾，由此，导致工程项目实施过程中出现大量的变更和争议。

三、合同风险的特征

1. 合同风险事件可能发生，也可能不发生；但是，如果发生就会给业主或承包商带来损失，给工程项目的实施带来负面的影响，可能导致费用的增加、工期的延误，或工程质量的缺陷。风险的对立面是机会，它也可能带来更多的收益。

在工程项目的实施过程中，风险事件常常不能立即或者正确预计到，不能事先识别，甚至可能是一个有经验的承包商也不能合理预见的。但是，在一个具体的工程环境中，双方签订的是一个确定内容的合同，要完成一个确定规模和技术要求的工程项目，所以，工程合同的风险也有一定的范围，它的发生和影响有一定的规律性。

2. 合同风险常常是相对于某个承担者而言的。对于客观存在的工程风险，通过合同条款定义风险及其承担者，则该风险即由该参与方承担。在工程项目中，如果风险事件实际发生，则由承担者主要负责风险控制，并承担相应的损失责任。所以，对风险的定义属于双方责任的划分问题，不同的定义和表达，有不同的风险分配方式，即有不同的风险承担者。

例如，在某合同中规定：

“第二条，……承包商无权以任何理由要求增加合同价格，例如国家调整海关税……”

“第三十九条，……承包商所用进口材料、机械设备的海关税和其他它相关的费用都由承包商负责交纳……”

基于上述条款，国家对海关税的调整完全是承包商的风险，如果国家提高海关税率，则承包商要承担相应的经济损失。

而如果在第三十九条中规定,进口材料和机械设备的海关税由业主交纳,承包商报价中不包括海关税,则这对承包商已不再是风险,海关税的风险已被转嫁给业主。

而如果按照国家规定,该工程的进口材料和机械设备免收海关税,则尽管海关税上调,但是,本工程不存在海关税的风险。

四、合同风险的分配

在一个具体环境中,采用某种承发包模式和项目管理模式实施一个确定范围、规模和技术要求的工程项目,则存在的风险有一定的范围,它的发生和影响也存在一定的规律性。

工程项目的风险是通过合同分配给承担者,作为承担者的合同风险。合同风险分配是合同总体策划的一个重要内容。合同双方在整个合同的签订和谈判过程中对这个问题会经历复杂的博弈过程。

(一) 工程项目参与方对风险的不同偏好

不同的人对风险有不同的主观偏好(见参考文献 1)。通常有以下三类:

(1) 风险喜好;

(2) 风险中性;

(3) 风险厌恶。

工程项目参与方对风险可能存在不同的偏好。这种偏好不仅受他个人的性格、在项目中的角色,以及企业的抗风险能力的影响,而且受工程项目本身的特点(例如赢利性)的制约。风险偏好的不同,会导致其选择不同的风险应对策略,采用不同的风险管理措施,也由此产生不同的风险管理和承担风险的成本(例如报价中包括不同的风险费用)。忽视人们对风险的偏好,会导致非理性且低效率的风险分配。

1. 承包商的风险偏好

承包商通常是典型的风险厌恶型参与方,他不希望自己承担很大的风险。其原因是:

(1) 工程承包的营业额大,但是,行业利润率很低,使得承包商的抗风险能力很弱。此外,对于承包商而言,工程承包是其主营业务,如果风险分配降低了业主的风险,而使承包商承担了过多的风险,风险一旦发生可能会给其带来灾难性的后果。所以,危害性大、损失特别多的风险,应该尽量不分配给承包商承担。

(2) 一般而言,承包商的经济实力没有业主强(当然大型国有施工企业除外),自我抗风险能力比较差。如果要其承担很大的风险,他必然会大幅度地提高报价,项目风险管理的成本会比较高。

(3) 对于承包商而言,根据国际工程惯例,从工程项目的投标开始其就承担了很多的工程风险,也可以说,大量的风险都是由承包商承担的。

(4) 不同类型的承包商的风险偏好也会略有差异。专业工程的承包商比工程项目的总承包商更厌恶风险;集团型的、智力密集型的、资金密集型的承包商则可能趋于风险中性。

2. 业主的风险偏好

(1) 对大型项目的业主,由于财力雄厚,自我保险能力、抗风险能力比承包商强,其一般都属于风险中性的。所以,相对而言业主应该承担更多的风险。

(2) 不同类型工程项目的业主,风险偏好也有差异。例如,信息工程领域的业主,由于工程造价在其项目总投资中的份额不大,并且信息工程的产品利润率很高,对工程的建设,其偏向于风险中性。一般而言，他希望承担工程项目的价格风险，而希望承包商承担更多的工期和质量风险。

一般而言，利润水平很低的工程项目的业主也是风险厌恶型的。

3. 项目管理公司的风险偏好

在工程项目中，项目管理公司的风险偏好一直是多样的。

(1) 项目管理公司所发挥的作用大，对工程项目的影响很大。如果其不承担风险，那么这些公司的积极性和创造性就难以发挥，并且会加大业主的风险，损害业主利益。

(2) 项目管理公司合同营业额相对很小，所以，它自身抗风险的能力和自我保险的能力都很弱，它比承包商更是风险厌恶型的。

(3) 由于项目管理公司的工作属于咨询工作，在工程项目中，很难明确定义其所应当承担的风险、风险状态、责任划分、损失的量度。

(4) 如果让项目管理公司承担过大的风险，那么它肯定大幅度地提高报价，这也会损害业主的利益。而且让它承担风险，反过来会影响它的工作热情、积极性。在它应承担的风险发生时，它首先要保护自己。这样就很可能失去其作为工程师的公正性，以及为项目总目标服务的宗旨，会更大程度地损害项目的总目标。

所以，项目管理公司应该承担职业疏忽的风险，即过错风险，远远小于承包商的风险。业主可以通过其他途径，例如，项目管理公司的职业道德规范、信誉、资质，来保证业主的利益。

(二) 风险分配的重要性

合同风险如何分配是决定合同形式的主要影响因素之一。合同的起草和谈判实质上是风险的分配问题。作为一份完备而公平的合同，不仅应对风险有全面地预测和定义，而且应该全面地落实风险责任，在合同双方之间公平合理地分配风险。

对于合同双方而言，如何对待风险是项目管理的战略层面问题。由于业主起草招标文件、合同条件，确定合同类型，承包商必须按业主要求投标，所以，对于风险的分配业主起主导作用，有更大的主动权与责任。但是，业主不能随心所欲地不顾主客观条件，任意在合同中增加对承包商的单方面约束性条款和对自己的免责条款，把风险全部转移给对方。如果风险分配仅仅使业主免责而使承包商冒险，最终会损害工程项目的总目标。作为业主，应该按照以下基本原则合理地分配风险：

1. 积极的风险分配。合同文本要使风险归属清楚、责任明确，不回避、推卸风险。在合同中明确地定义索赔事件和业主风险，能使承包商放心地计划、报价和组织工程项目的实施。

2. 灵活的风险分摊策略，以适合工程、环境、业主和承包商的具体情况。

3. 通过合理的风险分配鼓励项目参与方实施和管理工程项目的积极性，获得项目的最大利益。由于工程项目是承包商完成的，招标文件和合同条件的设置应该使理性、诚信和有竞争力的承包商更有可能中标，鼓励承包商通过努力获得利润，不能鼓励承包商通过投机和冒险获得利润。

4. 保护双方利益，达到公平合理。合同风险的分配不应该只考虑保护业主的利益，应该更多地考虑如何使工程高效率，且比较稳妥地完成。风险与承包商管理的积极性充分相关。让承包商承担尽可能多的风险以调动其管理项目的积极性，但是不能让承包商冒险。

风险分配不存在统一的评价尺度,即不存在最好的风险分配方法,每一种分配方法都有其优势与不足。合同风险分配关键是适度,所以,它需要科学性和艺术性,应该防止两种风险分配的倾向:

(1) 在合同条件的设置中过于迁就和宽容承包商,不让承包商承担任何风险,承包商常会得寸进尺,利用合同赋予的权利推卸工程责任或进行索赔,最终降低工程项目的整体效益。例如,在工程项目中采用成本加酬金合同,承包商就很少有成本控制的积极性,不仅不努力降低成本,反而很可能积极地提高成本以争取自己更大的收益。此外,如果承包商不承担报价,或对招标文件理解的风险,承包商就没有积极性仔细核对自己投标文件的准确性,由此也降低了业主获得最优报价的可能。

(2) 在当前的工程实践中,由于工程承包买方市场而产生的傲慢心理,以及对承包商的不信任,业主在合同文件起草、合同谈判,以及合同的履行过程中,常常不能公平地对待承包商,在合同条件设置中,过分推卸风险、压低价格,用不平等的单方面约束性条款对待承包商。这可能产生如下后果:

① 承包商增加报价中不可预见的风险费,如果合同所定义的风险没有发生,则业主多支付了报价中的不可预见风险费,承包商取得了超额利润。如果风险发生,不可预见风险费又不足以弥补承包商的损失,则承包商通常要想办法弥补损失,或减少开支,例如偷工减料、减少工程量、降低材料、设备和施工的质量标准以降低成本,甚至以放慢施工速度,或停工的方式,要求业主给予额外补偿,甚至放弃工程实施的责任,最终影响工程项目的整体效益。

② 如果业主不承担风险,则他也缺乏控制工程项目的积极性和内在动力,工程项目也不能顺利地实施或实现最优的绩效水平。

③ 由于合同不平等,承包商不可预见的风险太大,没有合理的利润,则会对工程项目的实施缺乏信心,或降低履约的积极性。

5. 合理且明确的分配风险所具有的优点:

(1) 承包商报价中的不可预见风险费较少,业主可以得到一个合理的报价;

(2) 减少合同履行的不确定性,承包商可以准确地计划和安排工程项目的施工;

(3) 可以最大限度发挥合同双方控制风险和履行合同的积极性;

(4) 从整个工程项目的角度而言,使得工程项目获得最佳的效益水平。

国际工程项目管理的专家指出:业主应该善待承包商,公平合理地分担风险责任。一个苛刻的、责权利关系严重不平衡的合同往往是一个"两面刃",不仅伤害了承包商,而且最终会损害工程项目的整体利益,由此也伤害了业主自己。

(三) 合同风险的分配原则

对于工程合同的风险分配,理论界进行了很多的研究,提出了很多理论和方法,例如,合理的可预见性风险分配方法,可管理性分配风险方法,以及法经济学风险分配方法等(见参考文献 1)。在现代工程项目中,合同的风险分配越来越多地应用这些理论、方法和原则,采用灵活的分配策略,以适应具体的工程要求。在 1999 年新版 FIDIC 合同和 NEC 合同中都体现了这种趋势。

1. 合同风险分配的效率原则

按照效率原则,合同的风险分配应该从工程项目整体效益的角度出发,最大限度地发挥双方的积极性,有利于项目目标的成功实现。从这个角度出发,分配风险的具体原则是:

① 谁能最有效地、合理地(有能力和经验)预测、防止和控制风险,或能够有效地降低风险的损失,或能将风险转移给其他方面,则应由该参与方承担相应的风险;

② 承担者控制相关风险是经济的,即能够以最低的成本承担风险损失,同时,其管理风险的成本、自我防范和市场保险的费用最低;

③ 该参与方采取的风险措施是有效的、方便的、可行的;

④ 从项目的整体来说,风险承担者的风险损失低于其他方的由于风险得到的收益,在收益方赔偿损失方的损失后仍然能够获利,这样的分配是合理的;

⑤ 通过风险分配,加强责任意识,能够更好地进行项目的计划和控制,发挥双方实施项目的积极性等。

2. 公平合理、责权利平衡原则

对于工程合同而言,风险分配必须符合公平原则。它具体体现在以下几个方面:

(1) 承包商承担的风险与业主支付的价格之间应体现公平,合同价格中应该有合理的风险准备金。合同风险越大,合同价格就应该越高,即“风险与利润共存”。

(2) 风险责任与权利之间应平衡。任何一方有一项风险责任就应该有相应控制风险的权力,以及获得风险控制的相关利益;反之有一项权利,就必须有相应的风险责任。在合同的风险分配中,应该防止单方面权利或单方面义务的条款。例如:

① 业主起草招标文件,那么应该对其正确性(出现错误的风险)承担责任,而不应该由承包商承担招标文件错误的责任;

② 业主指定工程师、指定分包商,则应该对他们工作失误的风险承担责任;

③ 承包商对施工方案负责,则他应有权决定所选用的施工方案,并有权采用更为经济和合理的施工方案;

④ 如果采用成本加酬金合同,业主承担价格和工程量的风险,则他就有权选择施工方案,控制施工过程;而采用固定总价合同,承包商承担价格和工程量的风险,则承包商就应该有相应的权利,业主不应过多地干预工程的施工过程。

(3) 风险责任与机会对等,即风险承担者同时应能享有风险控制获得的收益或机会收益。例如,承包商承担工期风险,拖延要支付违约金;反之,如果提前竣工,业主应给予奖励;如果承包商承担物价上涨的风险,则物价下跌带来的收益也应归承包商所有。

(4) 承担的可能性和合理性,即给予风险承担者预测风险、制定计划、进行控制的条件和可能性,不鼓励他冒险和投机。风险承担者应该能够最有效地控制风险,能够通过一些措施(例如保险、分包)转移风险;一旦风险发生,他能有效地处理风险;能够通过风险责任发挥其计划、控制和实施工程项目的积极性和创造性;风险的损失应该能够由于他的作用而减少。

例如:承包商承担报价的风险、环境调查的风险、施工方案的风险和对招标文件理解的风险,则他应有合理的投标时间,业主应该提供一定详细程度的工程技术文件和工程环境文件(例如水文地质资料)。如果没有这些条件,则他不能承担这些风险(例如采用成本加酬金合同)。

公平的合同能使双方都愉快地合作,而显失公平的合同会导致合同的失败,进而损害工程项目的整体利益。

(5) 在实际工程项目中,公平合理常常难以评价和衡量。尽管民法典规定显失公平的合同无效，但是，实际的工程项目中，难以判定一份合同的公平程度(除了极端情况外)。这是由于以下几方面的原因：

① 即使采用固定总价合同，让承包商承担全部风险也是正常的。因为从理论层面而言，承包商自由报价，可以按风险的大小调整相应的投标价格。

② 工程承包市场是买方市场，业主占据主导地位。在起草招标文件时，业主经常提出一些苛刻的、不公平的合同条款，使业主权利大、责任小，风险分配不合理。但是，也可以理解成合同是双方自由商签的，承包商可以自由地报价，也可以不接受业主的条件，从这个角度而言又是公平的。

③ 由招标投标确定的工程价格是动态的，市场价格没有十分明确的合理标准。

④ 承包合同规定承包商必须对报价的正确性承担责任，如果承包商报价失误，造成漏报、错报，或基于特定的经营策略而降低报价，这属于承包商的风险。这类报价是有效的，也没有违反公平合理的原则。在国际工程中，对于单价合同，有时单价错了一个小数点，相差了10倍，例如，我国某承包商在国外的一个房屋建筑工程中，由于招标文件的理解有误，门窗报价仅为合理报价的1.9%。这类价格仍然是有效的(见参考文献14)。

3. 体现现代工程管理理念和原则

在合同的风险分配中，要考虑现代工程项目管理理念和理论的应用，例如双方的伙伴关系、风险共担、达到双赢等。在国外一些新的合同条件中，将很多不可预见的风险由双方共同承担，例如不可抗力、恶劣的气候条件、汇率、政府行为、政府稳定性、环境限制和适应性等，都体现了这种项目管理理念。

让承包商承担，或与业主共同承担不可预见的风险有很多优点，特别在一些大型的总承包项目中，承包商抗风险的能力，以及对风险的预测能力远远高于业主。但是，这种方式带来的弊端是，如果不可预见的风险太大，承包商会加大不可预见风险费，使中标的可能降低，使严谨的、有经验的承包商不能中标，而没有经验的承包商，或草率的、过于乐观的，或索赔能力强、索赔技巧好的承包商降低报价，使得这类承包商更容易中标。这也会对业主顺利地实施工程造成不利的影响。

4. 符合工程惯例原则

符合工程惯例，即符合通常的、项目管理者熟知的处理方法。一方面，惯例一般比较公平合理，较好反映了合同双方的要求；另一方面，合同双方都很熟悉惯例，工程项目更容易顺利实施。

按照惯例，承包商承担对招标文件理解、环境调查风险；报价的完备性和正确性风险；施工方案的安全性、正确性、完备性、效率的风险；材料和设备采购风险；自己的分包商、供应商、雇用的工作人员的风险；工程进度和质量风险等。

业主承担的风险主要包括：招标文件及所提供资料的正确性；工程量变动、合同缺陷(设计错误、图纸修改、合同条款矛盾、歧义等)风险；国家法律变更风险；一个有经验的承包商无法预测的风险；不可抗力的风险；业主雇用的工程师和其他承包商的风险等。

而物价风险的分担通常比较灵活，可以由一方承担，也可划定范围由双方共同承担。

第五节　工程合同重要的条款和招标过程中重大问题的决策

一、工程合同中重要条款的决策

1. 合同适用的法律。

2. 合同争议仲裁的地点和程序。这是在国际工程合同中的一个重要条款。为了保证争议解决的公平、鼓励合同双方尽可能通过协商解决争议，一般采用在被诉方所在地仲裁的原则。例如，在鲁布革水电站的工程项目中，业主是我国水电部的鲁布革工程局，承包商是日本的大成公司，施工合同规定，如果承包商提出仲裁，则在北京仲裁；如果业主提出仲裁，则到日本东京仲裁。

3. 付款方式。例如，采用进度付款、分期付款、预付款或由承包商垫资承包等多种方式。这由业主的资金来源情况等因素决定。让承包商在工程项目中过多地垫资，会对承包商的风险、财务状况、报价，以及履约积极性都产生直接的影响。当然，如果业主超过实际进度过多地预付工程款，在承包商没有出具保函的情况下，又会给业主带来风险。

4. 合同价格的调整条件、调整范围、调整方法，特别是由于物价上涨、汇率变化、法律变化、海关税变化等，对合同价格调整的规定，这将直接影响承包商的价格风险状态。

5. 对承包商的激励措施。在国外一些高科技的、开发型的工程项目中，激励合同用得比较普遍。这些项目的规模大、周期长、风险高，采用带激励条件的合同能调动双方的积极性，更有利于以鼓励承包商缩短工期、提高质量、降低成本，合同双方都比较欢迎这种合同类型，在工程实践中的应用也收到了很好的效果。在各种合同中，都可以设置激励条款。通常的激励措施有：

(1) 提前竣工的奖励。这是最常见的激励措施条款，通常合同规定工期提前一天业主给承包商奖励的金额。

(2) 如果承包商提前竣工项目，业主将项目提前投产实现的盈利在合同双方之间按一定的比例进行分成。

(3) 如果承包商能够提出新的设计方案、新的技术，使业主节约投资，则双方按照一定的比例分成。

(4) 奖励型成本加酬金合同。对于具体的工程范围和工程要求，在成本加酬金合同中，确定一个目标成本的额度，并在合同中规定，如果实际成本低于这个额度，则业主将节约的部分按一定比例奖励给承包商。

(5) 优质工程奖。这在我国应用得比较普遍。合同规定，如果业主实施的工程质量达全优(或优良)，业主另外支付一笔奖金。

6. 项目管理机制的设计。在工程施工中，业主对工程项目的控制是通过合同实现的，通过合同保证对工程项目的控制权力，是业主合同策划的基本要求。在合同中，必须设计完备的控制措施，例如，业主变更工程的权力；对进度计划审批权力，对实际进度监督的权力；当承包商进度不能保证时，指令加速施工的权力；对工程质量绝对的检查权；对工程付款的控制权；在特殊情况下，当承包商不履行或不完全履行合同责任时，业主的处置权利，例如，在不解除承包商责任的条件下,将承包商逐出现场。

7. 为了保证诚实信用原则的实现,必须有相应的合同措施。如果没有这些措施、或措施不完备,则难以形成诚实信用的氛围。例如:要业主信任承包商,业主可以采取以下措施"控制"住承包商:

(1) 工程合同中设置保函、保留金、其他担保措施。

(2) 承包商的材料和设备进入施工现场,则作为业主的财产,没有业主(或工程师)的同意不得移出现场。

(3) 合同中,对违约行为的处罚规定和仲裁条款。例如:在国际工程中,如果承包商严重违约,业主可以将承包商逐出现场,而不解除他的合同责任,让其他承包商来完成合同内容,费用由违约的承包商承担。

二、在招标过程中重大问题的决策

1. 确定资格预审的标准,以及允许参加投标的承包商数量

为了保证在工程项目的招标中有比较激烈的竞争,业主应该保证有一定量的投标单位。这样能取得一个合理的价格,选择余地较大。但是,如果投标单位太多,则招标过程中工作量大,时间较长。一般从资格预审到开标,投标人的数量会逐渐减少,即发布招标广告后,会有大量的承包商了解情况,但是,提供资质预审文件的单位就会少一些;购买标书的单位又会少一些;提交投标书的单位还会进一步减少;甚至有的单位投标后又撤回标书。对此,业主要有一个基本的把握,应该保证最终有一定量的投标人参加竞争,否则,在开标时会很被动。

由此可见,在确定资格预审的标准和进行审查时,业主必须对投标人有基本的了解和分析,应有一个整体的把控,保证最终有一定数量的有效投标人,对于公共工程项目还要达到法律规定的最少投标人数量,而且要形成比较激烈的竞争。这样,业主能够获得一个合理的价格,选择余地较大。如果投标人不能达到法律要求的最少数量,可能会导致招标无效。

2. 评标的标准

确定评标的标准对整个合同的签订(承包商选择)和履行影响都很大。实践证明,如果仅采用最低价中标的标准,而不分析报价的合理性,也没有考虑其他因素,工程实施过程中可能产生更多的争议,工程合同失败的可能性更大。因为它违反了公平合理原则,承包商没有合理的利润,甚至要亏损,当然不会有很高的履约积极性。所以,项目管理者越来越趋向采用综合评标,从报价、工期、方案、资信、管理组织等各方面综合评价投标的竞争力,以选择中标者。

第六节 建设工程合同体系的协调

从上述分析可见,业主为了实现工程项目的总目标,必须签订很多主合同;承包商为了完成他的合同责任也必须订立很多分包合同。这些合同从宏观上构成了项目的合同体系,从微观上每个合同都定义了一些工程活动,共同构成项目的实施过程。在这个合同体系中,相关的同级合同之间,以及总包合同和分合同之间存在复杂的关系,在国外,这个合同体系

又被称为合同网络。在工程项目中，这个合同网络的建立和协调是十分重要的。要保证项目的顺利实施，就必须对此作出周密的计划和安排。在实际工作中，由于这几方面的不协调而造成的工程失误是很多的。合同之间关系的安排及协调是合同策划的重要内容。

1. 合同体系应保证工程和工作内容的完整性

业主的所有合同确定的工程或工作范围应能涵盖项目的所有工作，即只要完成各个合同，就可以实现项目的总目标；承包商的各个分包合同所包括的内容，以及确定由自己完成的工程（或工作），一起应该能够涵盖总承包的合同责任。在工作内容上，不应该有缺陷或遗漏。在实际的工程项目中，这种缺陷会带来设计的修改、新的附加工程、计划的修改、施工现场的停工、缓工，导致双方的争议。

为了防止合同的缺陷和遗漏，业主应该做好以下几方面的工作：

（1）在项目招标前，认真地进行项目的系统分析，确定项目的系统范围。

（2）系统地进行项目的结构分解，在详细的项目结构分解的基础上，编制各个合同的工程量表。实际上，将整个项目的任务分解成几个独立的合同，每个合同中又有一个完整的工程量表，这都是项目结构分解的结果。

（3）进行项目任务（各个合同或各个承包单位，或项目单元）之间的界面分析。划定它们的工作责任、成本、工期、质量的界面。工程实践表明，很多合同中的遗漏和缺陷常常都发生在界面之间，而这也容易引起争议。

2. 合同体系应保证技术上的协调

技术上的协调包括很多复杂的内容，例如：

（1）几个主合同之间设计标准的一致性，例如土建、设备、材料、安装等应有统一的质量、技术标准和要求。各个专业工程之间，例如建筑、结构、水、电、通讯之间，应有很好的协调。在建筑工程项目中，建筑师常常作为技术协调的领导者；而在工业工程项目中，生产工艺的总工程师常常在技术协调中处于中心位置。

（2）分包合同应该按照总承包合同的条件订立，全面反映总合同的相关内容。采购合同的技术要求必须符合承包合同中的技术规程。总包合同的风险要反映在分包合同中，由相关的分包商承担。为了保证总承包合同全面地完成，分包合同一般比总承包合同的条款更为严格、周密和具体，对分包单位提出更为严格的要求，所以，分包商承担了更大的风险。

（3）各合同所定义的专业工程之间应有明确的界面和合理的搭接。例如供应合同与运输合同，土建承包合同和安装合同，安装合同和设备供应合同之间存在责任界面和搭接。

各合同只有在技术上协调，才能共同构成符合总目标的工程技术系统。

3. 合同体系应保证价格上的协调

在工程项目的合同总体策划时，必须将项目的总投资分解到各个合同中，作为合同招标和实施控制的依据。

对于承包商而言，由于首先需要订立与业主的承包合同，然后才订立与分包商和供应商的合同，因此，一般在签订承包合同或报价之前，承包商先向分包商和供应商询价；在承包合同签订后，再签订分包合同和供应合同。在此情况下，需要防止在询价时分包商（供应商）的报低价，而在承包商中标后，分包商（供应商）找一些理由提高价格。为了防止这种情况的发生，一方面，承包商需要与分包商和供应商之间建立长期的战略伙伴关系，另一方面，承包商也可以先与分包商和供应商签订分包合同的意向书。

4. 合同体系应保证时间上的协调

由各个合同所确定的工程活动不仅要与项目计划(或总合同)的时间要求一致,而且还需要相互协调,即各种工程活动形成一个有序的、有计划的实施过程。例如:设计图纸供应与施工的协调,设备材料的供应与运输的协调,土建工程与安装工程施工的协调,工程交付与运行等之间应合理的搭接。常见的设计图纸拖延,材料、设备供应脱节等,都是这种不协调的表现。为了避免这种问题的发生,应注意以下几个方面:

(1) 按照工程项目的总进度目标和实施计划,确定各个施工合同的实施时间安排,在相应的招标文件中,提出合同工期的要求。这样每个合同的实施,能够满足项目目标和计划的要求。

(2) 按照各个施工合同的实施计划(开工要求),安排该合同的招标工作,由于招标是一个比较复杂的过程,需要一定的时间。这样,可以保证在合同签订后,合同的实施能符合总体计划的要求。

(3) 与各个施工合同相关配套工作的安排。例如:对于一个施工合同,业主负责材料和生产设备的供应、施工现场的提供等责任,那么,业主必须系统地计划安排这些配套的工作内容。

(4) 有些计划配套的工作是通过其他合同安排的。对于这些合同也必须编制相应的计划。例如:与工程承包合同相关的,由业主负责的材料采购,业主必须安排相应的采购合同。

由此,工程活动不仅要与项目实施计划的时间要求一致,而且它们之间在时间上也要协调,即各种工程活动形成一个有序的、有计划的实施过程(见图 5-6 所示)。

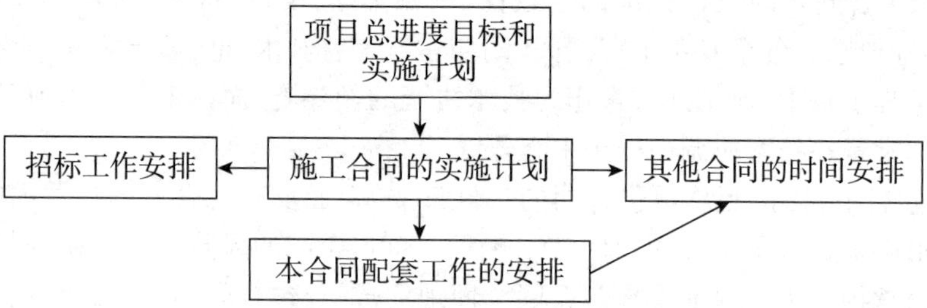

图 5-6　各工程合同时间上的协调

例如:某工程项目中,主楼基础工程施工还没有开始,而供热的锅炉设备已提前到货,要在现场停放两年才能安装。这样不但提前投入了大量的资金,占用了现场的场地,增加了设备的保管成本,而且超过设备的保修期,再出现设备的质量问题,供应商将不再承担责任。

5. 合同管理的组织协调

在实际的工程项目中,由于工程合同体系中的各个合同并不是同时签订的,履行时间也不一致,而且常常也不是由一个部门统一管理的,所以,各个合同的协调更为重要。这个协调不仅是在合同签订阶段,而且在工程施工阶段都要获得足够的重视;不仅是合同内容的协调,而且是职能部门管理过程的协调。例如:对于一份供应合同,承包商必须在总承包合同的技术文件分析后,提出供应的数量和质量要求,向供应商询价,或签订意向书;供应时间需要按照总合同的施工计划确定;付款方式和付款时间,应该与财务人员商量后确定;供应合同签订前或签订后,应就运输等合同作出安排,并报财务备案,制定资金计划,或划拨款项;施工现场应就材料的进场和储存作出相应的安排,这样就形成了一个有序的管理过程。

复习思考题

1. 为什么说合同总体策划对整个项目管理有重大的影响?

2. 在我国,很多业主都喜欢将工程分阶段分专业平行发包。请问:这对项目的实施和业主的项目管理产生什么影响?这种发包方式可能会带来什么问题?

3. “固定总价合同由承包商承担全部风险,则采用固定总价合同对业主最有利”,你觉得这样的说法对吗?为什么?

4. “合同的起草者可以将对自己有利的条款放进去,而对方常常也不易发现,所以,业主应使用自己起草的合同条件”。这样的说法对吗?为什么?

5. 试分析在FIDIC施工合同条件(红皮书)中,业主如何通过合同实施对项目(例如质量、进度和成本)的控制?

6. 如果一个工程项目采用固定总价合同,承包商的投标时间很短,招标时仅仅提供初步的设计文件,采用国外的技术规范。在这样的项目中投标,承包商可能会承担哪些风险?

第六章　招标投标阶段的合同管理

本章提要：招标投标是合同的形成阶段，它对合同的整个生命期有根本性的影响。本章从合同目标和承包商的责任出发，探讨了招标投标存在的矛盾性，介绍了工程招标投标过程、招标文件分析方法、合同风险分析和合同审查方法、投标文件分析方法等。

“合同状态”是合同签订时各种要素的集合，它在合同管理和索赔中有重要的理论价值和实际应用价值。

本章涉及业主和承包商在招标投标阶段最重要的合同管理工作，对合同管理和项目的成功有重要影响。

第一节　概　　述

一般而言，工程项目的合同通常都以招标和投标方式委托(对于业主招标而言)和承接(对于承包商投标而言)。招标投标是工程合同的形成过程[①]，是工程承包的市场行为。由于建设工程实施过程和工程合同的复杂性，工程项目实施过程中各类问题、争议、矛盾，以及很多工程项目和工程合同失败都是招标投标过程的问题引起的。因此，合同双方都必须十分重视招标投标阶段的合同管理工作。

一、工程招标投标的总体要求

为了顺利地实现项目的总目标，招标投标必须符合以下要求：

1. 签订一份合法的合同。这是招标投标工作最基本的要求。如果工程合同的合法性不足，会导致整个合同，或合同的部分条款无效。这将导致合同中止，严重的合同争议，工程项目不能顺利实施，合同各方都会由此遭受损失。

2. 双方在互相了解、互相信任基础上签订合同。

(1) 业主的目标是找到一个资信好、有能力，并且其技术、方案都能保证工程项目顺利实施的合格承包商。业主通过资格预审和投标文件的分析等手段已经了解承包商的资信、能力、经验，以及承包商为工程项目的实施所作的各项安排，相信承包商能圆满完成合同责

---

① 工程项目中的招标人可能有业主和总承包商，但是，最常见的是业主。

投标人可能是承包商还可能是分包商(对分包合同)。“承包商”一词，广义的说，是针对业主而言的，是工程承包市场上的一个主体。对一个具体的工程项目而言，“承包商”又是针对合同实施过程而言的，所以，在合同中就用“承包商”一词；“投标人”通常是针对招标投标过程而言的，所以，在投标人须知中一般都用“投标人”一词。在招标投标阶段，常常“承包商”和“投标人”都经常用到，通常涉及投标工作，而且涉及所有投标人，就用“投标人”一词，而涉及合同的实施，一般就用“承包商”一词。

任。通过招标过程的竞争比较，业主接受承包商的报价。在所有的投标人中，承包商的报价低，并且合理。

（2）承包商已经了解业主的资信，相信业主的支付能力；全面了解业主对工程项目、对承包商的要求和自己的责任，理解招标文件、合同文件；了解工程项目的环境状态和自己所面临的风险、工程项目的难度，并已经进行了周密的安排；承包商的报价是有利的，也已经包括了合理的利润。

由此可见，招标投标的过程应该是合同双方互相了解、真诚合作，形成伙伴关系的过程，而不是互相防范、互相戒备、斗智斗勇的过程。在设置招标投标的程序时，应该安排充分的时间和工作过程，增进双方的相互了解。但是，在很多工程实践中，经常出现如下几类情况使得合同双方并没有在互相了解、互相信任基础上签订合同：

① 业主设置的招标时间过于紧张，使得承包商没有充分的时间分析招标文件，考察工程项目，编制投标文件，使得业主和承包商没有充分的时间进行合同谈判，讨论项目实施方案，修正招标文件的错误等。

② 业主设置的招标过程，或评标标准不合理，例如，在设计-建造项目的招标过程中，如果业主不考虑设计方案，而完全采用传统模式的竞争性评标方法就是不合理的，因为在设计-建造项目中，设计方案的科学性、先进性、可建造性是影响项目总投资、质量和进度非常重要的内容。

③ 业主利用自己的买方市场地位，设置不合理的招标流程、评标规则或合同文本，双方不是在平等的基础上，基于为实现项目的成功，而进行合同交易。

上述种种情况，都很容易造成项目实施过程中的各类问题。

3. 签订一份完备的、周密的、含义清晰的，同时又是责权利关系平衡的合同，以保证工程项目的顺利实施，减少合同履行中的漏洞、争议和不确定性。

如果在合同中缺少某些重要的、必不可少的条款，或者合同规定含混不清，难以分清双方的责任和权利；或不同的合同条款、不同的合同文件之间的规定和要求不一致，出现缺陷、漏洞、错误、矛盾和歧义等，都可能导致计划的修改、合同争议，甚至合同的失败。

4. 双方对合同有一致的理解。在合同签订前，双方对合同所确定的工程范围、双方责任的划分、风险的分配、管理程序等方面，应有一致的理解，签订合同的态度、期望和策略应是一致的。双方对合同理解的不一致会导致报价和计划的失误、合同争议和索赔。

在国际工程中，项目管理界总结了很多成功的工程项目经验，将项目成功的原因归结为13个因素，其中，最重要的一个因素是通过合同明确项目的目标，合同各方在对合同统一认识、正确理解的基础上，就工程项目的总目标达成共识（见参考文献21）。

在招标过程中，项目参与方，特别是业主必须对上述问题有一个清醒的认识，要建立理性的思维。

二、工程招标方式

1. 公开招标

公开招标是指招标人通过公开媒体（例如网络、报纸、电视等）公布招标公告，邀请不特定的法人或者其他组织投标，对投标人的数量不作十分具体的限定。

根据我国招投标法的规定，依法必须进行招标的项目，其招标投标活动不受地区或者部门的限制。资格预审时,招标人不得以不合理的条件限制、排斥潜在的投标人,不得对潜在的投标人实行歧视待遇。任何单位和个人不得以行政手段或者其他不合理的方式限制投标人的数量,不得违法限制或者排斥本地区、本系统以外的法人或者其他组织参加投标,不得以任何方式非法干涉招标投标活动。

公开招标中,业主选择投标人的范围大,投标人之间充分地平等竞争,有利于降低报价,提高工程项目的质量,缩短工期。但是,这种招标方式所需的时间较长,业主有大量的管理工作,例如准备很多资格预审文件和招标文件。资格预审、标前会议、投标文件审查、澄清会议、评标的工作量大,并且必须严格认真。在这个过程中,严格的资格预审是十分重要的,这样一方面可以减少评标的工作量,另一方面也可以确保或提高投标人的总体竞争力。

公开招标不仅会造成业主时间、精力和资金的浪费,而且导致很多无效投标,造成大量社会资源的浪费。很多投标人竞争一个标,每个投标人都要花大量的费用和精力分析招标文件,进行环境调查,编制施工方案,编制报价文件,起草投标文件。除了中标人外,其他投标人的花费都是徒劳的。这会提高承包商的经营费用,由此提高了整个承包市场上的工程价格。

2. 选择性竞争招标

选择性竞争招标,即邀请招标。指业主根据工程项目的特点,有目标、有条件地选择几个企业或者其他组织,以投标邀请书的方式,邀请他们参加投标竞争,这是国内外经常采用的招标方式。采用这种招标方式,业主的事务性管理工作较少,招标所用的时间较短、费用相对较低,同时,业主也可以获得一个比较合理的价格。但是,业主对被邀请的投标人要进行比较多的调查,进行更为严格的资格预审。国际工程项目的实施经验也表明,如果工程的技术设计比较完备、信息齐全,签订工程承包合同最可靠的方法是采用选择性竞争招标。

在我国,选择性竞争招标是受到限制的,只有在以下情形下,经过批准才可以采用:

(1) 工程技术复杂或有特殊的专业性要求,只有少量几家潜在投标人可供选择的;

(2) 受自然地域环境限制的;

(3) 涉及国家安全、国家秘密或者抢险救灾,适宜招标,但不宜公开招标的;

(4) 拟公开招标的费用与项目的价值相比,不值得的;

(5) 法律、法规规定不宜公开招标的。

当然,对于私人投资的工程项目,业主也可以采用选择性招标的方式。我国的招标投标法规定,采用邀请招标,投标人数量不得少于3家。

3. 议标

议标是指业主直接与一个承包商进行合同谈判,签订合同。在这种方式中,业主减少了很多的管理工作量,仅仅是一对一的合同谈判,不需要准备大量的招标文件,也基本没有复杂的管理工作,招标时间又很短,能够大大地缩短项目实施的周期,甚至可以一边议标、一边开工。由于没有竞争的压力,承包商的报价偏高,工程合同的价格自然较高,而且对其他的承包商不公平。一般情况下,在以下一些特殊情况下采用这种招标方式:

(1) 业主对承包商十分信任,可能是长期战略合作关系,承包商的资信很好。

(2) 由于工程项目的特殊性必须采用这种招标方式,例如军事工程、保密工程、特殊专业工程,或仅由一家承包商控制的专利技术工程等。

(3) 对于采用成本加酬金合同,经常采用议标的方式选择承包商。

(4) 在一些国际工程项目中，承包商帮助业主进行项目前期策划，进行可行性研究，甚至承担项目的初步设计。当业主决定实施这个工程项目后，一般都用总承包的形式委托工程项目，采用议标形式签订工程合同，这主要是由于该承包商最熟悉业主的要求、工程项目的环境和工程技术要求。

如果承包商的能力强、资信好、报价合理(或报价有比较明确的依据)，双方愿意，则通过议标直接签订合同也是一个很好的方法。但是，在我国，特别是公共工程项目中，议标并不是法律提倡的招标方式。

三、工程招标投标问题的复杂性

通过招标投标形成合同是工程承包合同的特点，也是承包商的业务承接方式。工程招标投标与其他领域的招标投标有很大的区别。

1. 合同标的物——工程系统的复杂性和个性化。

现代工程项目不仅规模大，涉及的专业门类多，而且科技含量高，常常是硬件(例如结构工程)和软件(例如智能化系统)的结合。这是工程合同和工程的招标投标过程一切问题和复杂性的根源。

2. 工程业务方式的特殊性。

与通常的货物采购合同不同，工程合同主要通过招标投标先确定合同价格和工期，然后再完成工程的设计、供应和施工工作。在招标投标阶段，对合同的标的物——工程的范围、技术细节的描述常常是不完全的，双方理解也经常不一致，由于这些原因，要事先比较准确地确定合同价格和工期是十分困难的，特别在总价合同的项目中更是如此。

这是工程合同的基本矛盾，是工程招标投标过程和合同实施过程中许多冲突和争议的根源。

3. 与通常市场上一般物品的买卖合同不同，工程合同的实施过程是复杂的，不是简单的“一手交钱、一手交货”的过程。

(1) 工程项目是在合同签订后完成的，在合同签订前，承包商只能制定出工程项目的实施方案和计划，业主只能对其作出评价，或提出修改意见。此外，工程项目的实施方案和实施计划是十分复杂的，专业性很强。

(2) 由于承包商的实施方案和实施计划是对拟建工程在建设之前的一种预定的方案，因此，这对任务承担者的能力和资信就有特殊的要求，而且工程项目的实施具有一次性的基本特征，使双方的合作风险很大，所以，业主必须掌握主动权。

(3) 工程合同的实施过程是双方合作的过程。业主参与工程项目的实施，有控制工程项目实施过程的权利(例如审批、作出同意、发布指令等)，完成应该由业主完成的合同责任(例如提供实施条件、提供材料和设备、完成设计等)，因此，也必须承担相应的风险责任。

由此可见，在工程合同中，业主承担的风险(特别是承包商的资信风险、能力风险和环境风险)比其他类型的合同都大。这不仅需要对投标人的资信和能力进行认真的甄别，而且要对其提出的实施方案进行可行性评价，对其投标价格进行合理性分析。这就需要建立一个更为严谨的招标投标过程。

4. 工程法律规定，必须保证工程项目招标投标过程的公平性，要使各个投标人具有相同的投标标准，公平地参与竞争，投标的程序和选择指标公开、透明。因此，在工程项目的招标中,应编制统一的招标文件、统一的评标尺度,要求投标人完全响应招标条件,不允许投标人对招标条件进行修改。但是,也应该容许投标人根据自己的特色和优势编制具有各具特色的投标文件,只有发挥每个投标人的优势才能让业主获得最优的项目效益。

5. 业主和承包商的信息不对称。在整个工程合同的生命期中,业主和承包商的信息不对称在以下两个阶段中的状况是不同的。

(1) 在招标投标过程中,业主作为投资者,在事前就对工程项目的目标系统、要求进行了全面、统筹的考虑,对环境进行了调查研究,也进行了比较充分的可行性研究、决策和准备过程,已经委托了勘察设计工作。所以,他对工程项目有比较成熟的思考,掌握了较多的项目信息。

但是,在这个阶段中,承包商是通过招标过程了解工程项目的,包括业主的招标文件、现场环境以及业主资信和能力。由于一般的工程项目投标时间都比较短,而不中标的可能性又很大,承包商从主观上也需要控制投标成本,难以对项目进行深入的调查研究。所以,在这个阶段,对工程目标、环境等方面的信息,业主比承包商了解得更加全面系统。

但是,对于承包商的工程实施方案、资信和能力等方面的信息,业主又处于不利地位。

(2) 在工程项目的施工过程中,业主不参与具体的项目实施,仅仅进行项目的宏观控制。此外,一般而言,与承包商相比,业主的项目管理经验更少;而承包商具体负责工程项目的现场实施,编制详细的计划和组织设计,采购材料和设备,所以,其在工程项目实施的技术和组织、实施环境、工程材料和劳务市场等方面的信息优势,都远远超过了业主。

在现代工程项目中,这种信息不对称性对合同风险和责任的分配,争议的解决有很大的影响,而且常常导致合同双方对工程项目、对对方的期望是不一致的,有时会有很大的差异。

6. 工程项目的招标容易出现腐败现象,不管在公共工程、还是在私营工程中都是这样,所以,上层管理者要严格地控制招投标过程,制定透明、规范的招投标程序,各个参与者要有比较严密的制衡,社会各个方面也对工程招标投标的公平性和公开性提出了很高的要求。

在我国,制定了比较严密的招标投标法,各级地方政府也都制定了详细的招标投标管理办法。近十几年来,理论界对招标投标过程的公开、公正和防止腐败进行了大量的研究,提出了各种各样的措施。但是,工程招标投标仍然是包括我国在内的很多国家腐败的重灾区,出现的问题是普遍的、触目惊心的,影响是巨大的,并且很难有效地解决这个问题。这些问题不仅仅涉及招标投标程序的科学性,而且有其深刻的社会和历史的根源,涉及法制的健全程度、国家投资管理体制和管理机制、用人制度、社会诚实信用氛围以及价值观等。

很多年来,人们过于注重从招标投标程序解决我国工程方面的腐败问题,赋予工程招标投标组织和过程过大的反腐败职能,其结果不仅效果不大,而且大大削弱了工程招标投标和工程管理自身的科学性。

四、承包商的目标和艰难的处境

(一) 承包商的基本目标

在招标投标阶段,承包商的主要目标有:

1. 提出有利的、同时又具有竞争力的报价。报价的合理性是能否取得工程承包资格,获得工程合同的关键。工程报价必须符合两个基本的要求:

(1) 报价应该是有利的。它应该包含承包商为完成合同规定义务的全部费用支出，以及期望获得的利润。承包商都期望通过工程承包业务获得盈利。

(2) 报价应该具有足够的竞争力。在通过资格预审之后，有很多投标人竞争工程承包的资格，他们之间主要通过报价进行竞争。所以，承包商不仅要争取在开标时进入业主规定的短名单(Shortlist)范围，有资格与业主进行议价谈判，并且必须在议价谈判中击败竞争对手中标。所以，承包商的报价又应该是低而合理的。一般而言，报价越高，竞争力越小。

2. 签订一份有利的合同。对于承包商而言，有利的合同可以从以下几个方面进行定性的评价：

① 合同条款比较优惠，偏向于保护承包商的利益；

② 合同价格较高或适中，承包商具有合理的利润水平；

③ 合同的风险相对较小；

④ 合同双方的责权利关系比较平衡；

⑤ 没有很多苛刻的、单方面约束承包商的条款。

(二) 承包商在招标投标阶段艰难的处境

承包商要签订一个有利的合同是十分困难的，在招标投标过程中，招标人和投标人的角色是不平等、不平衡的。承包商作为投标人处于十分艰难、不利的境地，具体表现在以下几个方面：

1. 业主采用招标方式委托工程项目，形成了工程承包业务的买方市场，几家、十几家甚至几十家承包商参与项目的投标竞争，而最终只有一家投标人中标，成为承包商，所以，在项目招投标中竞争十分激烈，业主一般都掌握了主动权。

(1) 招标文件由业主起草，表达了业主的想法和立场，一般的业主都会在招标文件中包括苛刻的投标条件和合同条件，而且不容许投标人修改这些条件。很多招标文件规定，投标人必须完全响应，按照招标文件的要求制定计划，进行报价，投出标书，不容许修改这些条件，甚至不容许投标人提出保留意见，否则作为废标处理。但是，投标人一旦提出投标文件，从法律的角度而言，业主招标文件的内容反过来就作为投标人承认，并以此提出要约的文件依据，承包商对此必须承担相应的法律责任。

(2) 尽管工程合同的风险很大，但是，由于工程承包市场的竞争激烈，承包商为了中标，不惜竞相提出优惠条件、压低报价，以提高报价的竞争力。很多年来，工程承包报价中的利润一直趋于减少。

(3) 在工程实践中，业主不一定以最低价选择中标单位，并且可以以任何形式，不作任何解释地宣布某个投标人的标书无效，并且不需要补偿投标人投标所发生的任何成本。

2. 由于参加竞争的投标人很多，中标的可能性通常很小，所以，大部分投标人不可能花过多的时间和精力进行详细的环境调查，编制详细的实施计划，否则，如果承包商没有中标，其所发生的投标成本太高。基于这个原因，承包商投标报价的准确性也会受到一定的影响。一般情况下，承包商投标所花费的时间和成本，与其期望中标的可能性、项目的重要程度、公司的经营策略都是相关的，其期望中标的可能性越大、项目的重要程度越高，当然其投标所投入的时间和成本就越多，由此，其投标报价的准确性越高。

3. 投标书是投标人的要约文件，表示投标人对招标文件中所确定的招标条件和要求的响应和认可,愿意以自己的投标报价承接招标文件所描述的工程任务,并按照合同的要求修补其任何缺陷。投标书一旦签字,并按照招标文件的要求提交给业主,在投标截止日期后生效。它是具有法律约束力的文件,也是合同的重要组成部分。

4. 在现代工程项目中,由于招标投标制度的逐渐完善、咨询工程师管理水平的提高,在招标文件中,一般都设置了比较完整而严密的、对承包商的制约条款和招标投标程序。合同条件都假设承包商是"有经验的承包商",能够胜任工程项目的投标工作,以及顺利地完成工程。通常施工合同都规定:

(1) 承包商对现场以及周围环境进行了调查,对调查结果满意,达到能够正确估算费用和计划工期的程度,并已获得了影响投标报价的风险、意外事件和其他情况的所有资料。

(2) 按照合同原则和招标文件的规定,承包商认真地阅读和研究了招标文件,并且全面、正确地理解了合同精神,明确了自己的责任和义务,对招标文件理解的正确性负责。

(3) 承包商对投标文件,及其报价的正确性与完备性满意,该报价已经包括了他完成全部合同责任的所有费用。如果出现报价问题,例如出现了错报、漏报等问题,都应该由其自己负责。

(4) 承包商对环境条件应该有一个合理的预测,只有出现"有经验的承包商"(在投标时,承包商一般都申明他是"有经验的")无法预见的特殊情况,才能对其免责。

(5) 在有些合同中,业主提出了更加苛刻的条件,让承包商承担地质条件、环境变化等方面的风险。

如果出现合同争议,调解人、仲裁人或法庭解决争议时,都遵守"采用合同字面意义解释合同"的原则,并认定双方都清楚地理解并一致同意合同的内容。所以,承包商一旦投标,或签订合同,则表示其已经全部认可了上述条件,也就是承认了自己的不利地位。

5. 投标人承担了如此大的责任,但是,招标文件又常常是不清楚、不细致的。有些工程项目的投标时间短,投标人不可能、常常也无法进行详细的研究和计划。在国际工程中,招标文件的翻译力量不足、翻译水平低,经常出现对招标文件理解不一致的问题,这也给合同的顺利履行造成了很大的负面影响。

基于上述分析可知,承包商的投标风险很大,实际的工程项目中,由于投标的失误而引起的合同问题很多,也非常常见。

第二节 工程合同的形成过程和合同状态分析

一、工程合同的形成过程

在现代工程项目中,已经形成十分完备的招标投标程序和标准化的合同文件。在我国,住房与城乡建设部,以及很多地方的建设管理部门,都颁发了针对工程建设施工招标投标管理和合同管理的法规,还编写并发布了招标文件,以及各种合同文件范本。在国际上,也有各个机构编写的标准招标文件、合同示范文本,并形成了适合于各个地方工程合同管理的惯例。对于经常参与国际工程投标的承包商而言,应该非常熟悉这些示范文本以及地方惯例,以降低项目实施的风险，提高项目成功的可能性。

为了实现业主招标的预期目标，不仅要保证招标投标程序安排是科学的、合理的、合法的，而且合理安排各项工作的时间，以保证业主的各个机构、参与投标的所有单位、评标组织等都有充裕的时间完成相关的工作，并进行有效的沟通，否则会给合同双方，以及后续合同的履行带来严重的问题。一般而言，工程项目的招投标程序所包括的步骤见图 6－1 所示。

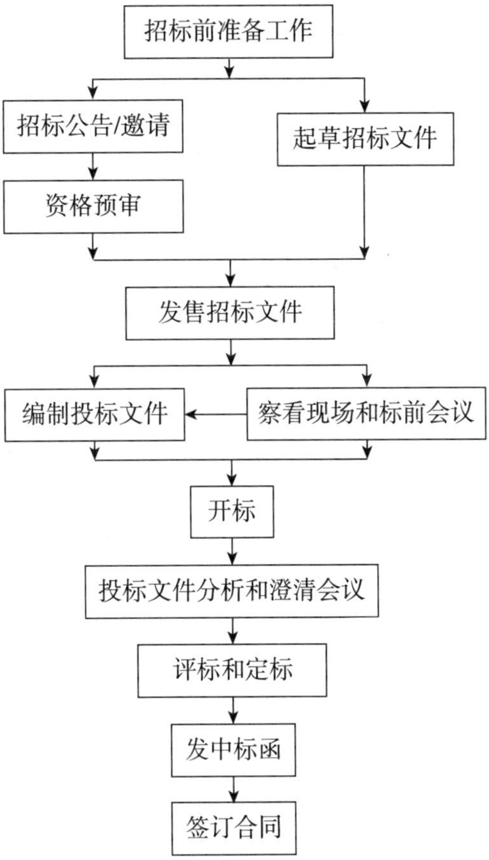

图 6－1　工程项目的招投标程序

1. 招标前准备工作

(1) 完成工程项目的各类审批手续，例如进行规划、用地许可、项目的审批等，使本合同具有法律规定的实施条件。

(2) 建立招标的组织机构。通常成立项目的招标委员会，或委托咨询公司(招标代理公司或项目管理公司)负责招标过程的事务性管理工作。

(3) 对于公共工程项目，业主需要向政府的招标投标管理机构提出招标申请，取得相应的招标许可。

(4) 需要对合同的标的物(工程项目)完成符合招标和签订合同要求的设计，使得投标人有更加丰富的项目信息作为制定实施方案、进行投标报价的依据。例如，对于工程施工合同而言，应该完成工程图纸、规程的编制等，对于工程总承包合同，应该完成工程项目的设计任务书。

(5) 在合同总体策划的基础上，起草招标文件，并编制标底。

成功的招标需要一个稳定的项目实施策略和计划，以及正确的合同策划，并以此编制一份完善的招标文件。

2. 发布招标通告或发出招标邀请

(1) 对于公开招标的项目，一般在公共媒体(例如报纸、杂志、互联网)上发布招标公告，介绍招标工程项目的基本情况、资金来源、工程范围、招标投标工作的总体安排。

招标人应该通过招标公告使有资质和能力的投标人尽快，而且方便获得项目的所有信息。从发出招标公告到资格预审文件的提交截止应该设置合理的时间范围，以保证有足够数量的投标人参与竞争，由此，也保证投标竞争的公平性和公正性。

(2) 如果采用邀请招标方式，则应该在广泛调查的基础上，确定拟邀请的投标单位。为了邀请到具有足够竞争力的投标人，招标人应该尽量了解工程领域的潜在承包商的基本情况，在确定投标单位的邀请对象时应该有较多的选择，防止有一些投标人中途退出，导致最终的有效投标人数量达不到法律规定的要求。

3. 资格预审

资格预审是合同双方初次的相互选择。业主为全面了解投标人的资信、企业各方面的情况以及工程经验,发布内容和格式统一的资格预审文件,投标人需要按照规定的要求填写并在确定的时间内提交,业主进行审查。按照诚实信用原则,投标人必须提供真实的资格审查资料。业主必须进行全面的审查和综合的评价,以确定投标人是否具有投标资格,并通知初选合格的投标人。

4. 投标人购买招标文件

只有通过资格预审的投标人才可以购买招标文件,参加投标。当然,对于有些工程项目,业主为了节省投标人的投标成本,不需要投标人购买招标文件,业主也仅仅提供电子版本的招标文件,或仅仅提供少量的打印文本。

5. 现场考察和标前会议

标前会议是招标投标双方的又一次重要的接触。通常在标前会议前,投标人已经初步阅读,并分析了招标文件,将其中的问题在标前会议上向业主提出,由业主统一解答,对于影响投标的重要信息应该通知所有的投标人。此外,在标前会议期间,业主一般会要求或邀请投标人考察现场。这些主要是为了让投标人更及时、全面地了解招标文件和现场情况,以利于编制投标文件,因此,标前会议和现场考察应该安排在投标截止期前足够的一段时间。

6. 投标人编制投标文件和投标

从获得招标文件到投标截止日期期间,投标人的主要工作就是编制投标文件和投标。这是投标人在合同签订前的一项最重要工作。在这个阶段,投标人完成对招标文件的分析、现场考察和环境调查,确定实施方案和计划,编制工程预算,确定投标策略,并按照业主要求的格式、内容编制投标文件,按时送达投标人须知中规定的地点。

从发布招标文件到投标截止的时间不能太短,否则,投标人没有充足的时间了解项目,编制准确的投标文件,由此,会加大投标报价和合同签订的风险。根据我国招投标法的规定,从招标文件发出之日起至投标人提交投标文件截止之日止,最短不得少于二十日。

7. 投标截止和开标

在招标投标阶段和工程施工中,投标截止日期是一个重要的里程碑。

(1) 投标人必须在该时间前提交投标文件,否则投标无效。

(2) 投标文件从这个日期起成为正式的要约文件,如果投标人不遵守投标人须知中的规定,业主可以没收他的投标保函;而在这时间前,投标人可以撤回、修改投标文件。

(3) 在国际工程中,例如 FIDIC 合同条件规定,投标文件的编制是以投标截止期前 28 天当日(即"基准期")的法律、汇率、物价状态为依据。如果基准期之后法律、汇率等发生变化,承包商有权调整合同价格。

开标通常仅是一项事务性工作。对于公共工程项目而言,一般需要当众检查各个投标书的密封及表面印鉴,剔除不合格的标书,再当场拆开,并宣读所有合格的投标文件的报价、工期等指标,对于以最低价中标的招标项目,也需要当场宣布中标的投标人。

8. 投标文件分析和澄清会议

投标文件分析是业主在签订合同前最重要的工作之一。业主自己或委托咨询工程师对入围的(一般取前 3~5 名)投标文件从价格、工期、实施方案、项目组织等各个角度进行全面分析。在市场经济下，对于专业性比较强的大型工程项目，这个工作的重要性更加突出。

在投标文件的过程分析中，如果业主发现问题，例如报价问题、施工方案问题、项目组织问题等，可以要求投标人澄清。

9. 评标、决标、发中标函

(1) 评标。业主通过投标文件的分析和澄清会议，全面了解了各投标人的投标文件内容，包括报价、方案、组织的细节问题，在此基础上进行评标，按照预定的评价指标作出评标报告。

(2) 决标。按照评标报告的分析结果，根据招标规则的规定，确定中标单位。现在一般多采用多指标的评价方法，综合考虑价格、工期、实施方案、项目组织等方面的因素，分别赋予不同的权重，进行评分，以确定中标单位。

(3) 发中标函。招标人对选定的中标单位发出中标函，这是承诺。中标函的发出表明合同已正式成立，但是，在中标函发出之后，双方还要签订合同协议书。在中标函发出至签订合同协议书的这段时间内，合同双方还可以针对合同的细节、项目的实施方案等，进行商谈，以进一步增进双方对工程项目要求的理解。

承包商应在收到中标函后的规定时间内与业主签订合同协议书，如果承包商没有正当的理由不签订合同，业主有权没收承包商的投标保证金。

二、合同状态分析

(一) 合同状态的基本概念

对于一个特定的工程合同，什么样的价格是合理的？什么样的条款是公平的，或不苛刻的？如何分析和评价双方的责任和风险，以及风险的大小？这些不仅是由合同的内容(书面表述)决定的，也是由合同签订与实施的内部和外部各方面的因素决定的。

工程承包合同是集合多方面资料、信息、要求等的整体，必须以整体的视角进行理解和把握。这个整体不仅包括全部的合同条款、全部的合同文件，而且还包括合同签订和实施的内部和外部的各种因素。

从前面合同形成过程的分析可知：

1. 业主编制了招标文件(包括合同协议书、合同文件、规程、图纸)，确定了承包商的工程范围，业主和承包商的合同责任，以及合同实施过程中各种问题(例如合同价格的调整、工期管理、质量管理、违约责任等)的处理规定。这是业主提出的要约邀请。

2. 承包商在环境调查的基础上，确定完成承包商合同责任的技术、组织和管理的方案。在此基础上，承包商编制工程预算，提出投标报价。这是承包商的要约。

3. 如果业主接受承包商的投标，发出中标函，即对承包商的要约作出了承诺，双方即可以签订合同，确定合同的价格和工期。

由此可见，一份工程合同的签订实质上是双方对合同文件(包括双方的合同责任、工程范围和详细的工程量等)、工程环境条件、具体实施方案(包括工期、技术组织措施等)和合同价格等，很多方面的共同承诺。这几个方面互相联系、互相影响，又互相制约，共同构成工程的“合同状态”(见图6-2所示)。

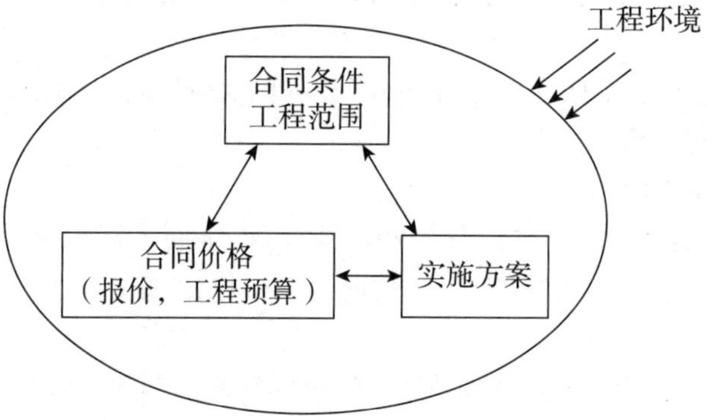

图 6-2　工程项目的合同状态

基于上述分析可知,合同状态是合同签订时各方面要素的集成。

(二)合同状态中各因素之间的关系

合同的签订是双方对合同状态的一致承诺。合同状态的各因素之间存在着非常复杂的内部联系,如果工程中的某个因素发生了变化,打破了原来的"合同状态",那么应该按照合同规定调整"合同状态",由此达成新的平衡。下面以 FIDIC 合同条件为例,分析合同状态各个因素的关系。

1. 合同文件的修改、变更,会造成承包商工程范围、工作内容、性质、合同责任的变化,对此,承包商一般都需要修改实施方案(包括延长工期),并按照规定调整合同价格或工期。

此外,合同文件不仅规定了承包商的合同责任,而且规定了业主的合同责任,合同的签订就表示业主承诺全面完成他的合同责任,否则就要调整合同价格,延长工期。

2. 环境变化。环境变化是工程项目的外部风险,这在工程项目中极为常见,它会引起实施方案的变化和价格的调整。例如:FIDIC 合同条件规定,如果出现一个有经验的承包商也无法预料的、除现场气候条件以外的外界障碍或条件,那么,应调整合同价格,延长工期。

3. 实施方案的变化。在大部分的情况下,工程项目的实施方案由承包商制定,作为投标文件的一部分提交业主审查。它是投标报价和合同实施的重要依据。承包商对实施方案的完备性、稳定性和安全性负责。但在施工过程中,如果业主要求修改已确定的实施方案,例如,指令承包商采用更先进的设备和工艺、缩短或延长工期、变更实施的顺序,或由于业主不能完成自己的合同责任,造成对实施方案的干扰;或由于环境变化导致承包商实施方案的变更,则应该相应地调整合同价格,延长工期。

由此可见,合同状态的四个方面互相联系、互相影响,其中,合同价格是核心。

(三)合同状态的作用

在合同管理和索赔中,合同状态有重要的理论价值和实际应用价值。

1. 给项目管理者建立合同的整体概念。在分析合同文件,提出报价,进行合同谈判、合同实施控制的过程中,必须有联系地、系统地分析问题,考虑合同状态的每个要素。一个合同条款是否有风险、或风险的大小,不仅要看合同文件的表述,而且要看该合同的具体环境、合同价格所包括的内容、所采用的实施方案等。例如:在一个经济十分稳定的国家实施工程项目,采用固定总价合同,其物价风险很小,而且容易预测;然而,同样的合同应用在经济不稳定、物价波动大的国家,承包商面临的风险就可能非常大。所以,无论承包商、监理工程师或业主，都必须建立“合同状态”的概念，具有分析“合同状态”的意识。

2. 合同状态所确定的是一个完整的、系统的工程计划，所以，又经常被称为“计划状态”。这个计划既包括了合同双方的责任、工期、实施方案、费用、环境等，还考虑了它们之间的有机联系，所以，合同状态是全面的集合，它能符合并充分体现项目的整体目标。

3. 作为合同实施的依据。合同双方履行合同的过程，实际上也是实施合同状态的过程。即在确定的环境中，按照预定的实施方案，完成合同规定的义务。所以，合同状态也是项目控制的依据。

4. 确定合同状态的各项文件是索赔（反索赔）以及争议解决的依据。承包商的索赔实质上是工程实施过程中，由于某些因素的变化，使原定的合同状态被打破，从而按照合同规定提出调整合同价格的要求，由此建立新的平衡。所以，合同状态是索赔理由分析，干扰事件影响分析，索赔值计算的依据。在有些国家，业主将承包商（有时将通过初评的几个投标人）编制投标报价的各个依据、计算过程和结果等资料，在检查后进行封存。如果在合同实施中产生重大的变更，或发生索赔，双方存在争议，再对这些资料进行查阅，以作为分析问题的基础，据此进行调解或仲裁。

5. 合同状态的概念将投标、合同签订，以及工程施工中各方面和项目管理各种职能工作联系起来，形成一个完整的体系。例如：在投标中，合同状态将技术方案、计划、环境、估价（预算）、经营等统一起来，建立它们之间的联系（工作过程和信息流程），这对项目经营和管理都是十分重要的。

第三节　招标文件的分析方法

一、招标文件的内容

在整个工程项目的招标投标和实施过程中，招标文件是一份最重要的文件。

按照工程项目的性质、规模、招标方式、合同种类的不同，招标文件的内容会有很大差异。工程施工的招标文件通常包括以下主要内容：

1. 投标人须知。投标人须知虽然由业主起草和提供，但是，它实质上是业主和投标人对招标阶段的工作程序安排、双方责任、工作规则（例如投标要求、评标规定、无效标书条件）等所约定的“合同条件”。投标人须知的内容通常包括：

（1）对招标工程的综合说明，例如工程项目的概况、工程的招标范围等。

（2）招标工作的安排，例如业主联系人的情况、联系方式，投标书递送日期、地点，投标要求，评标规定，对投标人的规定，无效标书条件等。

投标人须知是指导投标人投标的重要文件。在投标人须知中，应公布评标和授予合同的标准，以及合同适用的法律和法规，以保证公平和合法。

2. 投标书及附件。这里业主提供的统一格式和要求的投标书，承包商可以直接填写。

3. 合同协议书（草案）。它由业主拟定，是业主对将签署的合同协议书的期望和要求。合同协议书一般很简短，主要包括合同的价格、工期、质量要求，以及签订合同双方的公司信息。业主对项目的具体合同要求在合同条件中提出。

4. 合同条件。业主提出或确定的适用于本工程的合同条件文本。通常包括通用条件和专用条件。

5. 合同的技术文件,例如技术规程、图纸、工程量表等。

6. 业主提供的其他文件。例如:场地资料,包括地质勘探钻孔记录和测试的结果;由业主获得的场地内和周围环境的情况报告(地形地貌图、水文测量资料、水文地质资料);可以获得的场地及周围自然环境的公开的参考资料;关于场地地表以下的设备、设施、地下管道和其他设施的资料;毗邻场地和在场地上的建筑物、构筑物和设备的资料等。

将招标文件的内容与前面第三章所述施工合同文件范围相对照可以发现,合同的主要文件都已经包括在招标文件中。

二、招标文件的基本要求

从上面的分析可见,招标文件是法律、工程技术、商务几方面的综合性文件。

1. 招标文件必须按照前面合同总体策划结果起草,符合项目的总体战略,符合合同的基本原则,有利于达到前述成功的招标投标标准。作为一个严肃、理性、严谨的业主,应该建立一个基本理念:招标文件不是为自己起草的,而是为工程项目的总目标起草的。

2. 应该有条理性和系统性,清楚易懂,不应该存在矛盾、错误、遗漏和歧义等问题。对承包商的工程范围、风险分担、双方责任应进行明确清晰地规定。业主要使投标人比较简单和方便地进行招标文件的分析,进行合法性、完整性审查,能清楚地理解招标文件,懂得自己承担的工程范围、技术要求和合同责任。使投标人十分方便、精确地计划和报价,能够正确地履行合同。

3. 按照诚实信用原则,业主应提出完备的招标文件,尽可能详细地、如实地、具体地说明拟建工程项目的情况和合同条件;提供准确的、全面的规程、图纸、工程地质和水文资料。一般而言,业主应该对招标文件的正确性承担责任,即如果招标文件出现错误、矛盾,应该由业主负责。为了避免合同履行过程中出现问题,招标文件中的规程和图纸应尽量准确。

对于业主在招标文件中提供的资料所承担的责任,使业主处于两难的境地:

(1) 业主提供的资料越详细,不仅业主的成本越大,而且资料出错的可能性也越大,由此,业主可能承担的责任就越大。作为投标人有权相信业主提供的资料的真实性和准确性。

【案例 6-1】 我国某水电站建设工程项目,采用国际招标,选定国外某承包商承包引水洞的工程施工。在招标文件中规定了应该由承包商承担的税种和税率。但是,在其中遗漏了承包工程总额 3.03%的营业税,因此,承包商报价时没有包括该税。

工程项目开始施工后,工程所在地税务部门要求承包商交纳已完工程的营业税 92 万元,承包商按时缴纳,同时向业主提出了索赔要求。

对于这个问题的责任分析是:业主在招标文件中仅仅列出几个额度小的赋税,而遗漏了大额的税种,是招标文件的不完备,或者是有意的误导行为。业主应该承担责任。

索赔的处理过程:索赔发生后,业主向国家申请免除营业税,并被国家批准。但是,对已交纳的 92 万元税款,经双方商定各承担 50%。

案例分析:如果招标文件中没有给出任何税收清单,而承包商报价中遗漏了税赋的内容,该项索赔的要求是不能成立的。这属于承包商环境调查和报价失误,应该由承包商负责。这是由于合同明确地规定"承包商应遵守工程所在国的一切法律""承包商应交纳税法所规定的一切税收”。

(2) 如果业主提供的资料越少，虽然业主的责任减小，但是，投标人在投标阶段的现场调查和信息的收集工作量就越大。这样，不仅投标人所需要的投标时间较长，出错的可能性增加。并且由于这个原因，每个投标人都要进行相同的工作，加大了社会资源的浪费。

为了解决这个问题，在招标文件中，有些业主尽可能多地提供他收集到的，认为对投标人有用的资料。但是，除了合同文件规定的资料外，在投标人须知中注明，由业主提供的关于现场及周围环境的资料和数据，仅仅是供投标人参考的，业主对其正确性不承担责任。要求承包商在使用这些资料时，注意核查其准确性和适用性，作出自己的判断和推测，并对此负责。

三、承包商对招标文件的分析

(一) 承包商对招标文件理解的责任

招标文件是业主对投标人的要约邀请文件，它几乎包括了全部的合同文件。它所确定的招标条件和方式、合同条件、工程范围和工程项目的各种技术文件，是承包商制定实施方案和报价的依据，也是双方商谈的基础。承包商只有正确地了解招标文件，才能提出正确的报价，正确地确定实施方案，正确地履行合同。承包商对招标文件有以下责任：

1. 一般的工程合同都规定，承包商对招标文件的理解负责，必须按照招标文件的各项要求报价、投标、编制施工方案。他必须全面地分析、正确地理解招标文件，清楚地懂得业主的意图和要求，由于对招标文件理解错误造成实施方案和报价失误，由承包商自己承担。

业主对承包商就招标文件作出的推论、解释和结论，不承担责任。

2. 在递交投标书前，投标人被视为已经对规程、图纸进行了检查和审阅，对于发现的错误、矛盾或缺陷，应该在标前会议上向业主提出，或以书面的形式询问。对其中明显的、一个有经验的承包商能够发现的错误，如果承包商没有提出，则可能要承担相应的责任。按照招标规则，以及诚实信用原则，业主(工程师)应作出公开、明确的答复。这些答复(书面的!)作为对这些问题的解释，具有法律的约束力。如果对招标文件不理解，承包商千万不能根据自己的想法随意理解招标文件，导致盲目投标。

在国际工程中，我国很多承包商由于受到外语水平的限制，再加上投标的时间比较短，招标文件的语言文字翻译不准确，引起对招标文件理解不透彻、不全面或错误，在发现问题时也没有询问业主，自以为是主观地解释合同，由此造成了很多重大的失误。这方面教训是非常深刻的。

(二) 承包商招标文件分析的内容

承包商取得(购得)招标文件后，通常首先进行总体检查，重点是审查招标文件的完备性。一般要对照招标文件的目录进行检查，检查文件是否齐全、是否有缺页，对照图纸目录检查图纸是否齐全。然后，分三部分进行全面的分析：

1. 招标条件分析。分析的对象是投标人须知，通过分析不仅掌握招标过程、评标的规则、各项要求，对投标报价工作进行具体的安排，而且需要了解投标的风险，以制定投标策略。

2. 工程项目的技术文件分析，即进行图纸会审、工程量复核、图纸和规程分析，从中了解承包商具体的工程范围、技术要求、质量标准。在此基础上，编制施工组织和计划，确定劳动力的安排，进行材料、设备的分析，编制实施方案，进行询价。

3. 合同评审。全面分析合同协议书和合同条件，这是合同管理的主要任务。

合同评审是一项综合性的、复杂的、技术性很强的工作。它要求合同管理者必须熟悉合同相关的法律、法规，精通合同条件和国际惯例，对工程环境有全面的了解，有合同管理的实际工作经验、项目管理的经历。

四、招标文件的分析方法

(一) 承包合同的合法性分析

承包合同的签订和履行必须符合法律的要求，否则会导致承包合同内容的全部或部分无效。这是一个最严重的、影响最大的问题。承包合同的合法性分析通常包括以下主要内容：

1. 对当事人(发包人和承包人)的主体资格的合法性、有效性审查，审查他们是否具有发包和承包工程、签订合同必需的权利能力和行为能力。在我国，业主发包工程需要具有相应的发包资格；承包商承包一项工程，不仅需要相应的权利能力(例如营业执照、许可证等)，而且要有相应的行为能力(例如资质等级证书)，这样的合同主体资格才有效。

如果是委托代理签订合同，则要审查代理人的合法性，工程发包或承包是否在他们的代理业务的范围内。

在不同的国家，对于不同的工程项目，合同合法性的具体内容或标准也可能不同。有些招标文件或当地的法规，对外地或外国的承包商有一些专门的规定，例如在当地注册，获得许可证等。

对于联营承包，国内企业与境外企业组成联营体，必须符合国家关于境外企业的管理规定。联营体各方均应当具备承担招标项目的相应能力。如果由同一专业的单位组成的联营体，按照资质等级较低的单位确定联营体的资质等级。

2. 工程项目已经具备招标投标、签订和实施合同的一切条件，主要包括以下内容：

(1) 具有各种工程建设项目立项的批准文件。

(2) 各种工程建设的许可证，建设规划文件，城建部门的批准文件。

(3) 招标投标过程符合法定的程序。为了保证招标投标活动符合公开、公平、公正和诚实信用的原则，防止招标过程中的腐败行为，我国的招标投标法规定了比较严密的程序。通过这些程序，保证各项工作的透明、公开、公正，保证对各个投标人使用统一的尺度，保证在合同的签订过程中，没有欺诈和胁迫行为。这些要求是必须严格实施的。

3. 工程承包合同的内容(条款)和所指的行为，符合民法典和其他各种法律的要求。例如：赋税和免税的规定、外汇额度条款、劳务进出口、劳动保护、环境保护等条款，要符合相应的法律规定，所采用的技术、安全、环境等方面的规程，符合国家强制性标准的要求。

4. 有些合同需要进行公证，或由官方的批准才能生效。例如：在国际工程中，有些国家项目、政府工程，在合同签订后，或业主向承包商发出中标意向书(甚至通知书)后，还需要经过政府的批准，合同才能正式生效。这些规定和要求也应该特别予以关注。

(二) 承包合同的完备性分析

一个工程承包合同是要完成一个确定范围的工程项目施工，则该承包合同所包含的合同内容、工程活动的范围、工程说明，工程过程中所涉及的，以及可能出现的各种问题的处理、双方责任和权利等，应该有一定的范围。所以，合同文件的内容应有一定范围。广义地说，承包合同的完备性包括相关合同文件的完备性，以及合同条款的完备性。

1. 承包合同文件的完备性分析

承包合同文件的完备性是指属于该合同的各种文件（特别是环境、水文地质等方面的说明文件，以及技术设计文件，例如图纸、规程等）齐全。在获取招标文件后，应该对照招标文件目录和图纸目录进行这些内容的检查。如果发现问题，则应该要求业主（工程师）补充提供。

【案例 6－2】 某工业厂房的建设工程项目，承包商承包厂房、办公楼、住宅楼和一些附属设施的工程施工。合同采用固定总价形式。

在工程施工过程中，承包商的现场人员发现缺少住宅楼的基础图纸，再审查报价发现漏报了住宅楼基础的价格，约为 30 万元人民币。承包商与业主代表进行交涉，承包商的预算员坚持认为，在招标文件中，业主漏发了基础图纸，而业主代表坚持是承包商的预算工程师丢失了基础图纸，因为在招标文件的目录中有该部分的图纸。而且如果业主没有提供这部分图纸，承包商有责任在报价前向业主索要。由于采用了固定总价合同，承包商最终承担了这个损失。这个问题是承包商合同管理的失误导致的损失。对于有经验的承包商，他应该：

（1）接到业主的招标文件后，应该对招标文件的完备性进行审查，将图纸和图纸目录进行校对，如果发现缺少了文件，应该要求业主补充。

（2）在编制施工方案或进行报价时，如果发现图纸缺少，这时，他仍然应该向业主索要，或自己承担费用进行复印，这样也可以避免损失。

2. 合同条款的完备性分析

合同条款的完备性是指合同条款齐全，对各种问题都有完整的规定，不存在遗漏的合同条件。合同条款的完备性是相对的，在早期的工程项目中，工程合同比较简单、条款比较少，经过工程合同管理理论的多年发展、实践经验的积累，工程合同条款逐渐完备起来，同时，变得越来越复杂。

在实际工程中，有些业主希望合同条件不完备，认为这样他自己更有项目管理的主动权，可以利用这个不完备推卸自己的责任，增加承包商的合同责任和工作范围；有些承包商也认为，合同条件不完备可以为他提供更多的索赔机会。这些想法都是不理性的。这里有以下几方面的问题：

（1）由于业主起草招标文件，他应该对招标文件的缺陷、错误、歧义、矛盾等承担责任。

（2）虽然业主对招标文件的各类问题承担责任，但是，承包商是否有充分的理由提出索赔，以及能否取得索赔的成功，都具有很大的不确定性。在工程项目中，对索赔的处理业主处于主导地位，业主会以“合同没有明确的规定”，而不给承包商支付工程款。

（3）合同条件不完备会造成合同双方对权利和责任理解的偏差或错误，会引起计划和组织的失误，最终造成工程项目不能顺利实施，增加合同争议，损害项目总目标的实现。

所以，合同双方都应该尽量签订一个完备的合同。

合同完备性分析的方法与使用什么合同文本相关，例如：

（1）如果采用标准的合同条件，例如使用 FIDIC 条件，则一般认为该合同比较完备，因为标准文本的条款齐全、内容完整，如果又是一般的工程项目，则可以不作合同的完备性分析。但是，对于特殊的工程项目，合同双方有一些特殊的要求，需要增加专用条件进行一些补充和调整,在此情况下,主要分析专用条件的适宜性、完备性。

(2) 如果没有使用标准的合同条件,但是存在该类合同的标准合同文本,那么可以把标准条件作为样板,将所签订的合同文本与标准文本的对应条款进行一一对照,就可以发现该合同文本缺少哪些必需的条款。例如:签订一个国际工程施工合同,而合同文本是由业主自己起草的,则可以将它与 FIDIC 工程施工条件相比,就可以检查所签合同条款的完备性。

(3) 对于没有标准文本的合同类型(例如工程承包联营体合同、项目管理承包合同等),业主应该尽可能多地收集实际工程项目中的同类合同文本,进行对比分析、相互补充,以确定该类合同的范围和结构形式,再将被分析的合同按结构进行拆分,可以比较简单地分析出该合同是否缺少,或缺少哪些必需的条款。

(三) 合同双方责任和权利及其关系分析

由于工程合同的复杂性,合同双方的责权利关系是十分复杂的。工程合同应该公平合理地分配双方的责任和权利,使它们达到总体平衡。在合同条件分析中,首先按合同条款列出双方各自的责任和权利,在此基础上进行责权利关系审查。合同双方权利和责任是由合同条款明确规定的,或默示的,或由合同条款引导得出的。例如:为了工程项目的顺利施工,承包商具有现场进入权,使用现场是权利,而业主按时提供现场是其应该承担的责任。工程师根据合同发出指令是权力,而对于承包商而言,遵守工程师的指令是其应该承担的义务。

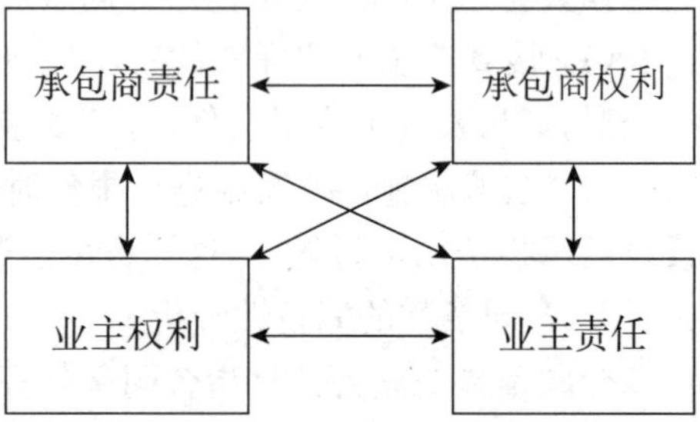

图 6-3 业主、承包商的责任、权利关系

1. 在工程承包合同中,合同双方的责任和权利存在制约关系,合同双方的责任和权利是互为前提条件的(见图 6-3 所示)。包括:

(1) 如果业主有一项合同的权利,那么针对承包商而言,其应当承担一项合同的责任;反之,承包商具有合同的一项权利,又应该是业主承担的一项合同责任。

例如:业主和工程师对承包商的工程和工作有检查权、认可权、指令权等,如 FIDIC 合同条件规定,工程师有权对承包商的材料、设备、工艺进行合同中未指明或规定的检查,承包商必须遵守规定提供检查的条件或产品,甚至包括破坏性检查。但是,如果该项检查结果表明材料、工程设备和工艺符合合同规定,那么,有时(例如该项检查是根据合同权利额外增加的)业主应该承担相应的损失(包括工期和费用的补偿)。这也是对业主和工程师检查权的限制,以及由这个权利导致的合同责任,防止业主或工程师滥用工程合同所赋予的检查权。

(2) 对于合同任何一方,他有一项权利,他必然又有与此相关的一项责任;他有一项责任,则必然又有与此相关的一项权利;如合同规定承包商有一项责任,则他应该有相应的权利,这个权利可能是他完成这个责任所必需的,或由这个责任引申的。

例如:承包商对环境调查、实施方案和报价承担责任,但是,他应有合理的投标时间、进入现场调查和获得信息的权利。又如,承包商对实施方案的安全性、稳定性负责,则在不妨碍合同总目标,或者为了更好地完成合同的前提下,他应该有变更,或选择更为科学、合理、经济的实施方案的权利。

(3) 如果合同规定业主有一项权利,则需要分析:该项权利的行使对承包商的影响,该项权利是否需要制约,业主有无滥用这个权利的可能性,业主使用该权利应该承担什么责任。这个责任常常就是承包商的权利。这样可以提出对这项权利的反制约。

(4) 如果合同规定承包商有一项责任，则应分析：完成这项合同责任有什么前提条件。如果这些前提条件应该由业主提供或完成，则应该作为业主的一项责任，在合同中进行明确的规定，进行反制约。如果缺少这些反制约，那么合同双方的责权利关系可能是不平衡的。

例如：合同规定，承包商必须按照规定的日期开工，那么同时也应该规定，业主必须按照合同的要求及时提供场地、图纸、道路、接通水电，及时支付预付款，办理工程各种许可证，包括劳动力入境、居住、劳动许可证等。这是工程项目按时开工的前提条件，在工程合同中应该提出针对业主权利的反制约。

(5) 合同所定义的事件或工程活动之间有一定的联系(即逻辑关系)，使得合同双方的有些责任是连环的、互为条件的，因此，双方的责任之间又必然存在一定的逻辑关系。

例如：某个工程项目的部分设计是由承包商完成的。那么对于设计和施工，双方责任关系可以参见图 6-4 所示。在此情况下，工程合同应该具体定义这些活动的责任和时间限定。这在索赔和反索赔中是十分重要的，在确定干扰事件的责任时，常常需要分析这种责任的连环。

通过这几方面的分析，可以确定合同双方责权利是否平衡，合同有无逻辑问题，即执行上的矛盾。

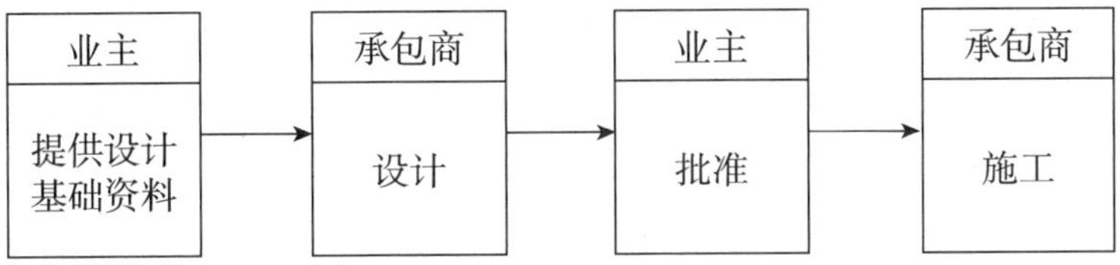

图 6-4　某工程项目的设计和施工的责任关系

2. 业主和承包商的责任和权利应该尽可能的具体、详细，并注意其范围的限定。

例如：某工程合同中的地质资料规定，地下为普通地质、砂土。合同条件规定，“如果出现岩石地质条件，则应根据商定的价格调整合同价格。”

在实际施工过程中，地下出现了建筑垃圾和淤泥，造成施工困难，承包商提出费用的索赔要求，但是被业主拒绝，因为只有“岩石地质”才能索赔，索赔的范围太小，承包商的索赔权利受到了限制。对于出现“普通砂土地质”和“岩石地质”之间的其他地质情况，也会造成费用的增加和工期的延长，而按照本合同条件的规定，属于承包商的风险。如果将合同中“岩石地质”换成“与招标文件规定的普通地质不符合的情况”，那么索赔的范围就扩大了。

又如，在某工程项目的施工合同中，工期索赔的条款规定：“只要业主查明工期拖延是由于意外暴力造成的，则可以免去承包商的工期延误责任。”这里的“意外暴力”规定的范围不具体、比较含糊，而且所指的范围太狭窄。最好将“意外暴力”改为“非承包商责任的原因”。这样就扩大了承包商的索赔权利范围。

3. 双方权利的保护条款

一个完备的工程合同应该对双方的权利都能形成保护，同时，对双方的行为也都形成一定的制约。这样才能保证项目的顺利进行。FIDIC 合同在这个方面就比较公平，例如：

(1) 业主(包括工程师)的权利，包括：指令权，针对工程绝对的检查权，承包商责任和风险的限定，对转让和分包工程的审批权，变更工程的权利，进度、投资和质量控制的权利，在承包商不履行或不能履行合同或严重违约情况下的处置权等。

此外,通过履约保函、预付款保函、保留金、承包商材料和设备出场的限制条款等,保护业主的利益。

(2) 承包商的权利,包括业主风险的定义,工期延误罚款的最高限额的规定,承包商的索赔权(合同价调整和工期顺延),仲裁条款,业主不支付工程款时承包商采取措施的权利,在业主严重违约情况下终止合同的权利等。

(四) 合同条款之间的联系分析

在上述分析的基础上,还应该审查合同条款之间的内在联系。同样一种表达方式,在不同的合同环境中,有不同的上下文背景,则可能有不同的风险。

由于合同条款所定义的合同事件和合同问题具有一定的逻辑关系(例如:实施顺序关系、空间和技术上的互相依赖关系、责任和权利的平衡和制约关系、完整性要求等),使得合同条款之间有一定的内在联系,共同构成一个有机的整体,即一份完整的合同。

例如:施工合同中,有关工程质量方面规定包括:承包商需要按照合同要求进行施工,执行工程师的指令,工程师对承包商质量保证体系的认可权,材料、设备、工艺使用前的认可权,进场时的检查权,隐蔽工程的检查权,工程的验收权,竣工检验,签发各种证书的权利,对不符合合同规定的材料、设备、工程的拒收和处理的权利,在承包商不执行工程师指令的情况下,业主行使处罚的权利等。

有关合同价格方面的规定主要包括:在上述工程质量检查合格的基础上,承包商才可以向工程师提出付款申请,或根据合同进行工程计量;完成的工程量经过确认,工程师可以签发工程款的期中支付证书;竣工验收完成之后,就可以进入竣工结算程序;缺陷通知期结束,就可以进入最终的结算程序。此外,还有保留金、预付款、外汇比例、合同价格的调整方面的规定。

工程变更问题主要涉及:工程范围,变更的权利和程序,有关价格的确定,索赔条件、程序、有效期等。

这些合同条款之间互相联系,构成了一个有机的整体。通过内在联系的分析可以发现合同中条款的缺陷和逻辑上的矛盾等问题。

(五) 合同实施的后果分析

在合同签订前,必须充分考虑到,双方一旦签订合同,在履行过程中会有什么样的后果?例如:

① 在合同的履行过程中,会有哪些意想不到的情况?发生这些情况应该如何处理?

② 本工程项目是否过于复杂、或工程范围是否过大,超过了自己实施项目的能力?

③ 如果自己完不成合同责任,应该承担什么样的法律责任?

④ 如果对方完不成合同责任,应该承担什么样的法律责任?

第四节　承包商的合同风险分析和合同审查表

一、工程合同风险的总体评价

在合同评审时,承包商首先应该对本工程项目的合同风险有一个总体的评价。一般而言，如果工程项目存在以下问题，那么工程项目的风险可能很大：

1. 工程项目的规模大、技术复杂、工期长，而业主要求采用固定总价的合同形式。

2. 业主仅仅提供初步设计文件让承包商投标报价，图纸不详细、不完备，工程量不准确、范围不清楚，或合同中工程变更赔偿条款对承包商很不利，但业主要求采用固定总价合同。

3. 业主将投标时间（即从提供招标文件到投标截至日期）压缩得很短，承包商没有时间详细地分析招标文件。如果招标文件采用外文编写的，采用承包商不熟悉的合同条件，那么该合同的风险更大。

为了加快工程项目的进度，有很多业主采用缩短投标时间的方法，这不仅增加了承包商的风险，而且会造成业主和承包商对项目理解的偏差，经常出现合同纠纷等问题，由此损害了整个项目总目标。因此，通过缩短投标时间节约工期，常常出现欲速而不达的效果。

4. 工程项目环境的不确定性大。例如：物价和汇率的大幅度波动、水文地质条件不清楚，而业主要求采用固定价格合同。

大量的工程实践表明，如果存在上述问题，特别当一个工程项目中同时出现上述问题时，很容易引起这个工程项目的彻底失败，甚至有可能将整个承包企业拖垮。上述情况下，这些风险造成损失的规模，在签订合同时常常是难以想象的。如果承包商参加投标，应该要有足够的思想准备和措施准备。

在国际工程中，人们分析大量的工程项目案例发现，一个工程合同争议、索赔的数量和工期的拖延量与这些因素有直接的关系：采用的合同条件，合同形式，设计的深度及准确性，投标时间的长短，合同条款的公正性，合同价格的合理性，与业主签约的承包商数量，评标和澄清会议的充分性等。

【案例 6-3】 某中外合资项目，合同标的是一个商住楼的施工工程。主楼地下 1 层，地上 24 层，裙楼 4 层，总建筑面积为 36 000 m^2。合同协议书由甲方自己起草，合同工期为 670 天。合同中的价格条款为：

“本工程项目的合同价格为人民币 3 500 万元。此价格固定不变，不受市场上材料、设备、劳动力和运输价格的波动，以及政策性调整影响而改变。由于设计变更导致价格的增减另外计算。”

本合同双方签字后还经过了法律机关的公证。

显然本合同属固定总价合同。在招标文件中，业主提供的图纸虽然称其为“施工图”，但是，实际上很粗略，例如结构图纸中没有包括配筋图。

在承包商投标报价时，国家对建材市场实行控制，有钢材的最高市场限价，约 1 800 元/吨。承包商按照这个限价进行了投标报价。

工程项目开始施工后的一段时间比较顺利，但是，在基础工程施工完成后，国家取消了钢材的限价规定，实行开放的市场价格，市场钢材价格在很短的时间内上涨至 3 500 元/吨以上。此外，由于设计图纸过于粗略，在施工中，虽然设计没有发生变更，但是，却增加了很多承包商没有考虑到的工作量和新的分项工程。其中，增加内容最大的是钢筋。而在承包商报价时业主没有提供详细的配筋图，承包商仅仅按照国内通常商住楼的每平米建筑面积钢筋用量进行了估算，而最后实际使用量与报价所用的钢筋工程量相差 500 吨以上。按照合同条款，这些增加的费用都应该由承包商承担。

开工后大约5个月,承包商再进行估算,估算结果表明,到工程项目的结束承包商至少亏本2 000万元。承包商与业主商议,希望业主考虑到市场情况和承包商的实际困难,给予承包商以实际价差的补偿,因为这个风险已经大大超过了承包商的承受能力。承包商已经不期望从本工程合同中获得任何利润,只要求不亏本。但是,业主予以拒绝,要求承包商按照原合同的价格全面履行合同的责任。

承包商没有任何选择,放弃了前期工程及基础工程的投入,终止了合同,从工程中撤出了施工队伍,由于该合同也遭受了很大的损失。

而业主不得不请另外一个承包商进场继续施工,结果也遭受了很大的损失:不仅工期延长,而且最后的总投资也很大。由于,另一个承包商进场完成一个"半拉子"工程,只能采用议标的形式,所以,重新签订合同的价格也比较高。

在这个工程项目中,几个重大的风险因素都集中在一起:工程量大、工期长、设计文件不详细、市场价格波动大、投标时间短、采用固定总价合同。这些风险因素不仅损害了承包商的利益,也损害了业主的利益,影响了工程项目的整体效益。

二、承包商的合同风险分析

无论是在单价合同,还是在总价合同中,一般都有明确规定承包商应当承担的风险条款,以及一些明示的或默示的对承包商不利的条款。具体而言,工程承包合同中的风险主要包括几种情况:

1. 合同中明确规定承包商应承担的风险。

承包商的合同风险首先与所签订的合同的类型有关。如果签订的是固定总价合同,则承包商承担全部单价和工作量变化的风险;而对成本加酬金合同,承包商不承担与此相关的风险。

此外,一般在工程承包合同中,都有明确规定承包商应承担的风险条款,常见的类型有:

(1) 工程变更的补偿范围和补偿条件。例如:某工程合同规定,工程量变更在5%的范围内,承包商得不到任何补偿。因此,在这个范围内,工程量可能的增加都是承包商应当承担的风险。

(2) 合同价格的调整条件。例如:对于通货膨胀、汇率变化、税收增加等,合同规定不予调整,则承包商必须承担全部风险;如果在一定范围内可以调整,则承担部分风险。

(3) 工程范围不确定、而采用固定总价合同。例如:某固定总价合同规定:"承包商的工程范围包括工程量表中所列的各个分项,以及在工程量表中没有包括的,但是为了工程项目的安全、经济、高效率运行所必要的附加工程和供应。"由于工程范围的不确定、编制标书时设计图纸不完备,承包商无法精确地计算工程量,也无法预测物价上涨的幅度。而在该工程项目中,由于这两方面的风险造成了承包商承担了严重的损失。

(4) 工程合同条件常常赋予业主和工程师对承包商的设计、施工、材料供应的认可权和各种检查权。但是,这些权利的形式也必须有一定的限制条件,应当防止类似于"严格遵守工程师对本工程任何事项(不论本合同是否提出)所作的指示和指导"的相关规定。特别是当投标时设计的深度不够,施工图纸和规程不完备时,如果有上述规定,业主可能行使"认可权"或"满意权"而提高工程项目的设计、施工、材料标准,而不对承包商进行补偿。由此,承包商必须承担这方面的变更风险。

(5) 其他形式的风险型条款,例如索赔有效期的限制等。

2. 合同缺陷导致的风险。

在工程合同中出现的各类缺陷容易导致承包商的风险。例如:

(1) 在工程合同中,缺少工期延误违约金的最高限额的条款或限额太高;缺少项目提前竣工的奖励条款;缺少业主拖欠工程款的处罚条款。

(2) 对于工程量变更、通货膨胀、汇率变化等引起的合同价格调整,没有具体规定调整方法、计算公式、计算基础等;对材料价差的调整,没有具体说明是否对所有的材料、对所有的相关费用(包括基价、运输费、税收、采购保管费等)进行调整,以及价差支付的时间。

(3) 合同中缺少对承包商权利的保护条款,例如在工程项目受到外界干扰的情况下,承包商对工期和费用的索赔权等。

(4) 由于工程合同中对一些特殊的情况没有进行具体的规定,如果发生这些情况,业主完全可以以“合同中没有明确规定”为理由,推卸自己的合同责任,使承包商受到损失。如在某国际工程施工合同中,遗漏工程价款的外汇额度条款,结果承包商无法获得已商定好的外汇款额。

3. 承包商不能清楚地理解合同内容从而造成的失误。

由于工程项目的复杂性、书面语言表达的局限性与准确性、招标投标时间太短等问题,承包商对合同内容理解出现偏差或错误,引起费用增加。

例如:在某工程承包合同中有如下条款:“承包商为了施工的方便而设置的任何设施,均由他自己承担相应的费用。”这种规定对承包商非常不利,业主对承包商在施工中需要使用的某些永久性设施,就以“施工方便”为借口而拒绝支付相关费用。

4. 为了转移工程项目的风险,业主提出单方面约束性的、过于苛刻的、责权利不平衡的合同条款。明显属于这类条款的是,对业主责任的开脱条款。这在工程合同中经常表述为:“业主对……不负任何责任”。例如:

(1) 业主对任何潜在的问题,例如工期拖延、施工缺陷、付款不及时等所引起的损失不负任何责任;

(2) 业主对招标文件中所提供的地质资料、试验数据、工程环境资料的准确性不负任何责任;

(3) 业主对工程实施过程中发生的不可预见风险不负任何责任;

(4) 业主对由于第三方干扰引起的工期拖延不负任何责任等。

通过这些规定,业主把很多属于其应该承担责任的风险转移给承包商。

与这一类条款相似的是表述还有:“在……情况下不得调整合同价格”“在……情况下,一切损失由承包商负责”。

例如:某工程合同规定:“乙方无权以任何理由要求增加合同价格,例如市场物价的上涨,货币价格的浮动,生活费用的提高,工资基准的提高,税法或关税的调整,国家增加新的赋税等。”

这类风险型条款在工程分包合同中也比较常见。例如某分包合同规定:“总承包商同意,在分包商完成工程,经过监理工程师签发证书,并在业主支付总承包商该项工程款后×天内,向分包商付款。”这样,如果总承包商由于工程项目的其他方面出现问题,业主拒绝支付工程款,那么分包商尽管按照分包合同完成工程,其仍然得不到相应的工程款。

又如,某工程分包合同规定:“对于总承包商由于管理失误造成的违约责任,仅仅当这种违约造成分包商人员和物品的损害时,总承包商才给予分包商以赔偿,而其他情况不予赔偿。”基于这个规定,总承包商管理失误造成分包商的很多成本和费用的增加都不在赔偿范围之内。

合同条件中的一些特殊的规定应特别注意。例如:某承包合同规定,合同变更的补偿仅对重大的变更,并且仅仅根据单个建筑物和设施地平以上体积的变化量计算进行补偿。实际上,这个规定基本排除了工程变更索赔的可能。在这种情况下承包商的风险很大。

5. 其他形式的风险型条款。

其他形式的风险型条款或条件主要包括:

(1) 要求承包商大量地垫资承包,工期要求过于紧张,超过了常规的工程项目,过于苛刻的质量要求等。

(2) 合同中对一些问题没有作出具体的规定,仅仅采用“另行协商解决”等类似的表述。

(3) 业主要求承包商提供业主的现场管理人员(包括监理工程师)的办公和生活设施,但是,又没有明确列出这些办公和生活设施的具体内容和标准,承包商无法准确地进行报价。

(4) 对业主供应的材料和生产设备,合同中没有明确规定详细的送达地点,没有“必须送达施工和安装现场”的规定。这样很容易对场内运输、甚至场外运输责任引起争议。

(5) 付款的相关规定不清楚,付款时间、程序等不明确。例如某工程合同中,对于工程款的支付采用以下表述:

“根据工程进度和合同价格,工程款按照当月完成的工程量支付。乙方在月底提交当月工程款的帐单,在经过业主上级主管的审批后,业主在15天内支付。”

由于没有对业主上级主管的审批时间进行限定,所以,在该工程项目中,业主上级可以利用拖延审批的办法大量地拖欠工程款,而承包商无法对业主进行约束。

(6) 索赔程序和有效期的限制过于紧张,承包商常常无法及时发现索赔事件,导致索赔无效等。

三、合同风险的应对策略

对于承包商而言,在任何一份工程承包合同中,问题和风险总是存在的,没有不承担风险绝对完美的合同(即使是成本加酬金合同,承包商也要承担一定的风险)。对分析出来的合同风险,必须认真地进行研究并制定应对的策略。这常常关系到一个工程项目的成败,任何承包商都不能忽视这个问题。

根据风险管理的相关理论,对于工程合同风险,一般采取的应对策略是回避策略、在报价中包括风险费用、合同谈判时调整风险等。

(一) 采取回避风险的应对策略

从与业主联系准备参加投标竞争开始,承包商必须时刻注意分析工程项目的风险。如果发现有重大的、超过自己承受能力的风险,或恶意的业主,可以考虑不参加投标或退出竞争,这样可以保护自己,防止损失,或防止更大的损失。

1. 即使投标人已经向业主递交了投标文件,在投标截止期前,还可以撤回投标。

2. 在投标截止期后,中标函发出前,投标人如果撤销自己的投标文件,按照我国的招标投标法和一般项目投标人须知的规定,招标人有权没收其投标保函。所以,如果发现工程项目的风险太大,或者自己的投标报价出现失误,投标人应采取措施有计划退出投标,尽量不要使自己因投标问题被业主没收投标保函。

3. 在中标函发出之后,工程项目的实施过程中,当出现超出承包商承担能力的风险时,承包商还可以根据合同终止合同,停止工程项目施工,避免风险的进一步扩大。

(二) 在报价中包括风险费用的应对策略

1. 提高报价中的不可预见风险费。对风险大的合同,承包商可以提高报价中的风险附加费,为风险作出资金准备,以弥补风险发生所带来的部分或全部损失,使合同价格与风险责任相平衡。这也体现了合同双方责权利关系的平衡。风险附加费的数额一般根据风险发生的概率和风险发生时承包商将要受到的损失量确定。所以,风险越大,风险的附加费就应该越高。但是,风险附加费额度的提高也受到了很多因素的制约。在很多情况下,风险附加费太高对双方都不利:业主必须支付较高的合同价格;承包商的报价太高,失去竞争力,难以中标。

即使是同样的工程和环境条件,每个投标人因自身条件不同,其所承担的风险也有很大的差异。同时,各个投标人对风险也有不同的认识,所以,在报价中的风险附加费也各不相同。这在很大程度上会影响各投标人报价的竞争力。

2. 采取一些报价策略。很多承包商采用一些报价策略,以降低、避免或转移风险。

(1) 开口升级报价:将工程项目中的一些风险大、费用多的分项工程或工程内容抛开,并在报价单中进行注明,由双方再次商讨决定。这样大大降低了总报价,用最低价吸引业主,取得与业主商谈的机会,而在议价谈判和合同谈判中逐渐提高报价。

(2) 多方案报价:在报价单中注明,如果业主修改某些苛刻的、对承包商不利的风险大的条款,则可以降低报价。按照不同的情况,分别提出多个报价供业主选择。这在合同谈判(标后谈判)中,用得比较多。

(3) 在报价文件中,建议将一些花费大、风险大的分项工程内容,按照成本加酬金的方式进行结算。

报价策略的应用一定要分析招标文件的要求,符合招标文件容许应用的范围,或在招标文件中没有明确禁止采用该项报价策略。在现代工程项目中,随着业主和工程师管理水平的提高、招标投标程序的规范化和招标投标规则的逐渐完善,这些策略的应用余地和作用已经很小,如果应用得不好会使业主认为投标人没有响应招标文件的要求,导致投标无效或造成报价失误。

3. 在法律和招标文件允许的条件下,在投标书中使用保留条件、附加或补充说明,这样可以给合同谈判和索赔留下伏笔。

但是,在很多现代工程项目的招标文件,特别是在合同条件中,不允许承包商提出保留条件或附加说明。例如某工程合同规定:“甲乙双方一致认为,乙方已放弃他在投标文件中所提出的保留意见,以及他在投标会议上提出的附加条件……”从业主的角度而言,提出这样的要求是保证各个投标人有统一的条件和标准,减少了评标的困难和后续合同谈判的工作量,也减少了工程项目施工过程中可能带来的麻烦。

(三) 合同谈判时调整风险型条款的应对策略

通过双方的合同谈判,可以进一步完善合同条款,特别是承包商可以争取有利的合同条件,由此,双方可以更合理地分担风险。

合同双方都希望签认一个对自己有利的、风险较少的合同。但是,在工程项目的实施过程中,很多风险是客观存在的,出现的问题必须由一个参与方承担。因此,减少或避免风险,是工程承包合同谈判的重点。合同双方都希望把风险转移给对方,所以,合同谈判常常是非常艰难的,需要耗费参与方大量的时间,需要参与方反复地讨价还价。

通过合同谈判,完善合同条款,使合同能体现双方责权利关系的平衡和公平合理。这是在实际工作项目中使用最广泛,也是最有效的对策。主要考虑以下几个方面:

1. 充分考虑工程合同实施过程中可能出现的各种情况,在合同中进行详细和具体的规定,防止出现意外的风险影响工程项目的顺利实施。所以,合同谈判的目标,首先是对合同条文拾遗补缺,使之完整。

2. 使风险型条款合理化,力争对责权利不平衡条款和单方面约束性条款进行修改或限定,防止某个参与方独自承担所有的风险。例如合同规定,承包商应该按照合同工期交付工程项目,否则,必须支付相应的违约罚款。当然,工程合同还应该规定,业主需要及时向承包商提供图纸,交付施工场地、行驶道路,支付已完的工程款等,否则工期应予以顺延。

3. 将一些风险较大的合同责任转移给业主,以减少风险。由此,承包商也应该相应地减少收益(例如,管理费和利润的收益)机会。例如:让业主负责提供价格变动大、供应渠道难以保证的材料;由业主支付海关税,并完成材料、机械设备的入关手续;让业主承担业主工程管理人员的现场办公设施、办公用品、交通工具、食宿等方面的费用。

4. 通过合同谈判,争取在合同条件中增加对承包商权利的保护性条款。

在合同谈判过程中,对于不符合工程惯例的单方面约束性条款,或有缺陷的条款,承包商可以列举工程惯例,例如FIDIC合同条件的规定,建议业主取消、修改或增加特定的条款。

(四)购买保险的应对策略

工程保险是业主和承包商转移风险的一种重要手段。当出现保险范围内的风险,造成财务损失时,承包商可以向保险公司索赔,以获得一定额度的赔偿。一般在招标文件中,业主都已经指定承包商投保的种类,并在工程开工后针对承包商的保险作出审查和批准。通常承包商需要购买的工程保险有,工程一切险、施工设备保险、第三方责任险、人身伤亡保险等。

承包商应该充分了解这些保险所保的风险范围、保险金计算、赔偿方法、赔偿程序、赔偿额等详细情况,以作出正确的保险决策。

(五)提高风险应对能力的策略

在工程承包合同的签订和实施过程中,采取技术的、经济的和组织的措施,以提高风险的应对能力和抵抗能力。例如可以采取以下策略:

1. 组织最优秀的投标团队,进行详细的招标文件分析,透彻地理解招标文件,进行详细的环境调查,通过周密的计划和组织,提出精细而准确的报价以降低投标的风险;

2. 对于技术复杂的工程项目,采用新的、成熟的工艺、设备和施工方法;

3. 对于风险大的工程项目,委派最优秀的项目经理、技术人员、合同管理人员等,组成精干的项目管理团队管理工程项目;

4. 对于风险大的工程项目,应该作为施工企业的各职能部门管理工作的重点,在技术力量、机械装备、材料供应、资金供应、劳务安排等方面给予特殊对待，优先供给，全力保证工程合同的实施；

5. 对于风险大的工程项目，应制定更加周密的计划，采取有效的检查、监督和控制措施。

（六）在工程实施过程中加强索赔管理

用索赔和反索赔弥补或减少损失，是一个很好的、被承包商广泛采用的合同风险管理策略。通过索赔可以提高合同价格，增加实施工程项目的收益，补偿由风险造成的损失。

在分析招标文件时，很多有经验的承包商就考虑其中的漏洞、矛盾和不完善的地方，考虑到可能的索赔，甚至在报价和合同谈判中，为将来的索赔留下伏笔，也可以称之为“合同签订前索赔”。但是，由于现代工程项目索赔的难度非常大、成功的可能性非常小，所以，采用这种策略可能存在很大的风险。

（七）与其他单位合作，共同承担风险

对于风险大的工程项目，承包商可以考虑与其他承包商合作，充分发挥各自的技术、管理、财力方面的优势，以共同承担风险。通常的合作方式有工程分包和联营体承包等。

四、合同审查表

（一）合同审查表的作用

上述合同风险分析的结果可以采用合同审查表进行归纳和整理。采用合同审查表可以系统地总结合同文本中的问题和风险，并提出相应的对策。合同审查表的主要作用有：

1. 对合同文本进行“解剖”，使其“透明”和易于理解，使承包商和合同的主谈人对合同有一个更加全面的了解。

这个工作非常重要，因为合同条款常常不易读懂，连惯性差，对某个问题可能会在几个文件或条款中进行定义或说明。所以，首先应该对合同条件进行归纳和整理，以进行结构分析。

2. 检查合同内容的完整性。用标准合同条件的合同结构对照该合同文本，即可以发现该合同文本缺少哪些必要的条款。

3. 分析并评价每个合同条款履行的法律后果，可能给承包商带来的问题和风险，为报价策略的制定提供基础资料，为合同谈判和签订提供决策依据。

4. 通过合同审查，还可以发现以下问题：

（1）合同条款之间的矛盾性，即不同条款对同一个具体问题的规定或要求不一致；

（2）对承包商不利，甚至有害的条款，例如过于苛刻、责权利不平衡、单方面的约束性条款；

（3）隐含着较大风险的条款；

（4）内容含糊、概念不清或自己未能完全理解的条款。

对于一些重大的工程项目，或合同关系与合同文本很复杂的工程项目，合同审查的结果最好经过专业律师或合同法律专家的核对评价，或在他们的直接指导下进行审查。这会减少合同中的风险，减少合同谈判和签订中的失误。国外的一些管理公司在进行合同审查后，还常常委托法律专家对审查结果进行评价。

（二）合同审查表的格式和内容

要达到合同审查目的，审查表至少应具有以下功能：

(1) 完整的审查项目和审查内容。通过审查表，可以直接检查合同条款的完整性。

(2) 被审查的工程合同在对应审查项目上的具体条款和内容。

(3) 对工程合同内容进行分析和评价，即合同中有什么样的问题和风险。

(4) 针对分析出来的问题，提出相应的建议或对策。

表 6-1 为某承包商合同审查表的格式，根据不同的要求，其栏目或内容还可以增减。

表 6-1 合同审查表

审查项目编号	审查项目	合同条文	内容	说明	建议或对策
	……	……	……	……	……
J020200	工程范围	合同第13条	包括在工程量清单中所列出的供应和工程，以及没有列出的、但是为工程经济地和安全地运行必不可少的供应和工程。	工程范围不清楚，甲方可以随便扩大工程范围，增加新项目。	1. 限定工程范围仅为工程量清单所列的内容；2. 增加对新的附加工程重新商定价格的条款。
	……	……	……	……	……
S060201	海关手续	合同第40条	乙方负责交纳海关税，办理材料和设备的入关手续。	该国海关效率太低，海关部门经常拖延手续，所以最好由甲方负责办理入关手续，这样风险较小。	建议加上“在接到到货通知后×天内，甲方完成海关放行的一切手续”。
	……	……	……	……	……
S070506	外汇比例	无	无	这一条极为重要，必须补上。	在合同谈判中，要求甲方补充该条款，美元比例争取达到70%、不低于50%。
	……	……	……	……	……
S080812	维修期	合同第54条	自甲方初步验收之日起，维修的保质期为1年。如果在这个期间发现缺点和不足，那么乙方应在收到甲方通知之日一周内进行维修，费用由乙方承担。	这里未定义“缺点”和“不足”的责任，即由谁引起的。	在“缺点和不足”前加上“由于乙方施工和材料质量原因引起的”。
	……	……	……	……	……

1. 审查项目

审查项目的建立和合同结构的标准化，是合同审查的关键。在实际的工程项目中，某一类合同，例如国际工程施工合同，它的条款内容、性质和说明的对象常常有一致性。那么可以将这类合同的结构固定下来，作为该类合同的标准结构。由此可见，合同审查可以以合同标准结构中的项目和子项目作为对象，这些对象即为审查项目。

2. 编码

合同审查的编码是为了计算机数据处理的需要而设计的，以便于项目管理者在根据需要进行调用、对比、查询和储存，即应该设置统一的合同结构编码系统。

合同审查的编码应该能够反映所审查项目的以下特征，例如审查项目的类别、项目、子项目等。对复杂的工程合同还可以进一步细分。

3. 合同条款号

合同条款号即对应审查项目中被审查合同的对应条款号。

4. 被审查合同相应条款的内容

这是合同风险分析的对象。在合同审查表中，可以直接摘录（复印）原合同文本的内容，即对合同文本按照检查项目进行拆分。

5. 问题说明和风险分析

这是对该合同条款存在的问题和风险的具体分析。这里要具体地评价该条款履行的法律后果，可能给承包商带来的风险。目前合同问题和风险分析主要基于合同管理者的知识、经验和能力，合同管理者应该注重经验的积累，合同结束后应进行合同后评价，对照合同条款与合同履行的情况，分析合同实施的利弊得失。这样，合同理解水平、合同谈判和合同管理水平才能不断地提高。

6. 建议或对策

针对合同审查分析得出的合同中存在的问题和风险，应采取相应的措施，这也可以成为合同管理者对报价和合同谈判提出的建议。

合同审查后，将合同审查结果以最简洁的形式表达出来，交给承包商合同谈判的主谈人。在谈判中，合同主谈人可以针对审查出来的问题和风险与对方进行谈判，同时在谈判中落实审查表中的建议或对策，这样可以做到有的放矢，最大程度地维护自己的利益。

第五节　投标文件分析

一、投标文件的内容

投标文件是承包商的报价文件，是对业主的招标文件的响应。它作为一份要约，通常包括投标书、投标书附录、工程量清单等内容。

1. 投标书

投标书由业主在招标文件中统一提供，投标人只需要填写必要的内容并签字即可。其主要内容包括：

(1) 投标人针对合同履行、项目施工的声明，即投标人完全接受招标文件的要求，按照招标文件的规定完成工程施工、竣工及保修责任，并标明总的报价额度。

(2) 投标人保证在规定的开工日期开工，或承诺业主（工程师）一旦下达开工令，则尽快根据合同要求开工，并说明整个工程项目的施工期限。

(3) 说明投标报价的有效期。在投标截止期后的一定时间内，投标书一直具有约束力。

(4) 声明承包商的投标书与业主的中标函都作为具有法律约束力的合同文件。

(5) 声明理解业主接受任何其他标书的行为，业主授标不受最低标的限制。

投标书必须附有投标人法人代表签发的授权委托书，他委托承包商的代表（例如项目经理)全权处理投标及工程事务。

2. 投标书附录

由于投标书是合同文件的组成部分,所以投标书附录也是合同的一部分。它通常是以表格的形式,由承包商按照招标文件的要求填写,是对合同文件中一些定量内容的定义。一般包括:履约担保的金额、第三方责任保险的最低金额、开工期限、竣工时间、误期违约金的数额(一般是每天或每周的罚款数额、或按照合同额的一定比例进行计算)、误期罚款的最高限额(一般按照合同总额的百分比进行计算)、提前竣工的奖励数额、工程保修期、保留金的百分比和限额、每次进度付款的最低限额、拖延付款的利率等。

按照合同的具体要求,还可能有外汇支付的额度、预付款数额、汇率、材料价格调整方法等其他说明。

3. 工程量清单

该工程量清单一般由业主在招标文件中提供,由承包商填写单价和合价后,作为一份报价文件,对单价合同它是工程结算的主要依据。

4. 投标保函

它按照招标文件要求的数额,并由规定的银行出具,按招标文件所提供的统一格式提交给业主。

5. 承包商提交的与报价有关的技术文件

承包商提出的与报价有关的技术文件,主要包括:施工总体方案,具体施工方法的说明,总进度计划,质量保证体系,安全、健康及文明施工保证措施,技术方案优化与合理化建议,主要施工机械清单,材料表及报价,供应措施,项目组成员名单,项目组织人员详细情况,劳动力计划及点工价格,现场临时设施及平面布置,承包商建议使用的现场外施工作业区等。

如果承包商承担部分设计,则还包括设计方案资料(即标前设计),承包商应该提供图纸目录和技术规程。

6. 属于原招标文件中的合同条件、技术说明和图纸

承包商在投标文件中包括这些内容,表示它们在性质上已属于承包商提出的要约文件。

7. 各类声明

在投标文件中包括的各类声明包括:投标人对投标或合同条件的保留意见或特别说明,以及无条件同意的申明。

8. 招标文件规定的其他材料

根据招标文件的规定提交的所有其他材料,例如资格审查及辅助材料表,法定代表人资格证明书、授权委托书等。

9. 其他必要的文件

投标文件中还包括其他必要的文件,例如竞争措施和优惠条件。

投标文件作为要约文件,应该是无歧义的、描述准确的、不能引起对方误解的语言。

二、投标文件中可能存在的问题

由于投标时间较短,投标人对环境不熟悉,竞争激烈,中标概率低,一般而言,投标人不可能投入很多时间、费用和精力编制标书;此外,不同投标人有不同的投标策略等,所有的这些原因使得每一份投标文件中会存在这样或那样的问题。例如:

1. 报价的错误,包括计算错误、誊印错误等。

2. 实施方案不科学、不安全、不完备,或描述过于简略等。

3. 投标人没有按照招标文件的要求编制投标文件,缺少业主所要求的部分内容。

4. 投标人对业主的招标文件理解的错误。

5. 投标人不适当地使用了一些报价策略,例如有附加说明、严重的不平衡报价等。

这些问题如果不进行分析或处理,会导致业主盲目授标,导致签订的合同背离前述成功的招标投标的标准。

三、投标文件分析的重要性

在开标后,业主不能立即确定中标人,"囫囵吞枣"地接受某个报价,即使它是最低报价。通常在招标过程的中标函发出之前,业主是有主动权的,即他有选择承包商的更多余地,这时如果他要求投标人修改实施方案、修改报价中的错误、缩短工期等,一般投标人会积极地响应,因为这时他必须与几个投标人共同竞争。而一旦中标函发出,则业主摒弃了其他投标人,确定了某个承包商,这样业主基本没有选择其他中标人的余地了。如果这时再发现该投标书中有什么问题,则业主就陷入被动的状态。所以,业主在没有清楚地分析投标文件的各个细节之前,不能发出中标函授标。

从开标到合同的最终签订是合同的商谈和签订过程。由于工程合同的签订并不是简单的对合同条件的承诺,以及协议书的签订过程,而是双方对合同状态的各个因素的统一认识和承诺的过程,所以,在投标人提出投标书(要约)后,招标人和投标人之间有十分复杂的合同管理工作过程。

为了有把握地授标,业主必须对入围的有效投标文件从价格、工期、实施方案、项目组织等各个角度进行全面的分析和审查,全面地了解各投标文件的内容和存在的问题,为澄清会议、评标和定标提供依据。这个过程又叫投标文件分析或清标。这是业主在合同签订前最重要的工作内容之一。

由于工程项目投标文件的复杂性和重要性,这个工作的重要性怎么强调也不过分。业主应该给予充分的重视,同时,应安排充裕的人力和时间进行这项工作。

1. 投标文件分析是正确授标的前提。

投标文件中投标函及附件、合同条件、工程量清单等都属于有法律约束力的合同文件。施工组织虽然很多时候不属于合同文件,但是,它却代表着投标人为完成工程项目所采用的施工方案、人员组织。一方面,这些文件代表着投标人的管理水平;另一方面,从某种意义而言,选择了一个投标人,则确定了整个工程项目的实施方案,这在很大程度上决定了这个工程项目所采用的技术水平。

只有全面正确地分析了投标文件,才能正确地评标、决标,各个投标人之间才有一个比较统一、公平、合理的标准。

2. 投标文件分析是澄清会议和标后谈判的依据。

在授予合同前,业主与多个投标人进行谈判是十分必要而有利的,通过谈判可以澄清投标人的意图,发现投标文件中的问题,并详细了解投标人的能力、管理水平和工作思路。

澄清会议是投标人项目经理的一次答辩会,是双方的一次重要接触。所以,全面分析投标文件能使澄清会议更加有的放矢和更有效果。

3. 减少合同履行中的争议,增进双方的相互了解,使合同的履行更加顺利。

投标文件是投标人的要约文件。从投标文件的分析可以看出,投标人对招标文件和业主意图理解的正确程度。如果投标文件出现大的偏差,例如报价太低、施工方案不合理、工程范围与合同要求不一致等,则必然会导致合同实施中的矛盾、失误、争议。由于投标时间比较短,在投标文件中存在一些问题和错误是难免的。

国内外的工程实践证明,不进行投标文件分析,仅仅按照总报价授标是一种比较盲目的行为,很容易导致工程项目中的合同争议,甚至导致项目的失败。

4. 防止对业主不利的投标策略,特别是报价策略。

通过投标文件分析,可以防止对业主不利的投标策略,特别是报价策略。例如,过度的不平衡报价、开口升级报价、多方案报价等。这些投标策略常常是投标人在工程实施过程中通过索赔增加工程收益所埋下的伏笔。有时,承包商在投标文件中使用保留条件,如果对这些保留条件不进行分析处理,很容易导致工程实施过程中的争议,由此损害业主的利益。

在市场经济条件下,对一些大型的、复杂的、专业性比较强的工程项目,投标文件的分析工作尤其重要。而我国的很多地方工程项目开标后,仅在两三个小时之内就完成投标文件的分析、评标、定标工作。尽管也请来一些专家参与评标,也有一套评标办法、打分标准、计算公式,但是,它缺少严格的投标文件分析过程,或者这个过程太短。项目参与方或参与人员(业主、工程师、评标专家)都不可能在这么短的时间内,对四至五份甚至更多的标书进行全面的分析,甚至浏览一下都几乎不可能。所以,评价打分基本是盲目的,澄清会议上提出的问题也基本都是肤浅的。这种授标存在很大程度的盲目性。

四、投标文件分析的内容和方法

在开标后,业主的投标文件分析通常包括的工作有,投标文件总体审查、报价分析、技术性评审等内容。

(一) 投标文件总体审查

1. 投标文件的有效性分析

一般,投标文件的有效性分析是首先找出一些不合格的投标文件,例如:

(1) 投标书没有按照招标文件的要求进行密封;

(2) 没有按照招标文件的要求,提供单位和法人代表(或法人代表的委托的代理人)印章、或授权委托书;

(3) 没有按照招标文件要求的格式填写,内容不全,字迹模糊,辨认不清;

(4) 没有按照招标文件要求的时间提交投标文件;

(5) 投标单位没有按照招标文件的要求参加开标会议等。

2. 投标文件的完整性审查

投标文件的完整性审查,即检查投标文件中是否包括招标文件规定应提交的全部文件,特别是授权委托书、投标保函和各种业主要求提交的文件。

3. 投标文件与招标文件要求的一致性审查

一般的招标文件都要求投标人完全按招标文件的要求投标报价,完全响应招标的要求。一致性审查,即分析是否完全报价,有无修改或附带条件。

总体评审的结果是确定投标文件是否合格。如果合格,即可以进入报价和技术性评审阶段；如果不合格，则作为废标处理，不作进一步的审查。

根据工程项目的规模，一般选择 3～5 家总体审查合格，报价低而合理的投标文件进行更加详细的审查分析，而对报价明显过高，没有竞争力的投标文件不作进一步的详细评审。

（二）报价分析

报价分析是通过对各家报价进行数据处理，作对比分析，找出其中的问题，对各个投标人的报价进行评价，其结果作为澄清会议、评标、定标、标后谈判的依据。报价分析必须是细致的、全面的，不能仅仅分析投标文件中的总价，即使签订的是总价合同。对于单价合同而言，由于单价优先，总报价常常不反映实际的价格水平，所以，报价分析显得更加重要。

报价分析一般分三步进行：

1. 对各个报价本身的正确性、完整性、合理性进行分析。

通过分别对各报价进行详细复核、审查，找出存在的问题，例如：

(1) 明显的数值计算错误，单价、数量与合价之间不一致，合同总价的累计出现错误等。对于这种情况，一般在投标人须知中，已经赋予业主进行修正的权利，业主可以按照修正后的价格作为投标人的报价，作为评标的依据，并进行重新排序。

(2) 对于有些分项，承包商没有进行报价，仅仅提供了附加的说明。这在投标人须知中应明确地进行规定，承包商的附加说明无效，对此可以采取两种处理方式：

① 对投标人没有报价的分项，按照以“0”作为单价进行计算，即承包商完成该项工程，业主不付款，被认为已经包含在其他分项的价格中。

② 宣布投标人投标无效，不承认投标人的附加说明。

在此基础上分析这些问题对总报价的影响，以及如果消除错误，合理的报价应该是多少。对于这些错误应该按照投标人须知的规定进行修改，并在投标文件被业主接受之前对修订后的条件双方达成一致。

2. 对各种报价进行对比分析。

在市场经济中，如果没有定额，这项分析就显得非常重要，是整个报价分析的重点。如果标底编制得比较详细，可以把它也纳入各投标人的报价中一起进行分析。

(1) 通过各个报价之间的对比分析，可以确定本工程项目，以及各个分项的基本市场价格水平，它不仅可以用于衡量一个报价（如最低报价）的合理性，而且对于工程项目实施过程中确定工程量增加的价格、平均劳动生产效率（在处理一些索赔中人们常常要考虑到市场价格水准和平均劳动效率）都具有很大的作用。

(2) 可以确定各个报价之间的相对水平，分析各个总报价，以及各分项报价的不平衡性，以发现其中的问题，特别是承包商的投标策略。

由于各个投标人对招标文件的理解状况、报价意图和报价策略不同，管理水平、技术装备、劳动效率都各有差异，如果他们在投标做报价时没有相互联系、串通（当然这是违法的），则他们各自的报价必然是有差异的、不平衡的。例如，总报价最低的投标文件，其中有些分项的报价可能偏高，甚至最高，或明显不合理。

按照招标工程的范围和规模不同，报价之间的对比分析可以分为以下几个层次：

(1) 总报价的对比分析；

(2) 各单位工程报价的对比分析；

(3) 各分部工程报价的对比分析；

(4) 各分项工程报价的对比分析;

(5) 各专项费用(如间接费率)的对比分析等。

在工程实践中,通常用对比分析表的格式进行报价的对比分析。表 6-2 是某工程项目墙体分部工程的报价分析对比表。表中投标人 1 到投标人 5 是按总报价由低到高进行排列。

表 6-2 某项目墙体工程的报价分析对比表

投标单位	数量	报价(元)	相对比	次序	与算术平均值比较
投标人 1		351 595.39	114.24%	3	102.15%
投标人 2		307 757.15	100.00%	1	89.42%
投标人 3		369 274.23	119.99%	5	107.29%
投标人 4		328 945.29	106.88%	2	95.57%
投标人 5		363 348.12	118.06%	4	105.57%

该项报价的算术平均值=344 184.03(元)

最理想的报价=286 184.15(元)

算术平均值是各报价的平均数;最理想的报价是墙体工程中所属各分项工程的最低报价之和。它是取各家长处的最佳报价。

一般而言,某项报价高于算术平均值,则认为它偏高或过高。例如上表中,投标人 1 的总报价最低,所以,排在第一位。但是,其对墙体工程的报价高于算术平均值,处于第三位,属于偏高一类。基于这个分析,在议价谈判中,业主应该提出让投标人 1 对此项报价进行解释,甚至可与他商讨以降低这一项报价。通过对墙体工程项目中各分项工程的对比分析,还可以进一步分析具体的原因。

如果某一项报价是最低报价,它远低于其他投标人的报价,例如与其他报价相对比都在 130%以上,应该认为该最低报价偏低或过低,则应进一步分析其中的原因,了解该投标人的报价意图或施工方案的独到之处。如果总报价过低,则要分析投标人的报价有无依据,报价中是否有重大的错误,或有可能导致重大危险的报价策略。

报价分析应特别注意工程量大、价格高、对总报价影响大的分项。

3. 编写报价分析报告。

将上述报价分析的结果进行整理、汇总,对各家报价进行评价,并基于评价结果为议价谈判、合同谈判和签订提出意见和建议。

通过报价分析,将各个投标人的报价进行解剖和分析对比,使决标者一目了然,能够有效地防止决标失误。通过议价谈判,可以使各家报价更低、更合理。

(三) 技术性评审

1. 技术性评审主要是对施工组织与计划的审查分析。

一般业主都要求投标人在投标文件中提交施工方案和施工组织等。这些文件是投标人报价的依据,同时,也是为了完成合同责任所进行的详细计划和安排。它们有如下特性:

(1) 施工方案及其相关文件可以不作为工程合同的一部分,承包商对施工方案的安全性、稳定性以及效率承担责任。

(2) 在工程项目开标后、定标前，业主审查施工方案，发现其中有问题，可以要求投标人进行说明或提供更详细的资料，也可以建议投标人修改。当然投标人可以不修改(不过业主可以考虑不授标)，也可以在修改方案的同时要求修改报价(因为原投标价格是针对原方案的)。然而，在通常情况下，投标人会积极地修改这些资料，而不提高报价，这是因为每个投标人都希望中标，还必须与几个投标人进行竞争，在中标前常常必须满足业主的要求。

(3) 中标后，或在合同履行中，如果业主再要求承包商修改方案，可以作为变更指令，一般要赔偿承包商增加的费用或延长的工期。

2. 技术评审的主要内容

技术评审主要分析以下内容：

(1) 投标人对该工程项目的性质、工程范围、难度、自己工程责任等方面理解的正确性，评价施工方案、作业计划、施工进度计划的科学性与可行性，能够保证合同目标的实现。

(2) 工程项目按期完成的可能性。在进行评标时，工期得分是根据投标人报的总工期进行计算的，通常只要投标文件中的工期比较短就可以获得到奖励分。但是，工期是由施工方案、施工组织措施等方面决定和保证的。在工程实践中，有些投标文件所采用的施工方案明显不能保证项目的工期，例如进度计划中没有考虑到不良气候的影响。所以，这个工期经常是不能保证的。但是，该投标人仍然可以获得工期的奖励分。这是因为施工方案、施工组织是专家评审的，而工期的得分是由业主的人员根据公式计算的。业主的技术评审就是要进行综合性的评判，以避免类似问题的出现。

(3) 投标人工程施工的安全性，劳动保护、质量保证措施、现场布置的科学性。

(4) 投标人用于该工程项目的人力、设备、材料计划的准确性，各供应方案的可行性。

(5) 项目团队的评价。主要为项目经理、主要工程技术人员的工作经历和经验，他们能否胜任本项目工作等。

(四) 其他方面因素的分析

在投标文件分析过程中，业主还需要考虑其他因素：

1. 投标人潜在的合同索赔的可能性。
2. 对投标人拟雇用的分包商的评价。
3. 投标人提出的针对业主的优惠条件，例如赠予、新的合作建议。
4. 投标人对业主在招标文件中提出的一些建议的响应。
5. 投标文件的总体印象，例如条理性、正确性、完备性等。

第六节　合同签订时应注意的问题

一、符合承包商的基本目标

承包商的基本目标是通过实施工程项目获得利润，所以“合于利而动、不合于利而止”(《孙子兵法·火攻篇》)。这个“利”可能是该工程项目经济方面的盈利，也可能是承包商可能获得的其他利益，例如品牌效应、长期战略合作的机会等。合同谈判和签订应服从企业的整体经营战略。“不合于利”，即使失去工程承包的资格、没有获得合同，也不能接受责权利不平衡、明显导致亏损的合同。这应该是承包商投标的基本方针。

承包商在签订工程承包合同时,经常会犯这样的错误:

1. 由于长期承接不到工程项目,急于获得一个工程项目,从而盲目地签订合同。

2. 承包商新开拓一个区域的工程承包市场,急于打开局面承接工程,而草率地签订合同。

3. 由于工程项目招标的竞争激烈,担心失去工程承包资格而接受条件苛刻的合同。

4. 部分承包商盲目地追求高的合同额,没有重视对工程利润的分析和考察,所以,希望并要求承接更多的工程项目,而忽视承接到工程项目之后可能产生的后果。

基于上述情况签订的工程合同,很多都是失败的。

"利益原则"不仅是合同谈判和签订的基本原则,而且是整个合同管理和工程项目管理的基本原则。

二、积极地争取自己的正当权利

我国的民法典,以及其他的经济法律法规赋予合同双方以平等的法律地位和权利。但是,在实际的经济活动中,这个地位和权利还要靠承包商自己争取。而且在工程合同中,这个"平等"常常难以具体地衡量。如果合同一方自己放弃这个权利,盲目、草率地签订工程合同,致使自己处于不利地位,受到损失,常常法律也难以对他提供帮助和保护。所以,在合同签订过程中,放弃自己的正当权利,草率地签订合同是非常不理智的行为。

在合同谈判中,承包商应该积极地争取自己的正当权利,争取主动的地位。如果有可能,应该争取撰写合同条件的权利。对于业主提供的合同文本,应进行全面的分析研究。在合同谈判中,双方应该对每个条款进行具体的商讨,争取修改对自己不利的苛刻的条款,增加对承包商权利的保护条款。对于重大的问题,承包商也不能为了中标而过分让步,而应该据理力争。承包商切不可在观念上把自己放在被动的地位,产生处处"依附于人"的感觉。

当然,谈判策略和技巧是非常重要的。通常,在决标前,承包商还需要与几个投标人竞争时,采用各种策略必须慎重,此时投标人处于守势,尽量少地提出合同文本的修改要求,否则容易引起业主的反感,损害自己的竞争地位。在中标后,即业主已选定承包商作为中标人,应积极争取修改风险型条款、过于苛刻的条款,对原则性的问题不能无原则的退步。

三、重视合同的法律性质

分析国际和国内承包工程的案例可以看出,很多承包合同的失误是由于承包商不了解或忽视合同的法律性质,没有合同意识造成的。

合同一经签订,即成为合同双方应该遵守的法律文件,它不是道德规范。合同中的每一条都可能与双方的利害相关。签订合同是个法律行为,所以,在合同谈判和签订中,既不能用道德观念和标准要求和指望对方,也不能用它们来束缚自己。这里要注意以下几个方面:

1. 对于项目实施中可能遇到的一切问题,必须"先小人、后君子""丑话说在前"。应该尽量考虑到各种可能发生的情况和各个细节问题,并在合同中进行明确的规定,不能有侥幸心理。在合同签订时,要充分考虑合同中存在的不利因素及对策措施,不能仅仅考虑有利的因素,盲目乐观。

尽管从取得招标文件到投标截止时间一般都很短,承包商也应该充分地理解招标文件的内容，包括投标人须知、合同条件、图纸、规程等，并详细地了解合同签订前的环境，切不可期望到合同签订后再进行这些工作。这方面的失误承包商自己负责，对此也不能有侥幸心理，不能为将来的合同履行留下麻烦和“后遗症”。

2. 所有的问题都应该明确地、具体地、详细地规定。在合同谈判或签订过程中，对方已经“原则上同意”“双方有这个意向”常常是不能算数的。在合同文件中，一般只有确定性、肯定性的书面表述才有法律约束力，而商讨性、意向性的表述很难具有约束力。

（1）在投标有效期截止前，业主向中标人发出中标函。中标函采用招标文件所附的格式。按照我国民法典的规定，中标函作为承诺书，必须对要约无条件地接受。因此，业主在中标函中必须用肯定性的语言，而且不能再提出任何需要商榷的问题。如果在中标函中提出了新的条件，则成为新的要约，最终双方必须对新的要约达成一致，合同才正式成立。

（2）中标函的发出有时还不能形成一份合同。例如：

① 双方对合同的重大问题还没有达成实质性的一致时，没有形成完全、无条件的承诺。

② 在国际工程中，有时招标文件声明，在中标函发出后，需要第三方（例如上级政府）的批准或认可，才能正式签订合同。对此，通常业主先给已经选定的承包商发布中标意向书。这个意向书不属于确认文件，它不具有合同效力，对业主一般没有约束力。

在接到中标意向书后，承包商需要进行施工的前期准备工作（一般为了节省工期），例如派遣施工队伍，订购材料和设备，甚至进行现场施工前的准备等。而如果由于其他原因合同最终双方没有签订合同，承包商很难获得业主的费用补偿。因此，在开展这些工作之前，合同双方应该对正式签订合同前的工作内容，与这些工作内容相关的费用额度及其支付达成一致意见，以免双方没有正式签订合同时，承包商可以获得费用的补偿。

（3）有时，业主要求承包商在收到中标意向书后，或中标函发出前，或正式合同签订前，进行一些前期的准备工作，例如，业主已经提供现场，承包商也已经实际进场施工。在这种情况下，虽然没有发出中标函或签订正式的工程合同，但是，双方用自己的实际行动标明合同已实际成立和履行。如果最终没有能够签订正式的合同，则承包商对所履行的工作有权获得合理的支付。

由于正式合同没有签订，所以，不能按照合同索赔，只能对意向书中涉及的材料定购、分包合同、现场准备等方面的合理费用进行索赔。

对此比较好的处理办法是，由业主下达指令明确表示对这些工作付款，或双方应签订一项独立的施工准备合同。如果本工程承包合同不能签订，则业主对承包商进行费用补偿；如果工程承包合同签订，则该施工准备合同无效（所发生的费用，例如开办费，已经包括在主合同中）。

【案例 6-4】 在某国际工程中，经过澄清会议，业主选定一个承包商，并向他发出一份函件，表示“有意向”接受该承包商的报价，并“建议”承包商“考虑”材料的订货；如果承包商“希望”，也可以进入施工现场进行前期工作。而结果由于业主放弃了该工程的开发计划，工程项目被取消，工程承包合同无法签订，业主又指令承包商恢复现场状况。而承包商为施工准备已投入了很多费用。承包商就现场临时设施的搭设和拆除，材料订货及取消订货的损失向业主提出索赔。但是，最终业主以前述的信件作为一份“意向书”，而不是一个肯定的“承诺”（合同）为由，反驳了承包商的索赔要求。（见参考文献 11）

3. 在合同的签订和实施过程中，不要轻易地相信任何口头承诺和保证，少说多写。双方商讨的结果,作出的决定,或对方的承诺,只有写入合同,或双方采用书面的签署才算确定;相信"一字千金",不能相信"一诺千金"。

4. 对于在标前会议上和合同签订前澄清会议上的说明、允诺、解释,以及一些合同外要求,都应该以书面的形式进行确认。例如签署附加协议、会谈纪要、备忘录,或直接写入合同中。这些书面文件也作为合同的一部分,具有法律效力,常常可以作为索赔的依据。

【案例 6-5】 新加坡一个原油码头工程项目,采用 FIDIC 合同条件。招标文件工程量表中规定项目所使用的钢筋由业主甲供,投标日期 1980 年 6 月 3 日。但是,在收到投标文件以后,业主发现他的钢筋已用于其他工程,甲方已经无法再提供钢筋。因此,在 1980 年 6 月 11 日,工程师致信承包商,要求承包商针对工程量表中所需钢材另外提供报价。

很明显,这封信是一个新的询价文件。1980 年 6 月 19 日,承包商进行了答复,提出了各类钢材的单价与总价。收到承包商的报价信函后,业主于 1980 年 6 月 30 日回复信函表示接受承包商的报价,并要求承包商准备签署一份由业主提供的正式协议。但是,此后业主没有提供书面协议,双方没有进行任何新的商谈,也没有签订正式的协议。业主认为承包商已经接受了提供钢材的要求,而承包商却认为业主又放弃了由承包商提供钢材的要求。

在工程项目开工约 3 个月后,1980 年 10 月 20 日,工程项目需要钢材,承包商向业主提出业主的钢材应该进场,这时候才发现双方都没有准备工程项目所需要的钢材。由于要重新采购钢材,不仅钢材价格上升、运费增加,而且工期拖延,进一步造成施工现场费用的损失约 60 000 元。

承包商向业主提出了索赔要求。但是,由于在本工程项目中双方缺少充分的沟通,都应该承担一定的责任,因此,最后的解决结果是,合同双方各承担一半的损失。

案例分析:本工程项目有如下几个问题应该引起注意:

(1) 双方就钢材的供应进行了很多的商讨,但是这些都是表面性的,是询价和报价(或新的要约)的文件。由于最终没有确认文件(例如签订书面的协议,或修改合同协议书),所以,没有法律约束力。

(2) 在 1980 年 6 月 30 日的复信中,如果业主接受了承包商 6 月 19 日的报价,并指令由承包商按照规定提供钢材,而不提出签署一份书面协议的要求,则就可以构成对承包商的一个变更指令。如果承包商不提反驳意见(一般在一个星期内),那么这个合同文件就正式成立了,承包商必须承担相应的责任。

(3) 在合同签订和履行过程中,沟通是十分重要的。尽早进行有效的沟通,钢筋问题就可以尽早落实,可以避免由此发生的损失。本工程合同签订并履行几个月后,双方就如此重大问题不再提及,让人感觉不可思议。

5. 在合同的签订和履行过程中既要诚实信用,又要在合作中有所戒备,防止被欺诈。在工程项目中,很多欺诈行为属于被对手"钻空子、设圈套",而自己疏忽大意,盲目相信对方或对方提供的信息(口头的、"小道的"或作为"参考"的消息)造成的。这些都无法责难对方。

【案例 6-6】 我国某承包公司作为分包商与奥地利某总承包公司签订了一份房屋建筑项目的分包合同。该合同在伊拉克实施,它的产生完全是奥方总承包公司的精心策划、蓄意欺骗的结果。例如,在谈判中,总承包公司编制谎言说,每平方米单价只要 114 美元即可以完成合同规定的工程量,而实际上按当地市场情况,工程项目的实际花费不低于每平方米 500 美元;有时,奥方对经过双方共同商讨确定的条款,利用文本编辑的机会把对自己有利的内容放在合同条款中；在准备签字的合同中，擅自增加工程量等。

该工程项目的分包合同价是 553 万美元，工期 24 个月。而在工程项目进行到 11 个月时，中方的分包商已经投入了 654 万美元，但是，此时仅仅完成了整个工程量的 25%。预计如果全部履行分包合同，还要再投入 1 000 万美元以上。结果中方不得不放弃全部投入资金，彻底废除分包合同（见参考文献 26）。

在这个合同中，双方的责权利关系严重不平衡，合同签订中，确实有欺诈行为，对方“做了手脚”。但是，作为分包商没有到现场进行实地的调查，而仅仅向总承包企业进行了口头的“咨询”，听信了“谎言”，认可了对方的“手脚”，签了字，合同就生效了，必须履行合同，而且无法对发包的总承包企业进行责难。

四、重视合同的审查和风险分析

不计后果地签订合同是危险的，也很少有不失败的。在合同签订前，承包商应该委派具有丰富合同管理工作经验和经历的专家，认真地、全面地进行合同审查和风险分析，弄清楚自己的权利和责任，完不成合同责任的法律后果，清楚地理解每一个条款的利弊得失。

合同双方一定要在报价和合同谈判前进行合同的风险分析，并编制应对的策略，以此作为投标报价和合同谈判的依据。在合同谈判中，双方应该对各个合同条款和分析得出的风险进行认真的商讨。

在谈判结束，合同签订前，还必须对合同再进行一次的全面分析和审查。其重点是：

1. 之前合同审查所发现的问题是否都已经落实，得到解决，或都已经处理；不利的、苛刻的、风险型的条款，是否都已经进行了修改。通常经过合同谈判修改合同条款是十分困难的，在很多问题上业主常常不作让步，但是，承包商应该对此作出努力。

2. 新确定的，经过修改或补充的合同条款还可能带来新的问题和风险，与原来合同条款之间可能存在矛盾或不一致的地方，还可能存在漏洞和不确定性。在合同谈判中，投标文件、合同条件的任何修改，签署任何新的附加协议、补充协议，都必须经过合同审查，并进行备案。

3. 对于仍然存在的问题和风险，承包商是否都已经分析出来，是否都十分清楚或认可，是否已经作好准备或有相应的对策。

4. 合同双方是否对合同条款的理解达成一致意见，业主是否认可承包商对合同的分析和解释。对合同中仍然存在不清楚、没有充分理解的条款，应该让业主作出书面的说明和解释。

最终将合同检查的结果以简洁的形式（例如表和图）和精练的语言表达出来，交给承包商，由他进行合同签订的最后决策。

在合同谈判中，合同主谈人是关键。他的合同管理和合同谈判知识、能力和经验对工程合同的顺利签订至关重要。但是，他的谈判必须依赖于合同管理人员和其他职能人员的支持。对于复杂的工程合同，只有充分地进行审查、认真地分析可能遇到的风险，合同谈判才能够有的放矢，才能在合同谈判中争取主动地位。

五、加强沟通和了解

在招标投标阶段，双方应该本着真诚合作的精神多沟通，达到互相了解和理解。实践证明,双方的理解越正确、越全面、越深刻,合同履行中的对抗就越少,合作就越顺利,项目的实施就越容易成功。国际工程专家指出:"虽然工程项目的范围、规模、复杂性各不相同,但是,一个被业主、工程师、承包商都认为成功的项目,其最主要的标准之一是,业主、工程师、承包商能对工程项目的目标达成共识,并将项目的目标建立在各种完备的书面合同上,……它们应该是平等的,并能明确工程项目的施工范围……。"

作为承包商应该注重以下几个重要的环节:

1. 正确理解招标文件,充分地懂得业主的意图和要求。

2. 如果有问题可以利用标前会议、或通过其他沟通方式向业主提出。标前会议的基本目的是业主解答投标人提出的问题,并且组织投标人考察现场。通常在标前会议前,投标人已经初步阅读、分析了招标文件,将其中的问题(例如错误、不理解的地方、缺陷、需要业主补充说明的地方)在标前会议上向业主提出,由业主统一解答。所以,它又是投标答疑会议和招标文件的澄清会议。作为投标人,如果遇到问题一定要多问业主,不能根据自己的想法解释合同。在标前会议上,一般投标单位着重对合同文件,特别是技术文件(例如图纸、规程、工程量清单等)中不一致、矛盾的、含糊的地方提出疑问。作为业主,应该对投标人提出的问题进行回答。这对于承包商了解业主的意图,解决招标文件分析中的问题,正确制定方案和报价等,都是十分有好处的。

3. 澄清会议是双方又一次十分重要的接触,双方都应该充分的重视。通过澄清会议,主要解决以下问题:

(1) 在澄清会议上,业主可以要求投标人对投标文件分析中发现的在报价、施工方案、项目组织等方面的问题、矛盾、错误、不清楚的地方,进行答复、解释,或说明,也包括要求投标人对不合理的实施方案、组织措施或工期进行修改。

作为业主,在澄清会议前,应进行全面的投标文件分析,对其中发现的问题在澄清会议上要求投标人解答。在定标前的澄清会议中,还有几个投标人参与竞争,有更多的中标单位选择余地。而一旦发出中标函,确定了中标的承包商,即表示接受了承包商的报价条件。如果再发现问题,那么业主就十分被动。【案例 6-1】清楚地说明了这个问题的重要性。

(2) 通过澄清会议,投标人充分地显示自己的竞争力,说服业主、吸引业主,让业主进一步地了解实施方案和报价的依据,使业主放心。投标人还可以利用澄清会议实施一些投标策略,进一步加强自己投标的竞争力。

(3) 为了证明投标人在投标文件中承诺拟在本工程项目中投入的主要人员具备相应的技术和管理水平,业主一般在澄清会议上要对施工项目经理进行面试答辩,投标人中参加澄清会议的人员可能包括投标文件中列出的项目经理和总工程师等。

施工项目经理是项目实施工作的直接承担者,他的能力、知识和素质对工程项目的成功有决定性的影响。对项目经理的面试应该注重他对本工程项目的理解程度,对工程环境和实施方案的熟悉程度,对项目实施过程中可能发生的突发事件和风险事件的处理措施,而不能仅仅基于一般的基本理论决定项目经理的综合能力。

(4) 双方对合同条件、报价、方案的进一步磋商。

澄清会议是投标人之间又一次更为激烈的竞争过程,特别对于投标报价进入前几名的投标人,任何单位都应该非常重视。由于这时还与几个对手进行竞争,所以,投标人应该积极地向业主展示自己的实力、能力,全面地解答业主提出的各个问题,让业主了解自己的投标方案和依据，甚至在有必要的情况下，可以向业主提出更为优惠的条件，以吸引业主。所以，澄清会议不能不仅仅当成是对业主在投标文件分析中所提问题的回答。

① 一般而言，法律和招标文件中都规定，在发出中标函之前，招标人不得与投标人就投标价格、投标方案等实质性内容进行谈判。不允许调整合同价格，投标人提出的进一步的优惠条件、建议、措施也不能作为评标的依据，否则会影响公正和公平原则。

② 但是，在不违反我国的招标投标法，以及招标条件的前提下，投标人经常可以提出优惠的条件吸引业主，提高自己报价的竞争力。这对于入围前几名的投标人尤其重要。如果向业主提出一些合同外的承诺，包括向业主赠予设备，帮助业主培训技术人员，扩大服务范围等，应该在合同签订前以备忘录或附加协议的形式进行确定。它们同样具有法律约束力。

4. 利用标后谈判进行进一步地沟通，完善合同条件。由于这时已经确定了中标的承包商，已经将其他的投标人被排斥在外，所以，承包商应该利用机会积极地争取主动地位，进行认真的合同谈判，争取对自己更为有利的方案。

(1) 标后谈判的必要性。中标函对招标人和中标人都具有法律效力，双方应当根据投标和中标的文件签订合同，否则应当承担法律责任。

尽管按照招标文件的要求，承包商在投标书中已经明确表示对招标文件中的投标条件、合同条件的完全认可，并接受它的约束，合同价格和合同条件不能进行调整和修改。但是，由于工程招标投标过程存在的矛盾性，到中标函发出为止，双方的要约和承诺是不完备的，或者有缺陷的。

① 由于招标时间短，招标文件可能存在各种问题，例如缺陷、遗漏、不适当的要求。但是，业主在招标文件中不容许投标人对招标文件的要求进行任何修改，必须完全响应招标文件的要求。此外，投标文件也可能存在各种类型的问题，例如，投标人可能对招标文件的理解错误、环境调查错误、方案错误(或还有更好的方案)、报价错误等。

开标后，澄清会议的刚性很大，基于法律的规定和其他投标人的监督，不允许对合同条件和投标文件进行实质性的修改，导致评标和决标常常是不科学的和不完善的。

② 发出中标函，双方的合同关系已经成立，但是，正式的合同协议还没有签订。双方可以进行新的要约和承诺。而且这种要约和承诺会更加科学和理性，双方更容易接受。

通过标后谈判，可以使合同状态更具有合理性和科学性。这对双方和整个工程项目都有利：业主可以利用这个机会获得更加合理的报价和更优惠的服务，得到一个更加完善的工程；承包商可能得到一个更加合理的价格，或改善合同条件。这已经被很多工程实践所证明。

(2) 对标后谈判，事先要进行策划和准备，应该注意如下问题：

① 确定自己的目标。对于合同谈判中应该商谈哪些问题，达到什么目的，修改哪些条款等，都要有准备。标后谈判应该在合同审查，以及投标文件分析的基础上进行。

② 研究对方的目标和兴趣。在此基础上，合同双方准备让步方案、平衡方案。由于标后谈判是双方对合同条件的进一步完善，双方必须都进行让步，才能达成共识，签订工程合同。所以，要考虑到多方案的妥协，争取主动。

③ 以真诚合作的态度进行谈判。由于合同已经成立，现场准备工作必须尽快地进行。不能让业主认为承包商在找借口不开工，或中标了，又要提高价格。即使对方不作让步，也不要产生双方对立的争论(注意，这不能构成争议，任何一方对对方任何新方案、新要约的拒绝都是合理的、有理由的)。否则会造成一个很不好的关系氛围，双方关系紧张的开端，影响

整个工程项目的实施。

在整个标后谈判中,应该防止自己的违约,防止业主找到理由扣留承包商的投标保函。

(3) 由于有些招标文件中规定不允许进行标后谈判,这是业主为了不给中标人留下修改合同条件的余地,掌握合同签订过程中的主动权。所以,它仅仅是双方在合同签订前的一次努力,通过合同谈判使合同更具有合理性和科学性,是对合同状态进一步优化和平衡的过程。如果经过标后谈判,双方不能达成一致意见,那么还应该按照原投标书和中标函的内容签订工程合同。

(4) 应与业主商讨,争取一个合理的施工准备期。这对于整个工程项目的施工有很大好处。一般的业主希望或要求承包商"毫不拖延"地开工。承包商如果无条件答应,则他会很被动,这是由于人员、设备、材料的进场,以及临时设施的搭设等,都需要一定的时间。在国际工程项目中,这个时间会更长。如果没有合理的准备期,则会产生以下影响:

① 容易产生工期的争议或被业主施行工期拖延的处罚;

② 没有合理的准备期、或这期限太短,会造成整个工程项目的仓促施工、计划混乱,长期达不到高效率的施工状态。所以,在我国的很多承包工程项目中经常出现项目实施前期的混乱,产生拖期、后期赶工的现象,造成大量的低效率损失。

六、合同签订的案例分析

【案例 6-7】 本工程项目为非洲某国政府两个学院的工程建设,资金由非洲的某个银行提供,属于技术援助项目,招标范围仅仅是土建工程的施工。

1. 投标过程

我国某工程承包公司获得该国项目的招标信息,考虑到准备在该国拓展工程承包业务,决定参加该项目的投标。由于我国与该国没有外交关系,经过几番周折,投标小组到达该国时距离投标截止日期仅 20 天。购买了业主的招标文件之后,没有时间进行全面的招标文件分析和详细的环境调查,仅仅粗略地估算了各种费用,仓促地进行了投标报价。等到开标后发现报价低于正常价格的 30%。开标后,业主代表、监理工程师进行了投标文件的分析,对授标的意见产生分歧。监理工程师坚持我国该公司的投标文件为废标,因为报价太低,肯定亏损,如果授标则肯定不能完成工程项目。但是,业主代表坚持将该标授与我国公司,坚信中国公司的信誉好,工程项目的实施一定很顺利。最终,我国的公司中标。

2. 合同中的问题

中标后,承包商分析了招标文件,调查了市场价格,发现报价太低,合同风险太大,如果承接该项目,至少亏损 100 万美元以上。合同中有以下问题:

(1) 没有固定汇率条款,合同以当地的货币计价,而经过调查发现,汇率一直变动不定。

(2) 合同中没有预付款的条款,按照合同所确定的付款方式,承包商需要投入大量的自有资金,这样不仅造成资金困难,而且增加了财务成本。

(3) 合同条款规定不免税,工程项目的税收约为合同价格的 13%,而按照非洲银行与该国政府的协议,本工程项目应该免税。

3. 承包商的努力

在收到中标函后,承包商与业主代表进行了多次的接触和沟通。一方面感谢他的支持和信任,表示决心搞好工程项目为他争光,另一方面又阐述了所遇到的困难——由于报价太低，亏损是难免的，希望他在几个方面给予支持：

（1）按照国际惯例，将汇率以投标截止期前28天的中央银行外汇汇率予以固定，以减少承包商的汇率风险。

（2）工程合同中虽没有预付款，但是，作为非洲银行的经援项目通常有预付款。没有预付款，承包商没有办法实施工程项目。

（3）通过调查了解获悉，在非洲银行与该国政府的经济援助协议上，本项目是免税的。而本项目必须执行这个协议，所以，应该免税。而合同规定由承包商交纳该税收是不对的，应予以修改。

4. 合同处理的结果

由于业主代表坚持将投标授予中国的公司，如果这个项目失败，他也没有面子，甚至要承担责任，所以，对承包商提出的上述三个要求，他尽了最大的努力与政府交涉，并帮助承包商解决这些问题。最后，承包商的三点要求都得到了满足，这显著扭转了承包商在本工程项目中的不利局面。

最后，在本工程项目中，承包商顺利地履行了合同。业主满意，在经济上不仅没有亏损，而且略有盈余。分析其成功的原因也可以发现，本工程项目中业主代表的立场，以及其所作出的努力起了十分关键的作用。

5. 经验总结

基于本案例的分析可知，在工程项目的招标投标中，有几个注意点：

（1）承包商新到一个地方承接工程项目必须十分谨慎，特别在国际工程项目中，必须详细地进行环境调查，进行招标文件的分析。本工程项目虽然结果是很好的，但是，这样成功的案例很难复制，承包商是比较“幸运”的。

（2）工程合同中没有固定汇率的条款，在进行标后谈判时，可以引用国际工程惯例要求业主修改合同条件。

（3）本工程项目中，承包商与业主代表的关系是关键。能够获得业主代表、监理工程师的同情和支持，对工程合同的顺利签订，以及工程项目的成功实施是十分重要的。

复习思考题

1. 试用流程图描述业主的招标工作过程。

2. 为什么说双方签订合同，表示双方对“合同状态”的一致承诺？阅读本书中的索赔案例，试分析在这些案例中合同状态有什么作用？

3. 有些承包商认为，在投标阶段，发现招标文件中有错误、遗漏、含义不清的地方，是承包商的索赔机会，不必向业主澄清。你觉得这种观点正确吗？

4. 简述招标投标成功的标准。

5. 试分析在使用FIDIC合同的工程项目中，承包商所承担的风险。

6. 阅读《中华人民共和国招标投标法》，了解招标投标的基本过程和要求。

7. 举例说明，承包商的一项责任，同时又隐含着他的一项权利；业主的一项权利，同时又隐含着他的一项责任。

8. 简述投标文件分析的主要内容。

9. 讨论：标后谈判有什么必要性？它又会经常会出现什么问题？

第七章　合同分析与解释方法

本章提要：工程实践中，很多人将合同分析作为项目管理的起点，以及日常管理的工作内容之一。一般而言，在合同实施前、索赔和争议处理过程、工程项目实施过程中遇到问题时，项目管理者都需要进行合同分析。本章介绍了合同分析的基本内容、程序和方法，合同分析包括合同总体分析、合同详细分析、以及特殊问题的合同解释。

本章结合我国的民法典讨论了工程合同的解释程序和一些原则，这些反映了对工程合同的理解水平和合同管理水平，对于项目经理、工程师，争议裁决人和仲裁人，掌握这些内容是十分重要的。

第一节　概　　述

一、合同分析的必要性

在合同履行过程中，承包商的基本任务是圆满地完成合同的责任。所有合同责任的顺利完成是依赖于在一段段时间内，完成一项项工程和一个个工程活动而实现的。所以，工程合同的目标和责任，应该具体落实在合同实施的具体问题上，各个工程项目管理小组，以及各分包商的具体工程活动中。承包商的各个职能人员和所有的项目管理团队都应该熟练地掌握合同，运用合同指导工程项目的实施过程，以合同作为行为准则。很多国外的承包商强调，项目实施的成功取决于“天天念合同经”。

但是，在实际的工程项目中，承包商的各职能人员或项目管理团队不能遇到具体问题就直接查阅合同，这是因为合同存在以下不足之处：

1. 很多合同条款的规定不够直观明了，有的法律语言不容易理解。只有在合同实施前进行合同分析，将合同规定用最简单易懂的语言和形式表达出来，使合同使用者一目了然，这样才能方便日常的管理工作。承包商、项目经理、各个职能人员和项目管理团队也没有必要经常被合同文本和合同的语言表达方式所困扰。

工程项目的参与方以及各级管理人员对合同条款的解释必须有统一性和同一性。在业主与承包商之间，合同的解释权归工程师；而在承包商的施工组织中，合同解释权必须归合同管理人员。在合同履行前，如果不对合同进行分析和统一的解释，而让各个参与方或参与人员在履行过程中翻阅合同文本，很容易造成解释的不统一，而导致工程项目实施过程中的混乱。特别对于复杂的合同，或承包商不熟悉的合同条件，或各方面合同关系比较复杂的工程项目，合同的分析工作就显得更加重要。

2. 在一个工程项目中，合同是一个复杂的体系，几份、十几份、甚至几十份合同之间形成了非常复杂的关系。即使对于一份工程承包合同，它的内容似乎也很难找到条理性，有时，对于一个特定的问题可能在很多条款，甚至在多个合同文件中进行了规定，在实际的应用中也特别不方便。例如，对于一个分项工程，工程量和单价的信息反映在工程量清单中，质量要求定义在工程图纸和规程中，工期的要求是根据进度计划确定的，而合同双方的责任、价格结算等也都在合同文本的不同条款中。这容易导致合同履行过程中的混乱。

3. 要履行一份工程承包合同，项目参与方经常需要完成几百、几千、甚至几万个工程活动。这些工程活动的具体工期、质量、费用等要求、工程活动之间，都存在非常复杂的逻辑关系；在完成这些工程活动过程中，合同各方有复杂的责权利关系。要按计划、有条理地实施工程项目，必须在工程项目开始前将所有的工程活动都进行落实，并从工期、质量、成本、相互关系等各方面予以定义。

4. 在同一个工程项目中，很多项目管理团队、项目管理职能人员所涉及的合同管理活动或问题，并不包括全部的合同文件，而仅仅是合同的部分内容。他们也没有必要在工程项目的实施过程中，记忆或熟悉所有的合同文件。通常，比较好的办法是由合同管理专家先进行全面的合同分析，再向各个职能人员和工程小组进行合同交底。

5. 在合同中，可能还会存在一些问题和风险，包括合同审查时已经发现的风险，以及还可能隐藏的，还没有发现的风险。还可能存在用词含糊，规定不具体、不全面、甚至矛盾的条款。在合同实施前，有必要作进一步的全面分析，对风险进行确认和界定，具体落实风险管理的应对策略和措施。在合同控制中，风险控制占有十分重要的地位。如果不能透彻地分析出风险，就不可能对风险有充分的准备，那么在合同履行过程中就很难进行有效的控制。经常性的合同分析，能够及时地发现合同履行过程中的问题，快速地反馈，及时地采取措施，以避免或减少损失。

6. 合同分析的过程实质上也是编制合同履行计划的过程，在合同分析过程中，应具体落实合同履行的策略。

7. 在合同履行过程中，合同双方可能会产生一些争议。合同争议经常是由于合同双方对合同条款理解的不一致而产生的。要解决这些合同争议，首先必须进行合同分析，按照合同条款的表述，分析其内涵意思，以判定争议的性质，双方必须就合同条款的理解达成一致。

在进行工程项目的索赔时，索赔的要求必须符合工程合同的规定，通过合同分析可以提供索赔的理由和根据。

这里的合同分析，与前述招标文件分析的内容和侧重点都略有不同。合同分析是解决“如何做”的问题，是从履行的角度解释合同。它是将合同目标和合同规定落实到合同实施的具体问题上，以及具体工程活动上，用以指导具体的工作，使得合同能够符合日常工程项目管理的需要，使工程项目按照合同的要求施工。合同分析应该作为承包商项目管理的起点。

二、合同分析的基本要求

合同分析和解释是为合同管理服务的，它必须符合合同的基本原则，反映合同的目的和当事人的主观真实意图。

1. 准确性和客观性

合同分析的结果应准确全面地反映合同内容，如果分析中出现误差，它必然反映在合同履行的过程中，导致合同实施更大的失误。所以，不能透彻、准确地分析合同，就不能有效、全面地履行合同。很多工程项目的失误和争议都是由于不能准确地理解合同而引起的。

客观性，即合同分析不能“自以为是”和“想当然”。对合同的风险分析，合同双方责任和权利的划分，都必须实事求是地按照合同条款、根据合同精神进行，而不能依据当事人的主观愿望，否则，很可能导致工程项目实施过程中的合同争议。合同争议的解决也不是以单方面对合同的理解为依据的。

2. 简易性

合同分析的结果必须采用使不同层次的管理人员和工作人员能够接受的表达方式，使用简单易懂的工程语言，对不同层次的管理人员提供不同要求和不同内容的分析资料。

3. 合同双方的一致性

合同双方、承包商的项目管理团队、分包商等对合同的理解应该具有一致性。合同分析实质上是承包商单方面对合同的详细解释。通过合同分析，可以要落实各个参与方的责任界面，合同责任界限不清晰很容易引起争议，所以，合同分析的结果应该能够被对方所认可。如果存在不一致，应该在合同履行之前，最好在合同签订前解决，以避免合同履行中的争议和损失，这对双方都是有利的。

4. 全面性

(1) 合同分析应该是全面的，即对全部的合同文件作解释。对合同中的每一个条款、每一句话，甚至每个词都应该认真地进行推敲、细心地琢磨。合同分析不能只观其大略，不能错过一些细节问题，这是一项非常细致的工作。在实际的工作中，常常一个词，甚至一个标点就能关系到争议的性质，关系到一项索赔的成败，甚至关系到工程项目实施的盈亏。

(2) 合同分析过程中，应该全面地、整体地理解合同内容，不能断章取义，特别当不同文件、不同合同条款之间的规定不一致、有矛盾时，更要注意这一点。

三、合同分析的内容和过程

按照合同分析的性质、对象和内容，合同分析的过程可以分为：

1. 合同总体分析

由于工程合同由合同协议书、合同条件、图纸、工程量清单等大量的文件构成，合同总体分析是从宏观上分析合同的总体架构、整个工程合同的文件构成、每个合同文件的功能和作用、各个合同文件之间的相互联系等。基于这个分析结果，项目实施团队的高层能够清晰地了解项目的具体目标和要求，能够将合同实施的任务在项目团队及成员之间进行任务结构分解，制定合同履行的基本策略和措施等。合同的总体分析能够了解合同的“概貌”，没有合同的总体分析而进行合同的详细分析，很容易产生“盲人摸象”的感觉。例如：通过合同的总体分析，了解到合同的计价和支付方式是什么？承包商的工作内容中是否包括设计任务？

2. 合同详细分析

基于合同总体分析的结果进行合同的详细分析，是进一步了解工程合同所包括的详细权利和责任，参与方的关键工作内容，特定合同文件（特别是合同条件）中对于风险或工作内容界面的规定等。如果合同的总体分析是由项目管理团队的高层进行的，合同的详细分析还需要项目管理团队的中层或项目的具体实施层参与，以使得每个参与人对于自己的工作范围有更加清晰的了解。例如：通过合同的详细分析，承包商的造价人员清晰地了解了工程量清单中哪些内容的报价偏高、哪些内容的报价偏低？施工人员会更清楚地知道哪些里程碑节点会影响项目进度款的支付？

3. 特殊问题的合同扩展分析

在合同总体分析和详细分析的过程中，会发现一些特殊的问题，需要进行更加专业的扩展的分析。例如：在合同中规定承包商垫资承包工程，那么就需要分析融资的来源、垫资的成本、垫资款如何更快地进行回收？合同中关于风险的规定与示范文本相比有哪些特殊的规定，这些规定对承包商实施工程有哪些重要的影响？

合同分析的信息处理过程可以参考图 7－1 所示。

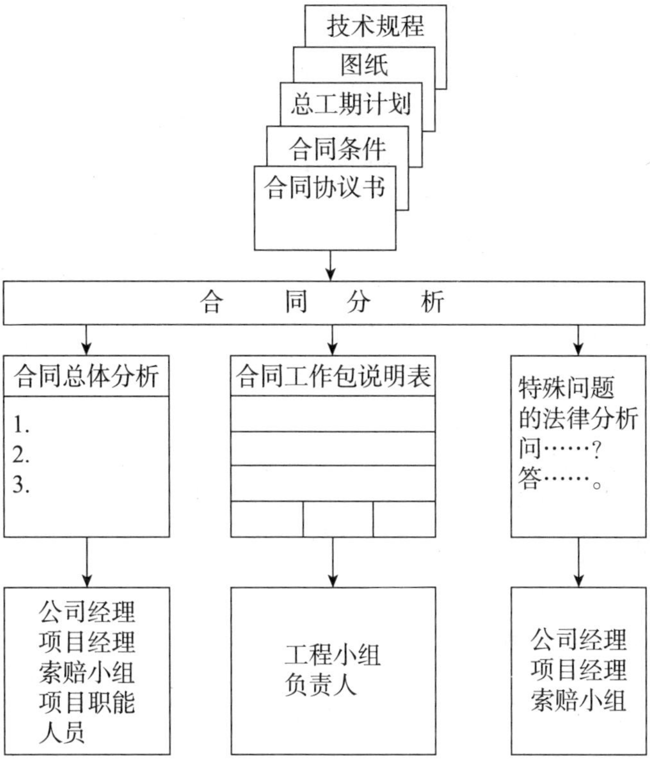

图 7－1　合同分析的信息处理过程

第二节　合同总体分析

一、概述

合同总体分析的主要对象是合同协议书、合同条件、工程量清单等所有的合同文件。通过合同总体分析，将合同条款和合同规定落实到一些带全局性的具体问题上。它通常在如下两种情况下进行：

1. 在合同签订后、履行前，承包商应该首先进行合同总体分析。这种分析的重点是，承包商的主要合同责任、工程范围，业主(包括工程师)的主要责任和权利，合同价格、计价方法和价格补偿条件，工期要求和顺延条件，工程受干扰的法律后果，合同双方的违约责任，合同变更方式、程序和工程验收方法，争议的解决等。

在总体分析中，应该对工程合同中的风险，合同履行中应该注意的问题进行特别的说明和提示。

合同总体分析的结果是工程项目总的指导性文件，应该将分析的结果以最简单的形式、最简洁的语言表达出来，交给项目经理以及各个职能人员，并进行合同交底。

2. 在重大争议的处理过程中，例如在重大的或一揽子的索赔中，首先必须进行合同的总体分析。这里总体分析的重点是合同文本中与索赔有关的条款。对于不同的干扰事件，应该有不同的分析对象和重点。它对整个索赔工作起以下的作用：

(1) 提供索赔(反索赔)的理由和根据；

(2) 合同总体分析的结果直接作为索赔报告的一部分；

(3) 作为索赔事件责任分析的依据；

(4) 提供索赔值计算方式和计算基础的规定；

(5) 索赔谈判中的主要“攻守武器”。

合同总体分析的内容和详细程度与以下因素有关：

(1) 分析目的。如果在合同履行前进行总体分析，一般比较详细、全面；而在处理重大索赔和合同争议时进行总体分析，一般仅需分析与索赔和争议相关的内容。

(2) 承包商的职能人员、分包商和工程小组对合同文本的熟悉程度。如果是一个熟悉的、以前经常采用的文本(例如在国际工程中使用 FIDIC 合同条件)，则分析的工作可以相对简略，重点分析专用条件、特殊条款，以及其他应该重视的条款。

(3) 工程和合同文本的特殊性。如果工程项目的规模大、结构复杂、使用特殊的合同文本(例如业主自己起草的非标准文本)，或合同风险大、变更多、合同关系复杂、相关的合同多，则应该进行详细的分析。

二、合同总体分析的内容

合同总体分析，在不同的时期、为了不同的目的，有不同的内容，通常有合同的法律基础、合同类型、合同文件和合同语言等几个方面。

(一) 合同的法律基础

即合同签订和实施的法律背景。通过分析，可以了解合同所适用法律的基本情况(范围、特点等)，用以指导整个合同的实施和索赔工作。对合同中明示的法律应进行重点分析，有时还要注意分析基于当地社会、文化、宗教习俗而必须遵守的规则等。

(二) 合同类型

即所签订的合同的类型。通常，按照合同的关系可以分为工程承(分)包合同、联营合同、劳务合同等；按照计价方式可分为固定总价合同、单价合同、成本加酬金合同等。不同类型的合同，其性质、特点以及履行方式不一样，双方的责权利关系和风险分配也不一样。这直接影响合同双方责任和权利的划分，影响合同管理和索赔(反索赔)策略。

(三) 合同文件和合同语言

合同文件的范围和优先次序，如果在合同实施中，合同有重大的变更，应作出特别的说明。

合同文本所采用的语言，以及合同定义的“主导语言”和日常交流语言。

（四）承包商的合同责任和权利

这是合同总体分析的重点之一，主要的分析内容有：

1. 承包商的总任务，即合同标的。

承包商在设计、采购、生产、试验、运输、土建、安装、验收、试生产、缺陷责任期等方面的主要责任，以及现场施工管理，给业主的管理人员提供的生活和工作条件等责任。

2. 工程范围。

它通常由合同中的工程量清单、图纸、工程说明、技术规程所定义。工程范围的界面应该很清楚，否则会影响工程变更和索赔，对于固定总价合同而言特别如此。

在合同的履行过程中，如果工程师指令的工程变更属于合同规定的工程范围，那么承包商必须无条件的实施；如果工程变更超过承包商应该承担的风险范围，则可以向业主提出工程变更的补偿要求。如果工程师指令的附加工程不在合同规定的工程范围内，承包商有权拒绝执行业主的变更指令，或坚持先签订补充协议、重新商定价格后再执行。

确定一个附加工程是否属于工程合同的范围，通常要看该附加工程是否为合同工程安全地、经济地、高效率地运行，或更完美地使用所必需的，或为合同工程的总功能服务的。

3. 关于工程变更的规定。

这在合同管理和索赔处理中非常重要，关于工程变更的规定需要重点分析：

（1）工程的变更程序。在合同的履行过程中，变更程序非常重要，通常要制作工程变更的工作流程图，并交付相关的职能人员。工程变更通常须由业主的工程师下达书面指令，出具书面证明，承包商开始实施变更，同时进行费用的补偿谈判，在一定期限内，达成补偿协议。这里要特别注意工程变更的实施、价格谈判以及业主的批准价格补偿，三者之间在时间上所存在的矛盾性。如果没有进行很好的管理，常常会有较大的风险。

（2）工程变更的补偿范围。例如，某工程承包合同规定，工程变更在合同价格的5%范围内是承包商的风险或机会。在这个范围内，承包商无权要求任何补偿。通常这个百分比越大，承包商的风险就越大。

对有些特殊的规定应重点进行分析。例如某工程承包合同规定，业主有权指令进行工程变更，业主对所指令的工程变更所补偿范围是：仅仅对重大的变更、且仅按照单个建筑物和设施地平以上体积变化量计算补偿费用。这实质上排除了工程变更索赔的可能。

（3）工程变更的调价要求有效期，这主要取决于合同的具体规定，工程惯例一般为14天。这个时间越短，对承包商管理水平的要求越高，对承包商越不利。这应该通过具体的工作程序予以保证。

（五）业主的权利和责任

这里主要分析业主的权利和合作责任。业主的合作责任是承包商顺利地完成合同所规定任务的前提，同时，也是进行索赔的理由和推卸工程拖延责任的托词；而业主的权利又是承包商的合同责任，是承包商容易产生违约行为的地方。通常包括以下几个方面：

1. 业主雇用工程师并委托他全权履行业主的合同责任。在合同实施过程中，要注意工程师的权力范围，这在FIDIC合同条件中有比较全面的规定。但是，每个合同又有它自己独特的规定，业主一般不会给工程师授予FIDIC规定的全部权力。对此要进行专门的分析。

2. 业主的其他承包商和供应商的委托情况以及责任、合同类型。了解业主的工程合同体系,与本合同相关的主要责任界面。

业主与工程师有责任对平行的各承包商和供应商之间的责任界限进行划分,也有义务对这方面引起的争议作出裁决,对合同参与方之前的工作进行协调,并承担管理和协调失误造成的损失。例如:设计单位、施工单位、供应单位之间的互相干扰造成的工程延误或损失,由业主承担责任。这经常是承包商工期索赔的理由。

3. 及时作出承包商履行合同所必需的决策,例如下达指令、履行各种批准手续、作出认可、答复请示,完成各种检查和验收手续等。此外,应该分析它们的实施程序和期限。

4. 提供施工条件,例如及时提供设计资料、图纸、施工场地、道路等。

5. 按合同的规定及时支付工程款,及时接收已完的工程等。

(六) 工程质量管理、验收、移交和保修

1. 工程质量管理的程序和方法

工程师质量管理的权力和工程不符合合同要求的处理方法和程序。

2. 验收

验收包括很多内容,例如,材料和机械设备的进场验收、隐蔽工程验收、单项工程验收、全部工程竣工验收等。应该对重要的验收要求、时间、程序以及验收所带来的法律后果进行说明。

3. 移交

竣工验收合格即可以办理向业主移交工程的手续。移交作为一个重要的合同事件,也是一个重要的法律概念。它表示,业主认可并接收工程,承包商工程施工任务的完成;承包商工程照管责任的结束和业主工程照管责任的开始;合同规定的工程款支付条款有效。

当然,对于工程移交时还存在的缺陷、不足之处以及应该由承包商完成的剩余工作内容,业主可以保留其权利,并指令承包商在限期内完成,承包商应该在移交证书上注明的日期内尽快地完成这些剩余的工程或工作内容;如果不声明保留意见或权利,一般认为业主已经完全地接收整个工程。

由此可见,应该详细地分析工程移交的程序。

4. 保修

(1) 保修期规定。在工程惯例中,工程项目的保修期一般为1年。在国际工程合同中,部分项目的合同规定了2年甚至更长时间的保修期。

(2) 工程保修责任。对于保修容易引起争议的是,在工程项目使用过程中出现问题的责任的划分。通常,由于承包商的施工质量低劣、材料不合格、设计错误等原因造成的质量问题,必须由承包商负责维修。而由于业主使用和管理不善造成的问题不属于承包商的维修范围,承包商可以在业主的要求下进行修复,但是业主应该支付承包商费用。

(3) 保修程序。通常,合同条件要求承包商在接到业主维修通知后的一定期限内(通常为1个星期)完成修理。否则,业主可以聘请他人进行维修,费用由承包商支付。

(七) 合同价格

对于合同价格的相关内容,应重点分析:

1. 合同所采用的计价方法与合同价格所包括的范围,例如固定总价合同、单价合同、成本加酬金合同或目标合同等。

2. 工程量计量程序、工程款结算(包括进度付款、竣工结算、最终结算)方法和程序。

3. 合同价格的调整,即费用索赔的条件,价格调整方法,计价依据,列出费用索赔的所有条款。

(1) 合同实施环境的变化对合同价格的影响,例如通货膨胀、汇率变化、国家税收政策变化、法律变化时,合同价格的调整条件和调整方法。

(2) 附加工程的价格确定方法。通常,如果合同中有同类分项工程,那么可以直接使用其单价进行计价;如果仅有相似的分项工程,那么可以对其单价进行相应调整后使用该单价进行计价;如果既无相同又无相似的分项工程,那么合同双方应该通过变更程序或合同谈判重新决定价格。

(3) 工程量增加幅度与价格的关系。对此,不同的合同会有不同的规定。

例如某合同规定,如果某项工程量的增减超过原合同工程量的25%,那么可以重新商定单价。

又如某合同规定,承包商必须在工程施工中完成由业主的工程师书面指令的工程变更和附加工程。其前提是,变更净增加不超过25%,净减少不超过10%的合同价格。如果承包商同意,工程变更的总价可突破上述界限,相应的合同单价可以进行适当的调整。

4. 拖欠工程款的合同责任。

(八) 施工工期

在实际的工程中,工期拖延极为常见和频繁,并且对合同履行和索赔的影响很大,所以,在进行合同分析时要特别重视这些内容。合同分析过程中,需要重点分析合同规定的开竣工日期、主要工程活动的工期、工期的影响因素、获得工期补偿的条件和可能等。列出可能进行工期索赔的所有条款。

(九) 违约责任

如果合同一方未遵守合同规定,造成对方损失,应受到相应的合同处罚。这是合同总体分析的重点之一。其中,违约责任的内容常常会隐藏着较大的风险。通常分析以下内容:

1. 承包商不能按照合同规定的工期完成工程内容的违约金或承担业主损失的条款。

2. 由于管理的疏忽造成对方人员和财产损失的赔偿条款。

3. 由于预谋或故意行为造成对方损失的处罚和赔偿条款等。

4. 由于承包商不履行、不能正确的履行合同责任或出现严重违约时的处理规定。

5. 由于业主不履行、不能正确的履行合同责任或出现严重违约时的处理规定,特别是对业主不及时支付工程款的处理规定。

例如某分包合同规定,对总承包商由于管理失误造成的违约责任,仅仅当这种违约造成分包商人员和物品的损害时,总承包商才赔偿分包商,否则不予赔偿。这样,总承包商管理失误造成分包商成本和费用的增加不在赔偿之内。

(十) 索赔程序和争议的解决

它决定着索赔的解决方法。这里主要分析以下内容:

1. 索赔的程序。

2. 争议的解决方式和程序。

3. 仲裁条款。包括仲裁所依据的法律、仲裁地点、方式和程序、仲裁结果的约束力等。

如果没有上述仲裁条款,或争议发生后没有签订仲裁协议,那么就不能用仲裁的方式解决争议。

这些规定在很大程度上决定了承包商的索赔策略。

第三节 合同详细分析

工程承包合同的实施由很多具体的工作和合同双方的其他经济活动构成。这些工作和活动也都是为了实现合同目的、履行合同责任,因此,也必须受到合同的制约和控制。对于一个确定的工程承包合同,承包商的工程范围、合同责任是一定的,因此,相关的合同工作和活动也应是一定的。通常在一个工程项目中,这样的合同工作可能有几百,甚至几千项,这些合同工作之间存在一定技术的、时间上的、空间上的逻辑关系。

为了有计划、有秩序、按照合同顺利地实施工程项目,工程承包合同的目标、要求和合同双方的责权利关系等,应该被分解落实到具体的合同工作上。这就是合同详细分析。

合同详细分析的对象是合同协议书、合同条件、规程、图纸、工作量表等合同文件。它主要通过合同工作包说明表(见表 7-1 所示)、网络图、横道图等定义各合同工作。

表 7-1 合同工作包说明表

<table>
<tr><td colspan="3">合同工作包说明表</td></tr>
<tr><td>子项目:</td><td>编码:</td><td>日期:
变更次数:</td></tr>
<tr><td colspan="3">合同工作包名称和简要说明</td></tr>
<tr><td colspan="3">合同工作包内容说明</td></tr>
<tr><td colspan="3">前提条件</td></tr>
<tr><td colspan="3">本合同工作包的主要工作:</td></tr>
<tr><td colspan="3">负责人(单位)</td></tr>
<tr><td>费用
计划:
实际:</td><td>其他参加者
1.
2.</td><td>工期
计划:
实际:</td></tr>
</table>

1. 编码。这是为了计算机数据处理的需要。由于现代工程项目的复杂性,合同工作包的各种数据处理应该采用编码识别,以实现标准化的管理,提高管理效率。编码应该反映工作活动的各种特性,例如,所属的工程项目、单项工程、单位工程、专业性质、空间位置等。通常它应该与项目分解结构(WBS)的编码具有一致性。

2. 工作包的名称和简要说明。

3. 变更次数和最近一次的变更日期。它记载着与本工作包相关的工程变更。在接到变更指令后,应落实变更,修改相应栏目的内容。

最近一次的变更日期表示从这一日期以后还没有发生的变更。这样可以检查每个变更指令的实施情况，既防止重复又防止遗漏。

4. 工作包的内容说明。这主要是为了说明为了完成该工作包的目标所需完成的工作内容或达到的标准，例如，某个分项工程的数量、质量、技术要求以及其他方面的要求。这主要由合同的工程量清单、工程说明、图纸、规程等定义，是承包商应该完成的任务。

5. 前提条件。它记录着本工作包的前导活动(或工作)，即本工作包开始前应具备的准备工作或条件。它不仅确定了活动之间的逻辑关系，是构成网络计划的基础，而且确定了各个参与方之间的责任界限。

【案例 7－1】 在某工程项目中，承包商的工作范围是设备基础的土建工程和设备安装工程。根据合同和施工进度计划规定：

在设备安装前 3 天，基础土建施工完成，并交付安装场地；

在设备安装前 3 天，业主应该负责将生产设备运输到安装现场，同时，由工程师、承包商和设备供应商一起开箱检验；

在设备安装前 15 天，业主应该向承包商交付全部的设备安装图纸；

在设备安装前，安装工程小组应该做好各种技术的和物资的准备工作等。

基于上述规定，对设备安装这个工作包可以确定它的前提条件(见图 7－2 所示)，并且各参与方的责任界限比较清楚。

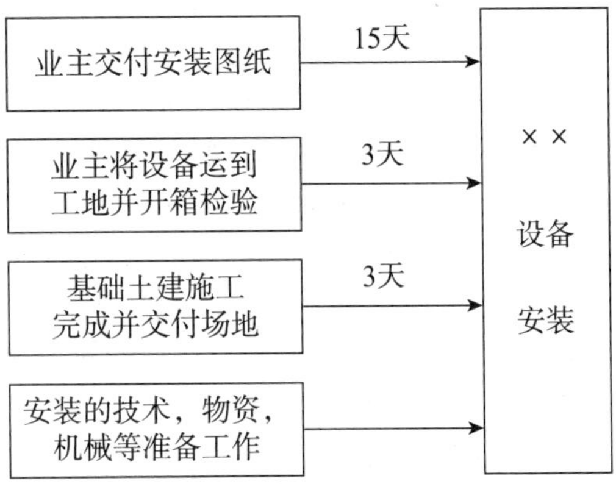

图 7－2　某工程设备安装的前提条件

6. 本工作包的主要工作。即完成该工作包的一些主要工作内容，以及其实施方法、技术、组织措施。这完全从施工过程的角度进行分析。这些工作组成了该活动的子网络，例如，上述设备安装由现场准备，施工设备进场、安装，基础找平、定位，设备就位、吊装、固定，施工设备拆卸、出场等活动组成。

7. 责任人。即负责该实施工作包的工程小组负责人或分包商。

8. 成本(或费用)。这里包括计划成本和实际成本。有以下两种情况：

(1) 如果该活动由分包商承担，则计划费用为分包合同价格。如果在总包和分包之间出现了索赔，那么应该修改这个数值。而相应的实际费用是最终实际结算帐单金额的总和。

(2) 如果该工作包由承包商的工程小组承担，那么计划成本可以由成本计划获得，一般为直接费成本。而实际成本为会计核算的结果，在该活动完成后填写。

9. 计划和实际的工期。计划工期可以采用横道图方法或网络计划方法分析得到。这里包括计划开始日期、结束日期和持续时间。实际的工期按照实际情况，在该活动的结束后填写。

10. 其他参加者。即对该活动的实施提供帮助的其他人员。

从上述内容可见，合同工作包说明表从各个方面定义了完成合同的活动。合同详细分析是承包商的合同履行计划，它包容了工程施工前的整个计划工作：

(1) 工程项目的结构分解，即工程活动的分解和工程活动逻辑关系的安排。

(2) 技术会审工作。

(3) 工程实施方案,总体计划和施工组织计划。在投标书中已经包括了这些内容,但是,在工程施工之前,应该进一步细化,进行详细的安排。

(4) 工程的成本计划。

(5) 合同详细分析不仅针对工程承包合同,而且包括与承包合同相同级别的各个合同的协调,包括各个分合同的工作安排和各分合同之间的协调。

由此可见,合同详细分析是整个项目团队的工作,应该由合同管理人员(特别是主管合同的高层领导)、工程技术人员、计划师、预算师(员)共同完成。

合同工作包说明表是对项目的目标分解,在任务委托(分包),合同交底,落实责任,安排工作,进行合同监督、跟踪、分析,处理索赔(反索赔)等方面都会发挥非常重要的作用。

第四节　特殊问题的合同分析和解释

人们不能期待工程合同能够明确地定义和解释工程项目中发生的所有问题。在实际工程合同的签订和履行过程中,经常会有一些特殊问题发生。例如:

(1) 工程合同中出现错误、矛盾和歧义的解释。

(2) 有很多工程问题在合同中没有明确地进行规定,或出现事先没有预料到的情况。

在工程施工过程中,出现超过合同范围的事件,例如发生民事侵权行为,整个合同或合同的部分内容由于违反法律而无效等。

这些问题通常属于实际工程项目中的合同解释问题。由于实际的工程问题非常复杂、千奇百怪,所以,特殊问题的合同分析和解释常常反映出一个管理者对工程合同的理解水平,对本工程合同签订和实施过程的熟悉程度,以及他的经历、处理工程问题的经验等。这项工作对监理工程师尤为重要。

我国民法典第466条规定:“当事人对合同条款的理解有争议的,应当依据本法第一百四十二条第一款的规定,确定争议条款的含义。合同文本采用两种以上文字订立并约定具有同等效力的,对各文本使用的词句推定具有相同含义。各文本使用的词句不一致的,应当根据合同的相关条款、性质、目的以及诚信原则等予以解释”。民法典第142条第一款指出“有相对人的意思表示的解释,应当按照所使用的词句,结合相关条款、行为的性质和目的、习惯以及诚信原则,确定意思表示的含义”。这也可以认为是对特殊问题合同分析的规定。但是,工程承包合同的内容、签订过程、实施过程是十分复杂的,有其特殊性,对施工合同的解释也十分复杂。

一、合同中出现错误、矛盾、歧义的解释

由于建设工程合同的条款多、相关的文件多,其中错误、矛盾、歧义常常是难免的;不同语言之间的翻译、不同利益和立场的参与人员,不同国家的合作者也经常会对同一合同条款有不同的理解。这些不同的理解又会导致工程实施过程中行为的不一致,最终产生合同争议。

按照一般的合同原则和工程惯例,承包商对合同的理解负责,即由于自己理解错误造成报价、施工方案错误由承包商负责。但是,业主作为合同文件的起草者,应该对合同文件的

正确性负责，如果出现错误、含义不清，应该由工程师负责解释。通常情况下，由此造成承包商额外费用的增加，承包商可以提出索赔的要求。由于工程实际情况是非常复杂的，对合同的解释很难提出一些规定性的方法，甚至对于一个特定的工程项目而言，也无法提出一个确定的、标准的、能为各参与方接受的解决结果。所以，对于合同的解释，我们通常只能通过总结以往的工程案例和实践经验，提出一些处理问题的基本原则和程序，例如字面解释为准、承包商应该积极向业主提出征询意见、考虑合同签订前后双方的书面文字及行为等。图 7－3 是通过对很多实际工程案例总结得出的对这类问题的分析程序，当然其中也有很多值得商榷的地方（见参考文献 23）。

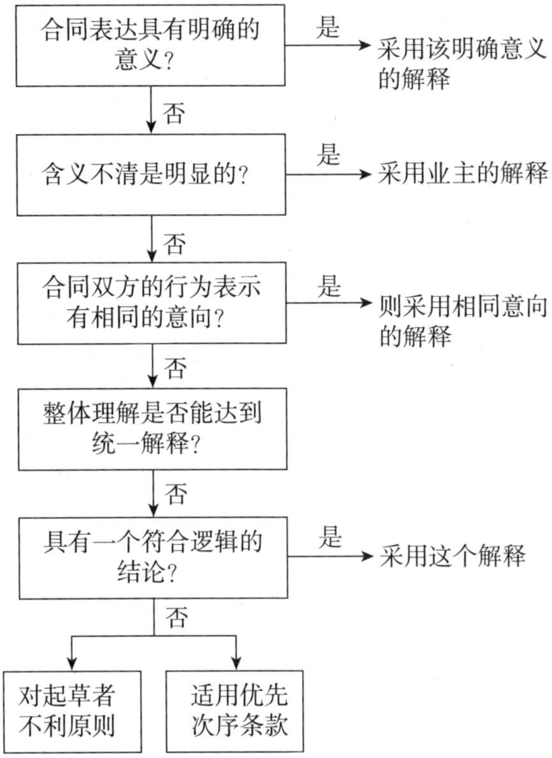

图 7－3　合同分析和解释过程

1. 字面解释为准

任何调解人、仲裁人或法官在解决合同问题时，都不能脱离合同文件书面文字的意思表达。如果合同文件的规定清楚无误、没有含糊不清的问题，那么应该以字面解释为准。这是合同解释中首先应用的，也是最重要的原则。但是，通常在合同争议中，合同用语很少是含义清晰、一读就懂的，都经常存在有这样或那样的问题。在这种情况下，其解释又有如下基本原则：

（1）如果合同文件具有多种语言的文本，不同语言的翻译文本之间可能出现不一致的解释，那么以合同条款所定义的“主导语言”文本解释为准。因为不同语言在表达方式和语义上会有差异，在翻译过程中会造成意义的不一致，进而导致对合同内容解释的不一致，产生合同争议。

（2）在现代工程项目中，人们通过在合同中增加名词解释和定义以及使用统一的规范，避免由于语言表述的不一致而导致双方对合同解释的差异。

(3) 在解释合同时,应该考虑某些合同用语或工程用语在本行业中专门的含义和习惯用法。由于建设工程合同应该符合建设工程惯例,所以,在建设工程领域,有些名词在一定的地域、一定的专业范围内有特定的含义,这个含义应该作为合同解释的基础。这不仅包括常用的技术术语,也包括一些非技术术语。由于它们是在特定的工程背景下应用的,有一定的技术或管理的规范支持。例如:工程合同中规定"楼地面必须是平整的",这个平整不是绝对的水平和平整,而是在规范所允许的、高低差别范围内的平整。

【案例 7-2】 在我国的某水电工程项目中,承包商是国外某公司,我国某承包公司分包了隧道工程。分包合同规定:在隧道挖掘工程中,在设计挖方尺寸的基础上,超挖不得超过40 cm,在40 cm以内的超挖工作量由总承包商负责,超过40 cm的超挖由分包商负责。

由于地质条件复杂、工期要求紧张,分包商在施工中出现很多局部超挖超过40 cm的情况,总承包商拒绝支付超挖超过40 cm部分的工程款。分包商就此向总承包商提出索赔,因为分包商一直认为合同所规定的"40 cm以内",是指平均的概念,即只要总超挖量在40 cm之内,就不是分包的责任,总承包商应该付款。而且分包商强调,这是我国水电工程中的惯例解释。

当然,如果总承包商和分包商都是中国的公司,这个惯例解释常常是可以被认可的。但是,总承包商和分包商不属于同一个国家,不能直接使用中国水电工程的惯例解释。在本合同中,没有"平均"两个字,在解释中就不能增加这两个字。如果局部超挖达到50 cm,那么按照本合同的书面表述解释,40 cm～50 cm范围的挖方工作量确实属于"超过40 cm"的超挖范围,应该由分包商负责。既然字面解释已经准确,就不应该再引用惯例进行解释。结果分包商由此损失了数百万元的费用。

2. 承包商应该积极向业主提出征询意见

承包商有责任对自己不理解的或合同中明显的意义含糊、矛盾、错误之处,向业主提出征询意见,因为承包商有责任正确地理解招标文件。如果业主没有积极地答复,那么承包商可以按照对他有利的解释结果理解合同;如果承包商对合同的问题没有提出询问,有时会承担由此理解错误而引起的责任,即按照业主的解释为准。特别是在工程图纸或规程中出现常识性的、明显("一个有经验的承包商"能够发现的)的错误,而承包商按照错误的理解实施工程,那么承包商应该承担责任。

很多年来,这一直是国际工程合同解释的一个默示条款,也有很多这方面的案例。1999年颁布的FIDIC施工合同条件将上述原则进行了明示的表达。

FIDIC施工合同4.7款规定,承包商在按照业主提供的原始基准点、基准线和基准标高对工程放线时,应努力对业主提供的原始基准点、基准线和基准标高的准确性进行验证。如果业主提供的基准资料是错误的,导致承包商工期延误和费用增加,只有当这些错误是一个有经验的承包商无法预见和避免的,业主才能给承包商工期和费用的赔偿。

同样1.8款规定,如果承包商在用于施工的文件中发现了技术错误或缺陷,应该立即向业主发出通知。如果承包商没有尽到这个责任,会影响他的索赔权利。虽然在该条款中也规定,如果业主在施工的文件中发现有技术性错误或缺陷,应该立即通知承包商。但是,这对业主很少有约束力,因为业主可以说他不是一个"有经验的"专家。

【案例 7-3】 在我国某工程项目中,采用固定总价合同,合同条件规定:如果承包商发现施工图中的任何错误和异常应通知业主代表。在技术规程中规定，从安全的要求出发，消防用水管道必须与电缆分别独立铺设；而在图纸上，将消防用水管道和电缆放到了一个桥架中。承包商按图报价并施工。该项工程内容完成后，工程师拒绝验收，指令承包商按照规程要求施工，重新铺设桥架，并拒绝给承包商任何补偿，其理由是：

(1) 两种管道放一个桥架中存在严重的安全隐患，违反工程的施工规范。在工程项目中，规程（即本工程的说明）的要求是优先于图纸的。

(2) 即使施工图注明两类管道放在一个桥架中，这也可以认为是一个设计错误。但是，作为一个有经验的承包商是应该能够发现这个常识性错误的。而且合同中也规定，承包商如果发现施工图中任何错误和异常，应及时通知业主代表。承包商没有遵守合同的规定。

在应用本原则时，应该注意到承包商承担这个责任的合理性和可能性。例如必须考虑承包商投标时有无合理的投标时间。如果投标时间太短，那么承包商能够充分审查、理解的可能性就降低了，基于这个理由，该责任就不应该由承包商承担或全部承担。

在国外的工程项目中，也有不少这样处理的案例（见参考文献 21）。所以，对于招标文件中发现的问题、错误、歧义，特别是施工图与规程之间要求或表述的不一致，在投标前，承包商应该向业主澄清，以获得正确的解释，否则承包商很可能承担由此而带来的风险。

3. 考虑合同签订前后双方的书面文字及行为

虽然对于工程合同的不同解释经常是在工程实施过程中才暴露出来的，但是，其实在合同签定前已经存在这些问题，而由于如下原因这些问题还没有暴露：

(1) 双方没有能够很好地进行沟通，双方都“自以为是”“想当然”地解释合同。

(2) 合同管理工作还没有启动，或工程活动还没有开始，矛盾没有暴露出来，合同双方都还没有注意到。

对于这些问题，有以下几种处理方法：

(1) 如果在合同签订前双方对此有过解释或说明，例如承包商分析招标文件后，在标前会议上提出了疑问，业主进行了书面解释，那么这个解释是有效的。

(2) 尽管合同中存在含糊不清的内容，但是，合同双方在合同实施过程中已经有共同意向的行为，那么应该按照共同的意向解释合同，即事实决定对合同的解释。我国的民法典也有相似的规定。

【案例 7-4】　在一个钢筋混凝土框架结构的工程中，有钢结构杆件的安装分项工程。钢结构杆件由业主提供，承包商负责安装。在业主提供的技术文件上，仅仅用一道弧线表示了钢杆件，对杆件和柱的连接没有详细的图纸和安装说明。承包商按照焊接工艺向业主提出了报价。

施工中业主将杆件运输到现场，在杆件的两端有螺纹，显示杆件采用螺栓连接的方法。承包商接收了这些杆件，没有提出异议，在混凝土框架上用了螺母和子杆进行连接。在工程检查中，承包商也没提出额外的要求。但是，当整个工程快竣工时，承包商提出，原来的安装图纸表示不清楚，自己原合同报价是按照焊接工艺计算的。由于工艺的不同，工程难度增加导致费用超支，要求索赔。

法院经过调查后表示，虽然合同对结构杆系的连接方法存在含糊的规定，但是，当业主提供了杆件时，承包商无异议地接收了杆件，即标明承包商清楚地知道实际杆件所采用的连接方法，因此，这方面的问题就不存在了。合同已经由于双方的行为得到了一致的解释，即

业主提供的杆件符合合同要求。所以,承包商的索赔要求无效。(见参考文献 23)

(3) 推定变更。在规定的时间内,当事人一方对另一方的行为和提议没有提出异议或表示赞同时,对合同的修改或放弃权益的事实已经成立。所以,对于对方行为的沉默经常被认为是同意了对方的行为,是合同双方一致的意思表达,由此形成了对合同内容新的解释。

(4) 按照合同的目的解释合同。对于合同中出现的矛盾、错误,或双方对合同的解释不一致,不能导致违背,或放弃,或损害合同目标的解决结果。

4. 整体地解释合同

在解释工程合同时,应该将合同作为一个有机的整体,而不能只突出某一个条款、某一个文件,断章取义。每一个条款,只要它被写在合同里,就应该被赋予一定的含义和目的,应该有所指,不能认为是无用的或没有意义的。所以,针对任何一个单词、短语、句子、条款的解释,都不能超越合同的其余部分,也不能用某一个条款的规定否定另一个条款的规定。所以,当合同条款出现矛盾时,首先需要决定每一个条款的目的、含义、适用范围,再与表面上有矛盾的条款的目的和含义、特指的范围进行对照,找出它们的一致性,以得到不相矛盾的解释。

这方面比较典型的案例是鲁布革引水工程排水设施的索赔(见参考文献 12)。

【案例 7-5】 鲁布革引水系统工程中,业主是我国水电部鲁布革工程局,承包商是日本大成建设株式会社,监理工程师是澳大利亚的雪山公司。在工程实施过程中,由于不利的自然条件造成排水设施的增加,引起了费用索赔。

(1) 合同相关内容分析

工程量表中有以下相关分项:

3. 07/1 项:“提供和安装规定的最小排水能力”,作为总价项目,报价:42 245 547 日元和 32 832.18 元人民币;

3. 07/3 项:“提供和安装额外排水能力”,作为总价项目,报价:10 926 404 日元和 4 619.97 元人民币。

此外,技术规程中有:

S3. 07(2)(C)规定:“由于开挖中的地下水量是未知的,如果规定的最小排水能力不足以排除水流,那么工程师将指令安装至少与规定排水能力相等的额外排水能力。提供和安装额外排水能力的付款将在工程量表 3. 07/3 项中,按照总价进行支付。”

S3. 07(3)(C)中又规定:“根据工程师指令安装的额外排水能力,将按照实际容量支付。”

显然上述技术规程中的规定之间存在矛盾。

合同规定的正常排水能力分别布置在:

平洞及 AB 段:	1.5 t/min
C 段:	1.5 t/min
D 段:	1.5 t/min
渐变段及斜井:	3.0 t/min
合计	7.5 t/min

按照 S3. 07(2)(C)的规定,额外排水能力至少等于规定的排水能力,即可以大于 7.5 t/min。

(2) 事态描述

从 1986 年 5 月至 1986 年 8 月底，工程施工所在地大雨连绵。由于引水隧道经过断层和很多溶洞，地下水量显著增加，造成停工和设备淹没。经过业主同意，承包商紧急从日本调来排水设施，使工程项目中排水设施的排水总量增加到 30.5 t/min(其中 4 t/min 用于工程项目的其他地方，业主已经对此进行了单独的支付)。承包商于 1986 年 6 月 12 日就增加排水实施提出了索赔意向，10 月 15 日正式提出了索赔要求：

索赔项目	日元	人民币(元)
被淹没设备损失	1 716 877	2 414.70
增加排水设施	58 377 384	12 892.67
合计	60 094 261	15 307.37

(3) 责任分析

① 机械设备由于淹没而受到损失，这属于承包商自己的责任，不予补偿。

② 额外排水设施的增加情况属实。由于遇到不可预见的气候条件，并且根据业主的要求增加了设备供应。

(4) 理由分析

虽然对额外排水设施责任分析是清楚的，但是，双方就赔偿问题产生了分歧。由于工作量表 3.07/3 项与规程 S3.07(2)(C)、S3.07(3)(C)之间存在矛盾，按照不同的规定则有不同的解决方法：

① 按照规程 S3.07(2)(C)，额外排水能力在工作量表 3.07/3 总价项目中支付，而且规定"至少与规定排水能力相等的额外排水能力"，那么额外排水能力可以大于规定的排水能力，并且不应该另外进行支付。

② 但是，按照规程 S3.07(3)(C)，额外排水能力要根据实际的容量支付，即应该予以全部的补偿。

③ 由于合同存在矛盾，如果要照顾合同双方的利益，作出不矛盾的解释，那么认为工程量表 3.07/l 已经包括了正常的排水能力，3.07/3 报价中，已经包括了与正常的排水能力相等的额外排水能力，而再超过的部分再按 S3.07(3)(C)规定，按照实际容量给承包商进行赔偿。这样每一条款都能得到较为合理的解释。

最后，双方经过深入的讨论，一致同意采用上述第三种解决方法。

(5) 影响分析

承包商提出，报价所依据的排水能力仅为平洞 1.5 t/min，渐变段及斜井 3.0 t/min。其他两个工作面可以利用坡度自然排水。所以，合同工程量表 3.07/1 和 3.07/3 中包括的排水能力为 9.0 t/min，即(1.5 t+3 t)×2/min。

由于本分项为总价合同，承包商希望减少合同报价中的计划工作量。这样不仅可以增加属于赔偿范围的排水能力，而且提高了单位排水能力的合同单价。

但是，工程师认为，承包商应该按照合同的规定对每一个工作面布置排水设施，并以此进行报价。所以，合同规定的排水能力为 15 t/min(正常排水能力 7.5 t/min，以及与它相同的额外排水能力)。由此可见，属于索赔范围的、即适用规程 S3.07(3)(C)的排水能力为：

30.5－4－15＝11.5(t/min)

(6) 索赔值计算

承包商在报价单中有两个数值:3.07/1 作为正常的排水能力,报价较高;而 3.07/3 作为额外排能力,报价很低。工程师认为,增加的是额外排水能力,所以,应该按照 3.07/3 的报价进行计算。承包商对 3.07/3 报价低的原因作出了解释(可能由于额外排水能力是作为备用的,并非一定需要,所以,报价中不必全额考虑),并建议采用两项(3.07/1 和 3.07/3)报价之和的平均值计算。最终各方接受了这个建议。

因此,合同规定的单位排水能力单价为:

日元:(42 245 547+10 926 404)/15=3 544 793 日元/(t/min)

人民币:(32 832.18+4 619.97)/15=2 496.81 元/(t/min)

则赔偿值为:

日元:3 544 793×11.5=40 765 165(日元)

人民币:2 496.81×11.5=28 713.31(元)

最后,双方就此达成了一致意见。

5. 歧义的解决

如果经过上面的分析,合同双方仍然没得到一个一致的解释,那么可以采用以下基本原则:

(1) 优先次序原则。合同是由一系列文件组成的,应该有相应的合同文件优先次序的规定。例如:根据 FIDIC 合同条件的定义,合同文件包括合同协议书、中标函、投标书、合同条件、规程、图纸、工程量表等。有时,还包括合同签订后的变更文件与新的附加协议,合同签订前双方达成一致的附加协议。如果不同文件之间出现矛盾和含糊不清时,那么可以适用该优先次序原则。

(2) 对合同文件起草者不利的原则。尽管合同文件是双方协商一致确定的,但是,起草合同文件的常常又是买方(业主、总承包商)的一项权利,他可以按照自己的要求和想法编写文件。而按照责权利平衡的原则,他又应该承担相应的责任。如果合同中出现歧义,即一个表达有两种不同的解释,可以认为歧义是起草者的失误,或他故意设置的"陷阱",由此应该以对他不利的解释为准。这也是合理的。我国的民法典第 498 条也有相似的规定。

【案例 7-6】 在某供应合同中,付款条款对付款期的定义是"货到全付款"。而该供应是分批进行的。在合同履行中,供应方认为,合同解释为"货到,全付款",即只要第一批货到,购买方即"全付款";而购买方认为,合同解释应为"货到全,付款",即货全部到后,再付款。从字面表述看,这两种解释都可以。双方争论不下、各不让步,最终法院判定本合同双方当事人对合同的内容存在重大误解,是一份可撤销合同,不予履行。实质上本案例还可以追溯合同的起草者。如果供应方起草了合同,则应理解为"货到全,付款";如果是购买方起草,则可以理解为"货到,全付款"。

6. 其他的合同解释原则

在工程时间中,还有其他合同解释原则,例如:

(1) 具体详细的说明优先于一般、笼统的说明,详细条款优先于总论。

(2) 合同的专用条件、特殊条件优先于通用条件。

(3) 文字说明优先于图示,工程说明、规程优先于图纸。

(4) 数字的大写优先于小写。

(5) 合同文本有很多变更文件，例如备忘录、修正案、补充协议等，则以时间最近的优先。

(6) 手写文件优先于打印文件，打印文件优先于印刷文件。

二、合同中未明确规定的处理

在合同实施过程中，经常会出现一些合同中未明确规定的、特殊的细节问题，它们会影响工程施工和双方合同责任界限的划分。由于在合同中没有明确的规定，所以，很容易引起争议。对它们的分析通常仍然需要在合同范围内进行，其分析的依据通常有以下几个方面：

1. 按照工程惯例解释

即考虑在通常情况下，本专业领域对这一类问题的处理或解决方法。如果合同中没有明确规定对问题的处理方法，那么双方都清楚的行业惯例能够作为合同的解释依据或准则，例如标准合同条款可以被引用作为支持。

2. 按照公平原则和诚实信用原则解释合同

例如，当规程和图纸的规定不清楚，双方对本工程的材料和工艺质量发生争议时，则承包商应该采用与工程的目的和标准相符合的良好的材料和工艺。

3. 按照合同的目的解释合同

对于合同中没有明确规定而引起争议的解决方案，应该有利于实现项目的目标，不能违背合同精神。这也是合同解释的一个重要原则。

以上原则与调解人或仲裁人分析和解决合同问题的方法和思路是一致的。

由于实际的工程项目非常复杂，这类问题面广量大，稍有不慎就会导致经济损失。特殊问题的合同分析一般采用问答的形式进行。

【案例 7－7】 在某国际工程项目中，采用固定总价合同。合同规定由业主支付海关税。合同规定索赔的有效期为 10 天。在承包商的投标书中附有建筑材料、设备表，这已经被业主批准。在工程项目的实施过程中，承包商的进口材料量大大超过了投标书附表中所列的数量。在承包商向业主要求支付海关税时，业主拒绝支付超过部分的材料海关税。对此，承包商提出如下问题：

(1) 业主有没有理由拒绝支付超过部分材料的海关税？

(2) 承包商向业主索取这部分海关税受不受索赔有效期限制？

针对这两个问题的回答：在工程中材料超量进口可能是由于如下原因造成的：

(1) 建筑材料和设备表不准确。

(2) 业主指令的工程变更造成工程量的增加，由此导致材料用量的增加。

(3) 其他原因，例如承包商施工失误造成的返工、施工中的材料浪费，或承包商企图多进口材料，在施工结束后再作处理或用于其他工程项目，以取得海关税方面的利益等。

对于上述情况，分别分析如下：

① 与业主提供的工程量表中的数值一样，材料、设备表也是一个估计的值，而不是固定的、准确的数值，所以，误差是允许的。对于误差，业主也不能推卸他支付海关税的合同责任。

② 业主所批准增加的工程量是有效的，属于合同内的工程，则对于这些材料，合同所规定的，由业主支付海关税的条款也是有效的。所以，对于工程量增加所需要增加的进口材

料,业主必须支付相应的海关税。

③ 对于由承包商责任引起的其他情况,应由承包商承担。对于超量采购的材料,承包商最后处理(例如变卖、用于其他工程)时,业主有权收回已支付的相应的海关税。

由于要求业主支付超量材料的海关税并不是由于业主违约引起的,所以,这项索赔不受索赔有效期的限制。

【案例 7-8】 某工程合同规定,进口材料由承包商负责采购,但是,材料的关税不包括在承包商的材料报价中,由业主支付。合同没有规定业主支付海关税的日期,仅仅规定:业主应在接到承包商提交的到货通知单后 30 天内完成海关放行的一切手续。

在工程项目实施过程中,由于承包商采购的材料到货太迟,到港后工程施工中急需这批材料,承包商先垫支关税,并完成了入关手续,以便及早取得材料,避免现场的停工待料。

问:针对上述问题,承包商是否可以向业主提出补偿海关税的要求?这项索赔是否也要受合同规定的索赔有效期的限制?

答:对此,如果业主拖延海关放行的手续超过 30 天,造成现场停工待料,则承包商可将它作为不可预见事件,在合同规定的索赔有效期内提出工期和费用索赔。而承包商先垫付了关税,以便及早取得材料,对此承包商可以向业主提出海关税的补偿要求。因为按照国际工程的惯例,如果业主妨碍承包商正确地履行合同,或尽管业主没有违约,但是,在特殊情况下,为了保证工程项目整体目标的实现,承包商有责任和权利为降低损失采取相应的措施。由于承包商的这些措施使业主得到利益或减少损失,业主应给予承包商补偿。在本案例中,承包商为了保证工程项目整体目标的实现,替业主承担了部分合同责任,业主应予以全额的补偿。而业主行为对承包商也并没有构成了违约,所以,这项索赔不受合同所规定的索赔有效期限制。

三、特殊问题的合同法律扩展分析

在工程承包合同的签订、实施或争议处理、索赔(反索赔)中,有时,会遇到重大的法律问题。这通常有两种情况:

1. 这些问题已经超过了合同的范围,超过承包合同条款的本身,有时合同没有规定干扰事件的处理,或已经构成了民事侵权行为。

2. 承包商签订的是一个无效合同,或部分内容无效,则相关问题必须按照合同所适用的法律来解决。

在工程项目中,这些都是重大问题,对承包商非常重要。但是,由于承包商对它们把握不准,则必须对它们进行合同法律的扩展分析,即分析合同的法律基础,在适用于合同关系的法律中寻找答案。对于这些问题,通常要请法律专家进行咨询或申请法律鉴定。

例如:某国一个公司总承包伊朗的一个工程项目。由于在合同实施中出现很多问题,有难以继续履行合同的可能,合同双方出现了很大的分歧和争议。承包商希望解除合同,提出这方面的问题请法律专家进行鉴定:

1. 在伊朗法律中,是否存在解除合同的规定?

2. 伊朗法律中,是否允许承包商提出解除合同?

3. 解除合同的条件是什么?

4. 解除合同的程序是什么?

法律专家应该精通适用于合同关系的法律，对这些问题作出明确的答复，并对问题的解决提供意见或建议。在此基础上，承包商才能决定处理问题的方针、策略和具体的措施。

由于这些问题经常关系到承包工程的盈亏成败，所以，合同双方都必须认真地对待。

复习思考题

1. 阅读第十三章的案例，简述合同分析在索赔中的作用。

2. 简述合同总体分析和合同详细分析的内容。

3. 通常业主起草招标文件，则他应该对其正确性承担责任。但是，在图 7－3 和【案例 7－3】中，对于明显的错误、含义不清之处，却由承包商负责。你觉得这两个原则是否是矛盾的？为什么？

4. 在【案例 7－7】中，业主如何控制海关税的支付？

第八章　合同实施控制

本章提要：合同实施控制的工作主要包括，合同管理体系的建立、合同实施监督、合同跟踪、合同诊断、合同变更管理。在工程的施工过程中，合同管理对项目管理的各个方面起总协调和总控制的作用。本章探讨了合同变更的一些主要形式、处理过程、责任问题。本章后面的合同管理案例是具有代表性的，目前这样的承包商在我国是很多的。

在我国应加强"合同交底"工作，它对整个项目管理有十分重要的作用。

第一节　概　　述

工程施工过程是承包合同的实施过程。要使合同得到顺利的履行，合同双方应该共同完成各自的合同责任。在这个阶段，承包商的根本任务就是按照合同的要求圆满地施工。

一个不利的合同，例如条款苛刻、权利和义务不平衡、风险大，确定了承包商在合同实施中的不利地位，也很可能导致其项目实施过程的失败。这给合同履行和合同管理带来了诸多的挑战。但是，通过高效的合同管理可以减轻损失或避免更大的损失。

一个有利的合同，如果在合同履行过程中管理不善，同样也不会有好的工程经济效益。这已经被很多经验教训所证明：得标难，实施工程合同更难。

在我国，很多工程承包企业经常把合同作为一份保密文件，签约后将它锁入抽屉，从不过问，不进行分析和研究，疏于实施阶段，特别是施工现场的合同管理工作，所以，经常出现工程管理的失误，经常失去索赔机会，或经常反为对方索赔，造成签订的合同有利而工程却亏本的现象。

而国外有经验的承包商十分注重工程实施中的合同管理，通过合同实施控制不仅可以圆满地完成合同责任，而且可以挽回合同签订中的损失，改变自己的不利地位，通过索赔等手段增加工程项目的利润。所以，在工作中"天天念合同经"，天天分析和对照合同，虽然合同不利，但是工程项目却可能盈利。

应该认识到，承包商在工程项目中的地位和权利必须通过有效的合同管理，甚至通过抗争才能得到保护，双方只有通过互相制约才能达到圆满的合作。如果承包商不积极争取，甚至放弃自己的合同权利，例如承包商的合同权益受到了侵犯，按照合同规定业主应该予以赔偿，但是，承包商不提出要求(例如不会索赔、不敢索赔、超过索赔有效期、没有书面证据等)，那么承包商权利得不到合同和法律的保护，索赔无效。

一、工程项目施工过程中的合同管理任务

合同签订后，承包商的首要任务是派出项目经理，由他全面负责工程项目的管理工作。

而项目经理首先必须组建包括合同管理人员在内的项目管理小组，并着手进行施工准备工作。

现场的施工准备一旦开始，合同管理的工作重点就转移到施工现场，直到工程项目全部竣工。所以，施工管理组织中应该有合同管理机构和人员，例如合同工程师、合同管理员。在工程项目的施工阶段，合同管理的基本目标是：保证参与方全面地完成合同责任，按照合同规定的工期、质量、价格（成本）要求完成工程项目。

在整个工程项目的施工过程中，合同管理的主要任务如下：

1. 为项目经理和项目管理职能人员、各工程小组、所属的分包商在合同关系上提供帮助，进行工作方面的指导，例如经常性地解释合同，对来往信件、会议纪要等进行合同的法律审查。

2. 对工程项目的实施进行严格的合同控制，保证承包商正确地履行合同，保证整个工程项目按照合同计划，有步骤、有秩序地施工，防止工程项目实施过程中的失控现象。

3. 作为工程项目实施的“漏洞工程师”，及时预见和防止合同问题，以及由此引起的各种责任，防止合同争议以及避免合同争议造成的损失。对于因为干扰事件而造成的损失进行索赔，同时，又应该使承包商免于或减少对干扰事件和合同争议所需承担的责任，减少被索赔的可能（即反索赔）。

4. 向各级管理人员和业主提供工程合同实施情况的报告，提供用于决策的资料、建议和意见。

二、合同管理的主要工作

合同管理人员在这一阶段的主要工作有以下几个方面：

1. 进行合同交底工作。

2. 建立合同实施管理体系，以保证合同实施过程中所有日常事务性的工作有秩序地进行，使工程项目的全部工作处于控制之中，保证合同目标的实现。

3. 监督承包商的工程小组和分包商按照合同施工，并做好各分合同的协调和管理工作。承包商应该以积极合作的态度完成自己的合同责任，努力进行自我监督。

此外，合同管理人员也应该督促和协助业主和工程师完成他们的合同责任，以保证工程项目的顺利实施。

4. 对工程合同的实施情况进行跟踪；收集合同实施的信息，收集各种工程资料，并进行相应的信息处理；把合同实施情况与合同分析资料进行对比分析，识别其中出现的偏差，对合同履行情况进行诊断；向项目经理及时通报合同实施情况以及出现的问题，提出合同实施方面的意见、建议、甚至警告。

5. 进行合同的变更管理。这里主要包括参与变更谈判，对合同变更进行事务性的处理，落实变更措施，修改变更的相关资料，检查变更措施的落实情况。

6. 日常的索赔和反索赔工作。这里主要包括两个方面：

（1）与业主之间的索赔和反索赔；

（2）与分包商及其他参与方之间的索赔和反索赔。

在工程项目的实施过程中，承包商与业主、总（分）包商、材料供应商、银行等之间都可能出现索赔或反索赔。合同管理人员承担着主要的索赔（反索赔）任务，负责处理日常的索赔

(反索赔)事务。所以,他们必须精通索赔(反索赔)业务。

7. 在工程项目结束后,进行合同后评价工作,总结合同管理的经验和教训。

第二节　合同实施管理体系

由于现代工程项目的特点,使得工程施工中的合同管理非常困难和复杂,日常事务性工作很多。为了有秩序、有计划地实施该项工作,应该建立工程合同实施管理体系。

一、进行"合同交底",落实合同责任,实行目标管理

合同和合同分析的资料是工程项目实施管理的依据。在进行合同分析后,应该向各个层次的管理者和各个工程小组人员进行"合同交底",把合同责任具体地落实到各个责任人和合同实施的具体工作上。

1. "合同交底"就是组织大家学习合同和合同总体分析的结果,对合同的主要内容进行解释和说明,使大家熟悉合同中的主要内容、各种规定、管理程序,了解承包商的合同责任和工程范围,各种行为的法律后果等。使大家都树立全局观念,工作协调一致,避免在合同履行过程中出现违约行为。

(1) 在我国传统的施工项目管理系统中,人们十分注重"图纸交底"工作,却没有注重"合同交底"工作,所以,项目组和各工程小组对项目的合同体系、合同基本内容不太了解。我国工程管理者和技术人员建立了比较牢固的"按图施工"的观念,这并没有错,但是,在现代市场经济中,必须有"按合同施工"的意识。特别是当工程项目使用非标准的合同文本,或项目组不熟悉的合同文本时,该"合同交底"工作就显得更为重要。

(2) 在我国的很多工程承包企业,工程项目的投标工作主要由企业的职能部门承担,合同签订后,再把项目的实施工作交给项目经理部。项目经理部的大部分人员并没有参与投标过程,不熟悉合同的内容、合同签订过程、其中的关键环节,以及业主的很多"软信息"。如果不进行合同交底,会使在投标过程中积累的大量有用信息没有传递到项目的施工过程中。所以,合同交底又是向项目经理部介绍合同签订的过程和其中的各种情况的过程,是向其他参与人员转移合同签订的资料和信息的过程。

(3) 合同交底也是对人员的培训过程,以及各职能部门的沟通过程。通过合同交底,使项目经理部对本工程项目的管理规则、运行机制建立更加清楚的理解。此外,在这个过程中,能够加强项目经理部与企业的各个部门的联系,加强承包商与分包商,与业主、设计单位、咨询单位(项目管理公司和监理单位)、供应商的联系。

承包商的整个项目部,以及整个企业也能够对合同的责任、沟通和协调规则、实施计划的具体安排,建立十分清楚的,同时也是一致的理解。

2. 将各种合同工作包的责任分解落实到各工程小组或分包商,使他们对合同工作包表(任务单、分包合同)、施工图纸、设备安装图纸、规程等,有十分详细的理解。并对工程实施的技术、法律的问题进行解释和说明,例如工程的质量、技术要求,工程项目实施过程中的注意点,工期要求,消耗标准,相关事件之间的搭接关系,各工程小组(分包商)责任界限的划分,完不成责任的影响和法律后果等。

3. 在合同实施前，与其他相关的各参与方，例如业主、监理工程师、承（分）包商沟通，召开协调会议，落实各种安排。在现代工程项目中，合同双方有相互合作的责任。

4. 在合同实施过程中，还必须进行经常性的检查、监督，对工程合同进行解释。

5. 合同责任的完成，也需要通过其他经济措施予以保证。

对于分包商而言，主要通过分包合同确定双方的责权利关系，保证分包商能够及时地、按质按量地完成合同责任。如果出现分包商的违约行为，可以对他进行合同的处罚和索赔。

对于承包商的工程小组而言，可以通过内部的经济责任制予以保证。在落实工期、质量、消耗等目标后，应该把这些目标与工程小组的经济利益激励机制挂钩，建立一整套经济奖罚制度，以保证项目目标的实现。

二、建立合同管理的工作程序

在工程项目的实施过程中，合同管理的日常事务性工作很多。为了协调好各方面的工作，使合同管理工作程序化、规范化，应该制定以下两个方面的工作程序：

1. 定期和不定期的协商会办制度。

业主、工程师与各承包商之间，承包商与分包商之间，以及承包商的项目管理职能人员与各工程小组负责人之间，都应该建立定期的协商制度。通过该制度可以解决以下问题：

（1）检查合同的实施进度和各种计划的落实情况；

（2）协调各方面的工作，对后期工作进行安排；

（3）讨论和解决目前已经发生的和以后可能发生的各种问题，并作出相应的决议；

（4）讨论合同变更问题，作出合同变更的决议，落实变更措施，决定合同变更的工期和费用补偿数额等。

承包商与业主、总承包商与分包商之间会谈中的重大议题，以及作出的决议，应该用会议纪要的形式确定下来。各方签署的会议纪要，作为有约束力的合同变更，是合同文件的一部分。合同管理人员负责会议资料的准备，提出会议的议题，起草各种文件，提出对问题解决的意见或建议，组织会议；在会议之后，负责起草会议纪要（有时，会议纪要由业主的工程师起草），对会议纪要进行合同的法律方面审查。

对于工程项目实施过程中出现的特殊问题，可以采用不定期地召开专题会议进行讨论的解决方法。这样可以保证合同的履行一直得到很好的协调和控制。

此外，承包商的合同管理人员，成本、质量（技术）、进度、安全的管理人员，以及信息的管理人员都必须在现场工作，他们之间应经常进行沟通。

2. 建立一些特殊的工作程序。

对于一些经常性工作，应制定标准的工作程序，使所有的参与人员有章可循，合同管理人员也就没有必要进行重复的解释和指导，这些工作程序包括：图纸批准程序，工程变更程序，分包商的索赔程序，分包商的帐单审查程序，材料、设备、隐蔽工程、已完工程的检查验收程序，工程进度付款帐单的审查批准程序，工程问题的请示报告程序等。

在工程合同中，这些程序一般都有总体规定，在这里必须细化、具体化，并落实到具体的实施人员。

三、建立文档系统

合同管理人员负责各种合同资料和工程资料的收集、整理和保存工作。这项工作非常繁琐和复杂,需要花费大量的时间和精力。工程项目的原始资料在合同的实施过程中产生,它必须由各个职能人员、工程小组负责人、分包商提供。应该在项目中明确地落实合同资料的提供责任。

1. 各种数据、资料的标准化,例如各种文件、报表、单据等,应该有规定的格式和规定的数据结构要求。

2. 将原始资料收集整理的责任落实到人,由该责任人对资料负责。资料的收集工作应该落实到工程现场,也应该对工程小组负责人和分包商提出具体的要求。

3. 各种资料的提供时间要求。

4. 各种资料的准确性要求。

5. 建立工程资料的文档系统等。

在招标投标和合同的实施过程中,承包商应该认真地保存、整理现场记录,这是十分重要的。有很多承包商忽视这项工作,不喜欢文档工作,因此削弱了自己的合同地位,损害自己的合同权益,特别是妨碍了索赔和争议的有利解决。该工作容易出现的问题有:附加工作没有得到书面的确认,变更指令不符合规定,错误的工程量测量结果,现场记录、会议纪要没有及时反馈意见,重要的资料没有进行保存,业主违约没有能够用文字或信函进行确认等。在这种情况下,承包商能够成功地进行索赔,或解决争议的可能性是很小的。

四、工程实施过程中严格的检查验收制度

合同管理人员应该积极主动地管理好工程和工作的质量,协助做好全面的质量管理工作,建立一整套质量检查和验收制度,例如:

(1) 每道工序结束应该有严格的检查和验收;

(2) 工序之间、工程小组之间应该建立交接制度;

(3) 材料进场和使用应该有特定的检验措施等。

这些制度可以防止由于承包商的工程质量问题造成被工程师检查验收不合格,或试生产失败而承担违约责任。由此问题引起的返工、窝工损失,工期的拖延应该由承包商自己负责,得不到业主的赔偿。

五、建立报告和行文制度

对于重要的事宜,承包商和业主、监理工程师、分包商之间的沟通都尽量以书面形式进行,或以书面形式作为最终依据。这是合同的要求、法律的要求,也是工程项目管理的需要。在工程实践中,这项工作很容易被项目管理人员所忽视。报告和行文制度包括以下几个方面的内容:

1. 定期的工程项目实施情况报告,例如日报、周报、旬报、月报等。应规定报告内容、报告格式、报告方式、报告时间以及报告的负责人。

2. 在工程项目的实施过程中,发生的特殊情况及其处理的书面文件,例如特殊的气候条件、工程环境的变化等,应有书面记录,并由监理工程师签字认可。对于合同双方的任何协商、意见、请示、指示等都应该采用书面文件,尽管大部分的项目人员"天天见面",也应该建立采用书面形式沟通的规矩,相信"一字千金",不相信"一诺千金"。

在工程项目的实施过程中,业主、承包商和工程师之间要保持经常的联系,出现问题承

包商应该经常向工程师请示、汇报。

3. 完成工程项目所有涉及双方的工程活动，例如材料、设备，各种工程的检查验收，场地、图纸的交接，各种文件(例如会议纪要、索赔和反索赔报告、帐单)的交接，都应该有相应的手续，需要有签收的证据。

这样双方的各种工程活动才有根有据。

第三节　合同实施控制

一、工程项目目标控制

合同定义了一定范围工程或工作的目标，它是工程项目总目标的一部分。它必须通过具体的工程活动实现。由于工程项目中各种干扰的影响，常常使工程项目的实施过程偏离总目标。控制就是为了保证工程项目的实施按照预定的计划进行，顺利地实现预定的目标。

(一) 工程项目中的目标控制程序

工程项目中的目标控制程序，参考图 8－1 所示。它主要包括工程实施监督、跟踪、诊断等几个方面。

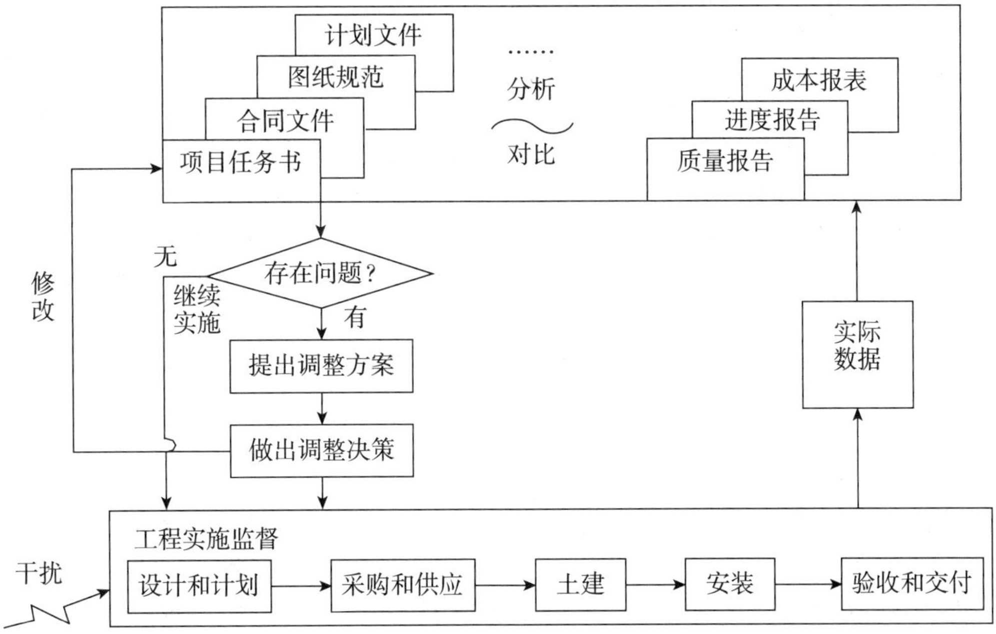

图 8－1　工程项目的目标控制过程

1. 工程实施监督

目标控制，首先应表现在对工程活动的监督上，即保证按照合同，按照预先确定的各种计划、设计、施工方案等顺利地实施工程项目。工程项目的实施状况反映在原始的工程资料(数据)上，例如质量检查表、分项工程进度报表、记工单、用料单、成本核算凭证等。实施监督属于工程项目管理的日常事务性工作。

2. 跟踪

即将收集到的工程资料和实际数据进行整理,得到能够反映工程项目实施状况的各种信息,例如各种质量报告、实际的进度报表、成本和费用收支报表,以及它们的分析报告。将这些信息与工程项目的目标,例如合同文件、合同分析文件、计划、设计等进行对比分析。这样可以发现两者的差异。差异的大小,即为工程项目实施偏离目标的程度。

如果没有差异,或差异较小,那么可以按照原计划继续实施工程项目。

3. 诊断

即分析差异的原因,采取调整措施。差异表示工程项目的实施偏离了工程目标,必须详细分析差异产生的原因、影响及其责任,分析工程项目实施的发展趋向。

通常,工程项目的实施与目标的差异会逐渐积累,越来越大,最终导致工程项目的实施远离目标,甚至可能导致整个工程项目的失败。所以,要不断地采取措施进行调整,使工程项目的实施一直围绕合同的目标进行。

工程项目实施中的调整措施通常包括两个方面:

(1) 工程项目目标的修改,例如修改设计、调整工程范围、增加投资(费用)、延长工期等。

(2) 工程实施过程的变更,例如改变技术方案、调整实施顺序等。

这两个方面都是通过合同变更实现的。

(二) 工程实施控制的主要内容

随着建设工程项目管理理论研究和实践的发展,工程项目实施控制的内容也越来越丰富。最初,我们将其归纳为三大控制,即工期(进度)控制、成本(投资、费用)控制、质量控制,这是由项目管理的三大目标引导出的。这三个方面包括了工程项目实施控制最主要的工作。现在,随着项目目标和合同内容的扩展,项目控制的内容也在扩展:

1. 项目范围的控制,即保证工程内容在预定的工程项目范围内完成。

2. 合同的控制,即保证自己圆满地完成合同责任,同时,监督对方圆满地完成合同责任,使工程项目得到顺利的实施。

3. 风险的控制。对工程项目中的风险进行有效的预警、防范,当风险发生时,采取有效的措施。

4. 项目实施过程中的安全、健康和环境方面的控制等。

虽然项目控制系统可以按照项目管理职能分解为几个子系统,但是,在实际工程项目中,这几个方面是相互影响、相互联系的。在控制系统中强调综合控制。在分析问题,进行项目实施状况的诊断时,必须综合分析成本、工期、质量、工作效率状况,并作出综合评价。在考虑调整方案时,也要综合地采取技术、经济、合同、组织、管理等措施,对工期、成本、质量进行综合的调整。如果仅仅控制一两个参数、一两个方面,那么容易造成误导。

从总体而言,工程项目控制的依据是定义工程项目目标的各类文件,例如项目建议书、可行性研究报告、项目任务书、设计文件、合同文件等,此外,还应该包括以下三个部分:

(1) 工程项目适用的法律、法规文件。实施工程项目的一切活动都必须符合这些要求,它们构成了项目实施的边界条件之一。

(2) 项目的各种计划文件、合同分析文件等。

(3) 在工程项目实施中所形成的各种变更文件。

具体而言，工程项目的控制内容、目的和目标，依据表 8－1 所示。

表 8－1　工程实施控制的内容

序号	控制内容	控制目的	控制目标	控制依据
1	范围控制	保证按照任务书(或设计文件或合同)规定的数量完成工程项目	范围定义	范围规划和定义文件(项目任务书、设计文件、工程量表等)
2	成本控制	保证按照计划成本完成工程项目，防止成本超支和费用增加，达到盈利目的	计划成本	各个分项工程、分部工程、总工程计划成本、人力、材料、资金计划、计划成本曲线等
3	质量控制	保证按照任务书(或设计文件或合同)规定的质量完成工程项目，使工程项目顺利通过验收，交付使用，实现使用功能	规定的质量标准	各种技术标准、规程、工程说明、图纸、工程项目定义、任务书、批准文件
4	进度控制	按照预定的进度计划实施工程项目，按期交付工程项目，防止工程项目的拖延	任务书(或合同)规定的工期	总工期计划、已批准的详细的施工进度计划、网络图、横道图等
5	合同控制	按照合同的规定全面完成自己的义务，防止违约	合同规定的义务、责任	合同范围内的各种文件、合同分析资料
6	风险控制	防止和减低风险的不利影响	风险责任	风险分析和风险应对计划
7	安全、健康、环境控制	保证工程项目的实施过程、运营过程和产品(或服务)的使用符合安全、健康和环境保护要求	法律、合同和规范	法律、合同文件和规范文件

二、合同控制的内涵

现代工程项目是通过合同运作的，通常合同确定了项目参与方在工程项目中的地位和责权利关系，定义了工程项目的目标(工期、质量和价格)和管理程序，合同的履行也应该受到严格的控制。合同控制有其特殊性：

1. 成本、质量、工期是合同定义的三大目标，承包商最根本的合同责任是实现这三大目标；此外，工程范围、安全、健康、环境体系也是由合同定义的，所以，合同控制是其他控制的保证。通过合同控制可以使整个工程项目的控制职能协调一致，形成一个有序的项目管理过程。

2. 通过合同总体分析可见，承包商除了必须按照合同规定的质量要求和进度计划，完成工程项目的设计、施工、竣工和保修责任外，还必须对实施方案的安全、稳定负责；对工程项目现场的安全、秩序、清洁负责，并负责保护工程项目；遵守法律，执行工程师的指令；对自己的工作人员和分包商承担责任；按照合同规定及时地提供履约担保，购买保险，承担与业主的合作义务，达到工程师的满意等。此外，承包商有权获得合同规定的必要的工作条件，例如场地、道路、图纸、指令；要求工程师公平、正确的解释合同；有权及时、全额地获得工程的应付款；有权决定工程项目的实施方案，并选择更为科学的合理的实施方案；有权对业主和工程师的违约行为进行索赔等。这一切都必须通过合同控制来实施。

3. 合同控制的动态性。它表现在以下两个方面：

(1) 合同的实施受到外界干扰,经常偏离目标,需要不断地进行调整。

(2) 合同目标本身不断地变化。例如在工程项目的实施过程中,不断出现合同变更,使工程项目的质量、工期、合同价格发生变化,使合同双方的责任和权利发生变化。

因此,合同控制应该是动态的,合同实施也应该随着变化了的情况和目标不断地进行调整(图 8-2 所示)。

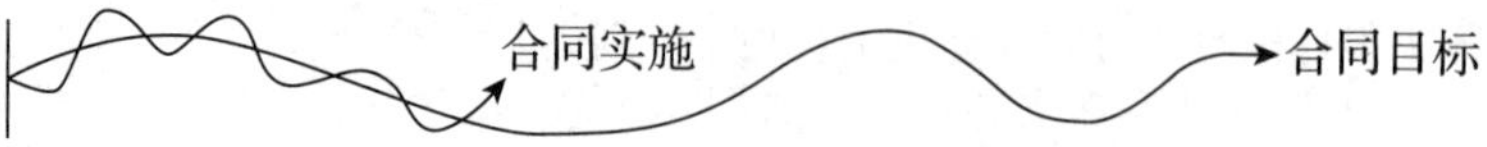

图 8-2　合同目标变化和合同实施控制

4. 承包商的合同控制不仅针对与业主之间的工程承包合同,而且包括与工程承包合同相关的其他合同,例如分包合同、供应合同、运输合同、租赁合同等。

三、合同实施监督

合同责任是通过具体的合同实施工作完成的。合同实施监督可以保证工程项目的实施工作按照合同和合同分析的结果进行。

(一) 工程师(业主)的合同实施监督

业主雇用工程师的首要目的是对工程合同的履行进行有效的监督,这是工程师最基本的职能。工程师不仅要为承包商完成合同责任提供支持,监督承包商全面地完成合同责任,而且还要协助业主全面完成业主的合同责任。

1. 工程师应该驻施工现场办公,或安排专人在现场负责工程项目的监督工作。

2. 工程师要促使业主按照合同的要求,为承包商履行合同提供帮助,并履行自己的合同责任。例如:向承包商提供现场的占有权,使承包商能够按时、充分、无障碍地进入现场;及时提供合同规定的由业主供应的材料和设备;及时下达指令、提供图纸等。

这些都是承包商履行合同义务的先决条件。

3. 对承包商实施工程项目进行监督,使承包商的整个工程施工处于监督中。工程师的合同监督是通过以下工作完成的：

(1) 检查并防止承包商工程范围的缺陷,例如漏项、供应不足,对缺陷进行纠正。

(2) 对承包商的施工组织计划、施工方法(工艺)进行事前的认可和实施过程中的监督,保证工程项目达到合同所规定的质量、安全、健康和环境保护的要求。

(3) 确保承包商的材料、设备符合合同的要求,进行事前的认可、进场检查、使用过程中的监督。

(4) 监督工程项目的实施进度。包括：

① 下达开工令,并监督承包商及时开工；

② 在中标后,承包商应该在合同条件规定的期限内向工程师提交进度计划,并得到认可；

③ 监督承包商按照批准的计划实施工程项目；

④ 在工程实施过程中,承包商可以修改中间进度计划或部分工程的进度计划,但是,它

必须保证总工期目标的实现，同时也必须经过工程师的同意。

(5) 对工程付款的审查和监督。对付款的控制是工程师控制工程项目的有效手段。

在签发预付款、工程进度款、竣工工程价款和最终付款等证书时，工程师应该全面地审查合同所规定的支付条件，承包商的支付申请、申请支付额度的合理性，并督促业主按照合同规定的程序，及时批准和付款。

(二) 承包商的合同实施监督

承包商合同实施监督的目的是保证自己按照合同圆满完成应尽的义务。主要工作有：

1. 合同管理人员与项目的其他职能人员一起落实工程合同的实施计划，为各个工程小组、分包商的工作提供必要的保证，例如施工现场的安排，人工、材料、机械等计划的落实，工序之间搭接关系的安排，以及其他一些必要的准备工作。

2. 在合同范围内，协调业主、工程师、项目管理各个职能人员、所属各工程小组和分包商之间的工作关系，解决合同履行中出现的问题，例如合同责任界面之间的争议，工程活动之间时间上和空间上的不协调。

合同责任界面的争议是很常见的。承包商与业主、与业主的其他承包商、与材料和设备供应商、与分包商，以及承包商的分包商之间，工程小组与分包商之间，常常互相推卸一些合同中没有明确定义的工程活动责任。这会引起组织内部和外部的争议，对此合同管理人员必须进行判定和调解工作。

3. 对各个工程小组和分包商进行工作指导，进行经常性的合同解释，使各个工程小组都有全局观念，对工程项目实施过程中发现的问题提出意见、建议或警告。

合同管理人员在工程项目的实施中起到了"漏洞工程师"的作用，但是，他不是寻求与业主、与工程师、与各工程小组、与分包商的对立，他的目标不仅仅是索赔和反索赔，而是在合同关系上把各方面联系起来，防止漏洞、弥补损失，更完美地完成工程项目。例如：促使工程师放弃不适当、不合理的要求(指令)，避免对工程项目实施的干扰、工期的延误和费用的增加；协助工程师的工作，弥补工程师工作的疏忽，例如及时提出对图纸、指令、场地等的申请，尽可能提前通知工程师，让工程师有所准备，这样使工程项目的实施更为顺利。工程项目的各个参与方应该减少对抗，促使合同的顺利实施。

4. 会同项目的有关职能管理人员检查、监督各工程小组和分包商的合同实施情况，保证自己全面地履行合同责任。在工程项目的施工过程中，承包商有责任自我监督，发现问题，及时自我改正缺陷，而不一定是由工程师指出。

(1) 监督承包商按照合同所确定的工程范围进行施工，不漏项也不多余。无论对于单价合同还是总价合同，没有工程师的指令，漏项和超过合同范围完成工作，承包商都得不到相应的付款。

(2) 承包商及时开工，并以合同规定的进度施工，保证工程项目的进度符合工程合同和工程师批准的进度计划要求。

(3) 按照合同的要求，组织材料和设备的采购。承包商有义务按照合同要求使用材料、设备和工艺，保证工程项目达到合同所规定的要求。承包商完成的工程项目超过了合同规定的质量标准常常是没有必要的，也只能得到业主按照合同所规定的付款。

(4) 在根据合同规定由工程师进行检查前，应该首先自我进行检查核对；对没有完成的工程内容按照合同完成；对于有缺陷的工程内容，应根据工程师的指令在一定的期限内采取整改措施。

(5) 承包商对业主提供的设计文件、材料、设备、指令进行监督和检查。

5. 与造价人员一起,审查和确认向业主提出的工程付款申请帐单,以及分包商提交的付款帐单。

6. 现场开工后,对任何工程变更指令,合同管理人员应该根据合同的规定及时向业主提出由于变更所引起的价格或工期调整申请;对于向分包商发出的任何指令,向业主发出的任何书面答复或请示,都应该经过合同管理人员的审查,并进行归档记录。承包商与业主、与其他总(分)包商的任何争议协商和解决,都应该有合同管理人员的参与,并对解决的结果进行合同和法律方面的审查、分析和评价。这样不仅保证工程项目的施工一直处于严格的合同控制中,而且使承包商的各项工作更有预见性,更能及早地预计这些行为的法律后果。

在工程项目的实施过程中有很多文件,例如业主和工程师的指令、会议纪要、备忘录、修正案、附加协议等,也是合同的一部分,因此,这些文件也需要进行合同审查。在实际的工程项目中,也经常出现这方面问题。

【案例 8-1】 在我国实施的一个外资工程项目中,业主与承包商协商采取加速施工措施,将工期提前 3 个月,双方签署了加速施工的协议,由业主支付一笔赶工的费用。但是,加速施工协议过于简单,没有能够详细地区分双方的责任,特别是业主的合作责任,没有承包商的权利保护条款(例如,他应业主的要求加速施工,只要采取加速施工的措施,即使没有效果,也应该获得最低的补偿)、没有赶工费支付时间的规定。承包商采取了加速施工的措施,但是由于恶劣的气候条件、业主的干扰、承包商的责任等原因,使得总工期没有提前,结果承包商也没有能够获得任何补偿。

7. 承包商对环境的监控责任。

对于施工现场出现的异常情况,承包商应该进行记录。例如:发现他认为一个有经验的承包商在提交投标书前不可预见的物质条件(包括地质和水文条件,地下障碍物、文物、古墓、古建筑遗址、化石或其他有考古、地质研究等价值的物品等,但是,不包括气候条件),而这些物质条件影响正常施工时,应该立即保护好现场,并尽快以书面的形式通知工程师。

对于后期可能出现的影响工程施工、造成合同价格上升或工期延长的环境情况,承包商也应该进行预警,并及时通知业主。

四、合同跟踪

(一) 合同跟踪的作用

在工程项目的实施过程中,由于实际情况千变万化,导致合同实施与预定目标(计划和设计)经常出现偏离。如果不采取措施,这种偏差常常逐渐积累,由小到大。合同跟踪可以及时地找出这些偏离,不断地调整合同实施,使之与总目标一致。因此,合同跟踪是合同控制的主要手段。合同跟踪的作用主要有:

1. 通过分析合同的履行情况,找出偏离,以便及时采取措施,调整合同的实施过程,实现合同总目标,所以,合同跟踪是决策的前导工作。

2. 在整个工程项目的实施过程中,通过合同跟踪能够使项目管理人员一直清楚地了解合同的实施情况,对于合同的实施现状、趋向和结果有一个清醒的认识,这是非常重要的。在有些管理混乱、管理水平低的工程项目中,常常只有到工程项目的实施结束时,合同管理人员才发现实际的损失，可是这时损失已经无法挽回。

【案例 8－2】 我国某承包公司在国外承包一项工程，合同签订时预计该工程能够盈利 30 万美元；开工时，发现了一些不利的合同条款，估计该工程实施完成后不盈利也不亏损；在工程实施了几个月之后发现合同非常不利，预计要亏损几十万美元；等到工期达到一半的时候，再进行详细的核算，才发现合同极为不利，整个合同是个陷阱，预计到工程实施结束，至少亏损 1 000 万美元以上。到这个时候才采取措施，损失已经非常惨重。

在这个工程项目中，如果能够尽早进行合同的分析、跟踪、对比，发现问题时及时采取措施，则可以把握主动权，避免或减少损失。

（二）合同跟踪的依据

合同跟踪的依据主要包括以下几个方面：

1. 合同和合同分析的结果，例如各种计划、方案、合同变更文件等，它们是进行合同对比的基础，是合同实施的目标和依据。

2. 各种实际的工程文件，例如原始记录，各种工程报表、报告、验收结果、量方结果等。

3. 工程项目管理人员每天对现场情况的直观了解，例如通过对工程施工现场的巡视、与各种参与人员的谈话、召集小组会议、检查工程质量、工程量计量等，这些是最直观的感性知识。通常可以通过对比报表、报告，更快地发现问题，更能透彻地了解问题，有助于及时地采取措施以减少损失。

这也要求合同管理人员在工程项目的实施过程中一直立足于现场，对现场的情况非常熟悉。

（三）合同跟踪的对象

合同跟踪的对象，通常有以下几个层次：

1. 具体的合同工作包

对照合同工作包说明表的具体内容，分析该工作包说明的实际完成情况。以本书第七章第三节中的设备安装案例进行分析：

（1）安装质量是否符合合同的要求？标高、位置、安装精度、材料质量是否符合合同的要求？安装过程中设备有无损坏？

（2）合同要求的设备是否已经全都安装完毕？有没有合同规定以外的设备安装？有没有其他的附加工程？

（3）工期是否超过预定的期限？工期是否有延长？延长的原因是什么？

该工程项目工期变化的原因可能是，业主没有及时交付施工图纸；生产设备没有及时运输到工程现场；基础土建施工的延误；业主指令增加的附加工程；业主提供了错误的安装图纸，造成工程的返工；工程师指令暂停工程施工等。

（4）成本的增加和减少。

在合同工作包说明表中注明上述内容，这样可以检查每个合同工作包的实施情况。对于一些特殊事件，例如实际和计划存在重大偏离的工作包，可以进行专项分析，作进一步的处理。

经过上述分析可以得到偏差的原因和责任，基于这个结果还可以发现索赔的机会。

2. 对工程小组或分包商的工程和工作进行跟踪

一个工程小组或分包商可能承担很多专业相同、工艺相近的分项工程或合同工作包，所以,必须对它们实施的总体情况进行检查分析。在实际的工程中,经常由于某一个工程小组或分包商的工作质量不高或进度拖延而影响整个工程的施工。在这些方面,合同管理人员应该给他们提供必要的帮助,例如协调他们之间的工作;对工程缺陷提出意见、建议或警告;责成他们在一定时间内提高质量,加快工程实施的进度等。

作为分包合同的发包商,总承包商应该有效地控制分包合同的实施情况,这是总承包商合同管理的重要任务之一。分包合同控制的目的有:

(1) 控制分包商的工作,严格监督他们按照分包合同完成工程。分包合同是总承包合同的一部分,如果分包商不能完成他的合同责任,那么总承包商就不能顺利地完成总包合同的责任。

(2) 为向分包商索赔,以及对分包商反索赔进行准备。总承包商和分包商之间的利益是不一致的,双方之间经常会出现对立的利益争端。在合同的实施过程中,双方都在进行合同管理,都在寻求向对方索赔的机会。所以,双方都有索赔和反索赔的任务。

(3) 对于分包商的工程和工作,总承包商负有协调和管理的责任,并承担由此造成的损失。所以,分包商的工程和工作必须纳入总承包工程的计划和控制中,防止由于分包商的工程管理失误而影响整个总承包工程。

3. 对业主和工程师的工作进行跟踪

(1) 业主和工程师必须正确地、及时地履行合同责任,及时提供各种工程实施的条件。例如及时发布图纸、提供场地、下达指令、作出答复、及时支付工程款等。这经常成为承包商推卸工程责任的借口,所以,业主要特别重视。在这里,合同工程师的功能是,作为“漏洞工程师”寻找合同中以及对方合同履行中的漏洞。

(2) 在工程项目的实施过程中,承包商应该积极主动地实施工程项目、承担合同责任,例如,提前催要图纸、材料,对工作事先通知业主。这样不仅可以让业主和工程师及早准备,建立良好的合作关系,保证工程项目的顺利实施,而且可以推卸自己的责任。

(3) 有问题及时与工程师沟通,多向他汇报情况,及时听取他的指令(并且是书面的指令!)。

(4) 及时收集各种工程资料,对各种活动、双方的沟通等进行整理、记录和归档。

(5) 对有恶意的业主提前防范,以便于及早采取措施。

4. 对整体工程进行跟踪

对工程项目整体实施状况的跟踪,可以通过如下几个方面进行:

(1) 工程整体施工秩序状况。如果出现以下情况,合同的正常实施应该有问题:

① 现场混乱、拥挤不堪;

② 承包商与业主的其他承包商、供应商之间协调困难;

③ 合同工作包之间和工程小组之间的协调困难;

④ 出现事先未考虑到的情况和局面;

⑤ 发生比较严重的工程事故等。

(2) 已完工程没有能够通过验收、出现大的工程质量问题、工程试生产不成功或达不到预定的生产能力等。

(3) 施工进度没有能够达到预定的计划,主要的工程活动出现延误,在工程周报和月报上计划和实际的进度出现大的偏差等。

(4) 计划和实际的成本曲线出现大的偏离。在工程项目管理中，工程累计成本曲线对合同实施的跟踪分析起很大作用。计划成本累计曲线通常是在网络分析和各个工程活动的成本计划基础上绘制的。在国外，它又被称为本工程项目的成本模型。而实际成本曲线由实际施工进度安排与实际的成本累计获得，两者对比见图 8-3 所示。从图上可以分析出实际成本与计划成本的差异。

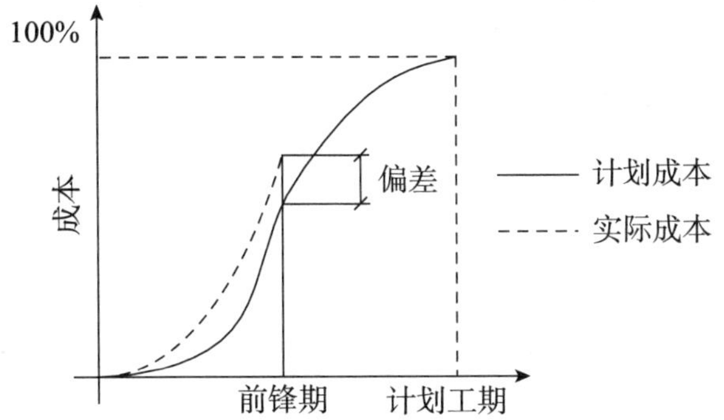

图 8-3　计划成本和实际成本累计曲线对比

五、合同实施诊断

在合同跟踪的基础上可以进行合同诊断。合同诊断是对合同履行情况的评价和判断，以及趋向分析和预测。它包括如下内容：

1. 合同履行差异的原因分析

通过对不同监督和跟踪对象的计划和实际的对比分析，不仅可以得到合同履行的差异，而且可以分析引起这个差异的具体原因。可以采用鱼刺图、因果关系分析图(表)、成本量差、价差分析等方法，定性地或定量地分析原因。

例如：通过计划成本与实际成本累计曲线的对比分析，不仅可以得到总成本的偏差值，而且可以进一步分析差异产生的原因。通常，引起计划成本和实际成本累计曲线偏离的原因可能有：

(1) 整个工程项目施工进度的加速或延缓；

(2) 工程项目的施工次序被打乱；

(3) 工程费用支出的增加，例如材料费、人工费的上升；

(4) 增加新的附加工程，或部分内容工程量的增加；

(5) 工作效率低下、资源消耗增加等。

进一步进行分析，还可以发现更为具体的原因，例如引起工作效率降低的原因可能有：

(1) 内部干扰：施工组织不周密，夜间加班或人员调遣频繁；机械设备的工作效率低，操作人员不熟悉新技术、违反操作规程、缺少培训，经济责任不落实，工人劳动积极性不高等。

(2) 外部干扰：图纸错误，设计修改频繁，气候条件差，场地狭窄，现场混乱，施工条件例如水、电、道路等受到影响。

进一步分析还可以得出各个原因影响量的大小。

2. 合同差异责任分析

这些原因是由谁引起的？应该由谁承担责任？这常常是索赔的证据。一般只要原因分析得比较详细，有根有据，那么责任分析自然就会比较清楚。应该按照合同的规定落实双方的责任。

3. 合同实施趋向预测

分别考虑不采取调控措施和采取调控措施，以及采取不同的调控措施的情况下，合同的最终履行结果：

(1) 最终的工程项目状况，包括总工期的延误、总成本的超支、质量标准、所能达到的生产能力(或功能要求)等；

(2) 承包商将承担什么样的后果，例如被罚款、被清算甚至被起诉，对承包商资信、企业形象、经营战略的影响等；

(3) 最终工程项目的经济效益(利润)水平。

综合上述各方面的分析结果，可以对合同履行情况作出综合的评价和判断。

六、工程问题的处理措施选择

在工程项目的施工过程中，一般会发生很多问题，需要承包商提出解决措施。承包商不仅有责任对将影响工程项目成本、竣工日期、工程质量的一切事件尽早发出警告，以减少补偿事件的影响；而且有责任提出处理质量缺陷、工期延误的建议，尽早分析其影响，寻求最佳的解决办法，及时采取应对的策略和措施。通常对工程问题的处理有以下四类措施：

1. 技术措施。例如变更技术方案，采用新的、更高效率的施工方案。

2. 组织和管理措施。例如增加人员投入，重新进行计划或调整计划，派遣得力的管理人员。在工程项目的施工过程中，根据实际情况及时地修订进度计划，对于承包商而言能够更好地控制项目的进度。

3. 经济措施。例如增加投入、对项目参与人员进行经济激励等。

4. 合同措施。例如按照合同进行惩罚，进行合同变更，签订新的附加协议、备忘录，通过索赔解决费用超支的问题等。

根据调整对象不同，又可以将上述措施归纳为两种情况：

(1) 对实施过程的调整，例如变更实施方案，重新进行组织。

(2) 对工程项目的目标进行调整，例如增加投资、延长工期、修改工程范围，甚至调整项目产品的方向等。

从合同以及双方合同关系和责任的角度，这些调整都属于合同变更，或者都是通过合同变更完成的。

对于合同实施过程中出现的各类差异和问题，业主和承包商有不同的出发点和策略。

(1) 当业主和工程师遇到工程问题和风险时，通常首先着眼于解决问题、排除干扰，使工程项目得以顺利地实施，然后才考虑责任和赔偿的问题。这是由于业主和工程师一般都从工程项目整体利益的角度出发考虑问题的。

(2) 与合同签订前的情况不同，承包商不仅要执行工程师的指令采取技术或组织措施进行处理工程问题和风险，而且要采取合同措施保护自己。通常，承包商要考虑：

① 如何保护和充分行使自己的合同权利，例如通过索赔减少自己的损失。

② 如何利用合同使对方的要求(权利)降到最低,即如何充分限制对方的合同权利。

七、合同实施后评价

根据合同管理持续改进的要求,在合同履行后,应该进行合同后评价,总结合同签订和履行过程中的利弊得失、经验教训,作为以后工程合同管理的参考和借鉴。

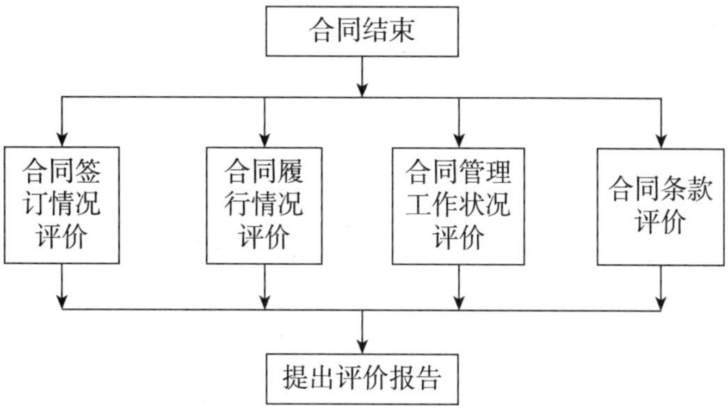

图 8-4　合同实施后评价

由于合同管理工作比较偏重于经验,只有不断地总结经验,才能持续地提高管理水平,也能通过工程项目的实施培养出高水平的合同管理者。所以,这项工作十分重要。但是,现在还有很多项目管理者或企业不太重视这项工作,或还未有意识、有组织地开展这项工作。

合同实施后评价的工作流程可以参考图 8-4 所示,它包括合同签订情况评价、合同履行情况评价、合同管理工作评价、合同条款分析等方面的内容。

1. 合同签订情况评价

合同签订情况评价主要包括:

(1) 预期的合同策略和策划否正确?是否已经顺利地实现了预期的目标?

(2) 招标文件分析和合同风险分析的准确程度;

(3) 该合同的环境调查、实施方案、工程预算以及报价方面的问题及经验教训;

(4) 合同谈判中的问题以及经验教训,以后签订同类合同应该注意的问题;

(5) 各个相关合同之间的协调问题等。

2. 合同履行情况评价

合同履行情况评价主要包括:

(1) 本合同的履行策略是否正确?是否符合实际情况?是否达到预期的结果?

(2) 在本合同的履行中出现了哪些特殊情况?已经采用或应该采取什么措施防止、避免或减少损失?

(3) 合同风险控制的利弊得失;

(4) 各个相关合同在履行过程中协调的问题等。

3. 合同管理工作评价

合同管理工作评价是对合同管理本身,例如工作职能、程序、工作成果的评价,包括:

(1) 合同管理工作对工程项目的总体贡献或影响;

(2) 合同分析的准确程度;

(3) 在投标报价和工程的实施过程中,合同管理系统与其他职能管理系统的协调问题,需要改进的地方;

(4) 索赔处理和纠纷处理的经验教训等。

4. 合同条款分析

合同条款分析主要包括:

(1) 本合同的具体条款,特别对本工程有重大影响的合同条款,其文字表述、实际履行的利弊得失;

(2) 本合同签订和履行过程中所遇到的特殊问题的分析结果;

(3) 对具体的合同条款如何表达更为有利等。

第四节　合同变更管理

一、合同变更的起因

合同内容频繁的变更是工程合同的特点之一。一个比较复杂的工程合同,在实际的实施中出现的变更可能有几百项,其主要原因是:

1. 现代承包工程的特点是,工程量大、投资多、结构复杂、技术和质量要求高、工期长。此外,在工程项目开始实施前,工程项目的设计可能会有很多不完善的地方,例如错误、遗漏、不协调等。

2. 工程环境的变化,预期的工程条件不准确,要求实施方案或计划变更。最常见的有:地质条件的变化,建筑市场和建材市场的变化,货币的贬值,城建和环保部门对工程提出新的建议和要求,自然条件的变化等。它们会直接导致工程目标、设计和计划的变更。

3. 合同在工程项目开始实施前签订,是基于对未来情况预测的基础上,对如此复杂的工程和环境,合同不可能对所有的问题做出预测和规定,对所有的工程和工作做出准确的说明,合同中难免有考虑不周的条款、缺陷和不足之处,例如措词不当、说明不清楚、有歧义等。

由于设计文件中错误,必须对设计图纸进行修改。

4. 由于业主要求的变化而导致大量的工程变更,例如业主发出变更指令,对建筑提出新的要求,修改项目总计划,削减预算等。这会造成项目目标的修改,建筑的功能、形式、质量标准、实施方式和过程、工程量、工程质量等方面的变化。

5. 由于出现新的技术和知识,有必要改变原来的设计、实施方案或实施计划。

6. 由于合同实施出现问题,必须调整合同目标或修改合同条款。

7. 合同参与方由于公司倒闭或者其他原因转让合同,导致合同当事人变化。

二、合同变更的影响

合同变更实质上是对合同的修改,是双方新的要约和承诺。这种修改通常不能免除或改变承包商原有的合同责任,但是,对合同履行的影响很大,造成原“合同状态”的变化,必须对原合同规定的内容进行相应的调整。主要表现在以下几个方面:

1. 定义工程目标和工程实施情况的各种文件，例如设计图纸、成本计划和支付计划、工期计划、施工方案、技术说明和适用的规范等，都应该进行相应的修改和变更。

当然，相关的其他计划也应该进行相应的调整，例如材料采购计划、劳动力安排、机械使用计划等。它不仅引起与承包合同平行的其他合同的变化，而且也会引起所属的各个分包合同，例如供应合同、租赁合同、分包合同等的变更。有些重大的变更会打乱整个工程项目的施工部署。

2. 引起合同双方、承包商的工程小组之间、总承包商和分包商之间合同责任的变化。例如工程量的增加，则增加了承包商的工程责任，增加了费用开支、延长了工期。所以，这些变更经常必然会导致工程索赔。

3. 有些工程变更还会引起已完工程的返工，现场工程施工的停滞，施工秩序被打乱，已购买材料的损失等。

三、合同变更的处理要求

1. 应该尽可能快地作出变更。

在实际的工程项目中，变更决策时间过长、变更程序太慢等都会造成很大的损失，经常会有这两种现象：

(1) 施工停止，承包商等待变更指令或变更会谈的决议。这种情况下，由于等待变更指令的发出而增加的费用或延误的工期是业主责任，承包商可以提出索赔。

(2) 不能迅速作出变更指令，而现场继续施工，造成更大的返工损失。

由此可见，如果需要进行变更，应该尽快地决策并向承包商发出变更的指令。

2. 业主发出变更指令后，承包商应该迅速、全面、系统地落实变更指令。

(1) 全面修改相关的各种文件，例如图纸、规程、施工计划、采购计划等，使它们能够反映和包括最新的变更。

(2) 在相关的各工程小组和分包商的工作中，尽快落实变更指令，并提出相应的措施，对新出现的问题进行解释或提出对策，同时，又要协调好各个参与方的工作。

合同变更指令应该在工程实施中得到及时的落实。在实际的工程中，这方面问题常常很多。由于合同变更与合同签订不一样，没有一个合理的计划期，变更时间紧，难以详细地进行计划和分析，很难全面地落实责任，这就容易造成计划、安排、协调等方面的问题，引起混乱，导致损失。而这个损失往往被认为是承包商管理的失误而造成的，难以得到业主的补偿，所以，合同管理人员在这方面起着很大的作用。只有合同变更得到迅速落实和执行，合同监督和跟踪才可能以最新的合同内容作为目标，这是合同动态管理的要求。

3. 对合同变更的影响作进一步的分析。

合同变更是承包商索赔的机会，承包商应该在合同规定的索赔有效期内完成相关的索赔管理工作。在合同的变更过程中，就应该记录、收集、整理所涉及的各种文件，例如图纸、各种计划、技术说明、规程，以及业主的变更指令，以此作为进一步分析的依据和索赔的证据。在实际的工作中，合同变更必须与提出索赔同步进行，甚至先进行索赔谈判，等到双方达成一致意见之后，再进行合同的变更。此时，补偿协议是关于合同变更的处理结果，也是合同的一部分。

由于合同变更对工程施工过程的影响大，会造成工期的拖延和费用的增加，容易引起双方的争议。所以,合同双方都应该十分慎重地对待合同的变更问题。按照国际工程项目的实施经验统计,工程变更是索赔的主要起因。

在一个工程项目中,合同变更的次数、范围和影响的大小,与该项目的招标文件(特别是合同条件)的完备性、技术设计的正确性以及实施方案和实施计划的科学性等直接相关。

四、合同变更范围和程序

合同变更应该建立一个正规的流程,应该有一系列申请、审查、批准手续。

(一) 合同变更的范围

合同变更的范围很广,一般在合同签订后所有涉及工程范围、进度、工程质量要求、合同条款内容、合同双方责权利关系的变化等,都可以被看作是合同变更。最常见的变更有两种:

1. 涉及合同条款的变更,合同条件和合同协议书所定义的双方责权利关系,或一些重大问题的变更。这是狭义的合同变更,以前合同变更定义的范围基本是这一类。

2. 工程变更,即工程的质量、数量、性质、功能、施工次序和实施方案的变化。

(二) 合同的变更程序

1. 对于重大的合同变更,由双方签署变更协议确定。合同双方经过商谈,对变更所涉及的问题,例如变更措施、变更的工作安排、变更所涉及的工期和费用索赔的处理等,达成一致。然后双方签署备忘录、修正案等变更协议。

在合同的实施过程中,工程项目的参与方会定期召开会议(一般每周一次),商讨研究新出现的问题,讨论对新问题的解决办法。例如:业主希望工程项目提前竣工,要求承包商采取加速施工的措施,则可以对加速施工所采取的措施和费用的补偿等进行具体地协商和安排,在合同双方达成一致意见后签署赶工协议。

有时,对于重大的问题,需要进行很多次的会议协商,通常,如果商谈成功会在最后一次会议上签署变更协议。

双方签署的合同变更协议与原合同一样具有法律约束力,而且法律效力优先于原合同文本。所以,对这份变更协议,承包商也应该像对待合同一样,进行认真地研究、审查、分析,对于业主提出的问题及时地给予回复。

2. 业主或工程师行使合同赋予的权利,发出工程变更指令。这种变更在数量上很多,情况也比较复杂:

(1) 与变更相关的分项工程还没有开始,只需要对工程的设计进行修改或补充。例如施工前发现图纸存在错误,业主对工程有新的要求等。在这种情况下,工程变更的时间比较充裕,可以有条不紊地进行价格谈判和变更的落实。

(2) 变更所涉及的工程内容正在进行施工,例如在工程施工中发现设计错误或业主突然有新的要求。这种变更通常时间很紧迫,甚至可能出现现场停工的现象,承包商需要等待业主的变更指令。

(3) 对于已经完工的工程进行变更,一般必须进行工程的返工。

工程变更的程序一般由合同进行规定。在合同分析时,经常需要绘制工程变更的流程图。最理想的变更程序是,在变更实施前,合同双方已经就工程变更中涉及的费用增加和工期延长的补偿协商达成一致。例如,由图 8-5 所示的工程变更程序。

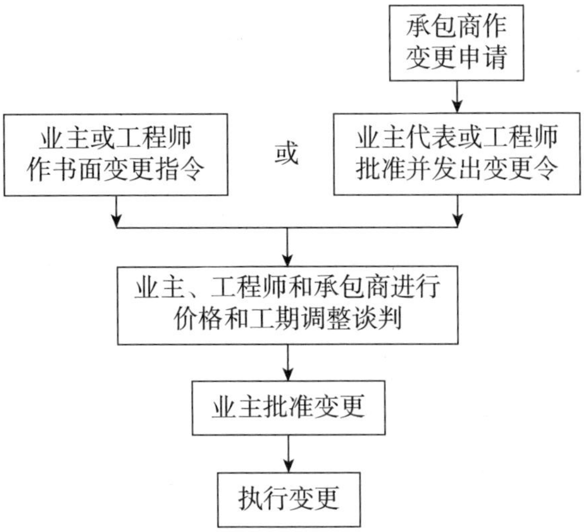

图 8－5　工程变更程序

但是，按照这个程序实施变更的时间过长，合同双方对于费用和工期的补偿谈判常常会有反复，或出现争议，这会影响变更的实施和整个工程施工的进度。所以，通常较少采用这种程序。工程承包合同中通常都赋予业主（或工程师）以直接指令的方式变更工程的权力。承包商在接到指令后就应该实施，而合同价格和工期的调整由工程师和承包商在与业主协商后再确定。

（三）工程变更的申请

工程变更通常要经过一定的手续，例如申请、审查、批准、通知（指令）等。工程变更申请表的格式和内容可以根据具体的工程需要进行设计。表 8－2 为某工程项目的工程变更申请表。

表 8－2　工程变更申请表

申请人	申请表编号	合同号
相关的分项工程和该工程的技术资料说明 工程号　　　　　图号 施工段号		
变更的依据	变更的说明	
变更所涉及的标准		
变更所涉及的资料		
变更的影响（包括技术要求、工期、材料、劳动力、成本、机械、对其他工程的影响等）		
变更的类型	变更的优先次序	

续表

审查意见： 计划变更的实施日期：	
变更的申请人(签字)	
变更的批准人(签字)	
变更实施决策/变更会议	
备注	

五、合同变更的责任分析

(一) 合同变更的相互联系分析

在前文所述的合同变更的起因中，几种常见的变更存在相互联系，有因果关系(见图 8-6 所示)。这是合同变更责任分析的基本逻辑关系。

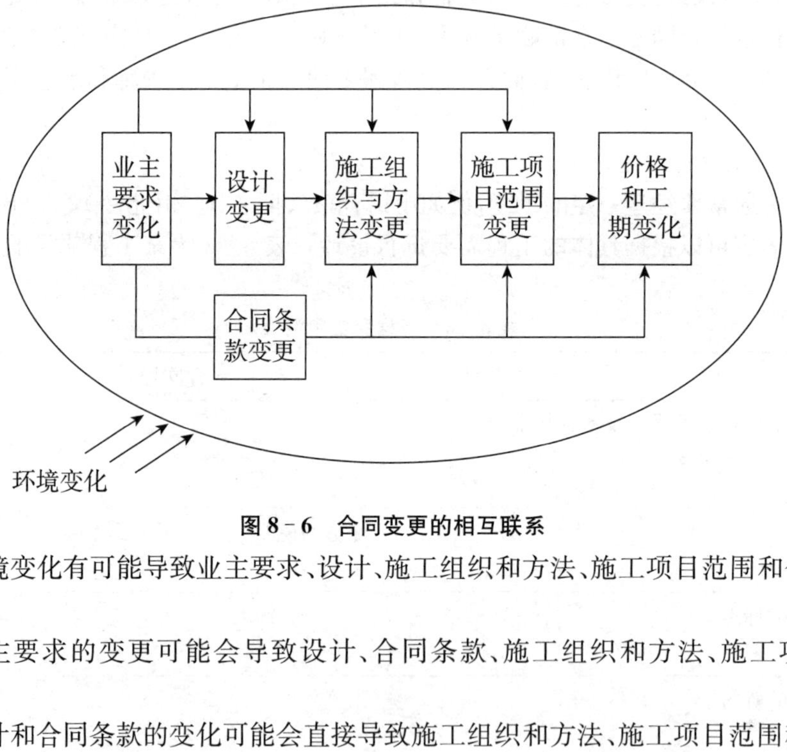

图 8-6 合同变更的相互联系

1. 环境变化有可能导致业主要求、设计、施工组织和方法、施工项目范围和合同条款的变更。

2. 业主要求的变更可能会导致设计、合同条款、施工组织和方法、施工项目范围的变更。

3. 设计和合同条款的变化可能会直接导致施工组织和方法、施工项目范围和承包商责任的变更。

4. 工程施工组织和方法的变更可能会直接导致施工项目范围的变更。

5. 这些变更最终都可能导致合同价格和工期的变更。价格和工期的变更通常是最终的结果。

在一般情况下，引起反向作用的可能性不大。

（二）工程变更的责任分析

在合同变更中，最频繁和数量最大的是工程变更（包括设计变更、实施组织和方法变更、项目范围和实施过程变更等）。它在工程索赔中所占的份额也最大（见参考文献11）。工程变更的责任分析是工程变更起因与工程变更问题处理的纽带，也是确定赔偿问题的桥梁。

1. 设计的变更

设计变更会引起工程量的增加、减少，新增或删除工程分项，工程质量和进度的变化，实施方案的变化等。一般而言，工程施工合同赋予了业主（工程师）这方面的变更权力，可以直接通过下达指令，发布新的图纸或规程实施变更。

（1）由于业主要求、政府城建或环保部门的要求、环境变化（例如地质条件的变化）、不可抗力、原设计错误等导致设计的修改，必须由业主承担责任。

（2）由于承包商的施工过程或施工方案出现错误、疏忽而导致设计的修改，应该由承包商负责。例如在某桥梁工程中采用了混凝土灌注桩。在钻孔还没有达到设计深度时，钻头脱落，无法取出，桩孔报废。经过设计单位的重新设计，修改为在原桩两边各增加一个小的桩承受上部的荷载。那么，由此造成的费用增加应该由承包商承担。

（3）在现代工程项目中，承包商承担的设计工作逐渐增加。承包商提出的设计必须经过工程师（或业主代表）的批准。对于不符合业主在招标文件中提出的设计要求，工程师有权不认可，并要求承包商修改。这种修改不属于工程变更。

2. 施工方案的变更

（1）在投标文件中，承包商已经在施工组织设计中提出了比较完备的施工方案，但是，一般而言这不是合同的一部分，却也有约束力。业主向承包商授标就标明对这个方案的认可。在合同签订后的一定时间内，承包商应该提交详细的施工计划供业主代表或工程师审查，业主代表也可以要求承包商对施工方案作出说明。如果承包商的施工方案不符合合同的要求，不能保证合同目标的实现，工程师有权指令承包商修改方案，以保证承包商圆满地完成合同责任。

（2）在一些招标文件的规程中，业主对施工方案和临时工程进行了详细的规定。承包商必须按照业主要求的施工方案进行投标。如果承包商的施工方法与规程不同，工程师有权指令要求承包商按照规程进行修改，这不属于工程变更。

（3）一般而言，工程施工合同规定，承包商应该对所有现场作业和施工方案的完备性、安全性、稳定性负全部责任。这个责任表示：

① 在通常情况下，由于承包商自身原因（例如失误或风险）修改施工方案所造成的损失由承包商负责承担。

② 在投标文件中的施工方案被证明是不可行的，工程师不批准或指令承包商修改施工方法不能构成工程变更。

③ 承包商为了保证工程质量、实施方案的安全和稳定所增加的工程量，例如扩大工程边界，应该由他负责，这也不属于工程变更。

（4）在承包商对施工方案负责的同时，又隐含着承包商有权决定和修改施工方案：业主不能随意干预承包商的施工方案；为了更好地完成合同目标（例如缩短工期），或在不影响合同目标的前提下，承包商有权采用更为科学、更加经济合理的施工方案，即承包商可以在实施过程中进行调整，这也不属于违约。尽管合同规定这个调整必须经过工程师的批准，但是,工程师(业主)也不得随意干预承包商的这种行为。当然,承包商需要承担重新选择施工方案所产生的费用损失和享有机会收益。

【案例 8-3】 在某个国际工程项目中,按照合同规定的总工期计划,应于××年×月×日开始现场的混凝土搅拌工程。由于承包商的混凝土拌和设备迟迟不能运达工程现场,承包商决定使用商品混凝土,但是该决定被业主否定。而在工程承包合同中,并没有明确规定使用何种混凝土。承包商没有办法,只有继续组织设备进场,由此导致施工现场的停工、工期延误和费用增加。对此,承包商提出工期和费用索赔。而业主以如下两点理由否定承包商的索赔要求:

① 已批准的施工进度计划中,确定承包商用现场搅拌混凝土,承包商应该遵守这个要求。

② 拌和设备不能运达工程现场是承包商的失误,他无权要求赔偿。

最终双方将争议提交调解人。调解人认为:由于工程合同中并没有明确规定一定要用工程现场搅拌的混凝土(施工方案不是合同文件),那么只要商品混凝土符合合同规定的质量标准也可以使用,不需要获得业主的批准。因为按照工程惯例,承包商负责选用或决定工程的实施方法,他在不影响或为了更好地保证合同总目标的前提下,可以选择更为经济合理的施工方案,业主不得随便干预。在这个前提下,业主拒绝承包商使用商品混凝土,构成了一个变更指令,对此,承包商可以进行工期和费用的索赔。但是,该项索赔必须在合同规定的索赔有效期内提出。当然,承包商不能由于采用商品混凝土而要求业主补偿任何费用。

最终承包商获得了工期和费用补偿。

(5) 在工程施工过程中,承包商采用或修改施工方法,必须经过工程师的批准或同意。如果工程师无正当理由不同意,可能会构成一个变更指令。这里的正当理由通常有:

① 工程师有证据证明或认为,承包商的施工方案不能保证按时完成其合同责任,例如不能保证质量、工期,或承包商没有采用良好的施工工艺。

② 不安全、造成环境污染或损害健康。

③ 承包商要求变更方案(例如变更施工次序、缩短工期),而业主无法完成合同规定的配合责任。例如无法按这个方案及时提供图纸、场地、资金、设备,那么有权要求承包商按照原定的方案实施项目。

④ 当承包商已经施工的工程没有达到合同要求,例如质量不合格、工期拖延,工程师指令承包商修改施工方案,以尽快摆脱困境,达到合同的要求。

3. 重大的设计变更导致施工方案的变更

重大的设计变更常常会导致施工方案的变更。如果设计变更应该由业主承担责任,则相应的施工方案的变更也应该由业主负责。反之,则应该由承包商负责。

4. 不利的异常地质条件所引起的施工方案变更

对于不利的异常地质条件所引起的施工方案的变更,一般作为业主的责任。一方面,这是一个有经验的承包商无法预料的(现场气候条件除外)障碍或条件;另一方面,一般由业主负责进行地质勘察,提供地质报告,因此,他应该对报告的正确性与完备性承担责任。

5. 施工进度的变更

在工程项目中,施工进度的变更是比较频繁的:在招标文件中,业主给出工程项目的总工期目标;承包商在投标文件中包括了一个总的进度计划(一般以横道图形式表示);中标后，承包商还要提交详细的进度计划，由工程师批准（或同意）；在工程项目开工之后，每月都可能有进度的调整。通常只要工程师（或业主）批准（或同意）承包商的进度计划（或调整后的进度计划），那么新的进度计划是有约束力的。如果业主不能按照新的进度计划完成根据合同应该由业主完成的责任，例如及时提供图纸、施工场地、水电供应等，则构成了业主的违约行为。

【案例 8－4】 在某工程项目中，业主在招标文件中提出的工期是 24 个月。在投标文件中，承包商的进度计划中总工期也是 24 个月。中标后，承包商向工程师提交一份详细进度计划，说明工程项目 18 个月即可以竣工，并论述了 18 个月工期的可行性。工程师认可了承包商新的进度计划。

在工程实施过程中，由于业主的原因（设计图纸拖延等）造成了工程停工，影响了工期，虽然工程实际的总工期仍然小于 24 个月，但是，承包商还是成功地进行了工期以及与工期相关的费用索赔，因为 18 个月的工期计划对双方是有约束力的（见参考文献 11）。

这里有以下几个问题：

（1）合同规定，承包商必须于合同规定的竣工之日或之前完成工程施工，合同鼓励承包商提前竣工（提前竣工的奖励条款）。承包商为了追求最低费用（或奖励）可以进行工期的优化，这属于更新或调整项目的实施方案，而更新或调整实施方案是承包商的权利，只要他保证不拖延合同工期和不影响工程的质量。

（2）承包商不能基于自身的原因采用新的方案而向业主要求追加费用，但是，工期奖励除外。所以，业主代表（或监理工程师）在同意承包商的新方案时，必须注明“费用不予补偿”，否则，在事后容易引起不必要的纠纷。

（3）承包商在编制新的计划之前，还需要考虑他所实施分包合同的计划应该进行的调整或修改，例如机械设备的提前供应、分包工程内容的加速施工等。

同样，业主在作出同意（批准或认可）前，也要考虑到对业主的其他合同的影响，例如供应合同、其他承包合同、设计合同等。如果业主不能或无法做好协调，那么可以不同意承包商的方案，要求承包商按照原合同工期实施，这不属于变更。

6. 其他情况

【案例 8－5】 在某个房地产开发项目中，业主提供了地质勘察报告，证明地下土质很好。承包商编制了施工方案，用挖方的余土作为通往住宅区道路基础的填方。由于基础开挖施工时正值雨季，开挖后土方潮湿、易碎，不符合道路土方的填筑要求。承包商不得不将余土外运，另外取土作为道路的填方材料。

对此承包商提出索赔要求。工程师否定了该索赔要求，理由是，填方的取土是承包商的施工方案，它由于受到气候条件的影响而改变，不能提出索赔要求。

在本案例中，即使没有下雨，由于业主提供的地质勘察报告有错误，地下土质过差不能用于填方，承包商也不能因为另外取土而提出索赔要求。因为：

（1）合同规定承包商对业主提供的水文地质资料的理解负责，而地下土质可以用于填方，这是承包商对地质报告的理解，应该由他自己负责。

（2）取土填方作为承包商的施工方案，也应该由他自己负责。

本案例的性质完全不同于由于地质条件恶劣造成的基础设计方案变化，或基础施工方案变化的情况。

六、合同变更应注意的问题

1. 根据工程施工合同的规定,对于业主(工程师)的口头变更指令,承包商也应该遵照执行,但应在2天内书面的形式向工程师获取书面的确认。而如果工程师在7天内没有进行书面的否定,那么承包商的书面要求信即可作为工程师对该工程变更的书面指令。工程师的书面变更指令是支付变更工程款的重要证据和先决条件。作为承包商,在施工现场应该积极主动,当工程师下达口头指令时,为了防止拖延和遗忘,承包商的合同管理人员可以及时起草一份书面确认信函让工程师签字。因为不管工程师怎样忙碌,签字的时间总是有的。

2. 业主与工程师的认可权应该予以限制。在国际工程项目中,业主常常通过工程师对材料的认可权提高材料的质量标准,对设计的认可权提高设计的质量标准,对施工工艺的认可权提高施工的质量标准。如果合同条款的规定比较含糊,或者设计不够详细,那么容易产生争议。当认可的内容超过合同明确规定的范围和标准时,就构成了变更指令,应该及时争取业主或工程师的书面确认,进而提出相应的工期和费用索赔。工程变更的比较标准是合同所定义的工程与实际施工的工程是否存在差异。

3. 在国际工程中,工程变更不能免除承包商的合同责任,而且对方应该有变更的主观意图。所以,对于已经收到的变更指令,特别是对于重大的变更指令,或在图纸上作出的修改意见,承包商还应该主动联系业主进行核实。对涉及双方责权利关系的重大变更,应该有双方签署的变更协议。

【案例8-6】 在某一个国际工程项目中,工程师向承包商提供了一份图纸,图纸上有工程师的批准及签字。但是,这份图纸的部分内容违反本工程的专用规程(即工程说明),等到工程内容实施到一半之后,工程师发现了这个问题,要求承包商返工并按照规程进行施工。承包商就返工问题向工程师提出了索赔要求,但是被工程师拒绝。承包商提出了这样的问题:工程师批准并颁发的图纸,如果与合同的专用规程内容存在差异,它能否作为工程师已经批准的、具有约束力的工程变更?

答:(1) 在国际工程中,通常专用规程是优先于图纸的,承包商有责任遵守合同规程。

(2) 如果双方一致同意,工程变更的图纸是有约束力的。但是,这里的一致同意不仅包括图纸应该包括批准意见,而且工程师应该有主动变更的意向,即工程师在签发图纸时,必须明确知道已经进行了设计的变更,而且承包商也应该清楚地了解工程师的变更意向。如果工程师不知道已经进行了设计的变更(仅仅颁发了与规程不一致的图纸),那么不论由于什么原因(例如设计审查的疏忽、没有发现图纸发生了变更),他没有修改设计的主观意向,工程师对图纸的批准没有合同变更的效力。

(3) 承包商在收一个与规程不同的、或有明显错误的图纸之后,有责任在施工前将问题提交给工程师审查确认(见本节前面的分析)。如果工程师书面肯定了图纸的变更,那么就形成了有约束力的工程变更。而在本案例中,承包商没有向工程师进行核实,则不能构成有约束力的工程变更。

鉴于以上理由,承包商没有索赔的依据。

4. 工程变更不能超过合同规定的工程范围。如果超过这个范围,承包商有权不实施变更,或坚持先商定价格后再进行变更。

5. 工程变更通常必须由业主的工程师下达书面的变更指令，出具书面的证明，承包商开始实施变更，同时进行费用补偿的谈判，在一定期限内达成补偿协议。应该注意工程变更的实施、价格谈判以及业主批准三者之间在时间上存在的矛盾性。在国际工程中，合同通常都规定，承包商必须无条件地实施业主代表或工程师的变更指令（即使是口头指令），当工程变更已经成为事实时，工程师再发出价格、费率或工期的调整通知，变更补偿的谈判经常迟迟不能达成协议，或业主对承包商的补偿要求不批准，补偿额度的决定权却又在工程师手中。这种情况下，承包商处于十分被动的地位会承担较大的工程变更风险。

在商讨变更、签订变更协议的过程中，承包商应该及时提出变更的补偿（即索赔）问题。最好在变更实施之前双方就应该明确补偿范围、补偿方法、索赔值的计算方法、补偿款的支付时间等。双方应该针对这些问题达成一致意见。这是对索赔权的保留，防止后续的施工过程中双方由此产生了争议。

例如，某工程合同的变更条款规定：

“由工程师下达书面变更指令给承包商时，承包商申请工程师提供书面的、详细的变更证明。在收到变更证明后，承包商开始实施变更工作，同时进行价格调整谈判。在谈判中，没有工程师的指令，承包商不得推迟或中断变更工作。”

“价格谈判在两个月内结束。在接到变更证明后的 4 个月内，业主应该向承包商递交有约束力的价格调整和工期延长的书面变更指令。超过这个期限承包商有权拖延或停止变更。”

一般情况下，工程变更在 4 个月内就已经完成，“超过这个期限”“停止”“拖延”都是空话。在这种情况下，价格调整的主动权完全掌握在业主的手中，承包商的地位非常不利，变更的风险较大。对此可以采取以下措施：

（1）控制（即拖延）施工进度，等待变更的谈判结果。这样不仅损失比较小，而且谈判回旋的余地比较大。

（2）争取以点工或者按照承包商的实际费用支出计算费用补偿的标准。例如，采取成本加酬金方法，这样可以避免价格谈判中可能出现的争议。

（3）应该收集整理完整的变更实施记录和照片，请业主、工程师签字，为索赔作准备。

6. 在工程项目中，承包商不能擅自进行工程变更。施工中发现图纸错误或其他问题，需要进行变更，承包商应该首先通知工程师，经过工程师同意，或通过变更程序后再进行变更。否则，可能不仅得不到应有的补偿，而且可能会带来麻烦。

7. 在合同的实施过程中，合同内容的任何变更都应该经过合同管理人员的审查或由他们向工程师提出。与业主、与总（分）包之间的任何书面信件、报告、指令等，都应该由合同管理人员进行技术和法律方面的审查。这样才能保证任何变更都处于控制之中，避免或减少出现各种合同问题。

8. 在工程变更中，特别应该注意由于变更而造成的返工、停工、窝工、修改计划等引起的损失，建立严格的书面文档记录制度、收发资料制度、资料收集与整理制度、资料保管制度等，除了合同文件、往来的书面文件之外，还应该针对具体的索赔情形，主动收集、整理相关索赔资料。在变更谈判中，应该对此进行商谈，保留索赔权。在实际的工程项目中，项目管理者经常不重视这些方面管理，而最后提出索赔报告时，往往由于举证的困难而被对方否定。

第五节　工程合同管理案例

【案例8-7】 某毛纺厂的建设工程项目,由英国某纺织企业出资85%,我国某省纺织工业总公司出资15%成立的合资企业投资该项目(以下简称A方),总投资约为1 800万美元,总建筑面积22 610平方米,其中,土建工程的总投资为3 000多万元人民币。该厂的建设地址位于丘陵地区,原来有很多农田及藕塘,高低起伏不平,在附近有一条国道高速公路。本项目的土方工作量很大,厂房基础采用约8 000根搅拌桩和振动桩,主厂房的主体结构采用钢结构体系,生产工艺设备和钢结构从英国进口,设计单位为某省的纺织工业设计院。

一、土建工程招标与合同签订过程

在本项目中,土建工程包括生活区的4栋宿舍、生产厂房(不包括钢结构安装)、办公楼、污水处理站、油罐区、锅炉房等共计15个单项工程。业主希望尽早投产并实现经济效益。项目的土方工程先进行招标,土建工程第二次进行招标,合同规定总工期约为半年,共计27周,跨越了一个夏季和冬季。

由于本工程项目的工期紧,招标过程很短,从发出标书到投标截止日期仅仅有10天的时间。招标图纸的设计比较粗略,没有施工详图,钢筋混凝土结构没有配筋图。

工程量表由业主提出目录,由投标人计算工程量并报单价,最终评标的基础是根据核定的总价。合同采用固定总价的合同形式,要求单独计算报价中的材料价格调整。

本项目中,共有我国的10家建筑施工企业参与投标,第一次收到投标文件后,业主发现各个企业都用国内的概预算定额分项和计算价格,没有按照招标文件的规定报出综合单价,也没有按照招标文件的要求编制投标文件,使得业主对投标文件的分析非常困难。因此,业主退回了所有的投标文件,要求投标人重新报价。此时,有5家企业退出竞争。这样,经过四次反复的退回投标文件重新投标报价,所有的投标文件才勉强符合招标文件的要求。A方最终决定我国的某承包企业B(以下简称B方)中标。

本工程采用固定总价合同,合同总价为17 518 563人民币(其中包括不可预见风险费1 200 000元)。

二、合同条件分析

本工程项目的合同条件选择是在投标报价之后,由A方与B方议定。A方坚持用ICE合同条件,即由英国土木工程师学会、咨询工程师协会,以及土木工程承包商联合会共同,制定并颁布的标准合同条件;而B方坚持使用我国的施工合同示范文本。但是,A方认为我国的示范文本不完备,不符合国际惯例,可实施性差。最后由A方起草合同文本,基本上采用ICE的内容,增加了我国示范文本的几个条款。1995年6月23日,A方提出了合同文本,6月24日双方签订了合同。合同条件的主要内容如下:

1. 合同在中国实施,以中华人民共和国的法律作为合同履行的法律基础。
2. 合同文本用英文编写,并翻译成中文,双方同意两种文本具有相同的权威性。
3. A方的责任和权利

(1) A 方任命 A 方的现场经理和代表负责工程项目的管理工作。

(2) B 方的设备一旦进入施工现场即被认为是为本工程项目所专用。没有 A 方代表的同意，B 方不得将它们移出工程现场。

(3) A 方负责提供施工道路、场地，并将水电管路接到工程现场。A 方提供 2 个 75 千伏安的发电机供 B 方在本工程项目中使用，提供方式是 B 方购买，A 方负责费用。发电机的运行费用由 B 方承担。施工的水电费用由 B 方承担，按照实际使用量和规定的单价在工程款中扣除。

(4) 合同价格的调整必须在 A 方代表签字的书面变更指令作出后才有效。增加和减少工作量应该按照投标报价所确定的费率和价格进行计算。

如果变更指令引起了合同价格的增加或减少，或造成工程竣工时间的拖延，那么 B 方在接到变更指令后的 7 天内以书面的形式通知 A 方代表，由 A 方代表作出确认，并且在双方商讨变更的价格和工期延误量之后才能实施变更，否则，A 方不支付变更所发生的费用。

(5) 如果发现有由于 B 方负责的材料、设备、工艺所引起的质量缺陷，A 方发出指令，B 方应尽快按照合同整改这些缺陷，并承担费用。

(6) 本工程执行英国规范，由 A 方提供一本相关的英国规范给 B 方。A 方与 A 方代表出于任何考虑都有权指令 B 方保证工程的质量达到合同所规定的标准。

4. B 方的责任和权利

(1) 如果 B 方发现施工详图中的任何错误和异常，应立即通知 A 方，但是，B 方不能修改任何由 A 方提供的图纸和文件，否则将承担由此造成的全部损失。

(2) B 方负责现场以外的场地、道路的许可证申请并承担相关的费用。(其他略)

5. 合同价格

(1) 本合同采用固定总价方式，总造价为 17 518 563 元人民币。它已经包括 B 方在工程施工中的所有花费，以及应该由 B 方承担的不可预见的风险费用。

(2) 付款方式

① 签订工程合同时，A 方支付给 B 方 400 万元作为备料款。

② 每月按照当月的工程进度付款。在每月的最后一个星期五，B 方提交本月已经完成工程量的费用清单。在接到 B 方的帐单后，A 方代表在 7 天内进行审查并支付相应的款项。

③ 在每月的应付款中，A 方扣除合同价的 5%作为保留金。在工程竣工验收合格后，A 方将保留金的一半支付给 B 方，在保修期结束，且没有发现工程缺陷之后，再支付另外一半的保留金给 B 方。

6. 合同工期

(1) 合同工期共计 27 周，具体是从 1995 年 7 月 17 日到 1996 年 1 月 20 日。

(2) 如果工程在合同规定时间内竣工，A 方将向 B 方奖励 20 万元的竣工奖金。此外，B 方每提前竣工 1 天，A 方再向 B 方奖励 1 万元。如果工程不能在合同规定时间内竣工，工期延误第一周的违约金为 20 万元，在合同规定的竣工日期一周以后，每超过一天，B 方向 A 方赔偿 5 000 元。

(3) 如果在施工期间发生超过 14 天的阴雨或冰冻天气，或由于 A 方的责任引起的任何干扰，A 方给予 B 方以延长工期的权利。如果发生地震等 B 方不能控制的事件，导致工期延误，B 方应该立即通知 A 方代表，提出工期的顺延要求，A 方应该根据实际的情况顺延工期。

7. 违约责任与解除合同

(1) 如果B方没有能够在合同规定时间内完成工程,或违反合同的有关规定,A方有权指令B方在规定时间内完成合同责任。如果B方还不履行合同责任,A方可以雇用另一个承包商完成工程项目,全部费用由B方承担。

(2) 如果B方破产,不能支付到期的债务,或发生财务危机,A方有权解除合同。

(3) A方认为B方不能安全、正确地履行合同责任,或已经无力胜任本工程项目的合同任务,或明显忽视履行合同的责任,则A方可以指令B方停工,并由B方承担停工所引起的责任。如果B方拒不执行A方的指令,则A方有权终止对B方的雇用。

8. 争议的解决

本合同的争议应首先以友好协商的方式解决,如果双方不能达成一致意见,任何一方都有权利申请仲裁。如果A方申请仲裁,仲裁地点在上海;如果B方申请仲裁,仲裁地点在新加坡。(其他略)

四、合同实施状况

本工程项目的土方工程施工从1995年5月11日开始,7月中旬结束,土建施工队伍7月份就进场(比土建施工合同进场的日期提前)。但是,在施工过程中,由于以下原因造成了施工进度的拖延、工程质量问题以及施工现场的混乱:

1. 在当年8月份出现较长时间的阴雨天气;
2. A方发出很多工程变更指令;
3. B方的施工组织失误、资金投入不够,工程施工的难度也超过了B方的预期;
4. B方的施工质量差,被业主代表指令停工,并进行返工等。

根据原计划,工程项目于1996年1月结束并投入使用,但实际上,到1996年2月下旬,即工程开工后的31周,还有大量的合同工作量没有完成。此时,业主以如下理由终止了和承包商的原合同关系:

1. 承包商的施工质量太差,不符合合同的规定,又不能进行有效的整改;
2. 工期延误,而又无力弥补;
3. 使用过多没有资格的分包商,并且施工现场出现了多层级的分包现象。

A方删除了原属于B方工程范围内的一些未施工的分项工程,并另行发包给其他承包商,并催促B方尽快施工,完成剩余的工程内容。

1996年5月,工程仍然没有竣工,A方仍然以上述三个方面的理由指令B方停止合同工作,终止合同工程,由其他承包商完成。

在工程项目的实施过程中,B方提出近1 200万元的索赔要求,一直没有得到解决。而双方经过几次商谈,在10个月之后,最终业主仅仅赔偿承包商30万元。

不论从A方或B方的角度,本工程项目都不能是成功的,都有很多的经验教训值得总结。

五、B方的教训

在本工程项目中,B方受到很大的损失,不仅经济上承担了严重的亏损,而且工期拖延、被A方逐出现场,对企业的形象也产生了很大的负面影响。这方面的教训是深刻的。

1. 项目管理的失误

从根本上说，本工程采用固定总价合同，招标图纸比较粗略，投标时间很短，地形和地质条件复杂，所使用的合同条件和规范是承包商所不熟悉的。对B方来说，几个重大风险集中起来，失败的可能性是很大的，损失几乎是不可避免的。

1996年7月，工程结束时，B方提出实际工程量的决算价格为1 882万元(不包括很多索赔)。经过长达近十个月的商谈，A方最终认可的实际工程量决算价格为1 416万元人民币。双方结算的差异主要在于：

(1) 本工程的招标图纸比较粗略，A方在招标文件中没提供工作量，由B方计算工程量，而B方计算的数量都很少。例如：图纸缺少钢筋的配筋图，承包商报价中的预算是402 t钢筋，而按照后来A方颁发的详细施工图核算，钢筋大约是720 t。在工程项目的实施过程中，由于工程变更又增加了290 t，即整个工程项目的实际钢筋用量大约是1 010 t。由于采用固定总价合同，A方认为详细的施工图钢筋用量与B方报价之差318 t(即720 t－402 t)，合计价格100多万元属于B方报价的失误，或为了获得工程投标的成功而作出的让步，在任何情况下都不应该给予补偿。

(2) B方在工程项目管理上的失误。例如：在工程施工中，B方的现场人员发现缺少住宅楼的基础图纸，再审查报价发现漏报了住宅楼的基础费用约30万人民币。在分析责任时，B方的预算员坚持认为，在招标文件中A方漏发了基础图，而A方代表坚持认为是B方的预算员把基础图丢失了。由于采用了固定总价合同，B方最终承担了这个损失。这个问题实质上是B方自己的责任，他应该在收到招标文件后，对招标文件的完备性进行审查，将图纸和图纸目录进行校对，如果发现缺少了图纸，应该要求A方补充。

2. 报价的失误

B方按照我国国内的定额和取费标准进行报价，但是，没有考虑到合同的具体要求，合同条件对B方责任的规定，英国规范对工程质量、安全的要求，例如：

(1) 工程项目开工后，A方代表指令B方根据工程规范的要求为A方的现场管理人员建造临时设施。办公室地面要有防潮层和地砖，卫生间按照现场的人数设位置，要有高位水箱、化粪池，并关切贴瓷砖。这大大超出了B方的预算。

(2) A方要求B方有安全措施，包括设立急救室、医疗设备，施工人员在工程现场应该配备专用的防钉鞋、防灰镜、防雨具，在报价中B方都没有考虑到这方面的花费。

(3) 由于施工工地在一个国道高速公路的西侧，弃土需要堆到国道的东侧，这样必须切断该国道。在这个过程中，发生了申请切断国道的许可、设置告示栏、运土过程中的安全措施、施工后修复国道等各种费用，而B方报价中没有考虑到这些费用。B方向A方提出索赔，但是被A方驳回，因为合同已经规定这是B方的责任，应该由B方支付相关的费用。

当然，在本工程项目中，A方在招标文件中没有提出合同条件，而是在确定承包商中标后才提出合同条件。这是不对的，违反了实施工程项目的国际惯例。这也容易造成承包商报价的失误。

3. 合同管理的失误

工程项目管理中，B方的合同管理过于薄弱，施工人员没有建立合同的概念，不了解国际工程的惯例和合同的要求，仍然按照国内通常的方法组织施工，处理与业主的关系。这些原因也是导致B方在项目中失败的主要原因。例如：

(1) B方不积极执行A方代表发出的指令,进行“冷处理”,造成A方代表的很多误解,导致双方关系紧张。

例如,B方按照图纸的规定对内墙用纸筋灰粉刷,A方代表(英国人)到现场时发现了该施工措施,认为用草和石灰进行粉刷,不能保证质量,指令暂停工程的施工。B方代表以及A方的其他中方管理人员向A方代表解释纸筋灰在我国的应用比较普遍,质量能够保证。A方代表要求暂停大规模的粉刷,先粉刷一个房间,粉刷完成后让他先确认,如果质量确实可行,再继续施工。但是,B方没有贯彻A方代表的指令,虽然粉刷工程小组已经知道A方代表所发出的指令,但仍按照原定的计划继续施工。几天后,粉刷工程即将结束,A方代表再到现场一看,发现自己指令没有得到贯彻,非常生气,拒绝接收纸筋灰粉刷工程,要求全部铲除,重粉水泥砂浆。由于图纸规定使用纸筋灰,B方就此提出了费用索赔,包括:

① 已经粉刷完成的纸筋灰工程的费用;

② 工程返工清理的费用;

③ 两种粉刷价差的索赔。

但是,A方代表仅仅认可两种粉刷的价差索赔,而不认可返工造成的损失,这是因为他已经下达了停工指令,继续施工的损失应该由B方承担。而且A方代表感觉到B方代表不尊重他。所以,导致后续施工过程中在很多方面双方的关系都非常紧张。

(2) 施工现场几乎没有书面记录。本工程发生了很多变更,由于缺少记录,造成很多工程款无法进行索赔。

例如:在施工现场有三个很大的水塘,设计前勘察人员没有到达水塘所在的位置,地形图上有明显的等高线,但是没有注明是水塘。承包商现场考察时也没有注意到水塘。在工程项目施工后发现了水塘,根据工程要求必须清除淤泥,并需要进行回填。B方认为招标文件中没有标明水塘,那么应该作为新增的工程分项处理,由此,提出了6 600立方米的淤泥外运量,133 000元的费用索赔要求。A方工程师认为,对此合同双方都有责任:A方没有在招标文件中标明,提供了不详细的项目信息;而B方没有认真地考察现场。最终A方还是同意这项补偿。但是,B方在施工现场没有收集任何记录、照片,没有任何积累经过A方代表认可的证明材料,例如,土方外运量、运距、回填量多少、取土地点等。最终A方仅承认60 000元的赔偿。

(3) B方的工程报价和结算人员与施工现场脱节,现场没有估价人员,每个月B方派工程量核算人员到现场与A方结算,他只按照图纸和原工程量清单结算,而忽视现场的记录和工程变更,与现场B方代表的沟通较少。

(4) 合同规定,A方的任何变更指令必须再次由A方代表的书面确认,并双方商谈价格后再实施,B方才能获得付款。而在工程项目的现场,B方为A方完成了很多额外的工作和工程变更,但是没有注意到及时获得A方的书面确认,也没有和A方商谈补偿费用,也没有收集现场的任何书面记录,导致很多附加工程的款项无法获得补偿。A方代表对他的同事说:“中国人怎么只知干活不要钱呢?”“造价人员每月到现场一次,像郊游一样,工程项目怎么能够盈利呢?”

(5) 基于安全方面的考虑,A方要求B方在工程现场的四周增加围墙。当然这是合同内的附加工程。A方提出了基本要求:围墙高2米,上部为压顶、花墙,下部为实心砖墙,地下是条型大放脚基础以及道渣垫层。A方要求B方以延长米报价,所报的单价包括所有的材料及土方工程。B方的造价人员没有到现场进行详细的调查，仅仅按照正常的地坪以上2米高，地下大放脚和道渣，以及正常土质的挖基槽计算费用，而忽视了当地是丘陵地区，而且有很多藕塘和稻田，淤泥很多，施工难度非常大。结果实际土方量、道渣的用量和砌砖工程量大大超过了预算。由于按照延长米进行报价，A方不给予补偿。

(6) 由于本工程项目仓促开工，所以，项目实施过程中的变更很多。为了控制投资，A方代表在开工后再次强调，B方收到变更指令或变更图纸，必须在7天内报A方的批准(即为确认)，并由双方商定变更价格，达成一致后再进行变更，否则，A方对变更不予支付。应该说，这一条对B方是有利的。但是，在工程施工中，B方代表在收到书面指令后，不让A方确认，不去谈价格(因为造价人员不在工程项目的施工现场)，而本工程的变更又特别多，所以，大量的工程变更费用都没有能够成功地获得。

4. B方的施工管理问题

B方的工程质量差、工作不努力、拖拉、缺少责任心，使A方代表对B方失去了信任和信心。例如：在工程开工后，像很多的国内工程项目一样，施工现场出现了很多没有经过A方代表批准的分包商，以及多级分包的现象。这些分包商的分包关系复杂，A方代表甚至B方代表都难以控制。他们的工作没有热情，施工质量差，工程项目现场的协调困难，造成了混乱。这在任何国际工程项目中都是不能允许的。

在很大一部分的墙体工程中，由于施工质量太差、高低不平、无法通过验收，A方代表指令增加粉刷的厚度，为了保证工程项目的质量，要求B方在墙面上加钢丝网，而不给B方补偿任何费用。这不仅大大增加了B方的开支，而且A方对工程项目也不满意。

在招标文件中，A方提供了一本适用于本工程项目的英国规范，但是，B方的工程人员从来都没有读过这些规范，施工后这本规范也找不到了，而B方人员根深蒂固的概念是按图施工，结果造成很多的返工。

例如：在施工图中，将消防管道与电线管道放于同一管道桥架中，中间没有任何隔离，B方按图施工，工程项目完工后，A方代表拒绝验收，这是因为：

(1) 这样的施工方法存在严重的安全隐患，违反了A方所提供的工程规范。

(2) 即使在施工图中两类管道错误地放在了一起，但是，合同规定，如果B方发现施工图中的任何错误或异常，应该及时通知A方。作为一个有经验的B方，应能够发现这个常识性的错误。

所以，A方代表指令B方返工，将两类管道进行隔离，而不给B方任何补偿。

六、A方的教训

在本工程项目中，A方也受到了很大的损失，表现在以下几个方面：

1. 工期延误。原合同的工期是27周，从1995年7月17日到1996年1月20日。但是，实际的工程项目到1996年9月还没有完成，严重地影响了投资计划的实现。双方就工程款的结算工作一直拖延到1997年4月。

2. 质量很差。例如，主厂房的地坑防水砂浆在粉刷之后出现漏水问题；很多地方的混凝土工程出现跑模现象；混凝土板浇捣不密实出现了孔洞、柱子倾斜的问题；由于内墙的砌筑不平，造成粉刷太厚、表面开裂等问题。

3. 由于B方没有能够按质按量地完成工程项目，A方不得不终止与B方的合同，而将剩余的工程内容再进行发包,交给另外的承包商完成。这给A方带来了很大的麻烦,使得工程现场的施工造成了很大的混乱。

4. 当然,A方的合同管理也有很多教训值得总结:

(1) 本工程项目的初期,A方的总经理制定项目的总目标,进行合同的总策划。但是,他是经营出身的背景,没有工程背景,仅仅按照市场状况编制计划,急切地想开始这个项目的施工,希望压缩工期,所以,将计划时间、投标时间、设计时间、施工准备时间缩短,这是违反客观规律的,结果是欲速则不达,不仅没有提前,反而大大地延长了工期。

(2) 由于工程仓促开工,设计和计划不够完备,工程实施过程中,A方的指令所造成的变更太多,地质条件又十分复杂,不应该采用固定总价合同。合同类型的选择决策的错误对B方造成了很大的负面影响,当然也损害了工程项目的整体目标。

(3) 如果需要尽快开工这个项目,应该采用B方熟悉的合同条件。而本工程采用了B方不熟悉的英文合同文本、英国规范,对B方的风险太大,工程实施是不可能顺利的。

(4) 既采用固定总价合同,A方不仅应该向B方提供完整详细的图纸、合同条件,而且应该给B方合理的投标时间、施工准备时间等,而且应帮助B方理解合同条件,双方进行及时而充分的沟通。但是,在本工程项目中,A方及A方代表没有能够做好这些工作。

(5) A方及A方代表对B方的施工力量、管理水平、工程习惯等方面了解太少,授标后也没有给B方提供必要的帮助。

复习思考题

1. 简述"合同交底"的工作内容,并分析它与图纸交底的联系与区别。分析怎样才能做好"合同交底"的工作?

2. 简述合同控制的主要工作内容。为什么说合同控制是一项综合性的涉及各个方面的管理工作?合同控制与范围控制、成本控制、质量控制、进度控制等方面有什么联系?

3. 在一个房屋建筑工程项目中,使用FIDIC合同条件,如果A方的招标文件中规定用基础挖方的余土作通往住宅区道路的回填土,而在开挖后发现土方不符合道路回填的要求,B方不得不将余土外运,另外取土回填。那么,在这种情况下,B方有没有理由提出索赔要求?如果有理由,以什么理由提出索赔的要求比较有利?

4. 分析【案例8-7】,试总结A方在本工程项目中的教训。在这种条件下,要得到一个成功的项目应该如何进行合同的策划与管理?

5. 分析【案例8-7】,试总结B方在本工程项目中的教训。在这种条件下,要得到一个成功的项目应该如何进行合同管理?

6. 简述合同实施监督的基本工作内容。

7. 简述合同实施跟踪的基本工作内容。

8. 简述合同诊断的基本工作内容。

9. 简述合同实施后评价的主要作用。

10. 阅读FIDIC施工合同条件,列举其中所包括的变更条款。

11. 举例说明几类变更之间存在的内在联系。

第三篇

索　赔

第九章　索赔的概述

本章提要：本章讨论索赔和索赔管理的基本概念，包括索赔的定义、索赔的起因、索赔的作用和条件、索赔的分类、索赔成功的条件、索赔的基本程序等。在整个工程项目管理中，索赔管理是最高层次的、综合性的管理工作，涉及工程合同管理、工程估价、进度管理、质量管理、工程经济分析、信息管理等各方面。

第一节　索赔及其起因

一、索赔的概念

"索赔"这个词我们已经越来越熟悉。仅仅从字面的意思看，索赔即索取赔偿。在《辞海》中，索赔被具体解释为"交易一方因对方不履行或未正确履行契约上规定的义务而受到损失，向对方提出赔偿的要求"。

但是，工程项目中索赔不仅有索取赔偿的意思，而且表示"有权要求"，是向对方提出某项要求或申请(赔偿)的权利，法律上叫做"有权主张"。索赔对应的英文单词是"Claim"，根据这个英文单词也可以理解索赔就是向对方要求给予自己应得的物品。在工程合同中，索赔的内涵包括以下几个方面：

1. 合同一方提出要求或者请求，或申请某个事项。对于承包商而言，索赔的范围更为广泛。一般只要不是承包商自身责任造成的工期延长和成本增加，都可以通过合法的途径与方式提出索赔要求，例如：

(1) 业主或业主代表违约，没有履行合同责任。例如没有按照合同的规定及时交付设计图纸造成工程项目的延误，没有及时支付工程款。

(2) 业主行使合同规定的权力。例如指令变更工程，暂停工程施工等。

(3) 发生应该由业主承担责任的特殊风险事件。例如事先不能预料的不利的自然条件，其他方面干扰工程实施的情况，恶劣的气候条件，与勘察报告不同的地质情况，国家法律法规的修改，物价上涨，汇率变化等。

2. 合同一方认为、相信或争取对于该事项应有的权利。通常，这是合同和法律赋予的基本权利。

3. 参与方对此事项还没有达成一致意见。例如没有及时得到业主(业主代表或工程师)给予的支付承诺，或双方还没有达成一致意见，承包商就可以以正式的函件向业主提出索赔要求。

在实际的工程项目中，索赔的权利是双向的。业主对承包商也可能提出索赔的要求。

FIDIC 施工合同条件就明确规定业主可以向承包商提出费用和(或)缺陷通知期延长等的索赔权利。但是,通常业主索赔的数量较小,并且管理流程更为简单和方便。业主可通过冲帐、扣拨工程款、没收履约保函、扣保留金等方式,实现对承包商的索赔。而最常见、最有代表性、处理比较困难的是承包商向业主提出的索赔,所以,通常将这类索赔作为索赔管理的重点和主要对象。

二、索赔的要求

在工程项目中,索赔的要求通常有两个:

1. 工期的延长。承包合同中都有工期(开工日期、竣工日期、施工时间)条款以及工程延误的罚款条款。如果工期延误是由承包商的管理问题造成的,那么他必须承担相应的责任,接受合同规定的处罚。而对于外界干扰引起的工期延误,承包商可以通过索赔,获得业主对合同工期的延长,那么在这个工期延长的范围内可以免除他所应该承担的责任。

业主可以按照合同的规定向承包商索赔工程缺陷通知期(保修期)。

2. 费用补偿。由于非承包商自身的责任造成工程项目成本的增加,使承包商增加额外费用,蒙受经济损失,他可以根据合同的规定提出费用的索赔要求。如果该要求得到了业主的认可,业主应向他追加支付这笔费用以补偿所发生的损失或增加的费用。这样,实质上承包商通过索赔提高了合同价格。

三、索赔的起因

与其他行业相比,建筑业是一个容易发生索赔的行业。这是由建筑产品、建筑生产过程、建筑产品的市场经营方式的特殊性所决定的。在现代工程项目中,特别在国际工程承包中,索赔经常发生,而且索赔的数额很大,这主要是由以下几方面的原因造成的:

1. 现代工程项目的特点是,工程量大、投资多、结构复杂、技术和质量要求高、工期长。工程项目本身和工程所处的环境有很多不确定性,它们在工程项目的实施过程中会发生很大的变化,最常见的有:地质条件的变化、建筑市场和材料市场的变化、货币的贬值、城建和环保部门对工程新的建议和要求或干涉、自然条件的变化等。它们形成对工程实施的内外部环境干扰,直接影响工程项目的设计和计划,进而影响工期和成本。

2. 承包合同在工程开工之前签订,所定义的内容、明确的责任等都是基于对未来情况的预测。对于复杂的工程项目和工程环境,合同不可能对所有的问题都作出预测和规定,也不可能对所有的工程内容进行准确的说明。工程承包的合同条件越来越复杂,合同中难免有考虑不周的条款、缺陷和不足之处,例如,措词不当、说明不清楚、有歧义,技术设计也可能存在很多错误。这会导致在合同履行的过程中,双方对责任、义务和权利的争议,而这一切往往都与工期、成本、价格相联系。

3. 业主要求的变化导致大量的工程变更,例如,建筑的功能、形式、质量标准、实施方式和过程、工程量、工程质量的变化,业主管理的疏忽、没有履行或没有正确履行其合同责任。而合同中的工期和价格是以业主招标文件确定的要求为依据,同时,又以业主不干扰承包商的施工过程、业主圆满履行其合同责任为前提的。

4. 工程项目的参与方多,各参与方的技术和经济关系错综复杂,互相联系又互相影响,其技术和经济责任的界面常常很难明确地区分。在实际的工作中,管理的失误是不可能避免的。但是，一方的失误不仅会造成自己的损失，而且会影响到其他的合作者，影响整个工程项目的实施。当然，应该按照合同原则平等地对待各方的利益，坚持“谁过失、谁赔偿”。索赔是受损失者向对方获得赔偿的正当权利。

5. 合同双方对合同理解的差异造成工程项目实施过程中行为的偏差，或工程管理的失误。由于合同文件比较复杂、数量多、分析困难，再加上双方的立场、角度不同，会造成对合同权利和义务的范围、界限的划定理解不一致，造成合同争议。

在国际承包工程中，由于合同双方来自不同的国家，使用不同的语言，适应不同的法律参照系，有不同的工程习惯。双方对合同责任理解的差异是引起索赔的主要原因之一。

合同确定的工期和价格是相对于投标时的合同条件、工程环境和实施方案，即“合同状态”。由于上述这些内部的、外部的干扰因素引起“合同状态”中某些因素的变化，打破了“合同状态”，引起了工期的延长和费用的增加；由于这些增量没有包括在原合同工期和价格中、或承包商不能通过合同价格获得补偿，就产生了索赔的要求。

在任何工程承包合同的实施过程中，都不可能避免地存在上述这些原因，所以，无论采用什么合同类型，也无论合同多么完善，索赔几乎是不可避免的。承包商为了取得更好的工程经济效益，应该充分重视索赔问题。

四、索赔的作用

索赔与工程承包合同同时存在。它的主要作用有：

1. 索赔能够保证合同的顺利实施。合同一旦签订，合同双方即产生权利和义务关系。这种权利受法律的保护，这种义务也受法律的约束。索赔是合同法律效力的具体体现，是法律赋予承包商的正当权利，是保护自己正当权利的手段。如果没有索赔和关于索赔的法律规定，那么合同“形同虚设”，对双方都难以形成约束，这样合同的履行也不能得到保证，就不会有正常的社会经济秩序。索赔能对违约者起到警戒的作用，使他考虑到违约的后果，以尽力避免违约事件的发生。

所以，索赔有助于工程项目中双方更紧密地合作，有助于合同目标的实现。

2. 索赔是落实和调整合同双方经济责权利关系的重要手段。有权利的同时就应承担相应的经济责任。一方没有履行合同责任，构成违约行为，造成对方的损失，侵害对方的权利，就应该承担合同规定的处罚，给对方以赔偿。如果合同中没有索赔条款，就不能充分地体现合同责任，合同双方的责权利关系就不够平衡。索赔能够在制衡中保证合同的顺利履行，保证合同履行的氛围，更能够顺利地实现项目的预期目标。

3. 索赔是合同和法律赋予受损失者的权利。对承包商来说，是一种保护自己、维护自己正当权利、避免损失、增加利润的手段。在现代承包工程，特别是在国际承包工程中，如果承包商不能进行有效的索赔，不精通索赔业务，往往会使发生的损失得不到合理的、及时的补偿，从而不能进行正常的生产经营，甚至会破产。

4. 从本质上而言，索赔是项目实施阶段承包商和业主之间责权利关系，以及工程风险承担比例的合理再分配。

5. 索赔工作涉及工程项目管理的各个方面，加强索赔管理，有助于加强承包商的自我保护意识，提高自我保护的能力，提高履约的自觉性，自觉地防止自己侵害他人利益，进而能够提高施工企业管理和工程项目管理的整体水平。

6. 在国际承包工程中,索赔已经成为很多承包商的经营策略之一。"赚钱靠索赔"是很多承包商的经验之谈。由于国际建筑市场的竞争非常激烈,承包商为了成功地获得工程承包业务,基本只能靠压低报价,以低价的策略中标。而业主为了节约投资,千方百计地与承包商讨价还价,通过在招标文件中提出一些苛刻的要求,使承包商处于不利的地位。而承包商的主要对策之一就是通过工程实施过程中的索赔,减少或转移工程风险,保护自己,避免亏本,赢得利润。如果承包商不注重索赔,不熟悉索赔业务,不仅会失去索赔的机会,经济方面还会受到损失。

索赔管理对改善工程承包的绩效有很大的影响。在正常的情况下,工程项目承包的利润率为工程总造价的3%～5%。而在国外,有一些承包工程,通过索赔能够增加工程的收入达到了工程总造价的10%～20%(见参考文献26);甚至在部分工程项目中,索赔的额度超过了工程的合同额。

索赔管理是工程合同管理职能的一部分,所以,不应该看作索赔管理是额外的管理,需要增加很多额外的花费。如果索赔能够成功,这项管理活动能够产生非常好的经济效果。

7. 从根本上而言,索赔是由于工程项目收到外界的干扰而引起的。索赔的根本目的在于保护自身的利益,追回损失(报价低也是一种损失),避免亏本,似乎是"不得已而用之"的管理策略。这些干扰事件对双方都可能造成损失,影响工程项目的正常施工,造成现场活动的混乱、进度的拖延。所以,从合同双方整体利益的角度出发,应该尽量避免干扰事件,避免索赔的产生。并且,对于一个特定的干扰事件,一方能否取得索赔的成功,能否及时地、全额地获得补偿,是很难预料的,也很难把握。这里有很多风险。所以,承包商不能以索赔作为获得利润的基本手段,尤其不应该预先寄希望于索赔。例如:在投标中有意压低报价,获得工程项目,期望通过索赔弥补报价的损失,这种管理策略是非常危险的。承包商也不能为了追逐利润,滥用索赔,更不能无理争利,或违反商业道德,采用不正当的手段甚至非法的手段进行索赔;或多估冒算、漫天要价,否则会产生以下不利的影响:

(1) 在合同的实施过程中,造成合同双方关系的紧张,产生不信任,甚至敌对的气氛,不利于合同的继续实施和双方的进一步合作。

(2) 承包商信誉受到损害,不利于将来的继续经营。在国际工程中,这不利于在工程所在国继续拓展承包业务。在资格预审或评标中,任何业主都会对这样的承包商存有戒心,都会敬而远之。

(3) 如果承包商的行为违反了合同或法律,会受到相应的合同或法律的处罚。

第二节　索赔的分类

一、按照干扰事件的性质分类

根据干扰事件的性质,索赔可以分为以下几个类别:

1. 工期拖延的索赔。由于业主没有能够按照合同的规定提供施工条件,例如没有及时交付设计图纸、技术资料、施工现场、道路等;或由于非承包商原因业主指令停止工程的实施;或由于其他不可抗力因素的作用等原因,造成工程项目实施的中断或工程进度放慢,使工期发生延误。承包商对此提出索赔。

2. 不可预见的外部障碍或条件索赔。例如，承包商在现场遇到一个有经验的承包商通常不能预见到的外界障碍或条件，又如地质条件与预测的(业主提供的资料)不同，出现没有预测到的岩石、淤泥或地下水等。

3. 工程变更的索赔。由于业主或工程师的指令修改设计、增加或减少工程量、增加或删除部分工程、修改实施计划、变更施工次序，造成工期的延长和费用的增加。

4. 工程终止索赔。由于某种原因，例如不可抗力的影响、业主违约，使工程被迫在竣工前停止实施，并不再继续施工，使承包商蒙受经济损失，承包商由此提出索赔。

5. 其他索赔。例如货币贬值、汇率变化、物价和工资上涨、政策法令变化、业主推迟支付工程款等原因，引起的索赔。

二、按照合同的类型分类

按照所签订的合同的类型，索赔可以分为：

1. 总承包合同索赔，即承包商与业主之间的索赔。
2. 分包合同索赔，即总承包商与分包商之间的索赔。
3. 联营体合同索赔，即联营体成员之间的索赔。
4. 劳务合同索赔，即承包商与劳务供应商之间的索赔。
5. 其他合同索赔，例如承包商与设备材料供应商、与保险公司、与银行等之间的索赔。

三、按照索赔的要求分类

按照索赔的要求，索赔可以分为：

1. 工期索赔，即要求业主延长工期，推迟竣工的日期。与此相应，业主可以向承包商索赔缺陷通知期(即保修期)的延长。

2. 费用索赔，即要求业主补偿费用(包括利润)损失，调整合同价格。同样，业主可以向承包商索赔费用。

1999 年版 FIDIC 施工合同条件规定，承包商可以得到的工程索赔内容为：工期索赔、费用索赔、利润索赔。实际的工程索赔中，常常是三个方面的组合。

四、按照索赔的起因分类

索赔的起因是指引起索赔事件的原因，通常有以下几类：

1. 当事人一方的违约行为。例如业主没有能够按照合同的规定及时提供图纸、技术资料、施工现场、道路等；工程师没有正确地行使合同赋予的权力，项目管理失误；业主没有按照合同及时地支付工程款等。

2. 合同变更索赔。例如双方签订新的变更协议、备忘录、修正案；工程师(业主)下达工程变更指令修改设计、增加或减少工程量、增加或删除部分工程、修改实施计划、变更施工方法和次序、指令工程暂时停工等。

3. 合同存在错误。例如合同条款不完整、错误、矛盾、有歧义，设计图纸、技术规程错误等。

4. 工程环境与合同订立时预测的不一致。例如在现场遇到一个有经验的承包商通常不能预见到的外界障碍或条件,地质条件与预测的(或业主提供的资料)不同,出现未预测到的岩石、淤泥或地下水,法律变化,市场物价上涨,货币兑换率变化等。

5. 不可抗力。例如恶劣的气候条件、地震、洪水、战争状态、禁运等。

五、按照索赔的依据分类

1. 合同内索赔。即发生了合同规定给予承包商补偿的干扰事件,承包商根据合同规定提出索赔要求,合同条件作为支持承包商索赔的理由。这是最常见的索赔。

合同规定的索赔条款还可分为两类,一类是明示条款,即合同条件中明确规定在相关情况下应给予承包商的经济和(或)工期补偿。另一类为默示条款,即虽然合同条件中没有明确规定给予承包商补偿,但是,根据该条款的含义,可以推定在某些情况下承包商有权向业主提出索赔的权利。

2. 合同外索赔。指工程项目实施过程中所发生的干扰事件已经超过合同的范围。在合同中找不出具体的依据,一般必须根据适用于合同关系的法律解决索赔问题。例如,工程项目实施过程中发生重大的民事侵权行为而造成承包商的损失。

3. 道义索赔。承包商的索赔没有合同的依据,例如,对于干扰事件业主没有违约或业主不应该承担责任。而可能是由于承包商的失误(例如报价失误、环境调查失误等),或发生承包商应该负责的风险,造成承包商重大的损失。这些事件的发生可能严重地影响了承包商的财务能力、履约积极性、履约能力,甚至危及该企业的生存。承包商提出要求,希望业主从道义或从工程项目整体利益的角度给予一定的补偿。

【案例 9-1】 某个国家的住宅工程项目中门窗工程量增加的索赔(见参考文献 13)。

(1) 合同分析

合同条件中关于工程变更的条款为:"……业主有权对本合同范围的工程进行他认为必要的调整。业主有权指令不加代替地取消任何工程或部分工程,有权指令增加新的工程,……但是增加或减少的总量不得超过合同额的 25%。

这些调整并不减少乙方全面完成工程的责任,而且不赋予乙方针对业主指令的工程量增加或减少任何要求价格补偿的权利。"

在报价单中,有一项门窗工程,工程量是 10 133.2 m^2。对该项工程内容承包商的理解(翻译)是"以平方米计算,根据工艺的要求运到、安装和油漆门和窗,根据图纸中标明的规格和尺寸施工"。即承包商认为不承担门窗制作的责任。对此项承包商报价仅为 2.5 LE(埃磅)/m^2。而上述的翻译"运到"是错误的,应该是"提供",即承包商承担门窗制作的责任,而报价时没有门窗的详图。如果包括制作,按照当时的正常报价应该为 130 LE/m^2。

在工程项目的实施过程中,由于业主认为承包商的门窗报价很低,由此下达变更令加大门窗的面积,增加门窗的层数,使门窗工作量达到了 25 090 m^2,并且大部分的门窗都有板、玻璃、纱三层。

(2) 承包商的要求

承包商以业主扩大门窗的面积、增加门窗的层数为由,要求与业主重新商谈价格,业主的答复为:合同规定业主有权变更工程,工程变更总量在合同总额的 25%范围之内,承包商无权要求重新商讨价格,所以,门窗工程都应该以原合同单价进行结算和支付。

对于合同中规定的"25%的增减量"是合同总价格,而不是某个分项的工程量,例如本案例中尽管门窗的工程量增加了150%，但是，墙体的工程量减少，最终合同总价并没有增加很多，所以，合同价格不能调整。实际付款还是应该按照实际的工程量乘以合同单价，尽管这个单价是有误的，仅仅是正常报价的1.3%。

承包商在无奈的情况下，与业主的高层沟通。由于本工程项目中承包商的报价存在较大的失误，损失很大，希望业主能够从承包商的实际情况，以及双方友好关系的角度，考虑承包商的索赔要求。最终业主同意：

① 在门窗工作量增加25%的范围内按照原合同的单价支付，即12 666.5 m^2 按照原价格 2.3 LE/m^2 进行计算。

② 对于超过25%范围的部分，双方按照实际情况重新商谈价格。最终确定单价为130LE/m^2，由此，承包商可以获得的费用赔偿是：

$$(25\ 090-10\ 133.2\times1.25)\times(130-2.5)=12\ 423.5\times127.5=1\ 583\ 996.25\text{LE}$$

(3) 案例分析

① 本案例中的索赔实际上是道义索赔，即承包商的索赔没有合同条件的支持，或者根据合同条件业主是不应该赔偿承包商的，业主完全从双方友好合作的角度出发同意补偿。

② 翻译的错误是经常发生的，它会造成承包商对合同理解的错误，以及报价的错误。由于不同语言之间存在差异，工程项目中又有一些专业的术语。对此，如果承包商在投标前把握不准或不理解业主的意图，可以向业主询问，请业主解答，不能自以为是地解释合同。

③ 在本例中，由于承包商报价时没有获得业主提供的门窗详图，因此，报价会存在很大的风险。在这种情况下，就应该请业主对门窗的一般要求进行说明，并根据这个说明提出的要求报价。

④ 当有些索赔或争议难以解决时，可以由双方的高层进行接触，商讨解决办法，这样，常常更容易解决这些问题。一方面，对于高层管理者而言，从长远的、友好合作的角度出发，很多索赔可能都是"小事"；另一方面，使高层管理者了解索赔处理的情况和解决的困难，更容易吸取合同管理的经验和教训。

六、按照索赔的处理方式分类

根据索赔的处理方式和处理时间，索赔又可分为单项索赔和总索赔。

1. 单项索赔

单项索赔是针对某一个干扰事件提出的索赔。索赔的处理是在合同实施过程中、干扰事件发生时或发生后立即进行。它由合同管理人员处理，并在合同规定的索赔有效期内，向工程师提交索赔意向通知和索赔报告，由工程师审核后交业主，再由业主进行答复。

单项索赔通常原因单一、责任简单，分析起来相对比较容易，处理起来也比较简单。例如，工程师指令将某分项工程的素混凝土改为钢筋混凝土，对此，只需提出与钢筋有关的费用索赔即可(如果该项变更没有产生其他影响的话)。但是，有些单项索赔的额度可能很大，处理起来很复杂，例如工程延期、工程中断、工程终止事件引起的索赔。

2. 总索赔

总索赔，又叫一揽子索赔或综合索赔。这是在国际工程中经常采用的索赔处理和解决方法。一般在工程竣工之前，承包商将工程项目实施过程中没有解决的单项索赔集中起来，提出一份总的索赔报告。合同双方在工程交付前或交付后进行最终谈判，以一揽子方案解决索赔问题。

通常在以下几种情况下采用一揽子索赔:

(1) 在工程项目的实施过程中,有些单项索赔的原因和影响都很复杂,不能立即解决,或双方对合同的解释有争议,但是,合同双方都要忙于合同的实施,由此可以协商将单项索赔留到工程项目的后期一起解决。

(2) 业主拖延答复单项索赔,使工程实施过程中的单项索赔得不到及时的解决,最终承包商不得已而提出一揽子的索赔。在国际工程中,很多业主就以"拖"的策略对待承包商的索赔要求,常常使索赔和索赔的谈判"旷日持久",累积了很多的单项索赔要求,变成多项的索赔要求。

(3) 在一些复杂的工程项目中,当干扰事件多,几个干扰事件一齐发生,或有相关性、相互影响大,难以一一分清,也可以综合在一起提出索赔;或者工程的实施受到严重的干扰,与合同状态、计划相比已经有很大的差异,合同价格的有效性较差,用单项索赔的方法已经很难计算索赔的额度。

(4) 工期索赔一般都在工程的后期采用一揽子索赔的方法解决。

一揽子索赔有如下特点:

(1) 处理和解决都很复杂,由于工程项目实施过程中的很多干扰事件搅和在一起,使得原因、责任和影响的分析都非常困难,索赔报告的起草、审阅、分析、评价的难度都很大。

由于索赔的解决,以及费用补偿在时间上的拖延,这种索赔的最终解决还会连带引起利息的支付、违约金的扣留、预期的利润补偿、工程款的最终结算等问题,由此,也会增加索赔顺利解决的困难程度。

(2) 一揽子索赔的处理,一般仍按单个索赔事件提出依据,分析影响,计算索赔值。

(3) 为了实现索赔的成功,承包商应该收集、整理和保存全部的工程资料和其他作为证据的资料。这使得工程项目的文档管理任务非常繁重。

(4) 索赔的集中解决使索赔额积累起来,造成谈判的困难。由于索赔额比较大,常常超过具体管理人员的审批权限,需要上级作出批准;双方都不愿意或不敢作出让步,所以,可能产生更加激烈的争议。有时一揽子索赔的谈判会持续几年,花费了大量的时间和费用。

对于索赔额大的一揽子索赔,应该成立专门的索赔小组负责处理。在国际工程承包中,常常需要聘请法律专家、索赔专家,或委托咨询公司、索赔公司进行索赔管理。

(5) 由于合理的索赔要求得不到及时的解决,影响承包商的资金周转和正常的施工进度,影响承包商履行合同的能力和积极性。由于索赔成功的希望很小,工程出现亏损,资金周转困难,承包商可能不合作,或通过其他的途径弥补损失,例如,减少工程量,采购便宜的劣质材料等。这样会影响工程项目的顺利实施和双方的合作关系。

在现代国际工程中,为了避免或减少一揽子索赔情况的发生,FIDIC 合同条件明确规定了工程师(或业主)对承包商提出的索赔报告的答复期限。

第三节　索赔成功的条件

索赔的根本目的在于保护自己的利益、追回损失、避免亏本,因此,很多时候是不得已而用之。对于特定干扰事件的索赔，没有预定的统一标准。要取得索赔的成功，应该符合的基本条件包括：有确凿的干扰事件，签订有利的合同，收集确凿的索赔证据，编制逻辑严密的索赔报告等几个方面。

一、有确凿的干扰事件

索赔主要是由于在工程项目实施过程中存在的一些干扰事件而引起的，它们是索赔机会、索赔的起因，以及索赔处理的对象。事态调查、索赔理由分析、影响分析、索赔值计算等都需要针对具体的干扰事件。

要进行索赔，必须确实存在超出合同范围的、合同明确定义的或违反合同的干扰事件，由于这些事件对承包商的工期和成本造成了影响。这是实际存在的干扰事件，并且可以通过确凿的证据证明。通常，承包商可以提出索赔的干扰事件有：

1. 业主没有按照合同规定的要求交付设计资料、设计图纸，使得工程延期。业主提供的设备、材料不合格，或业主没有在规定的时间内提供。

2. 业主没有按照合同规定的日期交付施工场地、交付行驶道路、接通水电等，使承包商的施工人员和设备不能进场施工，工程项目不能按时开工，延误了工期。

3. 工程地质条件与合同的规定存在差异，出现了特殊的异常情况，例如土质与勘探资料不同，发现没有预见到的地下水，图纸上没有标明的管线、古墓或其他文物，根据工程师指令需要进行特殊的处理，或采取加固地基的措施，或采用新的开挖方案。

4. 合同缺陷，例如，合同条款不完整，存在错误，或文件之间矛盾、不一致、有歧义，招标文件不完备，业主提供的信息有错误等。双方针对合同的理解出现了偏差。

5. 工程师指令工程变更。主要包括以下几个方面：

(1) 业主或工程师指令增加、减少或删除部分工程内容；指令提高工程的质量标准，例如提高装饰标准、提高建筑五金标准等。业主删除部分工程，并将其委托给其他承包商完成。

(2) 业主或工程师指令增加工程分项，要求承包商提供合同责任以外的服务项目。

(3) 业主或工程师指令工程停建、缓建，发布指令要求改变原合同规定的施工顺序和施工部署。

(4) 业主或工程师的特殊要求，例如，合同规定以外的钻孔、勘探开挖；对材料、工程设备、工艺进行合同规定以外的检查试验，造成工程损坏或费用增加，而最终证明承包商的工程质量符合合同的要求；要求承包商完成合同规定以外的工作或工程内容，为业主、业主的其他承包商、工作人员、任何合法机构的人员提供临时工程、临时设施和各种服务等。

6. 由于设计变更、设计错误，业主或工程师作出错误的指令，或提供错误的数据、资料等，造成工程的修改、报废、返工、停工、窝工等。

7. 业主或工程师没有正确地履行合同责任，拖延合同责任范围内的工作，或超越合同规定的权利，不合适地干扰承包商的施工过程和施工方案，拖延图纸批准，拖延隐蔽工程的验收，拖延对承包商问题的答复，不及时下达指令、决定，造成工程的停工。

8. 业主或工程师要求加快工程进度，指令承包商采取加速施工的措施。其原因是：

(1) 已经发生的工期延误责任是完全非承包商的原因引起的，业主已经认可了承包商的工期索赔要求。

(2) 实际的工期没有拖延,而业主希望工程提前竣工,及早投入使用。

9. 业主没有按照合同规定的时间和额度支付工程款,承包商采取暂停工作和降低工作速度的措施,造成工期的拖延和费用的增加。

10. 物价大幅度上涨,造成材料价格、人工工资的大幅度上涨。

11. 合同基准日期(FIDIC 合同条件规定是投标书递交截止日期前 28 天的当日)之后,国家法律法规的修改(例如提高工资税、提高海关税、颁布新的外汇管制法等)、货币贬值,使承包商遭受了损失。

12. 发生业主的风险事件和不可抗力事件,例如反常的气候条件、洪水、革命、暴乱、内战、政局变化、战争、经济封锁、禁运、罢工,以及其他一个有经验的承包商无法预见的任何自然力作用等,使工程项目的实施被迫中断或合同终止。

13. 在保修期期间,由于业主没有正确使用或其他非承包商的责任造成竣工工程的损坏,业主要求承包商进行修复;在工程竣工验收前或交付使用前,业主擅自使用已完成或没有完成的工程,造成了工程的损坏等。

上述干扰事件,根据 1999 年版 FIDIC 合同条件,又可以分为三类:业主的原因、工程师的原因、属于业主负责的客观原因。

二、签订有利的合同

索赔是工程实施过程中单方主张权利的要求,它的成功必须有合同条件的支持,有合理的索赔依据。索赔要求必须符合合同的规定,即按照合同条款对方应给予赔(补)偿。在所有标准合同条件中,索赔也是最为重要的合同条款。索赔的处理过程、解决方法、依据、索赔值的计算方法等都应该由合同进行明确的规定。不同的合同条件,对风险有不同的定义和规定,有不同的赔(补)偿范围、条件和方法。FIDIC 合同条件索赔的相关条款见表 9-1、表 9-2 所示。

表 9-1 1999 年版 FIDIC 施工合同条件业主向承包商索赔的有关条款

序号	索赔条款	索赔事项
1	4.2:履约担保	业主可以根据本条款提出履约担保下的索赔。
2	4.19:电、水和燃气	承包商向业主支付使用业主电、水和燃气的费用。
3	4.20:业主设备和免费供应的材料	承包商向业主支付使用业主设备的费用。
4	5.4:付款证据	承包商应将业主直接支付给指定分包商的付款归还业主。
5	7.5:拒收	承包商向业主支付工作被业主拒收或再次试验引起的业主的费用增加。
6	7.6:修补工作	承包商未对工程师指定工作进行修补,应向业主支付业主指定他人完成修补产生的费用。
7	8.6:工程进度	由于承包商原因使工程进度缓慢而需要加速施工致使业主费用增加,业主可以索赔。
8	8.7:误期损害赔偿费	承包商未在合同规定的时间内竣工,向业主支付误期损害赔偿费。

续表

序号	索赔条款	索赔事项
9	9.2:延误的检验	承包商未在规定的时间内进行竣工试验,业主可自行进行试验,费用和风险由承包商承担。
10	9.4:未能通过竣工试验	工程未能通过竣工试验而业主同意移交工程的情况下,合同价格应相应折减。
11	11.3:缺陷通知期限的延长	如果承包商完成的工作存在缺陷不能按原定的目的使用,业主有权要求延长缺陷通知期限。
12	11.4:未能修补缺陷	如果承包商未能在合理期限内修补缺陷,承业主可以自行修复而扣减承包商费用。如果缺陷使业主丧失工程的全部利益,业主可以终止合同,获得补偿。
13	11.11:现场清理	如果承包商未能按照合同规定清理现场,业主可以自行完成,费用由承包商支付。
14	13.7:因法律改变的调整	如果由于法律的改变导致承包商费用的减少,业主可以对合同价格进行相应的扣减。
15	15.4:终止后的付款	如果承包商严重违约,业主可以终止合同并向承包商索赔损失。
16	17.1:保障	在承包商应提供的保障范围内,业主可以向承包商索赔费用。
17	18.1:有关保险的一般要求	业主可以向承包商索赔因承包商原因导致的保险方面的损失。
18	18.2:工程和承包商设备的保险	基准日期后1年以上,本条款规定的保险不再有效,业主可以向承包商索赔此类保险的保险金。

表9-2　1999年版FIDIC施工合同条件承包商向业主索赔的有关条款

序号	索赔条款	索赔事项	索赔工期	索赔费用	索赔利润
1	1.9:延误的图纸或指示	工程师未能在合理的时间内发布固执或指示,承包商遭受延误和(或)引起费用增加。	√	√	√
2	2.1:现场进入权	业主未能及时给予承包商现场进入权,承包商遭受延误和(或)引起费用增加。	√	√	√
3	4.7:放线	业主提供的基准点错误,承包商遭受延误和(或)引起费用增加。	√	√	√
4	4.12:不可预见的物质条件	承包商在现场遇到不可预见的物质条件而遭受延误和(或)引起费用增加。	√	√	
5	4.24:化石	承包商在现场遇到化石而遭受延误和(或)引起费用增加。	√	√	
6	7.4:试验	在试验过程中,承包商因执行工程师指示而遭受延误和(或)引起费用增加。	√	√	√

续表

序号	索赔条款	索赔事项	索赔工期	索赔费用	索赔利润
7	8.5：当局造成的延误	承包商因合法当局的原因遭受延误和(或)引起费用增加。	√		
8	8.9：暂停的后果	非承包商责任引起的停工，承包商遭受延误和(或)引起费用增加。	√	√	
9	9.2：延误的试验	如果业主不当地延误竣工试验，承包商可以引用7.4款和(或)10.3款。	√	√	√
10	10.2：部分工程的接收	业主接收或使用部分工程，引起承包商费用增加。		√	√
11	10.3：对竣工试验的干扰	由于业主原因使承包商不能及时进行竣工试验，承包商遭受延误和(或)引起费用增加。	√	√	√
12	11.8：承包商调查	如果缺陷由非承包商原因造成，承包商可以索赔调查产生的费用。		√	√
13	12.4：删减	如果业主删减部分工程使承包商遭受损失，承包商应得到补偿。		√	
14	13.2：价值工程	如果承包商提出价值工程方法使工程合同价值减少且业主从中受益，则承包商可以分享一半的利益。		√	√
15	13.7：因法律改变的调整	如果因立法的改变使承包商工期延误或发生额外费用，承包商可以得到工期和费用补偿。	√	√	
16	15.5：业主终止的权利	业主出于自己的方便而终止合同，承包商可以按照19.6款的规定得到补偿。		√	
17	16.1：承包商暂停工作的权利	如果工程师未能签发证书或业主未能按照规定提供资金安排证据或业主未能按时支付，承包商可以暂停工程并提出工期和费用索赔。	√	√	√
18	16.4：终止时的付款	如果业主严重违约或破产，承包商可以终止合同并索赔损失。		√	√
19	17.4：业主风险的后果	如果业主的风险使工程、物资或承包商文件遭受损失，承包商索赔。	√	√	√
20	18.1：有关保险的一般要求	如果业主作为保险方失败，承包商索赔损失。		√	√
21	19.4：不可抗力的后果	如果承包商因不可抗力的影响增加费用或工程延期，承包商索赔。	√	√	

在不同的合同条件中，相同的索赔事件会有不同的合法性，产生不同的解决结果，甚至有时索赔还涉及适用于合同关系的法律。

在索赔报告中，承包商应该指明索赔的要求是根据合同的哪一条、哪一款提出的。寻找索赔的合同依据主要通过合同分析而得到的。

如何寻找一个有力的索赔依据，加强承包商在索赔中的地位？有时，不仅在于认真阅读和分析合同、熟悉合同的内容，而且还取决于在实际的工作中与合理和有利的行为相配合。

【案例 9－2】 在某桥梁工程中，承包商根据业主提供的地质勘察报告编制了施工方案，并进行投标报价。开标后，业主向承包商发出了中标函。由于该承包商以前曾在本地区进行过桥梁工程的施工，按照以前的经验，他觉得业主提供的地质报告不准确，实际地质条件可能要复杂得多。所以，在中标后编制详细的施工组织设计时，他修改了开挖方案，为此，需要增加不少设备和材料费用。实际施工中，现场开挖完全证实了承包商的判断，承包商向业主提出了两种方案费用差额的索赔。但是被业主拒绝，业主的理由是：根据合同规定，编制施工方案、并据此施工是承包商应负的责任，他应该保证施工方案的可用性、安全、稳定和效率。如果承包商给予自己的责任角度出发调整施工方案，不能给予赔偿。

实质上，本案例中，承包商的这种预见性为业主节约了大量的工期和费用。如果承包商不采取变更措施，施工中出现新的、与招标文件不一致的地质条件，此时再变换方案，业主要承担工期延误，以及与之相关的费用赔偿(包括原方案费用和新方案的费用差额、低效率损失等)。索赔的理由是由于该地质条件是一个有经验的承包商无法预见的。

但是，由于承包商的索赔意识比较薄弱，使自己处于一个不利的位置。如果要取得本案例中索赔的成功，承包商可以在变更施工方案前到现场尝试进行开挖，进行一个粗略的地质条件勘察，收集地质条件更加复杂的证据，向业主提交报告，并建议作为不可预见的地质情况变更施工方案。在这种情况下，业主应该会慎重地考虑这个问题，并进行答复。无论业主同意或不同意变更方案，承包商的索赔地位都十分有利。

三、收集确凿的索赔证据

索赔与律师打官司有相似的地方，索赔的成败常常不仅取决于事件的实际情况，而且在于能否找到对自己有利的书面证据。证据是索赔文件中非常重要的一部分，其是否符合要求、完整性等都在很大程度上影响到索赔的成败。证据不足或没有证据，索赔是不能成立的。证据又是对方反索赔攻击的重点之一，所以，承包商必须有足够的证据证明自己的索赔要求。

证据是在合同签订和实施过程中产生的，主要包括合同资料、日常的工程资料以及合同双方的信息沟通资料等。在一个常规的项目管理系统中，应该有完整的工程项目实施过程记录，一旦发生索赔事件，自然可以收集到与索赔事件相关的很多证据，而如果项目信息流通不畅、文档散杂零乱、不成系统或对干扰事件的发生没有记录文档，当提出索赔文件时再收集整理证据，就要浪费很多时间，也可能失去索赔的机会(超过索赔的有效期限或索赔的证据已经难以收集得到)，甚至为对方的索赔和反索赔创造了可能。在一般情况下，人们会怀疑延迟提交索赔文件和证据的真实性。

(一) 索赔证据的基本要求

1. 真实性

对于索赔证据的真实性，就是要求这些证据是在实际工程的实施过程中产生的，完全反映工程项目的实际情况，能够经得住对方的推敲。由于在工程中，合同双方都在进行合同管理，收集工程项目的各类资料，所以双方应该有相同或至少类似的证据。在索赔过程中，使用不真实的或虚假证据是违反商业道德甚至法律的。

2. 全面性

对于索赔证据的全面性,就是要求所提供的证据应该能够反映事件的全过程,不存在遗漏或缺陷。索赔报告中所涉及的干扰事件、索赔理由、索赔事件的影响、索赔值的计算等都需要有相应的证据支撑,不能零乱、支离破碎、不成体系,否则,业主将退回承包商的索赔报告,要求重新补充证据。这会拖延索赔问题的有效解决,损害承包商在索赔中的有利地位。

3. 法律效力

索赔证据应该具有法律效力,特别是对于准备递交仲裁的索赔报告更应该注意这个方面。

(1) 证据应该是当时的书面文件,一切口头承诺、口头协议不能算作有效的证据。

(2) 合同变更协议必须由双方签字同认可,或以会谈纪要的形式进行确定,并且应该是决定性的文件,一般商讨性、意向性的意见或建议不能算作有效的证据。

(3) 工程实施过程中的重大事件、特殊情况的记录,应该获得工程师的签字认可。

4. 及时性

这里包括两个方面的内容:

(1) 证据是在合同签订和实施过程中产生的,主要包括合同资料、工程或其他活动发生时的记录或产生的文件,以及合同双方信息沟通的资料等。除了专门规定外(例如根据FIDIC合同条件,对工程师的口头指令进行书面确认),后续补充的证据通常不容易被对方所接受。

干扰事件发生时,承包商应该保持同期的记录,这对以后提出索赔要求,支持其索赔理由是非常必要的。而工程师在收到承包商的索赔意向通知后,应该对这些同期的记录进行审查,并可以指令承包商保持合理的同期记录。

(2) 证据是索赔报告的一部分,一般情况下要与索赔报告一齐交付工程师和业主。FIDIC合同条件的规定,承包商应该向工程师递交一份说明索赔款额,并提出索赔依据的“详细材料”。

(二) 索赔证据的种类

工程索赔所涉及的资料很多,面很广。在工程索赔中,承包商需要经常考虑:工程师、业主、调解人或仲裁人需要哪些证据?哪些证据最能说明问题?哪些证据最有说服力?通常在干扰事件发生后,可以征求工程师的意见,在工程师的指导下,或者根据工程师的要求收集各类证据。在工程项目的实施过程中,常见的索赔证据包括以下类型:

1. 招标文件,合同文本及附件,其他的各类补充协议(备忘录、修正案等),业主认可的工程实施计划,各种工程图纸(包括图纸修改指令),技术规程等。

承包商的报价文件,包括各种工程预算和其他作为报价依据的资料,例如环境调查资料、标前会议以及澄清会议资料等。

2. 参与方之间的往来信函,例如业主的变更指令,各种认可信、通知、对承包商问题的答复信等。

在合同的实施过程中,对于业主和工程师的口头指令,以及对工程问题的处理意见,承包商要及时索取书面的证据。尽管距离很近,天天见面,也应该以信函或其他书面的方式沟通信息。书面的文件有根有据,如果出现各类问题,对双方都比较有利。

例如:对于对方发出的重要电子邮件,要进行归类整理、建立索引和存档,直到工程项目全部竣工，合同结束。

3. 各种会议纪要。在标前会议以及澄清会议上，业主对承包商问题的书面答复，或双方签署的会谈纪要；在合同实施的过程中，业主、工程师会与承包商定期召开会议，以研究项目实施的实际情况，作出的决议或决定。它们可以作为合同的补充。但是，会议纪要需要经过各方的签字认可才具有法律效力。通常，会议商谈后，根据会谈的结果起草会谈纪要交各个参与方审查，如果有不同意见或反驳必须在规定期限内提出（这个期限由工程项目的参与方在开始施工前商定）。超过这个期限没有反馈意见即被作为认可会议纪要的内容处理。所以，对会议纪要也要像对待合同一样认真审查，及时答复，及时反对表达不清、有偏见的或对自己不利的会议纪要内容。

在工程中，一方对常规的会谈或谈话所进行的记录，只要对方承认，也能够作为证据，但是，其法律效力存在一定的局限性。而通过对它的分析可以得到当时讨论的问题，遇到的事件，各方面的观点、意见，可以记录干扰事件发生的日期和经过，作为寻找其他证据和分析问题的参考。

4. 施工进度计划和实际的施工进度记录，包括总进度计划、开工后工程师批准的详细进度计划、每月修改的进度计划、实际施工进度的记录、月进度报表等。这里对索赔有重大影响的，不仅是工程的施工顺序、各工序的持续时间，而且还包括劳动力、管理人员、施工机械设备、现场设施的安排计划和实际情况，材料的采购订货、运输、使用计划和实际情况等。

5. 施工现场的工程文件，例如施工记录、施工备忘录、施工日志、工长或检查员的工作日记、工程师填写的施工记录和各种签证等。它们应该能够全面地反映工程施工过程中的各种情况，例如，劳动力数量与分布、设备数量与使用情况、进度、质量、特殊情况及处理。

各种工程统计资料，例如周报、旬报、月报。在这些报表中，通常包括本期以及至本期末的工程实际进度与计划进度的比较、实际成本与计划成本的比较、质量分析报告、合同履行情况评价等。

6. 工程签证。在工程中经常用到签证，通常是工程师或业主代表对所发生异常情况的确认。签证的种类很多，它们都是索赔的重要证据。

(1) 报导性签证。例如，出现恶劣的气候条件和地质条件造成现场停工，承包商记录这些情况，让工程师签证确认。这个签证不是索赔，仅仅是对现场情况的真实描述。在报导性签证之后，仍然需要按照合同规定的程序提出索赔要求。

(2) 工程变更签证。它通常是工程师对工程变更起因、状况、变更数量和过程的确认。

在 FIDIC 合同条件中，工程变更程序和索赔程序是不同的。对于工程变更，承包商提出补偿要求的时间限定（14 天内）比提出索赔要求的时间限定（28 天内）短。这说明，如果双方对变更的补偿意见达成一致，那么就不需要进入索赔程序。如果双方对工程变更的补偿要求产生争议，承包商就可以提出索赔要求。

7. 工程照片和录像。它们是最清楚和最直观的证据。如在工程索赔中经常用到，表示工程进度的照片、隐蔽工程覆盖前的照片、业主责任造成返工以及工程损坏的照片等。

8. 气象报告。如果遇到恶劣的气候条件，应进行记录，并请工程师签字确认。

9. 工程水文地质勘探报告、土质分析报告、文物和化石的发现记录、地基承载力试验报告，以及工程实施过程中的各种检查验收报告与技术鉴定报告，包括隐蔽工程验收报告、材料试验报告、材料设备开箱验收报告、工程验收报告等。它们能够证明承包商的工程质量。

10. 工程现场的交接记录(应该注明交接日期,场地平整情况,水、电、路情况等),图纸和各种资料的交接记录。

工程项目实施过程中,送(停)电,送(停)水,道路开通和封闭的记录和证明。这些资料也应该由工程师签字确认。

在工程中,合同双方各种文件和资料的交接都应该建立标准的程序,需要有专门的记录,防止在交接过程中出现漏洞和“说不清楚”的情况。

11. 建筑材料和设备的采购、订货、运输、进场,使用方面的记录、凭证和报表等。

12. 市场行情资料,包括市场价格、官方的物价指数、工资指数、中央银行的外汇比率等公开发布的资料。

13. 各种会计核算资料,包括:工资单、工资报表、工程款帐单,各种收付款原始凭证,总分类帐、管理费用报表,工程成本报表等。

14. 国家法律、法规、政策文件。如果由于国家的法律变化,承包商提出索赔,索赔报告中只需要引用文号、条款号即可,而在索赔报表之后附上该文件完整的复印件。

四、编制逻辑严密的索赔报告

(一) 索赔报告的基本要求

索赔报告是向对方提出索赔要求的书面文件,是承包商对索赔事件分析、整理和研究的成果。业主的反馈——认可或反驳——就是针对该索赔报告的。调解人和仲裁人也主要通过索赔报告了解和分析合同的实施情况和承包商的索赔要求,评价其合理性,并据此作出决定。所以,索赔报告的内容和表达方式对索赔的顺利解决有重大的影响。索赔报告应具有说服力,合情合理,有根有据,逻辑性严密,能够说服工程师、业主、调解人和仲裁人,同时,它又应该是有法律效力的、正规的书面文件。

如果索赔报告的起草存在问题,会损害承包商在索赔中的有利地位和条件,使正当的索赔要求得不到妥善的解决。

对方的反索赔就是在利用索赔报告中存在的问题,特别是逻辑关系的问题而展开的。

起草索赔报告需要实际的工程经验。对于重大的索赔或一揽子索赔,最好在有经验的律师或索赔专家的指导下起草。索赔报告的一般要求有:

1. 索赔事件应该是真实的。

这是整个索赔的基本要求。这关系到承包商的信誉和索赔的成败,在这个方面不可含糊,必须保证。如果承包商提出不真实的、不合情理、缺乏根据的索赔要求,工程师会立即拒绝。这还会影响业主和工程师对承包商的信任以及后续的索赔。索赔报告中所指的干扰事件必须有得力的证据进行证明。这些证据应该附于索赔报告之后。

索赔报告对索赔事件的叙述必须清楚、明确。不包含任何估计和猜测,也不能用估计和猜测式的语言,例如“可能”“大概”“也许”等。这会使索赔的要求没有说服力。

2. 索赔的责任分析应该清楚、准确。

一般而言,索赔报告中所针对的干扰事件都是由对方的责任引起的,如果对方应该承担全部责任就应该将责任全部推给对方。此时,不能顾及双方的合作关系,采用模糊的语句和自我批评式的表述,否则会失去自己在索赔中的有利地位。

3. 索赔报告应该重点突出。

在索赔报告中，承包商应该特别强调以下几个方面：

（1）干扰事件的不可预见性和突然性，即使一个有经验的承包商对它也不可能有预见或准备，对其发生承包商无法制止，也不能产生影响。

（2）在干扰事件发生前，承包商已经向工程师提出了预先的警告；发生后，承包商也已经立即将情况通知了工程师，听取并实施了工程师的处理指令；承包商为了避免和减轻干扰事件的影响和损失，尽了最大的努力，采取了自己能够采取的措施。在索赔报告中，可以详细阐述所采取的措施以及其实施效果。

（3）承包商需要证明和强调干扰事件与责任、与合同理由、与施工过程所受到的影响、与承包商所受到的损失、与所提出的索赔要求、与证据等之间，都存在着因果或逻辑关系（见图 9－1 所示）。

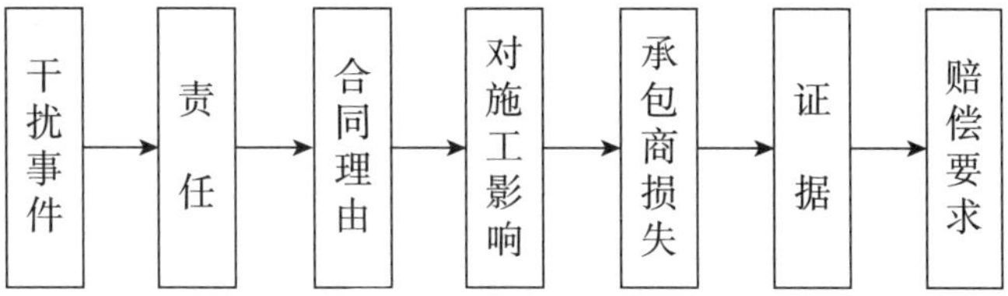

图 9－1　索赔逻辑关系

（4）承包商的索赔要求应该有合同文件的支撑，可以直接引用相应合同条款进行证明。承包商应该准确地选择作为索赔依据的合同条款。

强调上述内容是为了使索赔的依据更加充足，使工程师、业主和仲裁人在感情上易于接受承包商的索赔要求。

4. 索赔报告要有较高的质量。

通常索赔报告是比较简洁的，应该条理清楚，各种结论、定义准确，具有很强的逻辑性。但是，索赔证据和索赔值的计算应该很详细和精确。如果承包商不能提交详细的资料足以证明全部的索赔要求，那么，他只有权得到索赔中他能够有效证明的部分。

承包商应尽量避免索赔报告中出现用词不当、语法错误、计算错误、打字错误等问题。否则，会降低索赔报告的可信度，让人感觉承包商不严肃、轻率或弄虚作假。

5. 索赔报告的用词要委婉。

索赔是以获得应得的利益为原则，而不是以立场为原则，也不以辨明是非为目的。承包商追求的目标是，通过索赔（当然也可以通过其他形式）使自己的损失得到补偿，获得合理的收益。在整个索赔的处理和解决的过程中，承包商必须牢牢地把握这个方向。由于索赔的要求只有最终获得业主、工程师、调解人或仲裁人等认可才有效，最终获得赔偿才算成功，所以，索赔的技巧和策略非常重要。承包商应该考虑采用不同的形式、手段，采取各种措施争取索赔的成功，同时，又不能伤害双方的合作关系，又不损害自己的声誉。

在索赔报告中应该避免使用强硬的、不友好的、抗议式的语言。例如，不适宜采用"……你方违反合同条款……，使我方受到严重损害，因此我方提出……"，宜用"请求贵方作出公平合理的调整""请在×合同条款下，考虑我方的要求"。不能由于语言的表述问题，而伤害了双方的感情，导致索赔的失败。

索赔目的是取得赔偿,说服对方承认自己索赔要求的合理性,而不能损害对方的“面子”。所以,在索赔报告中,以及在索赔谈判中,应该强调干扰事件的不可预见性,强调不可抗力的原因,或应该由对方负责的第三方责任,应该尽量避免出现对业主代表和工程师个人的指责。

(二) 索赔报告的格式和内容

在实际的承包工程中,索赔文件通常包括索赔信函、索赔报告正文、附件三个部分。

1. 承包商或他的授权人致业主或工程师的信函。

在信函中,简要介绍索赔要求、干扰事件的经过和索赔的理由等。

2. 索赔报告正文。

对于单项索赔,应该设计统一格式的索赔报告。这就会使得索赔的处理比较简洁和方便。索赔报告的一般格式参考表 9－3 所示。

表 9－3 单项索赔报告的一般格式

负责人:

编号:　　　日期:

××项目索赔报告

题目:

事件:

理由:

影响:

结论:

成本增加

工期拖延

一揽子索赔报告的格式可以比较灵活。不管采用哪种格式的索赔报告,形式可能不同,但是实质性的内容应该是相似的,一般主要包括以下内容:

(1) 题目。简要地说明本报告是针对什么事件提出的索赔。

(2) 索赔事件。叙述事件的起因(例如,业主的变更指令、通知等)、事件经过、事件过程中双方的活动,重点叙述承包商根据合同所采取的行为(以免除自己的合同责任)、对方不符合合同的行为或没履行合同责任的情况。这里需要提出事件的时间、地点以及事件的结果,并引用报告后面的证据作为证明。

(3) 索赔理由。总结上述事件,同时引用合同条款或合同变更和补充协议的条款,证明对方的行为违反合同,或对方的要求超出了合同的规定,造成了该干扰事件,有责任对由此造成的损失作出补(赔)偿。

(4) 索赔影响。简要说明事件对承包商施工过程的影响,而这些影响与上述事件有直接的因果关系。重点围绕由于上述事件原因造成成本增加和工期延长,与后面的费用分项的计算又应有对应关系。

(5) 索赔结论。由于上述事件的影响,造成承包商的工期的延长和费用的增加,通过详细的索赔值的计算(这里包括对工期的分析,以及各类费用损失项目的分项计算),提出具体的费用索赔值和工期索赔值。

3. 附件。即该报告所列举事实、理由、影响的证明文件和各种计算基础,计算依据的证明文件。

五、其他索赔成功的条件

1. 合同双方的合作关系。从项目开始施工，承包商就应该努力营造一个与业主、工程师等友好合作的氛围。合同双方的关系密切，业主对承包商的工作和工程感到满意，那么索赔的问题就相对更容易解决；如果双方的关系紧张，业主对承包商存在不信任的，甚至是敌对的态度，那么索赔就很难顺利地解决。

2. 业主和工程师的信誉、公正性和管理水平。如果业主和工程师的信誉好，处理问题比较公正，能实事求是地对待承包商的索赔要求，那么索赔就比较容易解决；而如果业主不讲信誉，办事不公正，那么索赔就很难解决。虽然承包商可以将索赔的争议递交仲裁，但是，大多数的索赔是不适合递交仲裁的，因为仲裁费时、费钱、费精力，而工程项目中大部分的索赔数额较小，不值得采用仲裁的方法解决。这些索赔最好通过业主、工程师和承包商三方的协商而顺利解决。

如果业主是精明的项目管理专家，或者业主聘请项目管理公司进行合同管理，那么，承包商的索赔通常会更加困难。

3. 承包商的工程项目管理水平。例如：承包商能否全面地完成合同责任，严格地履行合同，不违约；工程项目管理过程中是否有失误的行为；是否有一整套合同监督、跟踪、诊断的程序，并严格实施这些程序；是否有健全有效的文档管理系统等。

4. 承包商的索赔能力。如果承包商重视索赔，熟悉索赔业务，严格按照合同规定的要求和程序提出索赔，有丰富的索赔处理经验，注重索赔策略和方法，这些都有助于取得索赔的成功。

5. 法律的完备性、严肃性，以及项目的参与方是否尊重法律，习惯用法律和合同手段解决工程项目中遇到的问题。

6. 有成熟的相关工程惯例。例如索赔的处理规则、计算规则，使参与方对索赔的解决有统一的方法和标准。

第四节　索赔工作程序和索赔小组

一、索赔工作的特点

与工程项目的其他管理工作不同，索赔的处理和解决有以下基本特点：

1. 对于某个特定干扰事件的索赔，没有预定的、统一的解决标准。要达到索赔的目的，需要具有很多条件。例如：在上述提到的合同背景，业主以及工程师的信誉、公正性和管理水平，承包商的索赔业务能力，合同双方的关系等，这些方面都容易给索赔的处理带来不确定性。

2. 索赔与律师打官司具有一定的相似性，索赔的成败常常不仅在于事件本身的实际情况，而且在于能否找到有利于自己的书面证据，能否找到为自己辩护的法律(合同)条文。

3. 对于干扰事件造成的损失，承包商只有“索”，业主才有可能“赔”，不“索”则不“赔”。如果承包商自己放弃了索赔的机会，例如，没有索赔意识、不重视索赔或不懂索赔；不精通索赔业务,不会索赔;或对索赔缺乏信心,怕得罪业主失去合作机会,或怕后期合作困难,不敢索赔,那么,绝大部分的业主是不可能主动提出赔偿的。一般情况下,工程师也不会提示或主动要求承包商向业主索赔。所以,索赔完全在于承包商自己,他必须有主动性和积极性。承包商索赔的主动性和积极性表现在以下几个方面:

(1) 培养工程项目管理人员的索赔意识,提高他们的索赔业务能力,在工程项目管理中实施有效的索赔管理;

(2) 积极地寻找各类索赔的机会;

(3) 一旦发现索赔机会,就应该尽早地提出索赔的意向通知,主动报告并请示工程师;

(4) 尽早提交索赔报告(没有必要等到索赔的有效期截止前);

(5) 在提出索赔要求后,经常与业主或工程师接触、协商,敦促工程师尽早审查索赔报告,业主尽早审查和批准索赔报告;

(6) 催促业主尽早支付赔(补)偿费等。

在一般情况下,索赔的提出并解决得越早,承包商越主动、越有利。而如果承包商拖延索赔会造成多方面的不利情况:

(1) 可能超过了合同规定的索赔有效期,导致索赔要求无效。

(2) 尽早提出索赔的意向,对业主和工程师起到了提醒的作用,敦促他们尽早采取措施,消除干扰事件的影响。这对工程项目的整体效益是有利的,否则承包商可能存在利用业主和工程师的过失(干扰事件)扩大损失,以增加索赔值的嫌疑。

(3) 拖延会使业主和工程师对索赔的合理性产生怀疑,影响承包商有利的索赔地位。

(4) "夜长梦多",索赔拖延可能会给索赔的顺利解决引起新的"波折",例如工程项目实施过程中会出现新的问题,对方有充裕的时间进行反索赔等。

(5) 承包商尽早提出索赔要求,尽早解决索赔问题,则能够尽早获得业主的赔偿,增强承包商的财务能力。索赔的拖延会使很多单项的索赔累积起来,增加处理和解决的困难。当索赔的额度很大时,尽管承包商有十分充足的理由,业主也会全力地反索赔,会要求承包商在最终的解决中作出让步。

承包商对待每一个索赔,特别对重大的一揽子索赔,要像对待一个新的工程项目一样,进行认真而详细的分析、计划,有组织、有步骤地开展各项索赔管理工作。

4. 由于合同管理注重实务,所以,对索赔案例的研究是十分重要的。在国际工程中,很多合同条款的解释,以及索赔的解决都需要符合通常大家公认的一些案例,甚至可以直接引用过去典型案例的解决结果作为索赔的依据和理由。但是,对索赔事件的处理和解决又要具体问题具体分析,不可以盲目地照搬以前的案例,或一味地凭经验办事。在国际工程中,很多相同或相近的索赔事件,有时处理过程、索赔值的计算方法(公式、依据)不同,很可能得到完全不同,甚至相悖的解决结果,这也是毫不奇怪的。所以,在研究一些书籍和杂志中介绍的索赔案例时,应注意它的特点,例如合同背景、工程环境、合同实施和管理的过程、合同双方的具体情况,以及合同双方的索赔(反索赔)策略等。这些对合同问题的解决都会产生很大的影响。而这些都经常在书籍和杂志中很难清楚和详细地介绍。所以,阅读和分析索赔案例不能像看小说一样,只注重事件的起因和最终结果,否则,会被这些案例所误导。

所以,应该注重索赔管理的方法、程序、处理问题的原则,从一些案例中吸取经验和教训。

二、索赔工作的程序

对一个(或一些)具体的干扰事件进行索赔涉及很多工作。它包括很多工作内容和比较长的工作流程。总体而言,承包商的索赔工作包括如下两个方面:

1. 承包商与业主和工程师之间涉及索赔的一些事务性工作。

这些工作,以及工作的流程通常是由工程合同条件规定的。FIDIC 合同条件对索赔的程序,以及争议的解决程序有非常详细和具体的规定。承包商应该严格地按照合同的规定开展索赔工作,这是成功地获得索赔的前提条件之一。

2. 为了提出索赔要求或使索赔要求得到合理的解决,所进行的一些内部管理工作。

这些工作主要为索赔的提出和解决提供支持,必须与合同规定的索赔流程所需开展的工作同步进行。此外,这些工作又应该融合于整个施工项目管理过程中,获得项目管理的各个职能人员和职能部门的支持与帮助。

综合这两方面的工作,索赔工作的过程通常可能细分为以下几个步骤:

(1) 承包商发出索赔的意向通知

在干扰事件发生后,承包商必须抓住索赔的机会,迅速作出反应,在一定时间内(FIDIC 合同条件规定为 28 天),向工程师或业主递交索赔的意向通知。该项通知是承包商就具体的干扰事件向工程师或业主表示的索赔期望与要求,是保护自己索赔权利的重要举措。如果超过这个期限,工程师或业主有权拒绝承包商的索赔要求。在国际工程中,很多承包商由于没有能够遵守这个期限的规定,致使合理的索赔要求无效,失去了索赔的机会。

(2) 承包商对索赔的内部处理

一旦发生了干扰事件,承包商就应该进行索赔的处理工作,直到正式向工程师和业主提交索赔报告。这个阶段包括很多具体的、复杂的分析工作(见图 9－2 所示):

① 寻找索赔机会,进行事态调查。通过对合同实施过程的跟踪、分析、诊断,发现了索赔的机会,那么应该对其进行详细的调查和跟踪,以了解事件的经过、前因后果,掌握事件的详细情况。在实际的工作中,可以用合同事件调查表进行事态调查。只有存在干扰事件,才可能提出索赔。

② 干扰事件的原因分析,即分析这些干扰事件是由谁引起的,其责任该由谁承担。

一般只有非承包商责任的干扰事件才有可能获得索赔的成功。但是,干扰事件的责任常常是多个参与方共同承担的,那么必须划分各个参与方的责任范围,按责任的大小分担相应的损失。

③ 索赔根据,即索赔理由,主要是指合同条款,必须

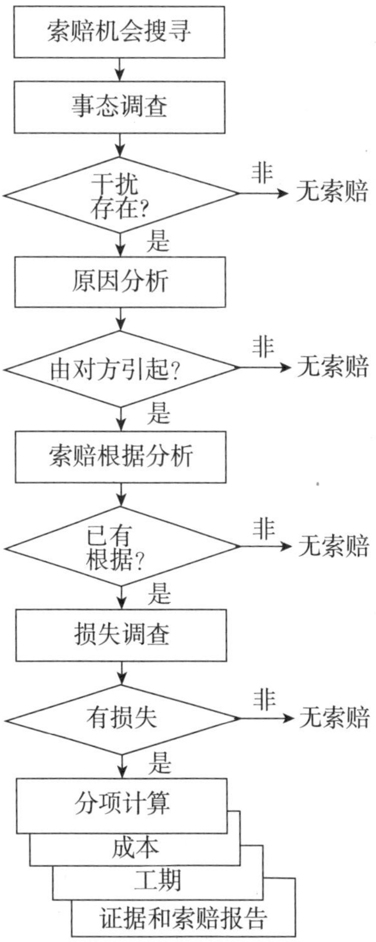

图 9－2 索赔的处理程序

根据合同条款判定干扰事件是否引起了违约责任,是否在合同规定的赔(补)偿范围之内。只有符合合同规定的索赔要求才有合法性,索赔才能够成立。对此,承包商必须全面地分析合同,对一些特殊的事件还应该进行合同的扩展分析。

④ 损失调查,即进行干扰事件的影响分析。它主要表现为工期的延长和费用的增加。如果干扰事件不造成损失,那么就不需要进行索赔。

损失调查的重点是收集、分析、对比实际进度和计划进度、实际成本与计划成本等方面的资料,在此基础上计算索赔值。

⑤ 收集证据。一旦发生了干扰事件,承包商应该按照工程师的要求收集整理,并在干扰事件持续期间内保持完整的同期记录,接受工程师的审查。证据是索赔有效的前提条件。如果在索赔报告中提不出有力的证据,索赔要求是不能够成立的。根据 FIDIC 合同条件,承包商只能获得有证据能够证明的那部分索赔要求。

⑥ 起草索赔报告。索赔报告是上述各项工作成果的汇总或总结。它是由合同管理人员在其他项目管理职能人员的配合和协助下起草的。它表达了承包商的索赔要求和支持这个要求的详细依据。

(3) 提交索赔报告

承包商必须在合同规定的时间内,向工程师和业主提交索赔报告。FIDIC 合同条件规定,承包商必须在索赔意向通知发出后的 28 天内,或经过工程师同意的合理时间内,递交索赔报告。如果干扰事件持续时间长,则承包商应该按照工程师要求的合理时间间隔,提交中间的索赔报告(或阶段索赔报告),并在干扰事件的影响结束后的 28 天内提交最终索赔报告。

(4) 解决索赔问题

从递交索赔报告到最终获得赔偿的支付是索赔的解决过程。这个阶段工作的重点是,通过谈判,或调解,或仲裁,使索赔得到合理的解决。

① 工程师审查分析索赔报告,评价索赔要求的合理性和合法性。如果工程师认为索赔的理由或证据不充足,可以要求承包商进行解释,或进一步补充证据,或要求承包商修改索赔要求,工程师作出索赔处理意见,并提交业主。

FIDIC 施工合同规定,在承包商提出索赔报告后的 42 天内,工程师必须对承包商的索赔要求作出答复。这是对传统的施工合同一个重大的修改,具有以下优点:

a. 会大幅度地减少一揽子索赔,使工程索赔能够尽快地解决。

b. 使承包商能够得到合理的支付,对业主的索赔问题处理更有信心。

c. 有利于缓解或减少双方的矛盾。

② 对于经过工程师和业主认可的索赔要求(或部分要求),承包商有权在工程进度付款中获得相应的支付。

③ 业主、工程师和承包商三方针对索赔的解决进行协商,达成一致意见。在此过程中,可能包括复杂的合同谈判过程。

根据工程师的处理意见,业主审查、批准承包商的索赔报告。业主也可能反驳、否定或部分否定承包商的索赔要求。

如果承包商与业主双方对索赔的解决达不成一致意见,有一方或双方都不满意工程师的处理意见(或决定),那么就产生了争议。双方应该按照合同规定的程序解决争议,在国际工程中通用的是 FIDIC 合同条件规定的争议解决程序。

三、索赔小组

对于单项索赔而言，可以把它作为一项日常的合同管理业务，由合同管理人员在项目经理的领导下，在工程项目的实施过程中进行处理。但是，索赔是一项复杂而细致的工作，涉及面广，可能需要工程项目的各个职能人员，以及公司总部各个职能部门的配合。

对于重大索赔或一揽子索赔，由于其复杂性、工作量大，需要成立专门的索赔小组，由他们负责具体的索赔处理工作，以及索赔谈判。索赔小组的工作对索赔的成败起到了非常关键的作用。索赔小组应该尽早成立并进入工作状态，因为他们要熟悉合同签订与实施全过程和各方面的资料。对于一个复杂的工程项目，合同文件和各种工程资料"汗牛充栋"，研究和分析这些资料需要花费大量的时间。因此，不能到索赔谈判时，才想到组建索赔小组。作为一个集体，索赔小组需要具有全面的索赔知识、能力和经验，这主要包括以下几个方面：

1. 具备合同法律方面的知识，合同分析、索赔处理方面的知识、能力和经验。有时，还需要聘请法律专家进行咨询，或者直接聘请法律专家参与索赔工作。即使国外一些专业的咨询公司或索赔管理公司，在索赔处理中，遇到重大的合同问题，还需要聘请当地的法律专家进行咨询或鉴定。

索赔小组需要具有合同管理方面的经历和经验，特别是应该参与该工程的合同谈判和合同实施过程，熟悉该工程合同条款的内容，以及工程项目实施过程中的细节。

2. 现场施工和组织计划安排方面的知识、能力和经验。索赔小组应该能够进行实际施工过程的网络计划编制和关键线路分析，计划网络和实际网络的对比分析。应该参与本工程项目施工计划的编制和实际的管理工作。

3. 工程成本核算和财务会计核算方面的知识、能力和经验，参与该工程项目的报价、工程项目计划成本的编制，熟悉工程成本的核算方法，例如成本项目的划分和分摊方法等。

4. 其他方面的知识、能力和经验。例如，索赔的计划和组织能力，合同谈判的能力、经历和经验，写作能力和语言表达能力，在国际工程中还需要具有很高的专业外语水平等。

一般而言，索赔小组由组长（一般由项目经理担任）、合同经理、法律专家或索赔专家、造价人员、会计师、工程师等组成。而项目的其他职能人员、公司总部的各职能科室应该根据需要提供信息或资料，为索赔工作提供积极的配合，以保证索赔的圆满成功。

索赔小组在能力、知识结构、性格上应该互补，形成一个有机的整体。

索赔是一项非常复杂的工作。索赔小组人员应该是诚实、可信、工作努力的，这是取得索赔成功的前提条件。主要表现在如下几个方面：

（1）全面领会和贯彻实施公司总部的总体索赔策略。索赔是企业经营策略的一部分，承包商不仅要取得索赔的成功，取得利益，而且还需要与业主建立良好的合同关系，为将来的进一步合作创造条件，而不能损害企业的信誉或关系。在索赔过程中，需要防止索赔小组的成员好大喜功，为了自己的工作绩效，而片面地追求高的索赔额。

（2）索赔小组应该努力地争取索赔的成功。在索赔过程中，充分地发挥每人的工作特长与积极性，为企业追回损失、增加盈利。

所以，索赔小组既要追求索赔的成功，又要追求好的信誉，保持双方良好的合作关系，这个度有时是很难把握的。

（3）加强索赔过程中的保密工作。承包商所确定的索赔策略、总体计划和总体要求，实际谈判过程中的内部讨论结果,针对索赔问题所采取的对策等,索赔小组都应该绝对保密。特别是索赔策略、谈判策略,是企业的绝密信息,不仅应该在索赔过程中,而且在索赔之后也需要进行保密,这不仅关系到索赔的成败,而且影响到企业的声誉,影响到企业将来的经营。

(4) 要取得索赔的成功,索赔小组必须开展认真细致的工作。索赔小组不仅要在大量复杂的合同文件、各种实际的工程资料、财务会计资料中,分析研究索赔机会、索赔理由与证据,不能放弃任何索赔机会,不遗漏任何线索;而且要在索赔谈判中,耐心地说服对方。在国际工程中,一个稍微复杂的索赔谈判能经历几个、十几个、甚至几十个回合,持续几年的时间。索赔小组如果没有"锲而不舍"的精神,是很难达到索赔目标的。

(5) 对于复杂的合同争议,应该制定详细的计划安排,否则,也很难达到目的。

第五节 索赔管理的概述

一、索赔管理的任务

在工程项目管理中,索赔管理的任务是索赔和反索赔。索赔和反索赔是"矛"与"盾"的关系、"进攻"和"防守"的关系,有索赔必有反索赔。在业主和承包商、总承包商和分包商、联营体成员之间,都可能有索赔和反索赔。在工程项目管理中,它们又有不同的任务。

(一) 索赔的任务

索赔的作用是向对方追索自己已经受到的损失,其主要任务有:

1. 预测索赔机会。虽然干扰事件产生于工程项目的施工过程中,但是,其根源却是在招标文件、合同、设计、计划中的,所以,在招标文件分析、合同谈判(包括在工程中,双方召开变更会议、签署的补充协议等)中,承包商应该对干扰事件有充分的考虑和防范,预测索赔的可能。预测索赔机会也是合同风险分析和对策的内容之一。对于一个实际的工程承包合同、具体的工程和工程环境,干扰事件的发生具有一定的规律性。承包商对它应该有充分的估计和准备,在投标报价、合同谈判、编制实施方案和计划中,应该考虑其影响。

2. 在合同的履行过程中寻找和发现索赔的机会。在任何一个工程项目中,干扰事件是不可避免的,问题是承包商能否及时发现,并抓住这些索赔机会。承包商应该对索赔机会有敏锐的感觉,可以通过对合同实施过程的监督、跟踪、分析和诊断,寻找和发现索赔的机会。

索赔机会通常表现为以下现象:

(1) 业主或其代理人、工程师等有明显的违约或没有正确地履行合同责任的行为。

(2) 承包商自己的行为违约,已经或可能完不成合同的责任,但是分析其原因却是由于业主或其代理人、工程师等引起的。由于合同双方的责任是互相联系、互为条件的,如果承包商违约的原因是业主造成的,同样是承包商的索赔机会。

(3) 工程环境与"合同状态"的环境不一致,或与原标书的规定不一致,出现"异常"情况和一些特殊的问题。

(4) 合同双方对合同条款的理解发生争议,或发现合同缺陷、图纸错误等。

(5) 业主和工程师发出变更指令,双方召开变更会议,双方签署了会谈纪要、备忘录、修正案、附加协议。

(6) 在合同监督和跟踪中,承包商发现工程项目的实施偏离了合同。例如,月形象进度与计划不符合,成本大幅度增加,资金周转困难,工程停滞,质量标准提高,工程量增加,施工计划被打乱,施工现场混乱,实际的合同履行不符合合同工作包表中的内容、出现各类差异等。

3. 在处理索赔事件和解决索赔争议过程中的其他管理工作。

(二) 反索赔的任务

反索赔着眼于防止发生损失,它有反击对方的索赔要求、防止对方提出索赔两个方面的含义。

1. 反击对方的索赔要求

(1) 反索赔是对于对方已提出的索赔要求进行反驳,推卸自己对干扰事件应该承担的合同责任,否定或部分否定对方的索赔要求,使自己不受或少受损失。

(2) 用自己的索赔对抗(平衡)对方的索赔要求,使得双方都对各自的索赔作出让步,或相互抵消索赔的要求。

在国际工程中,业主常常用这个措施对待承包商的索赔要求,例如,找出工程项目中存在的质量问题,针对承包商的管理问题加重处罚,以对抗承包商的索赔要求,达到少支付或不支付索赔费用的目标。这是业主反索赔的重要措施。所以,人们也经常将业主对承包商的索赔称为"反索赔"。

2. 防止对方提出索赔

在合同的实施过程中,承包商进行积极地防御,通过有效的合同管理,处于不被索赔的地位,即着眼于避免损失和争议的发生,"先为不可胜"(《孙子兵法·形篇》)。这是合同管理的主要任务。积极的防御通常表现在以下几个方面:

(1) 防止自己违约,自己严格按照合同履行自己的义务。通过加强工程项目管理,特别是合同管理,使对方找不到索赔的理由或依据。工程项目按照合同的要求顺利实施,没有损失发生,不需要提出索赔,合同双方没有争议,达到很好的合作效果,双方都很满意。

(2) 但是,上述情况仅仅是一种理想的状态。在合同的实施过程中,干扰事件总是存在的,很多干扰事件是承包商不能影响,也不能控制的。干扰事件一旦发生,就应开始进行研究,收集证据,一方面进行索赔,另一方面还需要准备反击对方的索赔。这两方面都不可缺少。

(3) 在实际的工程项目中,常常双方都对干扰事件承担责任,很多承包商采取"先发制人"的策略,首先提出索赔。这样的优点主要有:

① 尽早提出索赔,防止超过索赔有效期的限制而失去索赔的机会。

② 尽早提出索赔,能够使索赔尽快地获得解决。

③ 争取索赔过程中的有利地位,因为对方要花很多时间和精力进行分析研究,以反驳承包商的索赔报告。这样可以扰乱对方的工作步骤,争取主动权。

④ 为最终的索赔解决留有空间。通常,在索赔解决的过程中,双方都应该作出让步,而首先提出索赔要求的且索赔额比较高的一方较为有利。

在实际工程项目中,这两种措施都很重要,常常同时使用,索赔和反索赔同时进行,即索赔报告中既有索赔,也有反索赔;反索赔报告中既有反索赔,也有索赔。"攻守并用"会达到很好的索赔效果。

综上所述,索赔管理所包含的主要内容,它可以由图 9-3 表示。

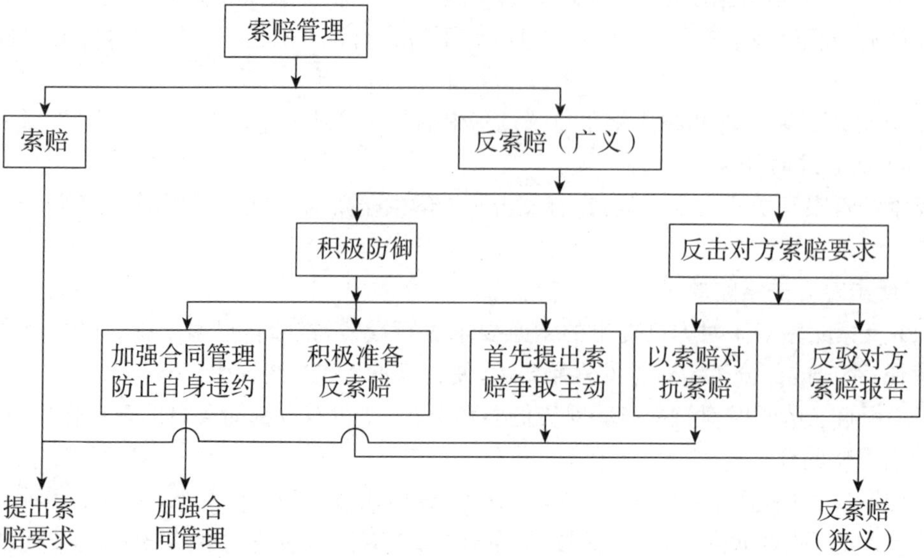

图 9-3 索赔管理的主要内容

三、索赔管理与项目管理其他职能的关系

要使承包工程有经济效益,必须重视索赔;要取得索赔的成功,必须进行有效的索赔管理。索赔管理是工程项目管理职能的一部分,它涉及面广、学问多,是工程项目管理水平的综合体现。它与项目管理的其他职能有密切的联系,主要表现在以下几个方面:

(一)索赔与合同管理的关系

合同是索赔的依据。索赔就是针对不符合或违反合同的索赔事件,并以合同条款作为最终判定的标准。索赔是合同管理工作的延伸,是解决双方合同争议的特殊方法。所以,人们经常把索赔称为合同索赔。

1. 签订一个有利的合同是索赔成功的前提。

索赔以合同条款作为理由和依据,所以,索赔的成败、索赔额的大小,以及索赔的解决结果等,经常取决于合同的完善程度和表达方式。

合同有利,则承包商在工程项目的实施过程中处于有利地位,无论进行索赔或反索赔都能够“得心应手”,有理有利。

合同不利,例如责权利不平衡、单方面约束性的条款太多,风险大,合同中没有索赔条款或索赔权受到严格的限制,则形成了承包商的不利地位和败势。在这种情况下,承包商往往是处于“被动挨打”的地位,对损失防不胜防。

在这样的项目中,损失已经产生于合同的签订过程中,而合同履行过程中利用索赔(反索赔)进行补救的空间已经很小了。这种情况连一些索赔专家和法律专家也无能为力。所以,为了签订一个有利的合同而作出的各种努力是最有力的索赔管理。

在工程项目的投标、议价与合同签订过程中,承包商应该认真、仔细地研究工程所在国(地)的法律、政策、规定及合同条件,特别是关于合同工程的范围、合同义务、付款条件、价格

调整、工程变更、违约责任、业主风险、索赔时限，以及争议解决等条款，注意在合同中明确当事人各方的权利和义务，以便为将来可能出现的索赔提供合法的依据和坚实的基础。

2. 在合同分析、合同监督和跟踪中发现索赔机会。

在合同签订前和合同实施前，通过对合同的审查和分析，承包商可以预测和发现潜在的索赔机会。

在工程中，合同管理人员进行合同的监督和跟踪，首先应该保证承包商全面地实施合同、不违约，并且监督和跟踪对方的合同履行情况，将每天的工程实施情况与合同分析的结果进行比较，一旦发现两者之间存在差异，或在合同实施中出现有争议的问题，就应该作进一步的分析，进行索赔处理。这些索赔机会是索赔工作的起点。

所以，索赔的依据在于日常工作的积累，也在于对合同履行的全面控制。

3. 合同变更直接作为索赔事件。

业主的变更指令，合同双方对新出现的特殊问题的协议、会议纪要、修正案等，引起合同的变更。合同管理者不仅要落实这些变更，调整合同实施的计划，修改原合同规定的责权利关系，而且还要进一步分析合同变更造成的影响。合同变更如果引起工期拖延和费用增加就可能导致索赔。

4. 合同管理提供索赔所需要的证据。

在合同管理中要处理大量的合同资料和工程资料，它们又可以作为索赔的证据。

5. 处理索赔事件。

日常的单项索赔事件由合同管理人员负责处理。由他们进行干扰事件的分析，影响分析，收集证据，准备索赔报告，参加索赔谈判。对重大的一揽子索赔，还应该成立专门的索赔小组负责具体的索赔工作。合同管理人员在这个索赔小组中也起主导作用。

在国际工程中，索赔已经被当成是一项常规的合同管理业务。实质上，索赔也是对合同双方责权利关系的重新定义、风险的重新分配，索赔问题的解决结果也成为合同的一部分。

（二）索赔与计划管理的关系

从根本上说，索赔是由于干扰事件造成实际施工过程与预定计划的差异而引起的，而索赔值的大小常常由这个差异决定的。所以，计划是干扰事件影响分析的标准，以及索赔值计算的基础。

1. 通过施工计划和实际施工状态的对比分析发现索赔机会。

在实际的施工过程中，工程项目进度的变化，施工顺序、劳动力、机械、材料使用量的变化，都可能是干扰事件的影响，进一步的定量分析这些影响就可以得到索赔值。

2. 工期索赔由计划进度与实际进度的关键线路分析结果获得。

3. 计划管理提供了索赔值计算的基础和证据。

（三）索赔与成本管理的关系

在工程项目管理中，成本管理包括工程预算和估价、成本计划、成本核算、成本控制（监督、跟踪、诊断）等，它们都与索赔有紧密的联系。

1. 工程预算和报价是费用索赔的计算基础。工程预算确定的是“合同状态”下的工程项目费用开支，如果没有干扰事件的影响，那么承包商按照合同完成工程项目的施工和保修责任，业主全额支付合同价款。而干扰事件引起了实际成本的增加。从理论层面而言，这个增量就是索赔值。索赔值以合同报价为计算基础和依据，通过分析实际成本和计划成本的差异而得到。要取得索赔的成功应该注意以下几个方面：

(1) 工程预算费用项目的划分应该详细、合理；报价合理、反映实际，这样不仅可以及时发现索赔机会，而且干扰事件的影响分析才能准确，才能方便地计算所索赔的额度，索赔值才能反映实际情况，索赔要求才能有根有据。

(2) 由于索赔报告的提出有严格的有效期限制，索赔值也需要符合一定的精度要求，所以，应该建立一个有效的成本核算和成本控制系统。

2. 通过对实际成本的跟踪和分析可以寻找和发现索赔机会。在工程预算的基础上确定的成本计划，是成本分析的基础。成本分析主要研究计划成本与实际成本的差异，以及产生差异的原因。而这些原因常常就是干扰事件，就是索赔机会。在此基础上，进行干扰事件的影响分析和索赔值的计算就十分清楚和方便。

3. 索赔值计算的证据需要及时的、准确的、完整的、详细的成本核算和分析的资料，例如，各种会计凭证、财务报表、账单等。

(四) 索赔与文档管理的关系

索赔需要大量的证据，它构成索赔报告的一部分。没有证据或证据不足，索赔是不能成立的。文档管理能够为索赔及时地、准确地、有条理地提供分析资料和证据，用以证明干扰事件的存在和影响，证明承包商的损失，证明索赔要求的合理性和合法性。

在日常的工作中，承包商应该注重积累经济活动的证据，保持完整的工程实施记录。同时，建立工程项目的文档管理系统，委派专人负责工程资料和其他经济活动资料的收集和整理工作，能够更好地满足索赔管理的需要。特别是随着现代信息技术的发展，各类电子文件的成果越来越多，更需要承包商建立有效的电子文件存储系统，留存项目实施过程的原始资料，以成功地实现索赔。

当然，索赔(反索赔)能力反映了承包商的综合管理水平。索赔管理还涉及工程技术、设计、保险、经营、公共关系等各个方面。一个成功的索赔，不仅取决于合同管理人员或索赔小组的努力，而且依赖于工程项目管理各职能人员，以及企业各职能部门在合同实施的各个环节上，都进行卓有成效的管理工作。

复习思考题

1. 查阅其他书籍，试列举对“索赔”这个词的不同解释，分析它们的差异。

2. 有人说：“在任何工程项目中，使用任何形式的合同都不能完全避免索赔。”你认为这个观点正确吗？为什么？

3. 为什么说在工程项目中应该尽量避免一揽子索赔？

4. 为什么说在工程项目管理中，索赔管理是全面的，同时又是高层次的管理工作？

5. 在 NEC 合同条件中，将索赔事件定义为“补偿事件”，你认为这种提法有什么好处？

6. 为什么说“为了签订一个有利的合同而作出的各种努力，是最有力的索赔管理”？

7. 试分析我国建设工程施工合同示范文本，列出承包商可以索赔的干扰事件及其理由。

8. 试绘制 1999 年版 FIDIC 合同条件的索赔程序图。

9. 为什么说对于一个特定的干扰事件，没有一个预定的、统一标准的解决结果？

10. 在索赔的处理过程中，需要承包商项目团队的其他管理人员，以及企业的其他职能人员提供什么样的帮助?

11. “索赔是以获得更多的利益为原则的”,那么项目经理应该采用各种措施进行索赔,索赔得越多越好。你认为这个观点正确吗?为什么?

12. 索赔证据有哪些基本的要求?

13. 某办公楼建设工程项目使用 FIDIC 合同条件。工程项目的施工过程中,由于业主提供的图纸不及时造成施工现场停工 10 天。请起草一份单项索赔报告(其他条件和数据可以自己假设)。

第十章　索赔值的计算

本章提要：索赔值的计算是十分复杂的，需要广博的知识和丰富的实践经验。本章内容包括：

(1) 干扰事件影响的分析方法是索赔值计算的前导工作，这贯穿在本书的索赔案例中。

(2) 工期索赔计算最科学的方法是关键线路法，比例计算法虽然实际的应用比较多，但是不太科学。工期索赔要注意积累实际的文档资料记录，干扰事件的影响之间常常会有重叠。

(3) 介绍了费用索赔的计算方法，以及工期拖延、工程变更、加速施工、工程中断、合同终止等情况下的费用索赔，以及利润索赔的计算方法与计算过程。

第一节　干扰事件影响的分析方法

承包商的索赔要求主要表现为一定的具体的索赔值，通常有工期的延长和费用的增加。在索赔报告中，承包商应该准确地、客观地计算干扰事件对工期和成本的影响，定量地提出索赔的要求，编制详细的索赔值计算文件。计算文件通常是对方反索赔的“攻击”重点之一，所以，索赔值的计算应该详细、周密，计算方法合情合理、各种计算基础数据有根有据。

但是，干扰事件直接影响的是承包商的施工过程。干扰事件造成施工方案、施工进度、劳动力、材料、机械的使用和各种费用支出的变化，最终表现为工期的延长和费用的增加。所以，干扰事件对承包商施工过程的影响分析，是索赔值计算的前提。它构成了干扰事件与索赔要求之间的因果关系和数量关系，只有分析得准确、透彻，索赔值的计算才能够正确、合理。

一、干扰事件影响的分析基础

干扰事件影响的分析基础主要有两个方面：

1. 干扰事件的实际情况

干扰事件的实际情况，也就是事实根据。承包商可以提出索赔的干扰事件应该符合两个条件：

(1) 该干扰事件确实存在，而且事情的经过有详细的、具有法律效力的书面证据。不真实、不肯定、没有证据或证据不足的事件，是不能提出索赔的。在索赔报告中，承包商应该详细地阐述干扰事件的前因后果，在索赔报告后应该附有相应的各种证据。

(2) 干扰事件的发生不是由承包商引起的，或承包商对此没有责任。对于在工程项目的实施过程中由于承包商自己或其分包商等管理问题、施工技术和施工组织失误、能力不足等原因造成的损失，应该由承包商自己承担相应的损失。所以，在干扰事件的影响分析中应该区分双方的责任。

2. 合同背景

合同是索赔的依据，当然也是索赔值计算的基础。合同中对索赔有专门的规定，这首先应该落实在索赔值的计算中。这主要有：

(1) 合同价格的调整条件和调整方法；

(2) 工程变更的补偿条件和补偿计算方法；

(3) 附加工程的价格确定方法；

(4) 业主的合作责任、工期补偿条件等。

例如，某工程合同规定："合同价格是固定的，……承包商不得以任何理由增加合同价格，例如市场价格上涨、通货膨胀、生活费用提高、工资基准水平提高、税法调整等。"

"业主有权调整合同内容，但是增加或减少工程量不超过合同金额的15%。在上述范围内，承包商无权要求任何补偿。"

在上述的范围中，尽管干扰事件可能存在，并且是非承包商的责任，而如果承包商的损失也存在，却不能向业主提出索赔。它们是合同规定的承包商应该承担的风险。

二、干扰事件影响的分析方法

在实际工程中，干扰事件的原因比较复杂，可能会有很多因素，甚至很多干扰事件搅在一起，常常双方都有责任，难以具体区分。在这方面的争议比较多。通常，可以进行以下三种状态的分析，区分各参与方的责任，分析各个干扰事件的实际影响，以准确地计算索赔值。

(一) 合同状态分析

合同状态分析不考虑任何干扰事件的影响，仅仅对合同签订的情况进行重新分析。

1. 合同状态

合同确定的工期和价格是针对"合同状态"(即合同签订时)的合同条件、工程环境和实施方案。在工程中，由于干扰事件的发生，造成工程范围、工程环境、承包商责任或实施方案的变化，使原来的"合同状态"被打破，应该按照合同的规定，重新确定合同工期和价格。新的工期和价格应该在"合同状态"的基础上进行分析计算，所以，为了方便索赔计算和争议的解决，应该保存在投标阶段详细的成本预算和报价资料。

合同状态(又被称为计划状态或报价状态)的计算方法和计算基础是非常重要的，制约了后面所述两种状态的分析计算，它的计算结果是整个索赔值计算的基础。

2. 合同状态的分析基础

从总体上而言，合同状态分析是重新分析合同签订时的合同条件、工程环境、实施方案和价格。其分析基础是招标文件和各种报价文件，包括合同条件、合同规定的工程范围、工程量清单、施工图纸、规程、总工期、双方认可的施工方案和施工进度计划，以及人力、材料、设备等需要量与安排，里程碑事件，承包商报价的价格水平等。

3. 合同状态的分析内容与分析顺序

合同状态的分析内容与分析顺序是：

(1) 各分项工程的工程量；

(2) 确定资源单价，例如，按照劳动组合确定人工的综合单价，按照材料采购价格、运输、关税、损耗等确定材料的综合单价，按照设备组织方案确定机械台班的综合单价；

(3) 按照生产效率和工程量确定总劳动力用量和总人工费用；

(4) 列出各个合同的工作包，进行网络计划分析，确定具体的施工进度和工期；

(5) 确定资源需求计划和费用，包括劳动力需求曲线和最高需求量，工地管理人员安排计划和费用，材料使用计划和费用，机械使用计划和费用；

(6) 各种附加费用；

(7) 各个分项工程的单价、报价；

(8) 工程项目的总报价等。

合同状态分析确定的是：如果合同条件、工程环境、实施方案等没有变化，那么承包商应该在合同工期内，按照合同规定的要求(质量、技术等)完成工程内容，并得到相应的合同价格支付。

(二) 可能状态分析

合同状态仅仅是计划状态或理想状态。在任何工程中，干扰事件是不可避免的，所以，合同状态很难保持。要分析干扰事件对施工过程的影响，应该在合同状态基础上，增加干扰事件的作用。为了区分各个参与方的责任，这里的干扰事件应该是非承包商自己的责任而引起的，而且不在合同规定的承包商应该承担的风险范围内，符合合同规定的赔偿条件。

可能状态分析也可以采用上述合同状态的分析方法和分析过程，再一次进行工程量核算，网络计划分析，确定这种状态下的劳动力、管理人员、机械设备、材料、工地临时设施和各种附加费用的需要量，最终得到这种状态下的工期和费用。

这种状态实质上也是一种计划状态，是合同状态在受外界干扰后的可能情况，所以，被称为可能状态。

(三) 实际状态分析

按照实际的工程量、生产效率、劳动力安排、价格水平、施工方案和施工进度安排等，确定实际的工期和费用。这种分析以承包商的实际工程资料为依据。

比较上述三种状态的分析结果可以得到：

1. 实际状态和合同状态之差，即为工期的实际延长和成本的实际增加量。这里包括所有因素的影响，例如业主责任的、承包商责任的、其他外界干扰的。

2. 可能状态和合同状态结果之差，即为根据合同规定承包商真正有理由提出工期和费用索赔的部分。

3. 实际状态和可能状态结果之差，即为承包商自身责任造成的损失，以及合同规定的承包商应该承担的风险。这些损失应该由承包商自己承担，而得不到补偿。这里还包括承包商投标报价失误造成的经济损失。

【案例 10-1】 (见参考文献 27)某大型路桥工程项目，采用 FIDIC 合同条件，中标合同价 7 825 万美元，工期 24 个月，工期拖延罚款 95 000 美元/天。

(1) 事态描述

在桥墩开挖中，地质条件异常，淤泥的深度比招标文件所说明的深度大很多，基岩高程低于设计图纸 3.5 米，业主对图纸进行了多次修改。工程结束时，承包商提出 6.5 个月的工期索赔，以及 3 645 万美元的费用索赔。

(2) 影响分析

① 合同状态分析。业主全面分析承包商的报价，经过详细核算后，预算总价应为 8 350 万美元，工期 24 个月。那么，承包商将报价降低了 525 万美元(即 8 350 万- 7 825 万)。这是他在投标时认可的损失，应当由承包商自己承担。

② 可能状态分析。由于复杂的地质条件、修改设计、迟交图纸等原因(这里不计算承包商的责任和承包商的风险事件)，造成承包商的费用增加，经过核算，可能状态总成本应该为 9 874 万美元，工期约为 28 个月，那么承包商有权提出的费用索赔仅仅为 1 524 万美元(9 874 万-8 350 万)，工期索赔也仅仅是 4 个月。由于承包商在投标时已经认可了 525 万美元的损失，那么，他仅能获得的赔偿是 999 万美元(即 1 524 万- 525 万)。

③ 实际状态分析。承包商提出的索赔是在实际总成本和总工期(即实际状态)分析基础上计算的，实际总成本是 11 470 万(即 7 825 万＋3 645 万)美元，实际工期为 30.5 个月。

(3) 业主的反索赔

实际状态与可能状态成本之差 1 596 万美元(即 1 1470 万- 9 874 万)为承包商自己管理失误而造成的损失、或提高索赔值而造成的，应该由承包商自己承担。

由于承包商原因而造成工期延误是 2.5 个月，对此，业主要求承包商支付误期损害赔偿费：

误期损害赔偿费＝95 000 美元/天×76 天＝7 220 000 美元

(4) 索赔处理结果

最终双方达成一致意见，业主向承包商支付的费用是：

9 990 000－7 220 000＝2 770 000 美元

(5) 案例分析

对承包商的赔偿应该为 1 524 万美元，而不是 999 万美元，因为 1 524 万美元是承包商有权提出的索赔额，与承包商的报价相比，已经扣除了 525 万美元，如果再扣掉 525 万美元，承包商受到双倍的损失。这样的计算似乎有错误。

三、三种状态分析的注意点

上述三种分析方法从总体上将双方的责任进行了区分，同时，也体现了合同精神，比较科学和合理。在采用三种状态的分析方法时应该注意：

1. 按照索赔处理方法不同，分析的对象也应该有所不同。在常规的单项索赔中，仅仅需要分析与该干扰事件相关的分部分项工程或单位工程的各种状态；而在一揽子索赔(总索赔)中，应该分析整个工程项目的各种状态。

2. 三种状态的分析应该采用相同的分析对象、分析方法、分析过程以及分析结果的表达形式，例如，相同格式的表格。它的优点主要有：

(1) 方便分析结果的对比；

(2) 方便索赔值的计算；

(3) 方便对方对索赔报告的审查分析；

(4) 方便索赔的谈判和最终解决，使得谈判人员能够清楚地了解干扰事件的影响。

3. 分析要详细，能够区分各个干扰事件、各个费用项目、各个工程活动(合同事件)，这样使用分项法计算索赔值非常方便。

4. 在实际工程中，经常会出现属于混合原因引起的索赔问题。例如：不同种类、不同责任人、不同性质的干扰事件常常搅在一起,如业主违约,同时又有不可抗力的事件发生;干扰事件由合同双方共同承担责任,如工程质量问题是由于设计单位和施工承包单位共同的责任造成的等。对此,要准确地计算索赔值,应该各自区分它们的影响,由合同双方共同承担责任,这常常是很困难的,也经常会引起争议。这里特别要注意以下两个方面:

(1) 各个干扰事件的发生和影响之间的逻辑关系(先后顺序关系和因果关系)。

(2) 这些原因对损失影响的大小,是主要影响还是次要影响。

这样,干扰事件的影响分析和索赔值的计算才是合理的。

5. 在工程项目的成本管理中,人们经常采用差异分析方法,而这种方法应用于干扰事件的影响分析也是十分有效的。

【案例 10-2】 某工程项目的报价中,有钢筋混凝土梁 40 m^3,测算模板 285 m^2,支模工作内容包括现场运输、安装、拆除、清理、刷油等。

由于发生了很多干扰事件,造成人工费用的增加,对人工费的索赔分析如下:

(1) 合同状态分析

预算支模用工 3.5 小时/m^2,工资单价为 5 美元/小时,那么模板报价中的人工费为:

5 美元/小时×3.5 小时/m^2×285 m^2=4 987.5 美元

(2) 实际状态分析

在实际的工程中,按照量方、用工记录、承包商的工资报表计算的结果是:

① 由于工程师指令工程变更,使实际钢筋混凝土梁为 43 m^3,模板为 308 m^2;

② 模板小组 12 人,共计工作 12.5 天,每天 8 小时,其中,由于等待变更,现场 12 人共计停工 6 小时;

③ 由于国家的政策变化,造成工资上涨到 5.5 美元/小时。

那么,实际模板的工资支出为:

5.5 美元/小时×8 小时/(天·人)×12.5 天×12 人=6 600 美元

实际状态与合同状态的总差额为:

6 600 美元-4 987.5 美元=1 612.5 美元

(3) 可能状态分析

由于设计变更、政策的变化以及等待变更指令,都属于业主的责任和风险,其计算结果是:

① 设计变更所引起的人工费变化:

5 美元/小时×3.5 小时/m^2×(308-285)m^2=402.5 美元

② 工资上涨引起的人工费变化:

(5.5-5)美元/小时×3.5 小时/m^2×308 m^2=539 美元

③ 停工等待变更指令引起的人工费增加:

5.5 美元/小时×12 人×6 小时=396 美元

④ 可能状态人工费的增加总额为:

402.5+539+396=1 337.5 美元

因此,承包商有理由提出费用索赔的数额为 1 337.5 美元。

(4) 劳动效率降低的计算结果

由于劳动效率降低是由承包商自己负责,那么:

承包商实际使用的工时＝8 小时/(天·人)×12.5 天×12 人＝1 200 小时

承包商用工超量＝1 200 小时－3.5 小时/m^2×308 m^2－6 小时/人×12 人＝50 小时

相应的人工费增量＝5.5 美元/小时×50 工时＝275 美元

第二节　工期索赔的计算

一、工期索赔的目的

在工程施工过程中，经常会发生一些不能预见的干扰事件使施工不能顺利进行，使预定的施工计划受到干扰，结果造成工期的延长。

工期延长对合同双方都会造成损失：业主由于工程不能及时交付使用、投入运营，不能按照计划实现投资的目标，减少了可能实现的盈利机会，并增加各种管理费的开支；承包商由于工期的延长增加支付现场工人工资、机械停置费用、现场管理费、其他附加费用支出等，最终还可能要支付合同规定的误期违约金。所以，承包商进行工期索赔的目的通常有两个：

1. 减免或推卸自己对已经产生的工期延长的合同责任，使自己不支付或尽可能少支付工期延误的违约金。

2. 进行由于工期延误而造成的费用损失的索赔。

对于已经产生的工期延误，业主通常采用两种解决办法：

(1) 不采取加速施工的措施，将合同工期顺延，工程施工仍然按照原定的方案和计划实施。

(2) 指令承包商采取加速施工的措施，以全部或部分地弥补已经延误的工期。如果工期延误的责任不由承包商承担，业主已经认可承包商的工期索赔，那么，承包商还可以提出由于采取加速施工措施而增加费用的索赔。

二、引起工期延误干扰事件的性质及重叠影响关系

(一) 影响工期和费用的干扰事件性质

合同工期确定后，不管有没有进行工期和成本的优化，在施工过程中，当干扰事件影响了工程项目的关键线路活动，或造成整个工程项目的停工、拖延时，必然引起总工期的拖延。这种工期延误会造成承包商成本的增加，而成本的增加能否获得业主相应的补偿，由具体的情况确定。按照工程承包合同，干扰事件的影响范围、原因、工期补偿和费用补偿之间存在以下关系：

1. 允许工期顺延，同时承包商又有权提出相关费用索赔的情况。这类干扰事件是由业主责任引起的，或合同规定应由业主负责的。例如按照 FIDIC 合同条件，包括以下情况：

(1) 业主(工程师)不能及时地发布图纸和指令。

(2) 发生一个有经验的承包商无法预料的、现场气候条件以外的外界障碍或条件。

(3) 施工现场发掘出化石、硬币、有价值的物品或文物、建筑结构等，承包商执行工程师的指令进行保护性的开挖。

(4) 工程师指令进行合同未规定的检查,而检查结果证明承包商材料、工程设备或工艺符合合同的规定。

(5) 工程师指令暂停工程。

(6) 业主没有能够及时支付工程款,承包商采取放慢施工速度的措施等。

2. 允许工期顺延,但不允许相关费用索赔的情况。属于这一类情况的是既非业主责任、也非承包商责任的延误,典型的是恶劣的气候条件。在我国,由于部分不可抗力引起的拖延,也属于这类情况。

3. 由于承包商责任引起的拖延,工期不能顺延,也不能要求费用索赔。

(二) 干扰事件的重叠影响分析

在实际的工程项目中,由于引起工期延误的干扰事件所持续的时间可能比较长,所以,上述三类性质的干扰事件有时会相继发生、互相重叠。这种重叠会给工期索赔,以及由此引起的费用索赔的解决带来很多困难,容易引起争议。国际上没有成熟的解决办法和计算方法,但是却有不少处理这类问题的基本准则。

1. 首先发生原则。即某个干扰事件先发生,在它结束之前,不考虑在此过程中发生的其他类型干扰事件的影响。这可以由图 10-1 表示(见参考文献 11)。

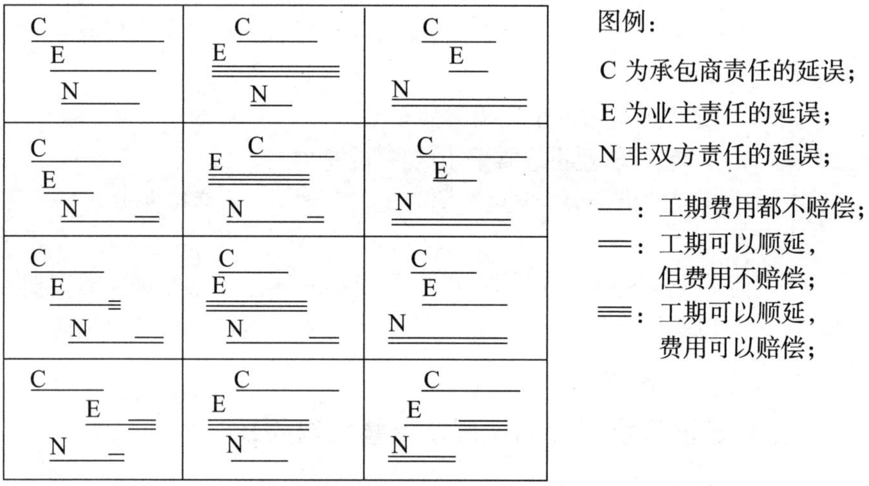
图例:
C 为承包商责任的延误;
E 为业主责任的延误;
N 非双方责任的延误;
—: 工期费用都不赔偿;
═: 工期可以顺延,但费用不赔偿;
≡: 工期可以顺延,费用可以赔偿;

图 10-1 不同责任延误的关系

例如在工程项目的施工过程中,发生两个干扰事件:业主的图纸拖延从 5 月 1 日到 5 月 20 日;恶劣的气候条件从 5 月 15 日开始直到 5 月 25 日。那么,按照第 2 行第 2 格的图示,从 5 月 1 日到 5 月 20 日都应该是业主的责任,工期和费用都应该给予补偿;恶劣的气候条件的影响从 5 月 21 起算到 5 月 25 日,只顺延工期,但不补偿费用。

2. 比例分摊原则。在重叠期间,按照比例分摊计算到不同的干扰事件上。即在上例中,5 月 15 日到 20 日有两个干扰事件的影响存在,那么按照比例分摊,两个干扰事件各计算一半的影响结果。

3. 主导原因原则。即分析这些干扰事件哪个是主导原因,由主导原因的干扰事件承担责任。

4. 其他。例如我国的学者提出对承包商工期从严、费用从宽的原则(见参考文献 25)。

三、工期索赔的分析方法

（一）分析的依据

工期索赔的分析依据主要有：

1. 合同规定的总工期计划；

2. 合同签定后，由承包商提交的，并经过工程师同意的详细进度计划；

3. 合同双方共同认可的对工期的修改文件，例如认可信、会议纪要、往来信函等；

4. 业主、工程师和承包商共同商定的月进度计划，以及其调整计划；

5. 受干扰后实际的工程进度，例如施工日记、工程进度表、进度报告等。

在每个月月底，以及在干扰事件发生时，承包商都应该分析对比上述资料，以发现工期延误以及延误的原因，提出有说服力的索赔要求。

（二）分析的基本思路

干扰事件对工期的影响，即工期索赔值可以通过对比原网络计划与可能状态的网络计划获得，而分析的重点是两种状态的关键线路。

分析的基本思路是：假设工程施工一直按照原网络计划确定的施工顺序和工期进行，现在由于发生了一个或一些干扰事件，使网络中的某个或某些活动受到了干扰，例如延长持续时间，或活动之间逻辑关系发生了变化，或增加了新的活动。将这些影响考虑到原网络中，重新进行网络分析，从而得出一个新的进度计划和工期。那么，新工期与原工期之差即为干扰事件对总工期的影响，即为工期索赔值。通常，如果受干扰的活动在关键线路上，那么该活动持续时间的延长即为总工期的延长值。如果该活动在非关键线路上，受干扰后仍在非关键线路上，那么这个干扰事件对工期无影响。因此，不能提出工期索赔。

这种考虑干扰后的网络计划又作为新的实施计划，如果又有新的干扰事件发生，那么在此基础上可进行新一轮分析，提出新的工期索赔。这样，在工程实施过程中，进度计划是动态的，不断地被调整。而干扰事件引起的工期索赔也可以随之同步进行。

（三）分析的步骤

从上述讨论可见，工期索赔值的分析有两个主要的步骤：

1. 确定干扰事件对工程活动的影响。即由于干扰事件发生，使与之相关的工程活动发生了变化。

2. 由于工程活动的变化，对总工期产生影响。这可以通过新的网络分析得到，总工期所受到的影响，即为干扰事件的工期索赔值。

四、干扰事件对工程活动的影响分析

在进行网络分析前，应该确定干扰事件对工程活动的影响。这是比较复杂的，因为实际情况千变万化，干扰事件也是多种多样，难以一一描述。下面主要针对几类常见的索赔事件叙述其分析方法。其中，所举的一些例子，有特定的合同背景和合同环境，仅作为参考。

（一）工程拖延的影响分析

在工程中，业主推迟提供设计图纸、建筑场地、行驶道路等，会直接造成工程推迟或中断，影响整个工期。通常，这些活动的实际推迟天数即可直接作为工期延长天数，即为工期索赔天数。这可以由现场实际的记录作为证据。

【案例 10-3】 例如,在某承包工程中,承包商总承包该工程项目的全部设计和施工。合同规定,业主应该于 1987 年 2 月中旬前向承包商提供全部的设计资料。该工程项目的主要结构设计部分约占 75%,其他轻型结构和零散设计部分约占 25%。

在合同实施过程中,业主在 1987 年 9 月至 12 月期间才陆续将主要结构设计的资料交付齐全;其余的结构设计资料在 1988 年 3 月到 7 月底才陆续交付齐全。这些都有设计资料交接表,以及附属的资料交接手续作为证据。

对此,承包商提出的工期拖延索赔如下:

主要结构设计资料的提供期可以取 1987 年 9 月初至 12 月底的中值,即为 1987 年 10 月中旬;其他结构设计资料的提供期可以取 1988 年 3 月初至 7 月底的中值,即 1988 年 5 月中旬。

综合这两个方面,以平衡点作为全部设计资料的提供期(见图 10-2 所示)。

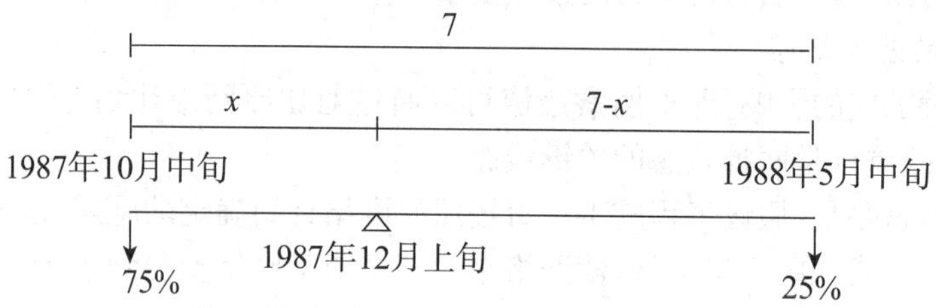

图 10-2 工期拖延影响分析

在图 10-2 中,1987 年 10 月中旬至 1988 年 5 月中旬为 7 个月。

$x \times 75\% = (7-x) \times 25\%$

$x = 1.75$ 月

那么,全部设计资料的提供事件应该为 1987 年 12 月上旬,即 1987 年 10 月中旬向后推 1.75 月。由于设计资料的延误造成工期延长的索赔值约为 9.5 月,即由 1987 年 2 月中旬至 12 月上旬。

案例分析:该案例中的索赔值计算方法,表面上看是公平的,但是,在有些情况下不太合理。因为在计算中没有考虑设计资料对设计工作的实际影响。这里以下几种情况:

1. 如果设计资料没有按照设计工作的进度需要提供,即只有等设计资料齐备后,才能进行设计工作,那么主要结构的设计开始期应该为 1987 年 12 月。同样,其余结构的设计开始期应该为 1988 年 7 月底。

2. 如果设计资料完全按照设计工作的进度提供,那么开始提供设计资料后,即可以开始设计工作,因此,主要结构的设计开始期应为 1987 年 9 月。

3. 其他轻型结构和零星工程的施工很迟,而且它们具有一定的独立性,这些设计工作的推迟,并不影响施工进度,所以,不应该考虑它对总工期的影响。

(二) 工程变更的影响分析

工程变更有如下几种情况:

1. 工程量的增加超过合同规定的承包商应该承担的风险范围,可以进行工期索赔。通常,可以按照工程量增加的比例,同步延长所涉及的网络活动的持续时间。

【案例 10-4】 某工程项目,原合同规定两个阶段施工,工期为:土建工程 21 个月,安装工程 12 个月。如果以一定量的劳动力需要量作为相对单位,那么合同所规定的土建工程量可以折算为 310 个相对单位，安装工程量折算为 70 个相对单位。

合同规定，在工程量增减 10%的范围内，作为承包商的工期风险，不能要求工期补偿。

在工程施工过程中，土建和安装工程的工程量都有较大幅度的增加，同时，又有很多的附加工程，使土建工程量增加到 430 个相对单位，安装工程量增加到 117 个相对单位。

对此，承包商提出了工期索赔。考虑到工程量增加 10%作为承包商的风险，那么

(1) 土建工程量应为：310×1.1=341 相对单位，

(2) 安装工程量应为：70×1.1=77 相对单位。

由于工程量的增加引起的工期延长为：

(1) 土建工程工期延长=21×(430/341−1)=5.5 月

(2) 安装工程工期延长=12×(117/77−1)=6.2 月

那么，总工期索赔=5.5+6.2=11.7 月。

本案例中，将原计划工程量增加 10%作为计算基数，一方面考虑到合同规定的风险，另一方面由于工程量的增加，承包商的生产效率也可能会有所提高。

这不是对工程变更引起工期延长的精确分析，而是基于合同总工期计划上的框算，当然也有一些不合理的地方，如没有考虑土建工程与安装工程可能并行或搭接施工。

2. 增加新的附加工程，即增加合同中未包括的，但又在合同规定范围内的新的工程分项内容。这应该在网络计划中增加新的活动。这种情况下，需要确定：

(1) 新活动的持续时间。

(2) 新活动与其他活动之间的逻辑关系，或新活动的开始时间。

3. 对于由于业主的责任造成的工程停工、返工、窝工、等待变更指令等事件，可以按照经过工程师签字认可的实际工程记录，延长相应网络活动的持续时间。

4. 业主指令变更施工次序会引起网络中活动之间逻辑关系的变更，对此应该调整网络结构。它的实际影响可以根据新旧两个网络的对比分析得到。

5. 在实际的工程项目中，工程变更的影响往往远大于上述分析的结果，因为工程变更还会涉及等待变更指令，变更的实施准备、材料采购、人员组织、机械设备的准备，以及对其他网络活动的影响。在分析时，这些因素经常容易被忽略。在很多索赔中，经常由于提不出这些影响的有力证据，使索赔要求被对方拒绝，使承包商受到损失。对这种情况的处理和解决办法，应该在变更协议中进行规定。在变更前，以及在变更过程中，承包商应该重视这些影响证据的收集，并由工程师签字认可。

(三) 工程中断的影响分析

对由于罢工、恶劣气候条件和其他不可抗力因素造成的工程暂时中断，或业主指令停止施工，使工期延长，一般其工期索赔值按照工程的实际暂停时间，即从工程停工到重新开工这段时间计算。但是，如果干扰事件有后果或影响需要进行处理，还要加上清除后果或影响，恢复到正常施工状态的时间。例如，恶劣的气候条件造成工程现场的混乱，需要在开工前进行现场的清理，有时，还需要重新招雇工人，组织施工，重新安装和检修施工机械设备等。在这种情况下，可以把工程师填写或签证的现场实际工程记录，作为索赔分析的证据。

五、干扰事件对总工期影响的分析方法

在计算干扰事件对工程活动的影响基础上，即可以计算干扰事件对总工期的影响，即工

期索赔值。在实际的工程项目中,通常可以采用网络分析方法、比例分析法。

(一)网络分析方法

网络分析方法是通过分析干扰事件发生前后的网络计划,对比两种工期计算的结果,从而得出索赔值的一种方法。它是一种科学的、合理的分析方法,适用于各类干扰事件的工期索赔。但是,它以采用计算机网络分析技术进行工期计划和控制作为前提条件。

1. 分析过程

假设某工程项目的主要活动的实施计划由图 10-3(a)的网络给出,由它所确定的时标网络见图 10-3(b)所示。

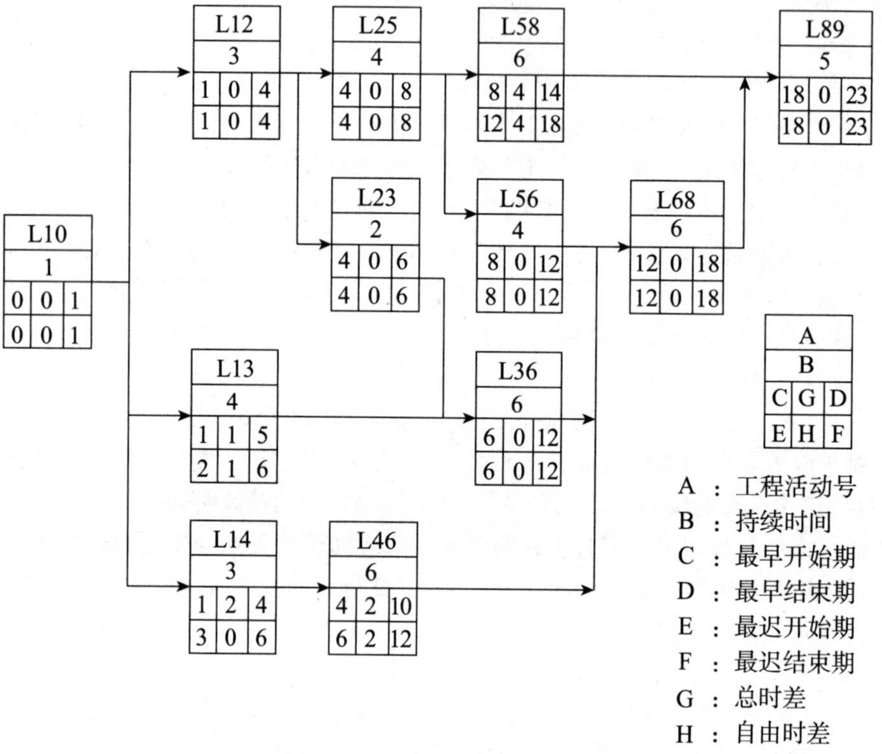

(a)原工期计划网络图

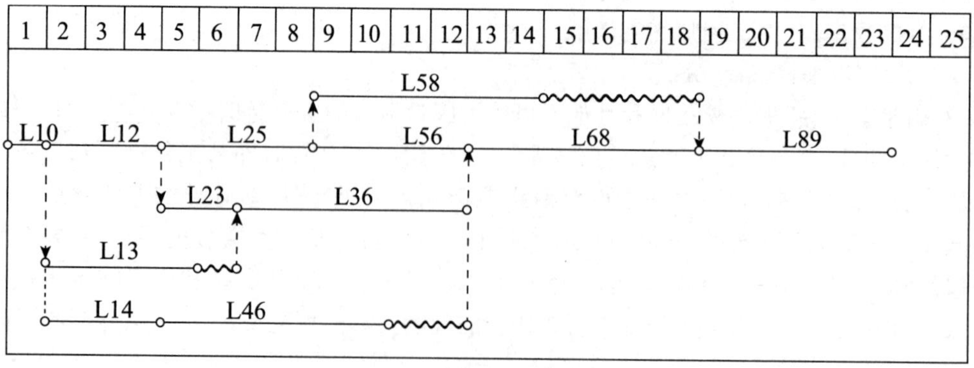

(b)原工期时标网路

图 10-3 某工程项目的原工期计划

经过网络分析，计划工期是 23 周。由于受到外界的干扰，使得合同的实施发生了以下变化：

(1) 活动 L25 的工期延长 2 周，即实际工期为 6 周；

(2) 活动 L46 工期延长 4 周，即实际工期为 10 周；

(3) 增加了活动 L78，持续时间为 6 周，L78 在 L13 结束后开始，在 L89 开始前结束。

将它们一起代入原网络中，得到一个新的网络图，经过新一轮的分析，总工期为 25 周（见图 10－4 所示）。即该工程项目受到上述干扰事件的影响，总工期延长仅仅有 2 周。该时间是承包商可以有理由提出索赔的工期延误。

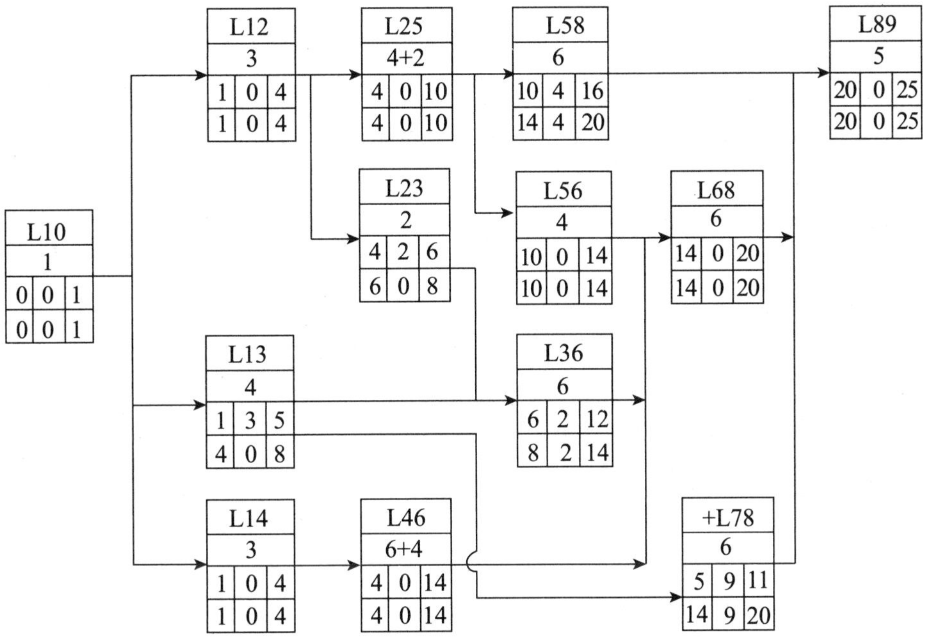

(a)

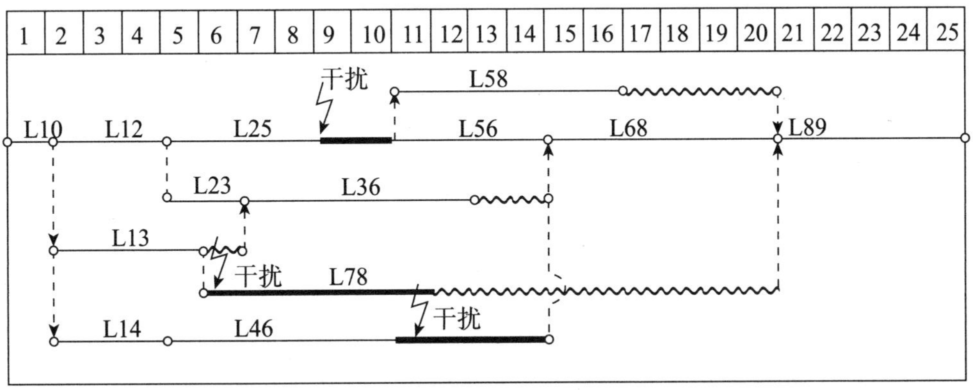

(b)

图 10－4　干扰后的工期计划

从上面的网络分析可见:

(1) 总工期延长 2 周完全是由于 L25 活动的延长造成的,因为,它在干扰事件前即为关键线路的活动,它的延长直接导致总工期的延长。

(2) 而 L46 的延长并不影响总工期,该活动在干扰前为非关键线路上的活动,在干扰事件发生之后,与 L56 等活动并列在关键线路上。

(3) 同样,L78 活动的增加也并不影响总工期。在新的网络中,它处于非关键线路上。

这是比较科学的、合理的分析计算方法。

2. 网络分析中需要注意的两个重要问题

(1) 实际工程项目中时差的使用。

上述案例仅仅是理论层面的分析,在实际的工程项目中,应该考虑到干扰事件发生前的实际施工状态。由于多数干扰事件都是在合同实施过程中发生的,而在干扰事件发生之前,有很多活动已经完成或已经开始。这些活动可能已经占用了线路上的时差,使干扰事件的实际影响远远大于上述理论分析的结果。在承包商编制工程项目的进度计划时,有时为了资源的平衡而动用非关键活动的时差。

例如:在上述的网络分析中,L46 延长了 4 周而不影响总工期,是由于它占用了前导活动 L14 的时差,以及自己的时差。而如果在实际的工程项目中,L14 在第 6 周才结束,或 L46 推迟到第 7 周才开始,即它占用线路上 2 周的时差(这仍然符合原网络计划)。这时干扰事件才发生,L46 受干扰延长 4 周肯定会影响总工期(这时 L46 应该在 7 周至 15 周内进行),这时总工期为 27 周(见图 10-5 所示)。

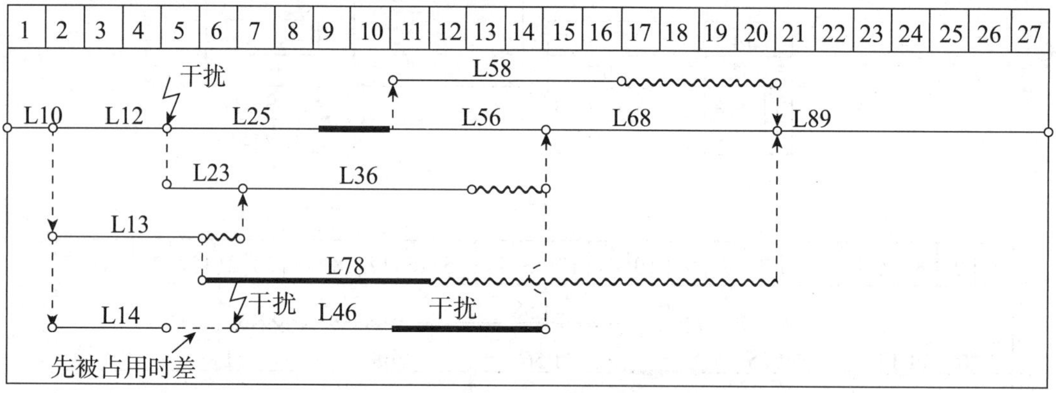

图 10-5 时差先被占用状况的影响分析

这是一个非常复杂,同时又容易引起争议的问题。

① 在单项索赔的分析中,这个问题容易解决。在工程项目的实施过程中,网络调整通常将已完成的活动除外,仅仅对调整日期(即干扰事件发生期)以后的未完成活动,以及未开始活动进行网络分析。这样,所进行的分析当然已经考虑了上述因素的影响。

② 在一揽子索赔中,由于干扰事件比较多,很多因素综合在一起,使可能状态和合同状态的网络已经差别很远,使实际分析非常困难,需要实际的工作经验才能更好地解决这个问题。

通常在实际的分析中,如果干扰事件发生前的某些活动使用了原计划网络中规定的时差，那么可以认为该活动的持续时间应该得到相应的延长。例如，在上述案例中，如果 L14 在第 4～7 周内完成，然后才发生前述的干扰事件，那么可将 L14 活动的持续时间改为 5 周（即 3 周原计划工期以及 2 周被占用的时差）。这样进行总网络分析，其总工期的结果为 27 周，干扰的影响为 4 周。这是由于 L46 延长 4 周造成的。这样比较客观地反映了实际情况。

③ 当然，这里的分析还涉及另一个比较复杂的问题，即谁有权利使用工程活动的时差，以及承包商如何使用活动的时差。在一些新的工程施工合同中，规定并要求承包商在提交施工进度计划中，明确承包商的风险机动时间，它是依附于每个分项工程或工程活动的工期机动时间。承包商可以将其用于应对风险，在计算工期索赔时，要考虑到该风险机动时间。

（2）不同干扰事件工期索赔之间的影响。

从上面的分析我们还可以发现，工期索赔之间所存在的重叠影响。例如：

如果在上例中 L25 和 L46 分别受到不同的干扰事件的影响。L25 先受到干扰，需要延长 2 周。由于在干扰前和干扰后它都处于关键线路上，所以，总工期延长至 25 周，即工期索赔 2 周。此后，在第 7 周初 L46 才开始，这时它也受到干扰需要延长 4 周。而如果这时原网络还没有被调整，那么 L46 受干扰对总工期的影响是 4 周（由于在干扰发生前它原有的 2 周时差已经被使用，它已经成为关键线路的活动）。那么，两个干扰事件的总工期索赔是 6 周。而从图 10－5 的分析可见，两个干扰事件的共同实际影响仅仅是 4 周，这是因为，L46 受干扰后的影响与 L25 受干扰的影响相互重叠。在两个干扰事件的共同作用下，L25 已经成为非关键线路活动。

（二）比例分析法

前述的网络分析方法是最科学的，也是最合理的分析方法。但是，应用这种方法的条件是，应该有计算机的网络分析程序，否则采用人工分析工作量将非常大、非常困难，甚至不太可能进行分析。因为稍微复杂的工程项目，网络活动可能有几百个，甚至几千个，人工分析和计算几乎是不可能的。

在实际的工程项目中，干扰事件常常仅仅影响某些单项工程、分部分项工程或单位工程的工期，要分析它们对总工期的影响，可以采用更为简单的比例分析方法。

1. 以合同价所占的比例进行计算

【案例 10－5】 在某工程项目的施工过程中，业主延误了办公楼工程基础设计图纸的批准，使该单项工程延期 10 周。该单项工程的合同价为 80 万美元，而整个工程合同的总价为 400 万美元。那么承包商提出的工期索赔为：

总工期索赔＝受干扰部分的工程合同价×该部分工程受干扰工期延误量/整个工程合同总价＝80 万×10 周/400 万＝2 周

【案例 10－6】 某工程项目的合同总价为 380 万元，总工期为 15 个月。由于业主的指令增加附加工程的价格为 76 万元，那么承包商提出的索赔值计算是：

总工期索赔＝附加工程或新赠工程量价格×原合同总工期/原合同总价＝76 万×15 月/380 万＝3 月

2. 按照单项工程工期延误的平均值进行计算

【案例 10－7】 某工程项目有 A、B、C、D、E 五个单项工程。合同规定由业主提供水泥。在实际工程施工中，业主没有能够按照合同规定的日期供应水泥，造成工程停工待料。根据现场工程资料和合同双方的往来信函等证明，由于业主水泥供应不及时对工程项目的施工造成如下影响：

(1) A单项工程500立方米的混凝土基础推迟了21天；

(2) B单项工程850立方米的混凝土基础推迟了7天；

(3) C单项工程225立方米的混凝土基础推迟了10天；

(4) D单项工程480立方米的混凝土基础推迟了10天；

(5) E单项工程120立方米的混凝土基础推迟了27天。

在一揽子索赔中，承包商对业主材料供应不及时造成的工期延误提出的索赔如下：

(1) 总延长天数＝21＋7＋10＋10＋27＝75(天)

(2) 平均延长天数＝75/5＝15(天)

(3) 工期索赔值＝15＋5＝20(天)

这里附加5天是考虑到它们延误的不均匀性对总工期的影响。

比例分析方法有如下特点：

(1) 计算简单、方便，不需要进行复杂的网络分析，从内涵上人们也容易接受，所以，在实际工程项目中应用得比较普遍。

(2) 计算的结果也常常不符合实际情况，不太合理、不太科学。因为从网络分析可以看到，关键线路活动的任何延长，即为总工期的延长；而非关键线路活动延长常常对总工期没有影响。所以，不能统一以合同价格额比例进行折算。按照单项工程的平均值计算，也同样存在这个问题。

(3) 这种分析方法有些情况下不适用。例如业主变更工程施工次序、业主指令采取加速施工措施、业主指令删减工程量或部分工程等，如果仍然采用这种方法，会得到错误的结果。

(4) 对于工程变更，特别是工程量增加所引起的工期索赔，采用比例计算法存在一个很大的缺陷。由于干扰事件是在工程项目实施过程中发生的，承包商没有一个合理的计划期，而合同工期和价格是在合同签订前确定的，承包商有一个准备标书的时间，所以，这两种情况是不可比的。

此外，工程变更指令还会造成施工现场的停工、返工，需要重新修改计划，承包商需要增加或重新安排劳动力、材料和设备，会引起施工现场的混乱和低效率。由此可见，工程变更的实际影响，与按比例法计算的结果相比较要大很多。在这种情况下，工期索赔常常是由施工现场的实际记录确定的。

(三) 其他方法

在实际的工程项目中，工期补偿天数的确定方法可以是多种多样的，例如在干扰事件发生前由双方商讨，在变更协议中直接确定补偿的天数，或按照实际工期延误的记录确定补偿的天数等。

【案例10-8】 三峡永久船闸闸室段山体排水洞北坡二期工程的工期索赔(见参考文献25)。

永久船闸山体排水洞北坡二期工程共有4条排水洞，合同总金额为1 398万元，总工期18个月，其中，洞挖的目标工期N4洞为12个月，N3洞为15个月，工程每提前或延误一天，奖励或罚款都是2万元人民币，奖罚的最高金额为100万元。

工程项目于1995年10月10日开工，按照合同18个月的总工期要求，应该于1997年4

月 10 日完工，工程项目的实际完工时间为 1997 年 3 月 18 日，与合同要求相比提前了 32 天。由于工期与奖罚是紧密联系的，施工单位对施工过程中业主原因造成的停水、停电、供图滞后等影响的工期延误，提出 167 天的索赔要求。在收到索赔文件后，工程师对每项影响进行了认真细致的审核，提出了索赔处理意见，并组织业主、承包商协商谈判，确定补偿工期的原则。

1. 关键线路

由于设计变更，N3 洞洞长由原来 1 303.88 m 缩短为 830.38 m，因此，该项目的关键线路由原来的 N3 洞调整为 N4 洞，N4 洞的长对度为 1 219.12 m，在工程师的协调下，双方同意将总工期由 18 个月调整为 17 个月，并根据此工期考虑计算奖罚的额度。

2. 停水、停电的影响

严格按合同划分的责任范围审查，属于业主责任的水厂或变电站、水电主干线的停水、停电，承包商可以索赔；支线以下由承包商负责，停工时间根据现场工程师签字确认的时间为准，并且，如果两种影响出现交叉重复的，只计算其中一种影响。

3. 设计变更

原设计 N4 排水洞的桩编号 0＋077.00～0＋832.00 和＋929.00～0＋986.56 为素混凝土衬砌，根据开挖后发现的地质情况，改变为钢筋混凝土衬砌，为此施工单位提出的索赔工期 27 天，经过分析，改为钢筋混凝土衬砌，只增加钢筋制作安装的工序，工程师根据增加的钢筋数量，只同意补偿 7 天。

4. 业主提供图纸的违约

根据投标的施工组织设计文件，排水孔施工详图提供的时间应在 1995 年 12 月底，但是，业主直到 1996 年 9 月 3 日才提交图纸，施工单位据此提出索赔，索赔时间为 1996 年 1 月至 1996 年 9 月期间，安排排水孔的施工时间 72 天。根据合同文件，工程师确认索赔的依据成立，同意承包商的索赔要求，并根据施工单位实际安排施工的时间，确认索赔从 8 月 6 日起计算，审查同意顺延工期 29 天。

5. 外界干扰

北坡二期排水洞与地下输水系统的施工分支洞贯通后，输水系统的炮烟，以及施工机械尾气涌入排水洞的工作面，影响了排水洞施工，施工单位提出了工期索赔。工程师在事件发生后，及时登记备案，并进行跟踪，最终认为在招标时没有标明排水洞与施工支洞的贯通，这是一个有经验的承包商所无法预见的，因此，同意承包商的索赔要求，但是，对于与停水、停电、图纸供应影响重复的工期延误进行了剔除；根据分析结果，影响底板找平的混凝土施工，同意索赔工期 3 天。

在上述分析的基础上，工程师同意顺延工期 59 天，即由 1997 年 3 月 10 日顺延至 1997 年 5 月 8 日。实际工程项目的完工时间为 1997 年 3 月 18 日，因此，核准排水洞二期北坡工程提前合同工期 51 天完成，同意奖励 100 万元人民币。对此工期索赔的处理结果，由于工程师坚持实事求是、公平公正的原则，并保持了详细的施工记录，分析有理有据，处理过程中还充分听取合同双方的意见，因此，合同双方均理解并接受索赔的处理结果。

第三节　费用索赔计算的基本原则和方法

一、计算的基本原则

费用索赔是整个合同索赔的重点和最终目标,工期索赔在很大程度上也是为了费用索赔。在工程项目中,干扰事件对成本和费用影响的定量分析和计算是非常困难和复杂的。目前,还没有大家统一认可的、通用的计算方法。而选用不同的计算方法,对索赔值的影响也可能很大。但是,计算方法应该符合大家所公认的基本原则,能够被业主、工程师、调解人或仲裁人所接受。如果计算方法不合理,使计算的费用索赔值明显过高,容易使整个索赔报告和索赔要求被业主否定。在进行费用索赔的计算时,应该遵守实际损失原则、合同原则、合理性原则、有利原则几个基本原则。

(一) 实际损失原则

费用索赔都以赔(补)偿实际的损失为原则。在费用索赔的计算过程中,这个原则体现在以下几个方面:

1. 实际损失,即为干扰事件对承包商工程项目成本和费用的实际影响。这个实际影响即可以作为费用的索赔值。按照索赔的基本原则,承包商不能由于索赔事件而受到额外的收益,也不应该承担额外的损失,即索赔对业主不具有任何惩罚的性质。实际损失主要包括两个方面:

(1) 直接损失,即承包商财产的直接减少。在实际的工程项目中,常常表现为成本的增加和实际费用的超支。

(2) 间接损失,即可能获得利益的减少。例如,由于业主拖欠工程款,使承包商失去该工程款的存款利息收入。

2. 所有干扰事件引起的实际损失,以及这些损失的计算,都应该有详细的、具体的证明材料,在索赔报告中应该出具这些证据。没有证据,索赔的要求是不能成立的。

实际损失以及这些损失的计算证据通常有:各种费用支出的帐单,工资表(工资单),现场用工、用料、用机的证明,财务报表,工程成本核算资料,甚至还包括承包商同期企业经营和成本核算的资料等。工程师或业主代表在审核承包商的索赔要求时,经常要求承包商提供这些证据,并且会全面地审查这些证据。

3. 当干扰事件属于对方的违约行为时,如果合同中有违约金条款,按照民法典的基本原则,先用违约金冲抵实际损失,不足的部分再进行赔偿。

(二) 合同原则

费用索赔的计算方法应该符合合同的规定。赔偿实际损失的原则,并不能理解为应该赔偿承包商全部的实际费用超支和成本的增加。在实际的工程项目中,很多承包商经常以自己的实际生产值、实际的生产效率、工资水平和费用开支水平等计算索赔值,以为这即为赔偿的实际损失原则,这是一种误解。这样经常会过高地计算索赔值,而使整个索赔报告被对方所拒绝。在索赔值的计算中还应该考虑:

1. 扣除承包商自己责任造成的损失,即由于承包商自己的管理问题、组织失误等原因而造成的损失，应该由他自己负责。

2. 符合合同规定的赔(补)偿条件，扣除承包商应该承担的风险。

任何工程承包合同都有承包商应该承担的风险条款，对于承包商风险范围内的损失，当然应该由承包商自己承担。例如，某工程合同规定："合同价格是固定的，承包商不得以任何理由增加合同价格，例如市场价格上涨、通货膨胀、生活费用提高、基准工作提高、税法调整等。"根据该合同的规定，在此范围内的损失，承包商是不能提出索赔的。此外，超过索赔有效期提出的索赔要求也是无效的。

3. 合同规定的计算基础。合同是索赔的依据，也是索赔值计算的基础。合同中的人工费单价、材料费单价、机械费单价、各种费用的取值标准，以及各个分部分项工程的合同单价等，都是索赔值的计算基础。当然，有时根据合同的规定可以对它们进行调整，例如由于社会福利费的增加而造成人员基准工资水平的提高，而合同规定可以调整，则可以提高人工费的单价。

4. 有些合同还对索赔值的计算规定了计算方法、计算公式、计算过程等。例如FIDIC合同条件就规定了调价公式，在进行索赔值的计算时，应该遵守这些规定。

(三) 合理性原则

1. 符合规定的，或通用的会计核算原则。索赔值的计算是在成本计划和成本核算的基础上，通过计划成本和实际成本对比进行的。实际成本的核算应该与计划成本(报价成本)的核算具有一致性，而且符合通用的会计核算原则。例如采用正确的成本项目划分方法，各成本项目的核算方法，工地管理费和总部管理费的分摊方法等。

2. 符合工程惯例，即采用能够为业主、调解人、仲裁人所认可的，在工程项目中常用的计算方法。例如，在我国，应该符合工程概预算的规定；在国际工程中，应该符合大家一致认可的典型案例所采用的计算方法。

(四) 有利原则

如果选用不利的计算方法，会使索赔值计算过低，使自己的实际损失得不到应有的补偿，或者失去可能获得的利益。通常索赔值中应包括如下几个方面：

1. 承包商所遭受的实际损失。它是索赔的实际期望值，也是最低目标。如果最后承包商通过索赔从业主获得的实际补偿低于这个值，那么就产生了亏本。有时，承包商还希望通过索赔弥补自己其他方面的损失，例如报价低、报价失误、合同规定风险范围内的损失、施工中管理失误造成的损失等。

2. 对方的反索赔。在承包商提出索赔后，对方常常采取各种措施进行反索赔，以抵消或降低承包商的索赔值。例如：在索赔报告中寻找薄弱环节，以否定其索赔要求；抓住承包商工程中的失误或问题，向承包商提出罚款、扣款或其他索赔，以平衡承包商提出的索赔。

在很多工程项目中，工程师或业主代表需要反索赔的业绩和成就感，因此，他们会积极地进行反索赔，这也显著增加了承包商获得索赔的难度。

3. 在索赔的解决过程中适当让步。对于重大的索赔、特别是重大的一揽子索赔，在最后的索赔解决中，承包商应该作出适当的让步，即在索赔值上打折扣，以争取对方对索赔的认可，争取索赔问题的尽快解决。

这几个因素常常使得索赔报告中的费用赔偿要求，与最终解决、即双方达成一致意见的实际赔偿值相差甚远。承包商在索赔值的计算中应该考虑上述问题，留有余地。所以，索赔要求应该大于实际的损失值。这样最终解决才会有利于承包商。但是,这也应该有合理的理由和依据,并且不能够被对方轻易地反驳或攻击。在国际承包工程中,承包商对待不同的干扰事件和费用项目常常采用不同的索赔策略:

(1) 对有固定计算基础或标准的费用项目,一般不能扩大其索赔的计算值。例如:对于工程量的增加,应该按照合同报价的单价和实际的量方进行计算;由于工程拖期而计取的工地管理人员的工资以及其他工地管理费等,都以报价作为基本的依据,如果承包商稍有扩大,就非常明显,容易被业主或工程师发现。

(2) 有些干扰事件按照实际的费用支出计算索赔值,那么,就会有较大的空间,常常可以将承包商自己的失误以及风险范围的损失也计算进去,因为业主对承包商实际费用的审核和鉴别是比较困难的。例如:对于由于工程中断、业主原因造成施工方案的变化、业主指令赶工等提出的索赔,其索赔值的计算可以略有扩大。

(3) 对于新增的须重新计价的工程项目(特别是业主指令增加的、不属于合同范围的工程),以及由于工程变更而导致工程的性质变化,承包商可以提高报价以增加利润。因为,在工程项目的实施过程中,对于新增项目的报价,是处于无竞争状态下的报价,承包商可以提高利润水平。

二、费用损失的计算方法

通常,干扰事件对费用的影响,即费用索赔的计算有总费用法、分项法两种方法。

(一) 总费用法

1. 基本思路

这是一种最简单的计算方法。它的基本思路是把固定总价合同转化为成本加酬金合同,以承包商的额外成本为基点加上管理费和利润等附加费作为索赔值。承包商以自己内部的记录和文件,以及外部会计师事务(或其他造价审核机构)所签署的支持文件确定实际的花费,与合同价格进行比较,以两者的差额作为索赔值。

例如,某工程项目的原合同价格如下:

工地的总成本:(直接费+工地管理费)	3 800 000 元
公司管理费:(总成本×10%)	380 000 元
利润:(总成本+公司管理费)×7%	292 600 元
合同价格	4 472 600 元

在实际的工程项目中,由于完全非承包商原因造成实际的工地总成本增加至 4 200 000 元。如果采用总费用法计算索赔值如下:

总成本增加量:(4 200 000-3 800 000)	400 000 元
总部管理费:(总成本增量×10%)	40 000 元
利润:(仍为 7%)	30 800 元
利息支付:(按实际时间和利率计算)	4 000 元
索赔值	474 800 元

2. 使用条件

这是一种最简单的计算方法,但是在工程实践中通常应用得比较少,并且不容易被对方、调解人和仲裁人所认可，因为应用这种方法有几个条件：

(1) 合同实施过程中的总费用核算是准确的；工程成本核算符合普遍认可的会计规则；成本的分摊方法、分摊基础的选择合理；实际总成本与报价总成本所包括的内容是一致的。

(2) 承包商的报价是合理的，反映了实际情况。如果报价的计算不合理，那么按照这种方法计算的索赔值也是不合理的。

(3) 费用损失的责任或干扰事件的责任完全在于业主或其他参与方，承包商在工程项目的实施过程中不存在任何过失，而且没有发生承包商风险范围内的损失。这种情况一般是不太可能的。

(4) 合同争议的性质不适用其他计算方法。例如，由于业主原因造成工程性质发生了根本的变化，原合同报价已完全不适用；或者多个干扰事件的原因和影响搅在一起，很难具体分清各个索赔事件的具体影响和费用额度；业主与承包商签订协议，或在合同中规定，对于一些特殊的干扰事件，例如特殊的附加工程、业主要求加速施工、承包商向业主提供特殊服务等，可以采用成本加酬金的方法计算赔(补)偿值。

(5) 承包商的费用索赔是合理的，有确凿的证明。

3. 计算过程中需要注意的问题

在采用这种方法计算索赔值过程中，还要注意以下几个问题：

(1) 索赔值计算中的管理费率一般采用承包商实际的管理费分摊率。这符合赔偿实际损失的原则。但是，实际管理费率的计算和举证是非常困难的，所以，通常都用合同中的管理费率或双方商定的费率。这还是取决于双方的商谈。

(2) 由于工程项目成本的增加使得承包商支出的增加，而业主没有足额进行工程款的支付，会增加工程项目的负现金流量值。为此，在索赔中，可以计算利息支出(作为资金成本)。利息支出可以根据实际的索赔数额、拖延时间和承包商向银行贷款的利率(或合同中规定的利率)进行计算。

(3) 如果没有对单个干扰事件和费用项目的精确计算证明，无法详细地进行审核，确定准确的赔偿值，就不容易被工程师、仲裁人或法官所认可。这种计算方法用得较少。

(4) 有时，在采用总费用法进行计算时，要在计算结果的基础上进行修正，扣减承包商责任的报价失误、现场管理问题、成本控制失误、劳动力和材料的短缺等，以及承包商应承担的风险事件(如天气)导致的费用损失。

(二) 分项法

分项法是按照每个(或每类)干扰事件，以及该事件所影响的各个费用项目，分别计算索赔值的方法。它的特点有：

1. 它比总费用法复杂，处理起来困难。

2. 它更能反映实际情况，比较合理、科学。

3. 它为索赔报告的进一步分析评价、审核，双方责任的划分、谈判和最终解决，提供了便利。

4. 这种方法的应用面广，在逻辑上参与方更容易接受。

所以，通常在实际的工程项目中(包括本书中所列举的索赔案例中)费用索赔的计算都采用分项法。但是，对于具体的干扰事件和具体费用项目，分项法的计算方法又是千差万别的。

采用分项法计算索赔值,通常分为三个步骤:

(1) 分析每个或每类干扰事件所影响的费用项目,这些费用项目通常应该与合同报价中的费用项目一致。

(2) 确定各个费用项目索赔值的计算基础和计算方法,计算每个费用项目受干扰事件影响后的实际成本或费用值,并与合同中的费用值对比,即可以得到该项费用的索赔值。

(3) 将各费用项目的计算值列表汇总,得到费用索赔的总值。

用分项法计算,重要的是不能遗漏任何费用项目。在实际的工程项目中,很多现场管理者提交索赔报告时常常仅考虑直接成本,即现场材料、人员、设备的损耗(这是由他直接负责的),而忽略计算一些附加的成本。例如:工地管理费的分摊;由于完成工程量不足而没有获得企业的管理费;人员在现场延长停滞时间所产生的附加费,比如假期、差旅费、工地住宿补贴、平均工资的上涨;由于推迟支付而造成的财务损失;保险费和保函费用的增加等。

三、可以索赔的费用项目与计算依据

既然一般的工程项目都应用分项法计算费用索赔值,那么合同的类型、报价的内容、费用项目的划分方法、计算过程、所用的基本价格及费率标准等,对索赔值的计算就起到了决定的作用。承包商的报价是按照招标文件的要求、环境、实施方案和投标策略等编制的,所以,它们的不确定性很大。合同报价中的各个费用项目都可以进行索赔,例如人工费、材料费、机械费、工地管理费、企业管理费和其他待摊费、利润等。

在国际工程中,通常在招标文件中包括了工程量清单,工程项目的划分一般也都有确定的计算规则,例如,在国际上经常采用《建筑工程计算规则(国际通用)》和《建筑工程量标准计算方法》。在单价合同中,单价优先于总价,业主根据承包商实际完成的工程量乘以该项目的单价支付工程款,那么这个单价是综合单价,合同价格的决定过程是:

(一) 直接费

1. 人工费

人工费仅指生产工人的工资及相关费用:

人工费=人工的工资单价×工程量×劳动效率

人工的工资单价按照劳动力供应和投入方案,工程小组的劳动组合,人员的招聘、培训、调遣、支付工资、解聘所支付的费用、社会福利保险,及承包商应支付的税收等,计算平均值(通常以日或小时为单位),劳动效率的单位一般为每单位工程量的用工时(或日)数。

2. 材料费

材料费=材料预算单价×工程量×每单位工程量材料消耗标准

材料单价按照采购方案、材料的技术标准,综合考虑市场价格、采购、运输、保险、储存、海关税等各种费用而计算得到。

3. 设备费

进入直接费的设备费一般仅为该分项工程的专用设备。

设备费=设备台班费×工程量×每单位工程量设备台班的消耗量

按照设备供应方案,设备台班费综合考虑设备的折旧费、调运、清关费用、进出场安装及拆卸费用、燃料动力费、操作人员工资、维护保养费用等计算得到设备总费用;再按照设备的计划使用时间(台班数),或该分项工程的工程量,分摊到每台班或单位分项的工程量中。

4. 每项工程直接费及工程总直接费

对于每一个工程分项(按招标文件工程量表)其直接费是该分项的人工费、材料费、机械费之和，而工程总直接费为：

工程总直接费 $=\sum$ 各分项工程直接费

(二) 工地管理费

报价中的其他分摊费用包括非常复杂的内容，而且不同的工程项目有不同的范围和划分方法。例如，有的工程项目将早期的现场投入作为“开办费”独立列项报价；有的将它作为一般的工地管理费分摊进入单价中。这两种划分对费用索赔，特别是由于工期拖延的费用索赔有很大的影响。如果都作为工地管理费分摊，那么一般该项内容主要包括：现场清理、进场道路费用、现场试验费、施工用水电费用、施工中通用的机械、脚手架、临时设施费、交通费、现场管理人员工资、行政办公费、劳保用品费、保函手续费、保险费、广告宣传费等。这些费用一般都要根据工程项目的基本情况、环境状况，以及施工组织状况分项独立地进行估算，最后计算汇总的额度。即：

工地管理费总额 $=\sum$ 工地管理费的各分项数额

工地管理费分摊率＝(工地管理费总额/工程直接费)×100％

工地总成本＝工程总直接费＋工地管理费

(三) 总部管理费与其他待摊费用

本项主要包括企业总部管理费、利息和佣金等。

总部管理费一般由企业根据企业计划的工地总成本额(或总合同额)与预计的企业管理费开支总额进行计算，确定一个比例分摊到各个工程项目中。因此：

总部管理费＝工地总成本×总部管理费分摊率

这里的总部管理费分摊率是一个重要数值。这样：

工程项目的总成本＝工地总成本＋总部管理费

(四) 利润和风险系数

它是由管理者基于投标策略和企业的经营策略确定的一个系数。其计算基础是工程项目的总成本或工程项目的总报价。当然对于相同数额的利润，计算基础不同，那么利润率就会不同。如果以工程项目的总成本作为计算的基础，其利润率为 R_1；以工程项目的总报价作为计算基础，其利润率为 R_2，那么：

$R_1=R_2/(1-R_2)$ 或

$R_2=R_1/(1+R_1)$

(五) 总报价(不含税)

总报价＝工程总成本＋利润(包括风险金)

总分摊费用＝工地管理费＋总部管理费等＋利润

总分摊率＝(总分摊费用/总直接费)×100％

(六) 各分项报价

如果采用平衡报价方法，即各个分项工程按照统一的分摊率分摊间接费用，那么

某分项总报价＝该分项工程直接费×(1＋总分摊率)

某分项单价＝该分项总报价/该分项工程量

如果采用不平衡报价方法,在保证总报价不变的情况下,按照不同的分项工程选择不同的分摊率。一般对在前期完成的分项工程或者预计工程量会增加的分项工程,可以适当提高分摊率,那么,虽然总价可能不变,但是承包商有更好的现金流,变更中获得了更高的变更价格,也相当于提高了报价。

上面这些报价的详细资料对索赔管理是十分重要的。在合同的履行过程中,上述这些费用项目产生变化是索赔机会搜寻、干扰事件影响分析、索赔值计算的重要依据。在费用索赔中,经常用到如下数据:

1. 分项工程工程量和合同单价;

2. 人工工资单价及计算的依据(例如基本工资、税收、保险、社会福利等)、劳动效率、劳动力投入强度等;

3. 材料单价及计算基础(例如买价、运输费、海关税等)、材料消耗标准;

4. 设备投入量、台班费(其中折旧费)、设备所使用的时间、进出场费用等;

5. 工地现场的管理费总额、工地现场的管理费分摊率,以及工地现场的管理费各个分项计算的依据。例如管理人员的投入量、管理人员工资、补贴、社会保险、带薪假,以及差旅费等;

6. 总部管理费总额及费率;

7. 利润额及利润率等。

(七)报价中各种费用的总体构成分析

在索赔值的计算中,各种费用项目的额度分析也十分重要。其分析有两种方法:

1. 按照合同报价中的各费用项目占总费用的比例进行拆分,即以合同总报价为100%,计算各费用项目所占的比例。例如某工程项目的报价费用构成见表10-1所示。

表10-1 某工程项目的费用项目分析表(一)

序号	费用项目	金额(美元)	比 率
1	直接费	1 339.097	72.1%
2	工地管理费	269.251	14.5%
3	总部管理费	148.552	8%
4	利润率	100.000	5.4%
5	合同报价	1 856.900	100%

2. 按照前述的报价计算结果分析,即在直接费基础上计算工地管理费,在工地总成本的基础上计算总部管理费,上述合同报价又可得到下表10-2所示。

表10-2 某工程项目的费用项目分析表(二)

序号	费用项目	金 额	比 率
Ⅰ	直接费	1 339.097	
Ⅱ	工地管理费	269.251	20.107%,(计算基础为Ⅰ)
Ⅲ	总部管理费	148.552	9.236%,(计算基础为Ⅰ+Ⅱ)
Ⅳ	利润率	100.000	5.69%,(计算基础为Ⅰ+Ⅱ+Ⅲ)
Ⅴ	合同报价	1 856.900	Ⅰ+Ⅱ+Ⅲ+Ⅳ

由于索赔值的计算与报价过程一致，并且通常首先得出直接费(实际损失)，然后计算其他费用项目，而不是先得出报价，所以，上述第二种费用项目的分析方法及比率，在工程实践中应用得更为广泛。

按照这种分析方法，如果已知一个工程项目的合同总报价 1 856.900 元，利润率 5.69%，总部管理费率 9.236%，工地管理费率 20.107%，要反算出合同总报价中各个费用项目的数额，可以按照以下公式进行计算：

合同中的利润=[利润率/(1+利润率)]×合同报价

=[5.69%/(1+5.69%)]×1 856.900

=100.000 美元

总部管理费=[总部管理费率/(1+总部管理费率)]×(合同报价-利润)

=[9.236%/(1+9.236%)]×(1 856.900－100.000)

=148.552 美元

工地管理费=[工地管理费率/(1+工地管理费率)]×(报价-利润-总部管理费)

=[20.107%/(1+20.107%)]×(1 856.900－148.552－100.000)

=269.252 美元

除此以外，按照合同状态所确定的平均进度，还有以下几个重要的数据对费用索赔的计算有重大的影响：

(1) 月(或周)平均完成的合同工程量

月(或周)平均完成的合同工程量=合同总价格/合同总工期(月或周)

(2) 月(或周)平均总部管理费

月(或周)平均总部管理费=合同价格中包括的总部管理费/合同总工期

(3) 月(或周)平均工地管理费

月(或周)平均工地管理费=合同价格中包括的工地管理费/合同总工期

如果承包商某月实际完成了上述工程量，那么一般可以说，该月的施工进度是正常的，承包商已经从业主那里获得了合同规定的利润、总部管理费和工地管理费。

为了成功地进行费用索赔，承包商的预算成本和实际成本核算应该具有相同的内容、计算项目一致、达到相同的详细程度。这样才能进行对比分析，才能将实际费用分解到各个分项工程(工程量报价单所列)、合同事件和费用项目中。对于承包商而言，应该建立该工程项目上述各种费用的数据库系统，这会对索赔的处理和解决，例如索赔值的计算、索赔报告的起草以及索赔谈判等，都有很大的帮助。

第四节　工期拖延的费用索赔

一、概述

对由于业主责任造成的工期拖延，承包商在提出工期索赔的同时，还可以提出与工期有关的费用索赔。

与工期拖延相关的费用索赔是一个十分复杂的问题，可能有各种不同的情况，其影响也是各不相同的。

1. 由于业主原因造成了整个工程停工,那么造成全部人员和机械设备的窝工,其他分包商也会受到影响,承包商还要支付现场管理费,承包商由于完成的合同工程量减少而减少了总部管理费的收入等。

2. 由于业主原因造成非关键线路工作的停工,那么总工期不延长。但是,如果这种干扰造成了承包商人员和设备的窝工,那么承包商有权对由于这种停工所造成的费用提出索赔。在发生干扰时,工程师有权指令承包商,同时承包商也有责任在可能的情况下,尽量将停滞的人工和设备用于其他方面以减少可能发生的损失。当然,业主应该对由于这种安排而产生的费用损失(例如工作效率损失、设备的搬迁费用等)负责。如果工程的其他方面仍然顺利地进行,承包商完成的工程量没有变化,这些干扰一般不涉及管理费的赔偿。

3. 在工程项目的特定阶段,由于业主的干扰造成工程项目虽然没有停工,但却在一种混乱的、低效率的状态下施工。例如:业主打乱了施工的顺序,局部停工造成人工、设备的集中使用;由于不断出现加班或等待变更指令等状况,完成的工程量较少。在这些情况下,不仅工期延误,而且也会产生费用损失,包括劳动力、设备低效率损失,现场管理费和总部管理费损失等。

二、人工费损失计算

在工期拖延的情况下,人工费的损失可能有两种情况:

1. 现场工人的停工、窝工。一般按照施工日记上记录的实际停工工时(或工日)数和报价单中的人工费单价(在我国可以采用定额人工费单价)进行计算。有时考虑到工人处于停工状态,可以采用最低的人工费单价进行计算。

2. 低生产效率的损失。由于索赔事件的干扰,工人虽然没有停工,但处于低效率的施工状态。这体现在一段时间内,现场施工所完成的工程量未达到计划的工程量,但用工数量却达到或超过了计划的数量。在这种情况下,要准确地分析和评价干扰事件的影响是非常困难的。通常人们以投标书所确定的劳动力投入量和工作效率为依据,与实际的劳动力投入量和工作效率进行比较,再扣除不应该由业主负责的劳动力的消耗,以计算费用的损失,具体计算公式可以表达为:

劳动力损失费用索赔=(实际使用工日-已完工程中人工工日含量-其他用工数-承包商责任或风险引起的劳动力损失)×劳动力单价

【案例 10-9】 某工程项目,按照原合同规定的施工计划,工程全部需要劳动力为 255 918 人·日。由于开工之后,业主没有及时提供设计资料而造成工期拖延 13.5 个月。在这个阶段,工程现场实际使用的劳动力达到了 85 604 人·日。其中,临时工程用工 9 695 人·日,非直接生产用工 31 887 人·日。这些都有记工单和工资表作为证据。

而在这一个阶段,实际仅完成原计划全部工程量的 9.4%。另外,由于业主指令工程变更,使合同的工程量增加了 20%(工程量增加索赔另外提出)。

承包商对由此造成的生产效率降低提出了费用索赔,其分析如下:

由于工程量增加 20%,那么相应全部工程的劳动力总需要量也应该按照比例增加。

合同工程劳动力总需要量=255 918×(1+20%)=307 102 人·日。

而这阶段实际仅完成 9.4%的工程量:

9.4％工程量所需劳动力＝307 102 人·日×9.4％＝28 868 人·日

那么，在这个阶段的劳动生产效率损失，应该为工程现场实际使用劳动力的数量扣除9.4％工程量所需要的劳动力数量以及临时工程用工和非直接生产用工。即：

劳动生产效率损失＝85 604－28 868－9 695－31 887＝15 154 人·日

合同中，生产工人人工费的报价为 34 美元/(人·日)，工地交通费为 2.2 美元/(人·日)：

人工费损失＝15 154 人·日×34 美元/(人·日)＝515 236 美元

工地交通费＝15 154 人·日×2.2 美元/(人·日)＝33 339 美元

其他费用，例如膳食补贴、工器具费用、各种管理费等项目索赔值的计算从略。

基于上述分析可知，采用这样的计算方法也会有很多问题：

(1) 这种计算要求投标报价中劳动效率的确定是科学的、符合实际的。如果投标文件中承包商把劳动效率定得比较高，即计划用人工数比较少、劳动力的单价比较高，那么承包商通过索赔会获得意外的收益。所以，有些工程师在处理此类问题时，要重新审核承包商的报价依据，有时为了客观起见，还要参考本工程项目其他投标文件中的生产效率值。

(2) 对于承包商责任和风险造成的生产效率损失。例如：由于气候原因造成现场工人的停工，应该在其中进行扣除，对此，工程师应该有详细的现场记录，否则计算不准确，也容易引起争议。

三、材料费索赔

一般在工期延误中不会有材料的额外消耗，但是，可能出现以下两种情况：

1. 由于工期的拖延，造成承包商订购的材料推迟交货，而使承包商蒙受损失。这种损失凭实际的损失证明索赔。

2. 由于工期延长，同时材料价格上涨而造成的损失。这种损失按照材料价格指数，以及未完工程中材料费的数量进行调整(见本节后续的分析)。

四、机械设备费索赔

机械费的索赔与人工费索赔很相似。由于停工造成的设备停滞，一般按照如下公式进行计算：

机械费索赔＝停滞台班数×停滞台班费单价

停滞台班数按照施工日记进行计算。停滞台班单价分以下两种情况：

1. 如果设备是承包商自有的，停滞台班费主要包括折旧费用、利息、维修保养费、固定税费等。一般为正常设备台班费的 60％～70％。

2. 如果设备是租赁的，那么直接可以按照租金进行计算。

与劳动力一样，施工设备也有低效率的损失。它通过将当期正常设备运营状态与实际效率进行比较，计算索赔值。但是，应该扣除在这些时间内该设备可能有的其他使用收入或消耗的机械设备使用时间。

五、工地管理费索赔

如果索赔事件造成了总工期的拖延，那么还应该计算工程项目的现场管理费。由于在施工现场停工期间没有完成计划工程量或完成的工程量不足，承包商不能通过当期完成的工程价款收到计划的工地管理费。尽管停工,承包商却还需要支出现场工地管理费,按照索赔的基本原则,应该赔偿的费用是这个阶段(停止情况下)工地管理费的实际支出。如果这个阶段还有工地管理费的收入,例如在这个阶段完成了部分工程内容,那么应扣除工程款收入中所包含的工地管理费数额。但是,在工程实践中,工地管理费的审核和分摊是非常困难的,特别是在工程项目并没有完全停工的情况下。

工地管理费的内涵比较复杂,有些费用项目是固定的,有些费用项目与时间有关,有些费用项目还与工程量有关。而且这些费用项目之间的关系还比较复杂。所以,工地管理费索赔的计算是比较复杂的,一般有 Hudson 公式、分项计算两种方法。

1. Hudson 公式

它的基本依据是按照正常情况下承包商完成计划的工程量,那么在结算的价款中承包商收到业主的工地管理费;而由于停止施工,承包商没有完成工程量,那么造成收入的减少,业主应该给予赔偿。

工期延误的工地管理费索赔=(合同中包括的工地管理费/合同工期)×延误期限

如果在索赔事件的干扰期间,承包商现场没有完全停工,而是在一种低效率和混乱状态下进行施工,例如工程变更、业主指令局部停工等,那么使用 Hudson 公式时,应该扣除这个阶段已经完成的工程量所应该占有的工期份额。

【案例 10-10】 某工程合同的工程量为 1 856 900 美元,合同工期是 12 个月,合同中工地管理费为 269 251 美元,由于业主的图纸供应不及时,造成施工现场的局部停工 2 个月,在这两个月中,承包商共计完成工程量为 78 500 美元。那么,78 500 美元相当于正常情况的施工期为:

78 500 ÷(1 856 900 ÷12)=0.5 月

那么,由于工期延误造成的工地管理费索赔为:

(269 251 美元/12 月)×(2-0.5)月=33 656.37 美元

由于 Hudson 公式的计算简单方便,所以在不少工程案例中得到了应用,但它不符合赔偿实际损失的基本原则。它是以承包商应该完成计划工程量的开支为前提的,而在很多时候并都不是如此,在工程项目的停工状态下,承包商的实际工地管理费开支会减少。它的应用前提包括以下几个方面:

(1) 报价中工地管理费的核算与分摊是科学的、合理的,符合实际情况。

(2) 工地管理费中包括的费用项目都与工期相关,即它们都随着工期的延长而直接增加。但是,工地管理费中的有些费用项目是一次性投入后进行分摊的,由于工期的延长,这些一次性投入的费用并非与工期成比例地同步增长。

(3) 在停工状态下,承包商工地管理费的各项开支与正常施工状态下的开支相同。

但是,在实际的工程项目中,上述几个前提都可能存在问题,并且,很明显按照 Hudson 公式计算的赔偿费用过高。一般在实际应用中应考虑一个比较合适的折减。

2. 分项计算

对于大型的或特大型的工程项目,按照 Hudson 公式计算的误差会很大,争议也可能很多。通常,可以按照工地管理费的分项报价和实际开支分别进行计算。即按照施工现场停工时间内实际现场管理人员的开支及附加费,属于工地管理费范围的临时设施的折旧、营运费用,以及日常管理费的开支等,逐一列项进行计算、求和,再扣除这一阶段已完工程中的工地管理费份额。

这是一种比较精确的计算方法，规模大的工程项目中应用得比较普遍。但是，对于实际工地管理费的计算和审核比较困难，信息处理的工作量比较大。

六、由于物价上涨引起的费用调整

由于工期拖延，同时物价上涨，引起未完工程费用的增加，承包商可以向业主要求相应的补偿。

1. 可调价格合同的情况

如果合同规定材料和人工费可以进行调整，那么在后期完成的工程价款结算中，用合同规定的调价公式直接进行调整，自然就包括了工期拖延和物价上涨的影响。在国际工程中，可以用 FIDIC 合同的调价公式，对工资和物价（或分别按照各类材料）按照价格指数的变化情况分别进行调整（参考本章第七节的内容）。

对于国内的工程项目，由于材料和工资价格的上涨，国家（或地方）预算定额和取费标准会有适当的调整，那么，可以按照有关造价管理部门规定的方法和系数调整合同价格。

2. 固定价格合同的情况

本项调整可以按照以下方法进行：

(1) 如果整个工程暂停，那么可以对未完工程的成本按照通货膨胀率进行总的调整。

【案例 10－11】 某工程项目，由于业主原因使工程项目暂停了 4 个月，暂停之后还有 3 800 万美元的计划工程量没有完成。国家公布的年通货膨胀率为 5%。对由于工期拖延和通货膨胀造成的费用损失承包商提出的索赔为：

$$38\ 000\ 000 \times 5\% \times 4/12 = 633\ 333 \text{ 美元}$$

当然，这个计算方法也有一些问题：计算基数中，不能包括利润等。

(2) 如果由于业主的原因，工程没有暂停，但是处于低效率的施工状态，造成工程项目的拖延，那么分析计算就更加复杂。

【案例 10－12】 某房屋翻修工程，采用固定总价合同，合同价格为 186 654 英镑，合同工期是 62 周。由于业主原因造成工期拖延了 38 周，最终实际工程的结算价格为 192 486 英镑，按照官方公布的信息，合同签订时的物价指数为 164，计划合同竣工期（即 62 周）的物价指数为 195，由于拖延了 38 周，实际竣工时（100 周）物价指数为 220。假设合同签订时的物价指数为 100，那么到计划合同竣工时物价的上涨幅度为：

$$[(195-164)/164] \times 100\% = 18.9\%$$

到实际竣工时物价的上涨幅度为：

$$[(220-164)/164] \times 100\% = 34.15\%$$

对由于工期延长和物价上涨而引起费用索赔的基本假设是：

① 在计划合同期和延长期物价的上升是直线的；

② 计划和实际工程进度都是均衡的，即每月完成的工程量都是相等的，见图 10－6 所示。

这样，合同总报价中承包商应该承担的物价上涨风险为：

$$(192\ 486/1.094\ 6) \times (18.9\%/2) = 16\ 619.39 \text{ 英镑}$$

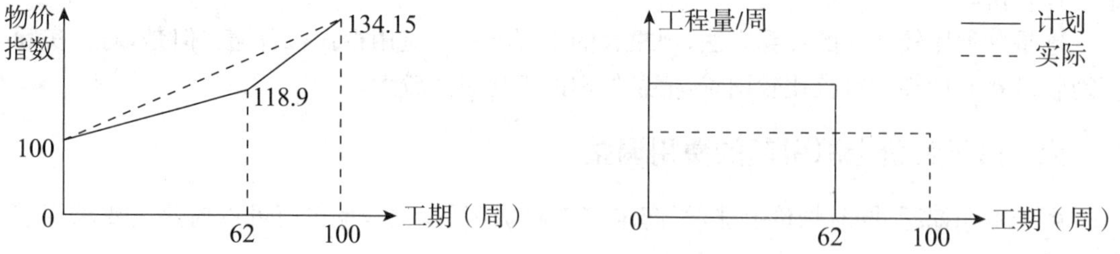

图 10-6　物价指数和工程进度图

上式中,前面一项为不考虑物价上涨的因素,承包商的工程总报价。而在实际工期的100周中,由于物价上涨造成费用增加量为:

(192 486/1.094 8)×(34.15%/2)=30 029.22 英镑

因此,由于拖延了38周和物价上涨造成费用的增加为:

30 029.22−16 619.39=13 409.83 英镑

当然,在上述的计算中,计算基数用实际的工程价款,而不是合同报价,而且其中包括了利润和管理费。这也是值得商榷的,并不十分准确。但是,这种计算方法相对还是有说服力的。

在索赔值的计算过程中,由于物价调整,费用索赔一般不再计算总部管理费和利润收入。

七、总部管理费的计算

按照赔偿实际损失的基本原则,企业管理费的计算应该将承包商企业的实际管理费开支,采用合理的会计核算方法,分摊到已经计算好的工程直接费超支额或有争议的合同中,因此,它涉及企业同期完成的合同额和实际的企业管理费,而不仅仅是某一个合同的问题。由于它以企业实际管理费的开支为计算基础,所以,其取证和计算都比较困难。它的数额比较大,争议也比较大。在这里,分摊的方法非常重要,直接影响到索赔值的大小,关系到承包商的利润。

(一)按照总部管理费率计算

即在前面各项计算求和的基础上(扣除物价调整),乘以总部管理费分摊率。从理论上讲,应用当期承包商企业的实际分摊率,但是对其数额的审查和分析都十分困难,所以,通常仍然采用报价中的总部管理费分摊率。这样的计算会比较简单,在工程实践中应用得也比较多。这完全在于双方的协商。

(二)采用 Hudson 公式

假如工程承包市场比较繁荣,如果承包商能够及时地完成工程,离开本项目,他的资源能够在工程承包市场上通过其他项目而获得相应的企业管理费收益,现由于业主的责任引起项目的延误导致承包商的损失。可以采用以下公式进行计算:

企业管理费索赔=(企业管理费和利润分摊率×合同额/合同工期)×延误时间

按照实际损失的基本原则,这里应该采用承包商近几年实际平均综合管理费和利润率进行计算。对此,承包商要能够提供相应的证明,否则其计算结果和计算方法都可能难以获得业主的认可。

（三）日费率分摊法(Eichleay 法)

这种方法通常应用于由于等待变更或等待图纸、材料等造成的工程项目暂停，或根据业主(工程师)的指令而暂停工程，而承包商又没有其他可以替代施工的工程项目。在这种情况下，承包商由于实际完成的合同额减少而损失管理费的收入，向业主收取由于工程项目延误而增加的管理费。

计算的基本思路为，按照合同额分配管理费，再用日费率法计算损失。其公式为：

争议合同应分摊的管理费＝争议合同额×同期总部管理费总额/承包商同期完成的总合同额

日管理费率＝争议合同应分摊的管理费/争议合同的实际实施天数

管理费索赔值＝日管理费率×争议合同延长天数

【案例 10－13】 某承包商承包一工程项目，原合同工期为 240 天，该合同在实施过程中延误了 60 天，即实际工期为 300 天。在这 300 天中，承包商总的生产经营状态如表 10－3 所示。

表 10－3　承包商的生产经营状况表(单位:美元)

项目	争议合同	其他合同	全部合同
合同额	200 000	400 000	600 000
实际直接总成本	240 000	320 000	560 000
当期企业管理费			60 000
总利润			－20 000

争议合同应分摊的管理费＝200 000×60 000/600 000＝20 000 美元

日管理费率＝20 000/300＝66.7 美元/天

由于工期延长可以提出的管理费索赔额＝66.7×60＝4 000 美元

对上述案例进行分析，需要注意两个问题：

1. 争议合同的管理费按照原合同额进行分摊，这不容易被参与方所接受，因为通常会计核算准则是按照工程项目实际的直接费总成本(对土建工程)或人工费(安装工程)分摊管理费。上例中，如果按照实际的直接费总成本进行分摊，那么管理费索赔额的结果为 5 143 美元。

2. 实际合同履行天数中，包括了合同延误天数，结果必然小于报价中采用的管理费率，降低了索赔额。

该公式是 1960 年在美国的工程案例中得到应用的。与 Hudson 公式一样，它适用于工程承包市场的繁荣期，承包商完全可以将相应的资源通过投入其他项目而获得预期的企业管理费和利润。由于本工程项目的延误，承包商的设备和人员不能脱离本工程项目去从事其他工程项目，因此产生了损失。

（四）总直接费分摊法

这种方法简单易行，说服力较强，使用面较广。其计算的基本思路为：按照费用索赔中的直接费作为计算基础，分摊管理费。其计算公式为：

每单位直接费应分摊的管理费＝合同履行期间总管理费/合同履行期间总直接费

争议合同管理费分摊额＝每单位直接费分摊到的管理费×争议合同实际直接费

【案例 10－14】 某争议合同的实际直接费为 400 000 元，在争议合同的履行期间，承包

商同时完成其他合同的直接费为 1 600 000 元,这个阶段总部管理费总额为 200 000 元。那么:

单位直接费分摊的管理费=200 000/(400 000+1 600 000)=0.1 元/元

争议合同可分摊的管理费=0.1×400 000=40 000 元;

这种分摊方法的应用也有其局限性:

(1) 它适用于承包商在此期间承担的各个工程项目的主要费用比例变化不大的情况,否则采用此方法将明显的不合理,而且误差可能会很大。例如材料费、设备费所占的比重比较大的工程项目,分配的管理费会比较多,因此不能反映工程项目的实际情况。

(2) 如果工程项目受到干扰而延误,并且合同工期较长,在工期延误的过程中,又没有其他工程项目可以替代,那么该工程项目的实际直接费较小,按照这种分摊方式分摊到的管理费也比较小,使承包商蒙受损失。

所以,分配的标准可以是灵活的,例如可以采用直接人工费、直接人工工时,甚至用实物工程量。这就需要承包商分析这种标准是否是合理和有利的。

(五) 特殊基础分摊法

这是一种精确而又很复杂的分摊方法。基本思路为:将管理费开支按照用途分成很多分项,按照这些分项的性质分别确定分摊的基础,分别计算分摊额(如表 10-4 所示)。这种方法要求对各个分项的内容和性质进行专门的研究。

这种分摊方法在工程实践中应用得比较少,通常适用于工程量大、风险大的项目。

表 10-4 特殊基础分摊法

管理费分项	分摊基础
管理人员工资	直接费或直接人工费
与工资相关的费用如福利、保险、税金等	人工费(直接生产工人+管理人员)
劳保费、工器具使用费	直接人工费
利息支出	总直接费

八、非关键线路活动延误的费用索赔

由于业主责任引起非关键线路活动的拖延,造成局部工作或工程的暂停,且非关键线路的拖延在时差范围内,不影响总工期,在这种情况下,承包商不能提出总工期的索赔。

但是,如果这些拖延导致承包商费用的损失,那么就存在相关的费用索赔。通常主要有以下费用:

1. 人工费损失。即在这种局部停工的状态下,承包商已经安排的劳动力、技术人员无法调到其他工程现场或承担其他工作,或工程师(或业主)指令不能安排承担其他工作。这些损失应该按照实际的记工单由业主给予支付,计算方法与前面相同。

2. 机械费损失。为了这些局部的工程内容,承包商专门租用或购置的设备已经进场,由于停工,这些设备无法挪作他用,暂停在施工现场。这个损失也应该由业主承担。

在上述情况下,承包商都应该请示工程师,按照工程师对现场工人和设备的安排开展工作。

3. 对于工地管理费,一般情况下,如果承包商当月完成的合同工程量变化不大,而且总工期没有拖延，那么就没有工地管理费的索赔。但是，如果承包商能够有实际的证据证明他为这个局部的停工多支付了工地管理费，那么可以按照实际的支付额度进行索赔。

第五节 工程变更的费用索赔

在索赔事件中，工程变更的比例很大，而且变更的形式比较多。工程变更的费用索赔常常不仅仅涉及变更的本身，而且还要考虑到由于变更而产生的影响，例如，所涉及的工期的顺延，由于变更所引起的停工、窝工、返工、低效率的损失等。

一、工程量变更

工程量变更是最为常见的工程变更，它包括工程量的增加、减少和工程分项的删除等。它可能是由设计变更或工程师和业主有新的要求而引起的，也可能是由于业主在招标文件中提供的工程量清单不准确而造成的。

1. 固定总价合同的情况。

工程量作为承包商的风险，一般只有在业主修改设计(或“业主要求”)的情况下，承包商才可以调整价格。

2. 单价合同的情况。

业主提供的工程量清单中，所填写工程量数值仅仅是参考的数值。而工程款的结算是按照实际完成的工程量与合同单价的乘积而计算的，所以，对于工程量的增加，可以直接作为月进度款而列入结算帐单中。而承包商应该对所报单价的准确性承担责任。

3. 删除工程的处理。

按照FIDIC合同条件的规定，业主可以删除部分工程，但是，这种删除仅限于业主不再需要这些部分工程的情况。业主不能将在本合同中删除的部分工程再另行发包给其他承包商施工，否则承包商有权对该被删除工程中所包含的现场管理费、总部管理费和利润提出索赔。

二、附加工程

附加工程是指增加合同的范围或工程量清单中没有标明的工程分项。这种增加可能是由于设计漏项、修改设计或工程量清单中项目遗漏，以及业主要求的变化等原因引起的。

附加工程索赔的关键问题是确定工程量以及相应的单价或费率。

(一) 合同内的附加工程

通常合同都赋予业主(工程师)指令承包商实施附加工程的权利，但是，这种附加工程通常被认为是合同内的附加工程。有些合同对工程范围有类似以下的定义：“合同工程范围包括在工程量清单中列出的工程和供应，此外，也包括工程量表中没有列出的，但是对本工程的稳定、完整、安全、可靠和高效率运行，所必需的供应和工程。”

对合同内的附加工程，承包商无权拒绝其实施，而且其价格的计算以合同中的报价作为依据。工程量可以按照附加工程的图纸或实际的量方进行计算，单价通常根据表10-5进行确定。

表 10-5 附加工程的费用索赔分析表

费用项目	条件	计算基础
与合同报价相同	合同中有相同分项工程	按该分项工程合同单价和附加工程量计算
	合同中仅有相似分项工程	对该相似分项工程单价作调整,附加工程量
	合同中既无相同,又无相似的分项工程	按合同规定的方法确定单价,附加工程量

1. 在上表中"相同"的分项工程,是指附加工程的工作内容、性质、工作条件、难度与合同中某个分项工程相同。那么,该项内容进行索赔的计算方法与该工程量的增加相同。

2. 对上表中的第二种情况,在进行价格的调整时,应该考虑某些对变更费用有直接影响的因素,并且这些变更不是在承包商的风险范围内,例如,工程的难度增加、工作效率的减低等。

3. 对上表中所列的第三种情况,FIDIC 施工合同条件规定,应该根据该项工作的合理费用和利润,并考虑其他相关的因素后确定价格。由于本合同报价中,无法提供参照的指标,那么可以采用如下方法:

(1) 参考其他参加竞争的投标人提出的报价。

(2) 套用同一地区、同一时间,相同或相似的工程单价。这要收集并获得工程市场的价格资料。

(3) 按照实际的消耗进行价格分析。在实际直接费(合理分析的,而不是实际消耗的)的基础上,再增加合同报价中确定的管理费率和利润率。

在我国,有比较完备的预算定额,附加工程的单价可以按照定额的标准进行确定,其工程量由附加工程的施工图进行确定。

(二) 合同外的附加工程

合同外的附加工程一般是指新增工程与本合同的工程系统没有必然的联系。通常承包商对于附加工程是欢迎的,因为增加新的工程分项可以降低现场所分摊的很多固定费用,并获得额外的收益。但是,也可能由于以下原因,使承包商随着附加工程的增多而亏损加大:

(1) 合同单价是按工程开始前的条件确定的,工程项目的实施过程中,由于物价上涨,这个价格已经与工程实践背离,特别是当合同规定不允许对价格进行调整时。

(2) 承包商采用低价策略中标,合同单价比较低。

(3) 承包商的报价中有错误。

在这些情况下,如果变更工程仍然按照合同单价进行计算,业主通过附加工程而增加工程的范围,同时,也减少了应该支付的附加工程费用。

基于上述情况,对合同外的附加工程,承包商有以下权利:

(1) 拒绝实施业主要求增加的附加工程。

(2) 要求重新签订协议,重新确定价格。这种重新确定的价格常常又是承包商新的机会,这是由于:

① 它是以现时的市场价格状况作为计价的依据,承包商有权按照当时公平的价格获得业主的支付。

② 它是在无竞争状态下进行的报价,即对新增的工程业主不可能再进行招标,所以,承

包商可以报高价以获得更多的利润。

对于合同外的附加工程，通常有如下几种处理方式：

① 在变更前，双方同意采用总价的形式包干。这种方式简单易行，不容易引起争议，而且变更的后果是确定的。

② 在变更前，双方同意采用成本加酬金方式。这样的效率比较低，承包商成本控制的积极性低，业主应该对实施方案和承包商的成本开支过程进行更加严格的控制。

③ 以合同中工程量清单的报价和费率为基础进行调整计算。由于原合同价格是在竞争的状态下产生的，这样的估价对业主是更加有利的。但是，当有些附加工程是可以预见的时候，承包商投标时可能会采用不平衡的报价方法，有意识地提高这些分项的单价或费率。在这种情况下，合同中的单价和费率可能会比较高，业主会受到损失。

三、工程质量的变化

由于业主修改设计、提高工程的质量标准，或工程师对符合合同要求的工程表示“不满意”，指令要求承包商提高建筑材料、工艺、工程的质量标准，都可能引起费用索赔。质量变化的费用索赔，在单价合同的情况下，主要采用量差和价差分析的方法对单价进行调整，典型的案例可见第十三章的【案例 13 - 3】。

四、工程变更超过限额的处理

1. 在很多国际合同中规定，当整个工程的工程变更使最终有效的合同额增加或减少超过合同总价格的一定数量时(例如，FIDIC 土木工程施工合同第四版规定为正负 15%)，允许适当调整超过部分合同价格中的管理费用。在此情况下，应该注意以下几个问题：

(1) 这里的正负 15%是指整个工程项目的所有变更之和，而不是指某一分项工程的工程量变更。

【案例 10 - 15】 某工程项目的合同总价格是 1 000 万元，由于工程变更使最终的合同价达到了 1 500 万元，那么变更增加了 500 万元，超过了 15%。这里增加的 500 万元是按照原合同的单价计算的。

(2) 调整仅针对超过 15%的部分，即：

$$1\,500\text{ 万}-1\,000\text{ 万}\times(1+15\%)=350\text{ 万元}$$

(3) 仅调整管理费中的固定费用。一般由于工程量的增加，固定费用的分摊额度会减少，反之，由于工程量的减少，固定费用的分摊额度会增加。所以，当有效合同额增加时，应扣除部分管理费。例如，在本工程项目中，按照合同报价中的管理费比率，350 万元增加的工程款中含固定费用约为 62 万元，经合同双方的协商，扣减一定的数额。

(4) 这个调整是仅仅针对价格而言的，并没有包括由于变更而引起的其他影响，例如，工期拖延、劳动效率降低等情况。这些索赔应该另外进行计算。

2. 有些国际工程合同规定，当某分项工程量变更超过一定的范围时，允许对该分项工程的单价进行调整。1999 年版 FIDIC 施工合同条件规定，对于非“固定费率项目”(即该分项不是采用固定价格的形式)，在以下情况下，应该对相关的费率或价格进行调整：

(1) 工程量的变化量超过工程量清单中所列数量的 10%；

(2) 此数量变化与该项工作规定的费率乘积，超过中标合同金额的 0.01%；

(3) 此数量变化直接改变该项工作的单位成本超过了1%。

这种调整主要针对合同单价中的固定费用(主要为现场管理费和企业管理费的部分费用项目)。这是因为固定费用总额并不随工程量的增加或减少而发生变化。所以,一般而言,随工程量增加,该分项的固定费用分摊减少,则单价应该降低;反之,工程量减少,该分项的固定费用分摊增加,则该分项的单价上升。

还应该注意的是,调整后的新单价也仅仅适用于超过部分的工程量。

【案例10-16】 某分项工程量为400 m^3 混凝土,合同单价为200元/m^3,报价中的管理费为30元/m^3。合同规定,单项工程量超过25%即可调整单价。在工程项目的施工过程中,实际的工程量为600 m^3,那么:

调整后单价中管理费=30元/m^3×400 m^3/600 m^3=20元/m^3

因此,调整后单价应该为:

$$200+(20-30)=190\text{ 元}/m^3$$

在工程量增加25%范围以内的部分采用原来的单价进行计算,即:

$$200\times400\times(1+25\%)=100\ 000\text{ 元}$$

在工程量增加25%范围以外的部分,采用新的单价进行计算,即:

$$190\times(600-400\times1.25)=19\ 000\text{ 元}$$

由于所发生的变更,该分项工程的实际总价格为:

$$100\ 000+19\ 000=119\ 000\text{ 元}。$$

第六节 加速施工的费用索赔

一、能够获得业主赔偿的加速施工的情况

通常在工程中,存在以下情况,承包商可以提出加速施工的索赔:

1. 由于非承包商的责任造成工期的拖延,业主希望能够按时交付工程,由工程师下达指令,承包商采取加速施工的措施。

2. 工程项目没有发生拖延,由于市场等原因,业主希望工程提前交付,与承包商协商采取加速施工的措施。

3. 由于发生干扰事件,已经造成工期的拖延,但是,双方对工期延误的责任产生了争议,而工程师(业主)认为是工期延误是由于承包商的责任而引起的,并直接指令承包商加速施工,承包商被迫采取加速施工的措施(按照FIDIC合同条件,对于承包商责任引起的拖延,工程师可以指令加速施工)。但是,最终经过承包商的申诉,或经过调解、仲裁,确定工期延误是由业主的原因引起的,承包商的工期索赔成功,那么,这种情况下,工程师的加速施工指令即被推定为赶工要求,业主应该承担相应的责任。

二、加速施工的费用索赔

加速施工的费用索赔计算是十分困难的,这是由于整个合同报价的依据发生了变化。它涉及劳动力投入的增加、劳动效率的降低(由于加班、频繁调动、工作岗位变化、工作面减

小等)、加班费补贴;材料(特别是周转材料)的增加、运输方式的变化、使用量的增加;设备数量的增加、使用效率的降低;管理人员数量的增加,分包商索赔、供应商提前交货的索赔等。通常,还需要扣除由于使工期提前而减少的与时间相关的费用。

通常,加速施工的费用分析见表 10－6 所示。

表 10－6　加速施工的费用索赔分析表

费用项目	内容说明	计算基础
人工费	增加劳动力投入,不经济地使用劳动力,使生产效率降低	报价中的人工费单价,实际的劳动力使用量,已完成工程中的劳动力计划用量
	节假日加班、夜班的补贴	实际加班数量,合同规定或劳资合同规定的加班补贴标准
材料费	增加材料的投入,不经济地使用材料	实际的材料使用量,已完成工程中的材料计划使用量,报价中的材料价格或实际材料价格
	由于材料的提前交货,给材料供应商的补偿	实际支出
	改变运输方式	材料数量,实际运输价格,合同规定的运输方式的价格
	材料代用	代用材料的数量差异、价格差异
机械设备费	增加机械设备的使用时间,不经济地使用机械设备	实际费用,报价中的机械设备费,实际租金等
	增加新的机械设备投入	新的机械设备报价,新的机械设备使用时间
工地管理费	增加管理人员的工资	计划用量,实际用量,报价标准
	增加人员的其他费用,例如福利费、工地补贴、交通费、劳保、假期等	实际增加的人·月数,报价中的费率标准
	增加临时设施费	实际增加量,实际费用
	增加现场日常管理费	实际开支数,原报价中包含的数量
其他	分包商索赔 总部管理费	按实际情况进行确定
扣除:工地管理费	由于赶工,计划工期缩短,减少的支出有:工地交通费、办公费、工器具使用费、设施费用等	缩短的工期(月数),报价中的费率标准
扣除:其他附加费	保函、保险和总部管理费等	

【案例 10－17】　在某工程中,合同规定某种材料必须从国外的某地采购,由海洋运输至工程现场,一切费用由承包商承担。而由于业主指令加速进行工程施工,经过业主的同意,该材料由海运改为空运。对此,承包商提出费用索赔的证据:原合同报价中的海运价格为 2.61 美元/千克,现空运价格为 13.54 美元/千克,该批材料共计重量是 28 366 千克,那么承

包商的费用索赔额度是：

$$费用索赔=28\ 366\ kg\times(13.54-2.61)美元/kg=310\ 324.04\ 美元$$

在实际的工程项目中，由于加速施工，实际费用支出的计算和核实都很困难，双方容易由此产生矛盾和争议。为了简便起见，合同双方可以在变更协议中商定一定额度的赶工费赔偿总额(包括赶工奖励)，由承包商在赶工的情况下包干使用。但是，这个额度的大小是很难确定的，此外，如果赶工过多、承包商发生的费用超过了该费用总额，或赶工很少、承包商发生的费用显著少于该费用总额，双方都可能由此而产生争议。

第七节　其他情况的费用索赔

一、工程中断的索赔

工程中断(暂停)指由于某种原因工程被迫全部停工，在一段时间后又继续重新施工。工程中断索赔的费用项目和计算基础，基本与前述工程延期的索赔类似(见本章第三节)。此外，还可能有以下费用项目(见表 10－7 所示)。

表 10－7　工程中断的费用索赔补充分析表

费用项目	内容说明	计算基础
人工费	人员的遣返费、赔偿金以及重新招雇的费用	实际支出
机械费	额外的进出场费用	实际支出或按照合同的报价标准
其他费用	如工程现场的清理、重新计划、安排、重新准备施工等	按照实际的支出

二、合同终止的索赔

1. 在工程项目竣工之前，合同的履行被迫终止，并不再继续履行。由于以下原因，承包商有权提出费用索赔：

(1) 业主指令停止该项目，例如业主认为该工程已经不再需要，技术已经过时，工程的环境出现大的变化，使得项目没有继续实施的价值；国家计划有大的调整，项目被取消；政府、城建、环保等部门的干预。

(2) 业主严重违约，濒于破产或已经破产，无力支付工程款，按照合同条件承包商有权终止合同。

(3) 不可抗力因素和其他原因，例如发生战争。

2. 业主应该按照合同中规定的费率和价格，向承包商支付合同终止前完成的全部工作的费用。通常，这时工程项目已经处于清算的状态，首先，应该进行工程项目的全盘清查，结清已完的工程价款，结算已开始但未完成的工程费用，以核定损失。其次，承包商还可以提出索赔，索赔的主要费用项目和计算基础见表 10－8 所示。

表 10-8 合同终止的费用索赔分析表

费用项目	内容说明	计算基础
人工费	遣散工人的费用,支付给工人的赔偿金,善后处理工作人员的费用	按照实际的损失进行计算
机械设备费	已经交付的机械设备租金,为机械设备的运行已经进行的一切物质准备费用,机械设备作价处理的损失(包括未提折旧),已经交纳的保险费等	
材料费	已经采购的材料,已经订购材料的费用损失,材料作价处理的损失	
其他附加费用	分包商索赔 已交纳的保险费、银行费用等 开办费和工地管理费的损失	

三、特殊服务的索赔

对于业主要求承包商提供的特殊服务,或完成合同规定以外的义务等,可以采用以下三种方法计算赔(补)偿值:

1. 以点工进行计算。这里的点工价格除了包括直接的劳务费价格外,还需要考虑节假日的额外工资、加班费、保险费、税收、交通费、住宿费、膳食补贴、总部管理费等。

2. 用成本加酬金方法进行计算。

3. 承包商就特殊服务项目进行报价,双方签订附加协议。这完全与合同的报价形式相同。

四、材料和劳务价格上涨引起的索赔

如果合同允许对材料和劳务等费用的上涨进行调整,合同应该明确规定调整方法、调整依据、计算公式等。现在,FIDIC 施工合同采用国际上通用的物价指数调整方法。

1. 确定合同价格的组成要素作为调整的对象。通常有不可调整的部分(与物价无关的)、工资、主要材料,例如设备、水泥、钢材、木材和燃料(动力)等。

2. 确定各个组成要素在合同总价中的比例。各个组成要素的比例系数之和应该等于1。在很多招标文件中,业主要求承包商在投标时就提出各部分成本的比重系数,并在价格分析中予以论证。有的项目由业主在标书中规定一个允许的范围,由承包商在此范围内选定。

3. 确定价格考核的地点和时间。

(1) 价格考核地点一般在工程所在地,或指定的某地市场价格,或由指定的机构颁布的价格指数。

(2) 价格考核的时间包括两个方面:

① 投标基准日期,通常以投标截止期前 28 天当日为准(FIDIC 合同条件的规定)。承包商在投标文件中,应提出报价所依据的工资和材料的基本价格表,应该对基本价格表进行审查。

② 调整到现行价格的指定日期。对按月结算工程款的情况,通常为期中付款证书指定

期间最后一天之前的第 49 天当日为准。

同样,实际的工资和物价(或分别各种材料)也以公布的价格作为依据。一般不考虑承包商对工人的实际支付和实际采购价格,因为业主或工程师审查,或控制承包商个别支付和采购价格的合理性是困难的,而且会导致承包商不积极地控制采购成本。

4. 工程价款的调值公式。

$$P=P_0\cdot(a_0+a_1\cdot A/A_0+a_2\cdot B/B_0+a_3\cdot C/C_0+a_4\cdot D/D_0\cdots\cdots)$$

式中:

P——调整后合同价款或工程实际结算价款;

P_0——按照合同价格计算的工程进度款;

a_0——固定要素,代表合同支付中不能调整的部分;

a_1、a_2、a_3、a_4……——代表有关的成本要素(例如人工费用、钢材费用、水泥费用等)在合同总价中所占的比重,$a_0+a_1+a_2+a_3+a_4\cdots\cdots=1$;

A_0、B_0、C_0、D_0——基准日期与 a_1、a_2、a_3、a_4 对应的各项费用的基期价格指数或价格;

A、B、C、D——与特定付款证书有关的期间最后一天之前的第 49 天当日与 a_1、a_2、a_3、a_4 对应的各成本要素的现行价格指数或价格。

【案例 10-18】 某国际工程合同规定允许对价格进行调整,并采用国际通用的调价公式。调整以投标截止期前 28 天当日的参照价格为基数,通过对报价的测算分析确定各个调整项目占合同总价的比例。投标截止期前 28 天当日的参考价格见表 10-9 所示。而在第 i 个月完成的工程量为 230 万美元,第 i 个月的参考价格指数见表 10-9 所示。

表 10-9 参考价格

调整项目	占合同价比例(I)	投标截止期前 28 天参考价格(T_0)	第 i 月公布参考价格(T_i)	T_i/T_0	$I\cdot(T_i/T_0)$
不可调部分	0.30	无	无	1	0.30
工资(美元/工日)	0.25	3	3.6	1.2	0.30
钢材(美元/t)	0.12	520	580	1.115	0.134
水泥(美元/t)	0.06	80	82	1.025	0.062
燃料(美元/升)	0.08	0.4	0.48	1.2	0.096
木材(美元/m^3)	0.1	420	480	1.143	0.114
其他材料	0.09	100	120	1.2	0.108
合计	1				1.114

那么,第 i 个月物价调整后的工程价款为:

$$P_i=P_0\times\sum I\times(T_i/T_0)=230\text{ 万}\times1.114=256.22\text{ 万美元}$$

由于物价引起的调整为:

$$P_i-P_0=256.22\text{ 万}-230\text{ 万}=26.22\text{ 万美元}$$

对于国内的工程项目,由于材料和工资的上涨,国家(或地方)预算定额的调整,可以按照有关部门规定的方法对合同价格进行调整。

索赔值的计算中,价格调整的索赔通常不包括总部管理费和利润收入。

五、拖欠工程款的索赔

对于业主没有按照合同规定支付工程款的情况，如果合同中有明确的规定，那么按照合同的规定执行。我国的施工合同示范文本规定，可以按照银行有关逾期付款的办法或"工程价款结算办法"的有关规定进行处理。如果合同中没有明确的规定，那么按照相关的政府法律执行。其索赔值通常可以采用以下公式进行计算：

包括利息在内的应付款＝拖欠工程款数额×(1＋年利率×拖欠天数/365)

第八节　利润索赔

一、可以索赔利润的情况

在工程合同中，费用是指承包商在现场内外发生的或将发生的所有合理开支，包括管理费用及类似的支出，但是不包括利润。如 FIDIC 合同条件对费用和利润也进行了区分，有些索赔事件业主仅仅补偿承包商费用，而有些索赔事件业主应该补偿承包商费用和利润。通常，由业主或工程师直接造成的原因而引起的索赔，承包商不但可以得到工期的延长，而且可以得到费用和利润。而由于客观原因引起的索赔，承包商只能得到工期的延长，有时也可以得到费用补偿，但是不能得到利润。这体现了"客观原因由双方共同承担损失"的公平原则。

在 FIDIC 合同条件中，对于承包商的利润索赔有专门的规定，分为以下几类情况：

1. 业主或工程师没有履行或没有正确地履行合同责任。例如：提供错误的数据和放线资料，拖延提供设计图纸和施工场地，在颁发移交证书前使用工程，妨碍承包商进行工程的竣工试验等。

2. 业主的违约行为。例如：业主删除工程，又发包给其他承包商施工；由于业主不支付工程款，承包商暂停工程项目的施工；由于业主的严重违约行为，承包商终止合同，产生了预期利润的损失。

3. 业主指令工程变更等。例如：工程量的增加、附加工程等；工程师指令钻孔勘探；要求修复非承包商责任的缺陷；为其他承包商提供工作条件和设施；指令承包商调查工程项目的缺陷，而结果证明缺陷并非承包商的责任；要求承包商进行合同规定以外的试验，而结果证明承包商的材料、工程符合合同的要求。

4. 发生了业主风险范围内的事件引起的工程损坏，承包商按照工程师的指令进行修复。

二、利润索赔的计算方法

不同的干扰事件，利润索赔的计算方法不同，可以分为如下几类：

1. 在大多数情况下，按照前述费用索赔各分项的计算结果(通常物价上涨引起的费用索赔除外)乘以合同规定的利润率。这通常适用于业主指令工程变更和业主风险事件的情况，例如，工程量增加、合同规定以外工作的增加。这种算法与工程报价基本一致。

2. 在由于业主没有完成其合同责任,或者业主违约导致承包商工程项目暂停的情况下,承包商的工程直接费、现场管理费索赔的数额较少,可以采用 Hudson 公式或 Eichleay 公式,一起计算利润与企业管理费的索赔。

3. 由于业主严重违约导致合同终止,那么承包商还可以索赔剩余工程内容的利润;或业主取消部分工程内容,再发包给其他承包商施工,那么承包商可以索赔被删除部分工程包括的利润。

对于剩余工程利润索赔的计算与证实都非常困难。承包商要能够证明剩余工程的合同价格实际上是有利润的(实际损失的原则)。这取决于原合同价格估算的准确性,以及合同价格中承包商预期可获得的利润,而不是承包商在投标报价中提出的利润百分比。

【案例 10-19】 某工业项目的厂房、办公楼施工工程,经过邀请招标,由某建设工程有限公司以 1 050 万元中标。报价依据当地的预算定额进行编制,在合同中,承包商承诺在预算价格的基础上让利 18%。但是,中标后业主又将工程委托给另外的承包商完成。该公司向法院起诉,要业主赔偿正常实施该工程可以获得的利润,法庭支持该公司的要求。

但是,根据合同的报价分析无法确定承包商的可得利润。法庭接受按照承包商近几年企业的实际利润率和当地同类企业的平均利润率,测算本工程项目可得利润率的建议。法庭委托政府价格主管部门设立的价格鉴定机构测算承包商的可得利润。

鉴定依据:工程施工合同、图纸和预算书,地方的价格评估暂行办法,工程预算定额和工程取费标准,当地的工程造价信息,当地统计局资料,承包商本工程中标前三年经审计合格的资产负债表和损益表。

(1) 按照施工图纸和预算定额测算,工程项目的预算造价为 12 676 111 元。

(2) 根据该公司前三年经过审计的财务会计报表,该企业的税前利润率分别为 2.36%,2.4%和 1.88%,前三年的平均税前利润率为 2.22%。

(3) 通过统计分析,该市近三年同类建筑企业的平均利润率分别为 2.98 %,3.43%,3.76%。

(4) 按照本次委托鉴定的目的和要求,对被测算的对象赋予不同的权重,取该公司的利润率的权重为 60%,当地近三个年度的企业平均利润率分别赋予 10%、10%、20%的权重,那么可得利润率的测算值为:

$$可得利润率=2.22\%\times60\%+2.98\%\times10\%+3.43\%\times10\%+3.76\%\times20\%=2.72\%$$

(5) 计算承包商的可得利润为:

$$\begin{aligned}工程项目的可得利润&=预算总造价\times(1-下浮率)\times可得利润率\\&=12\ 676\ 111\times(1-18\%)\times2.72\%=282\ 728\ 元\end{aligned}$$

这种分析计算比较反映实际情况,符合索赔值计算的基本原则。

复习思考题

1. 简述在干扰事件影响的分析中,三种状态分析的基本思路。

2. 在很多工程项目中,各个干扰事件的工期索赔之和经常远远大于实际总工期的延误量,为什么会出现这个现象?

3. 采用比例计算法进行工期索赔会带来什么问题?

4. 在我国的某工程项目中,采用标准的建设工程施工合同示范文本。在工程施工过程中，由于业主图纸的拖延造成现场全部停工 5 个月。请回答以下问题：

（1）承包商进行工期和费用索赔的理由是什么？

（2）承包商能够索赔哪些费用项目？

（3）这些费用项目应该如何进行计算？

5. 在【案例 10－2】中，如果承包商的报价里保持人工费的总额不变，提高劳动效率（即减少合同的总用工量），并提高人工费的单价。这对本项索赔会产生什么影响？作为业主应该怎样防止这种问题的发生？

6. 在我国的某工程项目中，总承包商是国外的某公司，分包商是我国的某承包企业。有一次，总承包商的代表在分包商的工程现场进行检查，发现了几根散乱的钉子，根据合同对分包商进行处罚。算法是："1 m^2 有这几根钉子，分包商的工地现场有几百万 m^2，那么，以每 m^2 都有这样的几根钉子计算。"最终分包商赔偿了总承包商 28 万元人民币的索赔。试分析：

（1）如果总承包合同中有这样的条款，您觉得这样的条款是否有效？

（2）总承包商的这种算法有什么问题？分包商如何反驳总承包商的索赔要求？

（3）作为分包商，在本案例中应该吸取什么样的经验和教训？

7. 在某工程中，承包商的施工组织计划安排两班制进行施工作业。在工程施工过程中，由于业主的原因造成整个工程项目的中断，施工设备停工，业主应该赔偿承包商的损失。问：在费用索赔的计算中，对施工设备承包商能否索赔每天两个停滞的台班费？为什么？

8. 讨论：对于总承包商和管理承包商是否能够用 Hudson 公式计算企业管理费的索赔？为什么？

第十一章 反索赔

本章提要：本章主要论述反索赔的问题，包括反索赔的概念、步骤、反驳索赔报告（即索赔要求）和业主索赔。在本章的第三节，基于反索赔的基本原理对一个反索赔案例进行了比较系统的分析。为了加深理解，在阅读本章时可以参考第十三章的相关案例。

第一节 概 述

一、反索赔的内容

通常，反索赔是针对索赔而言的，对于一个索赔要求，参与方经常采取以下两个措施：

1. 反驳对方不合理的索赔要求，即找出理由和证据，证明对方的索赔报告不符合事实情况，不符合合同的规定，没有根据，计算不准确，以推卸或减轻自己对已产生干扰事件的赔偿责任，否定或部分否定对方的索赔要求，使自己不受或少受损失。

对于承包商而言，这个索赔要求可能来自业主、总（分）包商、联营体成员、供应商等。

2. 用自己的索赔要求对抗（平衡或部分平衡）对方的索赔要求，使得在最终的索赔问题解决过程中，双方都作出让步，互不支付，或自己尽可能少支付给对方的赔偿。

在工程中，干扰事件的责任常常是双方共同承担的，对方也有失误和违约的行为，也有薄弱环节。抓住对方的失误，提出索赔，在最终索赔的解决中双方都作让步。这是以"攻"对"攻"，"攻击"对方的薄弱环节。

用索赔对抗索赔，是业主常用的反索赔手段。因此，在国际上，人们又常常将业主索赔称为"反索赔"。

在工程中，合同双方都在进行合同管理，都在寻求索赔的机会。所以，如果承包商不能进行有效的索赔管理，不仅容易失去索赔的机会，使自己的损失得不到补偿，而且可能反被对方索赔，遭受更大的损失，这样的经验教训是很多的。

【案例 11－1】 （见参考文献 13）在我国一项总造价数亿美元的房屋建造工程项目中，某国 TL 公司以最低价击败众多的竞争对手而中标。作为总承包商，他又将工程分包给我国的一些建筑公司。中标时，很多的工程专家预测，由于报价低，该工程最多只能保本。而最终工程结束时，该公司取得 10%的工程报价利润。它的主要手段有：

（1）利用分包商的弱点。承担分包任务的中国公司缺乏国际工程承包经验。TL 公司利用这些弱点，在分包合同上作文章，甚至违反国际惯例，加上很多不合理的、苛刻的、单方面的约束性条款。在向我国的分包商下达任务或提出要求时，经常有意不出具书面文件，而我国的分包商却轻易地接受并完成工程内容。但是，到工程款结算、追究责任时，我国的分包商由于不能提供书面证据而失去索赔的机会，受到损失。

(2) 尽量扩大索赔的收益，并避免受罚。工程设计的细微修改、物价上涨，或影响工程进度的任何事件，都是 TL 公司向我国业主提出经济索赔或工期索赔的理由。只要有机可乘，他们就大幅度地加价索赔。仅 1989 年这一年，TL 公司向我国业主提出的索赔要求就达到了 6 000 万美元。而整个工程项目比原计划拖延了 17 个月，TL 公司灵活巧妙地运用各种措施，竟然避免了工期延误的罚款。

反过来，TL 公司对分包商处处克扣，分包商如果没有能够在分包合同规定的工期内完成任务，TL 公司就对他们进行严格的工期罚款，毫不手软。

这个案例似乎令人生气，但又没有办法。这是双方管理水平的较量，而不是靠道德来维持合同的履行过程，不提高管理水平，这样的事情总是难免要发生的。

在国际承包工程中，这种例子很多，“没有不苛求的发包商，只有无能的承包商”。对发包商来说，也很少有不“刁滑”的承包商。这完全靠管理，“道高一尺，魔高一丈”才能使自己立于不败之地。

二、反索赔的意义

索赔管理的任务不仅在于追索已经产生的损失，而且在于防止将产生或可能产生的损失。追索损失主要通过索赔，而防止损失主要靠反索赔。

在工程中，业主与承包商之间、总承包商和分包商之间、联营体成员之间，以及承包商与材料或设备供应商之间，都可能有双向的索赔和反索赔。例如：承包商向业主提出索赔，而业主进行反索赔；同时，业主又可能向承包商提出索赔，承包商就需要进行反索赔；而工程师一方面通过认真地工作防止发生索赔事件，另一方面又必须妥善地解决合同双方的各种索赔(反索赔)问题。所以，在工程中，索赔与反索赔的关系是很复杂的。

索赔和反索赔是“进攻”和“防守”的关系。在合同的实施过程中，承包商必须“能攻善守、攻守相济”，才能立于不败之地。如何才能进行有效的索赔和反索赔？

《孙子兵法》中有：“善守者藏于九地之下，善攻者动于九天之上。”即对方企图索赔却找不到我方的薄弱环节，找不到向我方索赔的理由；我方提出索赔，对方无法推卸自己的合同责任，找不到反驳的理由。“守必固，攻必克”，在这里，“攻守武器”主要是合同和事实根据。

在工程合同的实施过程中，合同双方都在进行合同管理，都在寻找索赔机会，一旦发生干扰事件，都在努力推卸自己的合同责任，都在期望进行索赔。不能进行有效的反索赔，同样可能要遭受损失，反索赔对合同双方有同等重要的意义，主要表现在以下几个方面：

1. 减少和防止损失的发生。如果不能进行有效的反索赔，不能减少自己对干扰事件的合同责任，那么就需要答应对方的索赔要求，支付赔偿费用，遭受损失。由于合同双方的利益在很多方面是不一致的、对立的，索赔和反索赔又是一对矛盾，所以，一个索赔成功的案例，常常又是反索赔不成功的案例。对于合同双方而言，反索赔同样直接关系到实施项目的经济效益高低，反映了工程项目的管理水平。

2. 不能进行有效的反索赔，处于被动挨打的局面，影响工程管理人员的士气，进而影响整个工程的施工和管理。在国际工程中，常常有这种情况：由于不能进行有效的反索赔，我方管理者处于被动地位，害怕被对方索赔，在实际工作中“缩手缩脚”，与对方交往时“诚惶诚恐”，没有主动权。而很多承包商也经常采用这个策略，在工程项目刚开工就抓住时机积极地进行索赔,以打掉对方管理人员的锐气和信心,使他们受到心理上的挫折。这是应该注意的。对于苛刻的对手应该“针锋相对、丝毫不让”。

3. 不能进行有效的反索赔,同样也不能进行有效的索赔。

(1) 不能有效地进行反索赔,处于“被动挨打”的局面,是不可能进行有效地索赔的,承包商的工作漏洞百出,对对方的索赔无法反击,则无法避免损失的发生,也不能追回损失。

同样,不能进行有效的索赔,在工作中一直忙于分析和反驳对方的索赔报告,难以摆脱被动的局面,也不能进行有效的反索赔。

(2) 通常,索赔的谈判有很多个回合。由于工程项目的复杂性,对于干扰事件常常双方都应该承担责任,所以,索赔中有反索赔,反索赔中又有索赔,形成一种错综复杂的局面(见十三章的索赔案例)。不同时具有“攻防”的本领,很难获得索赔管理的成功。这里不仅需要对对方提出的索赔进行反驳,而且要应对对方对我方索赔的反驳。

(3) 通过反驳索赔不仅可以否定对方的索赔要求,使自己免于损失,而且可以重新发现索赔机会,找到向对方索赔的理由。因为反索赔同样要进行合同分析、事态调查、责任分析、对方索赔报告的审查。用这种方法可以摆脱被动的局面,变不利为有利,使守中有攻,能够达到更好的反索赔效果。这是反索赔的策略之一。

所以,反索赔和索赔是不可分离的。在工程中,业主和承包商必须同时具备这两个方面的技能。由于工程师的特殊地位和职责,反索赔对其具有更为重要的意义。

三、反索赔的基本原则

反索赔的目的同样是使索赔要求(对方的)得到合理的解决。无论是不符合实际损失的超额赔偿,还是通过“强词夺理”,不承认合理的索赔要求,或赖着不赔,都不是解决索赔的合理方式。反索赔的基本原则是,以事实为根据,以合同(以及法律)为准绳、实事求是地认可合理的索赔要求;反驳、拒绝不合理的索赔要求,按照我国民法典的原则公平合理地解决索赔问题。

第二节 反索赔的主要步骤

在接到对方的索赔报告后,就应该开始进行分析、反驳对方的索赔要求。反索赔与索赔有相似的处理过程。通常,对于对方提出的重大的或一揽子索赔的反驳,可以参考图 11-1 所示的处理过程。

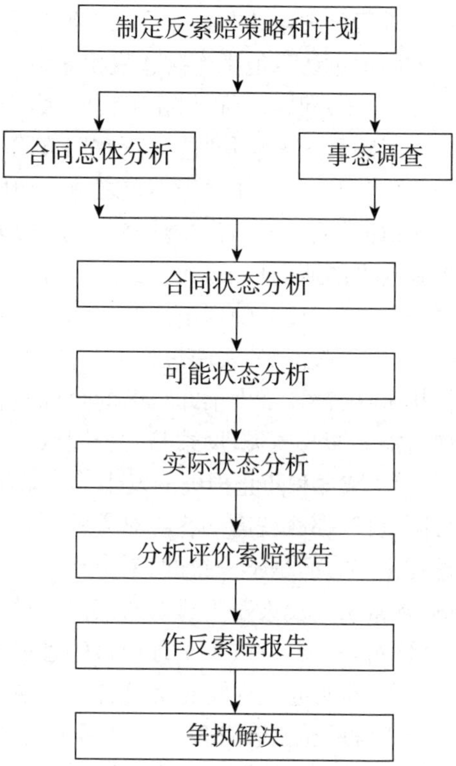

图 11-1 反索赔的主要步骤

一、合同总体分析

反索赔同样是以合同作为法律的重要文件,作为反驳的理由和根据。合同分析的目的是分析、评价对方索赔要求的理由和依据。在合同中，找出对对方不利、对我方有利的合同条款，以找到否定对方索赔要求的理由。

合同总体分析的重点是，对方索赔报告中提出索赔依据相关的合同条款、合同文件。

二、事态调查

反索赔仍然基于事实基础之上，以事实作为根据。这个事实必须基于我方对合同实施过程跟踪和监督的结果，即各种实际工程资料作为证据，用以对照索赔报告中所描述的事情经过和所附的证据。通过调查，可以确定干扰事件的起因、事件经过、持续时间、影响范围等真实的、详细的情况，以指认不真实、不肯定，没有证据的索赔事件。

在此过程中，应该收集整理所有与反索赔相关的工程资料。

三、三种状态分析

在事态调查和收集、整理工程资料的基础上，进行合同状态、可能状态、实际状态的分析。通过三种状态的分析可以达到以下目标：

1. 全面地评价合同、合同的履行状况，评价双方合同责任的完成情况。

2. 对于对方有理由提出索赔的部分进行总概括，分析出对方有理由提出索赔的干扰事件有哪些，索赔的估算值或最高值。

3. 具体明确对方的失误和风险范围，这样在索赔谈判中有攻击对方的“靶点”。

4. 进一步分析对方的失误，以准备向对方提出索赔。这样，在反索赔中同时进行索赔。国外的承包商和业主在进行反索赔时，特别注意寻找向对方索赔的机会。

四、索赔报告分析

这里对索赔报告应该进行全面的分析，对索赔要求、索赔理由进行逐条分析评价。在分析和评价索赔报告时，可以采用索赔分析评价表。其中，分别列出对方索赔报告中的干扰事件、索赔理由、索赔要求，提出我方的反驳理由、证据、处理意见或对策等。

五、起草并向对方递交反索赔报告

反索赔报告也是正规的法律文件。在调解或仲裁中，应该将反索赔报告递交给调解人或仲裁人。

第三节　反驳索赔报告

一、索赔报告中常见的问题

编制反驳索赔报告是反索赔工作的重点，在此过程中，可以找出索赔报告中的漏洞和薄弱环节，以全部或部分地否定对方的索赔要求。

任何一份索赔报告，即使是索赔专家编制的，也可能存在漏洞和薄弱环节，问题在于自己能否找到这些问题。这完全在于双方管理水平、索赔经验和能力的平衡和较量。

一般而言,在索赔报告中经常会存在以下问题:

1. 对合同理解的错误。对方从自己的利益和观点出发解释合同,这样一般都存在片面性。这是一种正常的现象。人们对合同常常不能客观地全面地分析,都进行有利于自己的解释,导致索赔要求是片面的、不客观的。有时,对方在索赔过程中,没有对合同进行总体分析、索赔报告中没有贯穿合同精神,或没有引用合同条款,这样的索赔理由是不充足的。

2. 对方有推卸责任、转移风险的企图。在索赔报告中,对方所列的干扰事件可能全部是或部分是对方管理不善造成的问题;或者在索赔要求中,包括属于合同规定对方自己风险范围内的损失。

3. 扩大事实根据,夸大干扰事件的影响,或提出一些不真实的干扰事件、没有根据的索赔要求,甚至有"无中生有"或"恶人先告状"的现象。

4. 在对方的索赔报告中,没有能够提出支持其索赔要求的详细资料,对方没有也不能够对索赔要求作出进一步的解释,并提供更详细的证据。所以,索赔证据不足或没有证据。

5. 索赔值的计算不合理,"多估冒算,漫天要价"。按照通常的索赔策略,索赔者常常要扩大索赔额,给自己留有充分的余地,以争取有利的解决。例如:将由于自己管理不善造成的损失,以及属于自己风险范围内的损失包括在索赔要求中;扩大干扰事件的影响范围;采用对自己有利的但是不合理的计算方法等。所以,索赔值常常会有虚假的成份,甚至可能太离谱。

在索赔报告中,这些问题都经常出现。如果认可这样的索赔报告,那么自己要受到损失,而且这种解决也是不合理的、不公平的。所以,对于对方的索赔报告必须进行全面地、系统地分析、评价、反驳,以找出问题,剔除不合理的要求或内容,为索赔的合理解决提供充分的依据。

二、索赔报告的分析和反驳

通常可以从以下几方面针对一份索赔报告进行反驳:

1. 索赔事件的真实性

不真实、不肯定、没有根据,或仅仅基于猜测的事件,是不能提出索赔的。事件的真实性可以从两个方面进行证实:

(1) 对方索赔报告中所附的证据。不管事实怎样,只要对方的索赔报告中没有提出事件经过的有力证据,我方即可以要求对方补充证据,或否定索赔要求。

(2) 我方合同跟踪的结果。从中发现对对方不利的事件或结果,整理成为否定对方索赔要求的证据。

2. 干扰事件责任分析

干扰事件和损失是存在的,但是责任不在我方。通常有以下几种情况:

(1) 责任在于索赔者自己,由于其疏忽大意、管理不善造成损失,或在干扰事件发生后没有采取有效的措施降低损失,或没有遵守工程师的指令、通知等。

(2) 干扰事件是由其他方面引起的,不应该由我方赔偿损失。

(3) 合同双方都有责任,则应该按照各自的责任分担损失。

3. 索赔理由分析

反索赔和索赔一样，要能够找到对自己有利的合同条款，减轻或否定自己的合同责任；或找到对对方不利的合同条款，使对方不能推卸或不能完全推卸其合同责任。这样，可以从根本上否定对方的索赔要求。例如：

(1) 对方没有能够在合同规定的索赔有效期内提出索赔，因此，该索赔无效；

(2) 该干扰事件属于合同规定的对方应承担的风险范围，不能提出索赔要求，或应该从总的索赔中扣除这部分索赔；

(3) 索赔要求不在合同规定的赔(补)偿范围内。例如，合同没有明确地规定，或没有具体规定补偿条件、补偿范围、补偿方法等；

(4) 虽然干扰事件是我方的责任，但是按照合同的规定我方没有赔偿责任。例如合同中有对我方的免责条款或合同规定不予赔偿等。

4. 干扰事件的影响分析

即分析索赔事件和影响之间是否存在因果关系，分析干扰事件的影响范围。例如，在某工程项目的实施过程中，总承包商负责的装饰材料没有能够及时运达工程现场，使分包商的装饰工程受到干扰而发生了延误，但延误的天数在该工程活动的时差范围内，不影响工期或影响很小。并且，总承包商已经事先通知了分包商，而施工计划又允许调整劳动力安排，在此情况下，承包商不需要对分包商的工期和劳动力损失进行赔偿。

又例如，在干扰事件发生后，承包商能够但没有采取积极的措施避免或降低损失，没有及时通知工程师，而是听之任之。这样扩大了干扰事件的影响范围和影响程度，那么，这扩大部分干扰事件造成的损失应该由他自己承担。

5. 证据分析

证据不足、证据不当或仅有片面的证据，索赔都是不能成立的。

(1) 证据不足，即证据不足以证明干扰事件的真象、全过程或证明事件的影响。

(2) 证据不当，即证据与本索赔事件无关或关系不大，证据的法律效力不足。

(3) 片面的证据，即索赔者仅出具对自己有利的证据。例如：在合同实施过程中，合同双方对某个问题进行过两次谈判，作出过两次不同的决议，那么按照合同变更的次序，第二次决议(备忘录或会谈纪要)的法律效力应该优先于第一次决议。如果在与该问题相关的索赔报告中，仅出具第一次会谈纪要作为双方决议的证据，则它是片面的、不完全的。

又例如，合同双方尽管对某一个具体问题有过书面的协商，但是没有达成一致意见，或没有最终确定，或没有签署附加协议，那么这些书面协商的过程文件不具有法律约束力，即不能作为索赔的证据。

6. 索赔值审核

如果经过上述的各种分析、评价，仍然不能从根本上否定该索赔要求，那么必须对索赔值进行认真的、细致的审核。索赔值的审核工作量大、涉及的资料多、过程复杂、技术性强，要花费大量的时间和精力。

在实际工程中，经过三种状态的分析，已经很清楚地得到对方有理由提出的索赔值，按照干扰事件和各个费用项目进行整理，即可以对对方的索赔值计算进行对比、审查与分析，双方不一致的地方也一目了然。对比分析的重点在于各类数据的准确性和计算方法的合理性两个方面：

(1) 各类数据的准确性

对于索赔报告中所涉及的各个计算的基础数据都须进行认真的审查、核对,以找出其中的错误和不恰当的地方。例如:

① 工程量增加或附加工程的实际量方结果;

② 工程项目现场劳动力、管理人员、材料、机械设备的实际使用量;

③ 支出凭据上的各种费用支出数值;

④ 各个费用项目的"计划—实际"量差、价差分析;

⑤ 索赔报告中所引用的单价;

⑥ 各种价格指数等。

(2) 计算方法的合理性

尽管通常都采用分项法进行计算,但是不同的计算方法对计算结果的影响很大。在实际的工程项目中,这方面的争议常常很大,对于重大的索赔,必须经过双方的协商谈判才能对计算方法达成一致的意见,特别是对于总部管理费的分摊方法、工期拖延的费用索赔计算方法等。

三、反索赔报告的主要内容

反索赔报告是上述工作的总结,向对方(索赔者)表明自己的分析结果、立场、对索赔要求的处理意见,以及反索赔的证据。根据索赔事件的性质、索赔值的大小、复杂程度,对索赔要求的反驳(或认可)程度的不同,反索赔报告的内容差别也很大。对于一般的单项索赔,如果索赔理由、证据不足,与实际事态不符,那么其反索赔报告可能很简单,只需一封信,指出其问题所在,附上相关的证据即可。但是,对于比较复杂的一揽子索赔,反索赔报告可能相当复杂,其内容和格式也可能存在很大的差别。

例如某工程项目中,承包商向业主提出一份一揽子索赔报告,业主的咨询工程师提出了一份反索赔报告,其内容和结构包括以下三个部分:

第一部分:业主代表致承包商代表的答复信

在本信中,简要叙述业主代表于××年×月×日收到承包商代表××年×月×日签发的一揽子索赔报告,列出承包商对业主的主要责难、承包商的主要观点以及索赔要求。

业主在对一揽子索赔报告处理后,发现承包商索赔要求不合理,简要阐述业主的立场、态度,以及最终的结论,即对承包商的索赔要求完全反驳或部分反驳,或反过来向承包商提出索赔要求,提出解决双方争议的意见或安排,列出反索赔文件的目录。

第二部分:反索赔报告正文

1. 引言

主要说明就本工程项目的合同(合同号),承包商于××年×月×日向业主提出了一揽子索赔报告,列出承包商的索赔要求。

2. 合同分析

这里对合同进行总体分析,主要分析合同的法律基础、合同语言、合同文件及变更、合同价格、工程范围、工程变更补偿的条件、施工工期的规定,以及工期延长的条件、合同违约责任、争议解决的规定等,并附相关的证据。

3. 合同实施情况的简述和评价

主要包括合同状态、可能状态、实际状态的分析。这里重点针对对方索赔报告中的问题和干扰事件，叙述事实情况，应该包括三种状态的分析结果，对双方合同责任的完成情况和工程施工的情况进行评价。目的是推卸自己对对方索赔报告中提出干扰事件的合同责任。

(1) 合同状态。根据招标文件(图纸、工程量表、合同条件等)、合同签订前的环境条件、施工方案等，预测承包商总工时花费、工期、劳动力投入、必要的机械设备、仪器、临时设施，进而计算总费用，确定承包商一个合理的报价，并与实际的报价进行对比。

(2) 可能状态分析。在计划状态的基础上，考虑合同规定不由承包商负责的干扰事件影响，在计划状态的基础上调整计算，得到可能状态下的结果。

(3) 实际状态分析。即根据承包商的工程报告和现场的实际情况，分析得到实际状态的结果。

4. 索赔报告分析

(1) 总体分析

① 简要叙述承包商的索赔报告内容和索赔要求。

② 承包商对业主的主要指责。例如：业主延误交付图纸、业主干扰安装过程、增加工程量、业主的其他承包商拖延工程的施工等。

③ 业主的立场。指出承包商的指责是没有根据的或不真实的，业主的行为符合合同的要求，而承包商没有完成他的合同责任。

④ 结论。例如：业主在合同实施过程中没有违约，按照合同规定没有赔偿的义务，承包商自己应该对工程项目的延误、费用的增加承担责任。

(2) 详细分析

详细分析可以按照干扰事件，也可以按照单项(或单位工程)分别进行，这应该与一揽子索赔报告相一致。例如对于办公楼单项工程的分析包括以下内容：

① 引言。本单项工程的合同价，以及承包商的索赔要求。

② 承包商的主要责难。列出承包商索赔报告中所列的干扰事件及索赔理由。

③ 业主的立场。针对上述责难逐条进行反驳，详细叙述自己的反索赔理由和证据，全部或部分地否定对方的索赔要求。

④ 结论。根据上述分析，业主不承认承包商的索赔要求，或部分承认承包商的索赔要求(列出数额)。

(3) 业主对承包商的索赔要求

针对实际状态与可能状态之间的差额，指出承包商在报价、施工组织、施工管理等方面的失误造成了业主的损失，例如：工期拖延、工程质量和工作量没有达到合同的要求等，业主提出索赔要求。有时，提出索赔也可以另外编制索赔报告。

(4) 总结论

经过上述索赔和反索赔的分析后，业主认为应该向承包商支付、或不支付、或承包商应向业主支付多少额度的赔偿。具体包括以下内容：

① 对合同总体分析进行简要的概括；

② 对合同实施情况进行简要的概括；

③ 对对方的索赔报告进行总体的评价；

④ 对我方提出的索赔进行总体的概括；

⑤ 双方的要求,即索赔和反索赔,最终分析结果的比较;

⑥ 提出解决意见。

第三部分:附件

即附上述反索赔中所提出的证据。

四、反驳索赔报告需要注意的问题

在实际的工程项目中,分析、审查、反驳一份索赔报告特别应注意以下几个容易被忽视,也很容易引起争议的问题:

1. 在索赔报告中,对方常常全部地推卸责任,完全以自己工程中的实际损失作为索赔值计算的基础,即使用公式:

索赔值=实际费用－合同价格

这在大多数情况下是不正确的,因为索赔值的计算必须扣除两个因素的影响:

(1) 合同规定的对方应该承担的风险或我方的免责范围。索赔值计算应该符合合同规定的补偿条件、补偿的计算方法和计算基础。

(2) 由对方工程项目管理失误造成的损失。这在一般的工程项目中都是存在的,通常,干扰事件的责任都是双方引起或承担的。

要扣除这两个因素,分析和审核索赔报告,比较科学和合理的方法是采用三种状态的分析方法。

2. 索赔值的计算基础是合同报价,或者在合同报价的基础上按照合同的规定进行调整。而在实际的工程项目中,参与方常常使用自己实际的工作量、生产效率、工资水平、价格水平,作为索赔值的计算基础,从而过高地计算了索赔值。对此,在索赔审查过程中是不能予以认可的。

在很多国际工程项目的索赔实例中,由于承包商对招标文件的理解错误或疏忽大意,报错了单价,例如小数点错了一位,使单价减少了10倍。在索赔值的计算过程中,所有涉及该分项的费用索赔必须使用这个错误的单价进行计算。

通常在索赔中,只有在一些少数的情况下允许调整合同单价,例如:

(1) 工程中断,则机械设备费索赔所使用单价必须在合同单价基础上进行调整(需要考虑一定的折扣)。其主要原因在于,合同中的机械费设备报价是运行状态下,而工程项目暂停时,机械设备是停工状态;

(2) 工程量增加或减少超过合同规定的额度,使原单价变得不合理,那么应该按照合同的规定进行调整;

(3) 工程量增加或附加工程的工作性质、条件、内容等,与合同中的一些分项工程不同时,可以调整合同单价,并应用于这些增加或附加的工程。

3. 在处理一揽子索赔进行合同状态分析时,经常会发现以下情况:

(1) 由于对方在报价时没有注意到工程项目的复杂程度、质量标准、工程规模等情况时,造成了报价失误;

(2) 对于固定总价合同,承包商报价中出现了漏项或工程量计算错误;

(3) 由于报价前的环境调查出错,报价中的材料价格过低,使报价过低;

(4) 基于投标策略,降低了报价等。

上述问题应该由对方自己承担，不能给予补偿。所以，在总的索赔额中，应该扣除这些因素的影响。

4. 防止重复计算。

在常规的单项索赔之间，以及一揽子索赔中的各干扰事件和各费用项目索赔值的计算之间，都可能有重复计算的现象。这也应该予以剔除。

(1) 工期索赔中的重复计算。在实际的工程项目中，工期索赔多算、重复计算的情况比较普遍(见本章案例)。一般在工程项目结束前，通过对合同状态和可能状态的总网络分析对比，才能正确地计算总工期的索赔值。

(2) 费用索赔的重复计算。例如如果工期重复计算，则与工期相关的费用索赔必然也是重复计算，应予以扣除。

按照干扰事件的性质和责任者不同，有的工期拖延允许进行与工期相关的费用索赔，有些不允许进行费用索赔，这些情况应该区别对待。

在工程拖延或中断的时间内，有时局部工程仍然还在施工(也许在低效率的施工)，那么，在计算与工期相关的费用索赔时，应该扣除该期内已完工程中所包含的对应费用项目的数额。

又例如，在某工程项目中，由于业主指令增加工程量和附加工程，造成工期延长和费用增加，分包商向总承包商提出索赔。分包商按照报价方式计算了工程量增加和附加工程的费用(其中，也包括了工地管理费和其他附加费)。这些费用在工程项目的进度款中进行支付。对于工期的延长，分包商又提出与工期相关的费用索赔，例如工地管理费、总部管理费等。这后一项索赔，即与工期相关的费用索赔有部分是重复计算的，应该扣除增加的工程量和附加工程的价格中所包括的工地管理费、其他附加费、总部管理费的额度。

五、反索赔的案例分析【案例 11 - 2】(见参考文献 27)

(一) 工程概况

某大型商业中心大楼的建设工程，按照 FIDIC 合同模式进行招标和施工管理。中标合同价为 18 329 500 元人民币，工期为 18 个月(547 个日历天数)。工程内容包括场地平整、大楼土建施工、停车场、餐饮厅等。

(二) 合同实施状况

1. 在业主下达开工指令后，承包商按期开始施工。但是，在施工过程中，首先遇到以下问题：

(1) 工程项目的地基条件比业主提供的地质勘探报告差；

(2) 施工条件受到交通的干扰很大；

(3) 设计多次修改，工程师下达工程变更指令，导致工程量增加和工期拖延。

为此，承包商先后提出了 6 次工期索赔，累计要求工程项目延期 395 天；此外还提出了相关的费用索赔，申明将报送详细的索赔款额计算书。

对于承包商的索赔要求，业主和工程师的答复是：

(1) 根据合同条件和实际调查结果，同意工期适当的延长，批准累计延期 128 天；

(2) 业主不承担合同价以外的任何附加开支。

承包商对业主的上述答复非常不满意，并提出了书面的申辩，指出累计工期延长 128 天是不合理的,不符合实际的施工条件和合同条款。承包商的 6 次工期索赔报告,包括了实际存在的并符合合同的诸多理由。要求工程师和业主对工期延长的天数再次予以核查批准。

从施工的第二年开始,根据业主的反复要求,承包商采取了加速施工的措施,以便商业中心大楼尽早竣工建成。工程师同意加速施工的措施,例如由一班施工作业改为两班施工作业,节假日加班施工,增加了一些施工设备等。就此,承包商向业主提出了加速施工的费用赔偿要求。

(三) 承包商的索赔要求

工程师和业主对承包商的反驳函件进行了多次研究,在工程项目快竣工时作出了以下答复:

1. 最终批准工期延长为 176 天;

2. 如果发生计划外的附加开支,同意支付直接费和管理费,等待索赔报告正式送出后再核定。

这最终批准的工期延长的天数就是工程建成时实际发生的拖期天数。实际竣工工期为 723 天,即实际延期 176 天。业主在这里承认了工程拖期的合理性,免除了承包商承担误期损害赔偿费的责任,虽然不再多给承包商更多的延期天数,承包商也感到满意。同时,业主允诺支付由此而产生的附加费用(直接费和管理费)补偿,说明业主已经基本认可了承包商的索赔要求。

在工程项目即将竣工时,承包商提出了索赔报告书,具索赔费用的组成如下:

(1) 加速施工期间生产效率降低的损失费	659 191 元
(2) 加速并延长施工期的管理费	121 350 元
(3) 人工费调价增支	23 485 元
(4) 材料费调价增支	59 850 元
(5) 设备租赁费	65 780 元
(6) 分包装修增支	187 550 元
(7) 增加投资贷款利息	152 380 元
(8) 履约保函延期增支	52 830 元
以上共计	(1 322 416 元)
(9) 利润(8.5%)	112 405 元
索赔款总计	1 434 821 元

对于上述索赔额,承包商在索赔报告书中进行了逐项地分析计算,主要内容如下:

(1) 劳动生产率降低引起的附加费用。

承包商根据自己的施工记录,证明在业主正式通知采取加速措施以前,其工人的劳动生产率可以达到投标文件所列的生产效率。但是,当采取加速措施以后,由于进行两班施工作业,夜班的工作效率下降;由于改变了某些部位的施工顺序,工效也有所降低。

在开始加速施工以后、直到建成工程项目,承包商的施工记录表明总共用技工 20 237 个工日,普工 38 623 个工日。但是,根据投标书中的工日定额,完成同样的工作所需的技工为 10 820 个工日,普工 21 760 个工日。这样,多用的工日是由于加速施工形成的生产率降低,增加了承包商的开支,即:

	技　工	普　工
实际用工(A)	20 237	38 623
按合同文件用工(B)	10 820	21 760
多用工日(C＝A－B)	9 417	16 863
每工日平均工资(元/工)(D)	31.5	21.5
增支工资款(元)(E＝C×D)	296 636	362 555
共计增支工资(元)	659 191	

(2) 延期施工的管理费增支。

根据投标书及合同协议书，在中标合同价 18 329 500 元中，包含施工现场管理费及总部管理费 1 270 134 元。按照原定工期 18 个月(547 个日历天数)计，每日平均的管理费为 2 322 元。在原定工期 547 天的前提下，业主批准承包商采取加速措施，并准予延长工期 176 天，以完成全部工程。在延长施工的 176 天内，承包商应得的管理费款额为：

2 322 元/天×176 元＝408 672 元

但是，在工期延长期间，承包商实施业主的工程变更指令，所完成的工程款中已包含了管理费 287 322 元(则可以按比例反算工程变更增加工程费为 414 万人民币，相当于正常 4 个月工作量)。为了避免管理费的重复计算，承包商应得的管理费为：

408 672－287 322＝121 350 元

(3) 人工费调价增支。

应该按照合同的规定进行人工费的调整。

本工程项目的实际施工期近 2 年，其中包括原定工期 18 个月(547 天)，以及批准工期延长 176 天。在 2 年的施工过程中，第一年系按合同正常施工，第二年系加速施工期。在加速施工的 1 年里，按照规定应对其后半年人工费进行调整(增加 3.2%)，因此，应该对加速施工期(1 年)人工费的 50%进行调增，即：

技工(20 237×31.5)/2×3.2%＝10 199 元

普工(38 623×21.5)/2×3.%＝13 286 元

共调增　　　　　　　　23 485 元

(4) 材料费调价增支。

根据材料价格上调的幅度，对施工期第二年内采购的三材(钢材，木材，水泥)及其他建筑材料进行调价，上调 5.5%。根据统计计算的结果，第二年度内使用的材料总价为 1 088 182 元，因此应该调增的材料费为：

1 088 182×5.5%＝59 850 元

(5) 机械租赁费 65 780 元，是按照租赁单据中相应的费用进行计算。

(6) 分包商装修工作增支。

根据装修分包商的索赔报告，其人工费、材料费、管理费，以及合同规定的利润索赔总计为 187 550 元。

分包商的索赔费用应该全额计入总承包商的索赔款总额中，在业主核准并付款后全额支付给分包商。

(7) 增加投资贷款利息。

由于采取加速施工措施，并延长了施工的工期，承包商不得不增加其资金投入。这批增加的投资,无论是承包商从银行贷款或是由其总部拨款,都应该从业主获得利息款的补偿,其利率按照当时的银行贷款利率进行计算,计息期为一年,即:

总贷款额　1 792 700 元×8.5%=152 380 元

(8) 履约保函延期开支。

根据银行担保协议书规定的利率,以及延期天数进行计算,为 52 830 元。

(9) 利润。

按照加速施工的时间及延期施工时间内,承包商的直接费、间接费等项附加开支的总值,乘以合同中原定的利润率(8.5%)进行计算,即:

1 322 416 元×8.5%=112 405 元

以上九项,总计索赔款额为 1 434 821 元,相当于原合同价的 7.8%,这就是由于加速施工,以及工期延长所增加的建设费用。

(四) 解决结果

此索赔报告中所列的各项新增费用,由于在计算过程中承包商与工程师经过了多次的讨论,所以,顺利地通过了工程师的核准。又由于工程师事先与业主进行了充分的协商,因而使承包商比较顺利地从业主方面获得了索赔的认可与支付。

(五) 案例分析

本案例包括工期拖延和加速施工的索赔,在索赔的提出和处理上有一定的代表性。虽然该索赔经过工程师和业主的讨论,顺利地通过核准,并获得了工程款的支付。但是,在处理该项索赔要求(即反驳该索赔报告时)还有以下问题值得注意:

1. 承包商是按照一揽子的方法提出了索赔报告,而且没有细分各干扰事件的分析和计算。

工程师的反索赔应该要求承包商将各干扰事件的工期索赔、工期拖延引起的各项费用索赔、加速施工所产生的各项费用索赔,分别进行分析和计算,否则容易出现计算的错误。在本案例中,业主基本上赔偿了承包商的全部实际损失,而且很多计算明显不合理。

2. 在工程施工的第一年,承包商共计提出 6 次工期索赔,合计 395 天,而业主仅仅批准了 128 天。

这在工期索赔中是常见的现象,承包商提交了几份工期索赔报告,其累计量远大于实际拖延量,主要可能有以下原因引起的:

(1) 承包商扩大了索赔值的计算,多估冒算。

(2) 各个干扰事件的工期影响之间有较大的重叠。例如,本案例中地质条件复杂、交通受到干扰、设计修改之间可能存在重叠的影响。

(3) 干扰事件的持续时间和实际总工期的拖延之间常常出现差异。例如实际工程项目中经常出现以下情况:

① 交通中断影响 8 小时,但是并不一定现场完全停工 8 小时;

② 由于设计修改或图纸拖延造成现场停工,但是,由于承包商重新安排劳动力和设备,使得当月完成的工程量并没有减少;

③ 业主拖延工程款 2 个月,承包商有权停工,但是,实际上承包商并没有采取停工的措施等。

在这里要综合地进行分析,注重工程项目现场的实际影响或效果。

对于承包商提出的6次工期索赔，工程师应进行详细的分析，分解出以下具体内容：

a. 业主责任造成的。例如地质条件变化、设计修改、图纸延误等，那么工期和费用都应该给予承包商补偿。

b. 其他原因造成的。例如恶劣的气候条件，工期可以顺延，但是，利润不应该给予补偿。

c. 承包商责任的以及应该由承包商承担的风险。例如正常的阴雨天气、承包商施工组织的失误、拖延开工等。

对于承包商提出的交通干扰所引起的工期索赔，要具体分析：如果在投标后由于交通法规的变化或当地新的交通管理规章的颁布，那么属于一个有经验的承包商不能预见的情况，应该由业主承担相应的责任；如果当地的交通状况一直如此，规章没有变化，那么应该属于承包商环境调查的责任。

通常情况下，上述几类现象在工程项目的实施过程中都会存在，不应该仅仅是业主的责任。

在本案例中，这种分析对工期相关费用索赔的反驳、对确定加速施工所弥补的工期天数(按照本案例的索赔报告无法确定)以及加速费用的计算，都非常重要。由于这个关键问题没有进行说明，所以，在本案例中，对费用索赔的计算很难达到科学和合理的标准。

3. 劳动生产率降低的计算。

业主赔偿了承包商在施工现场所有的实际人工费损失。这只有在承包商没有任何责任，以及没有发生合同规定的任何承包商风险状况下才能够成立。如果存在气候原因，以及承包商应承担的风险造成的工期延误，那么相应的人工工日应该在总额中进行扣除。而且：

(1) 工程师应该分析承包商报价中的劳动效率(即合同文件用工量)的科学性。承包商在投标书中可能采用了一定的投标策略，如果在投标文件中用工量较少(即在保持总人工费不变的情况下，减少用工量，提高劳动力单价)，那么按照这种方法计算会造成业主的损失。对此可以与定额进行比较，或参考本项目参与投标的其他承包商所采用的劳动效率。

(2) 合同文件用工应包括工程变更(约414万人民币的工程量)中已经在工程价款中支付给承包商的人工费，应该扣除这部分人工费。

(3) 实际用工中，应该扣除业主点工的计酬，承包商的责任和风险(如阴雨天气)造成的窝工损失。

(4) 从总体上看，第二年的加速施工，实际用工比合同用工增加了近一倍。承包商报出的数量太大。这个数值是本索赔报告中最大的一项，应进行重点的分析。

4. 工期拖延相关的施工管理费计算。

对于拖延176天的管理费，这种计算使用了Hudson公式，不太合理。应该按照报价分摊到每天的管理费，进行适当的折减。并且，还需要进行报价分析。如果开办费单独列项，那么该折减系数还可以大一些。但是，还应该考虑到由于加速施工增加了劳动力和机械设备的投入，在一定程度上又会加大施工管理费的开支。

5. 人工费和材料费涨价的调整。

(1) 由于本工程项目的合同允许对此进行调整，则这些调整最好放在工程款结算中比较合适。如果工程合同不允许进行价格调整，即采用固定价格合同，那么，应该在工期拖延相关费用索赔中提出由于工期拖延和物价上涨的费用索赔。

(2) 如果建筑材料价格上涨5.5%是基准期到第二年年底的上涨幅度，或年上涨幅度(对于固定价格合同)，则由于在工程项目的实施过程中材料是被均衡使用的，所以，按照公式只能计算一半的增幅，即：

$$1\ 088\ 182\times 5.5\%\times 0.5=29\ 925\text{元}$$

6. 贷款利息的计算。

这种计算利息的公式是假设在第二年初就投入了全部资金的情况，显然不太符合实际情况。利息的计算一般是以承包商工程的负现金流量作为计算的依据。如果按照承包商在本案例中提出的公式计算，通常也只能计算一半的额度。

7. 利润的计算。

(1) 由于交通干扰等造成的拖延所引起的费用索赔，一般是不能计算利润的。

(2) 人工费和材料费的调价，也不能计算利润。

第四节 业主索赔

一、业主索赔的重要作用

在现代国际工程合同(例如FIDIC施工合同条件)中明确规定了业主索赔的条款，这是强化承包商合同责任的具体体现之一。这对承包商和工程承包都有重要的影响。

1. 明确规定业主的索赔条款，能够对承包商起到威慑的作用，以加强承包商的合同责任，保证承包商按照合同规定的质量和工期要求圆满地交付工程项目，以按照计划实现业主的投资目标。这对业主来说更为重要。

2. 平衡承包商的索赔要求，达到不向或尽可能地少向承包商支付额外增加的索赔费用。当承包商提出比较高的索赔要求，业主经常采用这个方法对待承包商，这是业主对承包商索赔进行的反索赔的主要措施之一。

3. 向承包商追回因为承包商违约或不能完美地履行合同所造成的损失，以获得补偿。但是，在工程项目中，直接以这个作为第一目标的业主相对较少。因为对于业主而言，与工程项目的产品或服务的收益相比，工程价款对整个工程项目效益的影响相对还是较小的。

二、业主索赔的要求和程序

1. 通常业主索赔的要求

(1) 费用索赔。业主可以通过抵冲承包商索赔、扣付工程款、对履约保函索赔、向承包商追讨债权等办法，实现向承包商的索赔要求。

(2) 缺陷通知期延长的索赔。

2. 业主索赔程序

(1) 在引起业主索赔的事件发生后，业主或工程师向承包商发出通知，说明业主索赔依据的合同条款和事实依据的细节。

(2) 业主应该在了解引起索赔的事件后尽快发出索赔的通知，缺陷通知期延长的通知应该在缺陷通知期截止前发出。

（3）由工程师确定业主有权获得的付款或缺陷通知期的延长。

（4）业主可以将索赔获得的承包商付款，在合同价格和付款证书中列为扣减的款额，从期中付款中进行扣除或者可以用留置承包商的材料、机械等方法进行抵押。

三、FIDIC 施工合同条件规定的业主索赔情况

1. 误期损害赔偿费

工程施工合同规定，承包商必须在合同规定的时间内完成工程施工任务。如果由于承包商的原因造成竣工日期的延误，影响到业主对该工程的使用或投产运营，给业主带来了损失，业主有权向承包商索取“误期损害赔偿费”。承包商应该按照延误的时间，以及合同中双方约定的误期损害赔偿费额度，向业主支付赔偿金。

如果在整个工程项目竣工之前，工程师已经对一部分工程颁发了移交证书，则对整个工程所计算的误期损害赔偿金数量应按照总价的比例给予相应的折减。

此项业主的索赔并不是业主对承包商的违约罚款，而只是业主要求承包商补偿拖期完工给业主造成的经济损失，通常不需要业主提供实际损失的证据和详细的计算依据。

在合同中，一般都规定了具体每天延误罚款的具体金额。另外，双方还应该注意，延误工期罚款的最高限额也应进行规定。

2. 工程质量缺陷的损失赔偿

在工程项目的施工过程中，如果承包商所使用的材料设备或工程质量不符合合同的规定，或出现缺陷而没有能够在缺陷责任期满之前完成修复工作，业主都有权追究承包商的责任，并提出由承包商所造成的工程质量缺陷所引起损失的索赔。

（1）如果检查、检验、测量或试验的结果，发现任何生产设备、材料或工艺有缺陷或不符合合同的要求，工程师可以通知承包商，说明理由，拒收上述生产设备、材料或工艺，并要求承包商根据要求重新进行试验，由此导致业主费用的增加，承包商应将该费用支付给业主。

（2）对于工程师指令承包商进行的修复工作，承包商没有能够遵守指令，业主有权雇用并付款给他人从事该项工作，由此导致的费用由承包商进行支付。

（3）如果承包商完成的工程没有达到合同规定的要求，未能通过竣工试验，但是，业主愿意接收存在缺陷的工程，向承包商颁发接收证书，业主有权要求减少合同价格。减少的金额应该足以弥补这些缺陷给业主带来的价值损失。

基于以下情况，业主从自身的利益出发，可以接收有缺陷的工程。

① 工程虽然有缺陷，但是并不影响安全和使用功能的要求。

② 缺陷修复的时间较长，而业主对工程有比较紧急的使用要求，不能等待。

③ 承包商修复工程缺陷达到合同要求，可能造成很大的损失，或者根本不可能或复原是得不偿失的。

对于接收有缺陷的工程或者接收质量等级低于合同约定标准的工程，其赔偿计算就比较困难。通常，可以降低该部分工程价格的一定比例给予业主补偿。

业主向承包商提出工程质量缺陷的反索赔要求时，往往不仅包括工程缺陷所产生的直接经济损失，也包括该缺陷带来的间接经济损失。

复习思考题

1. 简述反索赔的目的和主要措施。

2. 分析本书中所提出的索赔案例,列出在哪些索赔案例中,以及对于哪些费用项目,承包商在提出索赔时会扩大索赔值? 怎样扩大索赔值?

3. 在【案例 11-2】中,如果您是工程师或业主代表,将如何处理承包商的索赔要求?

4. 在阅读索赔和反索赔【案例 11-1】之后,试分析:作为总承包商,反驳业主的索赔与反驳分包商索赔的应对策略有哪些区别。

5. 分析 1999 年版 FIDIC 施工合同条件,列出业主可以向承包商索赔的条款。

第十二章　索赔的解决

本章提要：索赔的解决涉及承包商索赔管理的基本方针与策略，它是承包商经营策略的一部分。在工程索赔中，特别是在重大索赔的处理过程中，索赔策略的研究是十分重要的。本章介绍了索赔策略研究的内容、依据、程序以及出发点。

索赔争议的解决方法很多，还不断有新的方法出现，在本章中特别介绍了国际上越来越普遍采用的争议裁决委员会(DAB)。

第一节　概　　述

一、索赔与工程合同争议

合同争议通常具体表现在，合同当事人双方对合同规定的义务和权利理解不一致，最终导致对合同履行或不履行的后果和责任的分担产生争议。例如，对合同索赔要求存在重大的分歧，双方不能达成一致意见；业主否定工程变更，拒绝承包商的额外支付要求；甚至双方对合同的有效性发生争议。

在工程项目，特别是国际工程项目中，产生合同争议是比较常见的现象。在准备和签订合同的过程中，尽管合同双方力图合理分担风险，明确各方职责以减少争议的发生，但是工程的实施是一个十分复杂的过程，加上履约时间很长，因而矛盾和争议是不可避免的。根据美国建筑行业协会的争议预防与解决研究小组对 191 个单位(业主与承包商单位各占总数约 50%)的调查，总结出项目施工阶段中产生争议的十个主要原因是：

1. 不切实际地和不公正地将风险转移给那些还没有准备或无力承担此类风险的当事人；
2. 将不切实际的希望寄托于那些没有足够财力去完成他们目标的当事人(一般指业主)；
3. 模糊不清的合同文件；
4. 承包商的投标价过低；
5. 项目参与方之间交流太少；
6. 总承包商的管理、监督与协作不力；
7. 项目参与各方不愿意及时地处理变更和意外情况；
8. 项目参与各方缺少团队精神；
9. 项目中某些或全部当事人之间有敌对倾向；
10. 合同管理者希望避免作出棘手的决定，而将问题转给组织内部更高的权力机构或律师,而不是在项目这一级范围内主动地解决问题。

索赔和合同争议是共生共存的:合同争议最常见的形式是索赔处理的争议;索赔的解决程序直接与合同争议的解决程序相联系;在工程合同的实施过程中,如果不涉及赔偿问题,那么任何争议就没有意义了。

承包商提出索赔,将索赔报告交给业主委托的工程师。经过工程师检查的索赔报告,再交给业主进行审查。如果业主和工程师不提出疑问或反驳意见,也不要求补充或核实证明材料和数据,表示认可,那么承包商的索赔就成功了。

如果业主不认可,全部地或部分地否定索赔报告,不承认承包商的索赔要求,则产生了索赔争议。在工程中,直接地、全部地认可索赔要求的情况是很少的。所以,很多索赔都会导致双方产生争议,特别是当干扰事件的原因比较复杂、索赔额比较大的时候。常见的索赔解决过程见图 12-1 所示。

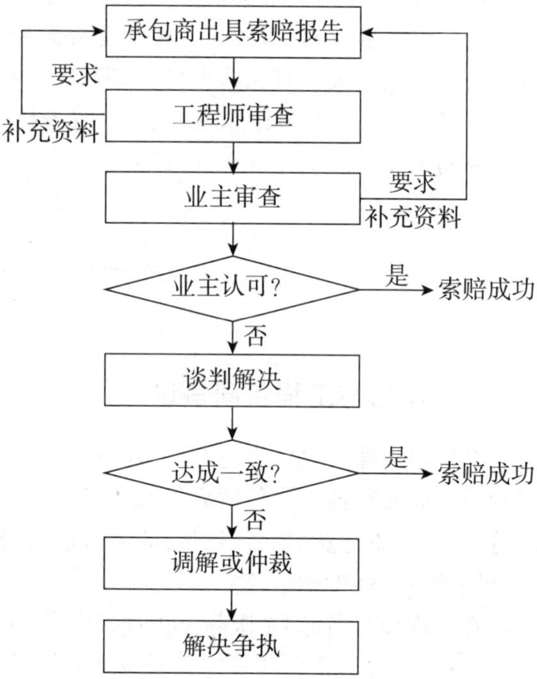

图 12-1　常见的索赔解决过程

合同争议的解决是一个复杂、细致的过程,它占用承包商大量的时间和金钱。对于大而复杂的项目或出现大的索赔争议,有时不得不请律师、索赔专家,或者委托咨询公司进行索赔管理。这在国际承包工程中是比较常见的。

争议的解决有各种途径,可以双方协商解决,或请他人调解,也可以诉诸于法庭。采用哪种争议的解决方法完全是由合同双方决定的。一般它受到争议的额度、事态的发展情况、双方的索赔要求、实际的期望值、期望的满足程度、双方在处理索赔问题上的策略(灵活性)等因素的影响。

二、索赔解决的原则

索赔管理不仅是工程项目管理的一部分,而且是承包商经营管理的一部分。如何对待索赔,实际上是个经营战略问题,是承包商对利益和关系,利益和信誉的权衡。不能积极有效地进行索赔,承包商会蒙受经济损失;向对方提出索赔,或多或少地会影响合同双方的合作关系;而索赔太多,会损害承包商的信誉,影响承包商的长远利益。

合同争议的解决原则是:

1. 尽快地解决争议,以简单、方便、低成本的方式解决合同争议。

2. 公平合理地解决合同争议。

3. 符合合同与法律的规定。通常,在合同中明确规定争议解决程序的条款。这会使合同双方当事人对合同的履行充满信心,减少风险,有利于合同的顺利实施。

4. 尽量达到双方都能满意的结果。

在索赔过程中，要防止产生两种倾向：

(1) 只讲“关系”“义气”和“情谊”，忽视索赔，致使发生的损失得不到应有的补偿，正当的权益受到侵害。对于一些重大的索赔，还会影响企业正常的生产经营活动，甚至危及企业的生存。

在国际工程中，如果不能进行有效的索赔，业主会觉得承包商的经营管理水平不高，常常会“得寸进尺”。承包商不仅会失去索赔的机会，而且还可能反被对方索赔，蒙受更大的损失。所以，针对索赔问题，不能过于强调“重义”。

在合同的具体实施过程中，合同对双方平等地位的规定、承包商权益的规定，有时同样需要经过向对方的抗争才能够实现，即承包商要自觉地、主动地保护和争取自己的权利。如果承包商主动放弃这个权益而受到损失，常常法律也不能提供相应的保护。

对此，我们可以用两个极端的例子来说明这个问题：

某承包商承包一个工程项目，合同签订完成之后，将合同文本“锁入抽屉”，不进行分析和研究，在合同的实施过程中，也不争取自己的权益，致使失去了很多的索赔机会，损失了100万美元。

另一个承包商在合同签订之后，加强合同管理，积极争取自己的正当权益，成功地进行了100万美元的索赔，业主应当向他支付100万美元的补偿。但是，他向业主申明，出于双方的友好合作，只向业主索赔90万美元，另外10万美元作为让步。

对于前一个承包商，业主是不会感激的。业主会认为，这是承包商经营管理水平比较低，是承包商没有管理能力。而对于后一个承包商，业主还可能是非常感激的，这是因为承包商进行了让步，是“重义”。业主明显地感觉到，自己少承受了10万美元的损失。这种心理状态是很自然的。

(2) 在索赔中，管理人员好大喜功，只注重索赔，承包商以索赔额的高低作为评价工程管理水平或索赔小组工作成果的唯一指标，而不考虑合同双方的关系、承包商的信誉和长远的利益。特别是当承包商还希望将来与业主进一步合作，或在当地进一步扩展业务时，更需要注意这个问题，应该有长远的眼光。

索赔，作为承包商追索已产生的损失或防止将产生损失的手段和措施，也应该是不得已而用之。承包商切不可将索赔作为工程的重要基本方针或经营策略，否则会将企业的经营管理引入误区。

三、承包商的基本方针

(一) 全面地完成合同责任

承包商应该以积极合作的态度完成合同的责任，主动地配合业主完成各项工程内容，建立良好的合作关系。这具体体现在以下几个方面：

1. 按照合同规定的质量、数量、工期要求完成工程项目，守信誉、不偷工减料、不以次充好，认真地控制好工程质量。在合同实施过程中，承包商没有违约行为，业主和工程师对承包商的工程工作和双方的合作都感到满意。

2. 积极地配合业主和工程师进行卓越的工程管理工作，协调各方面的关系。在工程中，业主和工程师会有这样或那样的失误和问题，作为承包商有责任执行他们的指令；但是，也应该及时地提醒，指出他们的失误，遇到问题主动配合，弥补他们工作的不足之处，以免造成损失。

当业主和工程师不在工程现场时,应该积极而有效地开展现场的管理和协调工作,保证就像他们在工程现场一样,按时、按质、按量完成工程。

3. 对事先不能预见的干扰事件,应该及时地采取措施,降低其影响,减少损失。切不可听之任之,袖手旁观,甚至幸灾乐祸,从中渔利。

在友好、和谐、相互信任和相互依赖的合作氛围中,不仅合同能够得以顺利地实施,双方的心情舒畅,而且承包商会有良好的信誉,能够保持与业主长期的合作关系。

在这种氛围中,承包商实事求是地提出干扰事件的索赔要求,也容易被业主所认可。

(二) 重视重大的索赔

对于已经出现的干扰事件或对方违约行为的索赔,一般需要重视重大的、有影响的、索赔额大的事件,不要“斤斤计较”。索赔的次数太多、太频繁,容易引起对方的反感。但是,承包商对这些“小事”也不能不采取任何措施,应该进行相应的处理,告诉主业,出于友好合作的诚意,放弃这些索赔要求,有时也可以作为索赔谈判中让步的余地。

在国际工程中,有些承包商经常“斤斤计较”“寸利必得”。特别是在工程刚开工的时候,给业主造成精明能干的印象,而且不容易作让步,利益不能受到侵犯,承包商自己认为这样是从心理上战胜了对方。这实质上是索赔的处理策略,不是基本方针,有时这种策略会适得其反的。

(三) 注意采取灵活的索赔策略

在具体的索赔处理过程中,承包商应该具有一定的灵活性,讲究策略,要准备并且能够作出让步,尽量使得双方对索赔的解决都比较满意。

承包商的索赔要求能够获得业主的认可,而业主又对承包商的工程和工作都感到满意,这是索赔问题的最佳解决结果。这看起来是一对矛盾,但是,有时也能够统一。这里需要考虑两个问题:

1. 双方具体的利益所在和预先的期望

对双方利益和期望的分析,是制定索赔基本方针和策略的基础。通常,双方利益差距越大、预先的期望越高,索赔的顺利解决越困难,双方越不容易满足。

(1) 通常承包商的利益或目标是:

① 使工程项目顺利地通过验收,交付业主使用,尽快地完成自己的合同责任,完成合同的履行;

② 进行工期索赔,推卸或免去自己对工期拖延的合同处罚责任;

③ 对业主、总(分)包商的索赔进行反索赔,减少费用的损失;

④ 对业主、总(分)包商进行索赔,获得费用损失的补偿,争取更多收益。

(2) 而业主的具体利益或目标可能是:

① 顺利地完成工程项目,及早交付使用,实现投资的目标;

② 其他方面的要求,例如延长保修期,增加服务项目,提高工程质量,使工程更加完美,或责令承包商全面地完成合同责任;

③ 对承包商的索赔进行反索赔,尽量减少或不对承包商进行费用补偿,减少工程项目的费用支出;

④ 对承包商的违约行为,例如工期拖延、工程不符合质量标准、工程量不足等,进行合

同处罚，提出索赔。

从上述分析可见，双方的利益有一致的地方，也有不一致和矛盾的地方。通过对双方利益的分析，可以做到“知己知彼”，针对对方的具体利益和期望采取相应的对策。

在实际的索赔解决中，对方对索赔解决的实际期望是很难暴露出来的。通常双方都将合同违约责任推给对方，表现出对索赔有很高的期望，而隐蔽了真实的情况，这是常用的一种策略。它的优点主要包括以下几个方面：

① 为自己在谈判中的让步留下余地。如果对方知道我方索赔的实际期望，那么可以直逼这条“底线”，要求我方再作出让步，而我方已经没有了让步的余地。例如：承包商预计索赔收益为 10 万美元，而提出 30 万美元的索赔要求，即使经过对方的审核，减少了一部分，再逐步讨价还价，最后实际赔偿 10 万美元，还能达到索赔的目标和期望。而如果期望 10 万美元，就提出 10 万美元的索赔，从 10 万美元开始谈判，最后可能 5 万美元的赔偿也难以达到。这是合同交易的基本常识。

② 能够得到有利的解决，而且能够使对方对索赔解决的结果满意。

由于提出的索赔值较高，经过双方的谈判，承包商作出了很大让步，好象受到了很大的损失，这使得对方索赔谈判人员对自己的反索赔工作感到满意，使问题更容易得到解决。

索赔的解决过程中，让步是双方的、对等的，承包商通过让步可以赢得对方对索赔要求的认可，业主的让步可以使得承包商更加努力地实施工程内容。

在实际的索赔谈判中，要清楚地了解对方的实际利益所在，以及对索赔解决的实际期望，是比较困难的。“步步为营”是双方在索赔过程中都经常采用的攻守策略，尽可能多地取得利益，又是双方的共同愿望，所以，索赔谈判经常是双方智慧、能力和韧性的较量。

2. 双方都应该作出一定的让步

在索赔的解决过程中，适当的让步是必不可少的。由于双方利益和期望的不一致，在索赔的解决过程中经常出现大的争议。而让步是解决这种不一致的主要手段。通常，索赔的最终解决双方都应该作出让步，才能达成共识。

让步是索赔谈判的策略之一，也是索赔处理的重要方法，它有很多的技巧。让步的目的是为了取得经济效益，达到索赔的目标。但是，它又必然带来自己经济利益的损失。让步是为了取得更大的经济利益而作出的“局部牺牲”。

在实际的工程项目中，让步应注意如下几个问题：

(1) 让步的时机。让步应在双方争议激烈、谈判濒于破裂时或出现僵局时作出。

(2) 让步的条件。让步是为了取得更大的利益，所以，让步应该是对等的，我方作出让步，应该同时争取对方作出相应的让步。这又应体现了双方利益的平衡。让步不能轻易地作出，应该使对方感到，这个让步是很艰难的。

(3) 让步应在对方感兴趣或利益所在之处。例如：向业主提出延长的保修期，增加服务项目或附加工程，提高工程质量，提前投产，放弃部分小的索赔要求，直至在索赔值上作出让步，以使业主尽快认可承包商的索赔要求，达到双方都满意或比较满意的解决结果。

但是，在让步时也应该注意，承包商不能靠牺牲自己的“血本”而作出让步，不过多地损害自己的利益。

(4) 让步应该有步骤。应该在谈判前制定详细的计划，设计让步的方案。在谈判中，切不可“一让到底”，一步达到了自己索赔期望的底线。这样的让步经常使得自己陷于被动的状态。

索赔的谈判经常要持续很长的时间。在国际工程中,有些工程项目竣工后好几年,而索赔争议仍然没有能够得到合理的解决。对于承包商而言,让步的空间越大,越有主动权。

(四) 争取以“和平”的方式解决争议

无论在国际工程项目,还是在国内工程项目中,承包商一般都应该争取以“和平”的方式解决索赔的争议。这对双方都是十分有利的。当然,具体采用什么方法还应该审时度势,从承包商的利益出发。

在索赔的过程中,“以战取胜”,即用尖锐对抗的形式,在谈判中以凌厉的攻势压倒对方,或在一开始就企图用仲裁或诉讼的方式解决索赔问题,是不可取的。这常常会导致以下问题:

1. 失去对方的友谊,双方关系紧张,使合同难以继续履行,承包商的地位更为不利。

2. 失去将来的合作机会,由于双方的合作关系破裂,业主如果再实施工程项目,大部分情况下都不会委托给曾经与他打过官司的承包商。承包商在当地会有一个不好的声誉,影响到将来的经营。

3. “以战取胜”也没有给自己留下余地。如果遭到对方的反击,自己的回旋空间较小,这是很危险的。有时,会造成承包商的保函和保留金回收的困难。而且在实际工程中,干扰事件的责任经常是双方都应该承担的,承包商也可能有疏忽或违约的行为。对于一个具体的索赔事件,承包商常常很难有绝对的把握取胜。

4. 两败俱伤。双方的争议激烈,最终以仲裁或诉讼的方式解决索赔问题,经常需要花费很多的时间、精力、金钱,也损害了信誉。特别是当争议很复杂时,解决过程的持续时间很长,最终导致两败俱伤。这样的工程案例是很多的。

【案例 12 - 1】 在非洲某水电工程项目中,工程施工期不到 3 年,原合同价 2 500 万美元。由于各种原因,在合同的实施过程中,承包商提出了很多索赔,总索赔值达到了 2 000 万美元。工程师作出处理的决定,认为总计补偿 1 200 万美元比较合理。业主愿意接受工程师的决定。

但是承包商不肯接受工程师的决定,要求补偿 1 800 万美元。由于双方达不成协议,承包商向国际商会提出了仲裁要求。双方各聘请一名仲裁员,由他们指定首席仲裁员。本案仲裁前后经历了近 3 年的时间,相当于整个建设期,仅仅仲裁的费用就接近 500 万美元。最终裁决为:业主给予承包商 1 200 万美元的补偿,即维持工程师的决定。经过国际仲裁,双方都受到了很大损失。如果双方各作让步,通过协商,友好地解决争议,那么不仅花费少,而且麻烦少、信誉好。

5. 有时难以取胜。在国际承包工程中,合同常常以业主,即工程所在国的法律为基础,合同争议也按照该国的法律进行解决,并且在该国进行仲裁或诉讼。这对承包商是非常不利的。很多国际工程专家认为,在另一个国家承包工程项目,如果出现争议在当地进行仲裁或诉讼,对外国的承包商经常不会有好的结果。所以,在这种情况下,应该尽量争取在非正式场合,以和平的方式解决双方的争议。

因此,除非万不得已,例如索赔争议的款额巨大,或自己被严重侵权,同时,自己有一定的成功把握,一般情况下不要提出仲裁或诉讼。当然,这仅仅是一个基本方针,对于具体的索赔,采取什么样的方式解决,应该审时度势,分析哪种方式是更为有利的。

（五）变不利为有利，变被动为主动

在工程承包活动中，承包商经常处于不利的、被动的地位。从根本上说，这是由于建筑市场的激烈竞争而造成的。它具体表现在招标文件和合同规定了一些不平等的、对承包商单方面的约束性条款上。而这些条款几乎都与索赔有关，例如：

1. 加强业主和工程师对工程施工、建筑材料等的认可权和检查权；

2. 对工程变更赔偿条件的限制；

3. 对合同价格调整条件的限制；

4. 对工程变更程序的不合理规定；

5. FIDIC 合同条件规定索赔的有效期为 28 天，但是，有的国际工程合同规定为 14 天，甚至 7 天；

6. 争议只能在工程所在地，按照工程所在地的法律解决，拒绝国际仲裁机构的裁决。

甚至有的合同还规定，不能以仲裁的结果对业主施加压力，迫使他履行合同责任等。

这些规定使得承包商的索赔很困难，有时甚至是不可能的。

此外，承包商的不利地位还表现在：一方面索赔要求只有经业主认可，并实际支付了赔偿才能算成功地进行了索赔；另一方面，出现索赔争议（即业主拒绝承包商的索赔要求），承包商常常应该（有时也只能）争取以谈判的方式解决争议。

要改变这种状况，在索赔中争取有利的地位，争取索赔的成功，承包商主要应该从以下几个方面进行努力：

1. 争取签订较为有利的合同。如果合同不利，在合同实施过程中，以及索赔的过程中，很难改变自己的不利地位。这要求承包商重视合同签订前的合同文本研究，重视与业主的合同谈判，争取对不利的、不公平的条款进行修改。在招标文件分析中，注意分析索赔机会。

2. 提高合同管理以及整个项目管理的水平，使自己不违约，按照合同履约。此外，积极配合业主和工程师进行工程项目管理，尽量减少工程中干扰事件的发生，避免双方的损失和失误，减少合同的争议，减少索赔事件的发生。实践证明，成功地获得索赔存在很大的风险，因此，在报价、合同谈判、工程项目的施工和管理中，任何承包商不能把项目的盈利目标寄希望于索赔。

在工程中，要系统地收集各类工程资料，为索赔（反索赔）准备证据；经常与工程师和业主进行充分而积极地沟通，遇到问题多书面请示业主或工程师，以避免自己的违约责任。

3. 提高索赔管理的水平。一旦发生了干扰事件，造成工期延长和费用的损失，应该进行积极的、有策略的索赔。对于整个索赔报告，包括索赔事件、索赔根据、理由、索赔值的计算和索赔证据等，应该做到无懈可击。

对于承包商而言，索赔解决得越早越有利；越拖延，越不利。所以，一旦发现了索赔机会，就应该进行索赔处理，及时地、迅速地提出索赔要求；在变更会议和变更协议中，就应该对赔偿的价格、方法、支付时间等细节问题达成一致意见；提出索赔报告之后，就应该不断地与业主和工程师进行联系，催促他们尽早地解决索赔问题；应该尽早、独立地解决工程项目中的每一个单项索赔，尽量不要以一揽子的方式解决所有的索赔问题。索赔值积累得越大，其解决对承包商越不利。

4. 在索赔谈判中争取主动。承包商对具体的索赔事件，特别对重大索赔和一揽子索赔应该进行详细的策略研究。同时，委派最有能力、最有谈判经验的专家参与索赔的谈判。在谈判中,尽量影响和左右双方谈判的方向,使承包商自己的利益诉求能够得到比较有利的解决。项目管理的各个职能人员,以及公司的各个职能部门,应该全力地配合和支持谈判。

在索赔的解决过程中,承包商的公关能力、谈判艺术、策略、锲而不舍的精神和灵活性是至关重要的。

5. 与业主代表、工程师建立良好的合作关系,使他们能充分地理解、认可承包商的索赔要求。

第二节　索赔策略研究

如何才能够既不损失利益,取得索赔的成功,又不伤害双方的合作关系和承包商的信誉,从而使合同的双方对合作满意?这个问题不仅与索赔的数额、数量等相关,而且与承包商的索赔策略、索赔处理的技巧有关。

索赔策略是承包商经营策略的一部分。对于重大的索赔(反索赔),应该进行索赔的策略研究,作为制订索赔方案、索赔谈判和解决计划的依据,以指导索赔小组的索赔工作。

索赔策略应该体现承包商的整个经营策略,实现承包商长远利益和当前利益,全局利益和局部利益的统一。通常,这个策略应该由承包商的高层管理人员参与制定,而项目的合同管理人员则需要提供索赔策略制定所需要的信息和资料,并对其提出意见和建议。

索赔(反索赔)的策略研究,对于不同的情况,包含着不同的内容,也有不同的重点。

一、确定目标

1. 提出任务,确定索赔所要达到的目标。

承包商的索赔目标是实现承包商的索赔基本要求,是承包商对索赔的最终期望。它由承包商根据合同的实施状况,承包商所受的损失,及其总的经营战略进行确定。对各个目标应具体分析其实现的可能性。

2. 分析实现目标的基本条件。

除了进行认真的、有策略的索赔处理之外,承包商特别应该重视在索赔谈判期间的工程施工管理。在这个时期,如果承包商能够更加顺利地、圆满地履行自己的合同责任,使业主对工程项目比较满意,这对谈判是具有促进作用的。相反,如果这时出现承包商的违约或工程管理的失误,工程项目不能按照业主的要求完成,这会给索赔谈判,以及整个工程的索赔工作带来严重的负面影响。

当然,反过来说,对于不讲信誉的业主(例如,严重拖欠工程款,拒不承认承包商合理的索赔要求),那么承包商需要注意控制(放慢)工程的进度。一般的施工合同都规定,承包商在索赔的解决期间,仍然应该继续努力地履行合同,不得中止项目的施工。但是,工程项目越接近完成,承包商的索赔地位越不利,主动权越少。对此,承包商可以提出一些放慢施工的理由,例如由于索赔的问题不能解决,造成了财务的困难,没有办法支付分包商的工程款,没有资金购买工程材料、发放工资等,因此,无法正常施工或只有放慢施工进度。

3. 分析实现目标的风险。

在工程项目的索赔过程中,会存在很多的风险,主要是:

(1) 承包商在履行合同责任时的失误。这可能成为业主反驳索赔要求的攻击点。例如承包商没有在合同规定的索赔有效期内提出索赔,没有完成合同规定的工程量,没有按照合同的规定工期交付工程内容,工程没有达到合同所规定的质量标准,承包商在合同实施过程中有失误等。

(2) 工程项目现场的风险,例如项目试生产出现问题,或工程不能顺利地通过验收,其他的工程质量问题等。

(3) 其他方面的风险,例如业主可能提出合同的处罚或索赔要求,或者其他方面可能有不利于承包商索赔的证据等。

二、分析对方的要求

1. 在索赔过程中,需要分析对方的兴趣和利益所在,其主要目标是:

(1) 在一个比较和谐友好的氛围中,进行双方的索赔谈判。在问题比较复杂、双方都有违约责任的情况下,或用一揽子的方案解决工程中的索赔问题时,往往要注意这点。如果直接提交一份索赔文件,提出索赔要求,业主常常难以接受,或不作答复,或拖延解决。在国际工程中,有的工程索赔可能拖延几年。而采用循序渐进的方法,让对方逐渐了解自己的索赔要求,可能更有利于索赔问题的解决。

(2) 分析对方的利益所在,可以研究双方利益的一致性、不一致性或矛盾。基于这个分析结果,在索赔谈判的过程中,可以针对对方感兴趣的地方,而又不过多地损害承包商自己利益的情况下作出让步,使双方都能对索赔的处理结果满意。

2. 分析合同法律基础的特点和对方的商业习惯、文化特点、民族特性。这对索赔的处理方法影响很大。如果对方来自法制健全的发达国家,那么应该多投入时间进行合同分析和合同法律分析,在此情况下,提出索赔的法律依据会更加充分。

了解和尊重业主(对方)的社会心理、价值观念、传统文化、生活习惯,甚至包括业主本人的兴趣、爱好,对索赔的处理和顺利解决有很大的影响,有时直接关系到索赔,甚至整个项目的成败。当前,发达国家的承包商在工程投标、洽商、施工、索赔(反索赔)中,特别注重研究这方面的内容。实践也证明,这些承包商实施工程项目更容易取得成功。

三、承包商的经营策略分析

承包商的经营策略直接制约了工程索赔的策略和计划。在分析业主的目标、业主的情况,以及工程所在地(国)的情况后,承包商应该考虑以下问题:

1. 是否有可能与业主继续进行新的合作,例如业主是否有新的工程项目?

2. 承包商是否打算在当地继续扩展业务?或在当地扩展业务的前景如何?

3. 承包商与业主之间的关系对在当地扩展业务是否有影响,以及有什么影响?

这些问题是承包商决定整个索赔要求、索赔解决方法和索赔解决期望的基本点,由此决定承包商对整个索赔的基本方针。

四、承包商的主要对外关系分析

在合同的实施过程中,承包商有多方面的合作关系,例如与业主、工程师、设计单位、业主的其他承包商和供应商、承包商的代理人或担保人、业主的上级主管部门或政府机关等。

承包商对各个参与方要进行详细的分析,基于这些关系,争取各个参与方或项目管理者的同情、合作和支持,营造有利于承包商的氛围,从各个方面向业主施加影响。这往往比直接与业主进行索赔的谈判更为有效。

在索赔的过程中,以及在整个工程项目的实施过程中,承包商与工程师的关系一直起到了关键的作用。这是因为工程师代表业主进行工程项目管理,很多作为证据的工程资料需他签字认可才有效,工程师可以直接下达变更指令、提出有"准仲裁"作用的工程问题处理意见、对隐蔽工程进行验收等。而对于索赔而言,索赔报告首先需要由他审查、签字,才能交给业主处理。在双方产生争议时,他又首先作为调解人,提出调解的方案。所以,与工程师建立友好和谐的合作关系,取得他的理解和帮助,不仅对整个合同的顺利履行有很大的影响,而且常常决定了索赔的成败。

在国际承包工程中,承包商的代理人(或担保人)通常也起着非常微妙的作用。他可以协助承包商办理承包商不能或不好出面办理的事务。他熟悉当地的风俗习惯、社会风情、法律特点、经济和政治状况,他又与当地的其他方面建立了密切的联系。他在其中进行斡旋、调停,能够使承包商的索赔问题得到更加有利的解决。

在实际工程中,与业主上级的交往,或双方高层的接触,常常有利于索赔问题的解决。很多索赔问题,合同双方具体工作人员谈判不成功,争议了很长的时间,但是,从双方高层管理人员的角度、战略的角度看,这些索赔问题可能都是小问题,因此,很容易得到合理的解决。

因此,在索赔的处理过程中,承包商要充分地接触各个参与方,传达、提供各种索赔的相关信息,以争取广泛的同情和支持。

五、估计对方的索赔

在工程问题比较复杂,双方都有责任,或工程索赔以一揽子方案解决的情况下,应该对对方已经提出的,或可能还要提出的索赔进行分析和估算。在国际工程中,常常发生这种情况:在承包商提出索赔后,业主采取反索赔的措施,例如,基于一些借口提出罚款和扣款;在工程验收时挑毛病,提出索赔,用以平衡承包商的索赔。在承包商进行索赔时,应该充分估计到这些情况是否可能发生。对业主已经提出的,以及可能还将提出的索赔进行分析,列出分析表,并分析业主这些索赔要求的合理性,即自己反驳的可能性。

六、承包商的索赔值估计

承包商对自己已经提出的及准备提出的索赔进行分析。其分析方法和费用的分项与前述对对方索赔的估计一致。这里还要分析可能的最大值和最小值,这些索赔要求的合理性以及业主反驳的可能性。

七、合同双方索赔要求的对比分析

将前述的分析结果合并在一个表格中,可以看出双方要求的差异。这里有两种情况:

1. 我方提出索赔,目的是通过索赔得到费用的补偿,那么两个估计值进行比较后,我方的索赔应该有余额。

2. 如果我方为反索赔,目的是为了反击对方的索赔要求、不给对方以费用补偿,那么两个估计值的比较后至少应该达到平衡。

八、可能的谈判过程

在大部分的情况下，索赔是通过双方的谈判解决的。索赔谈判是合同双方采用面对面的方式解决索赔问题，例如澄清索赔内容、核实索赔证据、努力达成共识等，这个过程是索赔能否取得成功的关键。在此之前，双方所制定的索赔计划和策略都要在索赔谈判过程中付诸实施，接受检验；双方在谈判过程中会交换索赔（反索赔）文件，并进行内容的推敲，或观点的反驳。为了获得索赔的成功，特别是对大的一揽子索赔，双方都会委派最精明强干的专家参与谈判。索赔谈判属于合同谈判，更大范围地说，属于商务谈判。对此，很多研究者对此进行了研究（见参考文献 5、6），并指出索赔谈判包括很多技巧和注意点，例如：

① 掌握大量的索赔信息，充分地了解与索赔相关的问题，例如引起索赔的原因或事件是什么？事件的责任如何分担等；

② 了解对方参与索赔谈判的成员情况，以及对方对索赔的期望；

③ 在谈判过程中，注意使用简单的语言，简明扼要并具有逻辑性地表达自己的观点；

④ 掌握谈判的时机，在谈判过程中，有时需要快速地决策或采取行动；

⑤ 组建得力的谈判小组，对他们进行充分的授权。

但是，索赔谈判又有其自有的特点，特别是在工程项目实施过程中进行的索赔：业主处于主导地位；承包商还应该继续实施工程项目；承包商还希望与业主保持良好的关系，争取有以后继续合作的机会，不能影响承包商的声誉。

1. 索赔谈判的阶段

索赔谈判一般可以分为谈判启动、事态调查、事件分析、问题解决四个阶段。

（1）谈判启动阶段

如何将对方引入谈判，这里有很多学问。当然，最简单方法的是，向对方递交一份索赔报告，要求对方在一定期限内予以答复，以此作为启动谈判的开始。在这种情况下，往往谈判的气氛会比较紧张。因为承包商向业主索赔，要求业主追加费用，就好像“债主上门讨债”，而承包商索赔又不能像“债主”那样毫无顾忌，因为索赔的结果还需要由业主的认可才有效。

在索赔的谈判中，双方地位往往是不平等的，承包商处于不利的地位。这是由合同条款和合同的法律基础造成的。这使得承包商在索赔谈判中面临很多的挑战，需要克服很多的困难。业主拒绝参加索赔谈判，中断谈判，使谈判旷日持久，一拖几年，最终迫使承包商作出大的让步，这在国际承包工程中也是比较常见常见的。所以，在谈判过程中，谈判的策略和技巧是很重要的。

要在一个友好、和谐的氛围中让业主参与谈判，通常需要从他关心的议题或对他有利的议题入手，可以结合前述分析的业主利益诉求或业主感兴趣的问题，制定相应的谈判启动方案。

如果顺利的话，这个阶段的最终结果是达成了索赔谈判的备忘录。其中，包括双方关心的议题、商讨的大致谈判过程，以及谈判的总体时间安排。承包商应该努力将自己索赔所相关的问题纳入备忘录中。

（2）事态调查阶段

针对索赔的内容，索赔的一方对合同的实施情况进行回顾、分析、提出证据，这个阶段重点是清楚地分析事件的真实情况,例如工期由于什么原因延长、延长多少、工程量增加多少、附加工程有多少、工程质量变化多大等。此时,承包商不应该急于提出费用索赔的要求,应该多提出证据,以推卸或减少自己的责任。事态调查应该以会谈纪要的形式进行记录,作为这阶段的成果。这个阶段要全面地分析合同的实施过程,不可遗漏重要的线索。

(3) 事件分析阶段

这个阶段需要对这些干扰事件的责任进行详细的分析。此时,双方可能会出现不少的争议,例如对合同条款理解的不一致。同时,双方会各自提出事态对自己的影响及其结果。承包商在这个阶段提出工期和费用索赔。这时对事件的分析已经比较清楚,各方应该承担的责任也基本比较明确。

(4) 问题解决阶段

在这个阶段,对于一方或双方所提出的索赔,双方讨论解决的办法。经过双方的讨价还价,或通过其他方式最终解决索赔问题。

对于整个谈判过程,如果是承包商进行索赔,需要预先编制索赔计划,用流程图的方式表示可能的谈判过程,用横道图编制进度计划,并针对可能的谈判结果明确对应的谈判策略。对于重大索赔,没有计划就不能取得预期的成果。

2. 索赔谈判应该注意的问题

(1) 注意谈判心理,与参与方的管理人员建立良好的合作关系,发挥公关的作用。在谈判中,尽量避免对工程师和业主代表的当事人进行指责,多商谈干扰事件的不可预见性,少谈论他们个人工作的不足所引起的失误,以保证给他们留有足够的"面子"。通常,只要对方认可我方的索赔要求,赔偿损失即可,而并非一定要对方承认错误。

(2) 多谈困难、多"诉苦",强调不合理的索赔问题解决可能会对承包商的财务、施工能力的影响,强调索赔事件对工程项目所引起的各种干扰。无论索赔能否顺利地解决或解决的程度如何,在谈判过程中以及解决以后,都要以受损失者的面貌出现。给对方、给公众一个受损失者的形象。这样不仅能够争取对方的同情和支持,而且也能够争取一个好的声誉和保持良好的合作关系。索赔与"拳击比赛"不同,即使我方的索赔非常成功,取得了意想不到的索赔利益,也不能表现出胜利者的狂妄姿态,否则会引起对方的反感。

九、可能的谈判结果分析

这与前述分析的承包商的索赔目标相对应。用之前分析的结果说明,这些目标实现的可能性,实现的困难和障碍。如果目标不符合实际,那么可以进行调整,重新确定新的目标。

第三节　争议的解决方法

公平的争议解决方式是工程合同中最为重要的条款之一。工程合同的复杂性、独特性以及持续时间长等因素使得在合同履行过程中难免会产生许多争议,而先进、公平合理的合同争议解决条款的规定则会使合同当事人对工程合同的履行充满信心。在工程承包的发展过程中,工程管理者已经探索和创造了多种争议解决方式,比较常见的争议解决方式是:工程师的决定、协商解决、调解、仲裁、诉讼以及其他方法。

一、工程师的决定

对于合同双方的争议，以及承包商提出的索赔要求，先由工程师作出决定。在工程施工合同中，工程师作为第一调解人，有权解释合同，决定合同价格的调整和工期(保修期)的延长。采用“工程师决定”解决工程争议，是大部分国际工程标准合同文本中都选择或曾经选择的争议解决方式，具有共性和普遍性，所以，采用这种方式解决工程争议在国际工程中具有特殊的、非常重要的地位。

这种处理方式的好处是，工程师参与整个工程项目的实施过程，对争议的起因、影响、责任比较了解，所以，争议的解决方案可能比较符合实际情况，而且工程师的解决比较快捷、成本低廉。

但是，由于以下原因，工程师解决争议的公正性常常不能保证：

1. 工程师受雇于业主，作为业主代表，为业主服务，在争议的解决中更倾向于保护业主的利益。

2. 有些干扰事件直接是由于工程师的责任造成的，例如，下达错误的指令、工程管理失误、拖延发布图纸和批准等。那么工程师从自身的责任和面子等角度出发，会不公正的对待承包商的索赔要求。

3. 在很多工程项目中，项目前期的咨询、勘察设计和项目管理由一个单位(即工程师)承担，它的好处是可以保证项目管理的连续性，但会对承包商产生不利的影响。例如计划错误、勘察设计不全、出现错误或指令不及时，工程师会从自己的利益角度出发，不能正确地对待承包商的索赔要求。

这样会影响承包商的履约能力和积极性。当然，承包商可以将争议提交仲裁，仲裁人员可以重新审议工程师的指令和决定。

二、协商解决

协商解决，即双方“私了”。合同双方按照合同规定，通过摆事实讲道理，厘清责任，共同商讨，互作让步，使争议得到解决。

它是解决任何争议首先采用的最基本的，也是最常见的最有效的方法。这种解决方法的特点是：简单，时间短，双方都基本不需要额外的支付其他争议解决费用，气氛平和。在承包商递交索赔报告后，对业主(或工程师)提出的反驳、不认可，或双方存在意见的分歧，可以通过谈判厘清干扰事件的实情，按照合同条款辩明是非，确定各自的责任，经过友好磋商，互作让步，通过谈判达成解决索赔问题的协议。

通常索赔争议首先表现在对索赔报告的分歧上，例如：双方对事实根据、索赔理由、干扰事件的影响范围、索赔值的计算方法等意见不一致。所以，承包商应该提交有说服力的、无懈可击的索赔报告，这样能够在谈判取得比较有利的地位。同时，还需要做好准备作进一步的解释，提供进一步的证据。

在谈判过程中，谈判人员需要具有专业知识、谈判经验和谈判艺术，要能倾听对方的观点，识别对方当事人的需要和利益，清楚地表达自己的观点。有时，对一些争议的焦点问题，需要聘请专家咨询或进行鉴定，其目的是厘清是非、区分责任、统一对合同的理解、消除争议。例如：对合同理解的分歧可以聘请法律专家进行咨询；对承包商工程技术和质量问题的分歧,可以邀请技术专家或者专业部门进行检查或鉴定。

这种争议的解决方法通常对双方都有利,为将来双方的进一步友好合作创造了条件。在国际工程中,大多数的争议都是通过协商解决的。即使在按照 FIDIC 合同条件规定的争议解决程序进行仲裁之前,首先,还需要经过友好协商阶段,这是让双方再“冷静”一下,避免双方由于仲裁而激化了矛盾。通常,在索赔值不大、责任明显、争议的矛盾不突出、双方期望比较一致的情况下,基本都能够通过协商解决双方的争议。

在我国,如果正常的索赔要求得不到解决或双方的要求差距比较大,难以达成一致意见,还可以找业主的上级主管部门进行申述,再次进行协商。

三、调解

1. 如果合同双方经过协商谈判不能就索赔的解决达成一致意见,那么可以邀请中间人进行调解。调解是在第三者的参与下,以事实、合同条款和法律为根据,通过对当事人的说服,使合同双方自愿地、公平合理地达成解决协议。如果双方经过调解后达成协议,由合同双方和调解人共同签订调解协议书。

在调解中,第三方的角色是积极的。调解人经过分析索赔和反索赔报告,了解合同的实施过程和干扰事件的实际情况,按照合同作出自己的判断(调解决定),并劝说双方再进行商讨,都作出一些让步,仍以和平的方式解决争议。

调解是在自愿的基础上进行的,其结果没有法律约束力。如果当事人一方对调解的结果不满意或对调解协议有反悔,那么他应该在接到调解书之日起的一定时间内,按照合同关于争议解决的规定,向仲裁委员会申请仲裁,也可直接向法院起诉。超过这个期限,调解协议就具有法律约束力。

如果调解书生效后,争议一方不执行调解决议,则被认为是违法行为。

2. 这种解决争议的方法有以下优点:

(1) 提出调解能够较好地表达承包商对谈判结果的不满意,以及争取公平合理地解决索赔问题的决心。

(2) 由于调解人的介入,提高了索赔问题解决的公正性。业主要顾忌到自己的影响和声誉等,通常容易接受调解人的劝说和意见。此外,由于调解决议是当事人双方自由决定而选择的,所以,一般比仲裁决议更容易执行。

(3) 灵活性较大,有时程序上也很简单(特别是请工程师调解)。一方面,双方可以继续协商谈判,另一方面,调解决定没有法律约束力,承包商仍有机会追求更高层次的解决方法。

(4) 节约时间和费用。

(5) 双方关系比较友好,气氛平和,不伤感情。

3. 调解人应该站在公正的立场上,不偏袒或歧视任何一方,按照国家法令、政策和合同的规定,在查清事实、分清责任、辩明是非的基础上,对争议的双方进行说服,提出解决方案,调解结果应该公正、合理、合法。

在合同的实施过程中,日常索赔争议的调解人为工程师。他作为中间人和了解实际情况的专家,对索赔争议的解决起着重要作用。如果对争议不能通过协商达成一致意见,双方都可以请工程师出面调解。工程师在接受任何一方委托后,在一定期限内(FIDIC 规定为 84 天)作出调解意见,书面通知合同双方。如果双方认为这个调解是合理的、公正的,双方都能够接受，在此基础可再进行协商，得到满意解决。工程师熟悉工程合同，参与工程施工的全过程，了解合同实施的情况，其参与调解有利于争议的合理解决。但是，他的公正性往往难以保证，因为他一方面受雇于业主，另一方面承包商也千方百计对他施加影响。对于较大的索赔，可以聘请知名的工程专家、法律专家，或对双方都有影响的人作为调解人。

在我国，承包工程争议的调解通常还有两种形式：

(1) 行政调解。由合同管理机关、工商管理部门、业务主管部门等作为调解人。

(2) 司法调解。在仲裁和诉讼过程中，首先提出调解，并为双方接受。

四、仲裁

仲裁是双方当事人达成书面协议，自愿把争议提交给双方同意的仲裁机构，由仲裁机构解决合同争议的一种方式。仲裁机构作出的裁决是终局性的，对双方都有约束力。与诉讼相比，仲裁具有快速、便捷、高度保密、裁决便于执行、能够充分体现双方当事人的意思自治、有利于维持和发展争议双方之间的商事关系等特点。

合同当事人将合同争议提请仲裁，必须基于有效的仲裁协议。根据《仲裁法》第十六条第二款的规定，仲裁协议内容必须具备三个要素：一是要有请求仲裁的意思表示；二是要有仲裁事项；三是要有选定的仲裁委员会。此外，合同当事人如何对仲裁事项进行规定也是应注意的问题。

当争议双方不能通过协商和调解达成一致意见时，可以按照合同条款的规定采用仲裁方式解决。仲裁作为正规的法律程序，其结果对双方都有约束力。在仲裁中，可以对工程师所作出的所有指令、决定、签发的证书等，进行重新审议。

1. 我国仲裁的相关规定

在我国，按照《中华人民共和国仲裁法》的规定，仲裁是仲裁委员会对合同争议所进行的裁决。仲裁委员会在直辖市和省、自治区人民政府所在地的市设立，也可在其他设区的市设立，由相应的人民政府组织有关部门和商会统一组建。各地的仲裁委员会是中国仲裁协会的会员。

在我国，仲裁实行一裁终局制度。裁决作出后，当事人如果就同一争议再申请仲裁或向人民法院起诉，相应的机构不再予以受理。

申请和受理仲裁的前提是，当事人之间要有仲裁协议。它可以是在合同中订立的仲裁条款，或以其他形式在争议发生前后达成的请求仲裁的书面协议。

仲裁可以在工程完工前或完工后进行。在工程项目的施工过程中，合同双方、工程师不能由于进行仲裁而改变其各自的义务。

2. 国际工程的仲裁

(1) 国际工程仲裁的特殊性

与我国的仲裁制度相比，国际工程仲裁有其特殊性。

涉外合同的当事人可以根据仲裁协议，向我国的仲裁机构或其他国家和地区的仲裁机构申请仲裁。

除合同另有规定外，一般按照国际商会仲裁和调解章程进行裁决。当然，合同还可以指明用其他国际组织的仲裁规则。

(2) 国际仲裁机构的形式

国际仲裁机构通常有临时性仲裁机构和常设仲裁机构两种形式。

① 临时性仲裁机构。它的产生过程由合同规定。一般合同双方各指定一名仲裁员,再由这两位仲裁员选定另一人作为首席仲裁员。三人成立一个仲裁小组,共同审理争议,以少数服从多数的原则作出裁决,所以,仲裁人的选择,其公正性对争议的最终解决有很大的影响。

② 常设仲裁机构。例如,伦敦国际仲裁院、瑞士苏黎世商会仲裁院、瑞典斯德歌尔摩商会仲裁院、中国国际经济贸易仲裁委员会、意大利仲裁协会等。

(3) 国际工程仲裁的地点

仲裁地点通常有以下几种情况:

① 在工程的所在国进行仲裁,这是比较常见的。很多国家的法律规定,承包合同在本国实施,那么只准许使用本国的法律,在本国进行仲裁,或由本国法庭裁决。裁决结果要符合本国的法律,拒绝其他第三国或国际仲裁机构的裁决。

在这种情况下,如果发生争议,应该尽一切努力在非正式的场合,通过双方协商或请人调解解决。否则,争议一旦提交给当地的法庭,解决结果就难以预料。

② 在被诉方的所在国进行仲裁。仲裁地点的选择是比较灵活的。例如:在我国实施的某国际工程项目中,业主为英国的投资者,承包商是我国的一家建筑施工企业。总承包合同的仲裁条款规定:如果业主提出仲裁,则仲裁地点在中国上海;如果中方提出仲裁,则仲裁地点在新加坡。

③ 在一个指定的第三国进行仲裁,特别在所选定的常设仲裁机构所在国(地)进行。

(4) 仲裁的效力

仲裁的效力,即仲裁决定是否是终局的、决定性的。如果合同一方或双方对裁决不服,是否还可以提起诉讼? 裁决对当事人(特别是业主)有无约束力? 是否可以强制他执行? 在某个国际工程的施工合同中,对仲裁的效力进行了规定:争议只能在当地(工程所在地)、按照当地的规则和程序进行仲裁;不能够借助仲裁的结果强迫业主履行其职责。

(5) 国际仲裁存在的问题

(1) 仲裁时间太长,程序过于复杂。从提交仲裁到裁决常常需要一年,甚至几年的时间。例如,在巴黎进行国际仲裁平均要 18 个月,而土木工程的仲裁案例时间更长。

(2) 费用很高。仲裁过程不仅要支付仲裁员的费用,而且需支付很多代理机构或律师的费用,相关的取证、资料、交通等费用,使得最终索赔解决费用一般都超过索赔额的 25%以上(见参考文献 20)。甚至有人说,争议一旦提交国际仲裁,常常只有律师是赢家。

(3) 仲裁人员不熟悉工程的实施过程、合同的签订过程、工程项目的很多细节,常常仅凭各种书面报告(例如索赔报告、反索赔报告)进行裁决。如果要他们了解工程过程,则那么要花费很多时间和费用。

所以,如果不是重大的索赔或侵权行为,一般不要提请仲裁。

五、诉讼

诉讼是运用司法的程序解决争议,由法院受理并行使审判权,对合同争议作出强制性的判决。与仲裁制度相比,我国诉讼制度具有程序严格、公正、对当事人的诉权保障全面、法官审判经验丰富等特点。诉讼方式的缺点在于立案时间长,诉讼费用高,异国法院的判决未必是公正的，各国司法程序不同，当事人在异国诉讼比较复杂。法院受理经济合同争议可能有如下几种情况：

1. 合同双方没有仲裁协议或仲裁协议无效，当事人一方可以向人民法院提请诉讼。

2. 虽然有仲裁协议，当事人向法院提出起诉，未声明有仲裁协议；法院受理后，另一方在首次开庭前对法院受理本案件未提出异议，则该仲裁协议被视为无效，法院继续受理。

3. 如果仲裁裁决被法院依法裁定撤销或不予执行。当事人可以向法院提出起诉，法院依法审理该争议。

法院在判决前再进行一次调解，如果仍然达不成一致意见，则依法判决。

六、争议解决的其他方法

最近几十年来，欧美很多国家对工程合同争议的解决提出了很多新的方式，并取得了很好的效果。除了上述谈判、调解、仲裁外，还有例如微型谈判（Mini-trial）、争议裁决委员会（Dispute Adjudication Board，简称 DAB）、雇佣法官（Rent-a-judge）、专家解决（Expert Resolution）、法庭指定专员（Court-appointed Master）等。

其中 DAB 在国际工程中的应用更为广泛，它已经在 FIDIC 施工合同条件中进行了明确的规定。在工程项目组织中，建立一个争议审议委员会，在商谈工程承包合同时，就确定人选及运行 DAB 的机制。

1. DAB 的人选

按照工程项目的规模和复杂程度，DAB 可以由 1 人、3 人、5 人、7 人组成。DAB 的成员一般为工程技术和管理的专家，而不是法律专家。人选一般有两种形式确定：

（1）双方事先商定并在合同中指明。

（2）在合同生效后 28 天内，双方共同协商任命。

例如：英法海底隧道为 5 名 DAB 成员，某国际机场的建设工程由 7 人组成 DAB，在我国的小浪底工程中，也采用这种争议解决方法。

2. DAB 的机制

（1）DAB 的机制与仲裁相似，如果为 5 人小组，则合同双方各推举 2 人，人选要征得对方同意。而最后 1 人由双方共同协商决定。

（2）对 DAB 人员的要求：

① 每位成员在被任命期间独立于合同的任何一方，与本工程及所调解的争议无任何利益关系，与业主、监理、承包商没有任何经济利益及业务上的联系，甚至有时要求有不同的国籍。

② DAB 成员应该公正行事、遵守合同。

③ DAB 成员应该作出的保证：在任何情况下，如果违背所接受任命的职责和合同，那么应该承担相应的责任。同时，合同双方也应保证 DAB 成员与所裁决的索赔无关。

（3）在工程项目的实施过程中，DAB 小组每隔 3～5 个月进入现场一次，进行调查研究，了解合同实施过程。他们有责任对将发生或可能发生的争议提出预警，要求对方采取措施避免或预防。所以，采用这种方式对减少争议，提高工程管理水平会有很大的帮助。

（4）DAB 成员的报酬由业主、承包商，以及 DAB 的成员协商确定。如果存在分歧，一般按照合理开支的补偿费、按规定的计日工酬金，以及相当于计日酬金三倍的月聘任费进行支付。酬金由合同双方各承担一半,如果一方未能支付应付的酬金,则另一方有权代表违约方付款,并相应地从违约方收回此款项。

(5) 委任终止。DAB 的委任只有在双方同意下才能终止。在合同最终价格的结清单即将生效时,或在双方商定的其他时间,DAB 的任期即告结束。

(6) 替职。任何时候,双方可以同意终止对上述 DAB 成员的委任,他们可以任命一个合格的人选替代 DAB 的任何或所有成员。如果 DAB 的某个成员拒绝履行职责,或由于死亡、伤残、辞职或其委任已终止而不能尽其职责,上述合格人选的委任即告生效。

(7) 有权提名。如果双方未能就 DAB 的组成及其提名人选达成一致,则可以由投标书附录中指定的人员或机构在与双方适当协商后提名,且该提名是最终的和具有决定性的。

3. DAB 的争议解决程序

(1) 如果发生争议,合同双方就合同及施工过程等发生争议事宜,应首先以书面形式提交 DAB,此提交应说明是根据合同条款作出的,并将一副本送另一方。

(2) 合同双方应向 DAB 提供进行裁决可能要求的所有资料、现场通道和适当设施。DAB 小组召集听证会,同时结合自己的调查了解作出判断。

(3) DAB 应在收到上述提交后 56 天内将其解决决定通知合同双方,并说明理由和声明是根据施工合同条款发出的。

(4) 除非合同已被拒绝或终止,在任何情况下,承包商应以应有的努力继续施工,而且承包商和业主应立即执行 DAB 的决定。

(5) 若一方对 DAB 的裁决不满,他应在收到决定的通知后 28 天内通知另一方,或如果 DAB 未能在收到争议事宜通知的 56 天内发出决定,合同双方的任何一方均可将其不满在 56 天期满后的 28 天内通知对方,并声明将争议提交仲裁。

在上述不满意的通知发出后,在开始进行仲裁前,合同双方应试图通过友好协商解决该争议。即使双方不试图通过友好协商解决该争议,也只有在发出不满意通知后第 56 天或之后的时间才能开始进行仲裁。

(6) 双方在收到 DAB 决定后 28 天内均未将自己的不满通知对方,则此决定应被视为最终决定,并对业主和承包商产生约束力。

4. DAB 的特点

(1) 由于 DAB 成员是工程领域的专家,与合同各方没有关系,同时他们又在一定程度上参与了项目的实施过程,所以争议的解决比较公正合理,更符合专业的特点,有说服力,容易为双方接受。

(2) 采用 DAB 方式解决争议,基本不损害双方的合作关系,给双方提供一个非对抗环境解决合同争议的机会,对双方的影响(如企业形象和声誉)较小,能增加双方的信任感,降低招标投标中的风险。

(3) 争议解决的时间短,比较快捷。

(4) DAB 方式虽有一定的费用开支,但如果没有发生争议,由于 DAB 小组由工程专家组成,他们在工程现场起到咨询作用,对防止争议、提高管理水平也会有很大益处,这些费用的支出还是很值得的。如果有争议发生,这笔费用又比仲裁费用少得多。

(5) 当然,有些参与方也认为 DAB 方式是对工程师的监督,所以,工程师对 DAB 常常是不太欢迎的,认为多此一举,增加了一个管理层次和成本。但是,无论如何,这种争议解决方法也是值得推广和应用的。

复习思考题

1. 您认为成功索赔的标准是什么？有人说，“只要从对方将钱拿回来，就符合利益原则，就是一个成功的索赔。”这句话正确吗？为什么？

2. 为什么要进行索赔策略研究？用流程图表示索赔策略研究的过程。

3. 索赔争议的解决通常有哪些方法？各有什么适用的条件？各有什么优缺点？

4. 您认为，在我国能否推行 DAB 方法？推行 DAB 方法需要什么条件？

5. 在国际工程中，很多人对工程师作为第一调解人的角色提出批评：他受雇于业主；他负责整个工程项目的管理，承包商的很多索赔就是针对其失误而提出的；承包商提出索赔最终由他决定价格，而发生索赔争议仍由他调解。因此，这种争议解决方法不可能是公正的、合理的。您对此观点有何评价？

第十三章　索赔(反索赔)案例

本章提要:本章介绍一个复杂的、有代表性的综合索赔(反索赔)案例。这个案例涉及工程总承包合同、联营体合同、分包合同,有相关的索赔(反索赔)策略研究、合同分析文件、索赔与反索赔报告,以及索赔的解决结果。从该案例中可以清楚地发现,工程中索赔与反索赔的工作过程、思路、分析问题的方法与出发点。

另外,本章还介绍了几个典型的单项索赔案例。

第一节　综合索赔案例

一、项目概况和项目实施情况【案例 13－1】

(一) 项目概况

1. 项目名称:A 国某发电厂工程项目
2. 业主:A 国某能源生产和输送总公司(以下称为 A 方)
3. 总承包商:B 国某有限股份公司,为本项目的设备供应商(以下称为 B 方)
4. 联营体成员:C 国某土建施工和设备安装公司(以下称为 C 方)
5. 分包商:C 方(同联营体成员)

1980 年 9 月 21 日,A 方与 B 方签订合同,由 B 方总承包 A 方的发电厂工程项目的全部设计、设备供应、土建施工、安装。

在此之前,B 方曾经与 C 方进行过洽谈。双方同意联营承包该工程项目。1980 年 11 月 15 日,B 方与 C 方正式签订内部联营体合同,双方共同承包该工程施工,由 C 方承担该工程项目的土建工程施工。C 方工程内容的合同总报价为 4 850 万美元。

由于 A 国的国内出现了政局变化,在总承包合同签订后还没有实施就暂停了 2 年,1983 年 8 月 15 日,A 方决定继续实施该工程项目。A、B 双方签订了一项修正案,确定原合同有效,并按照实际情况对合同的某些条款进行了修改。总承包合同的总价为 27 500 万美元。

1983 年 9 月 10 日,B、C 双方又在原联营体合同的基础上签订了一项修正案,决定继续联营承包。C 方将自己所承担的土建工程价格降至 4 300 万美元。

1985 年 7 月 20 日,在工程项目的实施过程中,B 方与 C 方又签订分包合同,由 C 方承包该项目的机械设备安装工程,合同价格为 1 900 万美元。

这样,在这个工程项目中,C 方既是 B 方的联营体成员,又是 B 方的分包商。三个参与方的合同关系见图 13－1 所示。

(二) 工程项目的实施情况

由于整个工程项目的开工实践很仓促,计划和施工的准备都不充分,致使在工程项目的实施过程中出现了很多问题,例如:

1. 设计资料、图纸的交付严重拖延;
2. 施工的计划被打乱,施工的次序出现了变更;
3. 工程量大幅度增加;
4. 材料供应拖延;
5. 施工中出现技术质量问题等。

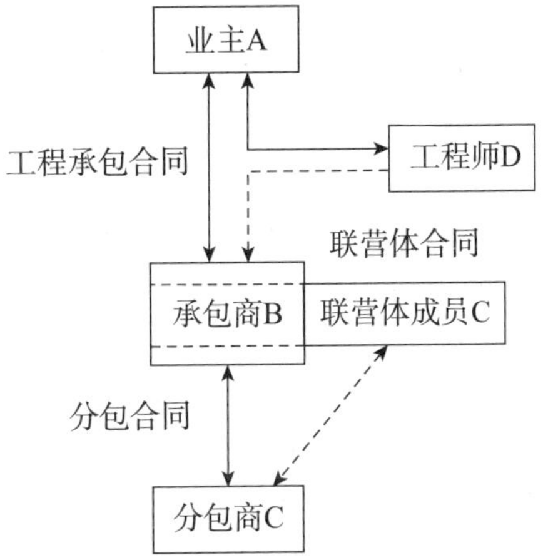

图 13-1　合同关系图

由于上述原因,使得工程项目的工期出现了延长,承包商的成本大幅度地增加,产生了激烈的合同争议。与总承包合同的修正案进行比较,本工程项目主要的工期延误为:

1. 混凝土工程延期了 7 个月;
2. 钢结构工程的安装延期了 13 月;
3. 1 号机组试运行延期了 27.5 个月;
4. 2 号机组试运行延期了 36 个月。整个工期比原计划延长了 3 年,直到 1990 年才结束。

(三) 索赔要求

在工程项目的实施过程中,A、B、C 三方之间有很多单项索赔都没有得到解决。所有索赔都在工程项目竣工前采用一揽子索赔的方式解决。各方主要的索赔要求有:

1. 关于 B-C 联营体合同的一揽子索赔

针对联营体合同实施中的问题,C 方向 B 方提出一揽子的索赔要求为:工期 27.7 个月,费用 5 970 万美元(原合同价为 4 300 万美元)。

2. 分包合同的一揽子索赔

1987 年 10 月 31 日,C 方向 B 方就分包合同提出 2 950 万美元的费用索赔(而分包合同价格为 1 900 万美元)。

3. 总承包合同的一揽子索赔

工程项目结束前,A 方向 B 方提出工程的延期罚款 5 000 万美元。1989 年 5 月,2 号机组投产时出现了故障;A 方警告,对 B 方将按照合同的规定清算所遭受的损失,即 B 方必须承担 A 方由于工期拖延、工程项目不能正常投产所产生的全部损失。

工程项目结束前,B 方向 A 方提出 10 000 万美元的一揽子费用索赔(而总承包合同价格为 27 500 万美元)。

这样,在本工程项目中形成了复杂的索赔与反索赔关系。下面对工程项目实施过程中索赔(反索赔)报告,以及其他文件进行分析。

二、B 方对总承包合同的索赔、反索赔策略分析

(一) 基本情况

由于工程项目的施工受到严重的干扰,工程管理也出现了失误,使得工期出现了拖延,工程项目迟迟不能交付使用。对比总承包合同和一号修正案,1 号机组推迟交付使用 27.5

个月,2号机组试运行时出现了质量问题。

根据总承包合同的规定,由于B方责任造成了工程延期,B方应向A方支付5 000万美元的违约金。如果拖期太久,A方可以向B方清算由于工期拖延而造成的损失。

由于上述原因,1988年6月,A方向B方提出清算损失的警告,在工程项目结束前又向B方提出工期拖延违约金的索赔。

在此情况下,B方在1989年6月进行了索赔策略研究。

(二) A-B总承包合同分析

1. 合同的法律基础及其特点

总承包合同是在A-B双方之间签订的,并在A国履行。合同规定,A国的法律法规适应于合同关系。由于该国没有合同法,合同法律基础的执行次序为:总承包合同、A国的民法、伊斯兰宗教法。

按照合同的自由原则,合同是双方应该遵守的最高法律。但是,在该国家,当合同与法律规定以及宗教法规定不一致甚至矛盾时,宗教法常常优先于国家法律和合同。而该宗教法的法律来源有两个基本的组成部分:

(1) 主要法律来源为神圣的可兰经。由于现代的经济问题十分复杂,在法律实践中常常采用类推的方法,由学者对可兰经进行解释,并对比以往大家一致认可的一些法律事件,解决当前遇到的法律问题。

(2) 为了支持补充主要的法律来源,在争议解决中还要引用第二法律来源。包括:

① 公平原则。法律应该避免作出不公平的判决。假设两个事件的表面相同,则在上述的法律原则适用后(例如按照类推原则)解决结果也应该相同。

② 政府和法院应保护公众和私人的利益,应注意防止有一些人利用法律条款的不完备和漏洞达到自己险恶的目的。

③ 通常的风俗习惯被承认。

这些法律的特点有一些外国人常常很不适应。他必须着眼于严格履行合同,在争议中不能期望得到较多的法律援助。

2. 合同语言

合同协议书与合同条件都采用英语和当地语言的文本。如果两个文本之间出现矛盾,以当地语言的文本解释为准。合同的其他文件以英语为准。

3. 合同内容

本合同所包括的文件及其优先次序与FIDIC合同条件相同。但是,在本合同签订之后,由于A国的政局变动,暂停了两年,此后双方签订了一号修正案。该号修正案具有最高的法律优先地位,它不仅修改了工期和价格,而且修改了工程项目的范围。原合同规定蒸汽机由B方供应并安装。但是,在一号修正案中,A方准备选择另外的蒸汽机供应商。

4. 合同工程的类型和范围

(1) 合同工程的类型和范围由工程量清单和规程定义,在一号修正案及附录中有部分进行了修改。合同范围包括,合同中注明的为项目运行所必需的工程和各种设施,以及合同中未注明的,但是属于合同工程明显必要的组成部分或由合同工程引伸的工程和供应。

(2) 工程变更程序。工程师向B方递交书面的变更指令,B方应要求工程师发出书面的确认函。在收到书面的确认函之后,B方应实施该项变更,同时,可以进行变更价格调整的谈判。没有工程师的允许,B方不得推迟或中断变更工作。

在接到变更确认后2个月内完成与工程师的价格谈判,送达A方批准。如果在收到变更确认后4个月内A方没有批准变更价格,以及相应的工期顺延,那么B方有权拖延或中止变更。

(3) B方有责任向A方的供应商提供有关工程结构方面的信息,并检查和监督供应和安装的正确性。

(4) B方负责合同范围内材料和设备的采购、运输和保管,进口材料的海关税由A方支付。B方每次应通知工程师海运的发运期和到港期,并按需要提交发运文件。(其他合同条件略)

5. A方责任

(1) A方委托一个咨询工程师作为本项目的工程师,负责工程技术与管理工作。

(2) B方须向工程师提交施工文件供工程师批准,工程师应该在14天内批准或提出修改意见。

如果A方不能完成自己的合同责任造成B方的损失,那么工期可以顺延。(其他合同条件略)

6. 验收

(1) 如果已经完成了合同范围内的所有工程内容,承包商应提前21天通知工程师竣工试验的日期。经过工程师同意后,在10天后进行竣工试验。如果试验合格,由工程师签署证明,确定工程项目的完工日期。但是,只有在工程运行60天后,验收才正式生效。

(2) 在保修期结束后14天内,工程师签署最终接收报告,并由业主在保修期结束后的60天内进行批准。由工程师与业主共同签署的最终接收报告,表示业主对工程项目的完全满意,合同正式结束。B方全部合同责任解除。但是,在保修期内更换的部件或设备除外。

(3) 如果在竣工验收时发现问题,那么工程项目的移交证明就不能签发。A方有权在承包商运行人员的监督下,为合同的目的而运行该工程项目。

7. 合同价格

(1) 原合同协议书中有合同价格,但是由于一号备忘录修改了工程范围,因此也同时修改了合同价格,这个价格是有效的合同价格。

(2) B方必须完成工程师指令的变更和附加工程,前提是该变更所引起的净增加值不超过合同价的25%,降低不多于10%;如果超过这个范围,那么合同价格可以适当进行调整。

在变更实施前,B方应通知工程师该变更可能对价格造成的影响。

8. 工期

(1) 原合同确定了开工日期,而根据一号备忘录,重新确定了开工日期。合同还规定了几个主要单项工程的完成时间为:1号机组的工期是34个月,2号机组的工期是38个月,3号机组的工期是42个月,4号机组的工期是46个月。

(2) 工期变更。由于按照一号备忘录蒸汽机已经由A方另外进行了发包,因此,A方必须在开工后的3个月内向B方提交蒸汽生产设备的详细资料,否则工期应给予顺延。

(3) 如果发生附加工程或不可预见的情况,影响了正常的施工进度,B方应在10天内通知工程师。

9. 违约责任

如果B方在合同期内没有完成工程项目,有责任向A方支付赔偿。对工程拖延的赔偿总额不超过相关工程合同价的 7%。

如果由于 B 方没有完成工程而造成了 A 方的重大损失，那么 A 方有权向 B 方提出清算损失的要求。这不是违约金的处罚，而是由 B 方赔偿 A 方的全部实际损失。

10. 索赔

如果发生引起索赔的干扰事件，B 方应在 28 天内向工程师提出书面的索赔要求，否则 B 方无权要求任何补偿。

11. 争议的解决

对于双方出现的争议，如果不能通过友好协商达成一致的解决意见，那么双方可以提请仲裁。

仲裁在 A 方的首都进行，也可以在合同双方一致同意的其他地方进行。仲裁按照 A 国民法所规定的程序进行，裁决结果必须符合 A 国法律规定。

(三) B 方的索赔目标

1. 目标

B 方的索赔目标见图 13-2 所示。

经过认真的研究，B 方确定了与 A 方针对总承包合同的索赔和反索赔处理的基本目标：

(1) 使工程顺利通过验收，交付使用，使 A 方认可并接受该工程项目；

(2) 制止(反驳)A 方清算损失的要求；

(3) 反驳 A 方的费用索赔要求，即不支付 A 方工程拖延的合同违约金；

(4) 向 A 方提出索赔。B 方希望争取通过索赔得到附加收入 1 000 万美元。

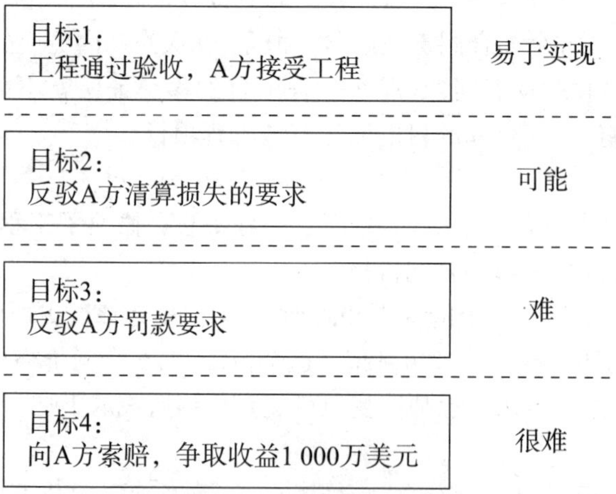

图 13-2　索赔目标分析

2. 目标实现的可能性分析

在上述索赔目标中，1、2 两点容易实现。由于 A 方急等着使用工程，所以，只要工程能够正常使用，A 方就会接收工程。但是，A 方要求 B 方能顺利地完成工程施工，机组试运行不再出现质量问题。

目标 3 的实现有一定的难度。这要求 B 方提出充分的证据和理由，向 A 方提出一定数额的索赔，以平衡 A 方的索赔要求。

目标 4 很难实现。为了实现此目标，B 方必须提高向 A 方的索赔值，但是，还找不到这样的索赔理由。

3. 索赔处理中应注意的问题

(1) 对索赔谈判妨碍最大的是2号机组试运行出现的技术问题。这会使B方谈判的有力地位受到损害,所以,应该在开始谈判前尽量解决这个问题,使机组成功地试运行,并顺利投产。

(2) 在索赔谈判中,应该尽力追求和强调合理的补偿和合理的解决。这在伊斯兰宗教法中有重要地位。这样B方才能将很多合同外的索赔要求纳入索赔中。在谈判中,避免进行合同的法律分析,避免将索赔要求仅限于合同条款范围内,否则会使B方处于不利的地位,增加了索赔的风险。进行合同的法律分析,以下几个方面会成为A方的主要攻击点:

① B方没有在合同规定的索赔有效期内提出索赔要求;

② B方没有工程受到干扰的详细证据;

③ B方有明显的工期延误责任;

④ B方没有及时向A方递交工程项目的进度计划等。

(3) 应该尽一切努力争取双方的协商解决。避免将合同争议提交临时仲裁机构进行仲裁,或A国的法庭进行裁决,否则对B方不利。

(4) 应该考虑到B方提出索赔后,A方有可能提高索赔值而进行对抗。按照A国的文化特点和商业习惯,在谈判中应强调照顾双方利益的平衡和合理公正的解决,不要强调对方的违约行为以及进行责任的分析。

(四) 对A方的分析

1. A方的目标和兴趣

尽管A方提出了很高的清算损失和违约金要求,但是,通过对A方各方面的情况分析后发现,A方的主要目标按照优先次序的排列如下:

(1) 发电机组尽可能快地并网发电。当时正为用电时节,应该尽快投产运行。

(2) 尽可能延长试运行的期限(合同规定,试运行费用由B方承担)。

(3) 尽可能延长保修期。由于2号机组试运行时出现故障,A方对工程质量产生怀疑。

(4) 尽量少向B方支付赔偿费,不再追加工程投资。

(5) 向B方索赔以弥补工期延误、工程质量等问题造成的损失。但是,作为国家投资项目,A方对于此项索赔没有很高的期望和要求。

2. 索赔谈判方针和策略

基于对A、B双方利益的分析,B方在索赔谈判中的基本方针和策略为:

(1) 以反索赔对抗索赔,最终达到平衡。

(2) 在谈判中注重与第三方,如B方的A国担保人和工程师的预先磋商,这比直接与A方会谈更为有效。

(3) A国在能源工程方面将有大量的投资项目,B方期望与A方建立长期的合作关系,因此,在谈判中应强调双方长期的合作关系,利益的一致性,达到双方能谅解和信任,减少谈判中的对抗。

(4) 尽量争取在非正式的场合解决索赔的争议。如果将争议提交A国的法庭,那么,解决的结果不会对B方有利。此外,双方合作关系的破裂对B方将来的经营也是不利的。所以,在谈判中要准备作出较大的让步。

(5) 着手组建谈判小组。它应由几位忠诚的专家学者组成。

(五) B方的主要对外关系分析

分析B方的对外关系,绘制了关系图(见图13-3所示)。主要包括A方、A方的主管部门、A方的工程师、B方、B方的担保人等。

这里着重分析B方与A方的锅炉供应商E方的关系。

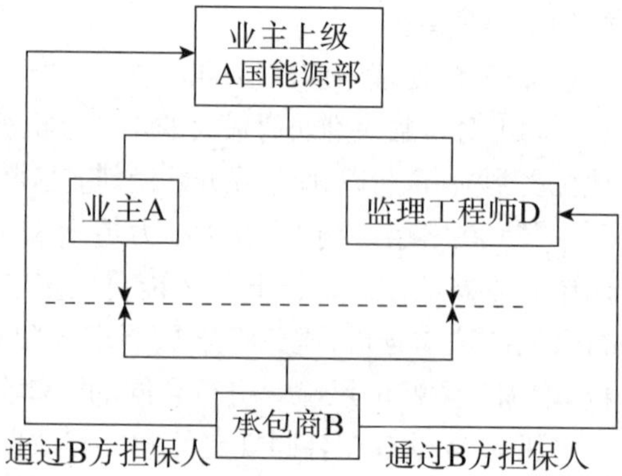

图13-3　B方的关系图

总承包合同规定,在合同签订后3个月内,由E方向B方提供设计资料。结果,设计资料提供迟缓,并且设计有重大变更,从而引起了工程项目的拖延。由于在B方的整个反索赔中,工期是关键,而设计资料的拖延在工期索赔中占主要的部分,因此,应该争取与E方达成妥协(E方与B方还有其他业务,E方对B方也有索赔),减少与E方的对抗,少对E方作出正面的指责,使E方不要求A方承担或尽量少承担违约责任。以期获得E方较为有利的证词。

编制与E方的关系分析,见表13-1所示。

表13-1　B与E方的关系表

合作		争议项目	对抗	
结果	E方行为		E方行为	结果
(1) B方可以反驳清算损失的要求。 (2) A方对工期拖延负有责任,B方可以进行工期索赔。	(1) E方证明,设计资料供应太迟。 (2) E方承担不及时供应设计资料的责任。	设计资料拖延。	E方证明,设计资料提供符合合同的要求,不影响工期。	不能消除清算损失的风险,不能进行工期索赔。

(六) 对A方索赔的估计

A方已经向B方提出的索赔,主要有如下项目:

1. 由于工期延长而出现的合同违约金;
2. 土建和机械安装没有达到合同的工程量,应调整相应的合同价格;
3. 土建和机械安装没有按照合同规定技术和质量要求施工,因此,扣留酬金;
4. 由于土建、机械和电器工程的设计和施工失误,造成A方工程成本的增加;
5. 由于B方失误造成A方的其他承包商损失;
6. 由于工期延长使A方工程管理费的增加;
7. A方的其他费用增加等。

将这些索赔按照单位工程和费用项目进行拆分。考虑到工程项目结束时,在B方向A方提出索赔后,A方可能再一次提高索赔值,估计A方的最终索赔最高值为12 963万美元,最低可能为9 550万美元。

A方很可能提出这些索赔,并有一定的理由与依据。

(七) B方有理由向A方提出的索赔

B方有理由就如下问题向A方提出索赔:

1. 设计资料的拖延;

2. 工程范围的变更;

3. 图纸批准的拖延;

4. 由于A方的干扰,降低了B方的生产效率,不经济地使用劳动力和管理人员等。

上述索赔分别按照单位工程(如土建、机械安装、电器工程)进行索赔值估算。最终得到,B方有理由提出9 610万美元的费用索赔。

(八) 双方索赔值比较

按照单位工程和费用项目,列表13-2,比较双方索赔值。从表中可见,B方索赔尚不能完全平衡A方的索赔值。

对于各个单位工程,以及各个费用项目上双方索赔值的差异进行进一步的分析对比。

表13-2 B/A双方索赔值对比表 单位:1 000万美元

费用项目	B方索赔		A方索赔		备注
	最低估计	最高估计	最低估计	最高估计	
土木建筑	1.71	1.71	1.36	1.57	
电气工程	1.81	1.91	1.43	3.19	
机械安装	1.3	1.3	0.28	0.34	
其　他	4.69	4.69	6.48	4.53	
总　和	9.51	9.61	9.53	12.63	

注:"其他"中包括支付的推迟、财务成本、社会支出、总部管理费等。

(九) 谈判进程分析

总体而言,预计谈判分为进入谈判、事态调查分析、结论、解决四个阶段。

1. 进入谈判

估计2号机组试生产到1989年8月底进行,所以,谈判至少要在9月初才能开始,不能早于这个时间。在开始谈判前,B方一定要保证2号机组的试生产成功。

这个阶段的主要目标是将A方引入谈判,最终签署谈判备忘录。备忘录中主要包括双方主要谈判议题、大致的谈判过程安排、谈判时间安排等。

B方的重点是,吸引A方进行谈判,同时将B方的谈判要求(索赔)纳入备忘录中。所以,谈判只有从A方感兴趣的议题入手。但是,在谈判过程中B方又需要把握方向,使谈判有利于自己。开谈的议题可以是讨论工程缺陷和未完成项目的处理,或讨论A方已经提出的索赔等。

当然A方也可能同意直接进行事态调查。

2. 事态调查

事态调查的主要目标是,B方要证明自己按照合同的规定完成了设备供应和工程施工,并尽了一切努力保证合同的正常履行。而对于工期问题,B方应该证明,这不是他所应该承担的责任,而且自己为减少工期的拖延作出了最大的努力。

这个阶段,双方应该尽量不谈到费用的赔偿问题,而仅仅是澄清事实,多提证据。向A方展示B方的工程实际成本约为47 500万美元,即亏损20 000万美元。

由于B方的根本目的在于反索赔,达到不向A方支付对方的索赔费用即可,所以,如果在这个阶段和A方达成谅解,A方收回索赔要求,那么谈判即可结束。

3. 结论

这阶段拟分为两步:

(1) 争取合理平衡和补偿;

(2) 进行B方索赔以平衡A方索赔或争取收益。

这一阶段的目的是向A方说明,由于工程项目的实施受到了干扰,工程项目的实际成本大幅度增加,希望得到A方合理的补偿。在此要广泛地讨论B方的索赔理由。

根据本工程项目的特点,B方在工程施工中的失误比较多,所以,如果A方不提出,不要进行合同法律方面的分析和讨论,主要强调合理的平衡和补偿。

4. 解决

应该争取在非正式场合解决双方产生的争议。在争议的解决过程中强调,为了将来双方的继续合作,B方作出了较大的让步,承担工程超支费用的一半。另一半,即B方的索赔要求10 000万美元,希望A方本着合理平衡和公平原则,予以承担。这样即可平衡A方的索赔要求。作为让步方案,B方准备在工程保修等方面提供更多的服务。

编制可能的索赔谈判过程图,以及可能的进度计划横道图。(略)

三、B－C双方联营体合同的索赔和反索赔

(一) 联营体合同分析

1. 合同类型

由于B方向A方承担总包的合同责任,C方和A方没有合同关系,且联营体没有法人代表,C方仅完成B方委托的工程内容,合同费用也由B方直接进行支付,因此该合同为内部联营体合同。这种联营体为非典型的民法意义上的内部公司。它虽形式上与分包相同,但是,性质却不一样。这种联营体没有公司资产,没有对外关系的代表,没有法人资格。合同双方应有相互信任和诚实的责任,按照一定的比例共享利益、共担风险。

2. 法律基础

合同规定,B国法律适用于合同关系。则该联营体合同的法律基础为:联营体合同、B国民法。

3. 联营体双方合同责任

(1) B方负责的工程范围主要包括:工程项目现场的总体管理工作,提供生产设备,提供和安装电器设备、控制设备,提供现场施工的准备工作,向C方提供土建工程的设计资料。

B方的合作责任主要包括:在与业主或其他参与方的交往中保护C方利益,与C方进行技术与商务的整体合作,根据一定的比例共享利益。

(2) C方联营体的合同责任主要包括:完成土建工程的施工,完成土建施工所必需的图纸设计和审批手续,承担土建工程相关的风险。

4. 工程变更

C方承包的工程采用固定总价合同,由B方进行支付。由B方指令的工程变更及其相应的费用补偿仅限于重大的变更,且仅按照每单个建筑物和设施地平面以上外部体积的增加量进行计价。

由A方指令的重大工程变更,按照合同规定可以进行工期和费用索赔。而对于小的变

更,C方得不到补偿。

5. 合同违约责任

由于疏忽引起违约责任的赔偿仅限于直接对人员和物品的损害,否则不予赔偿。

由于故意的或有预谋的行为造成合同伙伴人身或财产的损害,违约者必须承担全部损失的赔偿责任。

在工程管理中,B方由于工作失误造成了C方的损失,最高赔偿限额为5万美元。

6. 争议的解决和仲裁

合同采用B国语言。如果合同争议不能通过协商和调解解决,那么可以采用仲裁的方式进行解决。仲裁地点在B国,并使用B国的仲裁法律和程序。(其他分析略)

(二) C方向B方提出联营体合同的一揽子索赔

土建工程完成之前,C方向B方提出联营体合同一揽子索赔值为:工期索赔27.7月,单项索赔之和为7 370万美元,扣除单项索赔之间的重复影响,最终一揽子索赔额为5 970万美元。索赔报告的大致结构如下:

第一部分为C方法人代表致B方法人代表的索赔信。在信中提出了索赔要求,简述主要的索赔原因。该索赔的处理截止日期为1989年9月30日,C方保留对索赔的重新审核权,以及对截止日期以后干扰事件的继续索赔权。

索赔信中还申明,没有C方的同意,B方不得将本索赔报告或其复印件的全部或部份地转交给其他参与方,除了B方的工程师或委托的咨询公司。

要求B方在1个月内对本索赔报告作出明确的答复。

第二部分为索赔报告的正文。它分为如下几章:

1. 总述和一揽子索赔表

按照干扰事件的性质分项列出各单项索赔要求(见表13-3所示)。

表13-3　总索赔表

序号	索赔项目	费用(1 000万美元)	工期(月)
1	设计资料拖延	1.1	11.45
2	工程变更	2.16	9.4
3	加速措施	1.4	−4
4	图纸批准拖延	0.21	5.85
5	材料供应拖延	0.14	4
6	其他索赔	0.96	1
	合计	5.97	27.7

2. 对上述各个索赔项目作进一步的说明,包括各个索赔项目的事件概况、影响以及索赔的理由。

3. 结论:由于B方没有完成自己的合同责任或违反合同规定,引起了工程项目的拖延,增加了C方的成本,C方有权利对此向B方提出合理的补偿要求。

4. 合同签订与履行过程分析,以及合同细节问题分析。这里主要包括:

(1) 合同签订过程,合同工期,双方的合同责任等。

(2) 在设计过程中B方的合同责任,列出合同规定各设计资料的交付日期与实际交付日期的对比表,以此证明设计资料交付的延误。

(3) 工程项目中的变更情况,列出合同工程量与实际工程量对比表。

(4) 其他索赔项目的详细情况。

5. 干扰事件对C方承担的各单项工程的影响。本工程项目有10个单项工程,分别详细陈述各个单项工程受到的影响。例如,汽轮机组工程受到设计资料拖延、工程范围扩大、加速施工等影响,共计60个细目。

6. 工期索赔计算。按照索赔项目分别计算由于B方责任造成的工期延长,每一项都列出详细的计算过程和证据。

7. 费用损失计算。按照索赔事件,以及各个费用项目采用的分项法计算索赔值。

8. 工程量增加,以及工程技术复杂程度增加的详细计算过程和计算基础。

9. 分包商索赔。在前述每一项索赔值计算中,都包括分包商的索赔。这里详细列出前面各索赔项目中分包商索赔值的计算过程和计算基础。

第三部分为各种索赔证据。

(三) B方的反索赔

1. B方对C方提出的索赔拟定反索赔计划(见表13-4所示)。

表13-4　B方的反索赔计划

处理阶段	处理步骤	目标	任务
法律评价	合同分析	合同的法律评价,合同责任、索赔理由分析等。	合同的法律评价; C方在计划、供应、施工、验收等方面的责任; 可能的索赔理由; 工程量增加的影响; 损失赔偿要求。
索赔理由评价	合同状态分析	计划所需的人力、机械投入,材料和设备供应。	各计划需要量; 施工准备; 工程进度安排; 资源曲线。
	可能状态分析	证明C方在工程项目中的消耗与计划相比既不多也不少; 没有增加人力/工地设施; 没有采取加速措施; 分析反索赔的可能。	可能的施工过程; 工程量的变化,施工准备的变化; 工程干扰因素判断; 工程量增加和变更分析; 施工过程的变更分析。
	实际状态分析	实际的劳动力投入; 实际的机械投入; 实际的材料和设备供应。	实际完成的工程量记录; 实际的施工过程。
	计划-实际的成本/收入情况分析	成本凭证; 收入; 价差。	计划状态的费用核算; 受干扰后的施工过程; 可能状态的费用核算; 实际状态的费用核算。

续表

处理阶段	处理步骤	目标	任务
提出反索赔	工期延长 工程施工受阻碍 其他	反驳各单项索赔： 事件和原因； 索赔根据； 损失的影响； 工期延长的计算； 费用损失计算。	各个单项索赔的评价： 合同的索赔依据； 工期的影响； 成本的影响； 各个单项索赔的法律评价； 对索赔的总体评价。
解决	谈判	反驳C方的索赔	谈判目标： 反驳C方的索赔； 提出我方的索赔； 非正式场合解决争议。

2. 对C方合同报价和工程实施情况分析

(1) C方的合同报价分析

C方的初次合同报价为4 850万美元,这是符合工程实际的。但是,合同履行推迟了3年之后,在联营体合同的一号修正案中,C方将合同总价降至4 300万美元。这不符合实际情况,因为：

① 虽然工程项目的实施时间推迟,但是所有的工程量并没有减少。

② 由于工程项目的实施时间推迟,各种物价上涨,仅仅由于工资上涨就需要提高合同价格750万至1 000万美元。而C方不仅不提高报价,反而降低价格,这是不正常的。经过合同状态分析,当时合理的工程报价应为5 900万美元。而差价1 600万美元(即5 900万-4 300万)是C方在工程项目一开始就承认的损失,该差价应该由C方自己承担,在最终的索赔值中应该扣除该额度。

(2) 可能状况分析

在合同状态的基础上,考虑外界干扰因素的影响和工程量的增加,可能状况的费用应为7 300万美元。这里考虑了如下几个方面的影响：

① A方和B方造成的设计资料拖延；

② 增加工程量和附加工程；

③ 变更施工次序；

④ 等待工程变更造成的停工等。

(3) 分析C方提供的索赔报告和工程实施的实际状况

这里面包括如下因素：

① 合理的索赔要求；

② C方自己责任造成的损失,如C方在工程施工、工程管理过程中出现的失误；

③ C方在索赔值计算中多估冒算、重复计算、取费标准太高等。

(4) 工期

原合同工期为26个月,其中,主要工程施工的工期为23个月。在合同状态网络计划的基础上,加上由A方和B方造成的干扰事件,再一次进行关键线路分析,工期延长至36个月,即C方有理由提出索赔的工期为10个月。

而实际工期比合同工期推迟了27.7个月(这即为C方提出的工期索赔值)。这17.7个月的差异是由C方自己工程管理的失误而造成的。

此外,在10个月的工期索赔中,仅最初6个月的开工延迟引起了成本的增加,可以提出费用索赔。另外4个月的工期延迟是由于工程量的增加而造成的。由于这项索赔已经另外进行了计算,并且工程量增加的相关价格中已经包括了与工期相关的费用,因此不能再提出与工期相关的费用索赔。

3. 对C方索赔的反驳

(1) 设计资料供应的延误

设计资料供应的延误是事实。但是,A、B和C三方对此都有责任。C方在自己所承担的设计范围内也有失误。其中,A方责任影响约800万美元。这应该向A方提出索赔并由A方支付。

B方责任造成的损失约为300万美元。对此B方的反驳为:

① 该合同为联营体合同,双方应该共同承担风险。在风险范围内的互相影响和干扰是不能提出索赔的。

② B方的违约行为是由于疏忽而造成的,并且它仅造成了C方的费用损失,而没有直接造成人员和物品损失,根据合同的规定B方不予赔偿。此外,C方也没有指责B方有故意或预谋行为。

结论:B方确实有责任,但是,根据合同规定,B方没有费用赔偿的责任。

(2) 工程变更

这项索赔值为2 160万美元,几乎占整个索赔值的一半。其中:

① 由于工程量增加造成工期延长而导致费用的增加为800万美元。

这一项费用是重复计算的项目。由于工程量增加而引起的工期延长,其总部管理费、利息、保险等附加费,以及现场的一般性管理费用,已经按照实际完成的工程量在工程价款中支付给承包商,不能另外进行计算。

② 工程技术复杂程度增加的索赔值为300万美元。

合同没有明确规定此项索赔,因此,索赔理由不充足。而且技术难度增加在技术上也无法证明,B方不能给予赔偿。

③ 增加工程量和附加工程1 060万美元。这项索赔值的估算过高,其中有两个问题:

a. C方索赔报告中称主要工程的工程量增加了65%。而根据B方实际的工程资料证明,实际工程量仅增加了20%。其中,混凝土工程量的变更最大。按照合同的施工图纸计算工程量为56 000 m^3,而最终批准的实际混凝土量为66 000 m^3。这个20%的增量是由于如下原因共同引起的:A方的要求,B方的变更,C方工程技术实施方案的问题。

而C方称增加65%是由于C方原来报价时工程量计算依据为初步设计文件,而不是合同的施工图纸。这是B方工程量计算的风险,责任应由C方承担,因为设计并没有修改。

b. 价格计算有错误,没有按照合同报价的计算方法和计算基础计算索赔值。

按照合同的计价方法和实际增加的工程量进行核算,这一项费用的合理超支为600万美元。其中,100万美元是由A方的责任引起的,应该向A方进行索赔;300万美元是由C方自己的责任造成的,应该由C方自己承担;另外200万美元是由B方的责任造成的。

但是,同样B方对此没有赔偿的责任,因为:

a. 建筑物和设施地平面以上的体积没有出现变化,因此,不在合同规定的赔偿范围内,它属于C方应承担的风险；

b. B方是疏忽行为，没有造成人员和物品损害，仅造成了费用的损失；C方没有指责B方有故意或预谋行为，所以，没有索赔的依据。

(3) 加速施工的索赔值

加速施工索赔值为1 400万美元。1986年10月，B方指令C方采取加速措施，双方签订了缩短工期的协议。这个协议作为合同变更是有效的；但是，实际工期并没有缩短，而是严重地延误了。由于C方没有履行压缩工期的协议，所以，对于加速措施，B方没有补偿的责任。

(4) 图纸批准的延误索赔值为210万美元。对此应由A方承担责任，而B方没有责任。

(5) 材料供应拖延的索赔值为140万美元。材料供应拖延是由B方的责任而造成的，但是，由于材料供应的拖延在联营风险的范围内，且没有造成人员和物品损失，因此该项索赔无效。

(其他索赔项目的反驳略)

4. B方对C方进行联营体合同索赔

(这里要注意，B方实质上没有对C方进行索赔的期望，仅是为了平衡C方提出的索赔要求，并逼迫C方在索赔谈判中作出让步)

在工程施工中，C方由于以下失误造成工期延长17.7个月(这即为实际状态工期与可能状态工期之差)：

(1) 劳动力投入不足；

(2) 工程控制和监督不够；

(3) 材料供应不足，没有全面地完成合同责任等。

可以列举的违反合同事件共170件(附证明材料)。

基于上述原因，造成了B方的工地管理费、办事处费用、总部管理费等经济损失为1 280万美元(附各种计算方法、计算过程与计算基础的证明)。

但是，B方宣布放弃这些索赔要求，因为：

(1) C方的行为仍然符合合同，这些影响在联营体合同的风险范围内，B方不能提出索赔。

(2) C方失误没有引起B方人员和物品损失。

(3) C方没有故意或有预谋的违约行为。

所以，C方也没有对B方的赔偿责任。

5. 在工程项目的实施过程中，出于工程进度的需要，B方为C方完成了几幢楼房的设计、派遣工程师、工地领班人帮助C方工作、向C方提供部分施工设备、为C方支付部分关税等，共计花费290万美元，这属于双方技术和商务合作的内容，应该由C方全额进行支付。

6. 总结

(1) 本合同为联营体合同，而非分包合同。在索赔报告中，C方没考虑到两者之间的差别。对于联营体合同，联营体成员之间对风险范围内的互相干扰和影响不能提出索赔。C方忽略了这个重要问题，而且C方在索赔报告中缺少必要的合同分析，所以，索赔的依据不充足。

(2) C方的索赔没有注意到关于工程变更和合同违约责任的规定。

(3) 在合同报价中,C方压低了1 600万美元价格。这笔损失在任何情况下都不能予以补偿,而应该由C方承担。

(4) C方的索赔值中仅有1 500万美元是有依据的,其中,600万美元为工程量的增加,900万美元为其他外界的干扰。其余部分为C方自己应该承担的责任、多估冒算,以及B方应该承担的责任。但是,根据合同的规定C方对B方无权索赔。

7. 附件,即各种证明文件

四、B-C双方分包合同索赔和反索赔

C方又作为B方的分包商承担工程的设备安装,其工程范围包括隔热工程、管道工程、汽轮机安装、锅炉工程、内燃发电机工程等分项。1988年8月1日,在安装工程结束之前,C方向B方提出一揽子分包合同索赔,索赔值为2 950万美元,而合同价为1 900万美元。

B-C双方的分包合同索赔和反索赔概况介绍如下:

(一) 分包合同的总体分析

1. 分包合同的法律基础

本分包合同虽然在A国实施,且总包合同以A国法律为基础,但是,分包合同规定,B国法律适用于合同条件,因此分包合同法律基础的履行次序为:分包合同、总承包合同的一般采购条件、B国承包工程合同条例、B国民法。

2. 合同语言

以B国语言作为合同语言,合同仲裁地点在B国。

3. 合同价格

该分包合同为固定总价合同。合同价格已经包括了C方为完成合同所规定工程责任的一切费用。C方的工程责任包括工程量清单和工程说明书中的所有内容,以及其没有包括的但对安全和经济地运行或达到工程项目的目标所必需的供应和工程。

按照B国的法律,固定总价合同在最终结算时不存在价格的补偿。

4. 工程变更

合同规定,C方承担工程量清单所规定工程量5%范围内工程变更的风险和机会。如果工程变更超过5%,将有适当的价格补偿。

对于新的附加工程,如果它为一个有经验的承包商所不能预见的,并由B方的指令增加,那么应该按照合同条款计算价格。但是,C方必须在14天内书面通知B方。

对于C方的工程责任,只有业主验收并认可后才算完成。

5. 工期

B方与C方商定的合同工期,以及合同签订后C方提交B方批准的施工进度计划、施工方案仍然有约束力,没有关于工期的合同变更。

在不能按期完成工程的情况下,B方有权要求C方采取特殊措施加速施工。这只有在如下两种情况下C方才能得到因加速施工所引起费用增加的补偿:

(1) 工程延误的责任不在C方;

(2) 业主(A方)已认可并支付加速所引起的附加费用。

6. 合同的违约责任

对严重的失误或有预谋的行为,必须承担全部损失的赔偿责任。

轻微的疏忽,按照总承包合同的采购条件,限于一定范围内的赔偿。

按照合同条款进行工期拖延的合同处罚。(其他分析略)

(二) C方关于分包合同一揽子索赔

1. C方对B方总责难

(1) C方在实施分包合同时受到B方和B方委托人疏忽行为的干扰;

(2) B方拖延工程开工,打乱双方商定的施工顺序,指令C方不按合同的工期施工;

(3) B方在设计、工程监督中出现失误,作出错误的工作指令;

(4) B方的行为使C方不能使用经济合理的安装方案和安装过程,没给C方必要的安装场地;

(5) B方增加了工程量,提高了工程的质量要求;

(6) B方没有及时地提供施工用的材料,使C方不能正常地施工。

2. 索赔要求

索赔报告按照单项工程进行处理,共有如下几个项目:

(1) 隔热工程索赔870万美元(合同价62万美元);

(2) 管道工程索赔1980万美元(合同价273万美元);

(3) 汽轮机组工程索赔30万美元(合同价8万美元);

(4) 锅炉工程索赔60万美元(合同价15万美元);

(5) 备用发电机组工程索赔10万美元(合同价3万美元)。

总索赔额共计2 950万美元。

3. 各单项工程索赔详细分析(以隔热工程为例)

隔热工程的索赔总额为870万美元,而合同价仅为62万美元,主要原因是:

报价时,C方得不到隔热的工程施工详图,B方要求C方按照经验估计工程量。C方按照过去工程经验进行估计,隔热工程仅用于1-4号机组和锅炉,一般的公共工程不用隔热工程;对于管道,隔热工程仅用于占管道5%的大口径管。基于这种估计,C方预计隔热工程的工程量仅为2万平方米,而在施工中B方扩大了隔热工程的范围,致使工程量增加了一倍,达到了4万平方米。而且B方在隔热工程的施工中出现如下失误:

(1) 推迟工程施工的开始日期,并修改施工计划和施工顺序,压缩工程的施工工期;

(2) 增加工程范围和工程难度;

(3) 没有及时提供图纸和安装准备材料;

(4) 没有履行工程监督责任,没有协调管道铺设和隔热工程施工;

(5) 没按照合同规定支付工程款。

(其他单项工程索赔理由略)

(三) B方的反索赔

1. 合同状态、可能状态和实际状态分析

(1) 合同状态的分析过程

合同状态的分析过程如下:

B方对C方原报价进行全面地分析。分析基础包括:C方编制报价所用的工程量清单、工程说明、施工说明、总工期计划等。C方总报价为1 900万美元。

详细分析并复核C方的报价。工程量是以招标文件中的工程量清单为基础。

考虑到工程监督人员和施工人员的劳动组合,确定平均工资为 12.54 美元/小时。

以平均生产效率乘以工程量可以得到安装工程所需的直接总工时,进而可以得到直接人工费。按照确定的施工进度计划,以及各个分项工程的总工时,可以得到人力需要量曲线和劳动力最高的需要量。

以劳动力的需要量和工地管理人员计划确定工地临时设施的需要量。

按照工程量和施工方案所确定的各种材料消耗量,并根据投标书后所附的材料价格计算材料成本。

按照施工计划确定临时工程、机械设备的需要量及其成本。

按照报价文件计算各种附加费,如保函、保险、风险、总部管理费、利润等。

列报价检查表,经过整理得到各分项工程的单价及合价。

最终得到,C 方在合同签订前合理的报价应为 3 410 万美元。

(2) 可能状态分析

在合同状态分析的基础上,考虑到 C 方的工程受到外界的干扰:

① 超工程量和工程变更;

② 建筑材料和构件供应不及时;

③ 图纸供应和批准不及时。

仍然按照合同状态的分析过程和分析方法,分析的结果是,可能状态的价格应为 3 610 万美元,工期比原计划推迟 5 个月。

(3) 实际状态分析

按照提供的各种工程实际情况报表,以及各种费用支出的证明,分析 C 方的工程成本,实际价格为 4 560 万美元。实际工期比计划(合同)工期推迟 8.5 个月。

2. B 方的反驳

C 方的所有责难都是没有根据的、非真实的。在招投标过程中,B 方已经向 C 方交付了招标文件(附有工程量清单)。C 方已了解了自己的工程责任,并计算了报价。

在合同签订前,C 方强调,它是一个有丰富经验的发电设备安装公司(这有信件为证)。按照分包合同,C 方保证,它已及时地了解所有为完成合同责任所必需的重要技术资料、工程环境、使用目的,以及为工程施工和使用所必须的技术和经济的措施。所以,C 方应有能力在合同规定工期内,按合同规定的条件完成安装工程。

C 方的供应范围由订货单和其他合同文件进行了规定。它也包括没有注明的或没有列出的但对安全和经济地运行和为达到项目生产目的所必需的供应。

分包合同在实施过程中受到 C 方联营体合同实施的影响,即 C 方在按照联营体合同规定所负责的土建施工中的失误,影响 C 方所承包的安装工程施工。

按照合同,C 方应该在受到干扰后的 2 周内通知 B 方。而在整个合同履行过程中 C 方没有遵守索赔有效期的限制,因此索赔无效。

3. 结论

基于上述种种理由,C 方的一揽子索赔没有依据,不能成立。

五、索赔的最终解决

本工程项目中的合同争议最终都是以协商谈判为主,其他方面调解为辅解决的。B 方聘请了某国际项目管理公司进行索赔管理,最终基本上达到索赔和反索赔的目的。

(一) 对 A－B 之间的索赔(反索赔)谈判

1. 经过几次磋商后发现,A 方实际的目标主要是:

(1) 希望 B 方延长试运行的时间,同时,相应延长保修期。根据合同规定,试运行费用由 B 方承担。由于 2 号机组的试生产不成功,使 A 方对工程质量产生了怀疑,所以,采取这些相应的对策。

(2) 不再向 B 方追加费用。由于 B 方向 A 方提出最终工程成本支出结算为 47 500 万美元,几乎比合同总价增加了一倍,这是 A 方不能接受的。

而 A 方提出工期罚款和清算损失不是主要目标。

从这里可以看到,双方总体的目标冲突并不太大。

2. 最终一揽子解决方案为:

(1) 双方各不支付,互作让步,即 A 方不要求工期罚款,B 方放弃 1 亿美元的索赔要求。

(2) 考虑到 B 方的实际支出和 A 方延长保修期的要求,采用折衷方案:B 方延长保修期一年。在保修期结束时,如果一切运转正常,B 方可获得 A 方 1 500 万美元的费用补偿。

该索赔处理的结果双方都非常满意。

(二) B－C 方的联营体合同和分包合同索赔的最终解决

这两个一揽子索赔最终又以一个一揽子的方案解决。

工程项目结束前,C 方又追加索赔,最终使 C 方的两个一揽子索赔之和达到了 12 500 万美元。在解决过程中,C 方遇到了如下问题:

1. 两个合同都以 B 国的法律为基础,这样首先遇到合同法律分析的问题。很多重大的法律概念 C 方一开始就弄错了。这使得 C 方的谈判地位非常不利,索赔依据和理由不足。

2. 合同规定,仲裁在 B 国进行,且使用 B 国语言和法律,这也很为难 C 方,并且不会有好的结果。

3. 两个合同条件都很苛刻,对 C 方很不利,而且 C 方的报价过低,C 方的谈判地位受到了损害,索赔难以取得预想的结果。

最终对两个一揽子索赔的解决结果为:

B 方向 C 方支付 1 500 万美元的追加费用。这即是联营体合同中,B 方分析应给予 C 方补偿的部分。而 C 方报价低造成的损失,以及 C 方管理失误造成的损失得不到 B 方的补偿。

第二节　单项索赔案例

一、工程变更索赔案例一

【案例 13－2】 (见参考文献 27)某小型水坝工程项目,系均质土坝,下游设滤水坝址,土方的填筑量为 876 150 m^3,砂砾石滤料为 78 500 m^3,中标合同价为 7 369 920 美元,工期一年半。

投标报价书中,在工程直接费(人工费、材料费、机械费以及施工开办费等)的基础上,计算12%的现场管理费,构成工程项目的现场总成本;在工程项目现场总成本的基础上计算8%的总部管理费及利润。

在投标报价书中,大坝土方的单价为4.5美元/m^3,运距为750 m;砂砾石滤料的单价为5.5美元/m^3,运距为1 700 m。

项目开始施工后,咨询工程师先后发出14个变更指令,其中两个指令涉及的工程量大幅度增加,而且土料和砂砾料的运输距离亦有所增加。承包商认为,这两项工程量增加的数量都比较大,土料增加了原土方量的5%,砂砾石料增加了约16%;而且,运输距离相应增加了100%及29%。因此,承包商要求按照新的单价计算新增加工程量的价格,并提出了工期索赔(见表13-5所示)。

表13-5 承包商的费用索赔计算表

索赔项目	增加工程量 m^3	单价	额度
(1) 坝体土方	40 250 m^3(原为836 150 m^3),运距由750 m增至1 500 m	4.75美元/m^3	191 188美元
(2) 砂砾石滤料	12 500 m^3(原为78 500 m^3),运距由1 700 m增至2 200 m	6.25美元/m^3	78 125美元
(3) 延期4个月的现场管理费	原合同额中现场管理费为731 143美元,工期18个月	40 619美元/月	162 476美元
以上三项索赔总计			431 789美元

在接到承包商的上述索赔要求后,咨询工程师逐项地分析核算,并根据工程承包合同条款的有关规定,对承包商的索赔要求提出以下审核意见:

1. 工期延长分析

由于工程量的增加,以及一些不属于承包商责任的工期延误,经过实际工程记录的核定,同意给承包商延长工期3个月。

2. 报价总体分析

工程承包施工合同额7 369 920美元,其中总部管理费及利润:

7 369 920×[8/(100+8)]=545 920美元

工地现场管理费:

(7 369 920−545 920)×[12/(100+12)]=731 143美元

则每月工地现场管理费:

731 143÷18=40 619美元

3. 新增的土方单价分析

对于新增的土方40 250 m^3,进行具体的单价分析。

(1) 新增土方的开挖费用

按照施工方案,用1 m^3正铲挖掘机装车,每小时60 m^3,每小时机械及人工费28美元。则挖掘单价为:

28美元/60 m^3=0.47美元/m^3

(2) 新增土方的运输费用

用6t卡车运输,每次运4 m^3土,每小时运送两趟,运输设备费用每小时25美元。运输

单价为 25/(4×2)=3.13 美元/m^3

(3) 新增土方的挖掘、装载和运输直接费单价

新增土方的挖掘、装载和运输直接费单价为：

0.47+3.13=3.60 美元/m^3

(4) 新增土方单价

直接费单价	3.60 美元
增加 12%现场管理费	0.43 美元
工地总成本(3.60+0.43)美元	4.03 美元
增加 8%总部管理费及利润	0.32 美元
合计(4.03+0.32)美元	4.35 美元

因此，新增土方单价应为 4.35 美元/m^3，而不是承包商所报的 4.75 美元/m^3。

(5) 新增土方的补偿款额

40 250 m^3×4.35 美元/m^3=175 088 美元，

而不是承包商所报的 191 188 美元。

4. 新增砂砾料的单价分析

对新增砂砾料 12 500 m^3 进行单价分析。分析过程同上，分析结果为：

(1) 开挖及装载费用为 0.62 美元/m^3。

(2) 运输费用为 3.91 美元/m^3。

(3) 单价分析：

① 直接费：4.53 美元/m^3。

② 增加 12%现场管理费：0.54/m^3。

③ 工地总成本：4.53+0.54=5.07 美元/m^3。

④ 增加 8%总部管理费及利润：0.41 美元/m^3。

因此，新增砂砾料的单价为 5.48 美元/m^3。

(4) 新增砂砾料补偿款额：

12 500 m^3×5.48 美元/m^3=68 500 美元。

而不是承包商所报的 78 125 美元。

5. 关于工期延长的现场管理费补偿

工程师批准了工程延期 3 个月，按照原合同所确定的进度为 409 440 美元/月，因此，新增工作量相当于正常的合同工期：

(175 088+68 500)/409 440=0.6 个月

那么这 0.6 个月的现场管理费已在新增工作量价格中获得，而另有 2.4 个月的现场管理费应该另外进行计算。承包商所计算的合同中的现场管理费总额是 731 143 美元，因此，业主应该补偿承包商的现场管理费为：

731 143×(3−0.6)/18=97 486 美元。

当然，按照 Hudson 公式的进行分析，采用这种计算方式不太合理，可以打个折扣。

6. 同意支付给承包商的索赔款

(1) 坝体土方	175 088 美元
(2) 砂砾石滤料	68 500 美元

(3) 现场管理费　　　　　　　　　　　　　　　97 486 美元

总计　　　　　　　　　　　　　　　　　　　　341 074 美元

7. 案例分析

在本案例中,体现了费用索赔计算的两个原则,即实际损失原则与合同原则之间的差异:

(1) 应该看到承包商提出的新单价是符合合同原则的,即在土方报价中将运输费按运输距离提高,而其他费用(如挖方、装卸等)不变,以确定新增加的工程量的单价。因为运输距离增加,工程性质没有变化,所以,应在合同价格的基础上进行调整,其结果新价格必然比原价格高。这种计算体现了索赔值计算的合同原则,即合同报价作为计算依据。但是,费用索赔还有赔偿实际损失原则,即按照承包商实际的直接损失和间接损失计算索赔值。采用这两种方式的计算结果常常会存在差异。

(2) 工程师按照实际劳动效率(也可以用定额的,或代表社会平均的劳动效率),确定新增加工程量的单价,这完全符合赔偿实际损失原则。笔者曾经在某国际工程项目中观察到工程师派人到现场直接测量劳动效率。在本案例中,经过工程师实测所确定的新增工程量的单价低于合同单价,而新增工程量的工作内容(运输距离)增加了很多。这是与合同单价相矛盾的。这里可能有如下问题:

① 承包商的报价过高,或采用了不平衡报价法,即一般土方为前期工程,而且承包商投标时估计工程量会有所增加,所以报高价;而工程师用现场实测劳动效率应对承包商,以剔除其中不合理的因素,这是无可非议的。

② 由于承包商劳动效率提高。例如:

a. 选用更先进、合理的设备和施工方案;

b. 施工过程十分顺利,投标时考虑的气候风险、地质风险、运输道路风险没有发生;

c. 按照学习规律,随着所完成的工程量逐渐增加,工作人员的劳动效率会逐渐提高。

(3)工程师量测劳动效率的方法和选点不合理。通常在工程变更令下达之后的一段时间,工程师派人到现场量测工作效率,例如,用马表测量挖掘机每小时的开挖次数,每次开挖的土方量,运输卡车何时上路、何时到达卸车地点等。这样确定的是正常施工状态(或高峰期)的施工效率。用这些数据确定价格是很不合理的。因为对于一个工程分项,承包商的施工效率一般经历如下过程(见图 13 - 4 所示)。

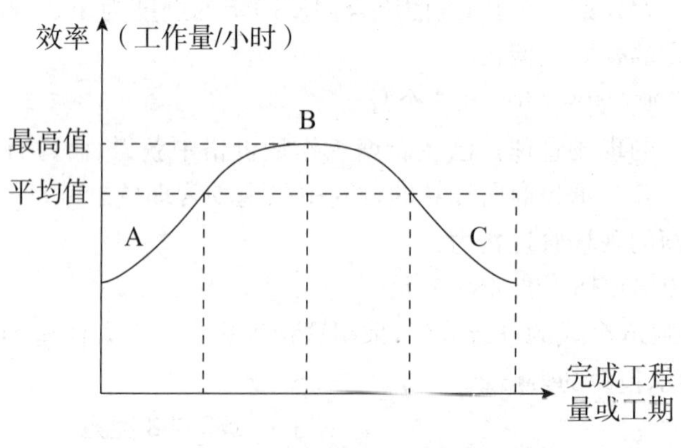

图 13 - 4　承包商施工效率分布图

在图中,A是开始阶段,由于各种准备工作,工人对工作内容还不够熟练,不同组织之间或不同人员之间的配合还不够默契,设备之间也还没有达到最佳的配合等原因,效率比较低并逐渐提高;B是正常施工阶段,随着工程的进展,劳动效率逐渐提高,达到最优的状态;C是工程结束前,扫尾工作比较零碎,需要整理,例如坝体平整、做坡,结束前必然存在的组织涣散等现象,降低了工作效率。

工程实践表明,即使在一天内一个小组的劳动效率也符合这个曲线的基本规律。

在这种情况下,承包商有理由提出,不能按照高效率的状态作为计算依据,应该考虑采用平均效率。而且在本案例中,变换施工场地会造成劳动效率的损失。

当然工程师的处理也有他的理由:原工程范围中,承包商的报价已经考虑到开始和结束的低效率损失,因此,业主已在原合同的价格中考虑并支付给承包商低效率的工作费用。现在由于工程量与运距增加,是处于施工高效率状态的增加,完全符合赔偿实际损失原则。

二、工程变更索赔案例二

【案例13-3】（见参考文献11)在某仓库工程项目的施工中,合同文件主要包括:合同条件(JCT63/77)(即英国联合审判庭“Joint Contracts Tribunal”推荐使用的标准文本)、图纸、工程量清单(按标准的工程量计算方法编制)。在本项目中,承包商针对混凝土质量方面的差异、基础挖方工程、模板工程、基础混凝土支模空间开挖提出了索赔。

(一) 混凝土质量方面的差异

1. 合同分析

与本项索赔有关的合同条款内容有:

第1款:承包商应完成合同图纸上标明的,以及工程量清单中描述的或提出的工程内容。

第12(1)款:在合同总价中,所包括的工程质量和数量由工程量清单中的内容进行规定。除非在规程中另有专门说明外,工程量清单应根据标准的工程量计算方法(第6版)进行编制。

第12(2)款:工程量清单中的描述或数量上的任何错误、遗漏应由建筑师予以纠正,并应看作建筑师所要求的变更。

第11(6)款:如果建筑师认为变更已经对承包商造成直接损失或其他开支,建筑师应该亲自或指示造价工程师确定这些损失或开支的数量。

第4款规定,涉及的变更不应给承包商带来损失。

在图纸和工程量清单中,对某些预应力混凝土楼板和梁的质量描述存在差异。图纸中规定其质量标准为“BS5328/76的C25P项”,而工程量清单中规定其质量标准为“BS5328/76的C20P项”。

2. 合同实施过程

在第一次现场会议上,承包商的代理人提出混凝土质量标准不一致的问题,并要求建筑师确认承包商应该执行哪一个标准,得到建筑师的答复是“按图纸执行”。由于按12(1)款,承包商的报价必须按照工程量清单规定的质量和数量进行计算。而现在必须根据建筑师的指令,按照图纸采用高标号的混凝土,这造成承包商费用的增加,承包商对质量差异及时地向建筑师提出了索赔要求。

3. 索赔值的计算

这项索赔事件属于建筑师纠正工程量清单中描述的错误(或纠正合同文件的矛盾或不一致)所涉及的问题,按照合同的规定应该给予承包商补偿。

对于此项事件,承包商提出索赔要求为:

涉及质量变更的混凝土(包括悬挑板和预应力混凝土梁)共计 1 500 m^3。由于仅涉及质量标准的变更,所以,可以按照每立方米混凝土材料量差和价差分析计算索赔值。按照 BS 标准规定的材料用量与材料报价等因素,计算索赔值见表 13-6 所示。

表 13-6　每立方米混凝土的费用索赔分析表

项　目	水　泥	细骨料	粗骨料
C25P(kg)	350	650	1 180
C20P(kg)	300	700	1 170
量差(kg)	+50	−50	+10
转换成 m^3		0.05 t÷1.59 t/m^3=0.031 4 m^3	0.01 t÷1.35 t/m^3=0.007 4 m^3
材料单价	30 英镑/t	6.60 英镑/m^3	5.70 英镑/m^3
价差(英镑)	+1.50	−0.21	+0.04
材料损耗的增加(英镑)	0.08	−0.02	+0.00
损失合计(英镑)	1.58	−0.23	+0.04
损失总计:	1.39 英镑		
增加 14.45%现场管理费	1.39×14.45%=0.20		
增加 6%总部管理费和利润	(1.39+0.20)×6%=0.10		
总计	1.69 英镑		

由于混凝土标号的提高,成本增加为 1.69 英镑/m^3,因此,该项索赔额为:

1.69 英镑/m^3×1 500 m^3=2 535 英镑

按照造价工程师的要求,承包商还对上表中 14.45%和 6%的依据进行了解释。它们为承包商投标报价计算时所采用的数值。

由于这项索赔的事实和合同依据是十分清楚的,得到了建筑师的认可。在实际的工程项目中,由于业主(或工程师)指令造成工程质量的变更而产生的索赔都可以用这种方法进行处理。

(二) 基础挖方工程索赔

1. 合同分析

除了上述几点分析之外,涉及该项索赔的合同规定还有:

(1) 承包商应该对自己报价的正确性负责;

(2) 地基开挖中,只有出现"岩石"才允许重新计价;

(3) 工程量清单中第 12F 项基础开挖的数量为 145 m^3,而承包商所报的单价为 0.83 英镑/m^3。

2. 合同实施过程

在工程项目的施工过程中,承包商发现,按照实际完成的工程进行计量,工程量清单中基础开挖的数量有误,应该为 1 450 m^3,而不是 145 m^3。而承包商的该分项工程单价也有错误,合理的报价应为 2.83 英镑/m^3,而不是 0.83 英镑/m^3(实质上,在报价获得业主的确认前,承包商已经发现该分项工程的单价有误,但是,他认为该项工程量较小,影响不大,所以,没有即时及时纠正报价的错误)。

此外,基础开挖的难度也有所增加,地质条件与勘察报告中说明的情况不一样,出现大量的建筑物碎块、钢筋和角铁,以及碎石等,造成开挖费用的增加。

3. 承包商的索赔要求

(1) 工程量清单中所列的基础挖方数量仍然按合同单价(即 0.83 英镑/m^3)计算。但是,超过部分的数量(即 1 450－145＝1 305 m^3)应该按照正确的单价计算,则该项索赔为(按合同单价确定的进度付款金额):

$$(2.83-0.83)\text{英镑}/m^3\times 1\,305\ m^3=2\,610\ \text{英镑}$$

(2) 由于基础开挖难度的增加,承包商要求增加合同单价 2 英镑/m^3,则该项索赔为:

$$2\ \text{英镑}/m^3\times 1\,450\ m^3=2\,900\ \text{英镑}$$

(3) 基础开挖索赔的合计(不包括按合同单价所得的补偿):

$$2\,610+2\,900=5\,510\ \text{英镑}$$

4. 现场造价工程师和建筑师的反驳

(1) 合同规定承包商应对自己报价的正确性负责。单价错误是不能纠正的,对于工程量增加的部分(尽管是由于业主错误造成的),仍应按合同单价计算。所以,承包商有权获得合同价格的调整为:

$$0.83\ \text{英镑}/m^3\times(1\,450-145)m^3=1\,083.15\ \text{英镑}$$

(2) 对于开挖难度的增加,尽管承包商所述是事实,但是,承包商的索赔没有合同依据。合同规定只有当出现"岩石"时才重新计价,但是,开挖中出现的不是"岩石",而是一些碎石和卵石,少量的混凝土块和砖头,所以,不予补偿。结果承包商的该项索赔未能成功。

5. 需要注意的问题

(1) 在通常的工程承包合同(例如 FIDIC,ICE,JCT 等合同)中,特别是单价合同,单价优先于总价。实际工程进度付款按合同单价和实际工程量进行计算,所以,承包商所报的单价不能有误。在本合同中,由于合同单价错误造成承包商 2 900 英镑的损失(即 2 英镑/m^3 × 1 450 m^3),作为承包商事先认可的损失由承包商承担,在任何情况下都得不到业主的赔偿。所以,在投标截止日期之前,承包商一旦发现报价的错误,就应该及时进行纠正。

(2) 通常,业主对招标文件中工程量清单上所列数量的正确性不承担责任。这是由于,一方面工程项目按照实际的工程量进行计价,另一方面合同规定业主具有变更工程的权力。但是,承包商在投标报价时应复核这些工程量,这不仅有利于编制正确的实施计划和组织(包括人员安排、材料订货等),而且有利于制定报价策略。本案例中,承包商已经发现了单价的错误而没有进行修改,主要原因是以为挖土工作量少(仅 145 m^3),所以没有重视。如果事先发现正确的工作量为 1 450 m^3,那么他可以采用不平衡的报价方法,即在保证总报价不变的情况下,提高这一项工程内容的单价,这样承包商能获得高的收益。

(3) 在合同中规定,只有出现"岩石"才允许重新计价,则地质勘探报告确定的沙土与岩石地质以外的情况都作为承包商的风险。这一条款对承包商是很不利的,在合同谈判时,最好将这一条改为"如果出现除沙土以外的地质情况应重新进行计价"。那么,本索赔就很可能成功。

(三) 模板工程索赔

1. 合同分析

除前面的合同分析结果外,涉及该项索赔的合同规定还有:

(1) 合同第12(1)款规定,工程量清单应根据标准的工程量计算方法制定,除非特定条款有专门说明。

而按合同所规定的标准的计算方法,模板工程应单独列项计算,不能在混凝土价格中包括模板工程的费用。

(2) 工程量清单中关于基础混凝土项目的规定为:

第7C项:挖槽厚度超过300 mm的基础混凝土级配C10P,包括彼邻开挖面、竖直面的模板及拆除,共计331 m^3。

2. 承包商的索赔要求

在工程项目的实施过程中,承包商提出模板工程的索赔要求,其理由为,按照合同规定的工程量计算方法,模板应单独列项计价,而合同中将其归入每立方米混凝土价格中是不合适的。所以,应将基础混凝土的模板工程作为遗漏项目单独计价,就此提出索赔要求1 300.80英镑。

3. 造价工程师的反驳

由于合同中已规定将基础混凝土的模板并入基础混凝土的报价中,已有十分明确的规定,并且有“专门说明”,所以,该索赔要求没有合同依据,不能成立。按照合同文件的优先次序,工程量清单优先于合同所规定的工程量计算规则,而且特殊或专门的说明优先于一般的说明。

该项索赔未能成功。

4. 需要注意的问题

按12(1)款,工程量清单按标准的计算规则计算,则这个计算规则也有约束力,作为合同一部分,但是其优先地位通常较低。由于在同一条款又规定,“除非在规程中另有专门说明外”。则这个专门说明优先,承包商应按照专门的说明进行报价。这项索赔实质上是由于承包商工程报价计算的漏项而引起的。在工程报价时,只须将模板按每立方米混凝土的含量折算计入基础混凝土的单价即可。在本例中,基础混凝土共331 m^3,相应的模板工程1 084 m^2,则:

每立方米混凝土的模板含量:$1\,084\ m^2 \div 331\ m^3 = 3.27\ m^2/m^3$

由于按合理价格,这种模板工程单价为1.20英镑/m^2,则应在每立方米基础混凝土中计入模板工程的价格为:

$1.20 \times 3.27 = 3.92$ 英镑/m^3。

而承包商漏算这一项模板的费用,属于他自己的责任,业主不应该给予赔偿。

(四) 基础混凝土支模空间开挖索赔

1. 合同分析(同前述)。

2. 索赔要求

虽然上述的基础混凝土模板索赔未能成功,但这些模板的施工需要一定的空间,需要进行额外的开挖。而这项工作在工程量清单中没有包括。对此承包商提出索赔要求:

(1) 额外开挖量:678 m^3。

(2) 挖方价格:2.83 英镑/m^3。

(3) 回填及压实价格:1.50 英镑/m^3。

索赔要求:(2.83+1.50)英镑/m^3×678 m^3=2 935.74 英镑。

3. 建筑师审核

确实,建筑师在编制工程量清单和计算工作量时疏忽了这一项工程内容。该项索赔要求是合理的,但是,在索赔值的计算中所用的挖方价格是"纠正后的"价格。由于该分部工程与合同中的基础开挖具有相同的施工条件和性质,因此,仍然应该按照合同报价中的单价计算(尽管它是错的),所以,补偿值应为:

$$(0.83+1.50)\text{英镑}/m^3\times678\ m^3=1\ 579.74\text{英镑}$$

4. 承包商的反驳

至此双方的赔偿意向是一致的,但是,对赔偿额度没有达成一致意见,其差额为 1 356 英镑(即 2 935.74−1 579.74)。承包商再次致函建筑师,引用合同第 12(2)款和第 11(6)款。这个问题实质上不是一般的工程量增加(如上面索赔中基础开挖由 145 m^3 增加到 1 450 m^3),而是工程量清单中的漏项引起的工程变更。按合同第 11(4)款原则,涉及的变更不应给承包商带来损失;按 11(6)款,建筑师应亲自或指示造价工程师确定由于这些变更给承包商造成直接损失或开支数量。所以,承包商仍坚持自己已提出索赔要求 2 935.74 英镑。

5. 解决结果

建筑师与造价工程师作进一步的讨论,觉得承包商的索赔要求是符合逻辑的,也有依据,可以考虑接受此项索赔要求。

但是,在确定"直接损失或开支"的数额时却出现了问题。承包商的开挖为一个整体(包括基础开挖、支模空间开挖等),他没有单位成本计算方法,不可能拆分出各部分工程的费用,因此,必须将开挖作为一个整体进行分析。承包商提出的实际费用资料:

直接费用(包括人工、设备、燃料等)	14 347.10 英镑
根据投标报价加 14.45%的现场管理费	2 073.16 英镑
加 6%的总部管理费和利润	985.22 英镑
合计	17 405.48 英镑

减承包商已由工程结算帐单获得该分部工程的支付 12 481.35 英镑。

因此,全部"损失"合计 4 924.13 英镑(即 17 405.48−12 481.35)。

这个"损失"实质上是账面显示的承包商在基础开挖项目上的全部实际损失。但是,这里包含有如下几个方面的因素:

(1) 承包商对基础开挖报价所造成的错误:

$$(2.83-0.83)\times1\ 450=2\ 900.00\text{英镑}$$

这是承包商责任造成的损失,应由承包商自己承担。

(2) 由于挖方困难程度增加承包商所提出的索赔:

$$2\times1\ 450=2\ 900\text{英镑}$$

这属于承包商应承担的风险责任。

(3) 尚未解决的模板工程施工空间挖土的索赔:

2 935.74－1 579.74＝1 356.00 英镑

则已知原因的损失为三者之和，即 7 156 英镑。

由于无法细分，则可以按比例分摊实际损失。即对支模空间开挖尚未解决的索赔 1 356 英镑进行分摊：

1 356×4 924.12÷7 156＝933.08 英镑

再加上按合同单价，建筑师已认可的 1 579.74 英镑，该项索赔最终获得 2 512.68 英镑补偿。

6. 需要注意的问题

(1) 本项索赔实质上是由于建筑师的疏忽，工程量清单漏项引起的索赔。通常这个问题是很好解决的。但是，由于在本案例中与该项相关的报价错误，带来本项变更定价的困难和争议。

(2) 应该看到，在本案例中，即使建筑师坚持按照土方开挖的合同单价 0.83 英镑/m^3 计算费用补偿，也还是符合合同的，因为支模空间的开挖和基槽开挖(由合同定义的)其工作难度、性质、工作条件、内容、施工时间都是一样的，所以，应该使用统一的合同单价。当然，建筑师最终认可了承包商的索赔要求，这种处理更为恰当，不仅合理而且合情，因为承包商在这项报价中已经蒙受了很大的损失。从道义上应该给予承包商赔偿。

(3) 最后对实际损失的审核和分摊是值得注意的，它符合赔偿实际损失的原则，而且这样处理有很大的合理性。从上面的分析可见，承包商在前面由于挖方困难程度增加提出了 2 900 英磅的索赔，不仅未能成功，而且对本项索赔产生影响，减少了本项赔偿值。

三、工期拖延索赔的综合案例

【案例 13－4】 (见参考文献 11)

(一) 工程概况

合同标的是建造一个小型泵站工程。合同文件包括：ICE 合同条件(即英国土木工程师学会提出的标准合同文本)、图纸、规程、工程量清单等。

投标日期为 1979 年 5 月 1 日。1979 年 6 月 1 日授予合同。合同金额为 148 486 英镑。合同工期为 15 个月(即 65 周)。

乙方报价中包括 5％利润、8.5％总部管理费以及 15％现场管理费。

(二) 事态描述

1979 年 8 月 15 日，工程师致函乙方，将于 9 月 1 日将现场提供给乙方(这是一个不明确的开工令)。乙方按时向施工现场派了代理人和监工。但是，甲方却未能及时地交付场地，直到 12 月初施工现场才全部正式交付。但是，在 11 月和 12 月出现了连续的阴雨天气。在 1979 年 12 月上旬到 1980 年 1 月上旬，由于现场重铺煤气干线，又致使乙方的工程停工 4 周。1980 年 1 月 9 日，乙方向甲方提出 19 周工期索赔。

1980 年 3 月 18 日，乙方催要屋面配筋图，但是，直到 5 月底甲方才提供这些图纸。这时相关的钢材供应又延误了 2 周。

1980 年 7 月间，又由于特别的阴雨天造成了工程局部停工 1 周。

工程变更引起工程量增加与附加工程的总额为 12 450 英镑。

1980 年 11 月 3 日，工程师致函乙方，由于未能保持计划进度，要求乙方采取加速施工的措施。事态描述见图 13－5 所示。

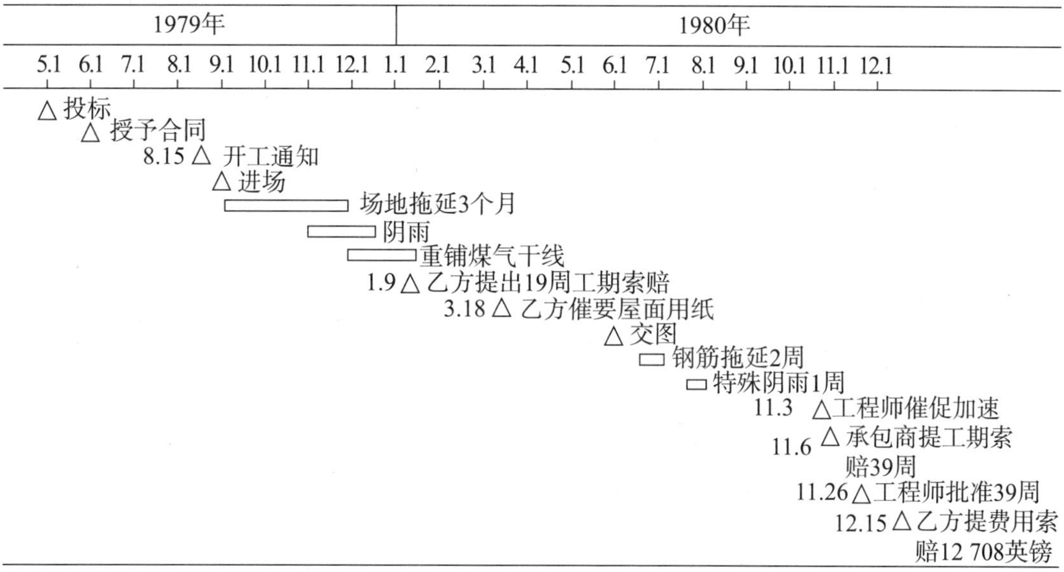

图 13－5　索赔事态描述

（三）工期索赔

1. 乙方的工期索赔要求

1980 年 11 月 6 日，乙方提出 39 周的工期索赔，包括：

(1) 前期场地延误、阴雨及重铺煤气干线等原因引起共 19 周(即从 1979 年 9 月 1 日至 1980 年 1 月 9 日全部)；

(2) 屋面配筋拖延 5 周(1980 年 3 月 18 日催要图纸，应于 4 月 18 日提供才能满足正常的施工需要，但是，实际于 5 月底才提供图纸，拖延约 5 周)；

(3) 钢筋供应拖延 2 周；

(4) 7 月中特别阴雨天 1 周；

(5) 附加工程引起的工期延长 12 周。

2. 工程师反驳

工程师认为，实际的开工工期是随进入现场同时生效的，因此应为 1979 年 12 月初。从开工起，认可的索赔为 24 周，包括：

(1) 阴雨天和重新铺设煤气管道 8 周；

(2) 拖延屋面配筋图 5 周；

(3) 钢筋供应拖延 2 周；

(4) 1980 年 7 月中的阴雨天气为 1 周；

(5) 附加工程影响 10 周。

从上述分析可见，双方的差距仅为：

(1) 开工期的确定。由于在本工程项目中的开工日期从未确定(工程师 1979 年 8 月 15 日的信仅提出，将于 9 月 1 日提供现场，不够明确)。经过乙方和工程师的协商，以开工通知未在合理的时间内决定为理由，提出从 1979 年 9 月 1 日到 12 月 1 日的相关费用索赔。

(2) 附加工程的总影响相差 2 周。最终统一按 10 周计算。

最终双方就工期索赔达成了一致意见。

(四) 工期相关费用索赔

承包商对推迟进场三个月(13.1周),以及后面24周的拖延,提出与工期相关的索赔(仅工地管理费)。

工地管理费总额=合同总价×工地管理费率=148 486英镑×15%=22 272.9英镑

每周分摊=22 272.9英镑/65周=342英镑/周。

则推迟进场三个月的费用索赔共4 500英镑(工地管理费和其他零星费用)。

工程中24周的拖延产生的费用索赔为:

342英镑/周×24周=8 208英镑。

合计索赔为12 708英镑。

很显然,承包商的索赔值计算有很大的问题:

1. 报价中工地管理费是独立分项计算的,然后按直接费进行分摊。所以,15%的计算基础是直接费,而不是合同总额。承包商这样算将每周工地管理费的比例提高了很多。

2. 24周的工程拖延是由很多不同性质的干扰事件引起的,必须针对每一种情况分别进行分析,不能仅计算一个总额,否则不可能被认可。

3. 在拖延过程中,很可能产生一些直接费用开支,也应该作为费用索赔提出。只要事实清楚、理由充足,也很容易被认可。

4. 在费用索赔中,有些费用项目还可以计算总部管理费和利润。

当然对上述索赔要求工程师是不能认可的。工程师和承包商进行了逐项的分析和商讨。主要有如下几个方面:

(1) 进场拖延,从1979年9月1日开始共计3个月。这属业主责任造成的拖延,但其中11月份为阴雨天,不能提出费用索赔。在9月和10月共计8个星期中,承包商有一位代理人和一位监工在现场闲置。按照合同单价进行计算:

代理人　127.50英镑/周×8周=1 020英镑

监　工　97.50英镑/周×8周=780英镑

合　计　1 800.00英镑

承包商要求增加总部管理费,但是,遭到了工程师的拒绝。由于工程还没有开工,没有发生涉及现场和总部管理费的开支项目。承包商要求索赔利润,也遭到了工程师的拒绝,因为这属于对业主风险范围内的事件引起工期拖延的费用索赔,不能包括利润。

(2) 开工后的阴雨天气和重铺煤气干线拖延。

阴雨天气的拖延,工期可以延长,但是,不能提出费用索赔。

重铺煤气干线属于业主责任的干扰,拖延4周,可以提出费用索赔;但是,其中有阴雨天1周,必须扣除。所以,能够进行费用索赔的仅为3周。

① 直接费。现场有8名技工、17名普工停工。工程师认为,在现场停工中只能按最低的工资标准进行支付:

技工　96.50英镑/(周·名)×3周×8名=2 316英镑

普工　82.50英镑/(周·名)×3周×17名=4 207.50英镑

合计　6 523.50英镑

② 现场管理费。在报价中,15%的现场管理费是以直接费为计算的基础。由于现场停

工，直接费支出不能反映正常的施工状况，则应采用合同报价中所包括的周现场管理费费率分摊的方法进行计算。合同金额为 148 486 英镑，则：

a. 利润：由于利润率为 5%，计算基础为工程总成本。则存在如下关系：

利润＝合同金额×5%/(1＋5%)＝148 486×5%/1.05＝7 071 英镑

工程总成本＝合同金额－利润＝148 486－7 071＝141 415 英镑

b. 总部管理费：总部管理费率为 8.5%，其计算基础为现场总成本。则存在如下关系：

总部管理费＝工程总成本×8.5%/(1＋8.5%)＝141 415.23×8.5%/1.085＝11 079 英镑

现场总成本＝工程总成本－总部管理费＝141 415－1 107 9＝130 336 英镑

c. 现场管理费：现场管理费率 15%，它的计算基础为直接费。则同样存在如下关系：

现场管理费＝工地总成本×15%/(1＋15%)＝130 337×15%/1.15＝17 000 英镑

合同工期共计 65 周，因此报价中现场管理费率为：

17 000 英镑/65 周＝261.54 英镑/周

由于现场管理费项目几乎都是与工期相关的，因此，拖延 3 周的现场管理费支付应为：

261.54 英镑/周×3 周＝784.62 英镑

双方最终就上述索赔达成了一致意见。

(五) 图纸延迟的索赔

工程师只承认图纸延迟 5 周的费用索赔，而钢材到货拖延 2 周和阴雨 l 周作为承包商的风险，可以提出工期索赔，但是，不能提出费用索赔。

承包商提出反驳：由于屋面配筋图的延误造成屋面工程的局部停止，直接引起钢筋供应的拖延(承包商不能预先采购钢筋)，同时，引起 7 月份阴雨天中该部分工程的停工，而如果按时供应图纸，就避开了阴雨天。它们有直接的因果关系。

工程师最终承认承包商的理由，该项工程有 8 周的拖延。

分析干扰的实际影响为：在屋面工程中，8 周时间内，承包商有 3 名木工、2 名钢筋工、5 名普通工在现场停工，找不到其他可以替代的工作。而其他工程仍在继续进行施工，总工期并未受到拖延。

根据工程师的要求，按国家的《劳动准则》规定的内容进行费用的计算：

木　工：　100 英镑/(周·人)×8 周×3 人＝2 400 英镑

钢筋工：　90 英镑/(周·人)×8 周×2 人＝1 440 英镑

普　工：　85 英镑/(周·人)×8 周×5 人＝3 400 英镑

合　计：　7 240 英镑

由于其他工程内容仍在进行施工，而且总工期并未拖延，所以，不存在现场管理费的增加。

这里的几位工人是找不到其他替代工作才不得已在现场停工的。作为承包商应积极采取措施，寻找其他工作安排，以降低业主的损失。工程师对此常常须作出审查确认。

(六) 附加工程的索赔

附加工程的额度达到了 12 450 英镑。工程师批准了 10 周的拖延。这是由关键线路分析而得到的。由于工程项目实施过程中的变更经常很突然，承包商无法像工程项目投标那样有一个合理的计划时间。所以，工程变更对工期的干扰常常很大，业主必须承担由此造成的损失责任。

承包商将这10周全部纳入工期拖延的费用索赔中,向业主索赔工地管理费,这是不正确的。因为这10周的拖延中,承包商完成合同额12 450英镑,而这个增加的部分中已经包括了相应的工地管理费、总部管理费和利润。按照正常情况(有一个合理的计划时间等),每周应完成合同额为:

148 486英镑/65周=2 284.40英镑/周

则附加工程正常所需要的工期延长为:

12 450英镑/(2 284.40英镑/周)=5.45周

即这个5.45周所需的管理费,业主已在附加工程的价格中向承包商进行了支付。而另一部分4.55周(10-5.45)是属于由于附加工程(工程变更)对工程施工的干扰而引起的,其管理费和利润应由业主另外进行支付:

工地管理费: 261.54英镑/周×4.55周=1 190英镑

加8.5%总部管理费: 1 190×8.5%=101.15英镑

加5%利润: (1 190+101.15)×5%=64.56英镑

合计:1 355.71英镑

这项索赔获得了工程师的认可。

本合同中另有价格调整的条款,由于工期拖延和通货膨胀引起的、未完工程成本的增加,按照价格调整条款另外计算。

四、工程赶工的索赔案例

【案例13-5】(见参考文献11)

(一)承包商的索赔要求

某工程项目是一个办公楼的建设,首层为商店,开发商准备建成后出租,投标日期为1979年6月4日,授标日期为1979年6月18日,进场日期为6月25日,合同正式开工日期为6月26日,合同工期18个月,至1980年12月24日竣工;合同价482 144英镑,合同价格中的管理费为12.5%。在工程项目的实施过程中出现了如下情况,使工程项目的实际施工出现了拖延:

1. 开挖地下室遇到了一些困难,主要是由于旧房遗留的基础引起的。
2. 发现了一些古井,由一些考古专家考证它们的价值产生了拖延。
3. 安装钢架过程中部分隔墙倒塌,同时,为了保护临近的建筑而造成了延误。
4. 锅炉运输和安装的指定分包商违约。
5. 地下室钢结构施工的图纸和指令拖延等。

在1980年2月,承包商提出了12周的工期拖延索赔,但是,业主不同意,并指示工程师不给予工期延误的批准。这是由于业主已经与房屋的租赁人签订了租赁合同,规定了房屋的交付日期,如果不能及时交付,业主要被罚款。业主直接写信给承包商,要求承包商按照原工期的要求完成工程项目,否则将提起诉讼。

对此工程师致函业主,指出由于上述干扰事件的发生,按照合同规定承包商有延长工期的权利,如果责令承包商在原工期内完成工程项目是没有理由的,应该考虑到承包商的合理要求。如果要求承包商在原合同工期内完成工程项目,必须与他进行协商,商讨价格的补偿,并签订加速施工的协议。业主认可了工程师的建议,并授权工程师就此事进行商谈。

(二) 双方商讨

从2月下旬到4月上旬,工程师与承包商及业主就工期拖延及加速的补偿问题进行了商谈。

1. 承包商提出12周的工期延误索赔,经过工程师的审核,扣除承包商自己的风险及失误(如上述第三项),给予10周的工期延长。

2. 对于10周的延长,承包商提出索赔为:

(1) 古井,在考古人员调查期间工程受阻损失	2 515 英镑
(2) 地下室钢结构工程师指令的延误等索赔	4 878 英镑
(3) 与隔墙有关的工程,楼梯工程中延误及对周边建筑的保护	5 286 英镑
(4) 由指定分包商引起的延误损失	5 286 英镑
合计	17 965 英镑

工程师经过审核,认为在该索赔计算中有不合理的部分,例如,机械费中用机械台班费是不合理的,在停滞状态下应用折旧费计算,最终工程师确认索赔额为11 289英镑。

3. 业主要求:全部工程按原合同工期竣工,即加速10周;底楼商场比原合同工期再提前4周交付,即要提前14周。即在4月份开始采取加速措施,在后9个月工期中达到上述加速施工的目标。

4. 承包商重新编制了计划,考虑到由于加速所引起的加班时间、额外机械投入、分包商的额外费用、采取技术措施(如烘干措施)等所增加的费用,提出的索赔是:

商店提前14周需花费	8 400 英镑
办公楼提前10周需增加花费	12 000 英镑
考虑风险影响	600 英镑
合计	21 000 英镑

5. 工程师指出,由于工期压缩了10周,承包商可以节约管理费。按照合同,管理费的分摊10周共有管理费为:

$(482\ 144\times12.5\%)/(1+12.5\%)\div78$ 周 $\times10$ 周 $=6\ 868$ 英镑

这笔节约应该从索赔的总额中扣除。因此,承包商提出工期延误及赶工所需要的补偿为:

$11\ 289-6\ 868+21\ 000=25\ 421$ 英镑

考虑到风险因素等共要求补偿25 500英镑。

工程师向业主转达了承包商的要求,并分析了承包商要求的合理性,以及索赔值计算的正确性,业主接受了承包商的要求。

6. 双方商讨并签署了赶工附加协议,该协议主要包括如下内容:

(1) 至1980年4月1日前,由于已经发生了很多干扰事件,承包商有权延长10周的工期,并索赔相关费用,工程师已经给予批准。由于业主希望全部工程项目按照计划竣工,底层比计划提前4周竣工,双方经商讨就赶工问题达成一致意见。

(2) 对于承包商的赶工,业主支付赶工费25 000英镑,它已经包括4月1日以前承包商所提出的各种索赔。

(3) 如果承包商不能按照业主的要求竣工,则赶工费中应扣除以下费用:

① 全部工程竣工日期若在 1980 年 12 月 24 日之后,承包商赔偿 170 英镑/日;

② 底层部分工程竣工若在 1980 年 11 月 24 日之后,承包商赔偿 85 英镑/日。但是,赶工费不应少于 12 500 英镑。这是对承包商的保护条款。

③ 赶工费的分批支付时间及数额(略)。

④ 赶工期间由于非承包商责任所引起的工期拖延的索赔权与原合同一致。

7. 案例分析。

(1) 本案例的分析过程虽然不是十分详细,但是,思路是十分清楚的,也是经得住推敲的,解决问题的过程为:工期拖延的责任分析、工期拖延所造成损失的计算及赔偿、赶工措施的协商和措施费,以及由赶工所产生费用节约的计算。

(2) 本案例涉及的赶工包括:业主责任(或风险)引起的拖延(对全部工程),业主希望工程项目比合同期提前交付的赶工(底层商场),承包商自己责任的赶工 2 周。在前两种情况下,工程施工合同(例如 FIDIC 合同条件)并没有赋予业主(工程师)直接指令承包商加速施工的权利。如果业主提出加速要求,必须与承包商进行商讨,签订一份附加协议,重新议定一个补偿的价格(赶工费)。而对承包商责任所造成的 2 周拖延的加速施工要求,承包商应该无条件执行。

(3) 在上述第 5 点的计算中,由于工期压缩了 10 周,在承包商的索赔值中必须扣除在此期间承包商"节约"的管理费。这是值得商榷,并应注意的。实质上与合同工期相比,压缩后的实际工期也刚好等于合同工期,所以,与合同相比,承包商并没有"节约"。这种扣除只有在两种情况是正确的:

① 已有的工期拖延,承包商有工期索赔权,但没有费用索赔权。例如,恶劣的气候条件造成的拖延,如果不加速,承包商必须支付这期间的工地管理费,而现在采取加速措施,这笔管理费确实"节约"了。

② 已有的工期拖延是业主的责任引起的,承包商有费用的索赔权,在费用索赔中已经包括了相关的管理费,即上述第 2 点中,承包商提出的 17 965 英镑的索赔中已经包括了管理费。否则,这种扣除会使承包商受到损失。

(4) 在本案例中,加速协议是比较完备的,考虑到可能的各种情况:最低补偿额、赶工费的支付方式和期限、附加协议对原合同文件条款的修改等。在这里特别应注意赶工费的最低补偿额问题,这是对承包商的保护。因为承包商应业主要求(不是原合同责任)采取赶工措施,可能会由于其他原因使这种赶工没有效果,但是,作为业主应该给予最低的补偿。

(5) 在本案例中,工程师的作用是值得称赞的,从开始到最后一直向业主解释合同、分析承包商索赔要求的合理性,对缓和矛盾、解决争议、实现业主目标发挥了重要作用。

五、利润索赔案例

【案例 13-6】 业主是东南亚某国的某大型集团在上海投资组建的外资企业,拟投巨额资金开发某大型商业设施。经过竞争性招标,该工程项目由某国外的承包商中标。业主和承包商于 1997 年 6 月 23 日签订了项目的施工合同。该合同条件是参照 FIDIC 土木工程施工合同条件制定的。合同价款为 15 000 万美元。

1. 合同及实施过程分析

该合同条件是参照FIDIC土木工程施工合同条件制定的。工程进度款按月进行支付，在完成当月的工程量后，承包商向业主提交月报表，业主在1个月内予以确认，并于确认后的28天内予以支付；如业主不能按照约定的时间付款，承包商可就此发出书面的通知，业主应该在7天内予以支付；如业主仍不能支付，承包商可以解除施工合同；由于业主原因导致合同终止的，发包人应赔偿承包商任何直接损失或损坏。

在签订工程施工合同之后，承包商随即开始施工。为了开发该项目，业主的母公司与由其所在国的七家银行组成的银团签订了贷款协议。1997年金融风暴席卷东南亚，至1998年初该国银团无力再向该项目注入资金。承包商1998年3月份完成的工程量经业主聘请的工程师计量金额为200万美元，按合同应于1998年4月底进行支付。1998年5月初，承包商还没有收到业主应该支付的该笔进度款，开始与业主进行交涉。

1998年6月2日，承包商向业主发出通知，要求其在7日内支付应付的款项，否则将按合同约定暂停工程施工。但业主没有回应。同年6月12日，承包商致函业主，正式通知立即终止合同。

2. 争议

此时，承包商完成了约4 000万美元的工程量。同年7月8日，承包商致函业主，要求支付价款及赔偿合同终止后损失总计1 200万美元，并保留调整索赔总额和再次提出对其损失和其他直接费用索赔进行调整的权利。其后双方进行了多次磋商，但未能达成一致。

1998年10月31日，承包商向业主发出仲裁意向，并于11月25日全部撤离工程现场。

3. 争议解决

同年11月25日，承包商提起仲裁，就终止合同要求业主支付2 500万美元。仲裁庭认为：直接损失指因合同终止直接引起的承包商的所有损失，包括剩余工程预期可得利益的损失；预期利润应看作预期可得利益，但是，总部管理费不是预期可得利益；根据承包商在开工前报送的费用项目拆分表，风险费为1.5%，利润为2%，该费用是业主应当预见到因违反合同而造成的损失。2000年9月15日，仲裁庭裁决施工合同终止后业主应赔偿承包商700万美元，其中尚未支付的已完工程价款为200万美元，终止合同后的直接损失为100万美元，剩余工程的预期利益损失为400万美元。

4. 案例分析

(1) 合同作为工程项目实施过程中双方应该遵守的最高法律，明确规定“因发包人原因导致合同终止的，发包人应赔偿承包人的直接损失或损坏”，预期可得利益的损失显然属于非直接损失。

(2) 即使按照原合同法，对于业主违约导致承包商终止合同，业主应赔偿承包商的预期收益。但是，在该案例中，仲裁庭根据承包商开工前报送的费用项目拆分表中的利润率来计算预期利润额。这在理论上是正确的，但是，这种计算方法可能存在很大问题。报价中的利润率和风险并不是承包商真实的预期收益。如果承包商采用不平衡报价或恶意欺诈，提高利润率，按照这个利润率计算常常是不符合“预期”的要求。

(3) 关于风险费索赔。风险费指报价中包含的，承包商拟用来支付合同履行期间因承包商风险导致的成本增加的预留费用。虽然它通常在报价时与利润捆绑进行计算。但是，它与利润的性质不同。风险是否会发生，在项目尚未施工完成之前是一个未知数。如果预计的风险没有发生,那么风险费将成为承包商的利润;如风险发生,剩余工程对应的风险费将全部支出,甚至需要用承包商的利润进行补贴。所以,它在性质上不是预期利益。此外,由于亚洲金融风暴的原因导致业主遭受损失、工程项目不能继续实施的情况下,还要求业主支付承包商的风险金,将风险金转化为承包商的机会收益。这是不太合适的。

(4) 在业主因亚洲金融风暴的情况下无力支付工程进度款,承包商终止合同后,承包商虽然损失了本工程的预期可得利润。但是,应考虑到承包商的机器设备、施工人员并未闲置而是又投入到新的工程项目中,从而获得一定程度的补偿,因此,承包商要求全额补偿其利润是不合理的。

(5) 本案例实际上就是受到东南亚金融危机的影响,业主无力支付工程款,不能继续履行合同,从而使得项目终止施工。这是由于不可抗力事件的发生而引起的合同终止,是不能预计的,虽然业主有一定程度的违约行为,但是也不能完全界定为业主的违约,应该参照合同约定的不可抗力事件进行处理。

虽然按照原合同法进行了裁决,其处理结果是合法的。但是,对于业主而言,无疑是雪上加霜,是惩罚性质的。裁决的结果实际上就是承包商在业主项目失败的基础上获得了高额的利润:承包商只实施了原合同价款 15 000 万美元中的 4 000 万美元的工程内容,却获得了全部的预期利润。

这种解决结果不符合现代工程中倡导的业主与承包商双赢,伙伴关系,风险共担的原则和理念。

(6) 作为业主,应该避免业主严重违约的情形,当预期到会导致业主违约时(例如因资金周转困难,可能不能及时支付工程款),可以采取相应的措施避免自己违约,例如在预计不能支付时,与承包商会谈并签署补充协议。在本案例中,如果业主主动提出删除工程,或者指令暂停工程,而不是等到自己因为不能支付工程款,导致违约被承包商主动停工并提出仲裁,就可以避免后来被索赔 430 万美元的预期利润。

在任何合同模式下,业主(工程师)有减少工程量、删除工程和停止工程施工的权利。只要业主没有将删去的工程自行实施或委托其他承包商实施,承包商就不能索赔被删除部分工程的利润。业主只需要补偿承包商遭受的费用损失,以及在此基础上的利润。

(7) 业主与承包商签订合同,业主支付工程款是为了获得工程项目,而承包商实施工程项目是为了获得工程款从而获得预期的利润,业主与承包商之间应追求双赢、而不是对立。因此,在合同的履行过程中,如果不是重大的、恶意的违约行为,双方应当尽量追求合同目标的实现。如果出现争议,赔偿也尽量不应该带有惩罚的性质。

按照工程合同的公正、公平原则,如果参考本案例的处理结果,在承包商完不成工程项目或违约时,业主也有权提出整个工程项目的利润损失索赔,而这是承包商无法承受的。

复习思考题

1. 对于【案例 13 - 1】,以 B 方为主,分析它的索赔和反索赔的方法。在分析 B 方索赔和反索赔的工作过程和结果中,您有什么收获或得到什么启示?

2. 对于【案例 13 - 1】,简要描述 B 方对 A 方总承包合同反索赔策略研究的内容和过程。分析 B 方对 A - B 总承包合同的索赔和反索赔策略,如果 A 方是美国的一个企业,B 方应如何调整索赔和反索赔策略?

3. 对于【案例 13－1】,在 B－C 联营体合同的索赔中,C 方提出主要工程量增加 65%,经过 B 方审核后工程量仅增加 20%,而最终确定的实际工程量是一致的(如实际的混凝土工程量为 66 000 m^3)。为什么会存在这个差异？这个差异说明了什么问题？C 方的这一项索赔没能成功说明了什么问题？

4. 在【案例 13－1】中,C 方在分包合同工程中遭受了很大的损失,试分析这些损失的原因是什么？如何避免或减少这些损失？

5. 在【案例 13－1】中,C 方在内部联营体合同中遭受了很大的损失,试分析这些损失的原因是什么？如何避免或减少这些损失？

6. 基于【案例 13－1】的处理结果,分析分包合同与内部联营体合同的区别。

7. 对于【案例 13－3】中“基础混凝土支模空间开挖索赔”,如果使用 FIDIC 合同条件,造价工程师坚持以 0.83 英镑进行支付,请问是否合理？

8. 在【案例 13－2】中,出现了工程难度增加,而合同单价却降低的情况。您认为这可能是什么原因引起的？承包商能否反驳工程师对该索赔的处理方法？如果出现实测结果大于承包商提交的修改报价(即按工程师的实测结果计算坝体土方单价大于 4.75 美元/m^2),作为工程师您将如何处理这个问题？所依据的理由是什么？

主要参考文献

1. 邱闯. 国际工程合同原理与实务[M]. 北京：中国建筑工业出版社，2002

2. 徐崇禄. 建设工程施工合同系列文本应用[M]. 北京：中国建筑工业出版社，2003

3. 中华人民共和国民法典.北京:中国法制出版社,2021.

4. 罗格·诺尔斯著；冯志祥译. 合同争端及解决100例[M]. 北京：中国建筑工业出版社，2004

5. 汪馥郁. 经济合同谈判[M]. 北京：中国经济出版社，1989

6. [英]比尔·斯科特著；叶志杰等译. 贸易洽谈技巧[M]. 北京：中国对外经济贸易出版社，1987

7. 谢光渤编译. 工程项目经营管理[M]. 北京：冶金工业出版社，1985

8. [美]阿诺德·M.罗斯金著；唐齐千译. 工程师应知：工程项目管理[M]. 北京：机械工业出版社，1987

9. 钱昆润等. 建筑施工组织与计划[M]. 南京：东南大学出版社，1989

10. 周泽忠主编. 建筑安装工程招标投标与承包知识问答[M]. 北京：冶金工业出版社，1986

11. 中国建筑工程总公司培训中心编. 国际工程索赔原则及案例分析[M]. 北京：中国建筑工业出版社，1993

12. 汪小金编著. 土建工程施工合同索赔管理[M]. 北京：中国建筑工业出版社，1994

13. 梁槛编著. 国际工程施工索赔[M]. 北京：中国建筑工业出版社，1997

14. 张晓强编著. 工程索赔与实例[M]. 北京：中国建筑工业出版社，1993

15. 国际咨询工程师联合会编；臧军昌，季小弟等译. 木土工程施工合同条件应用指南(FIDIC，1989年版). 北京：航空工业出版社，2001

16. 国际咨询工程师联合会，中国工程咨询协会编译；朱锦林译. 施工合同条件. 北京：机械工业出版社，2002

17. 国际咨询工程师联合会，中国工程咨询协会编译. 生产设备和设计-施工合同条件. 北京：机械工业出版社，2002

18. 国际咨询工程师联合会，中国工程咨询协会编译. 设计采购施工(EPC)/交钥匙工程合同条件. 北京：机械工业出版社，2002

19. 英国土木工程师学会编；方志达等译. 新工程合同条件(NEC)合同. 北京：中国建筑工业出版社，1999

20. 方秋水. 美国土建类专业毕业生管理知识需求的调查及其启示[J]. 高等建筑教育，1991(3):82-86

21. Davil Bentley，Gary Rafferty. Project Management：Keys to Success. Civil Engineer-

ing. April 1992

22. Frank Muller, Don't Litigate, Negotiate. Civil Engineering, DEC 1990

23. Thomas H R, Smith G R, Mellott R E. Interpretation of construction contracts [J]. Journal of Construction Engineering and Management, 1994, 120(2): 321 - 336

24. 高等学校土建学科教学指导委员会. 全国高等学校土建类专业本科教育培养目标和培养方案及主干课程教学基本要求——工程管理专业. 中国建筑工业出版社, 2003

25. 杨德钦. 多事件干扰下工期延误索赔原则研究[J]. 土木工程学报, 2003, 36(3): 37 - 40

26. 国际经济合作杂志

27. 建筑经济杂志

28. 中华人民共和国住房和城乡建设部. 建设工程工程量清单计价规范(GB 50500 - 2013). 中华人民共和国国家标准, 2013

29. 朱树英. 工程合同实务问答[M]. 2 版. 北京: 法律出版社, 2011

30. 最高人民法院民事审判第一庭编著. 最高人民法院建设工程施工合同司法解释的理解与适用(9)[M]. 北京: 人 院出版社, 2015

31. 中华人民共和国建设部政策法规司. 建设系统合同示范文本汇编[M]. 北京: 中国建筑工业出版社, 2001

32. 邓海涛. 三峡永久船闸工程的索赔管理实践[J]. 中国三峡建设, 2001, 8(1): 43 - 44

33. 姜兴国, 张尚. 工程合同风险管理理论与实务[M]. 北京: 中国建筑工业出版社, 2009

34. 陈勇强, 吕文学, 张水波等. FIDIC 2017 版系列合同条件解析[M]. 北京: 中国建筑工业出版社, 2019

35. 何清华. 上海世博会浦东 AB 片区项目群管理的组织策划与实施. 施工技术, 2009, 38(10): 78 - 81